普通高等教育"十一五"国家级规划教材

控制理论基础

（第三版）

王显正　莫锦秋　王旭永　编著

科学出版社

北京

内 容 简 介

本书为普通高等教育"十一五"国家级规划教材,并曾获 2002 年教育部全国普通高校优秀教材二等奖.

本书主要介绍反馈控制系统的基本理论及其工程分析和设计方法.全书共 10 章.前 3 章主要介绍反馈控制系统的基本工作原理、物理系统的数学模型、包括频率特性在内的一些基本概念.第 4～7 章介绍控制系统稳定性分析、稳态误差分析、瞬态响应分析以及控制系统的设计和校正.第 8 章对工程中常用的根轨迹方法作了介绍.最后两章讲述了状态空间分析法和非线性控制系统.

书中大部分章节有利用 Matlab 控制软件的应用实例.每章还有小结和习题.

本书可作为高等学校机械、冶金、能源动力、材料等非自控专业的教材,也可以供其他有关专业的工程技术人员参考.

图书在版编目(CIP)数据

控制理论基础/王显正,莫锦秋,王旭永编著. —3 版 . —北京:科学出版社,2018.6

普通高等教育"十一五"国家级规划教材

ISBN 978-7-03-057828-0

Ⅰ.①控… Ⅱ.①王…②莫…③王… Ⅲ.①控制论-高等学校-教材 Ⅳ.①O231

中国版本图书馆 CIP 数据核字(2018)第 129199 号

责任编辑:余 江 张丽花/责任校对:郭瑞芝
责任印制:赵 博/封面设计:迷底书装

科 学 出 版 社 出版

北京东黄城根北街 16 号
邮政编码:100717
http://www.sciencep.com

固安县铭成印刷有限公司印刷
科学出版社发行 各地新华书店经销

*

2000 年 11 月第一版 开本:787×1092 1/16
2007 年 9 月第二版 印张:23
2018 年 6 月第三版 字数:545 000
2025 年 1 月第十九次印刷

定价:79.00 元
(如有印装质量问题,我社负责调换)

第三版前言

为适应发展与教学的需要,在《控制理论基础》第二版出版十多年后,在听取多方意见及总结多年教学经验的基础上,2018 年对该书进行了重新修订.

正如党的二十大报告指出的,"万事万物是相互联系、相互依存的. 只有用普遍联系的、全面系统的、发展变化的观点观察事物,才能把握事物发展规律."《控制理论基础》第三版保留了前两版编写的特点,即由浅入深、循序渐进,既保持理论性、系统性和工程实践性,又力求概念清晰、确切,分析问题思路符合认知规律的特点;也保留了前两版的编写结构体系,基本上仍然采用了第二版的主体目录.编写中对章节的内容进行调整和增减,对部分章节内容进行了修订和重新编写,并在每一章中增加了一些例题和习题.

《控制理论基础》第三版的统稿、定稿工作由王显正完成,莫锦秋完成第 2~8 章、第 10 章的编写,王旭永完成第 1、9 章的编写.

由于编者水平有限,热忱欢迎读者批评指正.

编　者

2023 年 12 月

第二版前言

"控制理论基础"课程是大学工程技术类专业的主干技术基础课.本书自1980年出版以来,已被国内许多所高等院校选作教材.经过多年教学实践,这次在多方听取意见的基础上重新做了修订,去掉了采样控制这章,增加了状态空间分析法一章.为了避免状态分析法中大量的矩阵运算掩盖经典控制理论中明确的物理概念和工程应用实践强的特点,所以这次修改仍将其单列一章,并用统一、联系的观点把现代控制与经典控制有机结合起来,赋予其较强的物理概念和工程背景.

作为一门基础课,经典控制理论的内容基本上是固定的.这种教材的内容可以有不同的编排,但一般都着重于按教学规律由浅入深、循序渐进、简繁适度,既保持理论性、系统性和工程实践性,又力求概念清晰、确切、分析问题思维符合认识规律,适合机械类和非自控专业学习,所以这次我们仍然保持了该书原来的编写体系和特点.这次修订我们基本上仍采用前几版的目录,在前版基础上仅对部分章节的内容在编排上做了一些增减和调整,并且在大部分章节增加了Matlab控制软件的应用案例.

本书由国防工业出版社于1980年初版,历经近30余年,在广大读者的支持、关爱下,曾经获得1987年中船总公司全国高校优秀教材二等奖,2002年教育部全国普通高校优秀教材二等奖以及其他多项奖励.现在被评为普通高等教育"十一五"国家级规划教材.

本书第二版由王显正教授主编,参加各章修订及编写的教授是:王显正(第1、2章)、莫锦秋(第3~8章、第10章及各章Matlab应用案例)、王旭永(第9章).应当指出,本书初版到现在是一个不断完善、提高的过程.本书前几版的作者,范崇托、陈正航等教授,由于退休不再参加该版编写,但他们对《控制理论基础》教材建设的贡献是不可磨灭的,在此向他们表示感谢.特别还要感谢的是在第一线讲课的教授和讲师:金惠良、朱向阳、王冰、叶春、胡晖等,他们为教材的编写及修订提出了许多详细的宝贵意见,才使教材得以很好地完成.

王显正

2007年6月于上海

第一版前言

  《控制理论基础》是在前两版的基础上，根据机械电子工程、机械工程与自动化等专业的教学大纲编写的. 本书自 1980 年出版以来，已被国内许多所高等院校选作教材. 经过多年的教学实践，这次在多方听取意见的基础上重新做了编写、修订. 新版保留了前版教材编写的体系和特点. 根据大纲要求，本书系统地介绍了经典控制理论的主要内容，着重讲述了控制系统的反馈工作原理、物理系统的数学模型以及系统的分析和设计，同时对采样控制系统和非线性系统也作了介绍. 为了便于学生加深对概念的理解和在实践中的具体应用，每章都列举了大量的例题和习题，并在附录中给出 Matlab 控制软件应用简介. 此外，还编写了与教材相配套的《控制理论基础习题与解答》.

  本书前 3 章由王显正编写，第 4、5、6、10 章由陈正航编写，第 7、8、9 章及附录由王旭永编写. 王显正对全书进行了校核和修改. 由于编者水平有限，我们热忱欢迎选用本教材的老师、学生以及科技工作者对本书的不足之处进行批评指正.

编　者

2000 年 1 月

目　　录

第 1 章 绪 论

1.1 自动控制及其发展概述

自动控制在工业、农业、国防及科学技术的现代化中起着重要作用,在国民经济和国防建设的各个领域中得到了广泛的应用.自动控制技术的应用,不仅使生产过程实现了自动化,极大提高了劳动生产率,而且减轻了人们的劳动强度,这在冶金、采矿、机械、化工、电子等部门尤为明显.同时,自动控制又可使工作具有高度的准确性,大大地提高产品的质量和数量,提高武器的命中率和战斗力.

所谓自动控制,就是指在没有人直接参与的情况下,利用控制器使生产过程或被控对象的某一物理量准确地按照预期的规律运行.例如,火炮根据雷达指挥仪传来的信息能够自动地改变方位角和俯仰角,随时跟踪,准确地瞄准目标.程序控制机床能够按预先排定的工艺程序自动地进刀切削,加工出预期的几何形状.电弧炼钢炉的电极能自动地跟随钢水的液面作上下移动,以便与液面保持一定距离.所有这些控制系统的例子,尽管它们的结构和功能各不相同,但我们可以发现它们有共同的规律,即它们都是一个或一些被控的物理量按照另一个或另一些物理量的变化而变化,或者保持恒定.而控制系统都是由被控对象和控制装置构成的.这里所说的系统,指完成一特定任务的一些部件的组合.广义而言,系统的概念并不仅限于物理系统,也包含了生物学、经济学等现象的系统.

自动控制理论和实践的不断发展,给人们提供了获得自动控制系统最佳性能的多种方法,这又促使自动化程度的进一步提高.同时,由于大量工程控制及设计问题都涉及系统动态过程的分析和综合,因此控制理论又是系统动力学的理论基础.机械振动、机构学、摩擦学、机械产品的加工、动态参数或过程的测试等都可用控制论的观点、方法来研究,以揭示出它们更深刻的本质,从而找出改进和控制它们性能的更有效的途径.不仅如此,控制理论的应用目前已远远超出了工程范围,而普遍用于生物学、社会学和经济学等非工程领域中,如建立起各种复杂、完整的反馈模型等.事实上,介于多学科之间的控制理论,它已渗透到各个工程领域,已成为工程技术人员必不可少的一门基础知识.

控制理论作为一门独立的工程学科,大致分为四个发展阶段.

第一阶段是控制工程萌芽和发展期.一般公认瓦特 1770 年发明的控制蒸汽发动机速度的飞球调节器是最早的控制系统的例子,通常这个调节器容易振荡.大约 100 年后,麦克斯韦(J. C. Maxwell)分析了飞球调速器的动态性能,发表了《论调节器》一文.可以说这是有关反馈控制理论的第一篇正式发表的论文.紧接着赫尔维茨(A. Hurwitz)于 1875 年、劳斯(E. Routh)于 1884 年、李雅普诺夫(A. A. Ляпнов)于 1892 年都对调节理论做出了重要贡献,并提出了几个重要的稳定性判据.这一时期,控制系统也开始广泛用于工业控制,乃至武器控制,如第一次世界大战期间用于火炮俯仰角的随动控制系统和舰船的自动驾驶.

第二阶段是经典控制理论的发展成熟期.20 世纪 40 年代,自动控制理论逐渐形成较为完整的基本理论体系. 1934 年 H. L. Hazen 发表了具有历史意义的著作《伺服机构理论》,第一次提出了控制系统的精确理论. 这一期间自动控制理论开始由机械工程领域进入通信工程领域,而通信工程师习惯于用"频率响应"来描述系统及分析问题. 1932 年奈奎斯特(H. Nyquist)在研究负反馈放大器时,提出了有名的稳定性准则和稳定裕量的概念. 在此基础上,伯德(H. W. Bode)于 1945 年发表用图解法来分析和综合反馈控制系统的方法,并将其应用于控制工程中,这就形成了控制理论中用于分析和设计控制系统的频率法.

第二次世界大战大大推动了自动控制理论和实践的发展. 飞机、火炮、舰船快速精确的控制技术和雷达跟踪、导弹制导技术发展之快令人惊奇. 战后,随着大战期间很多理论及实践成果的公开,控制理论出现了蓬勃发展的新阶段. 1948 年,伊文思(W. R. Evans)提出了根据系统参数变化时特征方程根变化的轨迹来研究控制系统的"根轨迹"理论,创建了用微分方程模型来分析系统性能的整套方法. 至此,控制理论发展的第二阶段——自动调节阶段基本完成. 建立在频率法和根轨迹法基础上的理论,通常称为经典控制理论.

第三阶段是现代控制理论的发展形成期. 20 世纪 60 年代,人造地球卫星空间技术的发展,要求实时地、高精度地处理多变量和非线性控制问题. 由于数字计算机技术日趋成熟和完善,这样就有可能在研究中利用标准式或状态形式的常微分方程作为数学模型,直接在时域内进行大量复杂的解算、设计以及实现高度完备的最优控制,并逐步形成了一套完整的、以状态空间表达式为分析和综合工具的理论,这就是有别于"经典"的"现代控制理论". 最优控制理论也是在这段时期由庞特里亚金(Л. С. понтряин)、贝尔曼(R. Bellman)、卡尔曼(R. E. Kalman)等提出来的.

第四阶段是当代控制理论的百花争艳时期. 从 20 世纪 70 年代末开始,控制理论向着"复杂系统理论""智能控制理论"等方向发展,并形成若干分支,如鲁棒控制、模糊控制、动态系统辨识、自适应控制、大系统理论等. 其中,智能控制的概念和原理主要是针对被控对象、环境、控制目标或任务的复杂性提出来的,它的指导思想是依据人的思维方式和处理问题的技巧,解决那些目前需要人的智能才能解决的复杂控制问题. 目前,依靠闭环控制、人工智能、视觉检测和全球定位系统等理论和技术的综合应用,正在使汽车自动安全驾驶逐渐成为可能.

作为标志性和较为系统的控制理论,经典控制理论和现代控制理论的特点见表 1.1.

表 1.1   经典控制理论和现代控制理论的特点

特点 ＼ 阶段	经典控制理论	现代控制理论
研究的主要问题	建模与分析、稳定性、控制策略	建模与分析、系统特性、控制策略
研究对象	单输入-单输出线性自调系统	多输入-多输出复杂系统
分析、设计方法	频域法	时域法
研究工具	拉氏变换	矩阵和向量
数学模型	传递函数	状态空间表达式
理论基础	以反馈为中心的经典控制理论	现代控制理论
分析与综合	(1) 在给定一类特定的输入情况下,分析输出的响应、综合; (2) 根据给定的某种指标来设计系统的参数与校正网络	(1) 揭示系统对控制和初始状态的依赖关系,研究其可能影响的性质和程度; (2) 探讨在一定参数和指标条件下可能达到的极值或最佳状态(最优控制)

1.2 控制系统的反馈工作原理及其组成

1.2.1 控制系统的反馈工作原理

在各种生产过程以及生产设备中,常常需要使某些物理量,如温度、压力、位置、转速等保持恒定,或者让它们按照一定的规律变化.要满足这些条件,就应对生产过程或设备进行及时的控制和调整,以抵消外界的干扰和影响.那么,控制系统是怎样实现对这些物理量自动控制的呢? 为了回答这个问题,我们还是先看看恒温控制系统这个例子,研究一下它是怎样实现恒温控制的.在这个基础上再总结出控制系统的共同规律.

实现恒温控制有两种方法:人工控制和自动控制.然而,很多自动控制都是受到人工控制的启发而实现的.

1. 人工控制

图 1.1 为一个人工控制的恒温控制箱.人工控制的任务是克服外来干扰,如电压波动、环境温度变化等以保持恒温箱的温度恒定.这可以通过移动调压器活动触头来改变加热电阻丝的电流,以达到温控的目的.箱内温度是由温度计进行测量的.人工调节过程可归纳如下:

(1) 观察由测量元件(温度计)测出的恒温箱的温度(被控制量).

(2) 与要求的温度值(给定值)进行比较,得出偏差的大小和方向.

(3) 根据偏差的大小和方向再进行控制.当恒温箱温度高于所要求的给定值时,就移动调压器触头将电流减少,使温度降到正常范围内;若低于给定的温度,则移动调压器触头将电流增加,使温度升到正常范围.

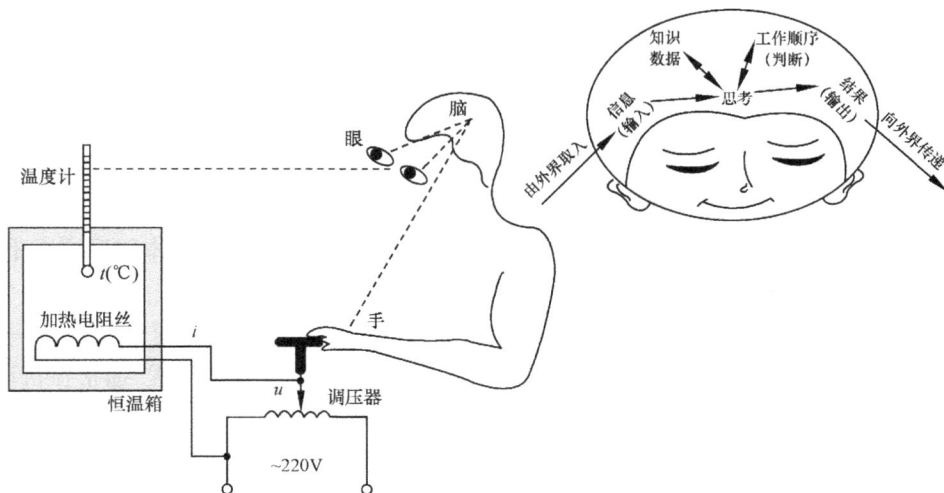

图 1.1 人工控制的恒温控制箱

因此,人工控制的过程就是测量、求偏差、再控制以纠正偏差的过程.简单地讲,就是"检测偏差用以纠正偏差"的过程.

显然,完成这一过程需要一个检测温度用的测量元件(温度计)和一个纠正偏差用的控制元件(调压器),而被控制量(恒温箱温度)与给定温度的比较,以及决定怎样去控制调压器,这些都是分别通过人的眼、脑、手来实现的.这里眼睛起观察、检测的作用;脑起比较作用,得出偏差大小和方向;手起执行作用.对于这样简单的控制形式,如果能找到一个控制器代替人的各种器官职能,那么这样一个人工调节系统就可以变成自动控制系统了.

2.自动控制

图1.2就是根据上述替代方法构成的自动恒温控制系统.在这个系统中,恒温箱的温度是由给定信号电压 u_1 设定的,当外界因素引起箱内温度变化后,作为测量元件的热电偶将与温箱温度相对应的电压信号 u_2 测量出,并反馈回去与给定信号 u_1 进行比较,所得结果 $\Delta u = u_1 - u_2$,即为温度的偏差信号,经过电压、功率放大器放大后去控制执行电机的旋转速度和方向,并通过传动装置(减速器)旋动调压器活动触头,当箱内温度偏高时,使调压器减小加热电流,反之加大电流,直到温度达到给定值,此时,偏差信号 $\Delta u = 0$,电机停止.这样,就完成了所要求的控制任务,而所有这些元件便组成了一个自动控制系统.

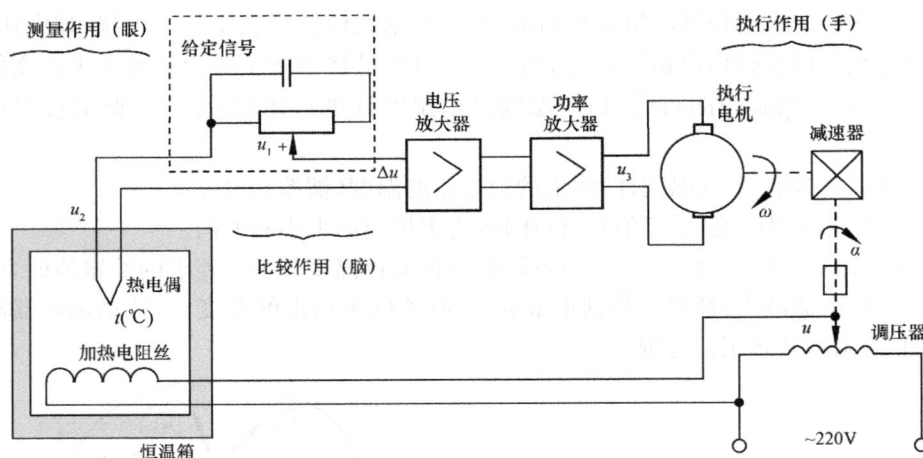

图1.2 恒温箱的自动控制系统

上述自动控制系统和人工控制系统是极相似的:测量元件类似于操纵者的眼睛(测量作用),控制器类似于操纵者的头脑(比较作用),执行元件类似于操纵者的肌体和手(执行作用).

3.反馈控制原理

通过上面的分析可以看出,不论人工控制还是自动控制,它们都有两个共同点:一是检测偏差;二是用检测到的偏差去纠正偏差.可见,没有偏差便没有调节过程.通常在自动控制系统中,给定量称为控制系统的输入量,被控制量称为系统的输出量.反馈就是指输出量通过适当的测量装置将信号的全部或一部分返回到输入端,使之与输入量进行比较的意思,比较的结果称为偏差.控制系统就是根据这一偏差的大小和方向进行工作,以使偏差减小或消除,从而使输出量复现输入量.因此,基于反馈基础的"检测偏差用以纠正偏差"这一原理又称为反馈控制原理.根据反馈原理组成的系统称为反馈控制系统.

现将图1.2画成图1.3方块图形式.图中方块代表系统的各个组成部分;⊗代表比较元件;方块两边直线及其标注代表该组成部分在控制过程中相互作用的物理量;箭头代表作用

的方向.这种方块图又称结构方块图,对于了解系统的作用原理是显而易见的.同时还可以看出,被调节量(温度)是系统的输出量,给定的电压信号是系统的输入量.偏差通过热电偶将输出量反馈到输入端与输入量比较而得.

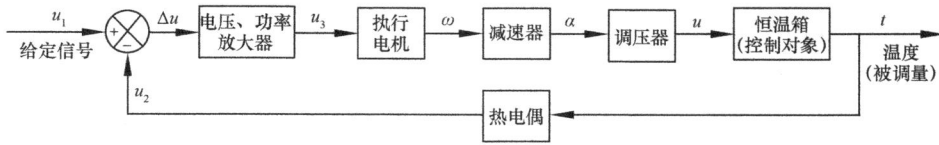

图 1.3　恒温箱温度控制系统方块图

为了更清楚地说明按反馈原理构成控制系统的普遍性,下面再举一个例子.图 1.4(a)和(b)分别为一控制工作台位置的电液反馈控制系统的工作原理图和方块图,该控制系统的目的是控制工作台的位置,使之按指令电位器给定的规律变化.操作者移动指令电位器的滑臂,滑臂的角度位置 θ_r 被转换成控制电压 u_r.被控制的工作台位置由反馈电位器检测,转换成电压 u_c.当工作台的位置与指令信号的位置有偏差时,通过由两个电位器接成的桥式电路而得到该偏差电压 $u_1 = u_r - u_c$,当开始指令电位器和反馈电位器的滑臂都处于右端位置时,$u_r = 0$、$u_c = 0$,故 $u_1 = u_r - u_c = 0$ 即没有偏差信号,工作台处于静止状态.若突然给一指令信号,将指令电位器的滑臂移到中间位置,假设此时 $u_r = 15\text{V}$,而在负载(工作台)改变位置之前瞬间,反馈电压 $u_c = 0$,所以工作台与指令信号位置间的偏差电压 $u_1 = 15\text{V} - 0\text{V} = 15\text{V}$.该偏差电压经放大后变为电流信号去控制伺服阀,伺服阀便输出压力液压油,使液压缸推动工作台移动,以减小偏差,直到反馈电位器滑臂达到中间位置,$u_c = 15\text{V}$,即输出完全复现输入.此时偏差电压为零($u_1 = 15\text{V} - 15\text{V} = 0$).伺服阀恢复零位而不再输出压力油,液

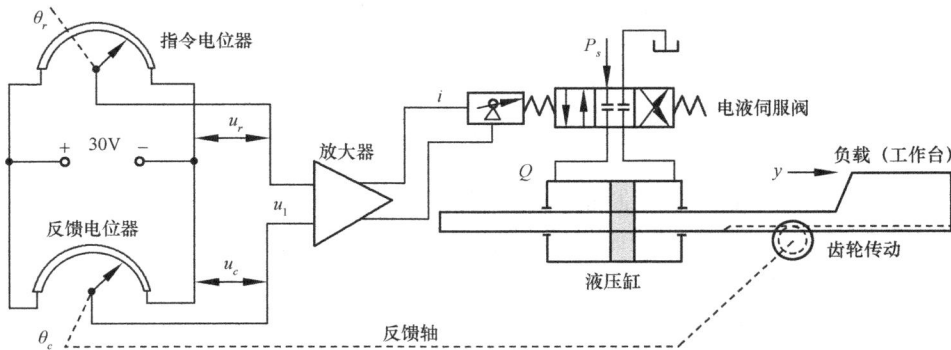

(a) 位置控制系统原理图

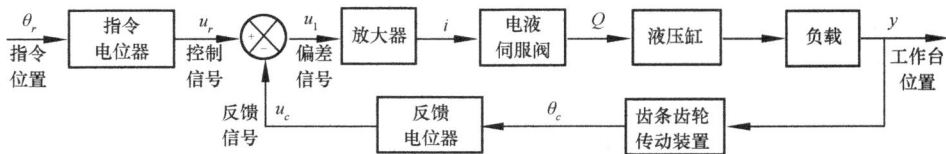

(b) 系统的方块图

图 1.4　工作台位置控制系统

压缸活塞便停止运动,于是工作台达到了指令信号所规定的位置.如果指令电位器滑臂位置不断改变,则工作台位置也跟随着不断变化.从这个例子可以看出:为了使被控制量与控制作用之间保持所需要的函数关系,系统不断地对被控制量进行检测,并把测得的输出量返回到输入端,使之与输入量进行比较得出偏差信号,再用这个偏差信号来控制系统运动,以便随时消除偏差,从而实现工作台位置(被控制量)按照指令电位器的规律变化的目的.

从以上举的这些例子可以看出,反馈控制系统有两个最主要的特点:一是有反馈存在,二是按偏差进行控制.实现自动控制的装置可以各不相同,但反馈控制原理却是相同的.反馈控制是实现自动控制最基本的方法,并得到了广泛应用.它不仅可以实现对物理量的恒值控制,而且可以实现被控制量复现控制量的变化规律的随动控制.

1.2.2 反馈控制系统的基本组成

1. 反馈控制系统的组成元件

通过上面反馈控制系统工作过程的分析可以看出:对于一个控制系统来说,不管其结构多么复杂,用途各种各样,但它都是由一些具有不同职能的基本元件所组成的,图 1.5 就是一个典型的反馈控制系统,它表示了这些元件在系统中的作用、位置和其相互间的联系,作为一个典型反馈系统应该包括检测偏差所必需的反馈元件、控制元件、比较元件以及用以纠正偏差所必需的放大变换元件和执行元件等.

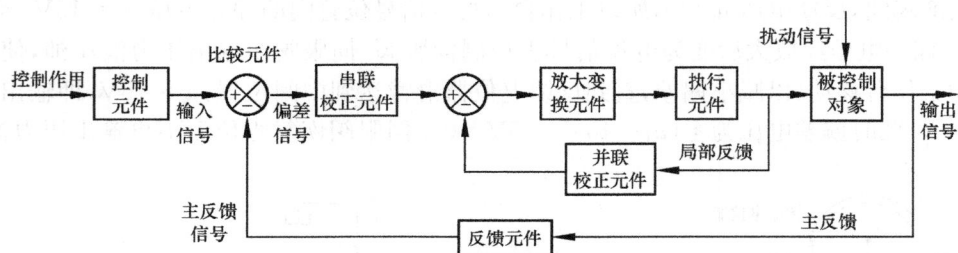

图 1.5 典型反馈控制系统方块图

控制元件:主要用于产生控制信号.引起控制信号变化的原因则称为控制作用.如图 1.4(a)中的指令电位器就是控制元件,而控制作用乃是引起电位器滑臂移动的力.

反馈元件:它产生与被控制量有一定函数关系的反馈信号.这种反馈信号可以是被控制量本身,也可以是它的函数或导数.如图 1.4(a)中的反馈电位器.此外,自整角机、回转变压器以及传感器等测量元件都可以作为反馈元件.

比较元件:它是用来比较控制信号和反馈信号并产生反映两者差值的偏差信号的元件,如图 1.4(a)中的电位器电桥.此外,机械式差动装置、工作在变压器状态下的自整角机等都可作为比较元件.

放大变换元件:把偏差信号放大并进行能量形式(电气、机械、液压)转换,使之达到足够的幅值和功率的元件,如图 1.4(a)中的放大器、电液伺服阀等.

执行元件:根据控制信号的运动规律直接对控制对象进行操作的元件,如图 1.4(a)中的液压缸.常作为执行元件的有液压马达和电动机等.

控制对象:简称对象,就是控制系统所要操纵的对象,即负载.它的输出量即为系统的被控制量. 如图 1.4(a) 中的工作台等.

以上是构成反馈控制系统的最基本的不可缺少的部分. 此外, 还有:

校正元件: 或称校正装置. 它是为了改善系统的控制性能而加入系统里的. 串联接在系统前向通路内的校正装置称为串联校正元件. 接成反馈形式的校正装置称为并联校正元件 (或称为局部反馈).

2. 反馈控制系统的信号

输入信号 (又称输入量、控制量或给定量): 它是控制输出量变化规律的信号. 而输入量则又广义地泛指输入控制系统中的信号, 如给定信号, 也包括扰动信号.

输出信号 (又称输出量、被控制量或被调整量): 它的变化规律是要加以控制的, 应保持与输入信号之间有一定的函数关系.

反馈信号 (或称反馈): 从系统 (或元件) 输出端取出信号, 经过变换后加到系统 (或元件) 输入端, 这就是反馈信号. 当它与输入信号相同, 即反馈结果有利于加强输入信号的作用时称为正反馈. 反之, 符号相反抵消输入信号作用时称为负反馈. 直接取自系统最终输出端的反馈称为主反馈. 主反馈一定是负反馈, 否则偏差越来越大, 直至使系统失去控制. 除主反馈外, 有的系统还有局部反馈, 这主要是用来对系统进行校正、补偿或线性化而加入的.

偏差信号 (或称偏差): 它是控制信号与主反馈信号之差, 有时也称为作用误差.

误差信号 (或称误差): 它是指系统输出量的实际值与希望值之差. 在很多情况下, 希望值就是系统的输入量.

这里要注意, 误差和偏差不是同一概念. 只有在全反馈系统中, 误差才等于偏差.

扰动信号 (又称扰动或干扰): 除控制信息以外, 对系统输出产生影响的因素都称为扰动. 如果扰动产生在系统内部, 称为内扰; 产生在系统外部, 则称为外扰. 外扰也是系统的一种输入量.

1.2.3 开环控制系统与闭环控制系统

工业上用的控制系统, 根据有无反馈作用, 又可分为开环控制系统和闭环控制系统两类.

1. 开环控制系统

如果系统的输出端和输入端之间不存在反馈回路, 输出量对系统的控制作用没有影响, 这样的系统就称为开环控制系统.

图 1.6 为一开环速度控制系统. 它根据控制信号的大小和方向来控制负载转速的大小和方向. 原理很简单, 控制信号通过放大器放大, 输出一电流给电液伺服阀, 伺服阀就输出一定流量供给液压马达带动负载以一定的转速运动. 这个系统对被控制量 (负载转速) 不进行任何检测. 因为没有反馈也谈不上与控制信号进行比较, 以产生偏差信号来对系统进行再控制. 它仅是根据控制信号来对负载进行控制的. 因此, 开环控制系统的精度主要取决于系统的校准精度, 取决于在工作过程中保持校准值以及组成系统的元件特性和参数值的稳定程度.

如果系统不存在内部扰动和外部扰动, 且元件参数比较稳定, 开环系统是比较简单并且可以保证足够精度的. 但当系统存在扰动的情况下, 如果被控制的输出量偏离给定量, 开环系统就没有纠正的能力了. 如图 1.6 所示的系统, 当负载力矩增加时, 阀的流量随负载压力

（a）系统原理图

（b）系统方块图

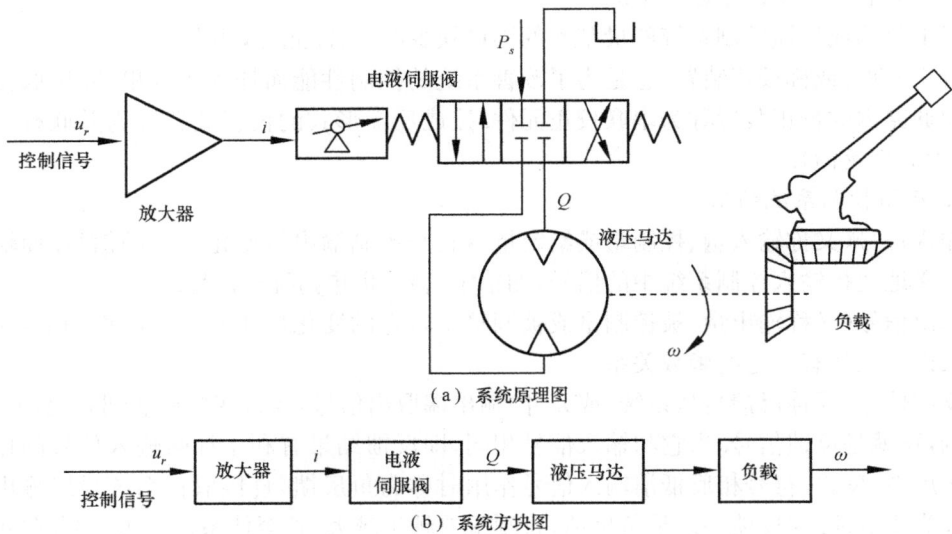

图 1.6　开环速度控制系统

的增加而减小,以及液压系统内漏损增加等原因,就会造成液压马达转速的降低.因为没有反馈比较,就没有办法自动校正输出量到给定值,因此使开环系统精度降低.为了对其进行补偿就必须借助人工改变输入量.

2.闭环控制系统

凡是系统的输出端与输入端间存在反馈回路,即输出量对控制作用有直接影响的系统,称为闭环系统.所以,反馈系统也就是一个闭环控制系统.换句话说"闭环"的含义,就是应用反馈作用来减小系统的误差.如果对图 1.6 的开环控制系统引入反馈回路,即用测速发电机直接检测被控制量(负载转速),然后反馈到输入端就构成了闭环控制系统,如图 1.7 所示.

闭环控制系统突出的优点是精度高,不管什么干扰只要被控制量的实际值偏离给定值,闭环控制就会产生控制作用来减少这一偏差.

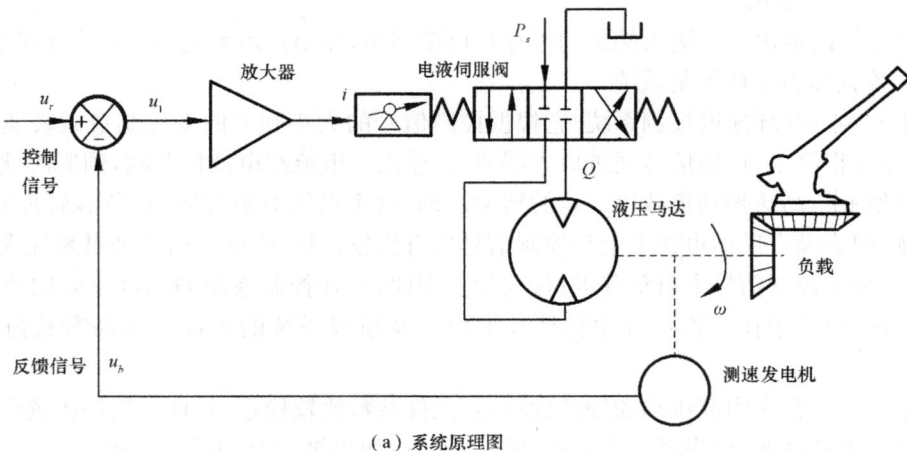

（a）系统原理图

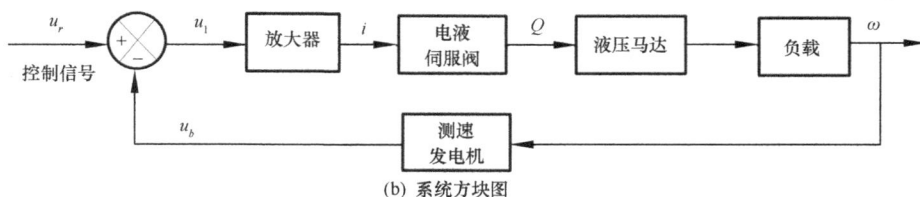

(b) 系统方块图

图 1.7 闭环速度控制系统

但是,闭环系统也有它的缺点.由于实现闭环反馈,系统需要检测元件,且系统精度要求越高,检测元件的精确度或分辨率也要求越高,直接增加了系统的成本,提高了系统复杂性.由于组成系统的元件(尤其是负载)存在可能的惯性,传动链的间隙、运动件的摩擦、不适当的调节参数等因素将会引起系统的工作品质劣化,甚至无法正常稳定工作.精度和稳定性之间的矛盾始终是闭环系统存在的主要矛盾之一.

3. 闭环与开环控制系统比较

闭环系统的优点是采用了反馈,因此对外扰动和系统内参数的变化引起的偏差能够自动纠正.这样就可以采用精度不太高而成本比较低的元件组成一个精确的控制系统.而开环系统却相反,因为没有反馈,故没有纠正偏差的能力,外扰动和系统内参数的变化将引起系统的精度降低.

从稳定性的角度看,开环系统比较容易建造,结构也比较简单,因为开环系统稳定性不是重要问题.而闭环系统不然,稳定性始终是一个重要问题,参数如果选得不适当,将会造成系统振荡,甚至使系统完全失去控制.

应该指出,当系统的输入量能预先知道,并且不存在任何干扰时,采用开环控制比较合适.只有当存在着无法预计的扰动或系统中元件的参数存在着无法预计的变化时,采用闭环控制的优点才显得特别突出.由于闭环控制系统中采用的元件数量比相应的开环控制系统多,因此闭环控制系统的成本和功率等通常比较高.而系统输出功率的大小在某种程度上确定了控制系统的成本、重量和尺寸.

1.3 控制系统的分类

控制系统的种类很多,应用的范围也很广,它们的结构、性能和完成的任务也各不一样,加之研究的角度不同,因此控制系统的分类方法也很多,常有以下几种主要分类方法.

1.3.1 按照给定量的运动规律分

1. 自动调节系统(或恒值控制系统)

当给定量是一个恒值时,称为自动调节系统或恒值控制系统.在图 1.4(a)的线路中,如果将指令电位器滑动臂 θ_r 固定不动,这时输入信号(从电位器滑臂上引出的电压 u_r)保持恒值,这样就得到一个液压工作台的位置恒值控制系统.生产工艺要求温度、流量、压力等保持恒值的控制系统都属于这一类.输入信号所保持的恒定值和被调整的变量所要求的值是相对应的.当然,给定值随着生产条件的变化也是变化的.但一经调整后,被调整量就应与给定的调整值一致.

对于恒值控制系统,一般设计和分析的重点是研究各种干扰对被控对象的影响,以及从克服干扰的角度对系统进行设计计算,也就是在存在扰动的情况下,如何将实际的输出量保持在希望的给定值上.

2. 随动系统

这种系统的控制作用是时间的未知函数,即给定量的变化规律是事先不能确定的,要求输出量能够准确、迅速地复现给定量(即输入量)的变化,这样的系统称为随动系统.对于图 1.4(a),假设指令电位器的滑臂用手或者自动跟随着某一个测量仪器读数变化而改变时,工作台的位置与滑臂的位置便有一定的函数关系,则可以认为图 1.4(a)是一个随动系统.随动系统应用极广,如雷达自动跟踪系统、火炮自动瞄准系统、某种电信号的笔记录仪等.它们的输入量事先都是未知的,而输出量有的是机械位移,有的是速度、加速度或力.像这样具有机械量输出的随动系统通常又称为伺服系统,如位置伺服系统、速度伺服系统等.

图 1.8 为一火炮自动瞄准随动系统的结构方块图.指挥仪把雷达测到的运动目标参数(方位角或高低角 $\theta_r(t)$)与火炮的实际位置 $\theta_c(t)$ 不断地在受信仪中进行比较.当火炮没有对准目标时,即产生一个失调角 $\theta(t)=\theta_r(t)-\theta_c(t)$,由受信仪输出一个与失调角 $\theta(t)$ 成比例的电压 u_θ,经放大器放大后送给控制电机,控制电机通过减速器带动液压放大器滑阀,经液压放大器将力放大后拖动液压泵变量机构,泵输出的液压油使液压马达按一定方向和转速旋转,通过传动装置,一方面带动火炮自动瞄准跟踪,另一方面带动反馈轴转动,消除与传动装置的失调角.当失调角等于零时,火炮即处于瞄准好目标的状态.实际上,指挥仪不断地发出指令,火炮也在不停地跟踪.

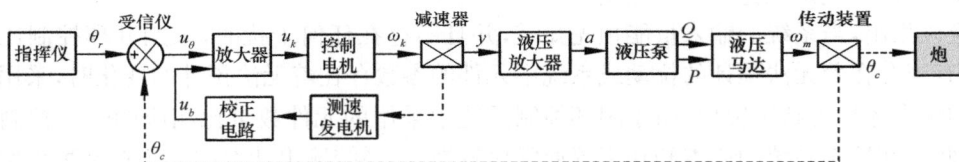

图 1.8 火炮自动瞄准随动系统

1.3.2 连续控制系统和离散控制系统

1. 连续控制系统

连续控制系统是指组成系统的各个环节的输入信号和输出信号都是时间的连续信号.上面所举的恒值调节系统和随动系统的例子都属于连续控制系统.连续控制系统一般采用微分方程作为分析的数学工具.

2. 离散控制系统

如果控制系统中的信号为离散信号,则它就属于离散控制系统.离散信号的特征是只有在离散时刻才有数值,而在两个离散时刻之间是没有信号的.脉冲信号和数字信号都属于离散信号.连续信号经过采样开关的采样,可以转换成离散信号,如图 1.9 所示.离散控制系统的动态性能一般采用差分方程来描述.

3. 采样离散控制系统

如果控制系统中既有连续信号又有离散信号,一般就称为采样离散控制系统.工业计算机控制系统就是采样离散控制系统.如图 1.10 所示.

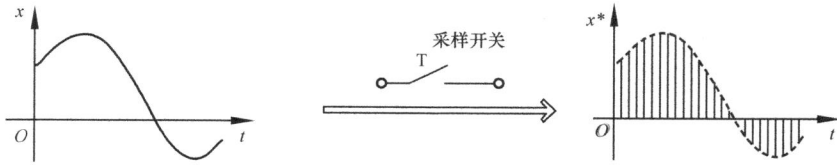

图 1.9　连续信号转换为离散信号

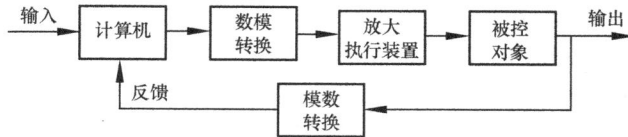

图 1.10　计算机控制系统方块图

图 1.11 是用计算机作为控制器的电炉温度控制系统的原理图.电炉内的温度由热电偶测量,热电偶测得的模拟量温度通过模数转换器转变为数字量温度,数字量温度通过接口设备传送到计算机.这个数字量温度与编程输入温度进行比较,如果存在某种差别(误差),计算机就会通过输出接口、放大器和继电器向加热器发送信号,从而使炉温达到要求的温度.

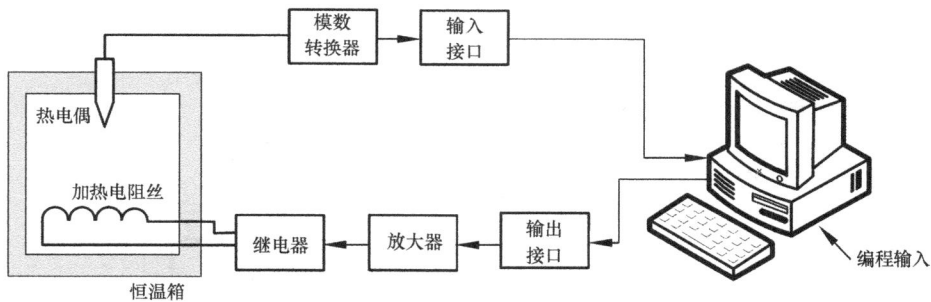

图 1.11　温度控制系统

将计算机引入控制系统的优点是:

(1) 可以计算和存储在不同工作情况下的最优设定值(作为控制系统的输入信号),使系统实现最优控制;

(2) 用软件(程序)可方便地实现各种控制规律,以适应系统所提出的性能要求;

(3) 利用离散信号的传递,可以有效地抑制噪声,从而提高系统的抗干扰能力;

(4) 可以对系统参数和变量进行检测、显示、打印和报警,提高系统的自动化程度;

(5) 可以分时控制,实现一机多用,提高控制设备的利用率.

所以,计算机(特别是微型计算机)控制系统目前正在各个生产领域中被广泛采用.

1.3.3　线性系统和非线性系统

1. 线性系统

如果在动态系统中,各环节的输入、输出特性都是线性的,则称为线性系统.线性系统的主要特点是可以应用叠加原理来处理输入与输出之间的关系.线性系统的状态和性能可用微分(或差分)方程来描述.

若系统为线性定常系数微分(或差分)方程,如

$$\ddot{y}(t) + a\dot{y}(t) + by(t) = cr(t)$$

则称该系统为线性定常系统(或者称线性时不变系统).以传递函数为基础的经典控制理论主要适用于线性定常控制系统的研究.

如果描述系统性能的线性方程中系数不是常数,而是时间的函数,如

$$\ddot{y}(t) + a(t)y(t) + b(t)y(t) = c(t)r(t)$$

则称该系统为线性时变系统.例如,带钢卷筒或运载火箭,由于卷径变化或燃料消耗,它们的质量和惯性均随时间而变化,这类系统就是时变系统.

图 1.12 为在造纸、纺织行业广泛应用的恒张力控制系统.生产工艺要求纸张必须以接近恒定的张力卷到卷筒上.张力的减小将引起松滚,而张力的增大可能引起纸张断裂.若卷绕的角速度是不变的,当卷筒直径增大时,则纸张的线速度以及它的张力会增大.通过适当地改变卷绕的速度,可以达到控制张力的目的.图中纸张通过上面的两个跨轮和一个导滚,约束导滚只能垂直运动,导滚的重量由纸的张力和弹簧支撑.张力的任何变化在垂直方向上移动导滚,张力增大时,导滚向上运动,张力减小时,导滚向下运动.用导滚的垂直运动来改变驱动电动机的励磁电流,从而改变滚筒的角速度,达到调节张力的目的.

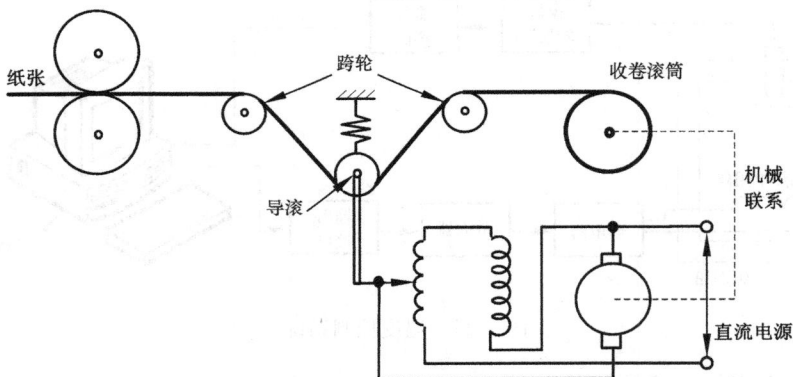

图 1.12　恒张力卷取系统

2. 非线性系统

在动态系统中,只要有一个元部件的输入输出特性是非线性的,就要用非线性微分方程(或差分方程)来描述其性能.如

$$\ddot{y}(t) + \dot{y}(t) + y^2(t) = r(t)$$

凡是用非线性方程描述的系统就叫非线性系统,其特点是非线性方程的系数与变量有关.非线性系统不适用叠加原理.

严格地说,各种物理系统总具有不同程度的非线性,如图 1.13 放大器和电磁元件的饱和特性(a)、运动部件的死区(b)、间隙(c)等.在控制系统中,对于非线性不很严重的环节,通常采用在一定范围内使非线性特性线性化的方法,近似为线性环节.

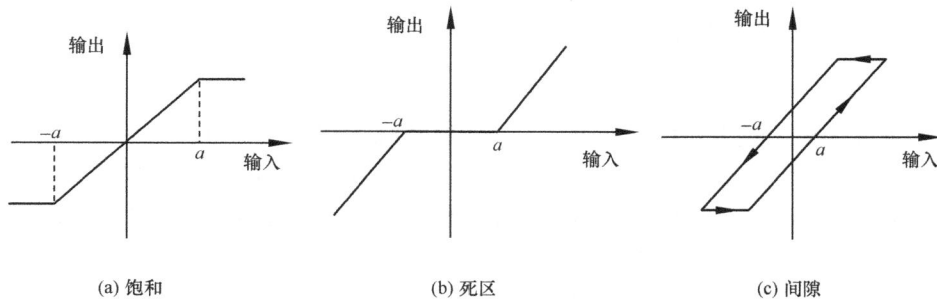

(a) 饱和　　　　　　　　(b) 死区　　　　　　　　(c) 间隙

图 1.13　常见的非线性特性

1.3.4　单输入单输出系统和多输入多输出系统

1. 单输入单输出系统

单输入单输出系统是指只有一个输入量和一个输出量的控制系统. 这类系统的分析方法主要有以传递函数为基础的时域法和频域法. 为避免高阶系统动态分析中的计算困难, 以及为系统提供工程实用方法, 控制系统的研究由时域法转到了频域法, 并形成了至今仍被广泛而成功应用的所谓"经典控制理论".

2. 多输入多输出系统

随着控制技术的发展, 控制系统逐渐变得复杂, 出现了信号多、回路多、变量多, 而且相互之间又有耦合, 即所谓多输入多输出系统, 又称多变量系统, 如图 1.14 所示. 对于控制系统, 不仅需要研究输入输出特性, 有时还需要从系统出发, 研究其内部状态的变化规律, 以及相互间的关系; 要求在一定的控制

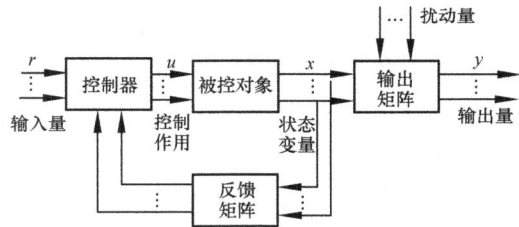

图 1.14　多变量系统示意图

约束和某些性能指标下, 实现最优运行. 于是形成了以状态空间为基础的所谓"现代控制理论".

图 1.15 为高速列车自动刹车控制系统方块图. 检测装置随时将列车的实际位置以及当前的速度、加速度反馈到控制器与给定的列车停止的距离进行比较. 给出最佳的控制规律, 并通过放大器、制动系统对列车实施控制.

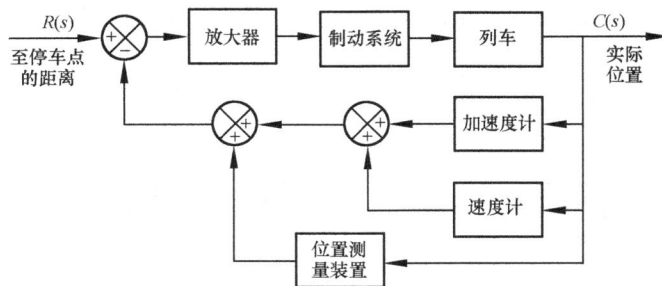

图 1.15　铁路高速列车自动刹车控制系统

1.3.5 定常系统和时变系统

1. 定常系统

定常系统又称为时不变系统,其特点是:描述系统运动的微分方程或传递函数,其系数均为常数;在物理上它代表结构和参数都不随时间变化的这一类系统;反映在系统特性上,系统的响应特性只取决于输入信号的形状和系统的特性,而与输入信号施加的时刻无关. 若系统在输入 $r(t)$ 作用下的响应为 $y(t)$,当输入延迟一时间 τ,则系统的响应也延迟同一时间 τ 且形状保持不变. 定常系统的这种基本特性给分析研究带来了很大的方便.

2. 时变系统

如果系统的参数或结构是随时间而变化的,则称为时变系统. 实际工程应用中,由于负载大小、环境温度等各种因素的变化,被控系统的时变现象普遍存在. 较明显的工程时变系统可以火箭或带钢卷筒控制系统为例,在运行过程中随着燃料不断地消耗或卷筒卷绕带钢后直径的变化,使得系统的质量或惯性随时间而变化,故它们属于时变系统. 时变系统的特点是:由于系统的参数或结构是随时间变化的,描述系统运动的方程为时变方程;反映在特性上,系统的响应特性不仅取决于输入信号的形状和系统的特性,而且与输入信号施加的时刻有关,这给系统的分析研究带来了困难.

在控制理论中内容完整且便于实用的是定常系统部分,而时变系统理论在数学上平添难度,应用起来尚不够便捷和成熟. 虽然严格来说,在运行过程中由于各种因素的作用,要使实际系统的参数完全不变是不可能的,定常系统只是时变系统的一种理想化模型,但是,只要参数的时变过程比系统的运动过程慢得多,则用定常系统来描述实际系统所造成的误差就很小,这在工程上是容许的. 而大多数实际系统的参数随时间变化并不明显,按定常系统来处理可保证足够的精确度.

1.4 控制理论在非工程领域的应用

前面讨论了自动控制在各工程领域中的应用. 虽然控制理论最初是由工程学科发展起来的,但由于所包含的原理的普遍性,并没有只限于工程范围. 控制理论在经济学、社会学和生物学等领域中,同样得到了广泛的应用,下面给出几个例子.

例 1.1 图 1.16 描述了从系统编制方针、生产计划制定,到生产、分类包装、保管、发货直到交付用户的生产、物流控制系统的全过程. 这里重要的是实现物流流量的均匀控制. 订单是系统的反馈量,构成了一个物流的闭环控制系统. 可建立起系统的数学模型,分别研究其对生产计划、生产、收入订单、编制方针的灵敏度等,从而得出必要的结论.

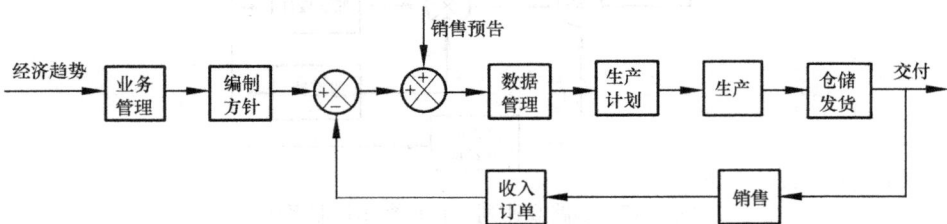

图 1.16 物流控制系统

例 1.2 数学模型还可以用来研究比单一商业组织范围大得多的许多经济问题,如有关国民收入、经济管理政策、私人商业投资、商品生产、纳税和消费者开支等的经济关系. 图 1.17 就是描述这种具有反馈联系的国民经济控制系统模型. 借助这个反馈模型,经济工作者就可以分析了解管理政策、私人投资对国民收入的全部影响. 例如,研究:

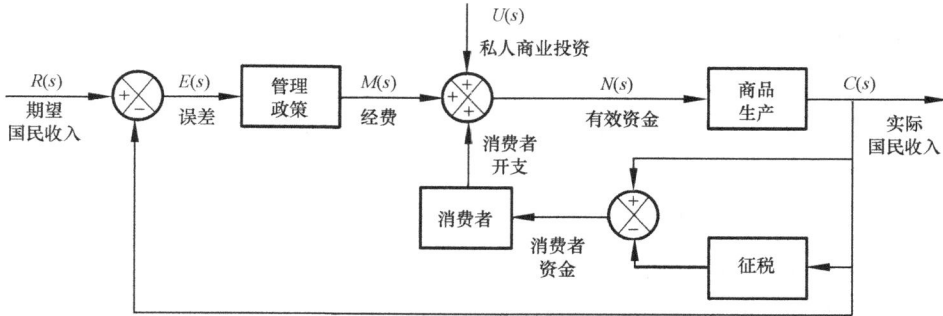

图 1.17　国民经济控制系统模型

(1) 私人商业投资 $U(s)$ 为零时,政府的管理政策对实际国民收入的影响(即 $C(s)/R(s)$).

(2) 政府不起控制器作用时(断开大闭环),私人商业投资 $U(s)$ 对实际国民收入 $C(s)$ 的影响(即 $C(s)/U(s)$). 当然,我们还可以评价这个系统的稳定性和对每个环节的灵敏度.

例 1.3 图 1.18 表示采用电子心脏起搏器调节人工心脏速度的方块图. 图中假定起搏器的数学模型为一惯性环节,传递函数为 $G_p(s)=K/(0.05s+1)$,心脏相当于一个纯积分器. 将实际心脏的跳动速度与期望的心脏速度进行比较,当有偏差 $E(s)$ 出现的时候,就用它激励起搏器,使心脏的跳动速度一直保持期望的状态.

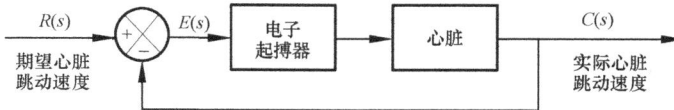

图 1.18　心脏起搏器速度控制系统

例 1.4 图 1.19 所示是肢体移动的电激活控制系统,根据电脉冲,使麻痹的肢体收缩,

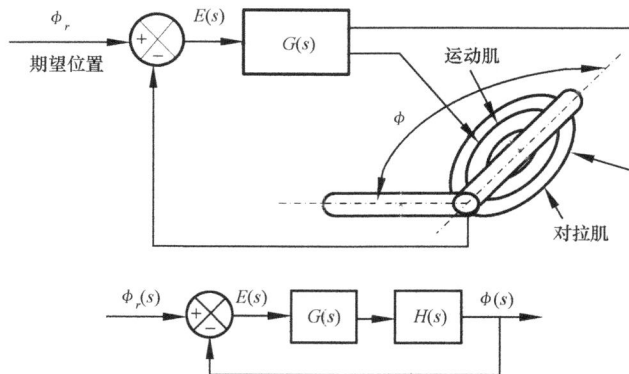

图 1.19　肢体移动的电激活控制系统

执行人手的职能运动.图 1.19 表示的是用常规控制系统概念组成的反馈控制系统.电控制器 $G(s)$ 供给电信号收缩肌肉(运动肌)和反抗肌肉(对拉肌),以激活肢体运动角度 ϕ.当移动的位置 $\phi(s)$ 与期望位置 $\phi_r(s)$ 不一致时,用产生的偏差 $E(s)$ 继续控制到期望的位置.

上面引用的例子虽然简单,但也说明了控制原理的普遍适用性.在各种非工程领域中更复杂、完整、大型的反馈模型对系统的分析很有效.这些领域中的控制技术正在急速发展,并具有广阔的前景.

1.5　对控制系统的要求及常用典型控制信号

1.5.1　对控制系统的基本要求

生产过程对控制系统有一定的具体要求,但由于控制对象的不同、工作的方式不同、完成的任务不同,对系统的品质指标的要求也往往不一样.但是自动控制技术是研究各类控制的共同规律的一门技术,所以反映反馈控制系统的主要性能和其他类型系统一样,一般可归纳为稳定性、快速性和准确性(稳态精度),即稳、快、准.

1. 稳定性

由于系统存在各种不同的储能元件,当系统的各参数配合不当时,将会引起系统的振荡而失去工作能力.因此,任何一个控制系统,要想令人满意地工作,首先应该是稳定的,也就是说应该具有这样的性质:处于平衡状态的系统,在干扰作用下输出量偏离给定输入量的值(即偏差)应该随着时间增长逐渐趋近于零.稳定乃是控制系统正常工作的首要条件,而且是最重要的条件.必须指出,稳定性的要求应该考虑到满足一定的稳定裕度,以便照顾到系统工作时参数可能发生的变化.

2. 快速性

快速性是衡量系统性能的一个很重要的指标.在系统稳定的前提下,所谓快速性就是指当系统的输出量与给定的输入量之间产生偏差时,消除偏差的过程的快慢程度,由于分析和研究控制系统的方法不同,快速性一般有两种提法.一种是时域提法,用调整时间 t_s 表示,即在阶跃信号作用下,输出瞬态响应达到并保持在稳态值的允许误差范围内所需要的时间,如图 1.20(a)所示.另一种是频域提法,用带宽表示.即系统输入正弦信号,随频率增加,当输出量的幅值衰减到输入量的 70.7% 时,所对应的频率范围 $0 \sim \omega_b$ 称为带宽,如图 1.20(b)所示.

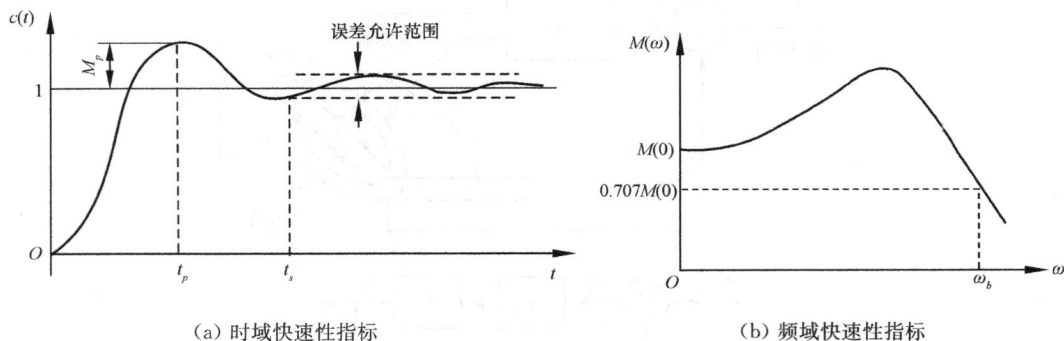

（a）时域快速性指标　　　　　　　　　　（b）频域快速性指标

图 1.20　系统的快速性指标

调整时间和系统带宽均能反映系统的快速性能,显然,在一定条件下它们之间有内在的联系.此外,还经常要求过渡过程中振荡不要太厉害,保证平稳性,故对振荡次数、超调量也有一定要求.通常把调整时间、振荡次数和超调量三者统称为系统的动态品质指标.

3. 准确性

准确性指在调整过程结束后输出量与给定的输入量之间的偏差(又称为稳态精度),也是衡量系统工作性能的重要指标.我们总是希望由一个稳态过渡到另一个稳态,输出量尽量接近或复现给定的输入量,这就是稳态精度要高.由于外扰动和给定的输入量经常变化,尽管系统实际上经常处在不断调整的过程中,但对缓慢变化的干扰或给定的信号在一定的时间内总还可以看成相对不变的.对于同一系统,变化规律不同,稳态精度也不同.

综上所述,控制系统的设计原则可以归纳如下:

(1) 任何控制系统首先必须是稳定的,这是一个基本要求,即绝对稳定性;

(2) 响应速度快,具有合理的阻尼;

(3) 尽量小的允许稳定误差;

(4) 稳定性和稳态误差间始终存在矛盾,处理方法就是选择有效的折中方案.

1.5.2 典型控制信号

一般来说,控制作用所引起的执行机构的运动,在大多数情况下都是比较复杂的时间函数.这些控制作用大都是按照任意的或者事先给出的复杂规律而变化的.在对控制系统进行分析、研究时,事先不可能预测到输入信号变化的实际情况.考虑到对系统研究分析的需要,通常是在各种作用中选出一种(或几种)最典型的或者最不利的作用作为控制信号,并研究它所引起的瞬态响应,这样就可以对系统动态性能有一个全面认识.

加入系统输入端的典型控制信号一般有正弦控制信号、阶跃信号、脉冲信号、速度和加速度信号等,如图 1.21 所示.

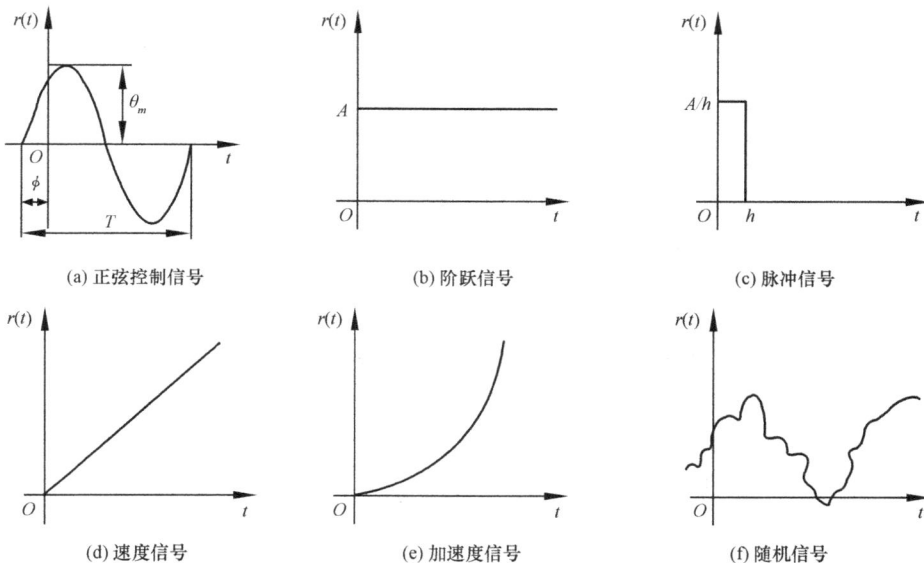

图 1.21　典型信号

(a) 正弦控制信号　　(b) 阶跃信号　　(c) 脉冲信号

(d) 速度信号　　(e) 加速度信号　　(f) 随机信号

1. 正弦控制信号

正弦控制信号(或称谐波信号)是控制系统的一种典型作用信号,很多实际的随动系统经常在正弦作用下工作,如舰船的消摆系统、稳定平台所用的随动系统等就是由于受波浪的作用不断地作正弦振荡的. 正弦作用的意义不仅在于此,还在于这种控制作用的形式在自动控制理论方面被广泛应用. 除了在理论研究时采用正弦控制作用,在系统或元件做动态性能试验时也广泛地采用这种控制信号. 这主要是由于正弦信号比较容易复现,而且正弦作用下的工况也是一种恶劣的工况. 如果试验用的正弦控制信号的最大速度和加速度接近实际工作的最大速度和加速度,并且系统能够令人满意地工作,那么系统工作时,在其实际控制信号作用下也将会满足系统品质指标.

正弦控制信号如图 1.21(a)所示,可用下式描述

$$\theta = \theta_m \sin(\omega t + \phi) \tag{1.1}$$

式中,θ_m 为正弦控制信号的振幅;ϕ 为初始相角;ω 为振荡频率,$\omega = 2\pi/T$,其中,T 为振荡周期.

当给出的性能指标是速度、加速度时,可以把给定的速度、加速度指标换算成等效正弦信号的周期和振幅,它们之间的换算关系如下:

由式(1.1),令初始角 $\phi = 0$,则

$$\theta = \theta_m \sin\omega t = \theta_m \sin\frac{2\pi}{T}t$$

$$\dot\theta = \Omega = \theta_m \cdot \frac{2\pi}{T}\cos\frac{2\pi}{T}t = \Omega_m\cos\frac{2\pi}{T}t$$

$$\ddot\theta = \varepsilon = -\frac{4\pi^2}{T^2}\theta_m\sin\frac{2\pi}{T}t = -\varepsilon_m\sin\frac{2\pi}{T}t$$

式中

$$\Omega_m = \frac{2\pi}{T}\theta_m \tag{1.2}$$

$$\varepsilon_m = \frac{4\pi^2}{T^2}\theta_m = \frac{\Omega_m^2}{\theta_m} \tag{1.3}$$

由式(1.2)和式(1.3)知,根据技术条件要求给出的最大角速度 Ω_m 和最大角加速度 ε_m 就可求出等效正弦信号的周期和振幅

$$T = \frac{2\pi\Omega_m}{\varepsilon_m} \quad \text{和} \quad \theta_m = \frac{\Omega_m^2}{\varepsilon_m}$$

系统输入的正弦信号一般是通过正弦发生器或正弦机发送轴转动而获得的.

值得注意的是正弦控制作用不只限于纯正弦信号的情况. 有很多控制信号,在它是连续而比较平滑,并且它的幅值皆为有限值的情况下就可以把它展成傅里叶级数,于是就可获得一组包含各次谐波的正弦信号.

2. 阶跃信号和脉冲信号

在评定系统的动态品质或进行系统综合时,还经常用到阶跃信号和脉冲信号,并将在其作用下系统的反应特性作为研究系统动态指标的依据.

图 1.21(b)所示为阶跃信号. 其数学表达式为

$$r(t) = \begin{cases} 0, & t < 0 \\ A, & t \geqslant 0 \end{cases}$$

式中, A 为一常数. 当 $A=1$ 时, 称为单位阶跃函数, 记作 $1[t]$.

图 1.21(c)的信号, 其数学表达式为

$$r(t) = \begin{cases} 0, & t < 0 \\ A/h, & 0 \leqslant t \leqslant h \\ 0, & t > h \end{cases}$$

式中, A 为一常数. 当 $h \to 0$ 时, 称为脉冲函数. 当 $A=1$ 时, 即

$$r(t) = \begin{cases} 0, & t \neq 0 \\ \infty, & t = 0 \end{cases}, \quad \text{且} \quad \int_{-\infty}^{\infty} \delta(t)\mathrm{d}t = 1$$

称为单位脉冲, 记作 $\delta(t)$.

工程实践中, 理想的脉冲函数是很难获得的, 因为要求持续时间为零, 而脉冲幅值为无穷大是很难办到的. 为了尽量接近于脉冲函数, 通常用图 1.21(c)所示波形, 即宽度很窄而高度为 A/h 的信号作为脉冲信号.

在控制系统实际工作中, 经常遇到阶跃信号, 如当突然改变输入轴的位置, 或控制对象突然加载或卸载时等. 在工厂实验时, 这个信号通常是在系统失调的情况下, 通过接通电路来获得的. 又如对某些脉冲控制系统来说, 其输入就是一组脉冲. 此外, 任意输入信号也可分解成一系列脉冲信号.

3. 速度信号和加速度信号

速度信号又称为斜坡信号, 如图 1.21(d)所示, 其数学表达式为

$$r(t) = \begin{cases} 0, & t < 0 \\ At, & t \geqslant 0 \end{cases}$$

当 $A=1$ 时, 称为单位斜坡信号.

加速度信号又称为抛物线信号, 如图 1.21(e)所示. 数学表达式为

$$r(t) = \begin{cases} 0, & t < 0 \\ \dfrac{1}{2}At^2, & t \geqslant 0 \end{cases}$$

当 $A=1$ 时, 称为单位加速度信号.

4. 随机信号

在控制系统工作中常常受到干扰作用, 如电源电压的不稳定、风载荷等. 这些干扰作用具有如图 1.21(f)所示的随机函数性质, 称为随机信号.

以上典型信号是按时间变化的规律来划分的. 对实际控制系统来说, 它的输入作用可能是转角、转速、电压, 也可能是温度、压力等物理量.

小　结

1. 反馈控制系统的基本工作原理是要检测偏差并用检测到的偏差去纠正偏差. 没有偏差就没有调节过程. 偏差是通过反馈建立起来的. 一个典型的反馈系统由检测偏差所需的反馈元件、控制元件、比较元件, 以及用于纠正偏差的放大变换元件、执行元件组成. 对于具体

控制系统,这一工作原理和系统的组成可用方块图来描述.

2. 开环控制系统和闭环控制系统.是根据系统输入端与输出端是否存在反馈回路划分的.两种基本控制方式的最大区别或特点就在于后者有纠偏能力、抗干扰能力强,但结构较复杂,稳定性始终是个重要问题.前者恰好相反.

3. 反馈控制原理不仅在工程领域,在非工程领域也得到了广泛的应用.

4. 稳、准、快是反映一个控制系统能否工作,工作性能的指标描述.

5. 在工程中常采用正弦控制信号、阶跃信号、脉冲信号、速度和加速度信号等作为研究系统的输入信号.

<h2 style="text-align:center">习　题</h2>

1.1　日常生活中有许多闭环控制系统,试举几个具体例子,并说明它们的工作原理.

1.2　试用反馈控制原理说明题1.2图中驾驶员如何进行路线、方向控制.画出系统方块图.

1.3　什么叫反馈? 它有哪些作用? 什么叫正反馈、负反馈、主反馈? 为什么稳定的系统主反馈一定是负反馈?

1.4　在恒值控制系统里,偏差是零而给定量不是零,试叙述其理由.

1.5　在手动控制系统里,必须要有人介入,试论述由此产生的不良后果.

1.6　题1.6图(a)、(b)是液面高度控制系统原理图,运行中希望液面高度 h 保持不变.

题1.2图　驾驶汽车

(1) 试说明各系统的工作原理;

(2) 画出各系统方块图,并说明被控对象、给定量、被控量、干扰量是什么?

(3) 当用水流量 Q_2 变化时,各系统能否使液体面高度保持不变? 试从原理上加以说明

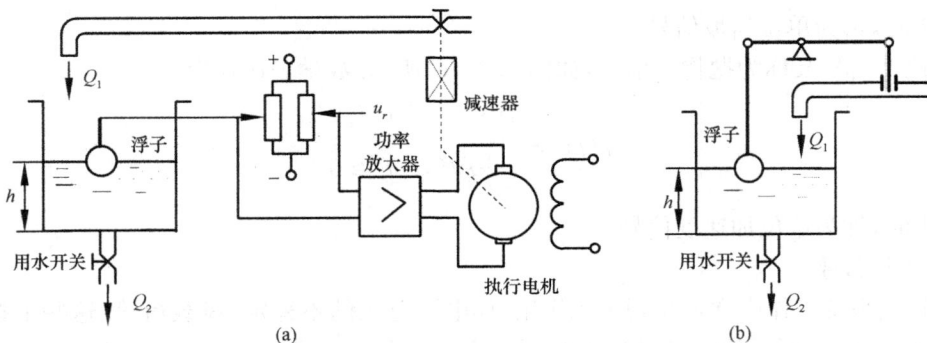

题1.6图　液面高度控制系统

1.7　题1.7图为两个液面控制系统,试说明其工作原理有何不同,对系统工作有何影响?

1.8　一大门开关自动控制系统如题1.8图所示,试说明工作原理,并画出系统方块图.

1.9　题1.9图为液压助力器工作原理图,输入信号 $x(t)$ 带动反馈杆 CA 一起运动.反馈杆的运动使操纵滑阀向右移动,一直继续到操纵滑阀盖住通道为止.试画出系统方块图.

1.10　题1.10图为飞球调节器,用于蒸汽机的转速控制,试说明系统工作原理图并画出系统方块图.

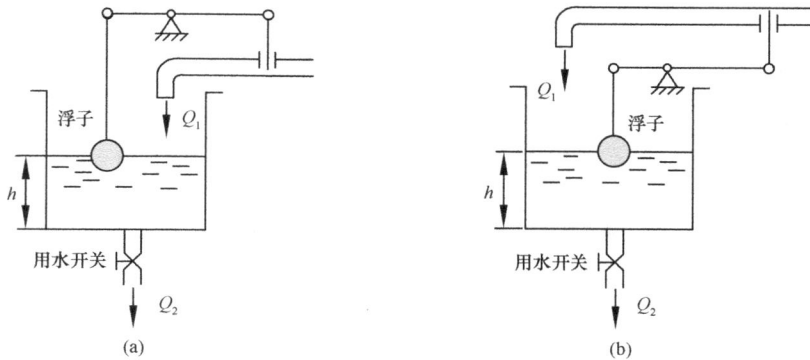

题 1.7 图　液面控制系统

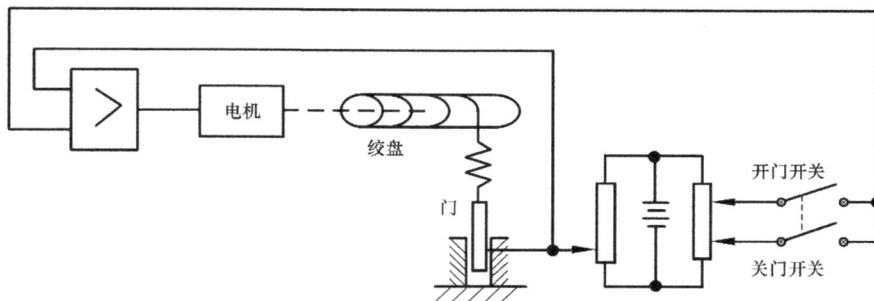

题 1.8 图　大门自动开关控制系统

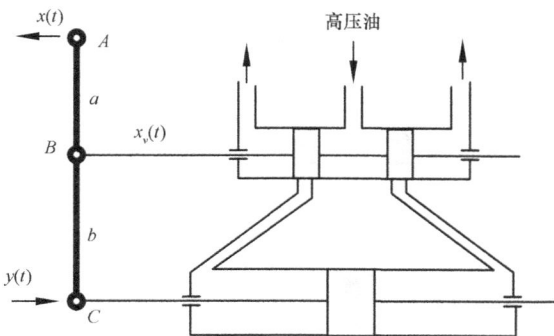

题 1.9 图　助力器工作原理图

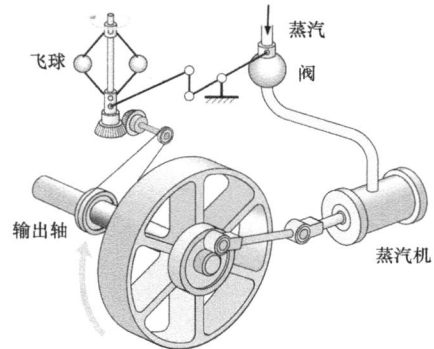

题 1.10 图　蒸汽机的转速控制系统原理图

1.11　题 1.11 图为一位置控制系统.该系统的角位移误差检测装置是由两个电位器(指令电位器和反馈电位器)组成的.试叙述工作原理,并绘出该系统的方块图.

1.12　题 1.12 图为发电机-电动机调速系统,其工作原理是:操作者转动操纵电位器的手柄,可使电位器输出电压 u_r 改变大小和方向.经放大器和直流发电两级放大,使加在伺服电动机上的端电压也随之改变大小和方向,从而使负载具有所要求的转速.试说明该系统的给定值、被控量和干扰量,并画出系统的方块图.

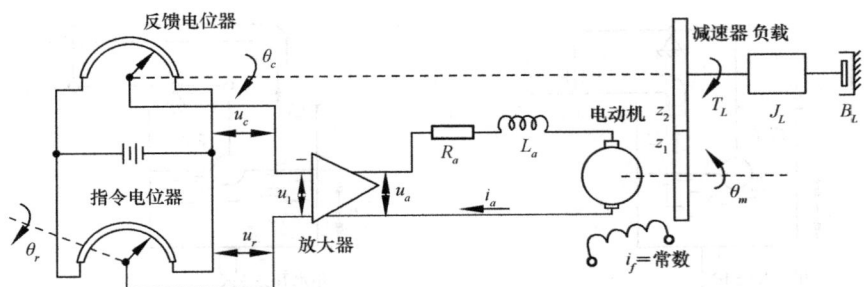

题 1.11 图　位置伺服系统

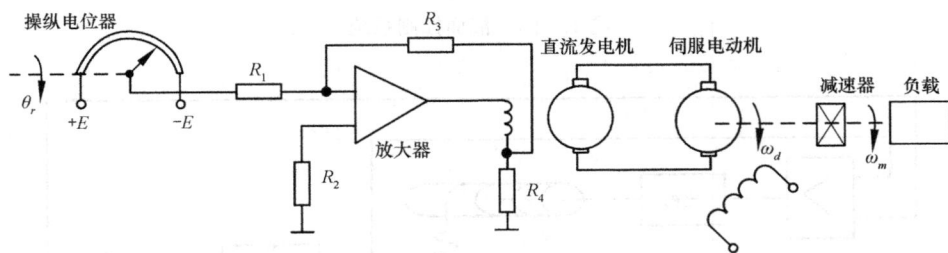

题 1.12 图　发电机-电动机调速系统

1.13　假若在题 1.12 图所示调速系统中引入两个测速机(测速机器 1 和测速机器 2),如题 1.13 图所示.试分析这两个测速机的作用,并画出系统方块图.

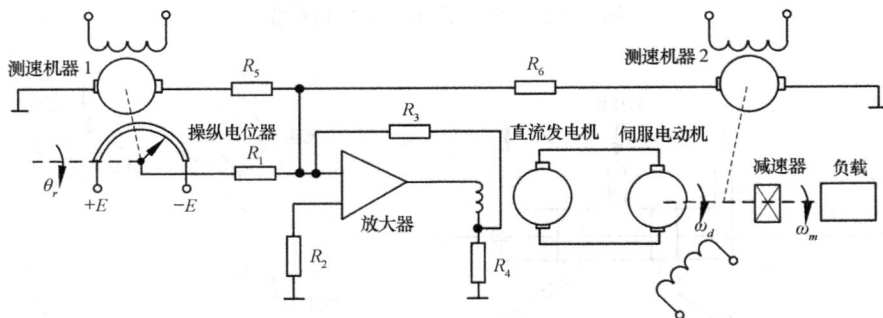

题 1.13 图　带有测速机的调速系统

第 2 章　物理系统的数学模型

2.1　控制工程的数学方法

在线性连续反馈控制系统的分析和设计中要涉及的数学工具有拉普拉斯(Laplace)变换、方块图、信号流图和状态空间. 对状态空间表达式所应用到的矩阵理论可参阅有关工程数学的内容,这里主要对经典控制理论的数学基础——拉普拉斯变换作介绍.

2.1.1　拉普拉斯变换

拉普拉斯变换(简称拉氏变换)实际上是一种函数变换. 关于函数变换我们在初等数学中也曾学过. 例如

$$x = ab \qquad \Longleftrightarrow \qquad \lg x = \lg a + \lg b$$
$$x = a^n b^m \qquad \Longleftrightarrow \qquad \lg x = n\lg a + m\lg b$$

即用对数的方法可以把乘、除的运算变成加、减的运算,乘方、开方的运算变成乘、除的运算,大大简化了运算. 这里重要的是函数的变换和反变换,可以运用事先准备好的对数表来查找,而拉普拉斯变换法也与此相似.

设实函数 $f(t)$,若满足:

(1) 当 $t<0$ 时,$f(t)=0$;

(2) 当 $t \geqslant 0$ 时,函数 $f(t)$ 的积分 $\int_0^\infty f(t)\mathrm{e}^{-st}\mathrm{d}t$ 在 s 的某一域内收敛.

则定义 $f(t)$ 的拉普拉斯变换为

$$F(s) = \int_0^\infty f(t)\mathrm{e}^{-st}\mathrm{d}t \tag{2.1}$$

并记作 $F(s)=L[f(t)]$,其中算子 s 是一个复数.

$F(s)$ 称为 $f(t)$ 的拉普拉斯变换或称 $f(t)$ 的像函数;$f(t)$ 称为 $F(s)$ 的拉普拉斯反变换或称 $F(s)$ 的原函数. 对于一个原函数 $f(t)$,就有一个像函数 $F(s)$ 相对应. 例如,$f(t)=\mathrm{e}^{-a}$,则像函数 $F(s) = \int_0^\infty \mathrm{e}^{-a} \cdot \mathrm{e}^{-st}\mathrm{d}t = \dfrac{1}{s+a}$;$f(t) = \sin\omega t$,则 $F(s) = \dfrac{\omega}{s^2+\omega^2}$ 等. 我们发现一些较复杂的高等函数经过拉普拉斯变换后的像函数将成为一些简单的初等函数. 而这些像函数经过反运算就可返回去. 求出原函数的时间表达式,称为拉普拉斯反变换,定义为

$$f(t) = \frac{1}{2\pi\mathrm{j}} \int_{c-\mathrm{j}\infty}^{c+\mathrm{j}\infty} F(s)\mathrm{e}^{st}\mathrm{d}s \tag{2.2}$$

并记作 $f(t)=L^{-1}[F(s)]$,式中 c 为实常数.

表面上看,反复的积分运算似乎增加了复杂性. 但实际上,绝大多数典型函数可以事先做成表格,函数的变换只需查表即可. 如同在对数运算中原数与对数的变换只要查找对数表就可以了.

从拉普拉斯变换定义的数学分析看,并不是任何一个函数都可以利用拉普拉斯变换的,它必须满足上述两个条件.在机电工程和自动控制系统中变量时间函数一般都能满足这两个条件.因为我们研究一个系统的瞬态响应过程通常是由加入某一扰动后开始的.令这时刻为时间坐标的零点 $t=0$.在这以前一切变量的稳态值均不予考虑,即 $t<0$ 时各时间函数均可设为零(若实际不为零,则可在求出的结果上再加上稳态值).另外,控制系统中各变量的上述积分也是有限值,满足收敛条件.

最后应该特别指出的是拉普拉斯变换在控制理论的研究中是一个非常重要的数学工具.它不仅仅是一种求解微分方程的方法,更主要的是引进了研究自动控制系统的一个基本概念——传递函数和建立在这个概念基础上的一系列分析、研究系统的方法.

2.1.2 几个常用函数的拉普拉斯变换

下面通过一些常用的典型函数的拉普拉斯变换的例子,说明拉普拉斯变换的具体实现方法和一些基本规律.了解这些,目的是便于应用,如我们可以有根据地用符号算子 s 取代 $\dfrac{\mathrm{d}}{\mathrm{d}t}$,用 $1/s$ 取代 $\int \mathrm{d}t$ 等,并且可以让算子 s 脱离变数进行独立的运算.

1. 阶跃函数

在机电控制系统中经常遇到阶跃函数的情况,如图 2.1 所示.在 $t<0$ 时,电路未加电压,$u=0$.在 $t=0$ 时,合上开关,此后 $u=E$.这函数符合拉普拉斯变换条件,它的拉普拉斯变换为

$$U(s) = \int_0^\infty u \cdot \mathrm{e}^{-st}\,\mathrm{d}t = -\frac{E}{s}\mathrm{e}^{-st}\Big|_0^\infty = \frac{E}{s} \quad (2.3)$$

$E=1$ 时,u 即为单位阶跃函数 $1[t]$,可见

$$L\{1[t]\} = \frac{1}{s}, \qquad L^{-1}\left[\frac{1}{s}\right] = \begin{cases} 0, & t<0 \\ 1, & t \geqslant 0 \end{cases}$$

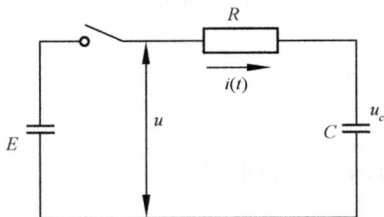

图 2.1　阶跃响应实例

2. 指数函数

如电容器充电,电压的变化即为指数函数.若指数函数为 e^{-at},则其拉普拉斯变换

$$L[\mathrm{e}^{-at}] = \int_0^\infty \mathrm{e}^{-at} \cdot \mathrm{e}^{-st}\,\mathrm{d}t = \int_0^\infty \mathrm{e}^{-(s+a)t}\,\mathrm{d}t = \frac{1}{s+a}$$

而

$$L^{-1}\left[\frac{1}{s+a}\right] = \mathrm{e}^{-at}$$

3. 正弦函数和余弦函数

根据欧拉公式可将正弦化成指数函数形式,即

$$L[\sin\omega t] = \int_0^\infty \sin\omega t \cdot \mathrm{e}^{-st}\,\mathrm{d}t = \int_0^\infty \frac{1}{2\mathrm{j}}(\mathrm{e}^{\mathrm{j}\omega t} - \mathrm{e}^{-\mathrm{j}\omega t})\mathrm{e}^{-st}\,\mathrm{d}t = \frac{\omega}{s^2 + \omega^2}$$

而

$$L^{-1}\left[\frac{\omega}{s^2 + \omega^2}\right] = \sin\omega t$$

同理可证

$$L[\cos\omega t] = \int_0^\infty \cos\omega t \cdot e^{-st} dt = \int_0^\infty \frac{1}{2}(e^{j\omega t} + e^{-j\omega t})e^{-st} dt = \frac{s}{s^2 + \omega^2}$$

$$L^{-1}\left[\frac{s}{s^2 + \omega^2}\right] = \cos\omega t$$

4. t 的幂函数

假设

$$f(t) = t^n, \qquad F(s) = \int_0^\infty t^n \cdot e^{-st} dt$$

利用分部积分法 $\int u dv + \int v du = vu$,令

$$u = t^n, \qquad dv = e^{-st} dt$$

则

$$du = nt^{n-1} dt, \quad v = \int e^{-st} dt = -\frac{1}{s} e^{-st}$$

所以

$$F(s) = L[t^n] = \int_0^\infty t^n \cdot e^{-st} dt = -\frac{t^n}{s} e^{-st} \Big|_0^\infty + \frac{n}{s} \int_0^\infty t^{n-1} e^{-st} dt$$

$$= \frac{n}{s} \int t^{n-1} e^{-st} dt = \frac{n}{s} L[t^{n-1}]$$

继续上面的运算可得

$$L[t^n] = \frac{n}{s} \cdot \frac{n-1}{s} \cdot \cdots \cdot \frac{2}{s} \cdot \frac{1}{s} \cdot L[t^0] = \frac{n!}{s^{n+1}}$$

当 $n=1$ 时, $L[t] = \frac{1}{s^2}$.

上面列举了几个简单函数的拉普拉斯变换式. 用类似的方法可以求出其他时间函数的拉普拉斯变换. 常用的函数的拉普拉斯变换可参阅附录 I.

2.1.3 拉普拉斯变换的主要运算定理

1. 叠加定理

两个函数之和的拉普拉斯变换等于两个函数的拉普拉斯变换之和. 即

$$L[f_1(t) \pm f_2(t)] = L[f_1(t)] \pm L[f_2(t)]$$

2. 比例定理

若

$$f(t) = Kf_1(t), \qquad L[f_1(t)] = F_1(s)$$

则

$$L[f(t)] = \int_0^\infty Kf_1(t)e^{-st} dt = KF_1(s)$$

3. 微分定理

若

$$L[f(t)] = F(s)$$

则

$$L\left[\frac{\mathrm{d}f(t)}{\mathrm{d}t}\right] = \int_0^\infty \left[\frac{\mathrm{d}f(t)}{\mathrm{d}t}\right]\mathrm{e}^{-st}\,\mathrm{d}t = sF(s) - f(0^+) \tag{2.3a}$$

证明 从定义出发,应用分部积分法.

令

$$u = f(t), \qquad \mathrm{d}v = \mathrm{e}^{-st}\,\mathrm{d}t$$

则

$$\mathrm{d}u = \left[\frac{\mathrm{d}f(t)}{\mathrm{d}t}\right]\mathrm{d}t, \qquad v = -\frac{1}{s}\mathrm{e}^{-st}$$

因此

$$F(s) = -\frac{1}{s}f(t)\mathrm{e}^{-st}\Big|_0^\infty + \frac{1}{s}\int_0^\infty\left[\frac{\mathrm{d}f(t)}{\mathrm{d}t}\right]\mathrm{e}^{-st}\,\mathrm{d}t = \frac{f(0^+)}{s} + \frac{1}{s}L\left[\frac{\mathrm{d}f(t)}{\mathrm{d}t}\right]$$

故得

$$L\left[\frac{\mathrm{d}f(t)}{\mathrm{d}t}\right] = sF(s) - f(0^+)$$

式中,$f(0^+) = f(t)\big|_{t=0^+}$,相当于初始条件.

一般情况下有

$$L\left[\frac{\mathrm{d}^{(n)}f(t)}{\mathrm{d}t^n}\right] = s^n F(s) - s^{n-1}f(0^+) - s^{n-2}f'(0^+) - \cdots - sf^{(n-2)}(0^+) - f^{(n-1)}(0^+)$$

$$= s^n F(s) - \sum_{k=1}^{n} s^{n-k} f^{(k-1)}(0^+) \tag{2.3b}$$

当初始条件 $f(0^+) = f'(0^+) = \cdots = 0$ 时,则

$$L\left[\frac{\mathrm{d}^{(n)}f(t)}{\mathrm{d}t^n}\right] = s^n F(s) \tag{2.3c}$$

可以看出:原函数的高阶导数,在像函数中就成为 s 的高次代数式.

4. 积分定理

若

$$L[f(t)] = F(s)$$

则

$$L\left[\int f(t)\mathrm{d}t\right] = \frac{F(s)}{s} + \frac{f^{-1}(0)}{s} \tag{2.4a}$$

式中,$f^{-1}(0) = \int f(t)\mathrm{d}t$ 在 $t=0$ 处的值.

对于多重积分也可用类似的方法求得像函数

$$L\left[\underbrace{\int\cdots\int}_{n} f(t)(\mathrm{d}t^n)\right] = \frac{F(s)}{s^n} + \frac{f^{-1}(0^+)}{s^n} + \frac{f^{-2}(0^+)}{s^{n-1}} + \cdots + \frac{f^{-n}(0^+)}{s} \tag{2.4b}$$

如果满足 $f^{-1}(0^+) = f^{-2}(0^+) = \cdots = 0$,则

$$L\left[\underbrace{\int\cdots\int}_{n} f(t)(\mathrm{d}t^n)\right] = \frac{F(s)}{s^n} \tag{2.4c}$$

可以看出:在零初始条件下,原函数的一次积分就相当于像函数除以一次 s, n 重积分则除以 s^n.

5. 位移定理

若 $L[f(t)]=F(s)$, 则

$$L[e^{-at}f(t)] = \int_0^\infty e^{-at}f(t)e^{-st}\mathrm{d}t = \int_0^\infty f(t)e^{-(s+a)t}\mathrm{d}t = F(s+a) \tag{2.5}$$

在系统的响应中,经常遇到 $e^{-at}f(t)$ 一类的函数. 由此定理知一个原函数乘以指数函数 e^{-at}, 其拉普拉斯变换就等于像函数的复域中作位移 a, 像函数只需把 s 用 $s+a$ 代替即可. 例如, $L[e^{-at}\cos\omega t] = \dfrac{s+a}{(s+a)^2+\omega^2}$.

6. 延迟定理

若 $L[f(t)]=F(s)$, 则

$$L[f(t-\tau)] = e^{-s\tau}F(s) \tag{2.6}$$

该定理说明如果时域函数 $f(t)$ 平移 τ, 则相当于复域中的像函数乘以 $e^{-s\tau}$. 利用变量置换法即可得到证明.

7. 卷积定理

若原函数是 $x(t)$ 和 $g(t)$ 的卷积则

$$L[x(t) * g(t)] = L\left[\int_0^\infty x(t-\tau)g(\tau)\mathrm{d}\tau\right] = X(s)G(s) \tag{2.7}$$

证明 由定义

$$L\left[\int_0^\infty x(t-\tau)g(\tau)\mathrm{d}\tau\right] = \int_0^\infty \left\{\int_0^\infty x(t-\tau)g(\tau)\mathrm{d}\tau\right\}e^{-st}\mathrm{d}t$$

$$= \int_0^\infty g(\tau)\left\{\int_0^\infty x(t-\tau)e^{-st}\mathrm{d}t\right\}\mathrm{d}\tau = \int_0^\infty g(\tau)X(s)e^{-s\tau}\mathrm{d}\tau$$

$$= X(s)\int_0^\infty g(\tau)e^{-s\tau}\mathrm{d}\tau = X(s)G(s)$$

8. 终值定理

若函数 $f(t)$ 及其一阶导数都是可拉普拉斯变换的,且 $t\to\infty$ 时 $f(t)$ 极限存在,则 $f(t)$ 的终值为

$$\lim_{t\to\infty}f(t) = \lim_{s\to0}sF(s) \tag{2.8}$$

证明 由微分定理得知

$$L\left[\frac{\mathrm{d}f(t)}{\mathrm{d}t}\right] = \int_0^\infty \frac{\mathrm{d}f(t)}{\mathrm{d}t}e^{-st}\mathrm{d}t = sF(s) - f(0)$$

上式中若令 $s\to0$,并在等号两边取极限,则

$$\lim_{s\to0}\int_0^\infty \frac{\mathrm{d}f(t)}{\mathrm{d}t}e^{-st}\mathrm{d}t = \lim_{s\to0}[sF(s)-f(0)]$$

当 $s\to0$, $e^{-st}\to1$, 故有

$$\int_0^\infty \left[\frac{\mathrm{d}f(t)}{\mathrm{d}t}\right]\mathrm{d}t = f(t)\Big|_0^\infty = f(\infty) - f(0) = \lim_{s\to0}[sF(s)-f(0)]$$

即

$$f(\infty) = \lim_{t\to\infty}f(t) = \lim_{s\to0}sF(s)$$

因此,利用终值定理可以从像函数 $F(s)$ 直接求出原函数 $f(t)$ 在 $t\to\infty$ 时的稳态值. 说明

$f(t)$ 的稳态性质同 $sF(s)$ 在 $s=0$ 的邻域内的性质一样.

9. 初值定理

若函数 $f(t)$ 及其一阶导数都是可拉普拉斯变换的,则 $f(t)$ 的初值为

$$f(0^+) = \lim_{t \to 0^+} f(t) = \lim_{s \to \infty} sF(s) \tag{2.9}$$

与终值定理一样,可得到证明.

2.1.4 求拉普拉斯反变换的部分分式展开法

如果 $f(t)$ 的拉普拉斯变换 $F(s)$ 可分解成为下列分量:

$$F(s) = F_1(s) + F_2(s) + \cdots + F_n(s)$$

并假定 $F_1(s), F_2(s), \cdots, F_n(s)$ 的拉普拉斯反变换可以容易地求出,那么

$$f(t) = L^{-1}[F(s)] = L^{-1}[F_1(s)] + L^{-1}[F_2(s)] + \cdots + L^{-1}[F_n(s)]$$
$$= f_1(t) + f_2(t) + \cdots + f_n(t)$$

可见,应用叠加原理即可求得原函数 $f(t)$.

在控制理论中,常遇到的像函数是 s 的有理分式形式

$$F(s) = \frac{B(s)}{A(s)} = \frac{b_0 s^m + b_1 s^{m-1} + \cdots + b_{m-1} s + b_m}{a_0 s^n + a_1 s^{m-1} + \cdots + a_{n-1} s + a_n} \tag{2.10}$$

式中,$B(s)$、$A(s)$ 均为变量 s 的多项式,且 $m < n$.

部分分式展开法就是将 $F(s)$ 展开成部分分式的形式,使 $F(s)$ 的每一项都是 s 的简单函数,很容易从拉普拉斯变换表中查到其对应的原函数. 在应用部分分式展开法求 $F(s)$ 的拉普拉斯反变换时,必须先知道分母多项式 $A(s)$ 的根. 换句话说,这个方法在分母多项式被分解成因式后才能应用. 将 $F(s)$ 写成因式分解的形式

$$F(s) = \frac{B(s)}{A(s)} = \frac{K(s+z_1)(s+z_2)\cdots(s+z_m)}{(s+p_1)(s+p_2)\cdots(s+p_n)} \tag{2.11}$$

式中,$-p_1, -p_2, \cdots, -p_n$ 和 $-z_1, -z_2, \cdots, -z_m$ 分别为 $F(s)$ 的极点和零点,它们可能是实数,也可能是复数. 下面分几种情况讨论.

1. 只包含不相同的极点的 $F(s)$ 的部分分式展开式

在这种情况下,$F(s)$ 总是能展开成简单的部分分式之和

$$F(s) = \frac{B(s)}{A(s)} = \frac{a_1}{s+p_1} + \frac{a_2}{s+p_2} + \cdots + \frac{a_k}{s+p_k} + \cdots + \frac{a_n}{s+p_n} \tag{2.12}$$

式中,a_k 是常值,为 $s = -p_k$ 极点处的留数. a_k 值可用 $(s+p_k)$ 乘方程式(2.12)的两边,并令 $s = -p_k$ 来求出,即

$$a_k = \left[\frac{B(s)}{A(s)} (s+p_k) \right]_{s=-p_k} \tag{2.13}$$

注意到

$$L^{-1}\left[\frac{a_k}{s+p_k} \right] = a_k e^{-p_k t}$$

于是得到 $f(t) = L^{-1}[F(s)]$ 的如下形式

$$f(t) = a_1 e^{-p_1 t} + a_2 e^{-p_2 t} + \cdots + a_n e^{-p_n t} \qquad (t \geqslant 0)$$

例 2.1 求 $F(s)=\dfrac{s+3}{(s+1)(s+2)}$ 的拉普拉斯反变换.

解 $F(s)$ 的部分分式展开可写成

$$F(s) = \frac{s+3}{(s+1)(s+2)} = \frac{a_1}{s+1} + \frac{a_2}{s+2}$$

根据式(2.13)求 a_1 和 a_2 得

$$a_1 = \left[\frac{s+3}{(s+1)(s+2)}(s+1) \right]_{s=-1} = 2$$

$$a_2 = \left[\frac{s+3}{(s+1)(s+2)}(s+2) \right]_{s=-2} = -1$$

于是

$$f(t) = L^{-1}[F(s)] = L^{-1}\left[\frac{2}{s+1}\right] + L^{-1}\left[\frac{-1}{s+2}\right] = 2e^{-t} - e^{-2t} \qquad (t \geqslant 0)$$

2. 包含共轭复数极点的 $F(s)$ 的部分分式展开式

如果 p_1 和 p_2 是共轭复数极点,那么可以利用下面的展开式:

$$F(s) = \frac{B(s)}{A(s)} = \frac{a_1 s + a_2}{(s+p_1)(s+p_2)} + \frac{a_3}{s+p_3} + \cdots + \frac{a_n}{s+p_n} \qquad (2.14)$$

a_1 和 a_2 的值是用 $(s+p_1)(s+p_2)$ 乘方程式(2.14)的两边,并令 $s=-p_1$ 而求得,即

$$(a_1 s + a_2)_{s=-p_1} = \left[\frac{B(s)}{A(s)}(s+p_1)(s+p_2)\right]_{s=-p_1} \qquad (2.15)$$

因为 p_1 是一个复数值,方程两边也都是复数值.使方程式(2.15)两边的实数部分相等,得到一个方程.同样,使方程两边的虚数部分相等,得到另一个方程.根据这两个方程就可以确定 a_1 和 a_2.而 $a_3, a_4, \cdots, a_n$ 则仍由式(2.13)求得.

例 2.2 求 $F(s)=\dfrac{s+1}{s(s^2+s+1)}$ 的拉普拉斯反变换.

解 $F(s)$ 有一个零极点,一对共轭复数极点 $-0.5 \pm j0.866$. $F(s)$ 可展开成

$$\frac{s+1}{s(s^2+s+1)} = \frac{a_1 s + a_2}{s^2+s+1} + \frac{a}{s}$$

确定 a_1、a_2 注意到

$$s^2 + s + 1 = (s+0.5+j0.866)(s+0.5-j0.866)$$

由式(2.15)得

$$(a_1 s + a_2)_{s=-0.5-j0.866} = [F(s)(s^2+s+1)]_{s=-0.5-j0.866}$$

$$a_1(-0.5-j0.866) + a_2 = \frac{0.5-j0.866}{-0.5-j0.866}$$

令方程两边实部和虚部分别相等,即

$$\begin{cases} -0.5a_1 - 0.5a_2 = 0.5 \\ 0.866a_1 - 0.866a_2 = -0.866 \end{cases}$$

由此得 $a_1 = -1, a_2 = 0$.

由式(2.13)得

$$a = [F(s)s]_{s=0} = 1$$

所以

$$F(s) = \frac{-s}{s^2+s+1} + \frac{1}{s} = \frac{1}{s} - \frac{s+0.5}{(s+0.5)^2+0.866^2} + \frac{0.5}{(s+0.5)^2+0.866^2}$$

由此求得 $F(s)$ 的拉普拉斯反变换为

$$f(t) = L^{-1}[F(s)] = 1 - e^{-0.5t}\cos0.866t + 0.578e^{-0.5t}\sin0.866t \quad (t \geqslant 0)$$

3. 包含多重极点的 $F(s)$ 的部分分式展开式

设 $F(s) = B(s)/A(s)$ 有 r 个重根 p_1（假设其余的根是不同的），则

$$A(s) = (s+p_1)^r(s+p_{r+1})(s+p_{r+2})\cdots(s+p_n)$$

$F(s)$ 的部分分式展开式是

$$F(s) = \frac{B(s)}{A(s)} = \frac{b_r}{(s+p_1)^r} + \frac{b_{r-1}}{(s+p_1)^{r-1}} + \cdots + \frac{b_1}{s+p_1}$$
$$+ \frac{a_{r+1}}{s+p_{r+1}} + \frac{a_{r+2}}{s+p_{r+2}} + \cdots + \frac{a_n}{s+p_n} \tag{2.16}$$

式中，b_r、b_{r-1}、b_1 分别由下列各式求出：

$$b_r = \left[\frac{B(s)}{A(s)}(s+p_1)^r\right]_{s=-p_1}$$

$$b_{r-1} = \left\{\frac{\mathrm{d}}{\mathrm{d}s}\left[\frac{B(s)}{A(s)}(s+p_1)^r\right]\right\}_{s=-p_1}$$

$$\vdots$$

$$b_{r-j} = \frac{1}{j!}\left\{\frac{\mathrm{d}^j}{\mathrm{d}s^j}\left[\frac{B(s)}{A(s)}(s+p_1)^r\right]\right\}_{s=-p_1} \tag{2.17}$$

$$\vdots$$

$$b_1 = \frac{1}{(r-1)!}\left\{\frac{\mathrm{d}^{r-1}}{\mathrm{d}s^{r-1}}\left[\frac{B(s)}{A(s)}(s+p_1)^r\right]\right\}_{s=-p_1}$$

方程式（2.16）中的常数 $a_{r+1}, a_{r+2}, \cdots, a_n$ 仍由式（2.13）确定.

由于 $\dfrac{1}{(s+p_1)^n}$ 的拉普拉斯反变换为

$$L^{-1}\left[\frac{1}{(s+p_1)^n}\right] = \frac{t^{n-1}}{(n-1)!}e^{-p_1t}$$

则 $F(s)$ 的拉普拉斯反变换为

$$f(t) = L^{-1}[F(s)] = \left[\frac{b_r}{(r-1)!}t^{r-1} + \frac{b_{r-1}}{(r-2)!}t^{r-2} + \cdots + b_2t + b_1\right]e^{-p_1t}$$
$$+ a_{r+1}e^{-p_{r+1}t} + a_{r+2}e^{-p_{r+2}t} + \cdots + a_ne^{-p_nt} \quad (t \geqslant 0)$$

例 2.3 求 $F(s) = \dfrac{s^2+2s+3}{(s+1)^3}$ 的拉普拉斯反变换.

解 将 $F(s)$ 展开部分分式，得

$$F(s) = \frac{B(s)}{A(s)} = \frac{b_3}{(s+1)^3} + \frac{b_2}{(s+1)^2} + \frac{b_1}{s+1}$$

式中

$$b_3 = \left[\frac{B(s)}{A(s)}(s+1)^3\right]_{s=-1} = (s^2+2s+3)_{s=-1} = 2$$

$$b_2 = \left\{\frac{\mathrm{d}}{\mathrm{d}s}\left[\frac{B(s)}{A(s)}(s+1)^3\right]\right\}_{s=-1} = \left[\frac{\mathrm{d}}{\mathrm{d}s}(s^2+2s+3)\right]_{s=-1}$$

$$= (2s+2)_{s=-1} = 0$$

$$b_1 = \frac{1}{(3-1)!}\left\{\frac{\mathrm{d}^2}{\mathrm{d}s^2}\left[\frac{B(s)}{A(s)}(s+1)^3\right]\right\}_{s=-1} = \frac{1}{2}\left[\frac{\mathrm{d}^2}{\mathrm{d}s^2}(s^2+2s+3)\right]_{s=-1} = 1$$

于是 $F(s)$ 的拉普拉斯反变换为

$$f(t) = L^{-1}[F(s)] = L^{-1}\left[\frac{2}{(s+1)^3}\right] + L^{-1}\left[\frac{1}{s+1}\right] = (t^2+1)\mathrm{e}^{-t} \quad (t \geqslant 0)$$

从上述各例可以看出,求取 $F(s)$ 的拉普拉斯反变换,首先必须求出特征方程式的根,然后才能采用部分分式法. 经常用的近似求解高阶特征方程的方法有两种,一种方法是用林士谔先生提出的"劈因法"求解,另一种方法就是编制程序利用计算机求解. 具体方法可参阅有关文献.

2.1.5 拉普拉斯变换在控制工程中的应用

1. 用拉普拉斯变换求解线性微分方程

在系统瞬态响应分析时,常常要求对微分方程求解,若借助拉普拉斯变换进行求解,会很方便.

例 2.4 设有线性微分方程

$$\frac{\mathrm{d}^2 y}{\mathrm{d}t^2} + 5\frac{\mathrm{d}y}{\mathrm{d}t} + 6y = 6$$

并假设初始条件 $\dot{y}(0) = y(0) = 2$.

解 首先对微分方程两边进行拉普拉斯变换,得代数方程

$$s^2 Y(s) - sy(0) - \dot{y}(0) + 5sY(s) - 5y(0) + 6Y(s) = \frac{6}{s}$$

代入初始条件,求解 $Y(s)$

$$Y(s) = \frac{2s^2+12s+6}{s(s^2+5s+6)} = \frac{2s^2+12s+6}{s(s+2)(s+3)} = \frac{1}{s} - \frac{4}{s+3} + \frac{5}{s+2}$$

于是求得拉普拉斯反变换

$$y(t) = 1 - 4\mathrm{e}^{-3t} + 5\mathrm{e}^{-2t} \quad (t \geqslant 0)$$

该解由两部分组成:稳态分量即终值 $y(\infty)=1$ 和瞬态分量 $-4\mathrm{e}^{-3t}+5\mathrm{e}^{-2t}$. 利用终值定理可以校验稳态分量解,即

$$\lim_{t\to\infty} y(t) = \lim_{s\to 0} sY(s) = \lim_{s\to 0} \frac{2s^2+12s+6}{(s+3)(s+2)} = 1$$

2. 利用拉普拉斯变换求取传递函数

除了用拉普拉斯变换求解微分方程,更主要的是通过它引出控制工程中的一个非常重要的概念——传递函数. 传递函数是经典控制理论的数学基础,并由此引出一系列的分析研究方法.

1）传递函数的定义

设系统（或环节）的输入量为 $x_r(t)$，输出量为 $x_c(t)$，则它的传递函数是指初始条件为零时，输出量的拉普拉斯变换式 $X_c(s)$ 和输入量的拉普拉斯变换式 $X_r(s)$ 之比，并记作 $G(s)$，

$$G(s) = \frac{L[x_c(t)]}{L[x_r(t)]} = \frac{X_c(s)}{X_r(s)} \tag{2.18}$$

可见，传递函数是描述系统（或环节）的一种方法. 它不管系统（或环节）内部结构是怎样的，而直接用它的输出像函数和输入像函数之比来表示. 由

$$X_r(s)G(s) = X_c(s)$$

的关系式，就好像输入信号 $X_r(s)$ 经过系统（或环节）传递后成为输出信号 $X_c(s)$，故称 $G(s)$ 为传递函数.

若系统输入信号 $x_r(t)$ 为一个单位脉冲函数，即 $x_r(t) = \delta(t)$ 时，

$$X_c(s) = X_r(s)G(s) = L[\delta(t)]G(s) = G(s)$$

系统的输出 $x_c(t)$ 为单位脉冲响应，记作 $g(t)$. 于是传递函数又定义为单位脉冲响应的拉普拉斯变换

$$G(s) = L[g(t)]$$

2）传递函数的求取方法

对于一般的环节或简单的系统则可由它们的微分方程进行拉普拉斯变换，然后找出 $X_c(s)/X_r(s)$ 来求得. 这种方法称为直接计算法. 对于复杂的环节和系统，则可先求出环节或部件的传递函数，绘制出系统的函数方块图，然后利用方块图的各种连接的有关运算来计算出总的传递函数，这是以后要讲的. 下面先讲直接计算法.

对于自动控制系统的运动方程式一般可表达为

$$a_0 \frac{\mathrm{d}^n x_c(t)}{\mathrm{d}t^n} + a_1 \frac{\mathrm{d}^{n-1} x_c(t)}{\mathrm{d}t^{n-1}} + \cdots + a_{n-1} \frac{\mathrm{d}x_c(t)}{\mathrm{d}t} + a_n x_c(t)$$

$$= b_0 \frac{\mathrm{d}^m x_r(t)}{\mathrm{d}t^m} + b_1 \frac{\mathrm{d}^{m-1} x_r(t)}{\mathrm{d}t^{m-1}} + \cdots + b_{m-1} \frac{\mathrm{d}x_r(t)}{\mathrm{d}t} + b_m x_r(t) \tag{2.19}$$

在初始条件为零时，对方程两边进行拉普拉斯变换

$$(a_0 s^n + a_1 s^{n-1} + \cdots + a_{n-1} s + a_n) X_c(s)$$

$$= (b_0 s^m + \cdots + b_{m-1} s + b_m) X_r(s)$$

则系统的传递函数

$$G(s) = \frac{X_c(s)}{X_r(s)} = \frac{b_0 s^m + b_1 s^{m-1} + \cdots + b_{m-1} s + b_m}{a_0 s^n + a_1 s^{n-1} + \cdots + a_{n-1} s + a_n}$$

可见，只要将系统运动方程中的微分算符 $\mathrm{d}^{(i)}/\mathrm{d}t^i$ 用相应的 s^i 来代替，便可得到系统传递函数的表达式. 其中 $i = 1, 2, 3, \cdots, n$ 为微分方程的阶次.

2.2 物理系统的数学模型及其建立

2.2.1 物理系统的数学模型的作用

每一个控制系统都是由若干个元件组成的. 每个元件在系统中都具有各自的功能. 它们

相互配合起来就构成一个完整的控制系统,共同实现对某个物理量(被控制量)或生产过程的控制,使其变化符合特定的规律,如保持恒定或保证完全复现控制信号的变化规律等.然而,并不是将元件正确地连接起来以后系统就能令人满意地工作.第1章介绍的系统的运动过程,只是系统的正常工作状态,而系统是否能正常地工作,则取决于系统内部的矛盾.正如一个带反馈的晶体管放大器,尽管线路是正确的,但如果元件参数选得不当,放大器可能变成振荡器而失去放大的作用.自动控制系统也是如此,特别是具有反馈的闭环控制系统更容易产生振荡而失去控制.因此,要分析或者建立一个自动控制系统,仅仅从表面上了解它的工作原理是不够的,还必须研究系统中各个物理量的变化,以及各个物理量之间相互作用与相互制约的关系.

那么,系统物理量之间的相互作用和相互制约的关系到底怎样呢? 系统的控制信号是经过系统的各个元件一级一级传递的,最后才到达被控制对象.在传递过程中有的信号经过衰减或放大,有的信号发生了能量的转化,如电能转换成机械能,机械能转换成液压能,或反过来变换等.同时,系统中都含有储能元件,如电容、电感线圈、执行元件运动部分的惯量等.因此,信号在系统中的传递就显示出各种各样的运动.只有当系统各部分能量达到平衡状态以后,整个系统才处于稳定运动状态.而系统达到稳态以前一直处于动态过程.如果把物理系统在信号传递过程中的这一动态特性用数学表达式描述出来,就得到了组成物理系统的数学模型.因此我们说,数学模型就是用来描述系统各变量间相互关系的动态性能的方程式.

在自然界里,许多物理系统,不管它是机械的、电气的、液压的,还是气动的或热力的等都可以通过微分方程来描述.系统的微分方程式可以通过反映具体系统内在运动规律的物理学定律来获得.例如,机械系统中的牛顿定律、能量守恒定律,电学系统中的欧姆定律、基尔霍夫定律,流体方面的有关流体力学定律,以及其他一些基本物理学定律等.如果对这些微分方程求解,我们就可获得系统在外部控制作用下的动态响应.因此,微分方程是物理系统最基本的数学模型.

应该指出,对于一个系统的分析,其结果的准确程度主要取决于数学模型对给定物理系统的近似程度.因此,在推导数学模型的过程中,我们必须根据具体要求,恰当地处理好模型简化和分析结果准确性之间的关系.在什么条件下,哪些因素可以忽略,哪些可以简化,简化允许的程度怎样等.要采用常微分方程(即用线性集中参数来描述)数学模型时,总是需要忽略掉物理系统中存在着的一定的非线性参数和分布参数,如果这些被忽略的因素对系统的影响较小,那么数学模型分析的结果与物理实验研究的结果会很好地吻合.然而,线性集中参数模型只有在低频范围工作时才是合适的.当频率相当高的时候,分布参数特性有可能变成系统动态特性中不可忽视的重要因素,所以仍以集中参数模型来研究就不适当了.如在低频范围工作时,导体间的分布电容、弹簧的质量可以忽略,但在高频范围工作时,分布电容和弹簧质量都可能成为系统的重要性质,所以模型简化也是有条件的.

要获得一个简化的准确的数学模型,必须对系统有全面的了解.一个控制系统本身及其元件往往涉及机械、电气、液压、气动等各方面内容,种类繁多.而且每一个系统和元件,其内部结构、外界扰动等因素又总是很复杂的.因而要想对一个系统或其元件提出精确的数学模型或提出一个经过合理的简化具有一定准确度的数学模型,并非是件容易的事,必须对元件或系统的构造原理、工作情况等有足够的了解.

最后必须指出的是:由于数学分析及方法上的误差,不必要的过分复杂的数学模型有时不一定会带来预期的准确结果.所以在满足工程要求的前提下,数学模型应尽可能简单.

2.2.2 系统数学模型的两种模式

下面通过对弹簧-质量-阻尼机械系统的分析,了解对实际物理系统的数学模型描述的几种形式.图 2.2 是个简单的机械系统,图中 K、M、B 分别为系统的弹簧刚度、质量和阻尼系数,x、v 分别为质量 M 的位移和速度.若以作用力 f 为输入,位移 x 为输出,则它可以有以下几种数学描述.

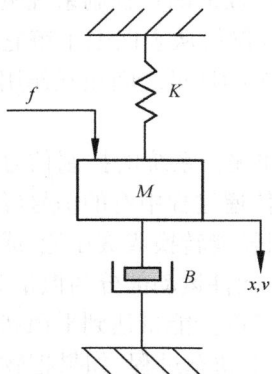

(1) 基本方程.由牛顿定律得

$$M\frac{\mathrm{d}^2 x}{\mathrm{d}t^2} + Bv + Kx = f \qquad (2.20a)$$

$$\frac{\mathrm{d}x}{\mathrm{d}t} = v \qquad (2.20b)$$

(2) 微分方程.迭代式(2.20a)和式(2.20b)可求得

$$M\frac{\mathrm{d}^2 x}{\mathrm{d}t^2} + B\frac{\mathrm{d}x}{\mathrm{d}t} + Kx = f \qquad (2.21)$$

图 2.2 M-B-K 系统

(3) 传递函数.在初始条件为零的条件下,对式(2.21)进行拉普拉斯变换求得

$$\frac{X(s)}{F(s)} = \frac{1}{Ms^2 + Bs + K}$$

(4) 状态空间表达式.由式(2.20)可得两个一阶微分方程组

$$\frac{\mathrm{d}x}{\mathrm{d}t} = v$$

$$\frac{\mathrm{d}v}{\mathrm{d}t} = -\frac{B}{M}v - \frac{K}{M}x + \frac{1}{M}f$$

和输出

$$y = x$$

用矩阵向量等效表示,则有状态空间表示法描述

$$\begin{bmatrix} \dot{x} \\ \dot{v} \end{bmatrix} = \begin{bmatrix} 0 & 1 \\ -\dfrac{K}{M} & -\dfrac{B}{M} \end{bmatrix} \begin{bmatrix} x \\ v \end{bmatrix} + \begin{bmatrix} 0 \\ \dfrac{1}{M} \end{bmatrix} f \qquad (2.22a)$$

$$y = \begin{bmatrix} 1 & 0 \end{bmatrix} \begin{bmatrix} x \\ v \end{bmatrix} \qquad (2.22b)$$

由这个实例可知系统的数学模型的两种模式:

(1) 输入输出模式.上述用微分方程和传递函数作为系统数学模型的称为输入输出模式,其特点是只描述系统输出变量,对系统内部其他变量不给出任何信息.研究时所关心的只是系统的外部输出,至于系统内部状态如何变化并不重要.如例中,只描写了外力 $f(t)$ 作用下,质量块 M 的位移 $x(t)$.并不涉及系统内部如阻尼器活塞杆移动速度等其他变量.

(2) 状态变量模式.上述第四种描述即属于状态变量模式,包含了状态方程式(2.22a)和输出方程式(2.22b).这种模式的特点是不仅表达了系统内部的状态,同时又描述了其外部输出的特性. 如例中,既给出了外力 $f(t)$ 与质量块位移 $x(t)$ 之间的关系,也给出了质量块带动阻尼器活塞杆移动速度这一内部状态信息. 从这一意义上来讲,状态变量模式对系统的描述是完整的.

系统数学模型的状态变量模式将在第 9 章中详细介绍. 本章重点讲述输入输出模式的数学模型的建立,而不涉及系统内部运动状态.

2.2.3 建立元件及系统数学模型的一般步骤

1. 元件和环节的概念

一个控制系统是由许多具有不同功用的元件所构成的. 同时,这些元件动态性能又各不相同. 在对元件或系统进行研究时,由于研究的内容不同,出发点也不一样. 对控制系统的元件大都以下两种观点加以讨论.

第一种观点是根据元件的功用来研究. 在这种情况下,可根据测量、放大、执行等作用以及其他作用划分元件. 当研究系统的结构组成时,采用这种方法比较方便. 如第 1 章中,根据系统原理图用这种划分方法,很容易画出系统方块图.

第二种观点是按照运动方程式将元件或系统划分成若干环节. 在建立数学模型、研究系统的动态特性时,用这种方法可以使问题简化.

所谓环节,就是指可以组成独立的运动方程式的那一部分. 其可以是一个元件,也可以是一个元件的一部分或者由几个元件组成. 而方程的系数只取决于本环节元件的参数,与其他环节无关.

划分环节时,必须注意两个元件间的相互影响. 元件前后连接时,前一元件的输出信号就变成后一元件的输入信号,后一元件就变成前一元件的负载了. 元件承受负载后,其运动方程式就有可能改变,即称后一元件对它产生了负载效应,这时,前一元件不能单独作为一个环节,必须与后一元件同时考虑. 这一点在划分环节时必须注意到.

2. 建立元件及系统数学模型的一般步骤

(1) 首先将系统划分为若干个环节,确定每一环节的输入信号和输出信号. 确定输入信号和输出信号时,应使前一环节的输出信号是后一环节的输入信号.

(2) 写出每一环节(或元件)描述输出信号和输入信号相互关系的运动方程式;找出联系输出量与输入量的内部关系,并确定反映这种内在联系的物理学规律. 而这些物理学定律的数学表达式就是环节(或元件)的原始方程式. 与此同时再作一些数学上的处理,如非线性函数的线性化,忽略一些次要因素,提高方程简化的可能性和容许程度.

(3) 消去中间变量,列出各变量间的关系式. 设法消去中间变量,最后得到只含输入量和输出量的方程式. 于是就得到所要建立的元件或系统的数学模型了.

2.2.4 典型元件及系统数学模型的建立

下面就机械系统、电气系统和流体系统分别举例说明建立数学模型的基本方法.

1. 机械系统

机械设备大致分平移和旋转两类,它们之间的区别在于前者施加的是力而产生的是位移,后者施加的是扭矩而产生的是转角. 牛顿定律、胡克定律等物理学定律是建立机械系统数学模型的基础.

例 2.5 一个机械系统如图 2.3(a)所示,系统初始处于平衡状态.研究以外力 $f(t)$ 为输入量,以位移 $x_2(t)$ 为输出量之间的关系.

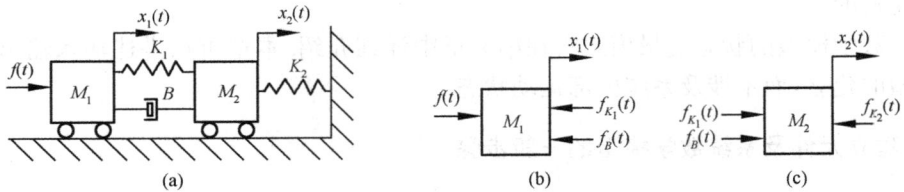

图 2.3 机械系统

解 取 M_1 为分离体,受力如图 2.3(b)所示,根据牛顿定律则有

$$M_1 \frac{\mathrm{d}^2 x_1(t)}{\mathrm{d}t^2} = f(t) - f_B(t) - f_{K_1}(t)$$

式中

$$f_B(t) = B\left[\frac{\mathrm{d}x_1(t)}{\mathrm{d}t} - \frac{\mathrm{d}x_2(t)}{\mathrm{d}t}\right], \quad f_{K_1}(t) = K_1[x_1(t) - x_2(t)]$$

又取 M_2 为分离体,受力如图 2.3(c)所示,则有

$$M_2 \frac{\mathrm{d}^2 x_2(t)}{\mathrm{d}t^2} = f_B(t) + f_{K_1}(t) - f_{K_2}(t)$$

式中

$$f_{K_2}(t) = K_2 x_2(t)$$

为了消去中间变量 $x_1(t)$,对上式进行拉普拉斯变换.由于初始条件为零,故有

$$[M_1 s^2 + Bs + K_1]X_1(s) - [Bs + K_1]X_2(s) = F(s)$$
$$[M_2 s^2 + Bs + K_1 + K_2]X_2(s) = [Bs + K_1]X_1(s)$$

消去 $X_1(s)$,则可求得系统传递函数

$$\frac{X_2(s)}{F(s)} = (Bs + K_1)/\{M_1 M_2 s^4 + B(M_1 + M_2)s^3$$
$$+ [M_1(K_1 + K_2) + M_2 K_1]s^2 + BK_2 s + K_1 K_2\}$$

例 2.6 图 2.4(a)表示一个汽车悬挂系统的原理图.当汽车沿着道路行驶时,轮胎的垂

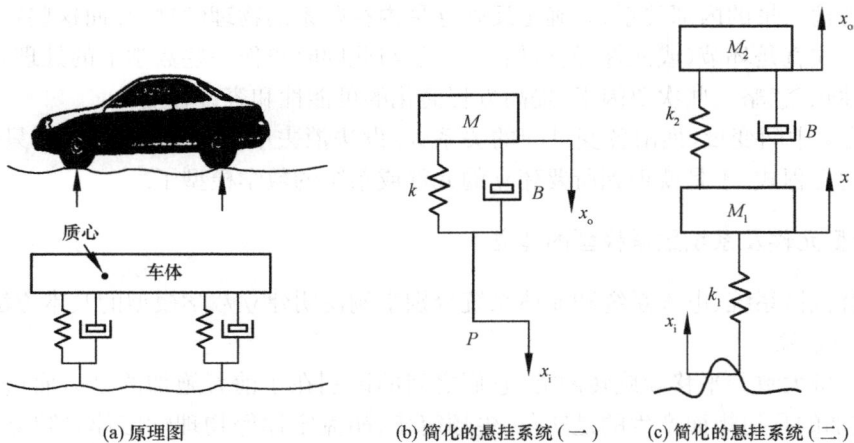

(a)原理图　　　　(b)简化的悬挂系统(一)　　　(c)简化的悬挂系统(二)

图 2.4 汽车悬挂系统

直位移作为一个运动激励使用在汽车的悬挂系统上.该系统的运动由质心的平移运动和围绕质心的旋转运动组成.建立整个系统的数学模型比较复杂,这里仅考虑车体的平移运动.当悬挂系统分别简化为图 2.4(b)和图 2.4(c)时,试建立简化后系统的传递函数 $X_o(s)/X_i(s)$.

解 (1) 求图 2.4(b)所示系统传递函数 $X_o(s)/X_i(s)$.

只考虑车体垂直方向的运动可得系统的运动微分方程

$$M\ddot{x}_o + B(\dot{x}_o - \dot{x}_i) + k(x_o - x_i) = 0$$

即

$$M\ddot{x}_o + B\dot{x}_o + kx_o = B\dot{x}_i + kx_i$$

对此微分方程进行拉普拉斯变换,并且假设初始条件为零,得到

$$(Ms^2 + Bs + k)X_o(s) = (Bs + k)X_i(s)$$

因此,传递函数 $X_o(s)/X_i(s)$ 为

$$\frac{X_o(s)}{X_i(s)} = \frac{Bs + k}{Ms^2 + Bs + k}$$

(2) 求图 2.4(c)所示系统的传递函数 $X_o(s)/X_i(s)$.

对系统应用牛顿第二定律,我们得到

$$M_1\ddot{x} = k_2(x_o - x) + B(\dot{x}_o - \dot{x}) + k_1(x_i - x)$$

$$M_2\ddot{x}_o = -k_2(x_o - x) - B(\dot{x}_o - \dot{x})$$

假设初始条件为零,对上述方程进行拉普拉斯变换,得到

$$[M_1 s^2 + Bs + (k_1 + k_2)]X(s) = (Bs + k_2)X_o(s) + k_1 X_i(s)$$

$$[M_2 s^2 + Bs + k_2]X_o(s) = (Bs + k_2)X(s)$$

从上面两个方程中消去 $X(s)$,得到

$$\frac{X_o(s)}{X_i(s)} = \frac{k_1(Bs + k_2)}{M_1 M_2 s^4 + (M_1 + M_2)Bs^3 + [k_1 M_2 + (M_1 + M_2)k_2]s^2 + k_1 Bs + k_1 k_2}$$

2. 电气系统

电气系统种类和元件繁多,但根据有关电、磁及电路的基本定律,无论其结构多么复杂,总是可以建立起相应的数学模型的.

例 2.7 由电阻 R、电感 L 和电容 C 组成的双端网络电路,如图 2.5 所示.试列出以 $u_r(t)$ 为输入,以 $u_c(t)$ 为输出的运动方程式.

解 根据基尔霍夫定律写出电路方程

$$L\frac{\mathrm{d}i(t)}{\mathrm{d}t} + \frac{1}{C}\int i(t)\mathrm{d}t + Ri(t) = u_r(t)$$

$$u_c(t) = \frac{1}{C}\int i(t)\mathrm{d}t$$

消去中间变量 i,便得到输入-输出的运动方程式

$$LC\frac{\mathrm{d}^2 u_c(t)}{\mathrm{d}t^2} + RC\frac{\mathrm{d}u_c(t)}{\mathrm{d}t} + u_c(t) = u_r(t)$$

网络的传递函数表达式可写成

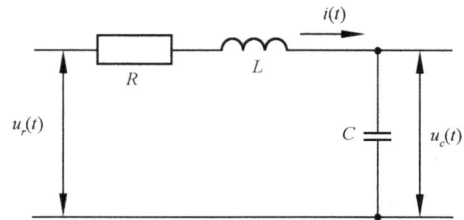

图 2.5　R-L-C 电路

$$\frac{U_c(s)}{U_r(s)}=\frac{1}{LCs^2+RCs+1}$$

例 2.8 建立电枢控制式直流电机的运动方程式. 图 2.6 为其原理图, R_a、L_a 为电枢电路中的电阻和电感, 激磁电流 i_f 保持常量. 建立以电枢电压 e_a 为输入量, 以负载转角 θ_m 为输出量的运动方程式.

解 由分析工作原理可知, 电枢控制式直流电机实际上是将输入的电能转换为机械能.

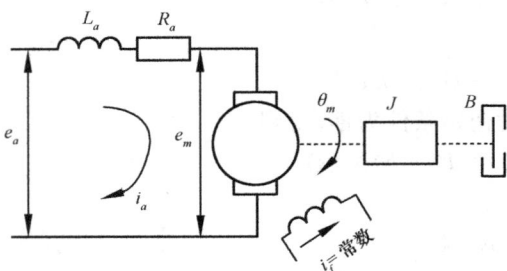

图 2.6 电枢控制式直流电机

其能量的传递过程是: 输入的电压 e_a 在电枢回路中产生电枢电流 i_a, 而电流 i_a 与激磁磁通相互作用产生了电磁转矩 τ, 拖动负载运动. 因此, 运动方程式应包括下面三个方程:

（1）电枢电路的电压平衡方程式

$$L_a\frac{di_a}{dt}+R_ai_a+e_m=e_a \qquad (2.23a)$$

式中, e_m 为电枢反电势. 当电枢旋转时, 即产生一个与 e_a 方向相反的感应电势, 大小与磁通和转速成比例. 当磁通固定不变时, 电枢反电势仅取决于转速, 即

$$e_m=K_e\frac{d\theta_m}{dt} \qquad (2.23b)$$

式中, K_e 为反电势常数 (V/(rad/s)).

（2）电枢电流产生的转矩方程.

电机产生的转矩 τ 与电枢电流 i_a 和激磁磁通成正比, 当磁通固定时, 则转矩 τ 为

$$\tau=K_Ti_a \qquad (2.24)$$

式中, K_T 为转矩常数 (N·m/A).

（3）电机轴上的力矩方程式.

$$J\frac{d^2\theta_m}{dt^2}+B\frac{d\theta_m}{dt}=\tau \qquad (2.25)$$

将式 (2.23a)、式 (2.24)、式 (2.25) 合并, 消去中间变量 i_a、e_m、τ, 则得到以负载转角 θ_m 为输出量, 以电枢控制电压 e_a 为输入量的运动方程式

$$L_aJ\frac{d^3\theta_m}{dt^3}+(L_aB+R_aJ)\frac{d^2\theta_m}{dt^2}+(R_aB+K_TK_e)\frac{d\theta_m}{dt}=K_Te_a \qquad (2.26a)$$

其传递函数表示为

$$\frac{\Theta_m(s)}{E_a(s)}=\frac{K_T}{L_aJs^3+(L_aB+R_aJ)s^2+(R_aB+K_TK_e)s} \qquad (2.26b)$$

根据具体情况, 工程应用时可进行简化. 电枢电感 L_a 通常比较小, 因此可以忽略. 此时方程 (2.26a) 可简化为

$$R_aJ\frac{d^2\theta_m}{dt^2}+(R_aB+K_TK_e)\frac{d\theta_m}{dt}=K_Te_a$$

如果电机轴上的转动惯量 J 和电枢电阻 R_a 都可以忽略不计, 则方程 (2.26a) 变为

$$K_e\frac{d\theta_m}{dt}=e_a$$

此时电枢电压与电机的转速成正比,这就是测速发电机的原理.

3. 流体系统

在工程实践中,如液面系统、液压系统以及气压系统等,都可以根据其物理学定律用适当的运动方程式来加以描述.

例 2.9 液面系统,如图 2.7 所示. q_r 为流入量,q_c 为流出量,h 为液面高度,容器横截面积为 A,在 h 变动范围内为恒值.列出液面波动的运动方程式.

解 以 q_r 为输入量,以液面高度 h 为输出量.根据物质守恒定律及伯努利方程有

$$\frac{\mathrm{d}h}{\mathrm{d}t}=\frac{q_r-q_c}{A}$$

$$q_c=a\sqrt{h}$$

式中,a 是由管道面积及其结构形式决定的参数.结构一定时,在 q_c 变化的一定范围内,可近似地认为是恒值.

消去中间变量 q_c,可求得液面高度运动方程式

$$\frac{\mathrm{d}h}{\mathrm{d}t}+\frac{a}{A}\sqrt{h}=\frac{1}{A}q_r \tag{2.27}$$

显然,这是一个非线性方程式.

例 2.10 阀控液压缸.图 2.8(a)是液压控制系统中应用最普遍的阀控液压缸的工作原理图.推导以滑阀阀芯位移 x_v 为输入量,以液压缸活塞位移 y 为输出量的阀控液压缸的运动方程式.

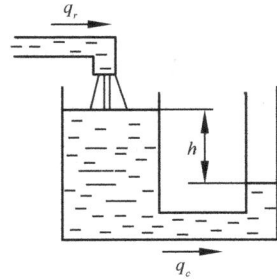

图 2.7　液面系统

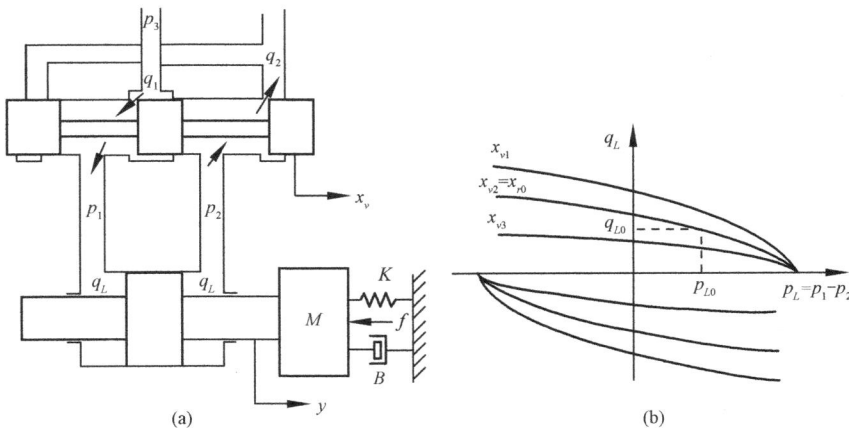

图 2.8　阀控液压缸

解 阀控液压缸可以划分为滑阀和液压缸两个环节.

滑阀:阀芯位移 x_v 为输入量,负载流量 q_L 为输出量.图 2.8(b)是滑阀特性曲线,由图可以看出,负载流量 q_L 是 x_v 和负载压差 $p_L=p_1-p_2$ 的函数,即 $q_L=f(x_v,p_L)$ 是一个非线性函数.显然,叠加原理是不适用的,必须进行线性化处理(具体方法 2.3 节讨论).经线性化的滑阀流量方程式为

$$q_L = K_q x_v - K_c p_L$$

式中, K_q 为滑阀的流量增益; K_c 为滑阀的流量压力系数.

液压缸:输入量为负载流量 q_L, 输出量为液压缸活塞位移 y. 液压缸工作腔流量连续性方程为

$$q_L = A \frac{dy}{dt} + C_{tc} p_L + \frac{V_t}{4\beta_e} \frac{dp_L}{dt}$$

式中, A 为液压缸活塞工作面积; C_{tc} 为液压缸总漏损系数; V_t 为从滑阀出口到液压缸活塞的两腔总容积; β_e 为油液有效体积弹性模数.

液压缸的力平衡方程式为

$$A p_L = M \frac{d^2 y}{dt^2} + B \frac{dy}{dt} + K y + f$$

式中, M 为负载质量; B 为负载阻尼系数; K 为负载弹簧刚度; f 为外加负载干扰力.

将上述三式联立求解, 消去中间变量 q_L、p_L, 则获得阀芯位移 x_v 与液压缸活塞位移 y 之间的运动方程式

$$A K_q x_v - \left[(K_c + C_{tc}) f + \frac{V_t}{4\beta_e} \frac{df}{dt} \right] = \frac{V_t M}{4\beta_e} \frac{d^3 y}{dt^3} + \left[(K_c + C_{tc}) M + \frac{V_t B}{4\beta_e} \right] \frac{d^2 y}{dt^2}$$

$$+ \left[A^2 + \frac{V_t K}{4\beta_e} + (K_c + C_{tc}) B \right] \frac{dy}{dt} + K(K_c + C_{tc}) y \tag{2.28}$$

式 (2.28) 是在控制信号 x_v 和扰动力 f 同时作用的情况下, 全面考虑了负载质量、阻尼、刚度、油液的弹性以及液压缸的泄漏等各种因素时推导出来的阀控液压缸的运动方程式. 在实际应用中, 根据具体要求可以忽略一些次要因素而使阀控液压缸系统的数学模型大大简化. 在不考虑外干扰力 f 作用的情况下, 只考虑负载质量 M、油液的弹性 β_e, 而忽略负载阻尼 B、弹簧刚度 K 和液压缸泄漏 C_{tc}, 则可得到工程上经常用到的以阀芯位移为输入量, 活塞位移为输出量的阀控液压缸运动方程式的简化形式

$$\frac{V_t M}{4\beta_e A^2} \frac{d^3 y}{dt^3} + \frac{K_c M}{A^2} \frac{d^2 y}{dt^2} + \frac{dy}{dt} = \frac{K_q}{A} x_v \tag{2.29a}$$

写成传递函数形式, 则为

$$\frac{Y(s)}{X_v(s)} = \frac{K_q/A}{\frac{V_t M}{4\beta_e A^2} s^3 + \frac{K_c M}{A^2} s^2 + s} \tag{2.29b}$$

2.2.5　反馈控制系统运动方程式的建立

前面从广义的概念上分析了机械系统、电气系统和流体系统的数学模型的建立, 下面我们再分析一下反馈控制系统运动方程式的建立.

以图 1.4 工作台位置控制系统为例. 首先根据系统工作原理画出系统方块图, 如图 2.9 所示. 可以看出系统一共分了五个部分, 实际上就是五个环节. 分别写出描述每一部分的运动方程式. 最后, 联立求解, 消去中间变量, 即得到整个系统的运动方程式.

1. 检测比较元件

该系统由两个完全相同的电位器, 即指令电位器和反馈电位器组成桥式电路, 用来检测

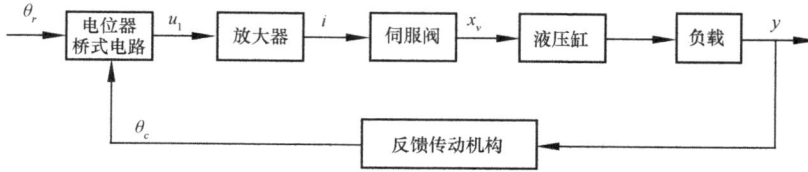

图 2.9 位置控制系统方块图

两个轴的偏差角. 当 θ_c 与 θ_r 不相等时, 便产生偏差电压 u_1. 若电位器传递系数为 K_1(V/rad), 则偏差电压

$$u_1 = K_1(\theta_r - \theta_c)$$

2. 放大器

对于放大器, 偏差电压 u_1 为其输入量, 而电流 i 为输出量. 忽略作为负载的伺服阀绕组电感的影响, 可认为放大器是一个纯放大环节. 故运动方程式为

$$i = K_2 u_1$$

式中, K_2 为电流放大系数(A/V).

3. 伺服阀

在系统中伺服阀作为电-液转换及功率放大元件. 放大器输出电流 i 是伺服阀的输入量, 而滑阀阀芯位移 x_v 为输出量. 通常, 伺服阀的带宽要比负载的带宽大得多. 因此, 可近似地把它看作一个放大环节

$$x_v = K_3 i$$

式中, K_3 为伺服阀放大系数(cm/A).

4. 液压缸

带有负载的阀控液压缸的运动方程前面已推导出. 式(2.29a)即为其简化后的运动方程式. 输入量是滑阀阀芯位移 x_v, 输出量为液压缸活塞位移 y.

5. 反馈传动机构

液压缸活塞带动负载运动的同时, 通过齿条齿轮传动装置将位移 y 转移成电位器轴的转角 θ_c. 用 K_4 表示转换比, 则反馈电位器转的角度

$$\theta_c = K_4 y$$

于是, 经过数学处理和简化后, 就可得到下列一组描述工作台位置控制系统的运动方程式

$$
\begin{cases}
u_1 = K_1(\theta_r - \theta_c) \\
i = K_2 u_1 \\
x_v = K_3 i \\
\dfrac{V_t M}{4\beta_e A^2}\dfrac{\mathrm{d}^3 y}{\mathrm{d}t^3} + \dfrac{K_c M}{A^2}\dfrac{\mathrm{d}^2 y}{\mathrm{d}t^2} + \dfrac{\mathrm{d}y}{\mathrm{d}t} = \dfrac{K_q}{A}x_v \\
\theta_c = K_4 y
\end{cases}
\tag{2.30}
$$

消去式(2.30)描写系统内部各环节运动状态的中间变量 u_1、i、x_v、y, 我们就可以得到 θ_r 为输入量, 以 θ_c 为输出量的系统运动方程式

$$\frac{V_t M}{4\beta_e A^2}\frac{\mathrm{d}^3 \theta_c}{\mathrm{d}t^3} + \frac{K_c M}{A^2}\frac{\mathrm{d}^2 \theta_c}{\mathrm{d}t^2} + \frac{\mathrm{d}\theta_c}{\mathrm{d}t} + K\theta_c = K\theta_r$$

式中

$$K = \frac{K_1 K_2 K_3 K_4 K_q}{A}$$

或写成传递函数形式

$$\frac{\Theta_c(s)}{\Theta_r(s)} = \frac{K}{\dfrac{V_t M}{4\beta_e A^2} s^3 + \dfrac{K_c M}{A^2} s^2 + s + K}$$

上式即为描述图 1.4 所示的具有反馈的电液位置控制系统的运动方程式. 如果已知输入量 $\theta_r(t)$ 和确定的初始条件, 就可以求解出 $\theta_c(t)$ 或 $y(t)$ 的变化规律.

以上推导了机械、电气、流体等系统的运动方程式, 尽管它们的物理结构不同, 输入量、输出量以及中间变量可以是不同的物理量, 但它们的运动方程却有如下共同之处:

(1) 运动方程的系数由元件或系统结构本身的参量组合而成, 因而都是实数.

(2) 运动方程的形式取决于系统的结构和在其中进行的物理过程. 其阶数取决于系统自身含有储能元件的数量. 因此运动微分方程是提示系统内部特殊矛盾的工具, 它的解反映了系统的运动规律.

(3) 对于同一元件或系统, 由于所取的输出量不同, 其运动方程式的形式也不同; 对于不同系统, 尽管所取的输入、输出量不同, 但也可能有相似的运动方程式.

(4) 对于只有单输入、单输出的系统, 即所谓一维常系数线性自动控制系统的运动微分方程式都可以表示成下面的一般形式:

$$a_0 \frac{\mathrm{d}^n x_c}{\mathrm{d}t^n} + a_1 \frac{\mathrm{d}^{n-1} x_c}{\mathrm{d}t^{n-1}} + \cdots + a_{n-1} \frac{\mathrm{d}x_c}{\mathrm{d}t} + a_n x_c$$
$$= b_0 \frac{\mathrm{d}^m x_r}{\mathrm{d}t^m} + b_1 \frac{\mathrm{d}^{m-1} x_r}{\mathrm{d}t^{m-1}} + \cdots + b_{m-1} \frac{\mathrm{d}x_r}{\mathrm{d}t} + b_m x_r \tag{2.31}$$

式中, x_c 为输出量; x_r 为输入量, 且 $n > m$.

2.3 非线性数学模型的线性化

2.3.1 线性化问题的提出

2.2 节列举的元件或系统的数学模型大多是线性微分方程, 即不包含变量及其导数非一次幂项. 对于这类系统, 一个很重要的性质就是可以应用叠加原理, 以及应用线性理论对系统进行分析和设计.

但实际上, 自然界中真正的线性系统是不存在的. 即使对所谓线性系统来说, 也只是在一定工作范围内才保持真正的线性关系. 许多机电系统、液压系统、气动系统等, 在变量之间都包含着非线性关系. 例如, 元件的死区、传动的摩擦与间隙、大信号作用下元件输出量的饱和以及元件存在的非线性函数关系等. 因此, 精确地反映各种因素对系统或元件的动态影响就变得很复杂, 以致难以获得解析解. 在这种情况下, 就不得不首先略去某些对控制过程不会产生重大影响的因素, 以便简化方程. 此外, 有时系统中所发生的过程是用非线性方程来描述的. 这样, 为了用线性理论对系统进行分析和设计, 就必须绕过由非线性而造成的数学上的困难. 在这种情况下我们采用了一种方法, 就是将这些非线性方程在一定的工作范围内用近似的线性方程来代替.这种近似的转化过程称为线性化.当非线性系统近似地用线性化数学模型表示以后,就可以采用线性理论方法来分析和设计系统了.虽然线性化后所得的结果是近似的、有条件的,但在一定范围内能够正确地反映系统运动的一般性质,这可以使我们顺利地解决一些复杂问题.可见,系统或元件运动方程式的线性化是建立数学模型、分析研究系统性能的重要一步.

2.3.2 增量方程及其特点

1. 增量方程

非线性方程的线性化方法一般有两种,一种方法是忽略对系统影响不大的非线性因素,如死区、磁滞及某些干摩擦.另一种方法就是切线法,或称微小偏差法.这种线性化的方法是基于这样一种假设:在控制系统整个调节过程中,所有变量与其稳态值之间只会产生足够微小的偏差.以微小偏差法为基础,运动方程中各变量就不是它们的绝对值,而是它们对额定工作点的偏差.这种方程即称为增量方程.

一般运动方程式化为增量方程的步骤如下(以式(2.21)为例):

(1) 确定额定工作点,如图2.10所示,设额定工作点为$A(f_0、x_0)$,静态方程式为

$$f_0 = Kx_0 \tag{2.32}$$

(2) 将原方程式中的瞬时值用其额定点值和增量之和表示.当工作点偏离额定点时,如A_1点,式(2.21)的瞬时值为$x = x_0 + \Delta x$,$f = f_0 + \Delta f$.故原式可写成

$$M\frac{d^2(x_0 + \Delta x)}{dt^2} + B\frac{d(x_0 + \Delta x)}{dt} + k(x_0 + \Delta x) = f_0 + \Delta f \tag{2.33}$$

(3) 将演化后的运动方程式(2.33)与静态方程式(2.32)相减,其结果即为增量方程式

$$M\frac{d^2\Delta x}{dt^2} + B\frac{d\Delta x}{dt} + k\Delta x = \Delta f \tag{2.34}$$

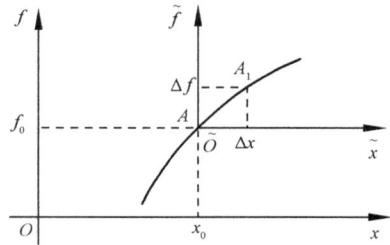

图2.10 工作特性曲线

将式(2.34)与式(2.21)比较一下可见,只需将原方程式中的瞬时值换成增量值,就可获得与其对应的增量方程式.这种方法只对线性方程式才适用,因为从上面的步骤可以看出它的基础是叠加原理.对非线性方程首先应当线性化.

2. 增量表达式的特点

(1) 以增量方程式表示的系统,可以认为初始条件为零.控制系统通常都有一个正常的工作状态,与这一状态相对应,系统有一个额定工作点,如图2.10中A点.系统不受外界扰动影响,它往往停留在额定工作点上.当系统受到扰动后,就会偏离额定工作点.所以额定工作点的状态一般就是系统的初始状态.由于额定工作点往往不是坐标原点,因此初始条件并不为零,而是(x_0,f_0).如果用系统中各变量的增量来表示它的动态,就是把系统坐标的原点O移动到额定点A,即新的坐标原点$\tilde{O}$上.这样,在以增量表示的系统$\tilde{f}\tilde{O}\tilde{x}$坐标系中,系统运动的初始条件就等于零了.这样作为研究控制系统时,把初始条件当作零提供了依据.

(2) 以增量表示的系统便于非线性方程线性化.如果系统中包含变量的非线性函数,则

可用泰勒公式展开这些变量为在额定工作点附近的增量表达式,然后略去高于一次微增量的项,就获得近似的线性函数.将非线性方程中所有非线性函数都用其对应的近似线性函数代替,就可得到近似的线性方程.如果元件的静特性曲线上没有间断点、折断点和非单值关系,即方程在整个调整时间内都适用,就可以用这种方法线性化.

2.3.3 非线性函数的线性化

具有单变量的非线性函数 $f(x)$. 假设额定工作点为 $O(x_0)$,将其在 $O(x_0)$ 点附近展开成泰勒级数

$$f(x)=f(x_0)+\frac{\mathrm{d}f}{\mathrm{d}x}(x-x_0)+\frac{1}{2!}\frac{\mathrm{d}^2f}{\mathrm{d}x^2}(x-x_0)^2+\cdots+\frac{1}{n!}\frac{\mathrm{d}^{(n)}f}{\mathrm{d}x^n}(x-x_0)^n$$

式中,$\frac{\mathrm{d}f}{\mathrm{d}x}$,$\frac{\mathrm{d}^2f}{\mathrm{d}x^2}$,$\cdots$为在 $x=x_0$ 处的各阶导数. 若 $(x-x_0)$ 很小,可忽略 $(x-x_0)$ 的高阶项. 通常只取一阶微量项,则可近似写成

$$f(x)-f(x_0)=\frac{\mathrm{d}f}{\mathrm{d}x}(x-x_0)$$

或写成

$$\Delta f(x)=\frac{\mathrm{d}f}{\mathrm{d}x}\Big|_{x=x_0}\Delta x$$

具有两个或三个变量的非线性函数 $f(x,y)$、$f(x,y,z)$. 同样地,可以在额定工作点 $O(x_0,y_0)$ 或 $O(x_0,y_0,z_0)$ 处展成泰勒级数并忽略高阶项,减去静态方程,即得到额定工作点附近以增量表示的线性表达式,即

$$\Delta f(x,y)=\frac{\partial f}{\partial x}\Big|_{(x_0,y_0)}\Delta x+\frac{\partial f}{\partial y}\Big|_{(x_0,y_0)}\Delta y$$

$$\Delta f(x,y,z)=\frac{\partial f}{\partial x}\Big|_{(x_0,y_0,z_0)}\Delta x+\frac{\partial f}{\partial y}\Big|_{(x_0,y_0,z_0)}\Delta y+\frac{\partial f}{\partial z}\Big|_{(x_0,y_0,z_0)}\Delta z$$

式中,偏导数 $\partial f/\partial x$、$\partial f/\partial y$、$\partial f/\partial z$ 均为在工作点 O 上的计算值.

这是最常用的线性化方法. 这种近似关系满足大部分控制系统的要求.

例 2.11 试将式(2.27)非线性方程线性化.

解 额定工作点为 $(q_{r0}$、$h_0)$,静态方程式为

$$a\sqrt{h_0}=q_{r0}$$

将非线性函数 $\sqrt{h}$ 线性化

$$\sqrt{h}=\sqrt{h_0}+\left(\frac{\mathrm{d}\sqrt{h}}{\mathrm{d}h}\right)\Big|_{h=h_0}\Delta h=\sqrt{h_0}+\frac{1}{2\sqrt{h_0}}\Delta h$$

并将方程式的瞬时值用它的额定值和微增量之和来表示

$$\frac{\mathrm{d}(h_0+\Delta h)}{\mathrm{d}t}+\frac{a}{A}\left[\sqrt{h_0}+\frac{1}{2\sqrt{h_0}}\cdot\Delta h\right]=\frac{1}{A}(q_{r0}+\Delta q_r)$$

从上式减去静态方程式,可求得式(2.27)的线性化方程

$$A\frac{\mathrm{d}\Delta h}{\mathrm{d}t}+\frac{a}{2}\frac{1}{\sqrt{h_0}}\Delta h=\Delta q_r$$

例 2.12 试将图 2.8 所示阀的非线性压力-流量特性 $q_L = f(p_L, x_v)$ 线性化.

解 设阀的额定工作点参量为 $O(p_{Lo}, x_{vo})$,其静态方程为

$$q_{Lo} = f(p_{Lo}, x_{vo}) \tag{2.35}$$

把非线性特性方程在额定工作点 O 附近展成泰勒级数,则有

$$q_L = f(p_{Lo}, x_{vo}) + \frac{\partial f(p_L, x_v)}{\partial x_v}\bigg|_{\substack{x_v = x_{vo} \\ p_L = p_{Lo}}} \Delta x_v + \frac{\partial f(p_L, x_v)}{\partial p_L}\bigg|_{\substack{x_v = x_{vo} \\ p_L = p_{Lo}}} \Delta p_L \tag{2.36}$$

由式(2.36)减去静态方程式(2.35),即得阀特性的线性化方程表达式

$$\Delta q_L = \frac{\partial f(p_L, x_v)}{\partial x_v}\bigg|_{\substack{x_v = x_{vo} \\ p_L = p_{Lo}}} \Delta x_v + \frac{\partial f(p_L, x_v)}{\partial p_L}\bigg|_{\substack{x_v = x_{vo} \\ p_L = p_{Lo}}} \Delta p_L \tag{2.37}$$

式中,两个偏导数给出了阀的两个重要参数,其中:

阀的流量放大系数
$$K_q = \frac{\partial f(x_v, p_L)}{\partial x_v}\bigg|_{\substack{x_v = x_{vo} \\ p_L = p_{Lo}}} = \frac{\partial q_L}{\partial x_v}\bigg|_{\substack{x_v = x_{vo} \\ p_L = p_{Lo}}}$$

阀的流量-压力系数
$$K_c = -\frac{\partial f(x_v, p_L)}{\partial p_L}\bigg|_{\substack{x_v = x_{vo} \\ p_L = p_{Lo}}} = -\frac{\partial q_L}{\partial x_v}\bigg|_{\substack{x_v = x_{vo} \\ p_L = p_{Lo}}}$$

K_q、K_c 与工作点有关,可根据工作点值,从阀的特性曲线求得.于是式(2.37)可改写为

$$\Delta q_L = K_q \Delta x_v - K_c \Delta p_L \tag{2.38}$$

式(2.38)表明了负载流量 Δq_L、阀芯位移 Δx_v 和负载压力 Δp_L 之间的线性关系.可以看出,随着工作点不同,阀系数 K_q, K_c 也在变化.因为系统在闭环工作状态下,阀总是在零位工作,即 $q_{L0} = 0, x_{v0} = 0, p_{L0} = 0$.因此,方程(2.38)又可写成

$$q_L = K_q x_v - K_c p_L \tag{2.39}$$

图 2.11 表示 $q_L = f(x_v, p_L)$ 经过线性化后 q_L、x_v、p_L 之间的线性关系.

在利用泰勒公式展开进行非线性函数线性化时,应注意以下几点:

(1) 线性化是相对某一额定工作点进行的.工作点不同,得到的线性化微分方程的系数也不同.

(2) 若使线性化具有足够精度,调节过程中变量偏离工作点的偏差信号应足够小.

(3) 线性化后的运动方程是相对额定工作点,以增量来描述的,故认为初始条件为零.

图 2.11　负载流量特性 q_L 的线性化

(4) 线性化只适用于没有间断点、折断点和非单值关系的函数,对含本质非线性的系统不适用.

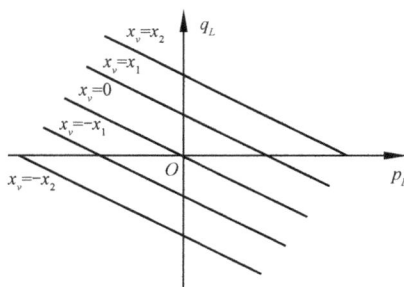

2.4　系统方块图及其传递函数

控制系统一般是由许多元件组成的,为了表明元件在系统中的功能,以及便于对系统分析和研究,我们经常要用到方块图的概念.

2.4.1 方块图

系统的方块图一般有两种表示方法. 一种是在第 1 章介绍过的系统方块图, 如图 1.3 所示, 它表示系统结构中各元件的功用以及它们之间的相互连接和信号传递线路. 这种方块图又称为"结构方块图", 它具有形象化的优点, 其缺点是不能表示信号的动态过程. 另一种方块图即用所谓"函数方块图"来表示, 就是把元件或环节的传递函数写在相应的方块中, 并用表明信号传递方向的箭头, 将这些方块连接起来, 它不仅可以表示出系统中每个元件的功能和信号的流向, 而且通过"函数方块图"可以把系统中所有的变量联系起来, 因此它具有运动方程的职能.

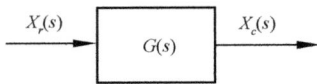

图 2.12 方块图

图 2.12 表示了一个方块图单元. 指向方块图的箭头表示输入, 从方块图出来的箭头表示输出. 在这些箭头上标明了相应的信号. 从方块图输出的信号的因次, 应等于输入信号的因次与方块中传递函数因次的乘积, 即

$$X_c(s) = X_r(s) \cdot G(s)$$

用这种方块图表示系统的优点是: 只要依据信号的流向, 将各元件的方块连接起来, 能很容易地组成整个系统的方块图, 还可以评价每个元件系统的性能的影响.

值得注意的是, 由于传递函数已经脱离了物理系统的模型, 因此, 许多完全不同的和根本无关的物理系统可以用同一个方块图来表示. 此外, 对一个确定的系统来说, 方块图也不是唯一的. 由于分析角度不同, 对于同一系统可以画出许多不同的方块图.

在绘制系统方块图时, 还要用到比较点和引出点的概念.

比较点是代表两个或两个以上的输入信号进行加、减比较的元件. 在控制系统中, 比较元件 (或称误差检测元件) 产生的输出信号, 实际上就等于控制系统的输入信号与主反馈信号之差. 图 2.13(a)、(c) 表示的比较元件, 箭头上的"＋"或"－"表示信号是进行相加还是进行相减, 这里需要特别注意的是, 进行相加或相减的一些量, 应具有相同的量纲.

引出点 (又叫测量点) 表示信号引出和测量的位置. 如图 2.13(b), 同一位置引出的信号, 大小和性质完全一样.

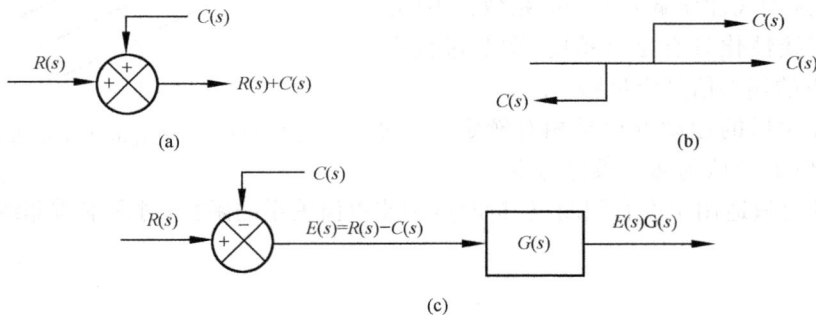

图 2.13 比较点和引出点

2.4.2 方块图的运算法则

系统环节之间一般有三种基本连接方式: 串联、并联和反馈连接. 下面我们研究方块图

的运算法则,并找出等效的传递函数.

1. 串联运算法则

如图 2.14 所示,各环节的传递函数分别为

$$G_1(s)=\frac{X_1(s)}{X_r(s)}, \quad G_2(s)=\frac{X_2(s)}{X_1(s)}, \quad \cdots, \quad G_n(s)=\frac{X_c(s)}{X_{n-1}(s)}$$

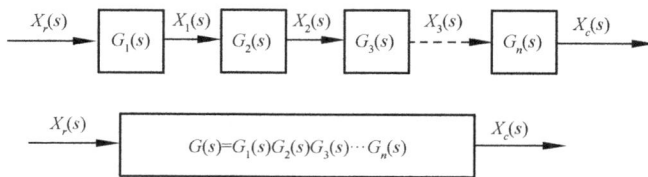

图 2.14 环节的串联

根据传递函数定义,串联环节的总传递函数是最后输出的拉普拉斯变换 $X_c(s)$ 与最初输入量的拉普拉斯变换 $X_r(s)$ 之比,故

$$G(s)=\frac{X_c(s)}{X_r(s)}=\frac{X_1(s)}{X_r(s)} \cdot \frac{X_2(s)}{X_1(s)} \cdot \frac{X_3(s)}{X_2(s)} \cdots \frac{X_c(s)}{X_{n-1}(s)}$$
$$=G_1(s) \cdot G_2(s) \cdot G_3(s) \cdots G_n(s) \tag{2.40}$$

所以,环节串联后总的传递函数等于每个串联的环节的传递函数之乘积.

应该指出的是,环节传递函数的串联传递作用与具体电路的串联传递作用是不同的.前者由于环节的单向特性,后一环节对前一环节是没有影响的,因此,可以应用串联运算法则.而后者就必须考虑后面元件对前面元件产生的负载效应.

图 2.15 为两级 RC 电路串联组成的系统. u_r 为输入量, u_c 为输出量.我们不能把它从 A、B 两点拆开,当作两个环节,即

$$G_1(s)=\frac{1}{R_1 C_1 s+1} 和 G_2(s)=\frac{1}{R_2 C_2 s+1}$$

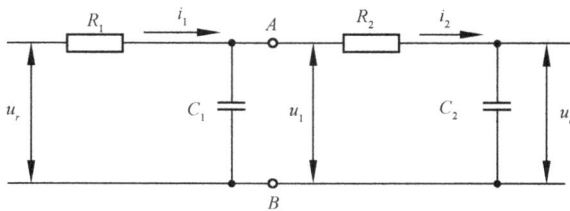

图 2.15 两级 RC 网络

然后认为整个系统的传递函数就等于 $G_1(s)$ 和 $G_2(s)$ 的乘积.这是不对的.因为在推导 $G_1(s)$ 时是假设输出量没有负载的,即认为负载阻抗为无穷大,输出端没有能量输出.实际上,当后面的 $R_2 C_2$ 电路接入前面 $R_1 C_1$ 电路的输出端后就会有一部分能量被带走.因此,根据无负载效应的假设推导出的 $G_1(s)$ 是不正确的.这里也可以清楚地看出,从 A、B 拆开这样的做法不符合环节划分原则.像这些存在负载效应的元件,必须将它们归并在同一环节中.

2. 并联运算法则

如图 2.16 所示,各环节的传递函数分别为

$$G_1(s) = \frac{X_{c1}(s)}{X_r(s)}, \quad G_2(s) = \frac{X_{c2}(s)}{X_r(s)}, \quad \cdots, \quad G_n(s) = \frac{X_{cn}(s)}{X_r(s)}$$

并有

$$X_{c1}(s) + X_{c2}(s) + \cdots + X_{cn}(s) = X_c(s)$$

总传递函数

$$\begin{aligned} G(s) &= \frac{X_c(s)}{X_r(s)} = \frac{X_{c1}(s) + X_{c2}(s) + \cdots + X_{cn}(s)}{X_r(s)} \\ &= G_1(s) + G_2(s) + \cdots + G_n(s) \end{aligned} \tag{2.41}$$

所以,环节并联后总的传递函数等于所有并联环节传递函数之和.

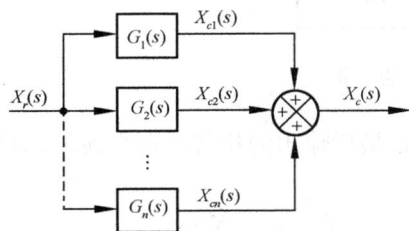

图 2.16　环节的并联图　　　　　　图 2.17　具有反馈的环节

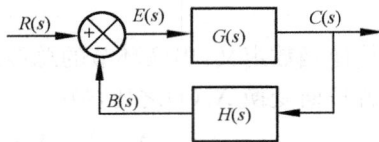

3. 反馈运算法则

图 2.17 所示,前向通路传递函数

$$G(s) = \frac{C(s)}{E(s)}$$

反馈通路为

$$R(s) - B(s) = E(s)$$
$$B(s) = H(s)C(s)$$

从上述方程消去 $E(s)$,则

$$C(s) = G(s)[R(s) - H(s)C(s)]$$

于是具有负反馈的环节传递函数

$$\frac{C(s)}{R(s)} = \frac{G(s)}{1 + G(s)H(s)} \tag{2.42}$$

同理,具有正反馈时,传递函数为

$$\frac{C(s)}{R(s)} = \frac{G(s)}{1 - G(s)H(s)} \tag{2.43}$$

所以,具有反馈的环节传递函数等于前向通路的传递函数除以 1 加(或减)前向通路和反馈通路传递函数的乘积.

4. 比较点变换法则和引出点变换法则

在一些比较复杂的系统中,为了便于运算经常要通过移动比较点或引出点,将系统结构作一些变化,以减少内反馈回路. 比较常见的几种变换列于表 2.1 中.

如果一个信号 A 和其他两个信号 B、C 依次减(加),如表 2.1 中 1 所示. 那么,由于几个信号都具有线性特性,它们的相加(减)次序是可以改变的,其结果如等效方块图所示.

在信号的输送线路中,引出点可以互换,与取出的先后次序无关.如表 2.1 中 13 所示.

引出点的前移或后移,需乘以或除以所越过的环节的传递函数.表 2.1 中 9 所示的引出量 A 后移至 AG 处引出,则 AG 需除以引出点所超越的环节的传递函数 G.

表 2.1　方块图简化法则

序号	名称	原方块图	等效方块图
1	交换比较点		
2	比较点分解		
3	交换方块		
4	方块串联		
5	方块并联		
6	比较点前移		
7	比较点后移		
8	引出点前移		
9	引出点后移		

序号	名称	原方块图	等效方块图
10	交换比较点、引出点	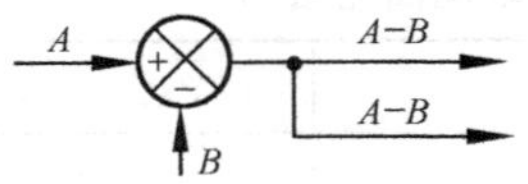 A ; $A-B$; $A-B$; B	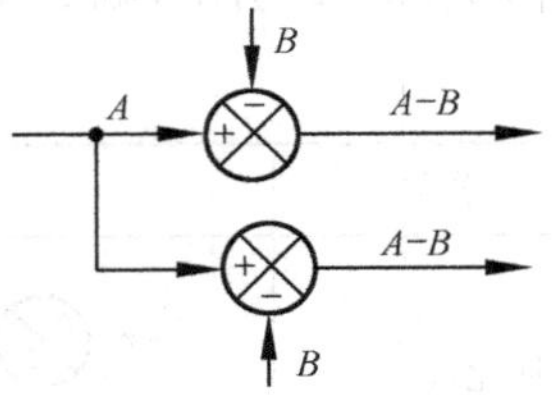 B ; A ; $A-B$; $A-B$; B
11	非单位反馈化为单位反馈	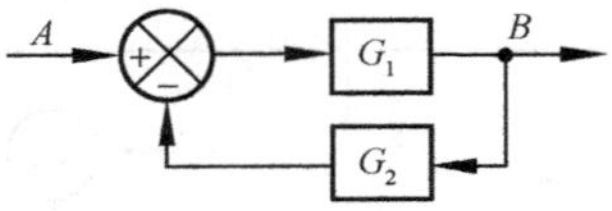 A ; G_1 ; B ; G_2	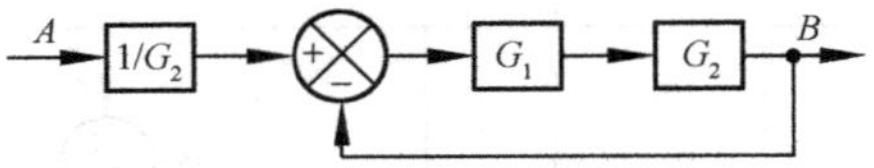 A ; $1/G_2$; G_1 ; G_2 ; B
12	取消反馈环	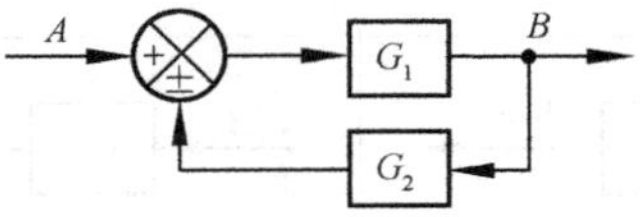 A ; G_1 ; B ; G_2	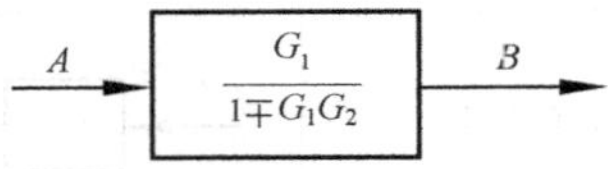 A ; $\dfrac{G_1}{1 \mp G_1 G_2}$; B
13	交换引出点	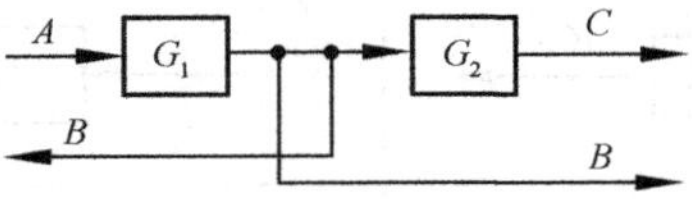 A ; G_1 ; G_2 ; C ; B ; B	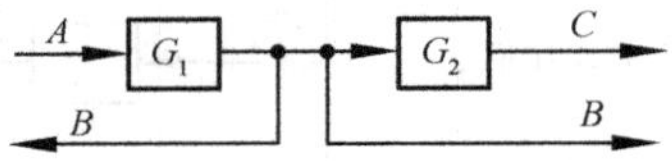 A ; G_1 ; G_2 ; C ; B ; B

2.4.3 绘制控制系统方块图的步骤

在绘制系统方块图时,首先列出描述系统各个环节的运动方程式,然后假定初始条件等于零,对方程式进行拉普拉斯变换,求出环节的传递函数,并将它们分别以方块的形式表示出来.最后将这些方块单元结合在一起,以组成系统完整的方块图.下面就通过具体例子说明绘制系统方块图的方法.

例 2.13 绘制图 2.15 所示的二级 RC 回路的方块图.

解 列出系统原始运动微分方程

$$\frac{u_r(t) - u_1(t)}{R_1} = i_1(t)$$

$$u_1(t) = \frac{1}{C_1} \int \left[i_1(t) - i_2(t) \right] \mathrm{d}t$$

$$\frac{u_1(t) - u_c(t)}{R_2} = i_2(t)$$

$$u_c(t) = \frac{1}{C_2} \int i_2(t) \mathrm{d}t$$

求出与上述方程式相对应的拉普拉斯变换式

$$\frac{U_r(s) - U_1(s)}{R_1} = I_1(s)$$

$$U_1(s) = \frac{I_1(s) - I_2(s)}{C_1 s}$$

$$\frac{U_1(s)-U_c(s)}{R_2}=I_2(s)$$

$$U_c(s)=\frac{1}{C_2 s}I_2(s)$$

根据方程中变量间的关系画出与拉普拉斯变换式相对应的方块图. 并表示于图 2.18(a)中. 将四张单元方块图中相同的变量连接起来, 即得二级 RC 回路的方块图, 如图 2.18(b)所示.

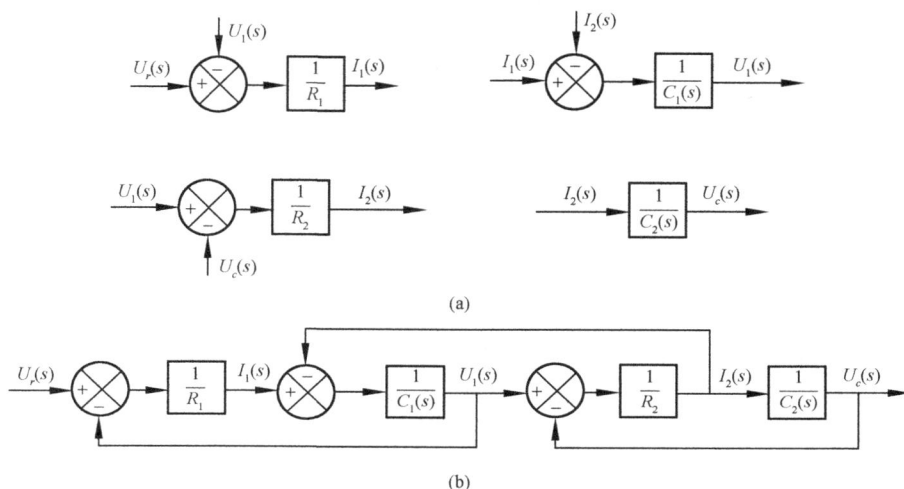

(a)

(b)

图 2.18 二级 RC 回路方块图的绘制

例 2.14 绘制图 2.8 所示的阀控液压缸系统的方块图.

解 分别对环节的运动微分方程进行拉普拉斯变换.

滑阀流量方程的拉普拉斯变换为

$$Q_L=K_q X_v-K_c P_L$$

液压缸流量连续性方程的拉普拉斯变换为

$$Q_L=AsY+\left(C_{tc}+\frac{V_t}{4\beta_e}s\right)P_L$$

或

$$(Q_L-AsY)\frac{1}{C_{tc}+\dfrac{V_t}{4\beta_e}}=P_L$$

液压缸力平衡方程的拉普拉斯变换为

$$P_L=\frac{1}{A}(Ms^2+Bs+K)Y+\frac{F}{A}$$

或

$$\left(P_L-\frac{F}{A}\right)\frac{A}{(Ms^2+Bs+K)}=Y$$

画出上述方程的对应方块图于图 2.19(a)中. 然后将方块图中相同的变量连接起来, 即

得到以 $X_v(s)$ 为输入,以 $Y(s)$ 为输出的系统方块图,如图 2.19(b)所示.

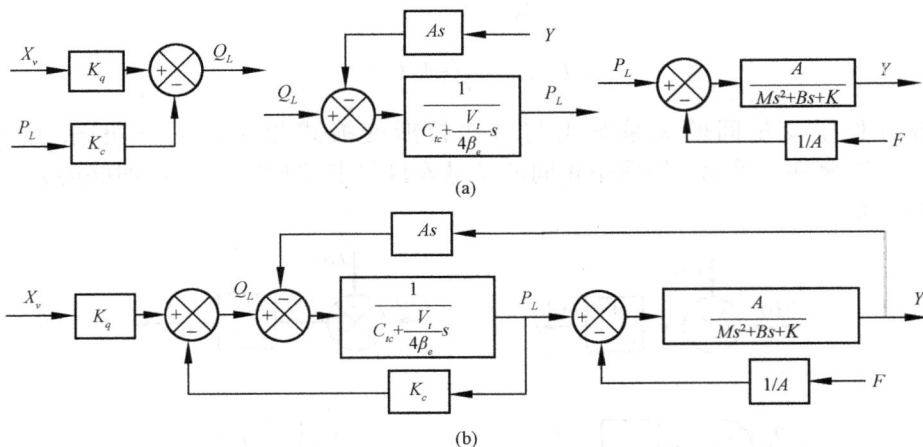

(a)

(b)

图 2.19　阀控油缸系统方块图

例 2.15　根据经过简化的方程组(2.30)绘制出图 1.4 表示的反馈控制系统的方块图.

解　对于方程组(2.30)作拉普拉斯变换得到

$$U_1 = K_1 \Theta_r - K_1 \Theta_c = K_1 (\Theta_r - \Theta_c)$$

$$I = K_2 U_1$$

$$X_v = K_3 I$$

$$Y = \frac{K_q / A}{s\left(\dfrac{V_t M}{4\beta_e A^2}s^2 + \dfrac{K_c M}{A^2}s + 1\right)} X_v$$

$$\Theta_c = K_4 Y$$

对上述各方程绘制方块图,然后将相同的变量连接起来,得到反馈控制系统的方块图如图 2.20 所示.显然,输出量返回至输入端,方块图形成一个闭合回路.

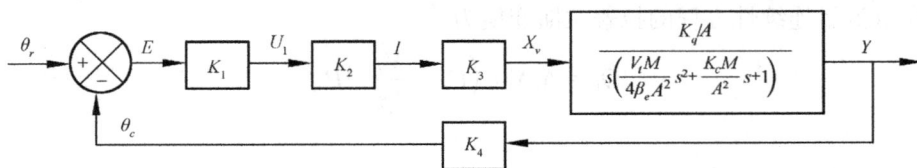

图 2.20　反馈控制系统方块图

2.4.4　利用方块图求取系统传递函数

前面介绍了用微分方程式来求环节或系统传递函数的方法,也就是直接法.现在再介绍一种利用方块图的简化求取系统传递函数的方法.这种方法对于复杂系统求传递函数是比较方便的.这是由于组成系统环节的传递函数根据原始方程可以直接求出来,并且很容易地绘出系统方块图.然后利用方块图的运算法则进行简化,就可以最终求出整个系统的传递函数.

1. 具有交错反馈的多回路系统

图 2.21(a)是一个交错的多回路系统. 所谓交错反馈是指在一个局部反馈的前向通路中部引出信号, 再反馈到局部反馈前面的环节的输入端. 这样, 两个局部反馈的线路就互相交错. 这里应用比较点移动法则, 首先将包含 H_2 的负反馈回路的比较点, 移到包含 H_1 的正反馈回路的外面. 由于比较点前移, 故反馈回路必须除以其所超越的环节传递函数 G_1, 得到图 2.21(b). 消去包含 H_1 的正反馈回路, 得图 2.21(c). 然后消去包含 H_2/G_1 的负反馈回路, 得图 2.21(d). 最后再消去主反馈回路, 得图 2.21(e). 故图 2.21(a)所示的交错反馈多回路系统的传递函数为

$$\frac{C(s)}{R(s)} = \frac{G_1(s)G_2(s)G_3(s)}{1 - G_1(s)G_2(s)H_1(s) + G_2(s)G_3(s)H_2(s) + G_1(s)G_2(s)H_3(s)}$$

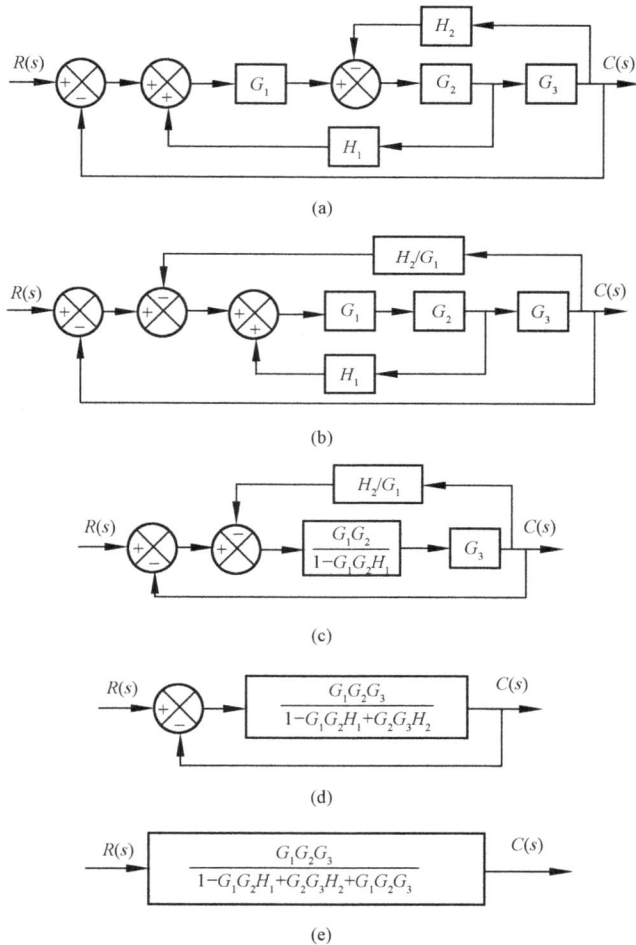

(a)

(b)

(c)

(d)

(e)

图 2.21　具有交错反馈的多回路系统

当然, 也可以应用引出点移动法则, 消除交错反馈, 求取的系统传递函数结果是一样的.

2. 复杂的多回路系统

图 2.22(a)是一个多回路系统, 初看起来很难分清前向通道在哪里, 里面究竟包含有几个反馈, 哪一个反馈是主要的. 如果根据结构的变换法则多增加一个 $G_{45}(s)$ 环节, 图 2.22(a)

就可转化为图 2.22(b). 显然,它有两个反馈. 虚线框部分是局部反馈,它的传递函数是

$$G_a(s) = G_{32}(s)[G_{43}(s) + G_{53}(s)G_{45}(s)]$$

并很容易地找出由输入 $R(s)$ 到输出 $C(s)$ 的主回路. 于是图 2.22(a)的方块图可以化成我们习惯的图 2.22(c)形式,可求出虚线框部分的局部反馈的传递函数

$$G_b(s) = \frac{G_{24}(s)}{1 + G_{24}(s)G_a(s)}$$

最后,求出整个系统的传递函数

$$\frac{C(s)}{R(s)} = \frac{G_{12}(s)G_b(s)G_{45}(s)G_{51}(s)}{1 + G_{12}(s)G_b(s)G_{45}(s)G_{51}(s)}$$

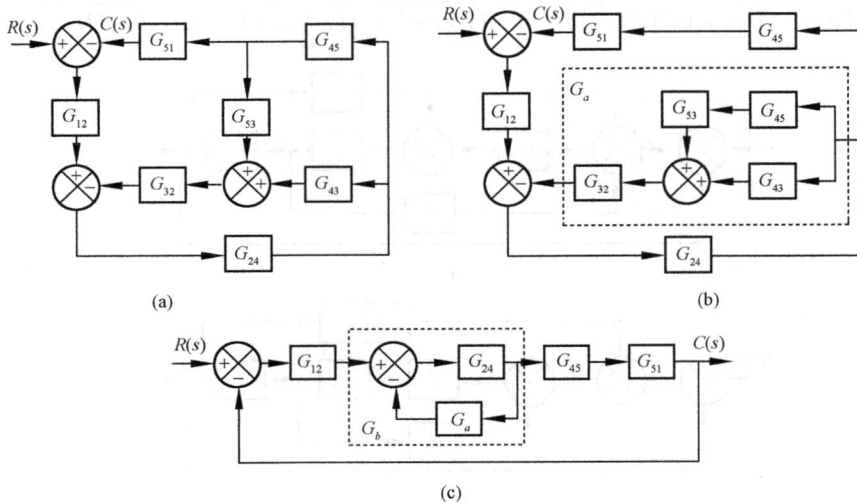

图 2.22　系统方块图的简化

通过上面列举的例子可以看出,借助于简化系统方块图的方法来求取系统传递函数,一般来说可以按下面几步进行:

(1) 把几个回路共用的线路及环节分开,使每一个局部回路及主反馈回路都有自己专用线路和环节. 如图 2.22(a)化成图 2.22(b).

(2) 确定系统中的输入量和输出量,把输入量到输出量的一条线路列成方块图中的前向通路. 如图 2.22(b)化成图 2.22(c).

(3) 通过比较点和引出点的移动消除交错回路.

(4) 先求出并联环节和具有局部反馈环节的传递函数,然后求出整个系统的传递函数.

此外,在方块图简化过程中,有两条不变原则应该记住,即前向通路中的传递函数的乘积必须保持不变;回路中传递函数的乘积必须保持不变.

2.5　环节及系统的传递函数

2.5.1　典型环节的传递函数

自动控制系统都是由若干环节按一定形式耦合而成的. 系统种类很多,构成环节的物理

本质可能差别很大，可能是电气的、机械的，也可能是液压的、气动的等. 但描述它们动态特性的数学模型——传递函数的形式却往往相同. 而且从数学分析的观点看，任何一个复杂的系统都仅由有限的几种典型环节组成.

我们已知任何线性系统的传递函数都可以用 s 的有理分式函数表示，即

$$G(s) = \frac{b_0 s^m + b_1 s^{m-1} + \cdots + b_{m-1} s + b_m}{a_0 s^n + a_1 s^{n-1} + \cdots + a_{n-1} s + a_n} \quad (n \geq m) \tag{2.44}$$

如果知道它的分子、分母的全部根，即实根（包括零根）或共轭复根，则式（2.44）可写成

$$G(s) = \frac{b_0 (s - z_1)(s - z_2) \cdots (s - z_m)}{a_0 (s - p_1)(s - p_2) \cdots (s - p_n)} \tag{2.45}$$

把对应于实根 $z_i = -\omega_i$，$p_j = -\beta_j$ 的分子、分母的因式变换成

$$s - z_i = s + \omega_i = \frac{1}{\tau_i}(\tau_i s + 1), \qquad s - p_j = s + \beta_j = \frac{1}{T_j}(T_j s + 1)$$

式中

$$\tau_i = \frac{1}{\omega_i}, \qquad T_j = \frac{1}{\beta_j}$$

对应共轭复根的分子因式可变换成

$$(s - z_i)(s - z_{i+1}) = s^2 + 2a_i s + (a_i^2 + \gamma_i^2) = \frac{1}{\tau_{ai}^2}(\tau_{ai}^2 s^2 + 2\zeta_{ai}\tau_{ai}s + 1)$$

式中

$$\tau_{ai} = \frac{1}{\sqrt{a_i^2 + \gamma_i^2}}, \qquad \zeta_{ai} = \frac{a_i}{\sqrt{a_i^2 + \gamma_i^2}}$$

同样对于共轭复根的分母因式有

$$(s - p_i)(s - p_{i+1}) = \frac{1}{T_{ni}^2}(T_{ni}^2 s^2 + 2\zeta_{ni}T_{ni}s + 1)$$

式中

$$T_{ni} = \frac{1}{\sqrt{a_i^2 + \gamma_i^2}}, \qquad \zeta_{ni} = \frac{a_i}{\sqrt{a_i^2 + \gamma_i^2}}$$

假设分母具有 v 个零根，于是式（2.45）可以写成

$$G(s) = \frac{\prod\limits_{i=1}^{x} K_i \prod\limits_{i=1}^{\mu} (\tau_i s + 1) \prod\limits_{i=1}^{\eta} (\tau_{ai}^2 s^2 + 2\zeta_{ai}\tau_{ai}s + 1)}{s^v \prod\limits_{i=1}^{\rho} (T_i s + 1) \prod\limits_{i=1}^{\sigma} (T_{ni}^2 s^2 + 2\zeta_{ni}T_{ni}s + 1)}$$

可见传递函数这种表达式含有六种因子，即六种典型构成环节. 其中与分子三种因子相对应的环节，分别为

放大环节——K，一阶微分环节——$\tau s + 1$，二阶微分环节——$\tau^2 s^2 + 2\zeta\tau s + 1$.

与分母三种因子相对应的环节，分别为

积分环节——$\dfrac{1}{s}$，惯性环节——$\dfrac{1}{Ts + 1}$，振荡环节——$\dfrac{1}{T^2 s^2 + 2\zeta T s + 1}$.

此外，还有理想微分环节 s 和延滞环节 $e^{-\tau s}$.

任何控制系统都可以看作由这些典型环节在一般情况下的串联组合.下面分别对各典型环节进行研究.

1. 放大环节

放大环节,又称比例环节.它的输出量以一定的比例复现输入量,而毫无失真和时间滞后.其运动方程式为

$$x_c(t) = Kx_r(t) \tag{2.46a}$$

式中,$x_c(t)$ 为输出量;$x_r(t)$ 为输入量;K 为环节放大系数,即输出量与输入量之比.

其传递函数的表达式为

$$G(s) = \frac{X_c(s)}{X_r(s)} = K \tag{2.46b}$$

即放大环节的传递函数为一个常数.下面举一些工程上放大环节的例子.

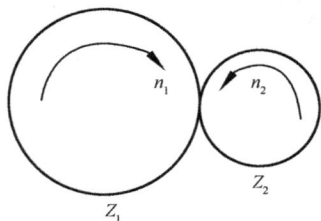

机例 图 2.23 所示的齿轮传动中,忽略啮合间隙,则主动齿轮与从动齿轮的转速之间有

$$Z_2 n_2 = Z_1 n_1$$

式中,n_2,Z_2 分别为从动齿轮的转数和齿数;n_1,Z_1 分别为主动齿轮的转数和齿数.

于是有传递函数

$$G(s) = \frac{N_2(s)}{N_1(s)} = \frac{Z_1}{Z_2}$$

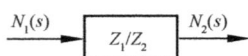

电例 一个由电阻组成的电路,如图 2.24 所示.其电流与电压的关系为

$$u = Ri$$

图 2.23 齿轮传动

传递函数为

$$G(s) = \frac{I(s)}{U(s)} = \frac{1}{R}$$

液例 如图 2.25 所示的液压缸,如果忽略液压缸的泄漏、缸筒和油液的弹性,则输入液压缸的流量与液压活塞的输出速度之间有如下关系

$$q = vA$$

式中,v 为液压缸活塞的运动速度;q 为流量;A 为液压缸活塞的工作面积.

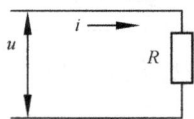

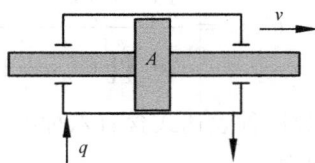

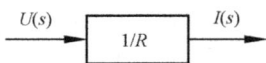

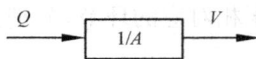

图 2.24 电阻电路　　　　图 2.25 液压缸

于是有传递函数

$$G(s) = \frac{V(s)}{Q(s)} = \frac{1}{A}$$

需要注意的是,实践中纯放大环节是极少见的,只有在忽略一些因素的前提下才能把某些部件看成放大环节.

2. 惯性环节

惯性环节也称为非周期环节. 在这类环节中,含有储能元件,以致对于突变形式的输入,输出不能立即复现,使它的输出量的变化落后于输入量. 其运动微分方程式可表示为

$$T\frac{\mathrm{d}x_c(t)}{\mathrm{d}t} + x_c(t) = Kx_r(t) \tag{2.47a}$$

传递函数

$$G(s) = \frac{X_c(s)}{X_r(s)} = \frac{K}{Ts+1} \tag{2.47b}$$

式中,T 为时间常数;K 为环节的传递系数.

可见,与放大环节的不同之处仅在于时间常数 $T \neq 0$. 下面举一些可以用惯性环节替代的系统元件的例子.

机例 设有悬臂弹簧如图 2.26 所示,其左端固定在滑块上,右端连着阻尼器. 当左端输入一运动 $x(t)$ 时,右端输出的运动 $y(t)$ 落后于 $x(t)$. 在每一瞬间,弹簧力与阻尼力相等,即

$$k(x-y) = B\frac{\mathrm{d}y}{\mathrm{d}t}$$

式中,B 为阻尼器阻尼系数;k 为弹簧刚度.

经整理后,得运动方程式

$$B\frac{\mathrm{d}y}{\mathrm{d}t} + ky = kx$$

图 2.26 机械惯性环节

传递函数

$$G(s) = \frac{Y(s)}{X(s)} = \frac{k}{Bs+k} = \frac{1}{\dfrac{B}{k}s+1}$$

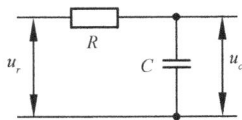

电例 设有一个 RC 回路,如图 2.27 所示. 输入电压降落在电阻 R 与电容 C 上,即

$$u_r = Ri + \frac{1}{C}\int i\mathrm{d}t$$

输出电压为

$$u_c = \frac{1}{C}\int i\mathrm{d}t$$

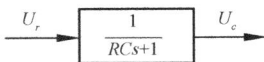

图 2.27 电气惯性环节   经拉普拉斯变换后得代数方程

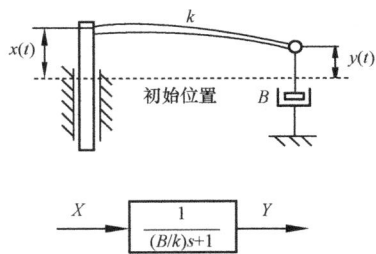

$$U_r(s) = RI + \frac{I}{Cs}$$

$$U_c(s) = \frac{1}{C}\frac{I}{s}$$

合并两代数方程并消去 I 得

$$(RCs+1)U_c(s) = U_r(s)$$

所以传递函数

$$G(s) = \frac{U_c(s)}{U_r(s)} = \frac{1}{RCs+1}$$

液例 设有一个液压缸如图 2.28 所示. 它带动具有弹性系数为 k 的弹性负载和阻尼系数为 B 的阻尼负载. 压力 p 为输入量, 活塞位移 x 为输出量. 液压缸活塞上的作用力为 $f = pA$. 该力用于克服阻尼负载和弹性负载, 即

$$f = B\frac{\mathrm{d}x}{\mathrm{d}t} + kx$$

故得油缸活塞的运动方程

图 2.28 液压惯性环节

$$pA = B\frac{\mathrm{d}x}{\mathrm{d}t} + kx$$

由此得传递函数

$$\frac{X(s)}{P(s)} = \frac{A}{Bs+k} = \frac{A/k}{(B/k)s+1}$$

从上面这些例子可以看出, 惯性环节主要由时间常数 T 和传递系数 K 来表示. 时间常数 T 决定了惯性环节的性质. 应该指出, 由于输出量与输入量可能是不同的物理量, 故传递系数 K 是有量纲的, 且等于它们稳态值之比.

3. 积分环节

传递函数为

$$G(s) = \frac{K}{s} \tag{2.48a}$$

的环节称为积分环节. 这类环节的输出量变化速度和输入量成正比. 其对应的微分方程式为

$$\frac{\mathrm{d}x_c(t)}{\mathrm{d}t} = Kx_r(t) \tag{2.48b}$$

积分则得

$$x_c(t) = K\int_0^t x_r(t)\,\mathrm{d}t$$

即输出量 $x_c(t)$ 与输入量 $x_r(t)$ 之间呈积分关系. 这就是称为"积分环节"的原因所在.

当输入 $x_r(t)$ 为单位阶跃函数时

$$x_c(t) = Kt = \frac{1}{T}t$$

可见, $x_c(t)$ 随着时间直线增长, T 越小, 增长越快, T 称为积分时间常数. 当输入突然除去

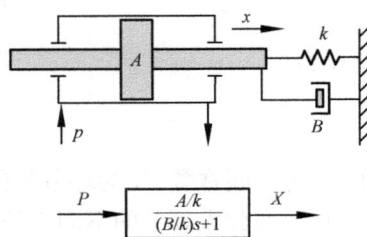

时,积分停止,输出维持不变,故有记忆功能. 对于理想积分环节,只要有信号存在,不管多大,输出总要增长,直至无限(当然,对于实际元件,由于饱和、能量和工作条件等限制,不可能达到无限). 正因为这一点,积分环节通常用来改善控制系统的稳态性能.

下面举一些可以用积分环节描述的元件的例子.

机例 机械系统中的齿轮齿条传动,如图 2.29 所示,往往可以看成积分环节. 齿条位移与齿轮转速的关系为

$$\frac{\mathrm{d}x}{\mathrm{d}t}=\pi Dn$$

式中,x 为齿条位移;n 为齿轮转速;D 为齿轮节圆直径.

传递函数

$$G(s)=\frac{X(s)}{N(s)}=\frac{\pi D}{s}$$

电例 如图 2.30 所示的电容器充电电路,电流 i 和电容电压 e_c 有关系

$$e_c=\frac{1}{C}\int i\mathrm{d}t$$

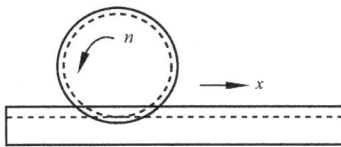

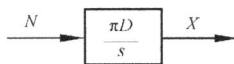

图 2.29　机械积分环节

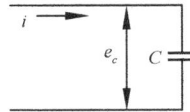

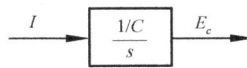

图 2.30　电气积分环节

进行拉普拉斯变换,则

$$E_c(s)=\frac{1}{C}\cdot\frac{I(s)}{s}$$

传递函数

$$G(s)=\frac{E_c(s)}{I(s)}=\frac{1/C}{s}$$

液例 液压缸、液压马达往往可以看成积分环节. 如图 2.31 所示的液压缸,在不考虑油液和缸体变形及内外漏损时,输入流量到输出位移的传递函数即为一积分环节.

液压缸的输出速度

$$\frac{\mathrm{d}x}{\mathrm{d}t}=\frac{q}{A}$$

式中,x 为输出位移;q 为输入流量;A 为液压缸的工作面积.

传递函数

$$G(s)=\frac{X(s)}{Q(s)}=\frac{1/A}{s}$$

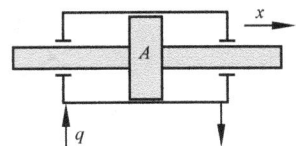

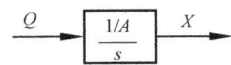

图 2.31　液压积分环节

4. 微分环节

微分环节可以分为理想微分环节和实际微分环节.

理想微分环节的传递函数

$$G(s) = \frac{X_c(s)}{X_r(s)} = Ks \tag{2.49a}$$

式中, K 为传递系数, 是一有量纲的量.

$$x_c(t) = K \frac{\mathrm{d}x_r(t)}{\mathrm{d}t} \tag{2.49b}$$

环节中的输出量正比于输入量的变化率.

理想微分环节的实例如测速发电机, 在满足一定条件下, 以转角 $\theta(t)$ 为输入, 以电枢电压 $u(t)$ 为输出时, 则可看作

$$u(t) \approx K \frac{\mathrm{d}\theta(t)}{\mathrm{d}t}$$

实际上, 微分环节常带有惯性, 要完全满足理想条件是不可能的. 因此, 微分环节大都是近似的, 即称实际微分环节. 其传递函数形式为

$$G(s) = \frac{KTs}{Ts + 1} \tag{2.50}$$

由式(2.50)可以看出: 当时间常数 $T \to 0$, 且 KT 保持有限值时, 方程变成理想微分环节. T 越小, 纯微分作用越强. 但当环节 T 很小时, 就要求 K 增加.

微分环节主要用来做校正装置, 以改善系统的动态性能, 减小振荡, 增加系统稳定性. 下面举几个实践中经常采用的微分环节的例子.

机例 离心测速计如图 2.32 所示. 飞锤位置 x 取决于转速 $\dfrac{\mathrm{d}\theta}{\mathrm{d}t}$, 即

$$x = K \frac{\mathrm{d}\theta}{\mathrm{d}t}$$

所以, 从转角 θ 到飞锤的位移 x 的传递函数为

$$G(s) = \frac{X(s)}{\Theta(s)} = Ks$$

电例 经常应用的如图 2.33 所示的 RC 四端网络也是一个微分环节. 由图 2.33 知

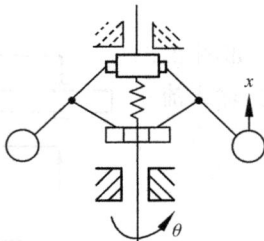

图 2.32 离心测速计

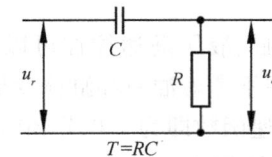

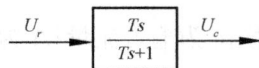

图 2.33 RC 微分网络

$$u_r = \frac{1}{C} \int i\,\mathrm{d}t + Ri , \quad u_c = Ri$$

所以传递函数

$$G(s) = \frac{U_c(s)}{U_r(s)} = \frac{RCs}{RCs+1}$$

液例　图 2.34 为液压阻尼器,从缸体位移 x 到活塞的位移 y 的传递函数就是一个微分环节.可列出阻尼器活塞的力平衡方程式

弹簧力 $= Ky$, 　　　　阻尼力 $= B\dfrac{\mathrm{d}}{\mathrm{d}t}(x-y)$

忽略运动体的惯性力,则两力相等,即

$$Ky = B\frac{\mathrm{d}x}{\mathrm{d}t} - B\frac{\mathrm{d}y}{\mathrm{d}t}$$

得传递函数

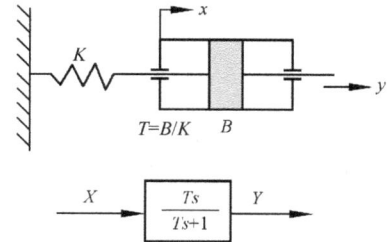

图 2.34　液压阻尼器

$$G(s) = \frac{Y(s)}{X(s)} = \frac{\dfrac{B}{K}s}{\dfrac{B}{K}s+1}$$

当 B/K 很小时,$G(s) \approx Bs/K$,此时该液压阻尼器可视为理想微分环节.

5. 振荡环节

振荡环节包含两种形式的储能元件,并且所储存的能量能够相互转换,如位能与动能之间、电能与磁能之间的转换等,使输出带有振荡的性质.振荡环节的输出和输入之间的关系由微分方程

$$T^2 \frac{\mathrm{d}^2 x_c}{\mathrm{d}t^2} + 2\zeta T \frac{\mathrm{d}x_c}{\mathrm{d}t} + x_c = K x_r \tag{2.51a}$$

描述.对应的传递函数为

$$G(s) = \frac{K}{T^2 s^2 + 2\zeta T s + 1} \tag{2.51b}$$

式中,T 为环节的时间常数;ζ 为阻尼比.

机例和电例　图 2.2 所示的 $M\text{-}B\text{-}K$ 机械系统和图 2.5 所示的 $R\text{-}L\text{-}C$ 电路就是典型的振荡环节.微分方程式及其传递函数 2.2 节已求出,分别为

$$G(s) = \frac{X(s)}{F(s)} = \frac{1/K}{\dfrac{M}{K}s^2 + \dfrac{B}{K}s + 1}$$

$$G(s) = \frac{U_c(s)}{U_r(s)} = \frac{1}{LCs^2 + RCs + 1}$$

液例　如图 2.35 所示,如果仅考虑油的弹性、负载质量、阻尼等因素而忽略油的泄漏,液压缸输入流量 q 到输出速度 v 的传递函数就是一个振荡环节.

液压缸流量连续性方程

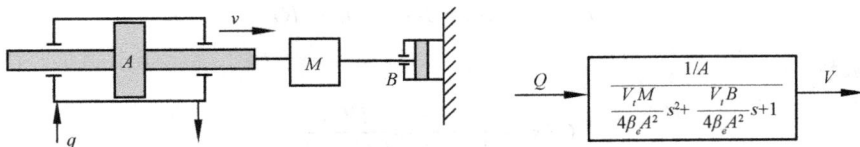

图 2.35　液压振荡环节

$$q = Av + \frac{V_t}{4\beta_e} \frac{\mathrm{d}p}{\mathrm{d}t}$$

式中，p 为油液压力；A 为液压缸工作面积；V_t 为液压缸总容积；β_e 为油液弹性模数.

液压缸力平衡方程为

$$pA = M \frac{\mathrm{d}v}{\mathrm{d}t} + Bv$$

式中，M 为负载质量；B 为阻尼系数.

合并两式并消去 p，得

$$\frac{V_t M}{4\beta_e A} \frac{\mathrm{d}^2 v}{\mathrm{d}t^2} + \frac{V_t B}{4\beta_e A} \frac{\mathrm{d}v}{\mathrm{d}t} + Av = q$$

显然，这是一个振荡环节的微分方程，其传递函数

$$G(s) = \frac{V(s)}{Q(s)} = \frac{1/A}{\dfrac{V_t M}{4\beta_e A^2} s^2 + \dfrac{V_t B}{4\beta_e A^2} s + 1}$$

从上面列举的这些例子可以看出，振荡环节由三个参数表示，即传递系数 K、时间常数 T 和阻尼比 ζ. 振荡环节的特性主要取决于 ζ 和 T，只有当阻尼比 $0 < \zeta < 1$ 时，即特征方程

$$T^2 s^2 + 2\zeta T s + 1 = 0$$

具有一对复根时，环节才产生振荡，称为振荡环节. 如果 $\zeta \geqslant 1$，即特征方程具有实根时，则不产生振荡. 此时可以看成由两个串联的惯性环节组成.

6. 二阶微分环节

所谓二阶微分环节，就是微分方程具有如下形式的环节

$$x_c(t) = K \left[\tau^2 \frac{\mathrm{d}x_r^2(t)}{\mathrm{d}t^2} + 2\zeta\tau \frac{\mathrm{d}x_r(t)}{\mathrm{d}t} + x_r(t) \right] \tag{2.52a}$$

其对应的传递函数为

$$G(s) = \frac{X_c(s)}{X_r(s)} = K(\tau^2 s^2 + 2\zeta\tau s + 1) \tag{2.52b}$$

由式(2.52)可以看出：环节的输出量不仅决定于输入量本身，还决定于它的一次和二次导数. 这种环节同样可以用三个参数来表示，即传递系数 K、常数 τ 和 ζ. 其中 τ 和 ζ 这两个量表示二阶微分环节的特性.

同样，只有方程(2.52b)具有复根时，才称其为二阶微分环节. 如果具有实根，则认为这个环节由两个串联的一阶微分环节组成.

在系统中引进的二阶微分环节主要用于改善系统的动态品质.

7. 延滞环节

在实际系统中除上述典型环节外，经常会遇到另一种环节，就是当输入信号加入系统

后，它的输出端要隔一定时间后才能复现输入信号. 如图 2.36 所示，当输入 $x_r(t)$ 为一个阶跃信号时，输出 $x_c(t)$ 要经过时间 τ 以后才复现阶跃信号，且幅值不衰减. 在 $0<t<\tau$ 时间内，输出为零. 这种环节称为延滞环节，τ 称为延滞时间.

延滞环节的输出表示为

$$x_c(t)=x_r(t-\tau) \qquad (2.53a)$$

其传递函数

$$G(s)=\frac{X_c(s)}{X_r(s)}=e^{-\tau s} \qquad (2.53b)$$

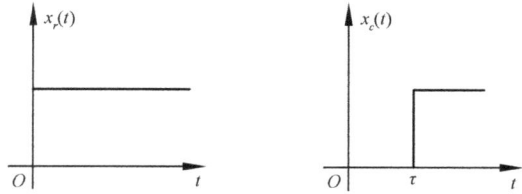

延滞环节与惯性环节不同，它纯粹是由于距离而产生的传递滞后，因为它的动特性不像惯性环节那样慢慢上升，而在输入作用后，一段时间内没有输出，此后输出完全复现输入.

图 2.36　延滞环节特性

该环节传递函数是一超越函数，为了分析上的方便，一般应用时大多采用数学上的近似处理.

$$e^{-\tau s}=1-\tau s+\frac{\tau^2 s^2}{2!}-\frac{\tau^3 s^3}{3!}+\cdots\approx 1-\tau s$$

或

$$e^{-\tau s}=\frac{1}{e^{\tau s}}=\frac{1}{1+\tau s+\frac{\tau^2}{2!}s^2+\cdots}\approx\frac{1}{1+\tau s}$$

下面列举几个延滞环节的例子.

机例　图 2.37(a) 是带钢厚度的检测. 设实际控制厚度 h_r 为输入，测试厚度 h_c 为输出，l 为轧制点与测点距离，v 为钢板速度，则有

$$h_c(t)=h_r(t-\tau)$$

式中，$\tau=l/v$.

(a) 钢板厚度检测　　　　　(b) 水箱进水管特性

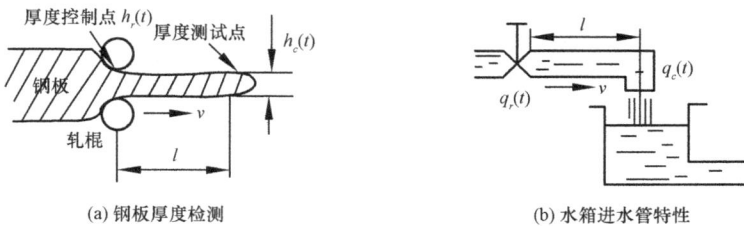

图 2.37　延滞环节实例

传递函数

$$G(s)=\frac{H_c(s)}{H_r(s)}=e^{-\tau s}$$

液例　图 2.37(b) 是水箱进水管的延滞特性. l 为进水管长，v 为进水流速，q_r、q_c 为进水管输入、输出流量，则有

$$q_c(t)=q_r(t-\tau)$$

式中，$\tau = l/v$.

传递函数

$$G(s) = \frac{Q_c(s)}{Q_r(s)} = e^{-\tau s}$$

传递函数的概念和求取方法对利用数学模型研究、分析、设计系统很重要. 在以后对元件、系统动力学分析时经常要用到. 表 2.2 另给出了一些元（部）件和系统的传递函数的例子.

表 2.2　元件及系统传递函数示例

1. 齿轮齿条传动（旋转运动转换至直线运动）	2. 转速器（转速测量元件）
$\dfrac{X(s)}{\Theta(s)} = r$	$\dfrac{V_2(s)}{\Theta(s)} = Ks$
3. 电位计、电压控制	4. 磁场控制式直流旋转执行电机
$\dfrac{V_2(s)}{V_1(s)} = \dfrac{R_2}{R} = \dfrac{R_2}{R_1 + R_2}$	$\dfrac{\Theta(s)}{V_f(s)} = \dfrac{K_m}{s(Js+B)(L_f s + R_f)}$
5. 两相磁场控制式交流电机	6. 电枢控制式直流旋转电机
$\dfrac{\Omega(s)}{V_c(s)} = \dfrac{K_m}{s(\tau s + 1)}$, $\tau = \dfrac{J}{B-m}$ $m = $ 扭矩-速度线性曲线斜度	$\dfrac{\Theta(s)}{V_a(s)} = \dfrac{K_m}{s[(R_a + L_a s)(Js+B) + K_b K_m]}$

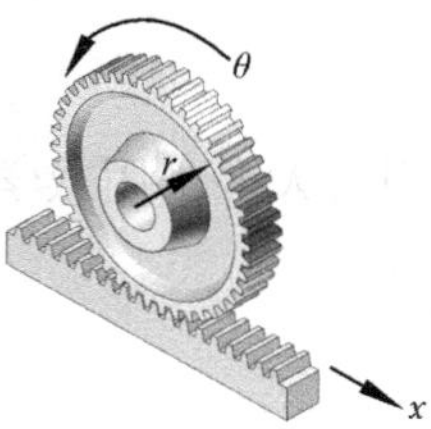

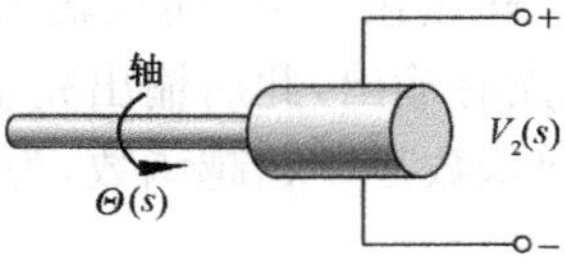

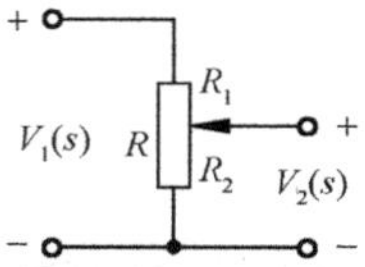

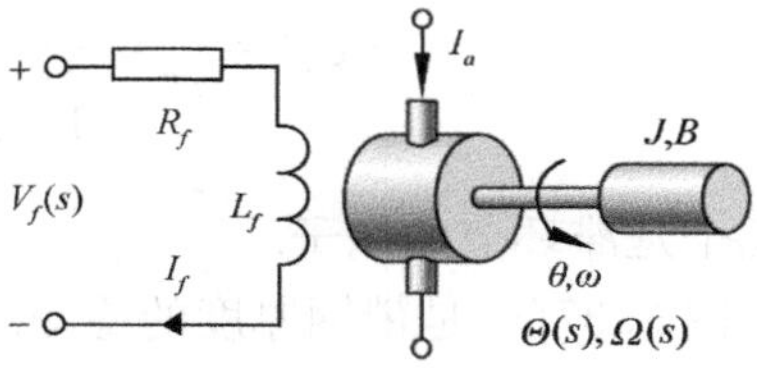

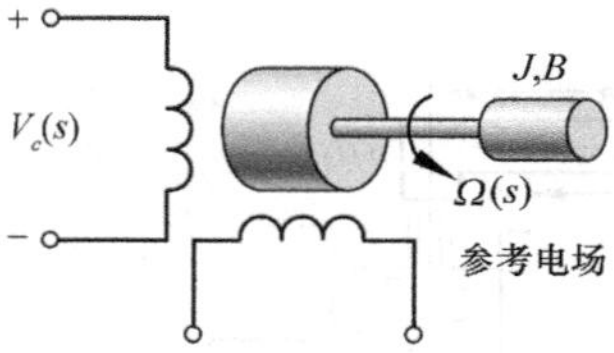

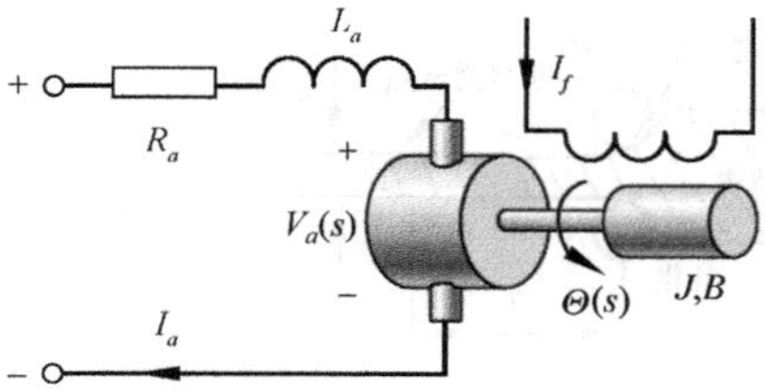

以上讨论了几种典型环节，并都列举了机械、电气、液压等方面的例子. 从中可以看出，尽管它们的物理模型各不相同，但是却可以得到相同的数学模型. 这反映出它们具有相同的内在运动规律. 这种具有相同的微分方程形式的系统，称为相似系统. 在微分方程中占据相同位置的物理量，称为相似量. 表 2.3 给出了机、电相似系统中相似量的对应关系.

表 2.3　机、电相似系统中的相似量

机械平移运动系统		机械旋转运动系统		电系统	
力	f	力矩	T	电压	u
质量	M	转动惯量	J	电感	L
阻尼系数	B	阻尼系数	B	电阻	R
弹簧刚度	K	扭转弹簧刚度	K	电容的倒数	$1/C$
位移	x	角位移	θ	电荷	q
速度	v	角速度	ω	电流	i

相似理论在工程上是很有用处的. 在处理复杂的非电系统时, 如能把它化成相似的电系统, 则更容易通过实验进行研究. 元件的更换、参数的改变及测量都很方便, 且可应用电路理论对系统进行分析和处理.

2.5.2　系统的传递函数

根据前面的分析, 如果知道了控制系统各组成部分的传递函数, 通过方块图的运算就不难求出系统的开环传递函数、闭环传递函数和误差传递函数.

1. 系统的开环传递函数

当反馈通路断开后, 如图 2.38 所示, 系统便工作在开环状态.

反馈信号 $B(s)$ 与偏差信号 $E(s)$ 之比, 称为开环传递函数, 即

图 2.38　开环控制系统

$$开环传递函数 = \frac{B(s)}{E(s)} = G(s)H(s) \qquad (2.54)$$

可见, 开环传递函数等于前向通路传递函数和反馈通路传递函数之乘积.

前向通路传递函数是指输出量 $C(s)$ 与偏差信号 $E(s)$ 之比, 即

$$前向通路传递函数 = G(s) = \frac{C(s)}{E(s)} \qquad (2.55)$$

当反馈传递函数 $H(s) = 1$ 时, 开环通路传递函数即等于前向通路传递函数.

2. 系统的闭环传递函数

反馈回路接通后, 系统的输出量与输入量之间的传递函数, 称为闭环传递函数. 输入量包括了控制量和扰动量. 因此, 又可以分为系统对控制量的闭环传递函数和对扰动量的闭环传递函数. 图 2.39 是一个具有扰动作用的闭环系统. 当两个输入量同时作用于线性系统时, 可以对每一个输入量单独进行处理, 最后应用叠加原理, 即可得到闭环系统的总输出响应.

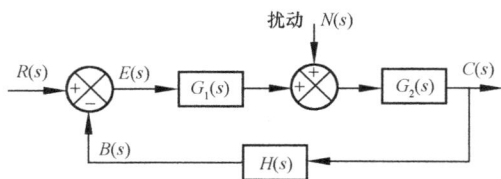

图 2.39　具有扰动作用的闭环系统

1) 在控制量 $R(s)$ 作用下, 系统的闭环传递函数

假设扰动量 $N(s) = 0$, 这时闭环传递函数可用下式表示:

$$\frac{C_R(s)}{R(s)} = \frac{G_1(s)G_2(s)}{1+G_1(s)G_2(s)H(s)} \qquad (2.56)$$

由式(2.56)可以看出,当系统满足$|G_1(s)G_2(s)H(s)|\gg1$时,系统在$R(s)$作用下的闭环传递函数

$$\frac{C_R(s)}{R(s)} \approx \frac{1}{H(s)}$$

表明系统闭环传递函数只与$H(s)$有关,而与被包围的环节$G_1(s)$、$G_2(s)$无关.

2) 在扰动量$N(s)$作用下,系统的闭环传递函数

假设$R(s)=0$并将图2.39画成图2.40的形式.并根据反馈运算法则写出在扰动量$N(s)$作用下系统的闭环传递函数

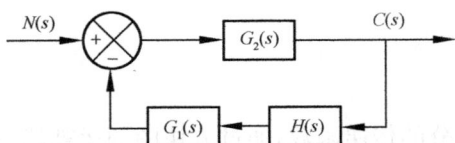

图2.40　在扰动量作用下的闭环系统

$$\frac{C_N(s)}{N(s)} = \frac{G_2(s)}{1+G_1(s)G_2(s)H(s)} \qquad (2.57)$$

比较式(2.56)和式(2.57)可以看出:系统对控制量和扰动量的闭环传递函数的分母相同,即具有相同的特征方程.

由式(2.57)可以看出,当系统满足$|G_1(s)G_2(s)H(s)|\gg1$和$|G_1(s)H(s)|\gg1$时,在$N(s)$作用下的闭环传递函数$C_N(s)/N(s)\to0$,即扰动的影响将被抑制掉.

3) 系统在控制量$R(s)$和扰动量$N(s)$同时作用下的输出响应

根据线性叠加原理,则

$$C(s)=C_R(s)+C_N(s)=\frac{G_1(s)G_2(s)}{1+G_1(s)G_2(s)H(s)}R(s)+\frac{G_2(s)}{1+G_1(s)G_2(s)H(s)}N(s)$$

$$=\frac{G_2(s)}{1+G_1(s)G_2(s)H(s)}[G_1(s)R(s)+N(s)] \qquad (2.58)$$

3. 系统误差传递函数

以误差信号$E(s)$为输出量,以控制量$R(s)$或者扰动量$N(s)$为输入量的闭环传递函数称为误差传递函数.这是闭环系统的另一个重要的关系式,在进行系统的误差分析时特别有用.

1) 在控制量作用下系统的误差传递函数

假设$N(s)=0$,则

$$\frac{E(s)}{R(s)}=\frac{R(s)-C(s)H(s)}{R(s)}=1-\frac{C(s)H(s)}{R(s)}=\frac{1}{1+G_1(s)G_2(s)H(s)} \qquad (2.59)$$

式(2.59)即称误差传递函数.如果将图2.39改成图2.41(a),以误差$E(s)$作为输出量的形式,根据反馈运算法则不难求出与式(2.59)相同的结果.对于分析随动系统的误差,式(2.59)是很重要的.

2) 扰动量作用下系统的误差传递函数

假设控制量$R(s)=0$,只考虑扰动$N(s)$的影响,并将图2.39变换成图2.41(b)形式,则由图2.41(b)可写出误差传递函数

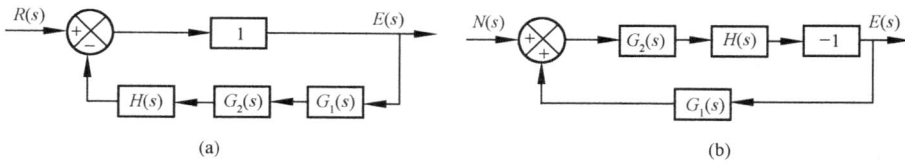

图 2.41 以误差作为输出量的系统方块图

$$\frac{E(s)}{N(s)} = \frac{-G_2(s)H(s)}{1+G_1(s)G_2(s)H(s)} \tag{2.60}$$

恒值控制系统的误差,主要是由扰动引起的.因此,式(2.60)可以用来对恒值控制系统进行误差分析.

3) 在控制量 $R(s)$ 和扰动量 $N(s)$ 同时作用时的系统总误差

根据叠加原理,系统总的误差等于

$$E(s) = \frac{1}{1+G_1(s)G_2(s)H(s)}R(s) - \frac{G_2(s)H(s)}{1+G_1(s)G_2(s)H(s)}N(s) \tag{2.61}$$

以上各式,当 $H(s)=1$ 时,即得到单位反馈控制系统的各种传递函数表达式.

2.6 信 号 流 图

方块图对于图解表示控制系统是很有用的.但对比较复杂的系统,方块图的简化过程变得很烦琐.而应用信号流图法则,不用简化就可以直接求得系统中各变量之间的数学关系,包括输出/输入间的传递函数.解决问题方便得多.

2.6.1 信号流图及术语

1. 信号流图的构成

信号流图就是表示一组线性代数方程式结构的图.因此,当我们将信号流图应用于控制系统时,首先必须将线性微分方程进行拉普拉斯变换,转换成以 s 为变量的代数方程.

信号流图是由网络组成的.通过网络中各节点和支路来表示一组方程式.每个节点表示系统中一个变量,如图 2.42(a)中节点 i 表示变量 x_i.而两节点之间的定向线段称为支路.支路用来连接各个不同的变量.如图 2.42(a)中的支路 ij,则表示变量 x_i 到变量 x_j,其方向由支路上的箭头表示.而两变量之间的增益 a 称为支路增益.

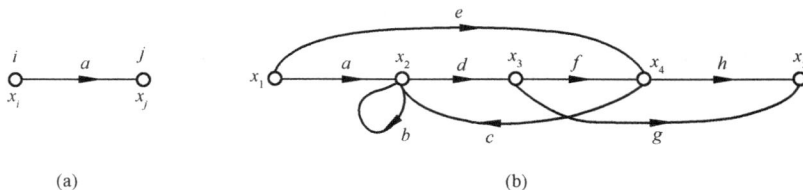

图 2.42 方程(2.62)的信号流图

式(2.62)为一个线性方程组

$$\begin{cases} x_2 = ax_1 + bx_2 & + cx_4 \\ x_3 = & dx_2 \\ x_4 = ex_1 & + fx_3 \\ x_5 = & gx_3 + hx_4 \end{cases} \tag{2.62}$$

画信号流图时,先把各变量作为节点,从左至右按次序画在图上. 然后按方程式分别画出各节点与其他节点之间的关系,最后得到代表这一组线性方程式的信号流图,表示于图 2.42(b). 其中 x_1 是系统的输入量, x_5 是系统的输出量. 我们关心的是 x_5/x_1 的结果.

信号流图的优点是可以利用梅森增益公式,不必对信号流图进行简化就可以获得系统中各变量之间的关系.

2. 术语

在应用信号流图时要用到下列术语.

(1)输入节点:只有输出支路的节点称为输入节点,对应于自变量,如图 2.42(b)中的节点 x_1.

(2)输出节点:只有输入支路的节点称为输出节点. 如图 2.42(b)中的节点 x_5.

(3)通路:沿支路箭头方向而穿过各相连支路的途径称为通路. 如图 2.42(b)中的 eh、$adfh$.

(4)前向通路:如果从输入节点到输出节点的通路上,通过任何节点不多于一次,则该通路称为前向通路. 如图 2.42(b)中 eh、adg、$adfh$、$ecdg$.

(5)回路:如果通路的终点就是通路的起点,并且与任何其他节点相交不多于一次就称为回路. 如图 2.42(b)中 dfc、b.

(6)不接触回路:如果一些回路之间没有任何公共点,则称它们为不接触回路.

(7)前向通路增益:前向通路中,各支路的增益乘积称为前向通路增益.

(8)回路增益:回路中各支路的增益乘积称为回路增益.

2.6.2 梅森公式

在信号流图中,希望找到输入量和输出量之间的关系,以确定系统的传递函数. 这一点可以通过计算输入节点与输出节点之间的总增益来达到

$$G = \frac{1}{\Delta} \sum_{k=1}^{n} P_k \Delta_k \tag{2.63}$$

式中, P_k 为第 k 条前向通路的通路增益; Δ 为流图的特征式,

$$\Delta = 1 - \sum L_{(1)} + \sum L_{(2)} - \sum L_{(3)} + \cdots + (-1)^m \sum L_{(m)}$$

其中, $\sum L_{(1)}$ 为所有单独回路增益之和; $\sum L_{(2)}$ 为任何两个互不接触的回路增益乘积之和; $\sum L_{(3)}$ 为任何三个互不接触的回路增益乘积之和; $\sum L_{(m)}$ 为任何 m 个互不接触的回路增益乘积之和; Δ_k 为第 k 条前向通路的余因式. 即除去与第 k 条前向通路所接触的回路后,剩余的 Δ 值.

应该指出的是,上面求和的过程是在从输入节点到输出节点间的全部可能的 n 条通路上进行的.

下面通过两个例子来说明梅森公式的应用.

例 2.16 图 2.43 为图 2.21(a)对应的信号流图,试利用梅森公式求系统闭环传递函数 $C(s)/R(s)$.

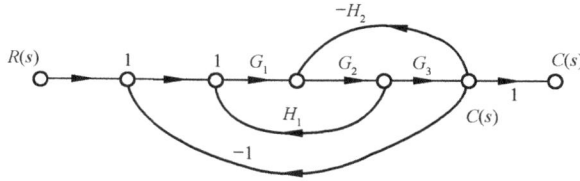

图 2.43   系统信号流图

解   在这个系统中,输入量 $R(s)$ 和输出量 $C(s)$ 之间只有一条前向通路,即 $n=1$. 前向通路的增益为

$$P_1 = G_1 G_2 G_3$$

从图 2.43 可以看出,有三个单独回路,增益分别为

$$L_1 = G_1 G_2 H_1$$
$$L_2 = -G_2 G_3 H_2$$
$$L_3 = -G_1 G_2 G_3$$

因为三个回路具有一条公共支路,所以这三个回路都相互接触,即没有互不接触的回路. 因此,特征式 Δ 为

$$\Delta = 1 - (L_1 + L_2 + L_3) = 1 - G_1 G_2 H_1 + G_2 G_3 H_2 + G_1 G_2 G_3$$

对应于连接输入节点和输出节点的前向通路 P_1,特征式的余因子 Δ_1 可以通过除去与该通路 P_1 相接触的回路得到. 因 P_1 与三个回路都接触,故

$$\Delta_1 = 1$$

因此,输入 $R(s)$ 和输出 $C(s)$ 之间的总增益,即闭环传递函数

$$\frac{C(s)}{R(s)} = \frac{P_1 \Delta_1}{\Delta} = \frac{G_1 G_2 G_3}{1 - G_1 G_2 H_1 + G_2 G_3 H_2 + G_1 G_2 G_3}$$

与通过方块图简化所得到的闭环传递函数完全相同. 可见,利用梅森公式对流图不必简化,很方便地求出闭环系统的传递函数.

例 2.17 已知系统信号流图如图 2.44 所示,求闭环传递函数 $C(s)/R(s)$.

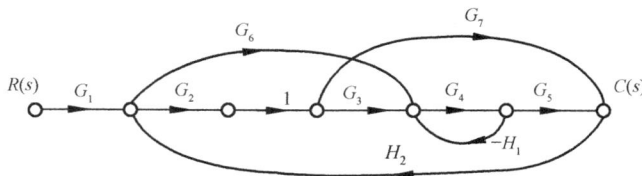

图 2.44   系统信号流图

解   由图知系统输入量 $R(s)$ 与输出量 $C(s)$ 之间有三条前向通路. 三条前向通路的增益分别为

$$P_1 = G_1 G_2 G_3 G_4 G_5$$
$$P_2 = G_1 G_6 G_4 G_5$$
$$P_3 = G_1 G_2 G_7$$

系统中有四个单独回路,四个回路增益为

$$L_1 = -G_4 H_1$$
$$L_2 = -G_2 G_7 H_2$$
$$L_3 = -G_6 G_4 G_5 H_2$$
$$L_4 = -G_2 G_3 G_4 G_5 H_2$$

系统中只有回路 L_1 不接触回路 L_2,而回路 L_1 接触 L_3、L_4,回路 L_2 接触回路 L_3、L_4.因此,特征式 Δ 为

$$\Delta = 1 - (L_1 + L_2 + L_3 + L_4) + L_1 L_2$$

四个回路 L_1、L_2、L_3、L_4 都与通路 P_1 接触,故 $\Delta_1 = 1$.

四个回路 L_1、L_2、L_3、L_4 都与通路 P_2 接触,故 $\Delta_2 = 1$.

与通路 P_3 不接触的只有回路 L_1,其他回路均与 P_3 接触,故 $\Delta_3 = 1 - L_1$.

系统闭环传递函数

$$\begin{aligned}
\frac{C(s)}{R(s)} &= \frac{1}{\Delta}(P_1 \Delta_1 + P_2 \Delta_2 + P_3 \Delta_3) \\
&= \frac{G_1 G_2 G_3 G_4 G_5 + G_1 G_6 G_4 G_5 + G_1 G_2 G_7 (1 + G_4 H_1)}{1 + G_4 H_1 + G_2 G_7 H_2 + G_6 G_4 G_5 H_2 + G_2 G_3 G_4 G_5 H_2 + G_4 H_1 G_2 G_7 H_2}
\end{aligned}$$

例 2.18 利用梅森公式求图 2.45 所示系统的传递函数 $C(s)/R(s)$.

解 这一系统中,从输入 $R(s)$ 到输出 $C(s)$ 共有两条前向通路,即 $n=2$,如图 2.45(a) 所示.

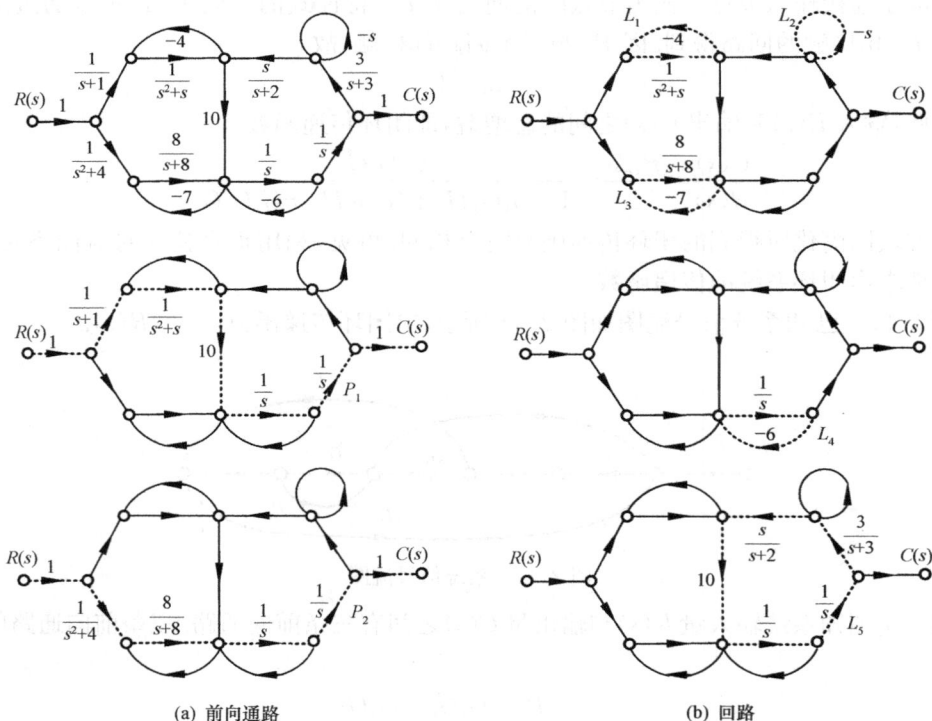

(a) 前向通路   (b) 回路

图 2.45 信号流图

$$P_1 = \frac{1}{s+1} \cdot \frac{1}{s^2+s} \cdot 10 \cdot \frac{1}{s} \cdot \frac{1}{s}$$

$$P_2 = \frac{1}{s^2+4} \cdot \frac{8}{s+8} \cdot \frac{1}{s} \cdot \frac{1}{s}$$

从图 2.45(b)可以看出,系统共有 5 个单独回路:

$$L_1 = \frac{-4}{s_2+s}$$

$$L_2 = -s$$

$$L_3 = -\frac{56}{s+8}$$

$$L_4 = -\frac{6}{s}$$

$$L_5 = 10 \cdot \frac{1}{s} \cdot \frac{1}{s} \cdot \frac{3}{s+3} \cdot \frac{s}{s+2}$$

其中,两个互不接触的回路有 L_1L_2, L_1L_3, L_1L_4, L_2L_3, L_2L_4, 三个互不接触的回路有 $L_1L_2L_3$, $L_1L_2L_4$. 于是特征式为

$$\Delta = 1 - \sum L_{(1)} + \sum L_{(2)} - \sum L_{(3)}$$
$$= 1 - (L_1+L_2+L_3+L_4+L_5) + (L_1L_2+L_1L_3+L_1L_4+L_2L_4) - (L_1L_2L_3+L_1L_2L_4)$$

分别除掉与前向通路 P_1, P_2 相接触的回路,即求得特征式的余因子. 前向通道 P_1 只与 L_2 不接触,而前向通道 P_2 与 L_1、L_2 不接触,因而有

$$\Delta_1 = 1 - L_2 = 1 + s$$

$$\Delta_2 = 1 - (L_1+L_2) + L_1L_2 = 1 + \frac{4}{s^2+s} + s + \frac{4s}{s^2+s}$$

利用梅森公式求出输入 $R(s)$ 到输出 $C(s)$ 的总增益,即传递函数 $C(s)/R(s)$ 为

$$\frac{C(s)}{R(s)} = \frac{P_1\Delta_1 + P_2\Delta_2}{\Delta}$$

式中,P_1、P_2、Δ_1、Δ_2、Δ 已由前面计算结果给出.

2.7 Matlab 中系统建模

Matlab 作为计算机辅助软件,在控制系统的分析与设计中的使用日益广泛. 本书各章中将介绍与该章内容对应的功能和函数,而有关 Matlab 的基础知识参见附录Ⅲ.

2.7.1 Matlab 中的多项式运算

在传递函数等控制系统模型中,常常用到多项式以及多项式分式,如传递函数中以 s 为变量的分子多项式、分母多项式. Matlab 中采用矢量表达多项式,即将多项式系数按降幂的次序赋给多项式矢量,同时给出了多项式函数及留数计算方法.

1. poly()、roots()、conv()——多项式函数

(1) $q = \mathrm{poly}(r)$ ——计算由根矢量(r)构成的多项式,并将赋给多项式矢量(q).

（2）$r=$ roots(q)——计算多项式矢量(q)表达的多项式的根,赋给根矢量(r). 即将多项式(q)进行因式分解得到(r).

（3）$z=$ conv(x,y)——计算多项式矢量(x)、(y)表达的多项式的乘积,赋给多项式矢量(z).

（4）$v=$ polyval(p,x)——计算多项式(p)在自变量取值为(x)时的多项式的值(v).

其中 roots() 与 poly() 互为反函数.

例 2.19 已知

$$X(s)=s^2+2s+3, \quad Y(s)=s+4$$

求取 $Z(s)=X(s)Y(s)$ 的表达式,$Z(s)=0$ 的根,以及 $Z(s)$ 在 $s=3$ 时的值.

解 对应有程序

```
x= [1 2 3]; y= [1 4];
z= conv(x,y)
r= roots(z)
p= poly(r)
v= polyval(z,3)
```

Matlab 中运行结果为

```
z =
        1        6        11        12
r=
   - 4. 0000
   - 1. 0000 + 1. 4142i
   - 1. 0000 - 1. 4142i
p=
   1. 0000    6. 0000    11. 0000    12. 0000
v =
    126
```

即 $Z(s)=s^3+6s^2+11s+12$;$Z(s)=0$ 的根为 $s_1=-4$,$s_{2,3}=-1\pm1.4142i$;$Z(s)$ 在 $s=3$ 时的值为 126.

2. residue()——求取多项式分式留数

（1）$[r,p,k]=$ residue(B,A)——计算由分子多项式(B)和分母多项式(A)构成的分式的留数矢量(r),极点矢量(p)和商(k),即

$$\frac{B(s)}{A(s)}=\frac{r(1)}{s-p(1)}+\frac{r(2)}{s-p(2)}+\cdots+\frac{r(n)}{s-p(n)}+k(s)$$

如果存在多重极点,如 $p(j)=\cdots=p(j+m)$,则对应部分改为

$$\frac{r(j)}{s-p(j)}+\frac{r(j+1)}{[s-p(j)]^2}+\cdots+\frac{r(j+m-1)}{[s-p(j)]^m}$$

（2）$[B,A]=$ residue(r,p,k)——由分式的留数矢量(r),极点矢量(p)和商(k)构建多项式分式的分子多项式(B)和分母多项式(A).

这两个函数互为反函数.

例 2.20 分别对

$$\frac{B_1(s)}{A_1(s)}=\frac{2s^3+5s^2+3s+6}{s^3+6s^2+11s+6} \quad 和 \quad \frac{B_2(s)}{A_2(s)}=\frac{s+1}{s^3+s^2+s}$$

计算留数.

解 对应有程序

```
num1= [2 5 3 6];
den1= [1 6 11 6];
[r1,p1,k1]= residue(num1,den1)
num2= [1 1];
den2= [1 1 0];
[r2,p2,k2]= residue(num2,den2)
```

Matlab 中运行结果为

```
r1 =
 - 6. 0000
 - 4. 0000
  3. 0000
p1 =
 - 3. 0000
 - 2. 0000
 - 1. 0000
k1 =
   2
r2 =
 - 0. 5000 -  0. 2887i
 - 0. 5000 +  0. 2887i
  1. 0000
p2 =
 - 0. 5000 +  0. 8660i
 - 0. 5000 -  0. 8660i
        0
k2 =
   []
```

即

$$\frac{B_1(s)}{A_1(s)}=\frac{2s^3+5s^2+3s+6}{s^3+6s^2+11s+6}=\frac{-6}{s+3}+\frac{-4}{s+2}+\frac{3}{s+1}+2$$

$$\frac{B_2(s)}{A_2(s)}=\frac{s+1}{s^3+s^2+s}=\frac{-0.5-0.2887j}{s+0.5-0.866j}+\frac{-0.5+0.2887j}{s+0.5+0.866j}+\frac{1}{s}$$

例 2.21 对下列的分式求和:

$$\frac{B(s)}{A(s)}=\frac{1}{s+1}+\frac{0}{(s+1)^2}+\frac{2}{(s+1)^3}+0$$

解 对应有程序

```
r=[1 0 2];
p=[-1 -1 -1];
k=[];
[num,den]=residue(r,p,k)
```

Matlab 中运行结果为

```
num =
        1     2     3
den =
        1     3     3     1
```

即

$$\frac{B(s)}{A(s)}=\frac{s^2+2s+3}{s^3+3s^2+3s+1}=\frac{1}{s+1}+\frac{0}{(s+1)^2}+\frac{2}{(s+1)^3}+0$$

2.7.2 Matlab 中的传递函数模型表达及系统连接

1. 系统传递函数的表达

传递函数模型中常用分子多项式(num)和分母多项式(den)共同表示一个系统(num,den)模型.

2. tf()——建立传递函数模型

sys=tf(num,den) ——建立由分子多项式(num)和分母多项式(den)构成的系统模型(sys).

3. zpk()——建立零极点模型

(1)sys=zpk(z,p,k) ——建立由零点(z)、极点(p)和增益(k)构成的系统零极点模型(sys).

(2)p=pole(sys) ——给出系统(sys)的极点(p).

(3)z=zero(sys) ——给出系统(sys)的零点(z).

4. series()、parallel()、feedback()——系统连接

(1)sys=series(sys1,sys2) ——由系统(sys1)、(sys2)串联构建成系统(sys).

(2)sys=parallel(sys1,sys2) ——由系统(sys1)、(sys2)并联构建成系统(sys).

(3)sys= sys1+sys2 ——由系统(sys1)、(sys2)并联构建成系统(sys).

(4)sys=feedback(sysg,sysh,sign) ——计算由前向通道(sysg)、反馈通道(sysh)构成系统 sys,sign 的取值有三个：+1 为正反馈,-1 为负反馈,缺省值为负反馈.

例 2.22 在 Matlab 中表达系统 $G(s)=\dfrac{2(s+2)(s+7)}{(s+3)(s+7)(s+9)}$.

解 对应有程序

```
z=[-2 -7];
p=[-3 -7 -9];
k=2;
```

```
sys= zpk(z,p,k)
```

Matlab 中运行结果为

```
Zero/pole/gain:
 2 (s+ 2) (s+ 7)
-------------------
(s+ 3) (s+ 7) (s+ 9)
```

例 2.23 求如图 2.46 所示系统的传递函数.

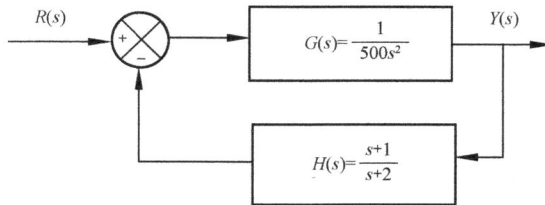

图 2.46　系统方块图

解　对应有程序

```
numh= [1 1];
denh= [1 2];
sysh= tf(numh,denh);
numg= [1];
deng= [500 0 0];
sysg= tf(numg,deng);
sys= feedback(sysg,sysh)
```

Matlab 中运行结果为

```
Transfer function:
        s+ 2
---------------------------
500 s^3 + 1000 s^2 + s + 1
```

即图 2.46 所示系统的传递函数为 $\dfrac{Y(s)}{R(s)}=\dfrac{s+2}{500s^3+1000s^2+s+1}$.

2.7.3　Simulink 中的建模

Simulink 的基本库 Simulink→Continuous 中有多个有关连续系统建模的模块,如 Transfer Fcn、State-Space. 在 Simulink→Sources 中,则提供了 Step、Ramp、Sine Wave 等多种信号源. 故可以在 Simulink 中进行连续系统的仿真和分析. 图 2.47(a)是在 Simulink 中建立的一个系统模型. 对此系统输入 3sin(4t),则对应的输出和输入波形见图 2.47(b)和图 2.47(c).

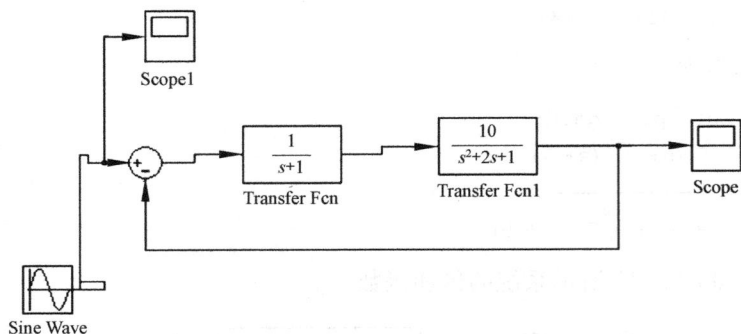

(a) 系统建模

(b) 输入信号

(c) 输出信号

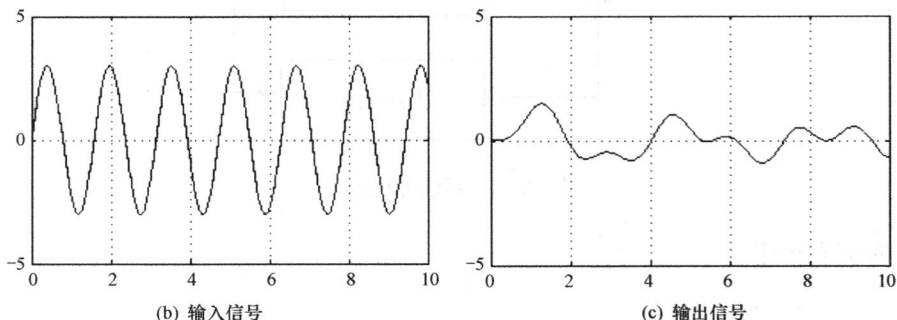

图 2.47　Simulink 中的系统仿真

小　结

1. 本章通过大量工程实例讲述了物理系统建模的基础、方法和具体步骤,以及建模中的数学处理方法.由于研究方法、目的不同,同一物理系统数学模型可以有不同的形式:时域的微分方程、复数域的传递函数和频域中的频率特性(第 3 章讲述).三种数学模型用不同的方法来研究同一系统的固有特性,它们之间具有某种内在联系.当初始条件为零时,它们之间只要 $\dfrac{\mathrm{d}}{\mathrm{d}t} \leftrightarrow s \leftrightarrow \mathrm{j}\omega$ 就可相互转换上述三种数学模型的数学表达式的描述,而方块图、信号流图则是数学模型的图形化表达.

2. 任何系统都是由若干个典型环节组成的,从而形成了系统的多样性和复杂性.掌握每个典型环节的特点和物理含义有助于我们对复杂系统的分析和研究.

3. 对于反馈控制系统,系统传递函数包括开环传递函数、闭环传递函数和误差传递函数.它们对系统性能的分析和研究是十分重要的.

4. 利用系统方块图和信号流图可求取系统传递函数.方块图的运算、变换法则,是方块图化简获得系统传递函数的基础.信号流图包含了方块图的全部信息,但它不需要烦琐的简化过程,可直接求得系统输出/输入间的传递函数,在计算中切记不要漏掉通路和回路.

习　题

2.1　求解下列微分方程.

(1) $\ddot{x} + 2\zeta\omega_n\dot{x} + \omega_n^2 x = 0$,初始条件 $x(0) = a, \dot{x}(0) = b$.式中,ω_n、a、b 为常数,$0 < \zeta < 1$.

(2) $\dfrac{d^2 y}{dt^2} + \dfrac{dy}{dt} = e^{4t}$，初始条件 $y(0)=2$，$\dot{y}(0)=0$.

(3) $\dfrac{d^2 x}{dt^2} + 5\dfrac{dx}{dt} + 6x = 6$，初始条件 $x(0)=2$，$\dot{x}(0)=2$.

(4) $\dfrac{d^3 x}{dt^3} + 4\dfrac{d^2 x}{dt^2} + 29\dfrac{dx}{dt} = 29$，初始条件 $x(0)=0$，$\dot{x}(0)=17$，$\ddot{x}(0)=-122$.

2.2 一阶微分方程组为 $\begin{cases} 4\dot{x}+y=10 \\ -x+3\dot{y}+2y=0 \end{cases}$，已知 $x(0)=0$，$y(0)=5$，求解 $x(t)$、$y(t)$.

2.3 某电路如题 2.3 图所示，试建立电路关于 i_1、i_2 的微分方程组.

2.4 一弹簧-质量-阻尼器系统，若弹簧的力-位移特性曲线如题 2.4 图. 当平衡点为 $y=0.5\mathrm{cm}$，位移变化幅度为 $\pm 1.5\mathrm{cm}$ 时，试在题 2.4 图中找出弹簧的弹性系数.

2.5 将滑阀节流口流量方程 $q=cwx_v\sqrt{\dfrac{2p}{\rho}}$ 线性化，流量 q 是阀芯位移 x_v 和节流口压力 p 的函数. c、w 分别为流量系数和滑阀面积梯度，ρ 为油的密度.

2.6 磁悬浮列车高速运行时列车悬浮在气隙以上，轨道与车体之间的摩擦很小. 悬浮力 f_L 与向下的重力 $f=mg$ 方向相反，由流经悬浮线圈的电流 i 控制，并可近似描述为 $f_L=ki^2/z^2$，其中 z 是气隙间隔. 试在平衡条件附近，确定气隙间隔 z 与控制电流 i 的线性近似关系.

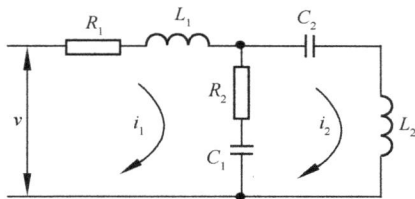

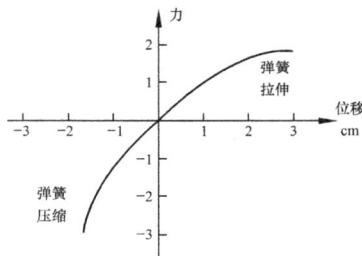

题 2.3 图　RLC 电路　　　　题 2.4 图　弹簧的力-位移特性曲线

2.7 热敏电阻的温度响应是 $R=R_0 e^{-0.1T}$，其中 $R_0=10000\Omega$，T 为开氏温度，在温度扰动很小的情况下，试找出该热敏电阻在工作点 $T=20\mathrm{K}$ 附近的线性近似模型.

2.8 在某自动减振器中，弹簧力可由关系式 $f=kx^3$ 描述，其中 x 是弹簧的位移. 在 $x_0=1$ 的近旁，确定弹簧的线性近似模型.

2.9 试建立如题 2.9 图所示的机械系统的数学模型，输入量为作用力 $f(t)$，输出量为位移 $y(t)$，假设系统处于初始平衡位置.

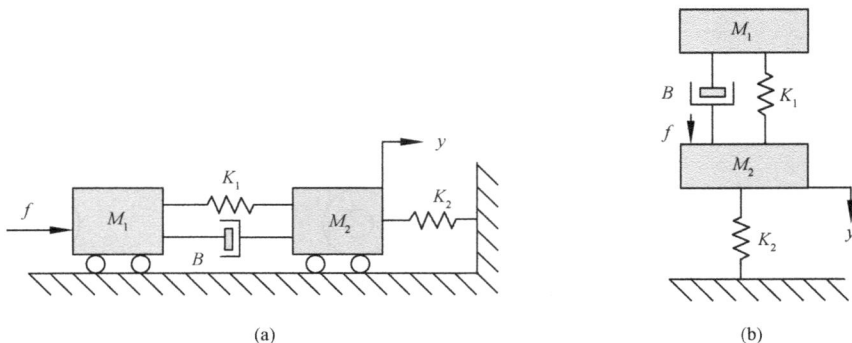

(a)　　　　　　　　　　　　　(b)

题 2.9 图　机械系统

2.10 如题 2.10 图(a)、(b)两个系统,分别求它们关于独立变量 $x(t)$ 的运动方程.

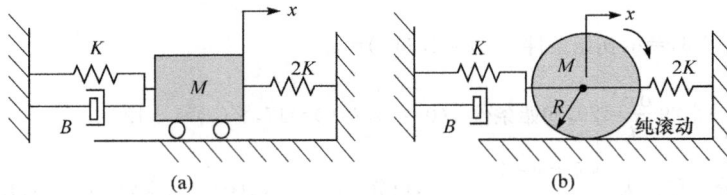

题 2.10 图　机械系统

2.11 如题 2.11 图所示机械系统,求关于两个独立变量 $x_1(t)$, $x_2(t)$ 的运动方程.

2.12 如题 2.12 图所示系统,各坐标定义相对于平衡位置, x_1 为轮的质心坐标.已知轮与绳索间无相对滑动,绳索不可拉伸变形,并始终处于受拉状态.求从外加力 $f(t)$ 到位置 $x_1(t)$ 的运动方程.

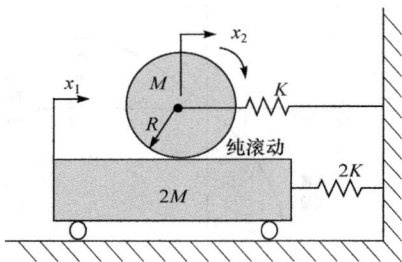

题 2.11 图　机械系统

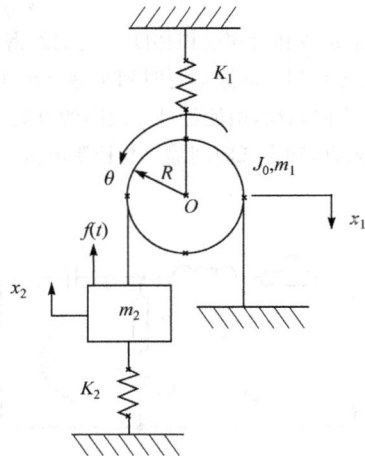

题 2.12 图　机械系统

2.13 求题 2.13 图所示电气-机械系统的传递函数 $X(s)/U_r(s)$. 为简化分析,假设线圈具有反电势 $u_b = K_u \dfrac{\mathrm{d}x}{\mathrm{d}t}$,以及线圈电流 i 在质量上产生的力为 $f = K_f i$.

2.14 传输带机构如题 2.14 图所示,传输速度为 v,从物料出口到传输带末端的距离为 a,假设物料出口流量与料仓闸门开度成正比,比例系数为 k,求料仓闸门开度 r 到传输带末端物料流量 q 之间的传递函数.

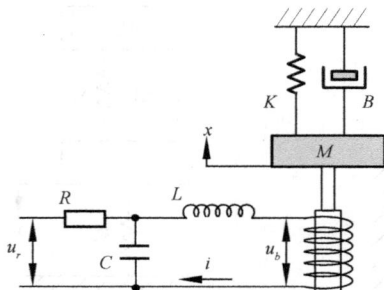

题 2.13 图　电气-机械系统

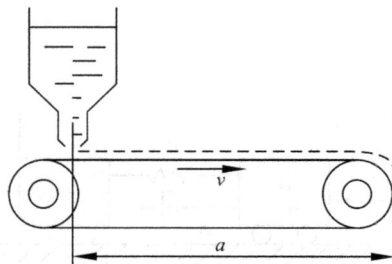

题 2.14 图　传输带机构

2.15 题2.15图为一齿轮传动机构.假设齿轮无传动间隙和变形,试求以力矩 T 为输入,以角度 θ_2 为输出的运动方程式.

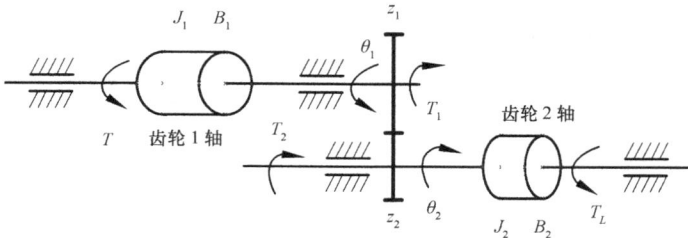

题 2.15 图 齿轮传动机构

2.16 试证明题2.16图中所示各对机电系统是相似系统(即具有相同的数学模型).

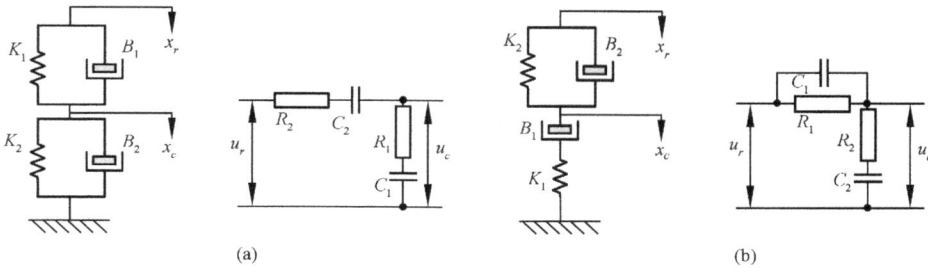

(a)

(b)

题 2.16 图 机电相似系统

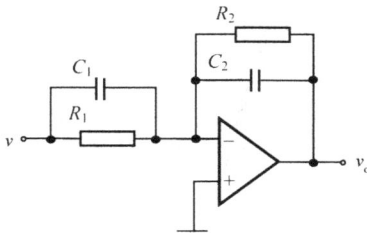

2.17 题2.17图所示为运算放大器电路.假定电路是理想放大器,且各参数的取值为 $R_1 = R_2 = 100\mathrm{k}\Omega, C_1 = 10\mu\mathrm{F}, C_2 = 5\mu\mathrm{F}$,试确定电路的传递函数 $V_o(s)/V(s)$.

2.18 如题2.18图电路,求:

(1) 建立有关 $i_1(t)$、$i_2(t)$、$v_A(t)$、$v(t)$ 的微分方程组;

(2) 建立有关 $I_1(s)$、$I_2(s)$、$V_A(s)$、$V(s)$ 的代数方程组;

(3) 求取图中阻抗 $Z_1(s)$、$Z_2(s)$、$Z_3(s)$,并改写(2)中代数方程组;

(4) 用方块图表达(3)中的代数方程组;

(5) 由(4)中的方块图求取 $V_A(s)/V(s)$.

题 2.17 图 运算放大器电路

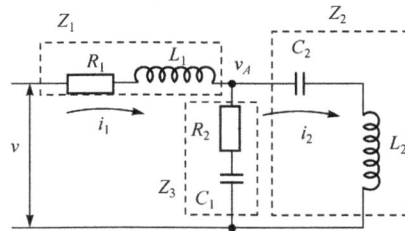

题 2.18 图 电气系统

2.19 如题2.19图所示,试计算运算放大器电路的传递函数 $V_o(s)/V(s)$.设运算放大器是理想的,且各参数的取值为 $C = 1\mu\mathrm{F}, R_1 = 167\mathrm{k}\Omega, R_2 = 240\mathrm{k}\Omega, R_3 = 1\mathrm{k}\Omega, R_4 = 100\mathrm{k}\Omega$.

2.20 某双弹簧-质量系统如题2.20图所示,试确定该系统的微分方程组模型.

2.21 如题2.21图所示,某风振器由两个钢球和一根细长杆构成,两球分处于杆的两端,用于悬挂长

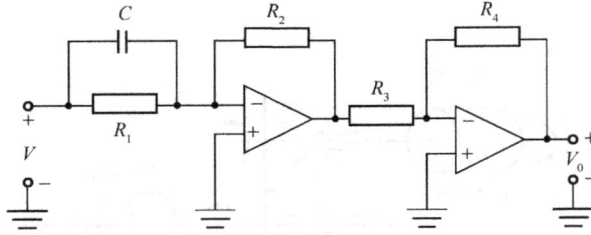

题 2.19 图　运算放大器电路

杆的细线能够扭转许多圈并保持不断. 假设细线的扭转弹性常数为 $2\times10^{-4}\mathrm{N}\cdot\mathrm{m/rad}$, 球在空气中的阻尼系数为 $2\times10^{-4}\mathrm{N}\cdot\mathrm{m}\cdot\mathrm{s/rad}$, 球的质量为 1kg. 若这个装置被事先扭转了 $4000°$, 问从该处回转运动到 $10°$ 的扭转角时, 共需多少时间?

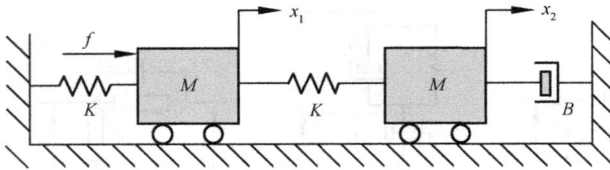

题 2.20 图　双弹簧-质量系统

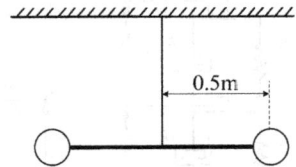

题 2.21 图　风振器

2.22　机械系统如题 2.22 图所示, 若已知系统相对于参考面的位移为 $x_3(t)$:

(1) 确定关于系统的两个独立变量 $x_1(t)$、$x_2(t)$ 的运动方程;

(2) 假设初始条件为零, 求取系统运动方程的拉普拉斯变换;

(3) 画出系统运动的信号流图;

(4) 运用梅森公式确定 $X_1(s)/X_3(s)$.

2.23　题 2.23 图所示双摆系统. 双摆悬挂在无摩擦的旋轴上, 并且用弹簧把它们的中点连接在一起. 假定每个摆可用长度为 L 的无质量杆末端的质量 M 表示; 摆的角位移很小, $\sin\theta$ 和 $\cos\theta$ 均可线性近似处理; 当 $\theta_1=\theta_2$ 时, 位于杆中间的弹簧无变形, 且输入 $f(t)$ 只作用于左侧的杆.

(1) 确定双摆的运动方程并画出信号流图;

(2) 确定传递函数 $\Theta_1(s)/F(s)$.

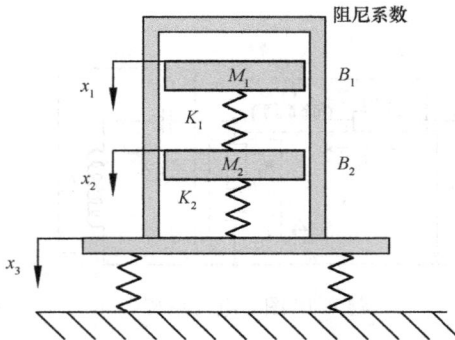

题 2.22 图　机械系统

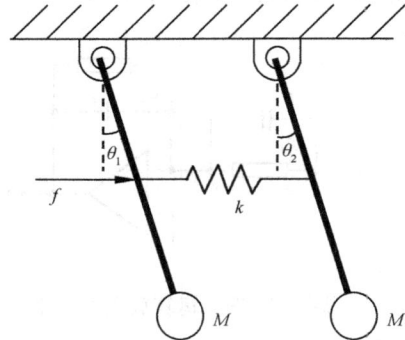

题 2.23 图　双摆系统

2.24　已知一系统的输入输出模型为 $5\ddot{y}+80\dot{y}+500y=50u-12.5\ddot{u}$, 求传递函数以及传递函数的零点和极点.

2.25 若系统方块图如题 2.25 图所示,求:

(1) 以 $R(s)$ 为输入,分别以 $C(s)$、$B(s)$、$E(s)$ 为输出的闭环传递函数;

(2) 以 $N(s)$ 为输入,分别以 $C(s)$、$B(s)$、$E(s)$ 为输出的闭环传递函数.

2.26 某系统的框图如题 2.26 图所示,试计算其传递函数 $Y(s)/R(s)$.

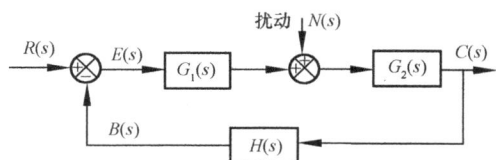

题 2.25 图　系统方块图

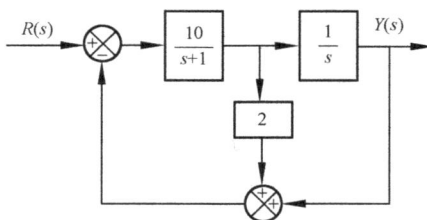

题 2.26 图　系统方块图

2.27 题 2.27 图为系统方块图,试根据方块图变换规则,求系统传递函数 $C(s)/R(s)$.

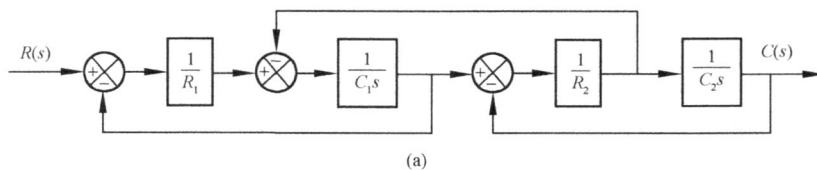

(a)

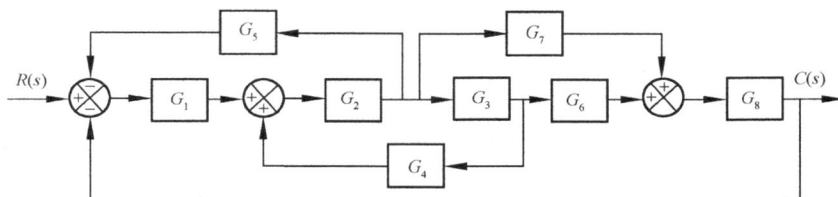

(b)

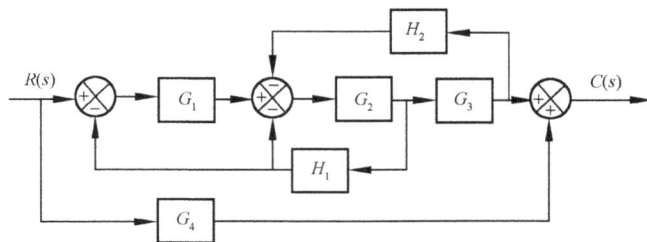

(c)

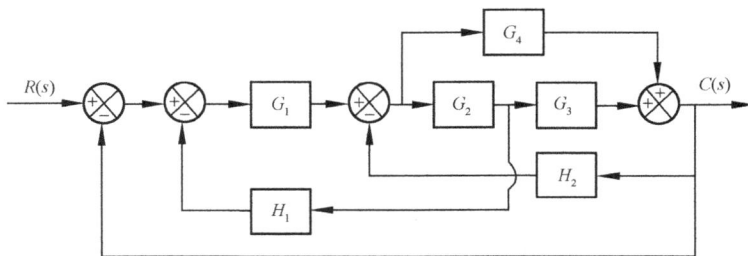

(d)

题 2.27 图　系统方块图

2.28 题 2.28 图为一位置系统工作原理图,误差测量装置的传递函数为 K_1;放大器的传递函数为 K_2,电机和负载(折算到电机轴上)的传递函数为 $\dfrac{\Omega(s)}{E_a(s)}=\dfrac{K_3}{Ts+1}$,速度反馈系数 $\dfrac{U_b(s)}{\Omega(s)}=K_4$,传动装置传动比为 n.

(1) 说明系统工作原理,并画出系统方块图;

(2) 求出系统开环传递函数;

(3) 求出系统闭环传递函数;

(4) 求出系统误差传递函数.

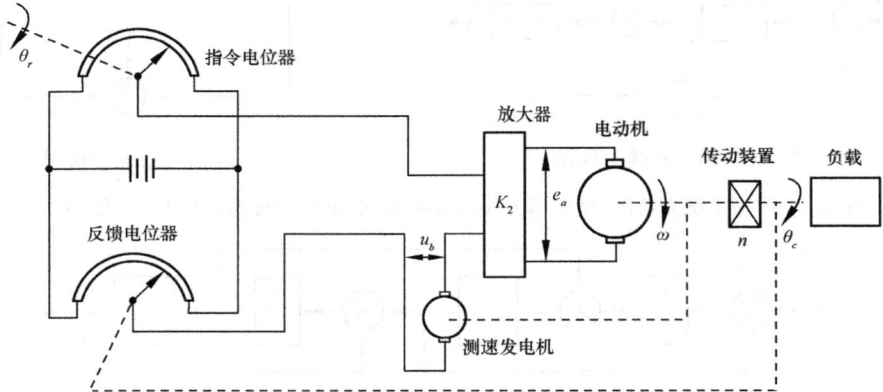

题 2.28 图　位置控制系统

2.29 某双输入双输出交互式控制系统如题 2.29 图,当 $R_2=0$ 时,确定 $Y_1(s)/R_1(s)$ 和 $Y_2(s)/R_1(s)$.

2.30 带有防死锁制动系统的四轮驱动汽车,运用电子反馈装置,自动地控制每个车轮上的制动力.该制动控制系统的简化信号流图如题 2.30 图所示.其中 $F_f(s)$ 和 $F_R(s)$ 分别为前轮与后轮上的制动力,$R(s)$ 是汽车在结冰路面上的期望响应,试计算 $F_f(s)/R(s)$.

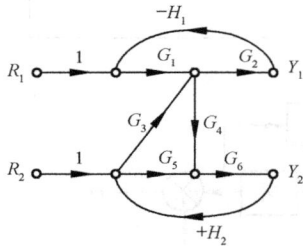

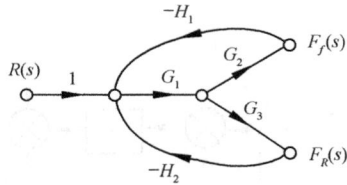

题 2.29 图　双输入双输出控制系统　　题 2.30 图　四轮驱动汽车制动控制系统

2.31 画出与题 2.31 图所示系统方块图对应的信号流图,并计算其闭环传递函数.

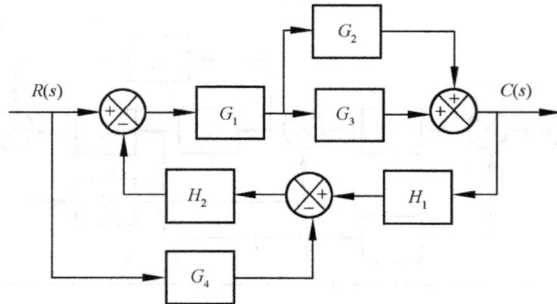

题 2.31 图　系统方块图

2.32 某系统由两个电机构成,并通过柔性传送带将电机耦合在一起,传送带还将经过一个摆臂,摆臂上装有用来测量带速与张力的传感器.该系统的基本控制问题是,通过改变电机转矩来调节传送带的速度与张力.此系统的框图模型如题 2.32 图所示,试计算 $Y_2(s)/R_1(s)$,并确定使 Y_2 与 R_1 独立的条件.

2.33 某系统的信号流图如题 2.33 图所示,试计算传递函数 $G(s)=Y_2(s)/R_1(s)$,若进一步希望实现 $Y_2(s)$ 与 $R_1(s)$ 解耦,即希望 $G(s)=0$,请根据其他的 $G_i(s)$ 选择合适的 $G_5(s)$.

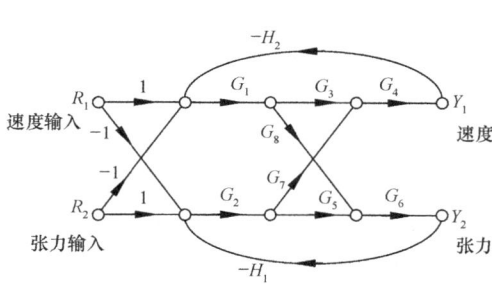

题 2.32 图　速度-张力控制系统

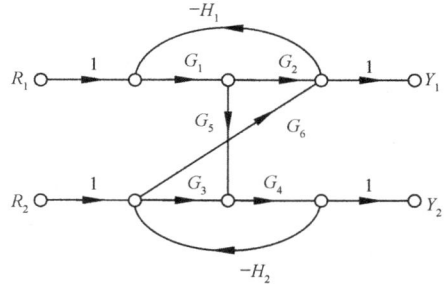

题 2.33 图　系统信号流图

2.34 利用梅森公式求出题 2.34 图中所示系统的总增益.

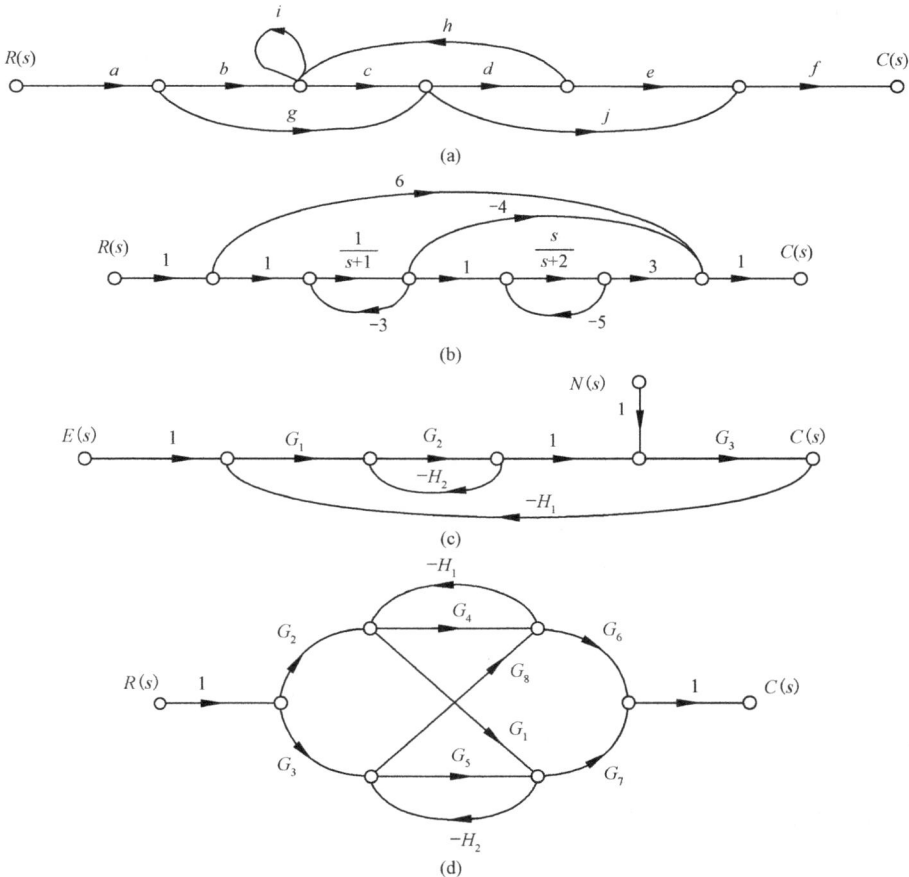

(a)

(b)

(c)

(d)

题 2.34 图　系统的信号流图

第3章　频率特性

第2章介绍了用微分方程和传递函数来描述系统的数学模型,以及用拉普拉斯变换求解的方法.虽然在分析时域性能时是有用的,但是对于比较复杂的系统,如微分方程的阶数越高,工作量也就越大;当方程已经解出而系统的响应不能满足技术要求时,也不容易看出和决定应该如何调整系统结构、参数来获得预期结果.因此,工程实践希望找出一种方法,能够不求解微分方程就可预示出系统的性能,而且又能方便地指出应该如何调整系统以达到性能指标.目前有两种方法被广泛采用:频率法和根轨迹法.

频率法(又称频率响应分析法)以输入信号的频率为变量,在频域内对系统的性能进行研究.这种方法有几个特点:① 容易和系统的参数、结构联系起来,有利于系统的分析和设计;② 能够估计影响系统性能的频率范围;③ 可以通过实验方法求得数学模型,这对比较复杂的系统或难以确切地推导出微分方程的系统或部件来说,提供了一个确切而有效的分析方法;④ 同时还可以应用到某些非线性系统中.

3.1　频率特性的基本概念

3.1.1　频率特性的定义

图 3.1 为一个 RC 电路,设 $T=RC$,该电路的传递函数为

$$G(s) = \frac{U_\text{o}(s)}{U_\text{i}(s)} = \frac{1}{1+Ts}$$

当输入 $u_\text{i}(t)=U_\text{i}\sin\omega t$ 时,则输出有

$$u_\text{o}(t) = \frac{U_\text{i}T\omega}{1+T^2\omega^2}\text{e}^{-\frac{t}{T}} + \frac{U_\text{i}}{\sqrt{1+T^2\omega^2}}\sin[\omega t + \varphi(\omega)] \tag{3.1}$$

式中,$\varphi(\omega)=-\arctan(T\omega)$,为输出与输入量之间产生的相位差.

当时间趋于无穷大时,式(3.1)中的第一项将趋于零,即

$$u_\text{o}(t)\,|_{t\to\infty} = \frac{U_\text{i}}{\sqrt{1+T^2\omega^2}}\sin[\omega t + \varphi(\omega)] \tag{3.2}$$

式(3.2)表明对于图 3.1 的 RC 电路,当输入正弦信号时,其稳态输出是一个与输入信号同频的正弦信号,但幅值与相位则产生与频率相关的变化.

频率特性就是指在正弦信号作用下,系统输入量的频率由 0 变化到∞时,稳态输出量与输入量的幅值比和相位差的变化规律,等于稳态输出量与输入量的复数比.

如图 3.2 所示,若输入量

$$x_r(t) = x_m\sin(\omega t)$$

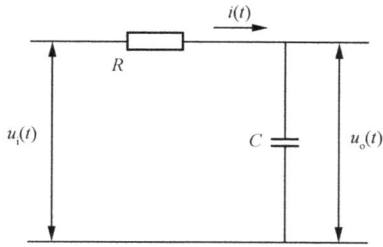

图 3.1 　RC 低通电路　　　　　　　　　　　图 3.2 　系统

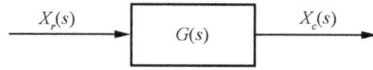

稳态输出量与输入量的振幅比为 $A(\omega)$，相位差为 $\varphi(\omega)$，即系统输出量

$$x_c(t) = A(\omega) \cdot x_m \sin[\omega t + \varphi(\omega)]$$

显然，频率特性可表示为稳态输出量与输入量的复数比 $A(\omega)\mathrm{e}^{\mathrm{j}\varphi(\omega)}$.

3.1.2　频率特性的求取方法

按照上述频率特性的定义，对于系统的频率特性可以通过如下方法求得：

（1）根据已知系统的微分方程，以正弦信号为输入，求其稳态解，取输出量的稳态分量和输入的正弦信号的复数之比即得；

（2）进行实验，对系统输入频率由 0 变化到 ∞ 的正弦信号，取得稳态输出的正弦信号，求得输出与输入信号的幅值比和相位差.

上述两种方法都是在时间域求取系统的频率特性，需求解系统的时域输出，并求得稳态分量. 下面介绍经过系统传递函数，不需求解全部时域解而获得稳定的系统的频率特性的方法.

图 3.2 中的线性系统，$x_r(t)$、$x_c(t)$ 分别为系统的输入和输出，设 $G(s)$ 为系统的传递函数，并有

$$G(s) = \frac{p(s)}{q(s)} = \frac{p(s)}{(s+s_1)(s+s_2)\cdots(s+s_n)}$$

输入 $x_r(t)$ 为正弦函数

$$x_r(t) = A\sin\omega t$$

对于稳定系统，系统的正弦输入的稳态响应不受初始条件影响，则可以假设初始条件为零. 如果 $X_c(s)$ 只具有不同的极点，于是输出量拉普拉斯变换的部分分式展开为

$$X_c(s) = G(s) \cdot X_r(s) = \frac{p(s)}{q(s)} \cdot \frac{A\omega}{s^2 + \omega^2}$$

$$= \frac{a}{s+\mathrm{j}\omega} + \frac{\overline{a}}{s-\mathrm{j}\omega} + \frac{b_1}{s+s_1} + \frac{b_2}{s+s_2} + \cdots + \frac{b_n}{s+s_n}$$

式中，$b_i(i=1,2,\cdots,n)$ 为待定系数，而 a、$\overline{a}$ 为待定的共轭复数. $X_c(s)$ 的拉普拉斯反变换为

$$x_c(t) = a\mathrm{e}^{-\mathrm{j}\omega t} + \overline{a}\mathrm{e}^{\mathrm{j}\omega t} + b_1\mathrm{e}^{-s_1 t} + b_2\mathrm{e}^{-s_2 t} + \cdots + b_n\mathrm{e}^{-s_n t} \qquad (t \geqslant 0) \qquad (3.3)$$

对于稳定的系统，$-s_1, -s_2, \cdots, -s_n$ 具有负实部，因而随着 $t \to \infty$，$b_1\mathrm{e}^{-s_1 t}, b_2\mathrm{e}^{-s_2 t}, \cdots, b_n\mathrm{e}^{-s_n t}$ 都趋于零，所以方程（3.3）除了右边第一、二项，其余各项在稳态时都等于零.

如果 $X_c(s)$ 包含 m 个重极点 s_j，那么 $x_c(t)$ 将包含像 $t^{h_j}\mathrm{e}^{-s_j t}$（$h_j = 0,1,2,\cdots,m_{j-1}$）这样

的分项. 由于 $-s_j$ 的实部为负,所以 $t^{h_j}\mathrm{e}^{-s_j t}$ 的各项随着 $t\to\infty$ 也都趋于零.

因此,不管系统属于哪种形式,其稳态响应总为

$$x_c(t) = a\mathrm{e}^{-\mathrm{j}\omega t} + \bar{a}\mathrm{e}^{\mathrm{j}\omega t} \tag{3.4}$$

式中

$$a = G(s) \cdot \frac{A\omega}{s^2 + \omega^2} \cdot (s + \mathrm{j}\omega)\Big|_{s=-\mathrm{j}\omega} = -\frac{AG(-\mathrm{j}\omega)}{2\mathrm{j}}$$

$$\bar{a} = G(s) \cdot \frac{A\omega}{s^2 + \omega^2} \cdot (s - \mathrm{j}\omega)\Big|_{s=\mathrm{j}\omega} = \frac{AG(\mathrm{j}\omega)}{2\mathrm{j}}$$

因为 $G(\mathrm{j}\omega)$ 是一个复数,它可以写成

$$G(\mathrm{j}\omega) = |G(\mathrm{j}\omega)| \mathrm{e}^{\mathrm{j}\angle G(\mathrm{j}\omega)}$$

式中,$|G(\mathrm{j}\omega)|$ 和 $\angle G(\mathrm{j}\omega)$ 分别是 $G(\mathrm{j}\omega)$ 的幅值和幅角.

同样可求得

$$G(-\mathrm{j}\omega) = |G(-\mathrm{j}\omega)| \mathrm{e}^{-\mathrm{j}\angle G(\mathrm{j}\omega)} = |G(\mathrm{j}\omega)| \mathrm{e}^{-\mathrm{j}\angle G(\mathrm{j}\omega)}$$

因此,式(3.4)可写成

$$x_c(t) = A|G(\mathrm{j}\omega)| \frac{\mathrm{e}^{\mathrm{j}[\omega t + \angle G(\mathrm{j}\omega)]} - \mathrm{e}^{-\mathrm{j}[\omega t + \angle G(\mathrm{j}\omega)]}}{2\mathrm{j}} = A|G(\mathrm{j}\omega)| \sin[\omega t + \angle G(\mathrm{j}\omega)]$$

由此可以看出,系统稳态输出量和输入量具有相同的频率,但输出量的振幅和相位与输入量不同.

根据以上讨论,我们可以得到这样一个重要结论:对正弦输入而言,

$$|G(\mathrm{j}\omega)| = \left|\frac{X_c(\mathrm{j}\omega)}{X_r(\mathrm{j}\omega)}\right|,\text{即正弦输出对正弦输入的幅值比;}$$

$$\angle G(\mathrm{j}\omega) = \angle \frac{X_c(\mathrm{j}\omega)}{X_r(\mathrm{j}\omega)},\text{即正弦输出对正弦输入的相位移.}$$

可见,只要把系统传递函数 $G(s)$ 中的算子 s 换成 $\mathrm{j}\omega$,就可以得到系统的频率特性

$$G(\mathrm{j}\omega) = \frac{X_c(\mathrm{j}\omega)}{X_r(\mathrm{j}\omega)}$$

也可以这样认为:$\mathrm{j}\omega$ 是实部为零的复数,因此频率特性是传递函数的一种特殊情况. 这一方法只对稳定的线性系统适用.

频率特性和传递函数之所以存在这种内在的联系是因为它们描述的是同一个物理系统,只是用不同域内的数学模型来表达罢了. 微分方程是时间域内的数学模型,传递函数是复数域内的数学模型,而频率特性则是系统频率域内的数学模型.

3.1.3 频率特性的物理意义

为了对频率特性的物理含义有更深刻的理解,对图 3.1 的 RC 电路求取频率特性

$$G(\mathrm{j}\omega) = \frac{U_o(\mathrm{j}\omega)}{U_i(\mathrm{j}\omega)} = \frac{1}{1 + \mathrm{j}\omega T} = A(\omega)\mathrm{e}^{\mathrm{j}\varphi(\omega)}$$

式中

$$A(\omega) = \frac{1}{\sqrt{1 + (T\omega)^2}}, \qquad \varphi(\omega) = -\arctan(\omega T)$$

从这一简单的电路的频率特性,可以看出它具有的一般规律:

(1) 电路参数 R、C 给定后,频率特性就完全确定,即随频率 ω 变化的规律完全确定. 所以频率特性反映了系统(电路)的内在性质,与外界因素无关.

(2) 频率特性之所以随频率而变化,是因为电路中含有储能元件电容. 在实际系统中,由于大都存在电容、电感、惯量、弹簧等储能元件,所以输入不同频率的正弦信号,输出量的幅值、相位也都随之变化.

(3) 从电路的频率特性可以看出,它的幅值 $A(\omega)$ 随着频率升高而衰减. 换句话说它表示了对不同频率的正弦输入信号的"复现能力"或"跟踪能力".

对于低频信号(即 $\omega T \ll 1$)有

$$A(\omega) \approx 1, \quad \varphi(\omega) \approx 0°$$

这表明输出电压 $u_o(t)$ 与输入电压 $u_i(t)$ 幅值几乎相等,相位接近同相. 从电路上看,$\omega T \ll 1$,即 $R \ll 1/(\omega C)$,说明此时电路的电抗远大于电阻 R,电流在 R 上产生的压降甚微,信号 $u_i(t)$ 几乎无损失地全部输出,而振幅、相位无明显变化. 此时,电路复现能力较高.

对于高频信号(即 $\omega T \gg 1$)有

$$A(\omega) \approx \frac{1}{\omega T}, \quad \varphi(\omega) \approx -90°$$

这表明如果输入信号 $u_i(t)$ 频率很高,输出电压振幅只有输入电压振幅的 $1/(\omega T)$ 倍,相位几乎落后 90°. 从电路看 $\omega T \gg 1$,即 $R \gg 1/(\omega C)$,因此电容 C 两端压降小,即输出电压振幅很小,且输出电压相位比输入电压相位落后 90°. 此时,电路的复现能力较差.

因此,在频率较低时,输入信号基本上可以原样地在输出端复现出来,而不发生严重失真. 而在频率较高时,输入信号就被抑制而不能传送出去. 对于实际的工程控制系统,虽然形式不同,但一般都具有这样的"低通"滤波器的作用,反映出它们具有不同的跟踪和复现的能力.

3.1.4 频率特性的几种表示法

由于 $G(j\omega)$ 是复数,可用矢量表示在复平面上,如图 3.3 所示. 其中

$A(\omega) = |G(j\omega)|$——$G(j\omega)$ 的模,称幅频特性,表示频率特性幅值随频率的变化关系;

$\varphi(\omega) = \angle G(j\omega)$——$G(j\omega)$ 的幅角,称相频特性,表示频率特性幅角随频率的变化关系;

$U(\omega)$——$G(j\omega)$ 的实部,称实频特性;

$V(\omega)$——$G(j\omega)$ 的虚部,称虚频特性.

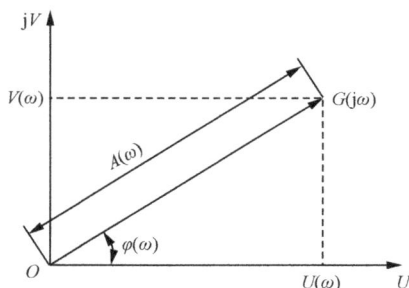

图 3.3 $G(j\omega)$ 的矢量图

同一系统的幅频、相频、实频、虚频间存在如下关系:

$$A(\omega) = |G(j\omega)| = \sqrt{U^2(\omega) + V^2(\omega)}, \quad \varphi(\omega) = \angle G(j\omega) = \arctan\left[\frac{V(\omega)}{U(\omega)}\right]$$

$$U(\omega) = A(\omega)\cos\varphi(\omega), \qquad\qquad V(\omega) = A(\omega)\sin\varphi(\omega)$$

于是有

$$G(j\omega) = A(\omega)e^{j\varphi(\omega)} = U(\omega) + jV(\omega)$$

频率特性以幅值和相角来表示,而幅值和相角均是频率 ω 的函数,可在坐标纸上绘成曲线.这样使我们可以清楚地了解该系统的输出和输入之比随着频率的变化情况,在分析频率域的特性时,非常直观.频率特性的图解表示通常采用下面的形式:

(1) 幅相频率特性:以极坐标方式表达当 ω 由零变化到无穷大时 $G(j\omega)$ 的幅值与相角的关系,也称极坐标图或奈奎斯特图.

(2) 对数频率特性:对数频率特性是由两张图组成的,一张是对数幅频特性,另一张是对数相频特性.两张图都是按频率以对数分度,振幅和相角以线性分度来绘制的.对数频率特性又称为伯德(Bode)图.这是目前应用较广泛的一种频率响应图.

以上频率特性的图解表示法,在进行系统的分析和研究中都很有用处.在设计和实验分析时,还可能用到其他一些频率特性谱图,如对数幅相频率特性(Nichols 图)、实频图、虚频图等.

3.2 幅相频率特性

频率特性 $G(j\omega)$ 是个矢量,当给出不同的 ω 值时,即可算出相应的幅值和相角值.这样,就可以在极坐标复平面上画出 ω 值由零变化到无穷大时的 $G(j\omega)$ 矢量,把矢端连成曲线就得到系统的幅相频率特性曲线,如图 3.4(a) 所示,也称极坐标图.在绘制矢量时也可采用不同频率 ω 时的频率特性 $G(j\omega)$ 的实部和虚部进行表达,如图 3.4(b) 所示.奈奎斯特在 1932 年基于极坐标图的形状阐述了系统的稳定性问题,由于他的工作,通常称极坐标图为奈奎斯特图.

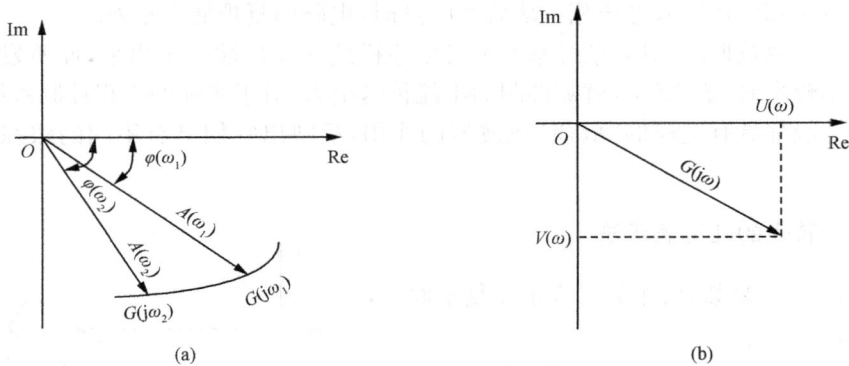

图 3.4 奈奎斯特图的绘制

3.2.1 典型环节的幅相频率特性

1. 放大环节

放大环节的频率特性为

$$G(j\omega) = K$$

其幅频和相频特性分别为

$$|G(j\omega)| = K, \quad \angle G(j\omega) = \arctan\left(\frac{0}{K}\right) = 0°$$

幅频特性是常数 K,相频特性是 $0°$,均与频率无关.如图 3.5 所示,放大环节的幅相频率特性是复平面实轴上的一个点.

2. 积分环节

积分环节的频率特性为

$$G(j\omega) = \frac{1}{j\omega} = -j\frac{1}{\omega}$$

其幅频和相频特性分别为

$$\mid G(j\omega) \mid = \frac{1}{\omega}, \quad \angle G(j\omega) = \arctan\left(\frac{-1/\omega}{0}\right) = -90°$$

由于∠$G(j\omega) = -90°$是常数,而$\mid G(j\omega) \mid$随ω增加而减小,因此积分环节的幅相频率特性是一条与负虚轴相重合的直线,如图 3.6 所示.

3. 纯微分环节

纯微分环节的频率特性为

$$G(j\omega) = j\omega$$

其幅频和相频特性分别为

$$\mid G(j\omega) \mid = \omega, \quad \angle G(j\omega) = \arctan\left(\frac{\omega}{0}\right) = 90°$$

由于∠$G(j\omega) = 90°$是常数,而$\mid G(j\omega) \mid$随ω增加而增大,因此纯微分环节的幅相频率特性是一条与正虚轴相重合的直线,如图 3.7 所示.

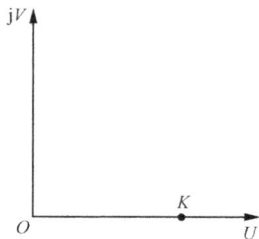

图 3.5　放大环节的
幅相频率特性

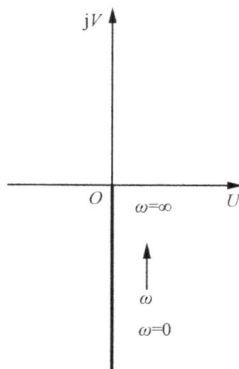

图 3.6　积分环节的
幅相频率特性

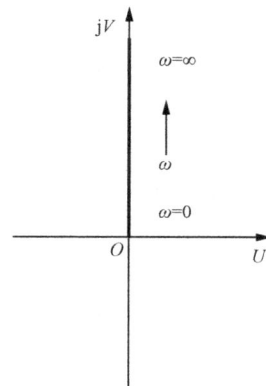

图 3.7　纯微分环节的
幅相频率特性

4. 惯性环节

惯性环节的频率特性为

$$G(j\omega) = \frac{1}{jT\omega + 1}$$

其幅频和相频特性分别为

$$\mid G(j\omega) \mid = \frac{1}{\sqrt{T^2\omega^2 + 1}}, \quad \angle G(j\omega) = -\arctan(T\omega)$$

其实频和虚频特性分别为

$$U(\omega) = \frac{1}{T^2\omega^2 + 1}, \quad V(\omega) = -\frac{T\omega}{T^2\omega^2 + 1}$$

由上式可知,当 $\omega=0$ 时, $G(\text{j}0)=1\angle 0°=1+\text{j}0$;

当 $\omega=1/T$ 时, $G\left(\text{j}\dfrac{1}{T}\right)=\dfrac{1}{\sqrt{2}}\angle -45°=\dfrac{1}{2}-\text{j}\dfrac{1}{2}$;

当 $\omega\to\infty$ 时, $G(\text{j}\infty)=0\angle -90°=0+\text{j}0$.

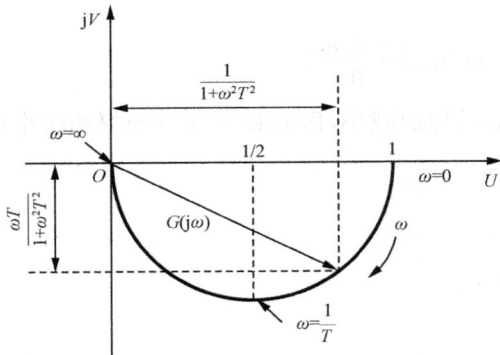

图 3.8 惯性环节的幅相频率特性

其实,当频率 ω 由 0 变化到 ∞ 时,惯性环节的幅相频率特性为一半圆,圆方程为

$$\left(U-\frac{1}{2}\right)^2+V^2=\left(\frac{1}{2}\right)^2$$

即一圆心在 $(1/2,\text{j}0)$,半径为 $1/2$ 的半圆,如图 3.8 所示.

5. 一阶微分环节

一阶微分环节的频率特性为

$$G(\text{j}\omega)=\text{j}\tau\omega+1$$

其幅频和相频特性分别为

$$|G(\text{j}\omega)|=\sqrt{\tau^2\omega^2+1},\qquad \angle G(\text{j}\omega)=\arctan(\tau\omega)$$

一阶微分环节的幅相频率特性只是将纯微分环节的幅相频率特性曲线右移 1,如图 3.9 所示.

6. 振荡环节

振荡环节的频率特性为

$$G(\text{j}\omega)=\frac{1}{T^2(\text{j}\omega)^2+2T\zeta(\text{j}\omega)+1}$$

其幅频和相频特性分别为

$$|G(\text{j}\omega)|=\frac{1}{\sqrt{(1-T^2\omega^2)^2+(2\zeta\omega T)^2}},\qquad \angle G(\text{j}\omega)=\arctan\left(\frac{-2\zeta T\omega}{1-T^2\omega^2}\right)$$

幅相频率特性的低频和高频部分分别为

$$\omega=0 \text{ 时}, \quad G(\text{j}\omega)=1\angle 0°;$$
$$\omega=\infty \text{ 时}, \quad G(\text{j}\omega)=0\angle -180°.$$

如图 3.10 所示,当频率 ω 从 0 变化到 ∞ 时,振荡环节的幅相频率特性从 $1\angle 0°$ 开始到 $0\angle -180°$ 结束,并与负实轴相切.

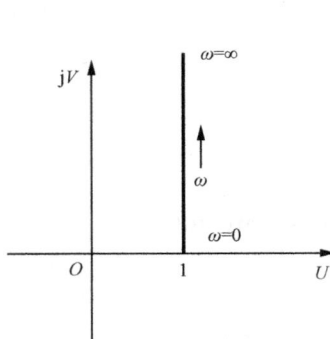

图 3.9 一阶微分环节的幅相频率特性

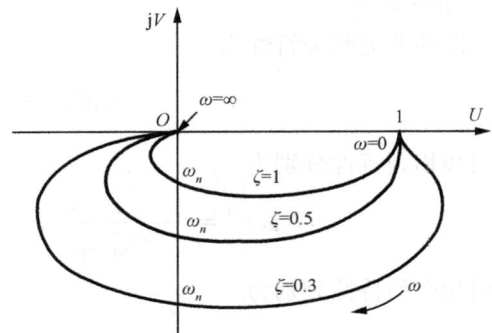

图 3.10 振荡环节的幅相频率特性

当 $\omega = \dfrac{1}{T} = \omega_n$ 时,得

$$G(\mathrm{j}\omega) = -\mathrm{j}\frac{1}{2\zeta}$$

即 $G(\mathrm{j}\omega)$ 与负虚轴交点的频率即为无阻尼自然频率 ω_n.

在阻尼比 ζ 较小时,$G(\mathrm{j}\omega)$ 将随 ω 变化而出现峰值. 此时所对应的频率称为谐振频率 ω_r,其大小可由

$$\frac{\mathrm{d}\mid G(\mathrm{j}\omega)\mid}{\mathrm{d}\omega} = 0$$

求出,即

$$\omega_r = \omega_n \sqrt{1 - 2\zeta^2}$$

在 $\omega = \omega_r$ 处出现的峰值称为谐振峰值 M_r,此时

$$M_r = \mid G(\mathrm{j}\omega_r)\mid = \frac{1}{2\zeta \sqrt{1 - \zeta^2}}$$

7. 二阶微分环节

二阶微分环节的频率特性为

$$G(\mathrm{j}\omega) = \tau^2(\mathrm{j}\omega)^2 + 2\tau\zeta(\mathrm{j}\omega) + 1$$

其幅频和相频特性分别为

$$\mid G(\mathrm{j}\omega)\mid = \sqrt{(1 - \tau^2\omega^2)^2 + 4\tau^2\zeta^2\omega^2}$$

$$\angle G(\mathrm{j}\omega) = \arctan\left(\frac{2\tau\zeta\omega}{1 - \tau^2\omega^2}\right)$$

当 $\omega = 0$ 时, $G(\mathrm{j}\omega) = 1\angle 0°$;

当 $\omega = 1/\tau$ 时, $G(\mathrm{j}\omega) = \mathrm{j}2\zeta$;

当 $\omega = \infty$ 时, $G(\mathrm{j}\omega) = \infty\angle 180°$.

如图 3.11 所示,当频率 ω 从 0 变化到 ∞ 时,振荡环节的幅相频率特性从 $1\angle 0°$ 开始,由第一象限变化到第二象限,并向实轴的负端无限延伸.

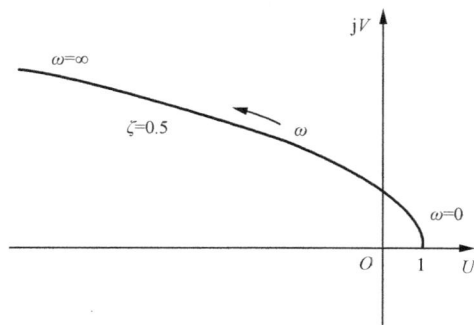

图 3.11 二阶微分环节的幅相频率特性

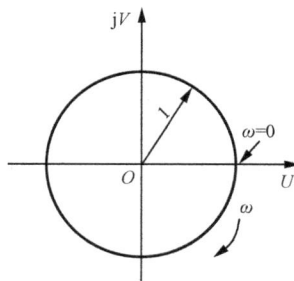

图 3.12 延滞环节的幅相频率特性

8. 延滞环节

延滞环节的频率特性为

$$G(j\omega) = e^{-j\omega\tau}$$

其幅频和相频特性分别为

$$|G(j\omega)| = 1, \qquad \angle G(j\omega) = -\omega\tau$$

因为 $G(j\omega)$ 的幅值总为 1，而相角与 ω 呈线性变化. 所以延滞环节的幅相频率特性是一单位圆，如图 3.12 所示.

3.2.2 系统的开环幅相频率特性

系统的开环传递函数可以表示为若干典型环节的串联形式

$$G(s)H(s) = G_1(s)G_2(s)\cdots G_n(s)$$

对应有系统的开环频率特性

$$G(j\omega)H(j\omega) = A_1(\omega)e^{j\varphi_1(\omega)}A_2(\omega)e^{j\varphi_2(\omega)}\cdots A_n(\omega)e^{j\varphi_n(\omega)}$$

可以得到对应的开环幅频特性和开环相频特性

$$A(\omega) = A_1(\omega)A_2(\omega)\cdots A_n(\omega)$$

$$\varphi(\omega) = \varphi_1(\omega) + \varphi_2(\omega) + \cdots + \varphi_n(\omega) \tag{3.5}$$

可见，系统的开环幅频特性等于组成开环系统的各典型环节的幅频特性之乘积；开环相频特性等于组成开环系统的各典型环节的相频特性的代数和. 有了各 ω 值下的幅值和相角的数据，系统的开环幅相频率特性曲线即可绘出了.

图 3.13 给出了一些常见系统的幅相频率特性曲线. 由图 3.13 中的极坐标图的形状可以看出：

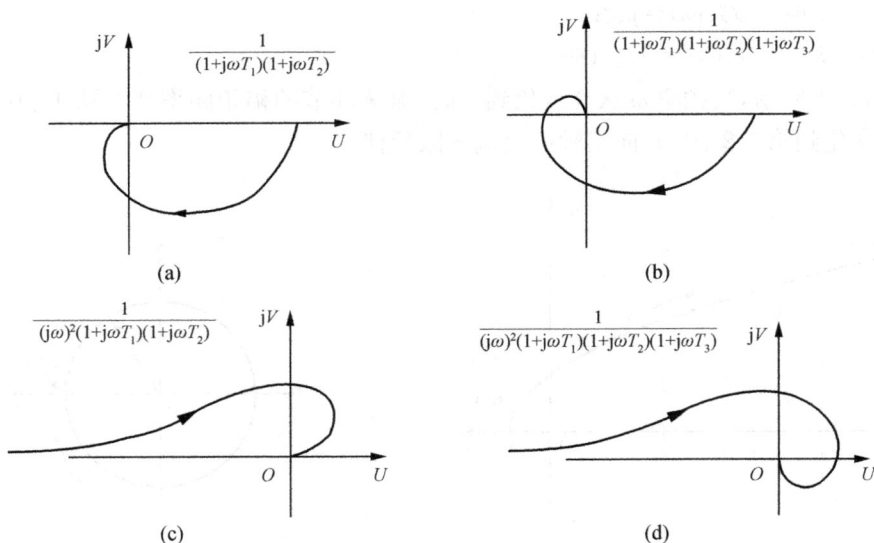

(a) (b) (c) (d)

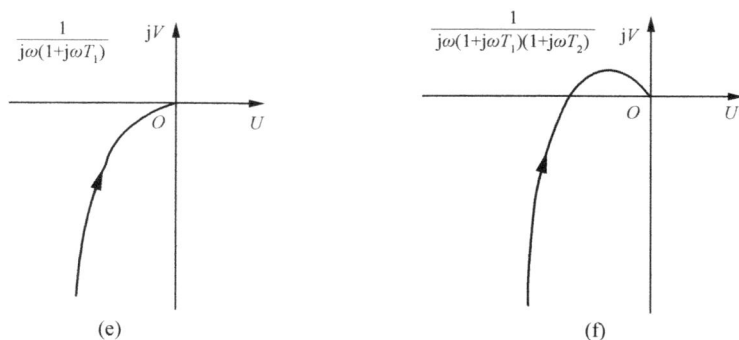

图 3.13　常见系统幅相频率特性

（1）传递函数中每增加一个非零极点，当 $\omega \to +\infty$ 时，将使极坐标图的相角多转 $-90°$；

（2）传递函数中每增加零极点，则在频率为零和 $+\infty$ 时极坐标图的相角都多转 $-90°$；

（3）传递函数中每增加一个零点，使极坐标图的相角在高频部分反时针旋转 $90°$.

例 3.1　绘制图 3.14(a)中系统的开环 Nyquist 图.

解　系统开环传递函数

$$G(s)=\frac{K}{s(s+a)}\mathrm{e}^{-2\pi \tau s}$$

对应有

$$A(\omega)=\frac{K}{\omega \sqrt{\omega^2+a^2}}$$

$$\varphi(\omega)=-90°-\arctan\left(\frac{\omega}{a}\right)-2\pi\tau\omega$$

系统中的延滞环节在幅频函数中不起作用，但在相位函数中延滞环节使得相位不断地减小，最终开环 Nyquist 图如图 3.14(b)所示.

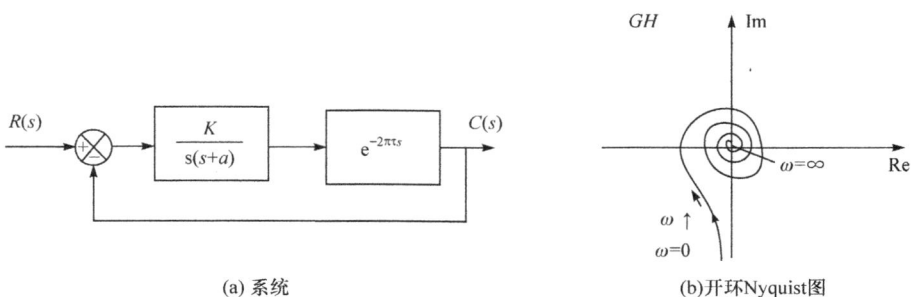

图 3.14　系统及其开环 Nyquist 图

综上所述，幅相频率特性能显示 $G(\mathrm{j}\omega)$ 矢端轨迹上的频率分布，在一张图上描绘出了整个频率域的特性，这给分析系统的动态特性带来了方便. 其中一个重要方面就是为研究系统稳定性判据提供了基础. 幅相频率特性图的缺点在于不能明确地表示出系统是由哪些环节组成的，以及各环节所起的作用；再就是当系统由多个环节组成时，绘制图形比较烦琐，然而利用已有的控制程序软件包提供的或自己编制的程序软件来绘制却是很方便的.

3.3 对数频率特性

3.3.1 伯德图及其坐标

设系统的频率特性可表示为

$$G(j\omega) = |G(j\omega)| e^{j\varphi(\omega)}$$

取自然对数,得

$$\ln G(j\omega) = \ln |G(j\omega)| + j\varphi(\omega)$$

实部 $\ln|G(j\omega)|$ 是频率特性模的对数,虚部是频率特性的幅角.用这种方法表示的频率特性包含两条曲线:一是 $\ln|G(j\omega)|$ 与 ω 之间关系曲线,称对数幅频特性;二是 $\varphi(\omega)$ 与 ω 之间关系曲线,称对数相频特性;两组曲线组成了伯德图.

在实际应用中,我们往往不是用自然对数来表达对数幅频特性,而是采用以 10 为底的对数并用分贝来表示,即

$$L(\omega) = 20\lg |G(j\omega)|$$

如图 3.15 所示,在伯德图中,幅值的单位是分贝,以"dB"(decibel)表示,相角的单位是度.幅值和相角的坐标均采用线性划分,频率采用对数划分,画在半对数坐标纸上.为了方便起见,频率一般只标注 ω 的自然数值.

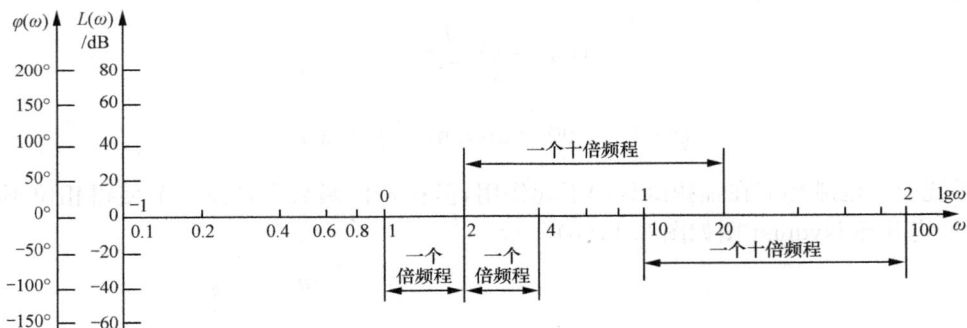

图 3.15 伯德图的坐标

在频率坐标轴上任取两点使其满足 $\dfrac{\omega_2}{\omega_1}=10$,则 $\lg\dfrac{\omega_2}{\omega_1}=1$.因此,不论起点如何,只要角频率变化 10 倍,在横轴上线段长均等于一个单位,称为一个十倍频程,以"dec"(decade)表示.当频率变化一倍时,即频率变化了一个倍频程,并以"oct"(octave)表示.相当于在频率轴上变化了 $\lg\dfrac{\omega_2}{\omega_1}=\lg 2=0.301$ 个单位.

3.3.2 典型环节的伯德图

1. 放大环节

放大环节的频率特性为

$$G(j\omega) = K$$

故其对数幅频特性和相频特性为
$$L(\omega) = 20\lg K, \qquad \varphi(\omega) = 0°$$
放大环节的伯德图如图 3.16 所示,由图可见,放大环节的对数幅频特性的幅值为等于 $20\lg K$(dB)的一条水平直线. 相角为零,与频率无关.

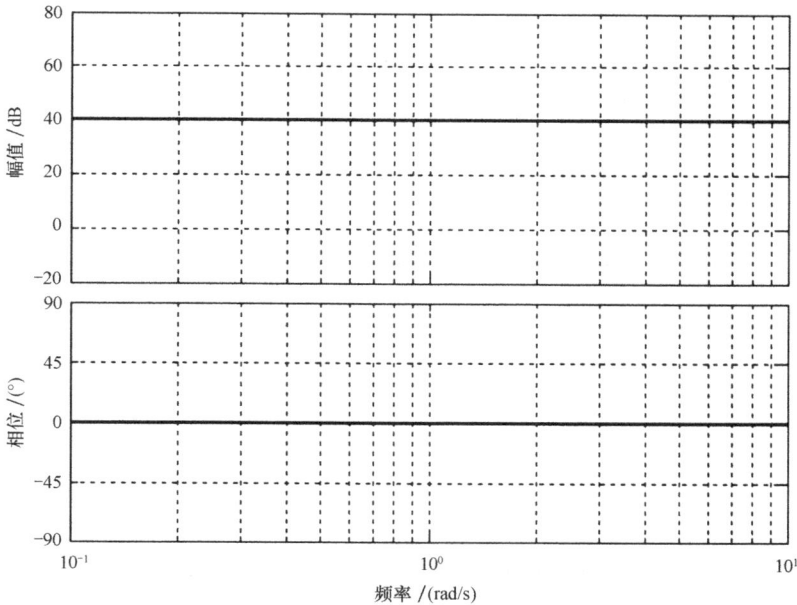

图 3.16 放大环节的伯德图($G(\mathrm{j}\omega) = 100$)

当 $K > 1$ 时,其分贝数为正. $K < 1$ 时,其分贝数为负. 改变传递函数中的增益 K,可使幅频曲线向上(K 增大)或向下(K 减小)移动,但特性曲线的形状保持不变. 因为增益的变化并不影响相频特性,故相频曲线无变化. 下面讨论其他环节的伯德图时,往往假设 $K = 1$.

2. 积分环节

积分环节的频率特性可表示为
$$G(\mathrm{j}\omega) = \frac{1}{\mathrm{j}\omega} = \frac{1}{\omega}\mathrm{e}^{-\mathrm{j}\frac{\pi}{2}}$$
其对应的对数幅频特性和相频特性为
$$L(\omega) = -20\lg\omega, \qquad \varphi(\omega) = -90°$$
积分环节的伯德图表示于图 3.17 中. 可以看出,积分环节的幅频特性是一条斜率为每十倍频程衰减 -20dB 的直线(记为 -20dB/dec),且与零分贝线相交于 $\omega = 1$ 这一点,即
$$L(\omega)\big|_{\omega=1} = -20\lg\omega\big|_{\omega=1} = 0$$
积分环节的相频特性为 $-90°$ 的水平直线,与频率 ω 无关.

3. 纯微分环节

纯微分环节的频率特性为
$$G(\mathrm{j}\omega) = \mathrm{j}\omega = \omega\mathrm{e}^{\mathrm{j}\frac{\pi}{2}}$$
其对数频率特性为
$$L(\omega) = 20\lg\omega, \qquad \varphi(\omega) = 90°$$

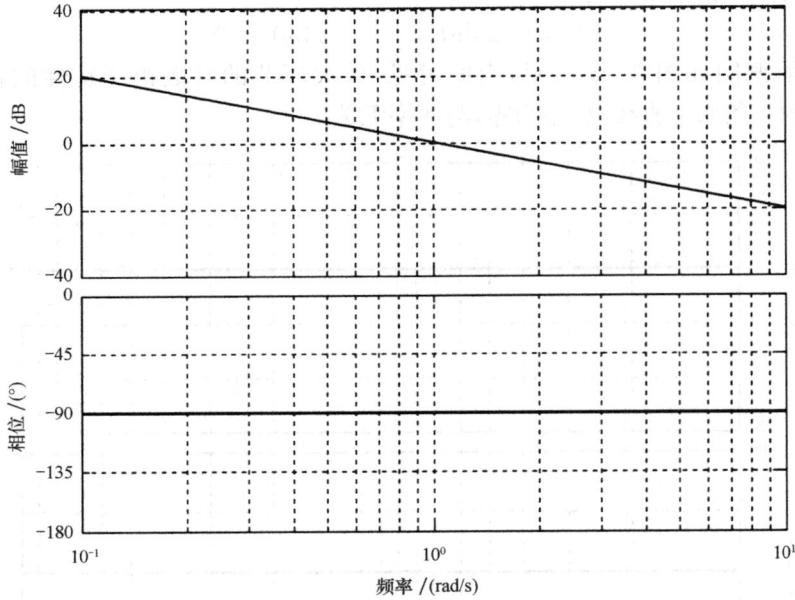

图 3.17 积分环节的伯德图

显然,$j\omega$ 和 $1/(j\omega)$ 的频率特性不同之处在于对数幅频特性曲线的斜率和相角都相差一个符号,如图 3.18 所示,微分环节的对数幅频特性是一条与零分贝线交于 $\omega=1$,斜率为 $+20\text{dB/dec}$ 的直线. 而相频特性为 $\varphi(\omega)=90°$ 的一条水平线.

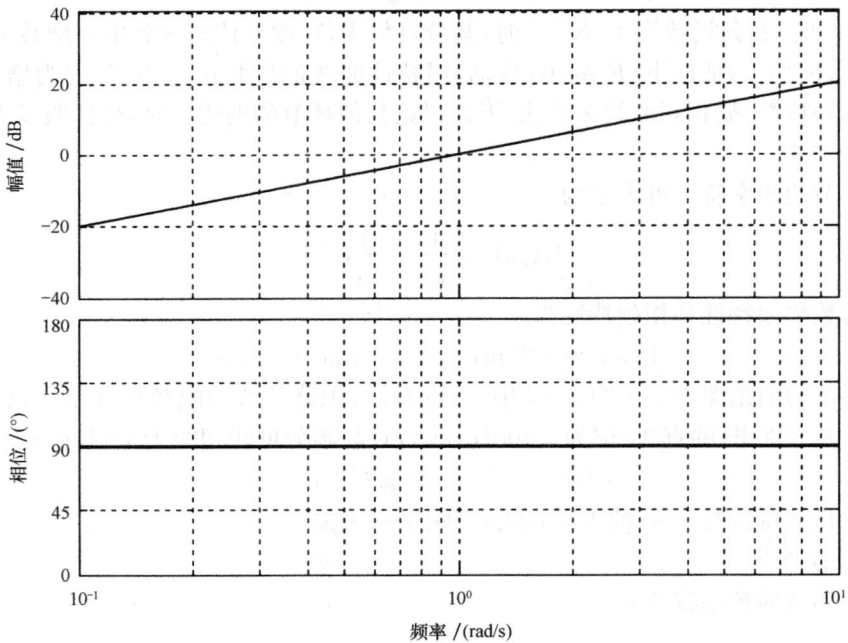

图 3.18 微分环节的伯德图

4. 惯性环节

惯性环节的频率特性为

$$G(j\omega) = \frac{1}{jT\omega + 1}$$

惯性环节的对数幅频特性和对数相频特性表达式为

$$L(\omega) = -20\lg \sqrt{T^2\omega^2 + 1}, \qquad \varphi(\omega) = -\arctan(T\omega)$$

惯性环节的伯德图见图 3.19,惯性环节对数幅频特性可近似地用两段渐近线(图 3.19 中虚线)来表示.

(1) 在低频段($\omega \ll 1/T$)时,$L(\omega) = -20\lg \sqrt{T^2\omega^2 + 1} \approx 0$,是一个幅值等于 0dB 的水平线;

(2) 在高频段($\omega \gg 1/T$)时,$L(\omega) = -20\lg\omega T$,是一条斜率为 -20dB/dec 的直线.

两条渐近线相交之处的频率 $\omega = 1/T$ 称为转角频率.

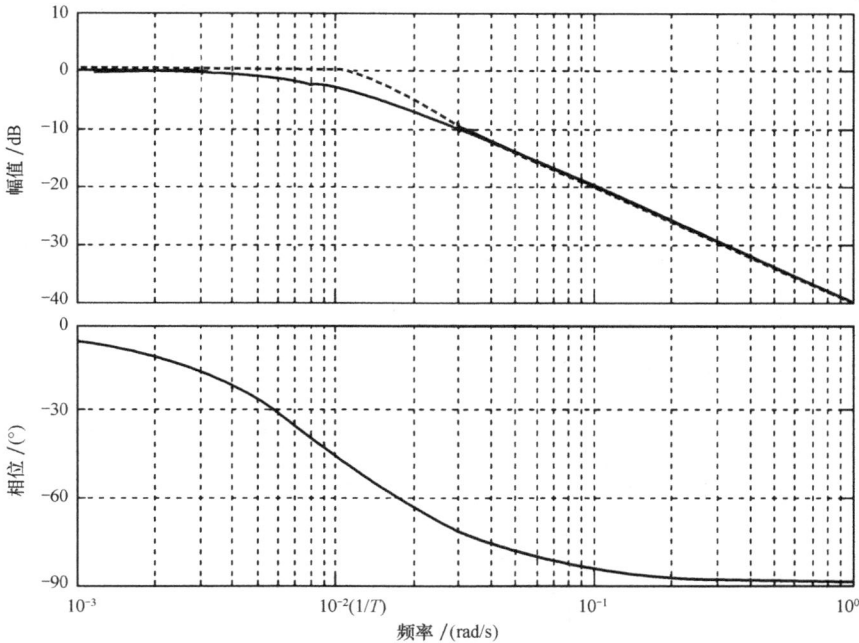

图 3.19　惯性环节的伯德图 $\left(G(j\omega) = \dfrac{1}{j100\omega + 1}\right)$

对于初步设计阶段,利用渐近线画出的伯德图已足够了.如果精确度要求比较高,对渐近线必须加以修正.由图 3.19 知,由于采用渐近线而在幅值上产生的最大误差发生在转角频率 $\omega = 1/T$ 处,并近似为

$$-20\lg \sqrt{T^2 \cdot \left(\frac{1}{T}\right)^2 + 1} = -3.03\text{dB}$$

在低于或高于转角频率一倍频程处,即 $\omega = 1/2T$ 和 $\omega = 2/T$ 处,其误差均为 -0.97dB;在低于或高于转角频率十倍频程处的误差近似等于 -0.04dB. 于是较精确的频率特性曲线可以这样绘制:在转角频率处画一个低于渐近线 3dB 的点,在低于或高于转角频率一倍频

程处画一个低于渐近线 1dB 的点,然后以一条光滑曲线连起来,就可获得较精确的对数幅频特性曲线.

惯性环节的对数相频特性由于相角是反正切函数,所以对 $\varphi(\omega)=-45°$ 弯点是斜对称的.

当 $\omega=0$ 时, $\varphi(\omega)=0°$;

当 $\omega=1/T$ 时, $\varphi(\omega)=-\arctan(1)=-45°$;

当 $\omega\to\infty$ 时, $\varphi(\omega)=-90°$.

5. 一阶微分环节

一阶微分环节的频率特性为

$$G(j\omega)=j\tau\omega+1$$

其对数幅频特性和相频特性分别为

$$L(\omega)=20\lg\sqrt{\tau^2\omega^2+1}, \qquad \varphi(\omega)=\arctan(\tau\omega)$$

一阶微分环节伯德图如图 3.20 所示.一阶微分环节与惯性环节只相差一个符号.故其对数幅频特性曲线在 $\omega<1/\tau$ 时是一条零分贝线;在 $\omega>1/\tau$ 时是一条斜率为 $+20\text{dB/dec}$ 的直线.它们交点处的转角频率为 $\omega=1/\tau$.

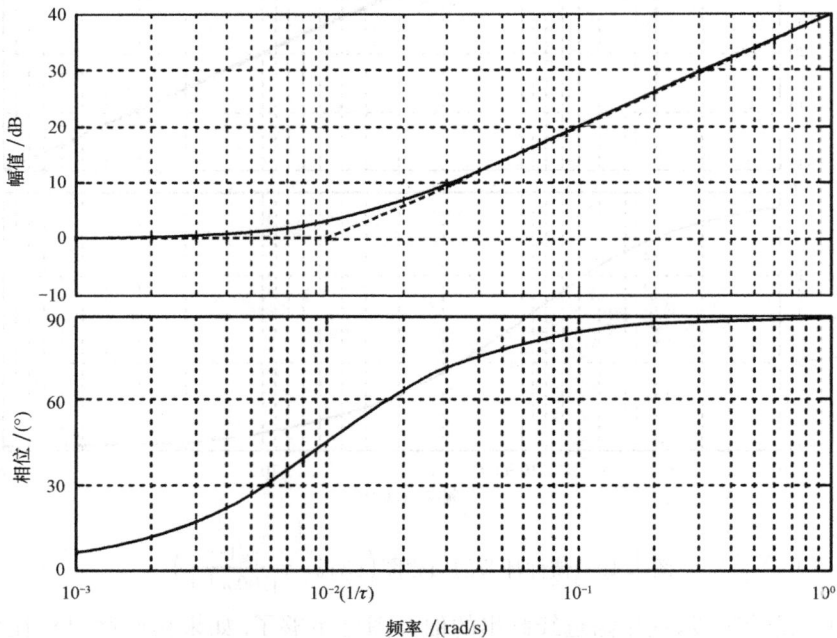

图 3.20 一阶微分环节伯德图($G(j\omega)=j100\omega+1$)

6. 振荡环节

振荡环节的频率特性为

$$G(j\omega)=\frac{1}{T^2(j\omega)^2+2T\zeta(j\omega)+1}$$

其对数幅频特性和对数相频特性分别为

$$L(\omega) = -20\lg\sqrt{(1-T^2\omega^2)^2+(2\zeta T\omega)^2}, \quad \varphi(\omega) = -\arctan\left(\frac{2\zeta T\omega}{1-T^2\omega^2}\right)$$

由上式可以看出:振荡环节的对数幅频特性 $L(\omega)$ 和相频特性 $\varphi(\omega)$ 不仅与 ω 有关,还与阻尼比 ζ 有关.在不考虑 ζ 的情况下,有

在低频段,当 $\omega T \ll 1$ 时,$L(\omega) \approx 0$;

在高频段,当 $\omega T \gg 1$ 时,$L(\omega) \approx -20\lg(\omega T)^2 = -40\lg\omega T$.

故振荡环节对数幅频特性可以由这样两条渐近线近似表示:

当 $\omega T \ll 1$ 时,是一条零分贝的水平线;

当 $\omega T \gg 1$ 时,是一条斜率为每增加十倍频程下降 40dB 的直线,记为 -40dB/dec.

两条渐近线相交于 $\omega = 1/T = \omega_n$,所以无阻尼自然频率 ω_n 即为振荡环节的转角频率.

上面两条渐近线都没有考虑阻尼比 ζ.然而,当频率接近于 $\omega = 1/T$ 时,将产生谐振峰值.阻尼比 ζ 的大小就确定了谐振峰值的幅值.很明显,用渐近线来表示时,必然产生误差,误差大小与 ζ 值有关.图 3.21 即为具有不同 ζ 值时的伯德图.如果需要绘出精确曲线,则可求出足够多频率点的修正值(表 3.1)对渐近线加以修正.

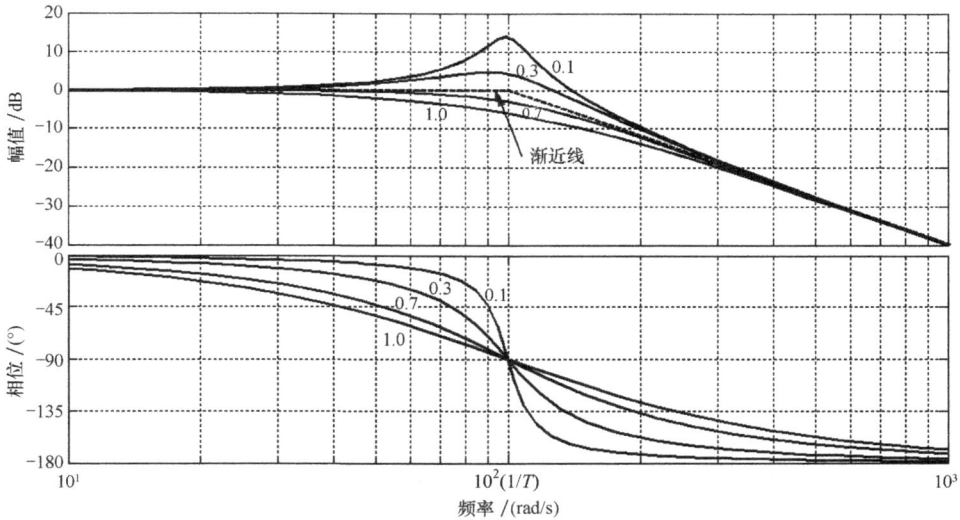

图 3.21 振荡环节的伯德图(所标数字为对应的 ζ 值)

表 3.1 振荡环节幅值比修正量

ζ \ ωT	0.1	0.2	0.4	0.6	0.8	1	1.25	1.66	2.5	5	10
0.1	0.086	0.348	1.48	3.728	8.094	13.98	8.094	3.728	1.48	0.348	0.086
0.2	0.08	0.325	1.36	3.305	6.345	7.96	6.345	3.305	1.36	0.325	0.08
0.3	0.071	0.292	1.179	2.681	4.439	4.439	4.439	2.681	1.179	0.292	0.071
0.5	0.044	0.17	0.627	1.137	1.137	0.00	1.137	1.137	0.627	0.17	0.044
0.7	0.001	0.00	−0.08	−0.473	−1.41	−2.92	−1.41	−0.473	−0.08	0.00	0.001
1.0	−0.086	−0.34	−1.29	−2.76	−4.296	−6.20	−4.296	−2.76	−1.29	−0.34	−0.086

$\varphi(\omega)$ 是 ω 和 ζ 的函数.当 $\omega = 0$ 时,$\varphi(\omega) = 0°$;当 $\omega = 1/T$ 时,$\varphi(\omega) = -\arctan(2\zeta/0) =$

$-90°$,即不管 ζ 值的大小,相角 $\varphi(\omega)$ 都等于 $-90°$;当 $\omega = \infty$ 时,$\varphi(\omega) = -180°$,相角曲线对 $\varphi(\omega) = -90°$ 的弯曲点是斜对称的. 不同 ζ 值时的 $\varphi(\omega)$ 值可根据图 3.21 或表 3.2 求出.

表 3.2　振荡环节的相频特性 $\varphi(\omega)$

ζ ＼ ωT	0.1	0.2	0.5	1	2	5	10
0.1	$-1.2°$	$-2.4°$	$-7.6°$	$-90°$	$-172.4°$	$-177.6°$	$-178.8°$
0.2	$-2.3°$	$-4.8°$	$-14.9°$	$-90°$	$-165.1°$	$-175.2°$	$-177.7°$
0.3	$-3.5°$	$-7.1°$	$-21.8°$	$-90°$	$-158.2°$	$-172.9°$	$-176.5°$
0.5	$-5.8°$	$-11.8°$	$-33.7°$	$-90°$	$-146.3°$	$-168.2°$	$-174.2°$
0.7	$-8.1°$	$-16.3°$	$-43.0°$	$-90°$	$-137.0°$	$-163.7°$	$-171.9°$
1	$-11.4°$	$-22.6°$	$-53.1°$	$-90°$	$-126.9°$	$-157.4°$	$-168.6°$

7. 二阶微分环节

二阶微分环节的频率特性为

$$G(j\omega) = \tau^2 (j\omega)^2 + 2\tau\zeta(j\omega) + 1$$

二阶微分环节的对数幅频特性和相频特性为

$$L(\omega) = 20\lg \sqrt{(1 - \tau^2\omega^2)^2 + (2\zeta\tau\omega)^2}, \qquad \varphi(\omega) = \arctan\left(\frac{2\zeta\tau\omega}{1 - \tau^2\omega^2}\right)$$

二阶微分环节和振荡环节的对数幅频特性和对数相频特性不同之处也仅相差一个符号. 因此绘制二阶微分环节的伯德图时,可以利用图 3.21 的曲线和表 3.1 的修正值,但注意相差一个符号.

8. 延滞环节

延滞环节的频率特性为

$$G(j\omega) = e^{-j\omega\tau}$$

对应的对数幅频特性和相频特性为

$$L(\omega) = 20\lg |G(j\omega)| = 0, \qquad \varphi(\omega) = -\omega\tau(\text{rad}) = -57.3°\omega\tau$$

可见延滞环节的对数幅频特性为零分贝线,而相角与频率 ω 呈线性变化.

3.3.3　系统的开环伯德图

系统的开环传递函数可以表示为若干典型环节的串联形式

$$G(s)H(s) = G_1(s)G_2(s)\cdots G_n(s)$$

可求得它的对数幅频特性 $L(\omega)$ 和对数相频特性 $\varphi(\omega)$

$$L(\omega) = 20\lg A(\omega) = 20\lg A_1(\omega) + 20\lg A_2(\omega) + \cdots + 20\lg A_n(\omega)$$

$$\varphi(\omega) = \varphi_1(\omega) + \varphi_2(\omega) + \cdots + \varphi_n(\omega)$$

即系统的开环对数幅频特性 $L(\omega)$ 可以用各典型环节的对数幅频特性的纵坐标值相加的办法得到;而系统的开环相频特性 $\varphi(\omega)$ 同样可以用各典型环节的相频特性相加的方法来得到.

例 3.2　绘制系统的开环伯德图,其中系统的开环频率特性为

$$G(j\omega)H(j\omega) = \frac{10(j\omega + 3)}{(j\omega)(j\omega + 2)\big[(j\omega)^2 + j\omega + 2\big]}$$

解　为了避免在绘制对数幅值曲线的过程中出现差错,将 $G(\mathrm{j}\omega)H(\mathrm{j}\omega)$ 改写成标准形式:

$$G(\mathrm{j}\omega)H(\mathrm{j}\omega) = \frac{7.5\left(\dfrac{\mathrm{j}\omega}{3}+1\right)}{(\mathrm{j}\omega)\left(\dfrac{\mathrm{j}\omega}{2}+1\right)\left[\dfrac{(\mathrm{j}\omega)^2}{2}+\dfrac{\mathrm{j}\omega}{2}+1\right]}$$

首先绘制它的近似曲线. 由上式知该开环系统是由下列环节串联组成的:

放大环节:7.5;

积分环节:$(\mathrm{j}\omega)^{-1}$;

振荡环节:$\left[\dfrac{(\mathrm{j}\omega)^2}{2}+\dfrac{\mathrm{j}\omega}{2}+1\right]^{-1}$,其转角频率 $\omega_1=\sqrt{2}$;

惯性环节:$\left(\dfrac{\mathrm{j}\omega}{2}+1\right)^{-1}$,转角频率 $\omega_2=2$;

一阶微分环节:$\left(\dfrac{\mathrm{j}\omega}{3}+1\right)$,转角频率 $\omega_3=3$.

转角频率 ω_1、ω_2、ω_3 在横坐标上标出,见图 3.22. 并求出系统的开环对数幅频特性

$$L(\omega) = 20\lg 7.5 - 20\lg\omega - 20\lg\sqrt{1+\left(\frac{\omega}{2}\right)^2} + 20\lg\sqrt{1+\left(\frac{\omega}{3}\right)^2}$$

$$-20\lg\sqrt{\left(1-\frac{\omega^2}{2}\right)^2+\left(\frac{\omega}{2}\right)^2}$$

在低频段,当 $\omega\ll\omega_1=\sqrt{2}$ 时

$$L(\omega) = 20\lg 7.5 - 20\lg\omega$$

令 $\omega=1$,则有

$$L(\omega) = 20\lg 7.5$$

即在横坐标轴 $\omega=1$ 处,垂直向上取 $20\lg 7.5$ 得到的一点就是近似曲线要穿过的点. 积分环节对数幅频特性的斜率是每十倍频程衰减 $-20\mathrm{dB}$,所以可以经过上述一点绘制斜率为 $-20\mathrm{dB/dec}$ 的直线. 这段曲线称为低频渐近线. 将低频渐近线延长至 $\omega_1=\sqrt{2}$,此后由于振荡环节的影响,在 ω_1 处,系统的渐近线经叠加后变为 $-60\mathrm{dB/dec}$. 该线一直延长到下一个转角频率 $\omega_2=2$ 处. 在这以后,由于惯性环节的对数幅频特性的斜率是 $-20\mathrm{dB/dec}$,所以在 ω_2 处系统的幅频特性斜率变为 $-80\mathrm{dB/dec}$,一直延长到转角频率 $\omega_3=3$ 处. 在这以后,由于微分环节的幅频特性为 $+20\mathrm{dB/dec}$,故从 ω_3 起系统幅频特性斜率又变为 $-60\mathrm{dB/dec}$. 最后,就得到了系统近似的对数幅频特性曲线,见图 3.22 中实线.

有些时候,为了得到精确的结果,要对上述近似曲线加以修正. 图 3.22 中以虚线表示的就是 $G(\mathrm{j}\omega)H(\mathrm{j}\omega)$ 的精确对数幅频特性曲线.

为了绘制系统的相频特性曲线,必须先画出所有环节的相频特性,如图 3.22 所示. 图中 $\varphi_1(\omega)$、$\varphi_2(\omega)$ 分别为放大环节和积分环节的相频特性,$\varphi_3(\omega)$ 为振荡环节的相频特性,$\varphi_4(\omega)$ 和 $\varphi_5(\omega)$ 各为惯性环节和一阶微分环节的相频特性. 然后将它们的相角在对应相同的频率下代数相加,这样就画出了系统完整的相频特性曲线 $\varphi(\omega)$.

上面讨论的是系统开环传递函数中只包含一个积分环节的伯德图的画法. 如果系统开

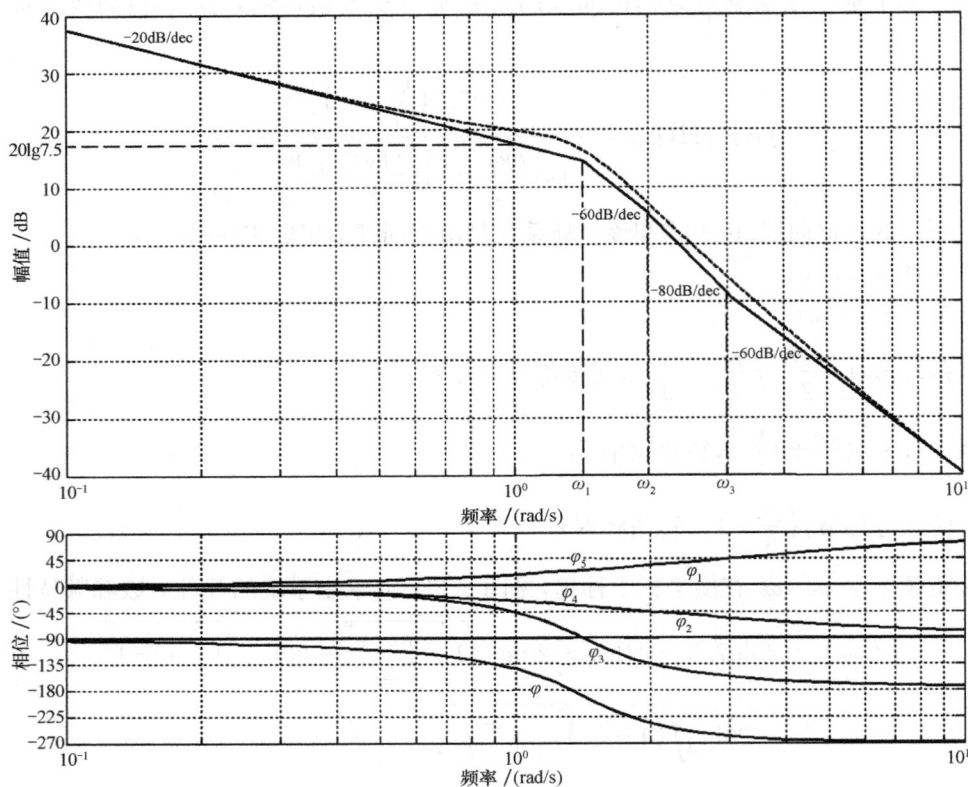

图 3.22 系统伯德图的绘制

环传递函数 $G(j\omega)$ $H(j\omega)$ 包含两个积分环节,则不难看出,低频渐近线是一条斜率为 -40dB/dec 的直线.当系统开环传递函数不含积分环节的时候,低频渐近线是一条平行于横轴,且离开横轴 $20\lg K$ 的水平线.

综上所述,绘制单回路系统的开环伯德图的步骤如下:

(1) 把系统开环传递函数化为标准形式,即化为典型环节的传递函数乘积,分析它的组成环节;

(2) 选定坐标轴的比例尺;

(3) 求出转角频率,由小到大为 $\omega_1,\omega_2,\omega_3,\cdots$,并把它们沿频率轴标出;

(4) 画出对数幅频特性 $L(\omega)$ 的低频段渐近线.这条渐近线在 $\omega<\omega_1$ 时是一条斜率为每十倍频程 $-20\nu\text{dB}$ 的直线.其中 $\nu(\nu=0,1,2,\cdots)$ 为系统包含积分环节的个数.在 $\omega=1$ 时,渐近线纵坐标为 $20\lg K$;

(5) 在每个转角频率处改变渐近线的斜率.如果是惯性环节,斜率改变为每十倍频程 -20dB;如果是振荡环节,每十倍频程则改变 -40dB;如果是一阶微分环节,则为每十倍频程改变 $+20\text{dB}$;而二阶微分环节为每十倍频程改变 $+40\text{dB}$;

(6) 对渐近线进行修正,画出精确的对数幅频特性曲线;

(7) 画出每一个环节的对数相频特性曲线,然后把所有的相频特性在相同的频率下相加,即得到系统的开环相频特性曲线.

3.3.4 最小相位系统

最小相位环节指与其对应的具有相同幅频特性的环节中,相频特性的绝对值最小的环节.如图 3.23 所示,最小相位环节的极点和零点均位于 s 左半平面.

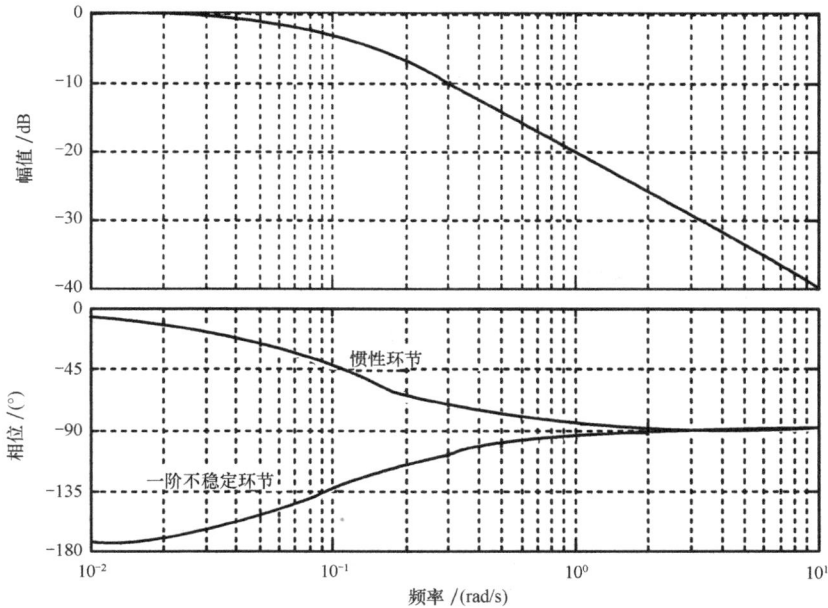

（a）惯性环节 $G(s) = \dfrac{1}{10s+1}$ 与一阶不稳定环节 $G(s) = \dfrac{1}{10s-1}$

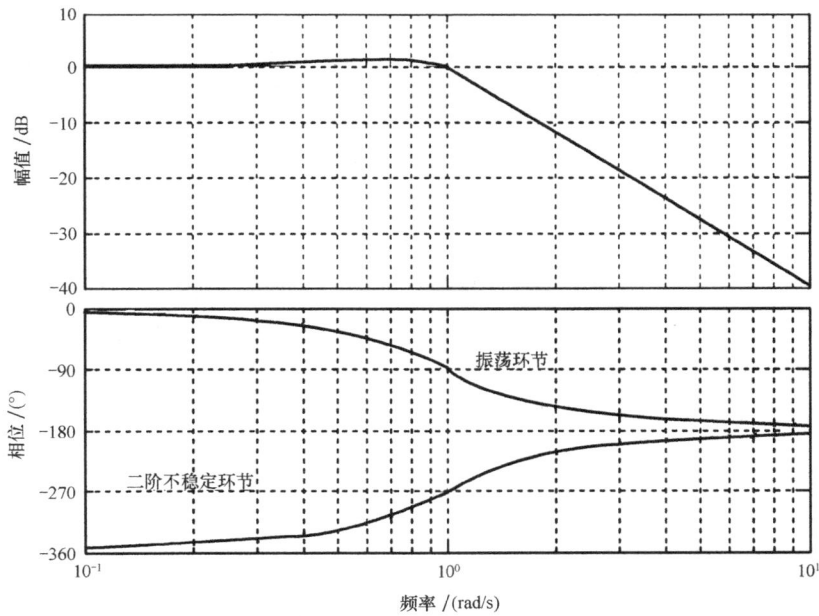

（b）振荡环节 $G(s) = \dfrac{1}{s^2+s+1}$ 与二阶不稳定环节 $G(s) = \dfrac{1}{s^2-s+1}$

图 3.23 最小相位环节

在复平面 s 右半面上没有零点和极点的系统称为最小相位系统;反之,为非最小相位系统.具有相同幅频特性的系统,最小相位系统的相角变化范围是最小的.

如两个系统的传递函数分别为

$$G_a(s) = \frac{1+T_1s}{1+T_2s}$$

$$G_b(s) = \frac{1-T_1s}{1+T_2s}$$

式中,$0<T_1<T_2$.

显然 $G_a(s)$ 属于最小相位系统,$G_b(s)$ 是非最小相位系统.这两个系统具有相同的幅频特性,但它们却有着不同的相频特性,如图 3.24 所示.

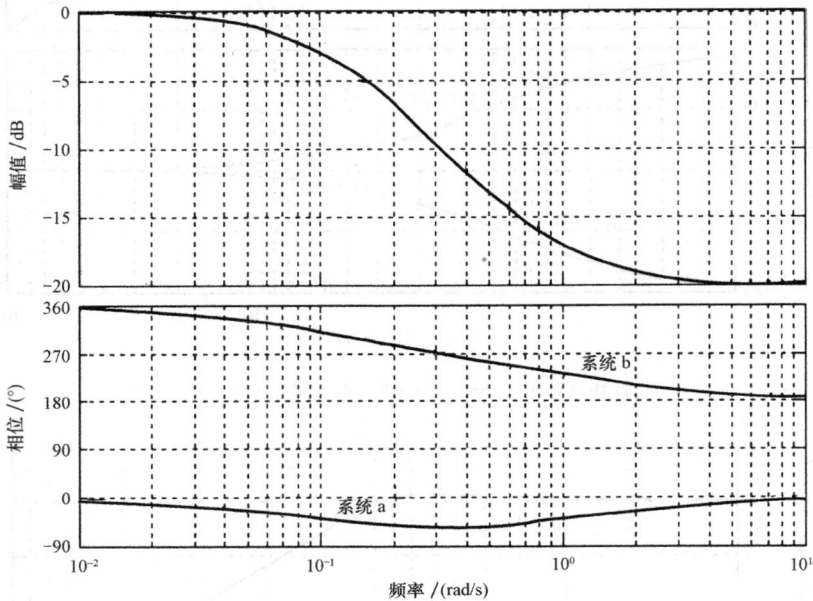

图 3.24　$G_a(s) = \dfrac{1+s}{1+10s}$ 和 $G_b(s) = \dfrac{1-s}{1+10s}$

对最小相位系统而言,幅频特性和相频特性之间具有唯一确定的单值对应关系.这就是说,如果系统的幅频特性曲线确定,那么相频特性曲线就唯一确定,反之亦然.然而对非最小相位系统来说却是不成立的.

如果 ω 趋于无穷大,幅频特性曲线的斜率和相角分别为

$$-20 \times (n-m) \text{dB/dec}$$

和

$$-90° \times (n-m)$$

n、m 分别为传递函数中分母、分子多项式的阶数,那么系统就是最小相位系统.因此是不是最小相位系统,可通过检查对数幅频特性曲线的高频渐近线的斜率及在高频时的相角来确定.

如例 3.2 所示系统中,分母、分子阶次分别为:$n=4$,$m=1$,对照图 3.22 所示幅频特性

和相频特性曲线,高频渐近线斜率为

$$-20 \times (n-m) = -60 \text{dB/dec}$$

$\omega = \infty$ 时,相角为

$$-90° \times (n-m) = -270°$$

可知例 3.2 所示系统为最小相位系统.

非最小相位系统多是系统含有延滞元件或传输的滞后以及小闭环不稳定等因素引起的,故起动性能差,响应慢.因此在要求响应比较快的伺服系统中总是尽量避免采用非最小相位系统.

3.4 闭环频率特性及其特征参数

3.4.1 闭环频率特性

反馈系统的闭环频率特性为

$$\Phi(j\omega) = \frac{G(j\omega)}{1 + G(j\omega)H(j\omega)}$$

式中,$G(j\omega)$ 为前向通道频率特性;$H(j\omega)$ 为反馈回路的频率特性.

可以看出获得闭环频率特性并非容易.而通常 $G(j\omega)H(j\omega)$ 是由一些典型环节组成的,系统开环频率特性是很容易获得的,因此以往广泛利用较易绘制的系统开环频率特性来求取系统闭环频率特性,如 M-N 圆图法和尼科尔斯图线法.现在则常采用 Matlab 等软件中的相关频率特性函数直接获取闭环频率特性曲线.

例 3.3 一个具有单位反馈系统的开环传递函数 $G(s) = \dfrac{11.7}{s(0.1s+1)(0.05s+1)}$,绘制其开环伯德图和闭环伯德图.

解 系统闭环递函数为

$$\Phi(s) = \frac{G(s)}{1+G(s)} = \frac{11.7}{0.005s^3 + 0.15s^2 + s + 11.7}$$

采用 Matlab 绘制开环和闭环伯德图,程序如下:

```
num_o= 11.7;  den_o= [0.005,0.15,1,0];  sys_o= tf(num_o,den_o);
num_c= 11.7; den_c= [0.005,0.15,1,11.7];  sys_c= tf(num_c,den_c);
bode(sys_o,sys_c); grid on;
```

运行结果如图 3.25 所示.

比较图中的系统开环和闭环伯德图可以看出:在低频段,闭环对数幅频特性与 0dB 线重合,这是因为当 $|G(j\omega)| \gg 1$ 时

$$\Phi(j\omega) = \frac{G(j\omega)}{1+G(j\omega)} \approx 1$$

而在高频段,闭环对数幅频特性基本上与开环对数频率特性重合,这是因为 $|G(j\omega)| \ll 1$ 时

$$\Phi(j\omega) = \frac{G(j\omega)}{1+G(j\omega)} \approx G(j\omega)$$

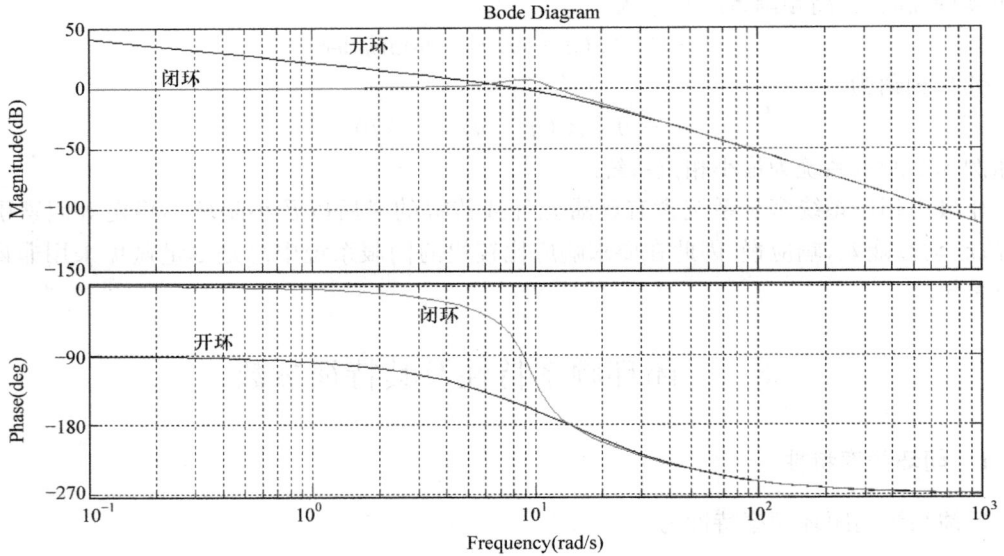

图 3.25　系统开环和闭环伯德图

这些特性有助于通过系统开环伯德图初步估计系统闭环频率特性. 我们常通过系统的开环频率特性,尤其是其中的重要特征来分析和设计控制系统,因此基于渐近线的开环频率特性图解法还是非常有用的.

3.4.2　系统频率特性的特征参数

系统幅频特性曲线的形状和特征参数,在很大程度上反映了系统的品质和性能,因而被用作频率法设计时的性能指标. 对于如图 3.26 所示闭环系统的幅频特性,主要有零频值 $M(0)$、谐振频率 ω_r、谐振峰值 M_r、截止频率 ω_b 和带宽.

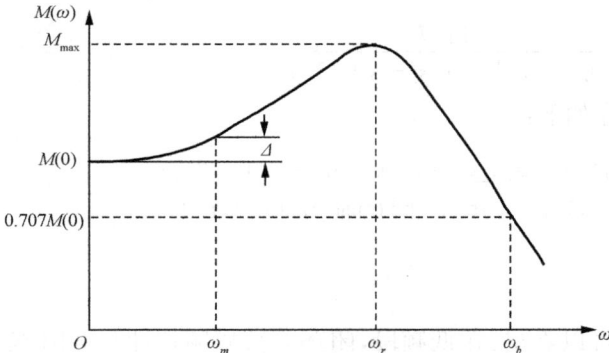

图 3.26　系统幅频特性指标定义

1. 零频值 $M(0)$

零频值 $M(0)$ 表示在频率趋近于零时,系统稳态输出与输入的比值.

对于单位反馈系统

$$\Phi(j\omega) = \frac{G(j\omega)}{1+G(j\omega)}$$

设

$$G(j\omega) = \frac{KG_0(j\omega)}{(j\omega)^\nu}$$

式中, $G_0(j\omega)$ 为不含积分环节和放大环节部分,ν 是开环频率特性中积分环节的个数.

当 $\nu=0$ 时,$M(0)=|\Phi(j0)|=\dfrac{K}{1+K}<1$;

当 $\nu \geqslant 1$ 时,$M(0)=|\Phi(j0)|=1.$

可见,$M(0)$反映了系统的稳态误差,$M(0)$越接近1,反映系统零频时输出越接近输入,稳态误差越小.

2. 复现精度和复现频率

若给定 Δ 为系统复现低频输入信号的允许误差,而系统复现低频输入信号的误差不超过 Δ 时的最高频率为 ω_m,则称 ω_m 为复现频率,$0\sim\omega_m$ 称为复现带宽.Δ 值越小,说明控制系统复现低频输入信号的准确度越高;ω_m 越大,意味着控制系统以规定的准确度复现输入信号的带宽越宽.

$M(0)$、ω_m 和 Δ 值决定于系统幅频特性低频段的形状,象征着系统的稳态性能.

3. 相对谐振峰值 M_r 和谐振频率 ω_r

相对谐振峰值 M_r 定义为绝对谐振峰值 $M_{\max}$ 与零频值 $M(0)$ 之比,即

$$M_r = \frac{M_{\max}}{M(0)}$$

对于标准二阶系统,即 $\Phi(\mathrm{j}\omega) = \dfrac{\omega_n^2}{(\mathrm{j}\omega)^2 + 2\zeta\omega_n(\mathrm{j}\omega) + \omega_n^2}$,由 $\dfrac{\mathrm{d}|\Phi(\mathrm{j}\omega)|}{\mathrm{d}\omega} = 0$ 得

$$\omega_r = \omega_n\sqrt{1-2\zeta^2}, \qquad M_r = \frac{1}{2\zeta\sqrt{1-\zeta^2}}$$

4. 系统截止频率 ω_b 与带宽

截止频率 ω_b 是指控制系统频率特性的幅值 $M(\omega)$ 下降到零频值 $M(0)$ 的 70.7% 时所对应的频率. 也就是对于 $M(0)=1$ 系统,当其对数幅频特性幅值下降为 $-3\mathrm{dB}$ 时的频率即为控制系统截止频率. 而频率 $0\sim\omega_b$ 范围称为控制系统带宽.

当输入信号的频率高于截止频率时,系统的输出急剧衰减,形成系统响应的截止状态. 因此,截止频率和带宽反映了系统响应的快速和滤波特性. 对于标准二阶系统,令

$$M(\omega_b) = \frac{M(0)}{\sqrt{2}}$$

即可求得其截止频率

$$\omega_b = \omega_n\sqrt{1 - 2\zeta^2 + \sqrt{2 - 4\zeta^2 + 4\zeta^4}}$$

3.5　数学模型的实验确定法

在分析和设计控制系统时,首先要建立系统的数学模型. 但是在很多情况下,由于实际对象的复杂性,完全从理论上推导出系统的数学模型往往是很困难的. 在对系统未知的情况下,可采用实验分析法来确定系统的数学模型,实现系统辨识.

系统辨识就是给系统施加一种激励信号,测量出系统的输入和输出响应,然后对输入、输出数据进行数学处理并获得系统的数学模型. 常用的激励信号有几种,数学处理方法也各有不同,本节介绍由伯德图进行频域系统辨识法. 即根据频率特性定义,用正弦信号作为激励信号求取实验频率特性,由实验频率特性的伯德图估计最小相位系统的传递函数.

3.5.1　由伯德图确定传递函数的实验方法

首先在可能涉及的频率范围内,测量出系统在足够多的频率点上的幅值和相角,并由测

得的实验数据画出系统的伯德图. 其次,在伯德图上,画出实验曲线的渐近线. 将各段渐近线组合起来就可构成整个系统的近似对数幅值曲线. 通过对一些转角频率的试算,通常可以得到比较满意的渐近线. 最后,由渐近线来确定系统的传递函数. 在确定时间常数时应注意,转角频率的单位应该化为 rad/s.

3.5.2 由伯德图确定系统的传递函数步骤

1. 系统环节的确定

画出实验曲线对数幅频特性的渐近线,且渐近线斜率必须是 $\pm 20 dB/dec$ 的倍数.

如果 ω_1 处,渐近线斜率变化了 $-20 dB/dec$,说明传递函数中包含一个惯性环节 $1 / \left[1 + \left(j \dfrac{\omega}{\omega_1} \right) \right]$.

如果 ω_2 处,斜率变化了 $-40 dB/dec$,则传递函数中必包含一个振荡环节 $1 / \left[\left(j \dfrac{\omega}{\omega_2} \right)^2 + 2\zeta \left(j \dfrac{\omega}{\omega_2} \right) + 1 \right]$,无阻尼自然频率就等于转角频率 ω_2,阻尼比 ζ 可以通过测量实验对数幅频特性在转角频率 ω_2 附近的谐振峰值来确定.

根据斜率的变化,按此方法就可将其他环节确定下来了.

2. 系统增益的确定

系统的增益可由实验对数幅频特性的低频渐近线来确定. 由于在 ω 趋于零这样低的频率上,即当 $\omega \ll \omega_1$ 时,有

$$L(\omega) = 20 \lg K - 20 \nu \lg \omega$$

式中,ν 为系统中积分环节个数,它直接影响低频渐近线的斜率. 通常工程系统中 ν 等于 0、1 或 2.

(1) $\nu = 0$ 时,有

$$L(\omega) = 20 \lg K$$

低频渐近线是一条高度为 $20 \lg K (dB)$ 的水平线. 故 K 值可由该水平渐近线的高度求出.

(2) $\nu = 1$ 时,有

$$L(\omega) = 20 \lg K - 20 \lg \omega$$

当 $L(\omega) = 0$ 时,即与零分贝线相交时,$K = \omega$,因此,增益 K 在数值上等于低频渐近线或它的延长线与零分贝线交点处的频率 ω 值.

(3) $\nu = 2$ 时,有

$$L(\omega) = 20 \lg K - 40 \lg \omega$$

当 $L(\omega) = 0$ 时,$K = \omega^2$. 因此,增益 K 等于低频渐近线与 0dB 线相交处频率 ω 的平方.

图 3.27 给出了上述三种情况的系统实验对数幅频特性渐近线,并表示了由低频渐近线求出的系统增益与频率的关系.

环节和增益确定后,应该说系统的传递函数就初步确定了. 但还必须用实验得到的相频特性曲线来检验已确定的传递函数. 对于最小相位系统,实验所得到的相频特性曲线与确定的传递函数所画出的理论相频特性曲线在一定程度上相等,且在低频和高频范围上应当严格一致. 如果实验所得的相角在高频时不等于 $-90° \times (n-m)$,其中 n、m 分别表示传递函数

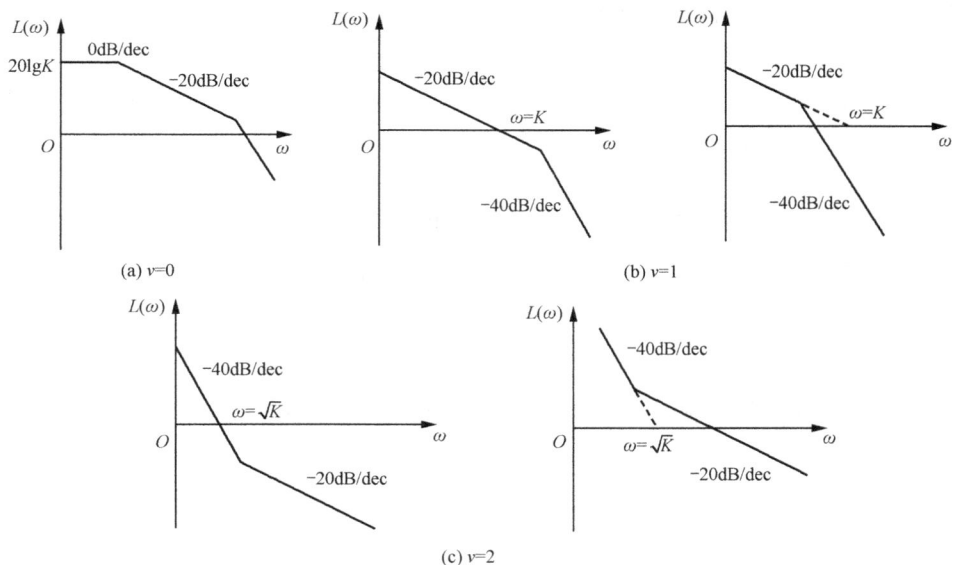

图 3.27　由实验对数幅频特性低频渐近线确定系统的增益

分母和分子的阶次,那么被测系统必定是一个非最小相位系统,如传递函数可能包含一个延滞环节.

例 3.4　图 3.28 为根据实验测得的数据绘制的系统伯德图. 由图中给出的幅频特性和相频特性实验曲线确定该系统的传递函数.

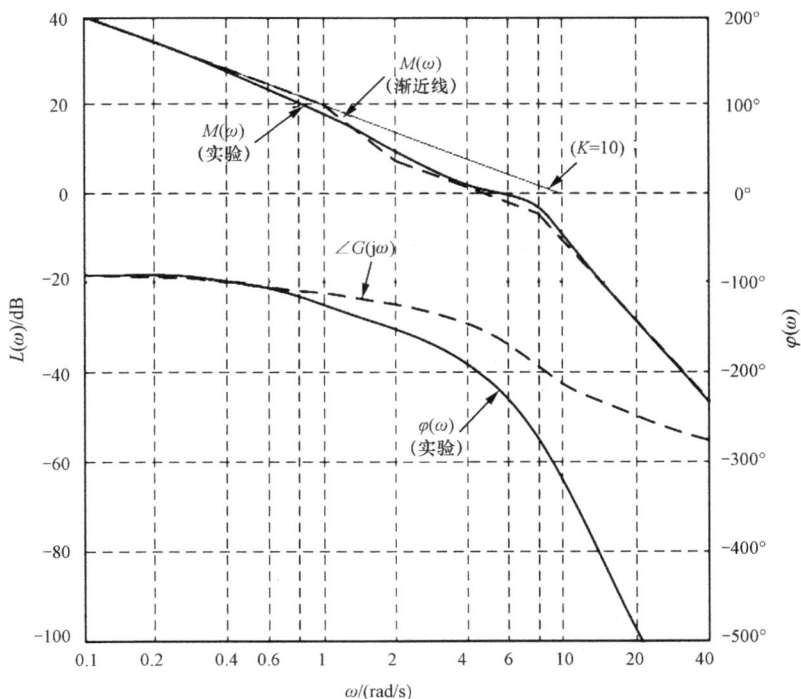

图 3.28　实验测得系统的伯德图

解 （1）用渐近线逼近幅频特性的实验曲线.渐近线的斜率应该是±20dB/dec的倍数,得到图3.28虚线所示的渐近线,其在各频段上的斜率分别为−20,−40,−20,−60dB/dec.可见,系统中包含一个积分环节、一个惯性环节、一个微分环节和一个振荡环节,放大环节 $K=10$,转角频率分别为

$$\omega_1 = 1, \quad \omega_2 = 2, \quad \omega_3 = 8$$

（2）将给定的系统初步按最小相位系统来分析.根据渐近线写出该系统的传递函数

$$G(s) = \frac{10\left(\frac{1}{2}s+1\right)}{s(s+1)\left[\left(\frac{1}{8}\right)s^2 + 2\zeta\left(\frac{1}{8}\right)s + 1\right]}$$

式中,阻尼比 ζ 根据转角频率 $\omega_n=8$rad/s 的振荡环节产生谐振峰值处的谐振频率 ω_r 求得.由图3.28知

$$\omega_r = \omega_n \sqrt{1-2\zeta^2} = 6\text{rad/s}$$

得 $\zeta=0.47$.

求得最小相位系统的传递函数为

$$G(s) = \frac{10(0.5s+1)}{s(s+1)(0.0156s^2 + 0.1175s + 1)}$$

（3）由上面求得的传递函数 $G(s)$ 计算最小相位系统的相频特性 $\angle G(\text{j}\omega)$,即理论曲线.

$$\angle G(\text{j}\omega) = -90° - \arctan\omega - \arctan\left(\frac{0.1175\omega}{1-0.0156\omega^2}\right) + \arctan 0.5\omega \tag{3.6}$$

该相频特性如图3.28中虚线所示.

如果理论上的相频特性曲线与实验测得的相频特性曲线相一致,且在高频范围内当 $\omega \to \infty$ 时,幅频特性的斜率为 $-20\times(n-m)=-60$dB/dec,相角为 $-90°\times(n-m)=-270°$,说明系统是最小相位系统.

如果理论计算出的相频特性曲线与实验测得的相频特性曲线不吻合,如图3.28中所示,说明实际上该系统并不是最小相位系统而是非最小相位系统.

（4）上述结论表明系统中应含有非最小相位环节.从相频特性实验曲线看出:系统的相位滞后量随着频率 ω 的增大迅速增加,且与理论曲线之差在高频时变化率为一常数,这是时滞系统具有的特征,系统必定包含一延滞环节.因此,该系统的传递函数除包括根据渐近线确定的各最小相位环节外,还应含有延滞环节 $e^{-\tau s}$.

任取角频率 ω_i,由

$$\angle[G(\text{j}\omega_i)e^{-\text{j}\tau\omega_i}] - \angle G(\text{j}\omega_i) = -57.3°\tau\omega_i$$

求得时滞

$$\tau = \frac{\angle[G(\text{j}\omega_i)e^{-\text{j}\tau\omega_i}] - \angle G(\text{j}\omega_i)}{-57.3°\omega_i} \quad (\text{s})$$

式中,$\angle[G(\text{j}\omega_i)e^{-\text{j}\tau\omega_i}]$ 为 ω_i 时的相频特性的实验数据,由图3.28的相频特性实验曲线求得;$\angle G(\text{j}\omega_i)$ 为式(3.6)所求得的理论上的相频特性在 ω_i 处的相角.

例如,当取 $\omega_i=10$rad/s 时,从图3.28的相频特性实验曲线求得 $\angle G(\text{j}10)e^{-\text{j}10\tau} = -333°$,根据式(3.6)计算 $\angle G(\text{j}10)=-212°$,故时滞

$$\tau = \frac{-333 - (-212)}{-57.3 \times 10} = 0.21(s)$$

当取 $\omega_i = 20$ rad/s 时，从图 3.28 的相频特性曲线求得 $\angle G(j20)e^{-j20\tau} = -490°$，由式（3.6）计算得 $\angle G(j20) = -249°$. 因此时滞

$$\tau = \frac{-490 - (-249)}{-57.3 \times 20} = 0.21(s)$$

可见系统延滞环节的时滞 $\tau = 0.21s$. 故系统的传递函数为

$$G(s) = \frac{10(0.5s+1)e^{-0.21s}}{s(s+1)[0.0156^2 + 0.1175s + 1]}$$

应该指出：根据伯德图的幅频渐近线确定最小相位系统的传递函数，以及根据幅频渐近线和相频特性确定非最小相位系统的传递函数的方法，对于通过实验测得的频率响应建立线性系统数学模型，具有重要的实际意义.

3.6　Matlab 中的频率响应函数

Matlab 控制系统工具箱中的系统频率特性及曲线绘制函数如下.

1. bode()——求系统伯德特性

（1）$[mag, phase, w] = bode(num, den)$ —— 计算系统（num, den）的频率特性，并将值赋给 mag（幅值矢量）、phase（相位矢量）、w（频率矢量）.

（2）$[mag, phase, w] = bode(num, den, w)$ —— 计算系统（num, den）在用户定义频率 w 上的频率特性. 用户定义频率 w 可以采用 logspace() 函数产生对数频率矢量：

$$w = logspace(a, b, n)$$ —— 在 10^a 至 10^b 对数均分 n 点.

（3）bode(num, den) —— 绘制系统（num, den）的对数频率特性，即伯德图.

（4）bode(sys) —— 绘制系统（sys）的对数频率特性，即伯德图.

（5）bode(sys1, sys2, sys3, $\cdots$, sysn) —— 在一个窗口中绘制多个系统（sys1, sys2, $\cdots$, sysn）的对数频率特性，即伯德图.

例 3.5　绘制系统 $G(s) = \dfrac{100(s+4)}{s(s+0.5)(s+50)^2}$ 的 Bode 图.

解　对应有程序

```
k= 100;
z= [-4];
p= [0 -0.5 -50 -50];
[num,den]= zp2tf(z,p,k);
bode(num,den);
title('Bode Plot')
grid on
```

运行结果见图 3.29.

例 3.6　绘制二阶振荡系统 $G(s) = \dfrac{\omega_n^2}{s^2 + 2\zeta\omega_n s + \omega_n^2}$ 当 $\omega_n = 6$rad/s，ζ 从 0.1 到 1.0 时系

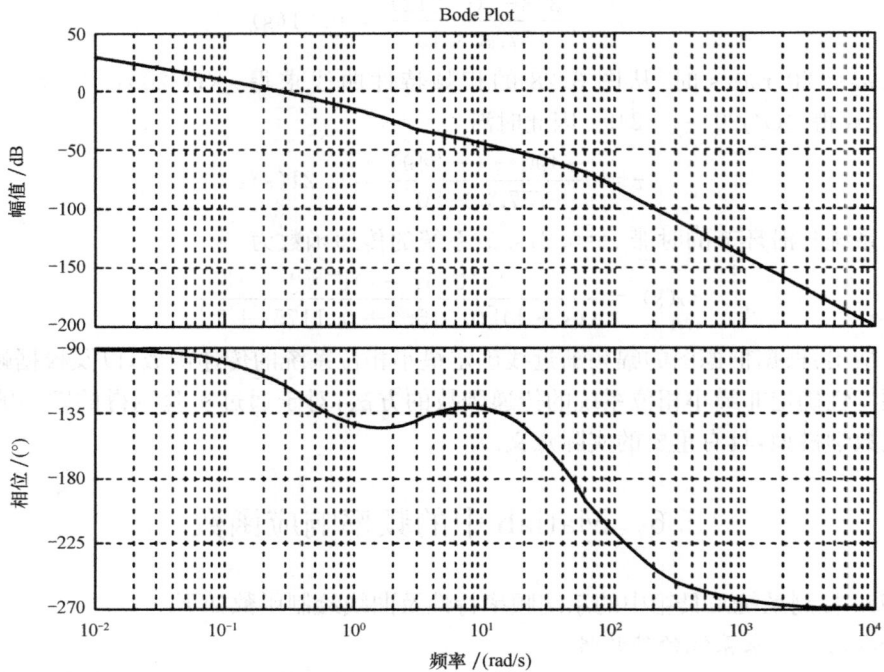

图 3.29 Matlab 运行结果(一)

统的 Bode 图.

解 对应有程序

```
wn= 6;
kosi= [0.1:0.1:1.0];
w= logspace(-1,1,100);
figure(1)
num= [wn^2];
for kos= kosi
    den= [1,2 * kos * wn,wn^2];
    [mag,pha,w1]= bode(num,den,w);
    subplot(2,1,1); hold on
    semilogx(w1,mag)
    subplot(2,1,2); hold on
    semilogx(w1,pha)
end
subplot(2,1,1); grid on
title('Bode Plot');
xlabel('Frequency(rad/sec)');
ylabel('Gain DB');
subplot(2,1,2); grid on
xlabel('frequency(rad/sec)');
```

```
ylabel('phase deg');
hold off
```

运行结果见图 3.30.

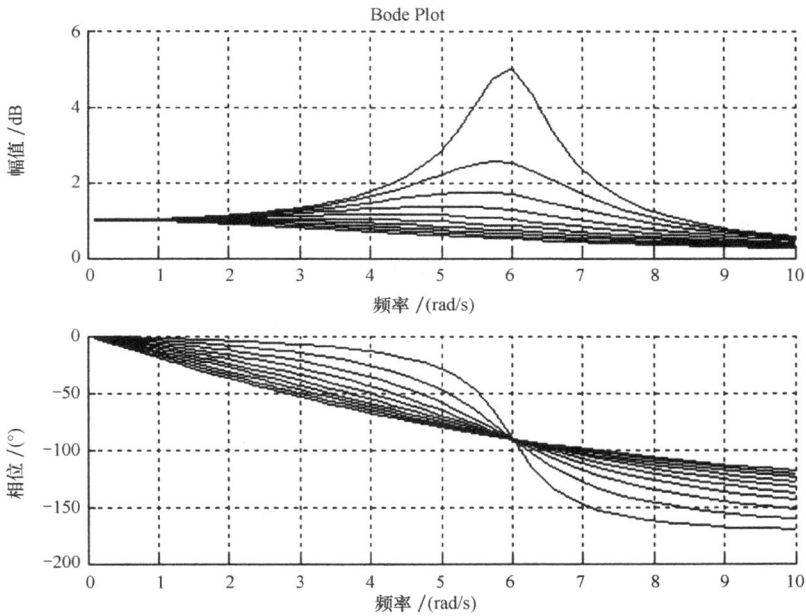

图 3.30 Matlab 运行结果(二)

例 3.7 求解系统 $G(s) = \dfrac{25}{s^2 + s + 25}$ 的谐振峰值和谐振频率.

解 对应有程序

```
num= 25;
den= [1 1 25];
sys= tf(num,den)
w= logspace(0,1,400);
[mag,phase]= bode(sys,w);
[y,l]= max(mag);
mp= 20 * log10(y)
wr= w(l)
```

Matlab 中运行结果为

```
mp=
    14.0228
wr =
    4.9458
```

即 $M_r = 14\mathrm{dB}, \omega_r = 4.95\mathrm{rad/s}$.

例 3.8 绘制系统 $G(s) = \dfrac{K}{s^2 + 4s + 25}$，当 K 分别取 4、10、25 时的 Bode 图.

解 对应有程序

```
den= [1 4 25];
num1= 4;
num2= 10;
num3= 25;
sys1= tf(num1,den);
sys2= tf(num2,den);
sys3= tf(num3,den);
bode(sys1,sys2,sys3);
grid on
```

运行结果见图 3.31. 从 Matlab 运行结果中可以看出,当系统仅仅变化增益时,仅仅在对数幅频图上发生上下移动,而对数相频图上没有任何改变.

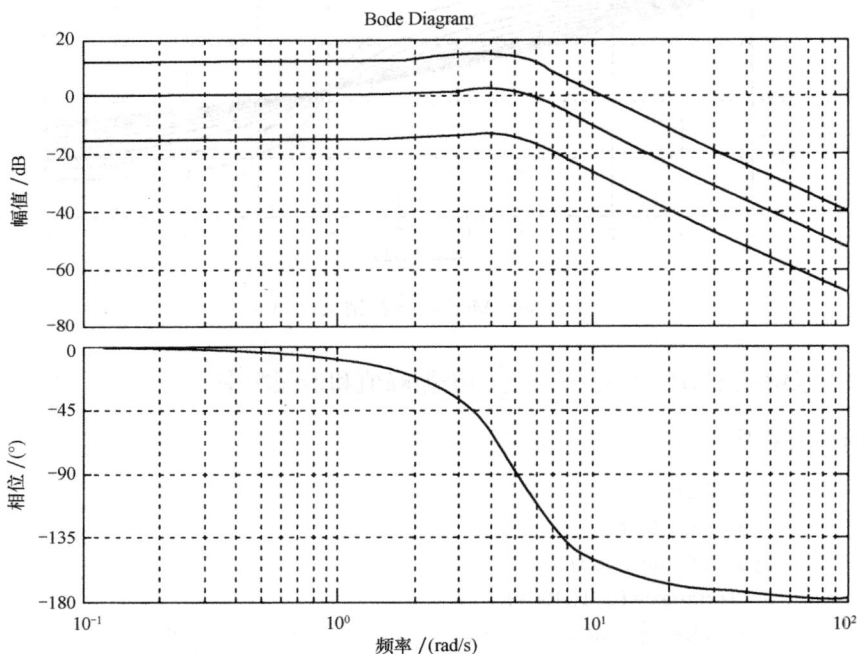

图 3.31 Matlab 运行结果(三)

2. nyquist()——求系统奈奎斯特图特性

(1) [re,im,w]=nyqiust(num,den) —— 计算系统(num,den)的频率特性,并将值赋给 re(实部矢量)、im(虚部矢量)、w(频率矢量).

(2) [re,im,w]=nyquist(num,den,w) —— 计算系统(num,den)在用户定义频率 w 上的频率特性.

(3) nyquist(num,den) —— 绘制系统(num,den)的极坐标图,即奈奎斯特图.

(4) nyqusit(sys) ——绘制系统(sys)的极坐标图,即奈奎斯特图.

(5) nyquist(sys1,sys2,sys3,…,sysn) ——在一个窗口中绘制多个系统(sys1,sys2,…,sysn)的奈奎斯特图.

例 3.9 绘制系统 $G(s) = \dfrac{1}{s^2 + 0.8s + 1}$ 的 nyquist 图.

解 对应有程序

```
den= [1 0.8 1];
num= 1;
nyquist(num,den)
```

运行结果见图 3.32. 图 3.32 中的曲线与本章前述内容有所不同。前述二阶系统的 Nyquist 曲线,是 Matlab 运行结果的一半,即图中实线部,而 Matlab 运行结果中的虚线部分对应于 $\omega: -\infty \rightarrow 0$ 部分. 从图中也知,此部分与 $\omega: 0 \rightarrow \infty$ 关于实轴对称.

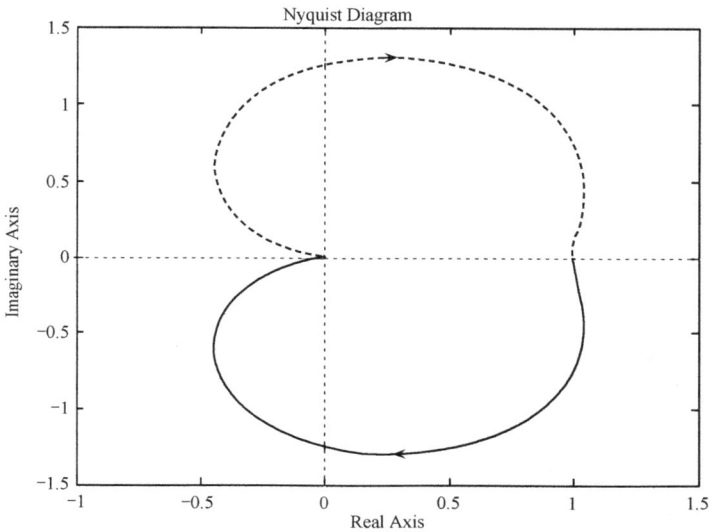

图 3.32   Matlab 运行结果(四)

例 3.10 绘制系统 $G(s) = \dfrac{K}{s^2 + 4s + 25}$ 当 K 分别取 4、10、25 时的 nyquist 图.

解 对应有程序

```
den= [1 4 25];
num1= 4;
num2= 10;
num3= 25;
sys1= tf(num1,den);
sys2= tf(num2,den);
sys3= tf(num3,den);
nyquist(sys1,sys2,sys3);
```

运行结果见图 3.33.

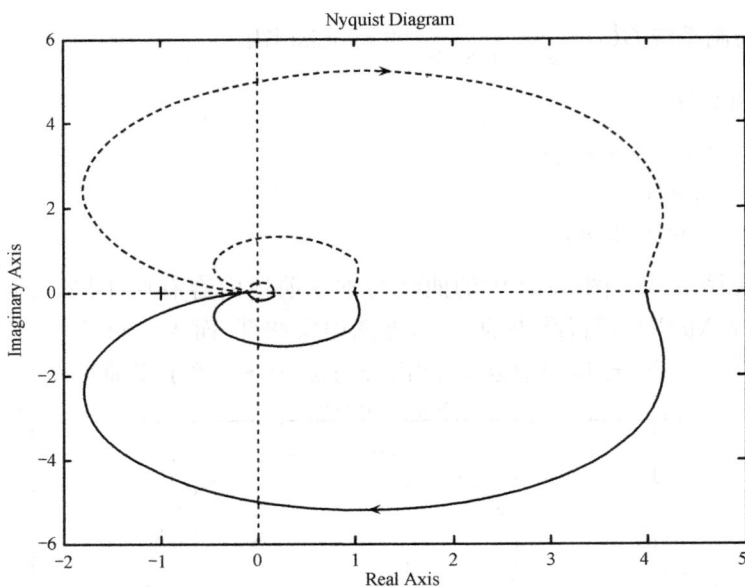

图 3.33　Matlab 运行结果

小　结

1. 频率特性是物理系统图解化了的数学描述,是频域中的数学模型.它取决于系统内在性质,而与外界因素无关.它是传递函数的一种特殊形式($s=j\omega$).频率特性的定义、物理含义、表示方法以及如何求取是要掌握的基本概念.

2. 根据 $A(\omega)$、$\varphi(\omega)$、$U(\omega)$、$V(\omega)$ 与频率 ω 的关系,可得到从不同角度描述环节与系统动态特性的频谱图:奈奎斯特图、伯德图等.重点介绍了典型环节和系统的奈奎斯特图及伯德图的画法与特点.

3. 本章详细地阐述了由系统传递函数绘制系统伯德图的方法和步骤;同时也介绍了由频率特性实验曲线反过来求取系统传递函数的方法和步骤.方法是互递的,关键都是要注意伯德图渐近线的画法.给出了最小相位系统的概念和检验方法.

4. 系统幅频特性曲线上的特征值 M_r、ω_r、ω_b 表明了系统的内在特性,因此被用作评价系统性能的指标.

5. 由于频率特性不仅有明确的物理含义并且可实验获取,而且便于与系统结构、参数联系起来,有利于对系统性能分析和设计.因此,在工程领域不仅被广泛用来评价系统性能,而且也是对系统进行分析和设计的有效方法.

习　题

3.1　已知系统的传递函数为

$$G(s) = \frac{10}{1+0.5s}$$

求在频率为 $f=1\mathrm{Hz}$,幅值 $r_m=10$ 的正弦输入信号作用下,系统的稳态输出 $c(t)$ 的幅值与相位.

3.2　设单位反馈控制系统的开环传递函数为

$$G(s) = \frac{10}{s+1}$$

当系统在输入信号：

(1) $r(t) = \sin(t + 30°)$；

(2) $r(t) = 2\cos(2t - 45°)$；

作用下时，试求系统的稳态输出.

3.3 题 3.3 图所示为系统 $\ddot{x} + 2\zeta\omega_n\dot{x} + \omega_n^2 x = f(t)$ 的输入波形和稳态输出，试求取 ζ 和 ω_n.

3.4 如题 3.4 图系统中 $G(s) = \dfrac{\omega_n^2}{s(s + 2\zeta\omega_n)}$，当 $r(t) = 2\sin t$ 时，稳态输出 $c(\infty) = 4\sin\left(t - \dfrac{\pi}{4}\right)$. 求：

(1) 系统输入阶跃信号，稳态输出与输入的最大幅值比是多少，对输入信号有什么要求？

(2) 系统输入正弦信号，稳态输出与输入的最大幅值比是多少，对输入信号有什么要求？

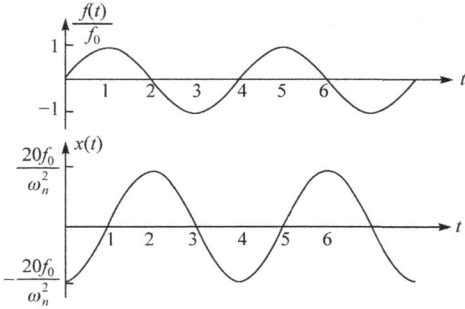

题 3.3 图　时域信号

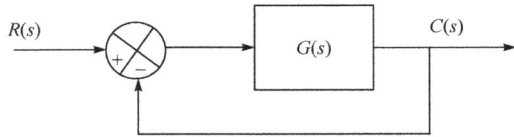

题 3.4 图　控制系统

3.5 绘制下述环节的幅相频率特性 $G(j\omega)$，幅频特性 $A(\omega)$，相频特性 $\varphi(\omega)$.

(1) $G(s) = 1.5e^{-s}$　　(2) $G(s) = \dfrac{3}{0.2s + 1}$　　(3) $G(s) = \dfrac{3}{0.2s - 1}$

3.6 已知系统方块图如题 3.6 图所示.

(1) 试写出系统的频率特性谱，即幅相频率特性 $G(j\omega)$，幅频特性 $A(\omega)$，相频特性 $\varphi(\omega)$，实频特性 $U(\omega)$，虚频特性 $V(\omega)$ 的表达式；

(2) 绘出 $K = 100$，$T_1 = 1s$，$T_2 = 5s$ 时系统的 Nyquist 图，并求出系统的无阻尼自然频率 ω_n.

3.7 已知系统方块图如题 3.7 图所示. 试确定系统的谐振峰值、谐振频率及截止频率.

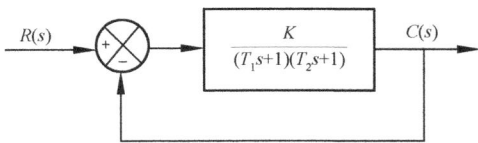

题 3.6 图　系统方块图

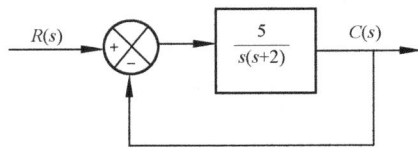

题 3.7 图　系统方块图

3.8 画出下列给定传递函数的幅相频率特性，试问这些曲线是否穿越实轴，若是，则求出与实轴的交点的频率及相应的幅值.

(1) $G(s) = \dfrac{1}{(s + 1)(s + 2)}$　　(2) $G(s) = \dfrac{1}{s(s + 1)(s + 2)}$　　(3) $G(s) = \dfrac{1}{s^2(s + 1)(s + 2)}$

3.9 绘出下列三个传递函数的伯德图（其中 $T_1 > T_2 > 0$），并进行比较.

(1) $G(s) = \dfrac{T_1 s + 1}{T_2 s + 1}$　　(2) $G(s) = \dfrac{-T_1 s + 1}{T_2 s + 1}$　　(3) $G(s) = \dfrac{T_1 s - 1}{T_2 s + 1}$

3.10 若系统的单位阶跃响应为

$$h(t) = 1 - 1.8e^{-4t} + 0.8e^{-9t} \quad (t > 0)$$

试求系统的频率特性.

3.11 绘出下列环节的伯德图,并求出最大相位角及对应的频率.

(1) $G(s)=\dfrac{3s+1}{0.5s+1}$ (2) $G(s)=\dfrac{0.5s+1}{3s+1}$

(3) $G(s)=\dfrac{0.5s+1}{0.02s+1}$ (4) $G(s)=\dfrac{0.02s+1}{0.5s+1}$

3.12 已知单位反馈系统的开环频率特性为

$$G(j\omega)=\frac{K}{j\omega(1+j0.1\omega)}$$

(1) 若满足系统谐振峰值 $M_r=1.4$,求此时系统的增益;

(2) 求在此增益下系统的阻尼比和无阻尼自然频率.

3.13 已知最小相位系统的伯德图如题 3.13 图,试求出系统的传递函数.

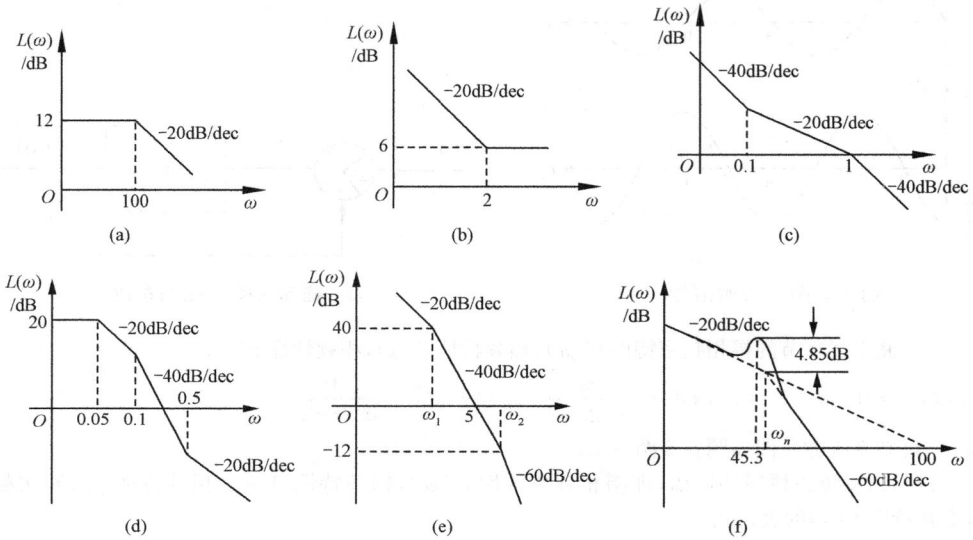

题 3.13 图　系统伯德图

3.14 实验求得系统的伯德图如题 3.14 图所示,试写出该系统的传递函数.

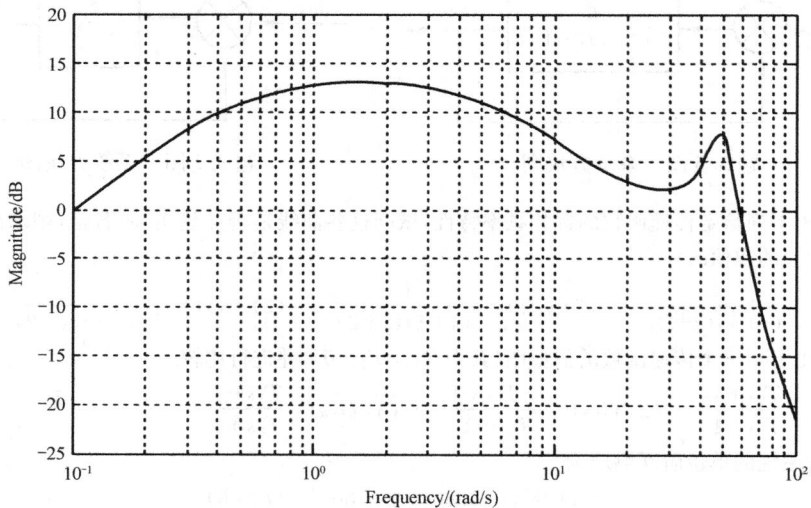

题 3.14 图　实验求得的系统伯德图

3.15 闭环系统如题 3.15 图所示,编制 Matlab 程序绘制系统的开环伯德图和闭环伯德图.

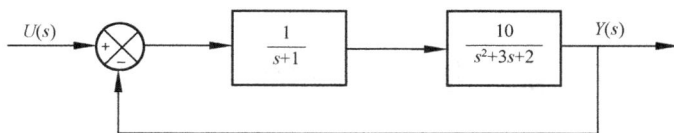

题 3.15 图　系统方块图

3.16 某反馈系统的开环传递函数 $G(s)H(s) = \dfrac{50}{s^2+11s+10}$,画出 Bode 图,并确定截止频率.

3.17 手工绘制下列传递函数的 Bode 图,然后用 Matlab 加以验证.

(1) $G(s) = \dfrac{1}{(s+1)(s+10)}$

(2) $G(s) = \dfrac{s+10}{(s+1)(s+20)}$

(3) $G(s) = \dfrac{s+5}{(s+1)(s^2+12s+50)}$

3.18 已知一单位反馈系统的开环频率特性如题 3.18 图所示,试求其传递函数.

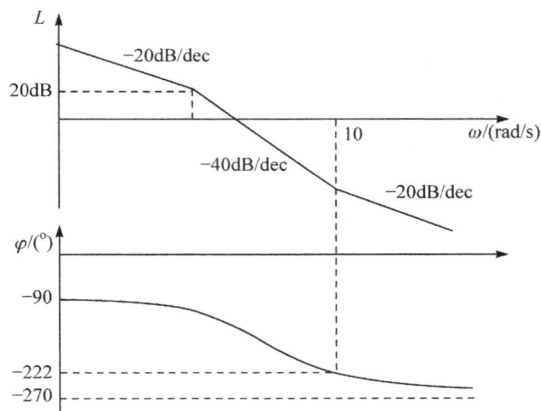

题 3.18 图　控制系统开环对数幅频特性

第4章　控制系统的稳定性分析

系统有了一个合理的数学模型以后,就可以对其性能进行深入分析和研究了.其中,稳定性是控制系统能正常工作的首要条件.若一个系统不能稳定地工作,则无从研究其他性能指标.关于系统稳定性,俄国学者李雅普诺夫提出了严格而普遍适用的定义.本章仅研究线性定常控制系统稳定性问题.在经典控制理论中,判别一个定常系统是否稳定有多种方法.本章主要介绍线性系统稳定性的概念、系统稳定的充分必要条件以及判别系统稳定性的基本准则,最后介绍系统稳定性裕量及其表示方法.

4.1　稳定性的基本概念

4.1.1　系统稳定性

稳定性是系统的重要性能指标之一.所谓自动控制系统的稳定性,简单的定义就是控制系统在外部扰动作用下偏离其原来的平衡状态,当扰动作用消失后,系统仍能自动恢复到原来的初始平衡状态,则称系统是稳定的,否则称系统是不稳定的.

图 4.1 所示为一些系统的脉冲响应曲线.系统初始平衡状态为零.图 4.1(a)中 $x(t)$ 作为扰动的脉冲信号作用到系统时,系统输出量 $y(t)$ 偏离初始平衡位置开始运动.当扰动脉冲消失后,图 4.1(b)所示两个系统输出量最后仍回到初始零位,故系统是稳定的.而图 4.1(c)所示的两个系统不能恢复到初始零位,一个系统呈等幅振荡,而另一个系统则发散,所以两个系统都是不稳定的.

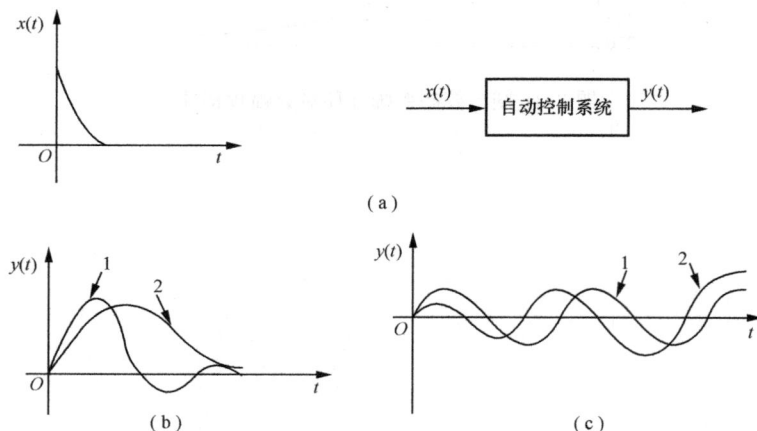

图 4.1　控制系统的脉冲响应

应该指出,上述稳定性的粗略定义只适用于线性定常系统,而对其他系统则不适用.例如,对某些非线性系统,可能在小扰动作用消失后,系统能恢复到原平衡位置,但在大扰动作用消失后系统不能恢复到原平衡位置,即系统只在小范围内是稳定的.又如,某些非线性系统在扰动作用消失后,系统不能恢复到原来的平衡位置,而能在新的平衡位置稳定地工作.在李雅普诺夫稳定性定义下,这些系统是属于某种稳定的.

4.1.2　系统稳定的充分必要条件

设系统的传递函数为

$$\frac{C(s)}{R(s)} = \frac{b_0 s^m + b_1 s^{m-1} + \cdots + b_{m-1}s + b_m}{a_0 s^n + a_1 s^{n-1} + \cdots + a_{n-1}s + a_n} = \frac{B(s)}{D(s)} \tag{4.1}$$

令系统特征方程 $D(s)=0$,假定系统特征方程的根中有 k 个实根 $p_i(i=1,2,\cdots,k)$, $2r$ 个共轭复根 $p_j,\overline{p}_j = \sigma_j \pm j\omega_j (j=1,2,\cdots,r)$,则式(4.1)可写成

$$\frac{C(s)}{R(s)} = \frac{B(s)}{a_0 \prod\limits_{i=1}^{k}(s-p_i)\prod\limits_{j=1}^{r}[s-(\sigma_j + j\omega_j)][s-(\sigma_j - j\omega_j)]}$$

若系统的输入为脉冲函数 $r(t)=\delta(t)$,当作用时间 $t>0$ 时,$\delta(t)=0$,相当于扰动消失.因此对于稳定系统,$t\to\infty$ 时输出量 $c(t)=0$.

将系统输出量 $C(s)$ 写成部分分式

$$C(s) = \frac{B(s)}{D(s)}R(s) = \sum_{i=1}^{k}\frac{c_i}{s-p_i} + \sum_{j=1}^{r}\frac{\alpha_j s + \beta_j}{[s-(\sigma_j + j\omega_j)][s-(\sigma_j - j\omega_j)]} \tag{4.2}$$

取式(4.2)的拉普拉斯反变换,可得扰动为理想脉冲函数作用下的系统输出

$$c(t) = \sum_{i=1}^{k}c_i e^{p_i t} + \sum_{j=1}^{r}e^{\sigma_j t}(A_j \cos\omega_j t + B_j \sin\omega_j t) \tag{4.3}$$

由式(4.3)可知,如果 p_i 和 σ_j 均为负值,则当 $t\to\infty$ 时,$c(t)\to 0$.这说明当系统特征方程根是负实根或共轭复根具有负实部时,系统在扰动消失后能恢复到原平衡状态 $c(t)|_{t=0}=0$,即系统是稳定的.

根据上面分析,可得出如下结论:自动控制系统稳定的充分必要条件是系统特征方程的根全部具有负实部.或换句话说,自动控制系统稳定的充分必要条件是闭环系统的极点全部在 s 平面左半部,如图 4.2 所示.若系统特征方程在 s 平面右半部有根,则系统不稳定.如果特征方程的根正好落在 $j\omega$ 轴上,则系统处于稳定边界.

例 **4.1**　某单位反馈系统,其开环传递函数为

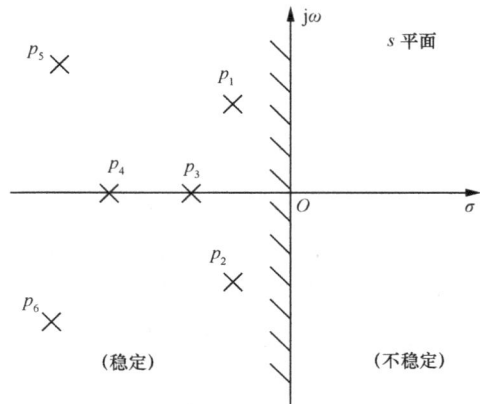

图 4.2　稳定系统的极点分布

$$G(s) = \frac{K}{s(Ts+1)} \quad (K>0, T>0)$$

则闭环传递函数

$$\Phi(s) = \frac{G(s)}{1+G(s)} = \frac{K}{Ts^2 + s + K}$$

可得判别系统稳定性的特征方程如下

$$Ts^2 + s + K = 0$$

特征方程的根

$$p_{1,2} = \frac{-1 \pm \sqrt{1-4TK}}{2T}$$

由此式知 $KT < 1/4$ 时，特征方程有两个不同负实根；当 $KT = 1/4$ 时，特征方程有两个相等的负实根；当 $KT > 1/4$ 时则得到一对共轭复根，且具有负实部，所以系统是稳定的．

对于上述二阶系统，求其特征方程的根是很容易的．但是工程上遇到的往往是高阶系统，不借助计算机求解高阶系统特征方程的根是相当麻烦的．因此工程上并不希望通过求解特征方程根的方法来确定系统的稳定性，而是通过研究特征方程系数或特征方程的几何特性，得出相应的稳定性判据．

4.1.3　系统稳定的必要条件

设 n 阶系统的特征方程

$$D(s) = a_0 s^n + a_1 s^{n-1} + \cdots + a_{n-1} s + a_n = 0 \tag{4.4}$$

的 n 个根分别为 $p_1, p_2, \cdots, p_n$，则该方程的根与系数有如下关系：

$$\frac{a_1}{a_0} = (-1)^1 \sum_{i=1}^{n} p_i, \qquad \text{其中} \sum_{i=1}^{n} p_i \text{ 为方程各根之和；}$$

$$\frac{a_2}{a_0} = (-1)^2 \sum_{i=2}^{n} p_i p_j, \qquad \text{其中} \sum_{i=2}^{n} p_i p_j \text{ 为每次取两根乘积之和；}$$

$$\frac{a_3}{a_0} = (-1)^3 \sum_{i=3}^{n} p_i p_j p_k, \qquad \text{其中} \sum_{i=3}^{n} p_i p_j p_k \text{ 为每次取三根乘积之和；}$$

$$\cdots$$

$$\frac{a_n}{a_0} = (-1)^n \prod_{i=1}^{n} p_i, \qquad \text{其中} \prod_{i=1}^{n} p_i \text{ 为方程各根之积．}$$

由上述方程根与系统的关系知，当系数 $a_0 > 0$ 时（若 $a_0 < 0$，则特征方程两边同乘 -1），欲使系统特征方程的全部根具有负实部，则必须使方程中每一个系数 $a_0, a_1, \cdots, a_n$ 全部为正，且无一为零．否则，特征方程必将出现具有正实部或为零的根．所以控制系统稳定的必要条件是系统特征方程各项系数具有相同的符号，且无一系数为零．因此，当使用稳定性判据之前，可预先检查一下系统的特征方程系数，若其中有异号系数或零系数（缺项），则此系统必不稳定，不需要进一步进行判定．

例 4.2　试判断图 4.3 中液位控制系统的稳定性，已知方块图中的各参数均为正数．

解　此系统的闭环特征多项式为

$$D(s) = T_m s^3 + s^2 + K_p K_m K_1 K_0$$

此特征多项式中缺少 s 项，即一次项系数为零，按系统稳定的必要条件知系统不稳定．这种缺项的不稳定是结构性不稳定，无法通过调整 T_m、K_p、K_m、K_1、K_0 解决．

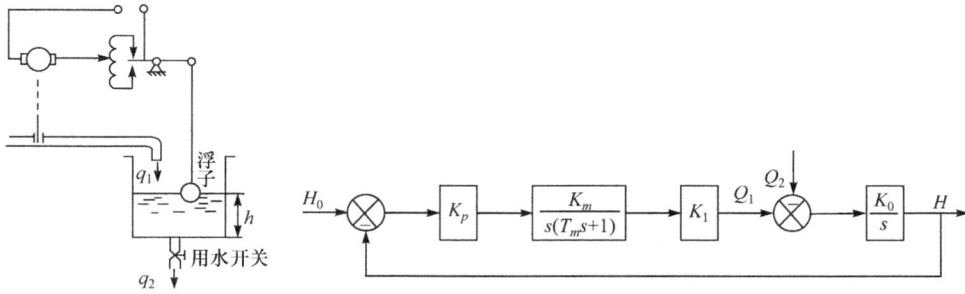

图 4.3　液位系统及其函数方框图

4.2　劳斯-赫尔维茨稳定判据

　　劳斯-赫尔维茨稳定判据分别由劳斯和赫尔维茨独立提出,该判据可以不求解系统特征方程根,而直接由特征方程系数来判别系统是否满足稳定的充分必要条件.劳斯判据和赫尔维茨判据具有不同形式.劳斯判据采用劳斯阵列,不受系统阶数限制,如果系统不稳定还能得出特征方程有几个根在 s 平面的右半部.赫尔维茨判据则采用赫尔维茨行列式,但四阶以上赫尔维茨行列式计算较麻烦.劳斯-赫尔维茨稳定判据在计算机技术不发达时是分析处理高阶系统的有力工具,即使现在能通过计算机软件得到高阶系统的根,还是常用稳定性判据来确定参数可行域.目前常采用劳斯阵列形式进行稳定性判别,并称为劳斯-赫尔维茨稳定判据,以表示对他们工作的认可.

　　应用劳斯判据判断系统的稳定性,首先要根据系统特征方程的系数,按一定规则构成劳斯阵列,其次再按劳斯阵列第一列元素的符号来判断系统的稳定性.

　　设系统的特征方程为

$$D(s)=a_0 s^n+a_1 s^{n-1}+\cdots+a_{n-1}s+a_n=0$$

则根据特征方程构成系统的劳斯阵列如下:

$$
\begin{array}{c|cccc}
s^n & a_0 & a_2 & a_4 & \cdots \\
s^{n-1} & a_1 & a_3 & a_5 & \cdots \\
s^{n-2} & b_1 & b_2 & b_3 & \cdots \\
s^{n-3} & c_1 & c_2 & c_3 & \cdots \\
s^{n-3} & d_1 & d_2 & d_3 & \cdots \\
\vdots & \vdots & & & \\
s^2 & e_1 & e_2 & & \\
s^1 & f_1 & & & \\
s^0 & g_1 & & &
\end{array}
$$

式中

$$b_1=-\frac{\begin{vmatrix} a_0 & a_2 \\ a_1 & a_3 \end{vmatrix}}{a_1}, \quad b_2=-\frac{\begin{vmatrix} a_0 & a_4 \\ a_1 & a_5 \end{vmatrix}}{a_1}, \quad \cdots$$

$$c_1 = -\frac{\begin{vmatrix} a_1 & a_3 \\ b_1 & b_2 \end{vmatrix}}{b_1}, \quad c_2 = -\frac{\begin{vmatrix} a_1 & a_5 \\ b_1 & b_3 \end{vmatrix}}{b_1}, \quad \cdots$$

$$d_1 = -\frac{\begin{vmatrix} b_1 & b_2 \\ c_1 & c_2 \end{vmatrix}}{c_1}, \quad d_2 = -\frac{\begin{vmatrix} b_1 & b_3 \\ c_1 & c_3 \end{vmatrix}}{c_1}, \quad \cdots$$

$$\vdots$$

劳斯阵列构成的规则,简要说明如下:

(1) 劳斯阵列竖线左边,由上而下按 s 最高幂 s^n 至 s 最低幂 s^0 依次排列,此列写出 s 的幂次仅作为标识符.

(2) 竖线右边的劳斯阵列的第一行和第二行各元素是由特征方程各项系数构成的,即由 s 最高幂项系数开始,按幂次的奇偶依次填入两行,直到 s^0 项系数. 最后一个系数若已不存在则用零补之.

(3) 劳斯阵列自第三行开始至 s^0 行各元素经分式运算而得,分式的分母为该元素所在行的上一行第一列元素;分式的分子为该元素所在行的上两行中四个元素构成的子行列式的负值,这四个元素为上两行第一列两个元素和该元素所在列的后一列两个元素.

按照上述基本规则可构成任意阶系统的劳斯阵列,在得到劳斯阵列后,可用劳斯判据判断控制系统的稳定性.

劳斯判据为:控制系统稳定的充分必要条件是劳斯阵列第一列元素不改变符号. 如果该列元素改变符号,则系统不稳定,且符号改变次数等于系统特征方程含有正实部根的个数.

例 4.3 设系统特征方程为

$$s^5 + 6s^4 + 2s^3 + 3s^2 + 2s + 6 = 0$$

试判断该系统的稳定性.

解 根据特征方程系数列出劳斯阵列:

s^5	1	2	2
s^4	6	3	6
s^3	$\dfrac{12-3}{6} = \dfrac{3}{2}$	$\dfrac{12-6}{6} = 1$	0
s^2	$\dfrac{3/2-2}{3/2} = -\dfrac{1}{3}$	$\dfrac{(3/2)\times 2-0}{3/2} = 2$	0
s^1	$\dfrac{-1/3-3}{-1/3} = 10$	0	
s^0	$\dfrac{10\times 2-0}{10} = 2$		

该系统的劳斯阵列第一列元素符号改变两次,即由 $3/2$ 变为 $-1/3$,再由 $-1/3$ 变为 10. 所以系统是不稳定的,且有两个根位于 s 平面的右半部.

在计算劳斯阵列时,可以用一个正数去乘或除某一行各元素,如例中第 s^4 行各元素除以 3,所得结果将不变.

在构造系统劳斯阵列时,可能会出现下列两种特殊情况:

（1）劳斯阵列的第一列某元素等于零,而其余各元素不全等于零.这时可用一个微小的正数 ε 代替这个为零的元素,然后继续进行计算,完成劳斯阵列.

例 4.4 设系统的特征方程为

$$s^4+2s^3+3s^2+6s+1=0$$

试判断该系统的稳定性.

解 列系统劳斯阵列如下:

$$
\begin{array}{c|ccc}
s^4 & 1 & 3 & 1 \\
s^3 & 2 & 6 & 0 \\
s^2 & \dfrac{2\times3-6}{2}=0\to\varepsilon & 1 & \\
s^1 & \dfrac{6\varepsilon-2}{\varepsilon}\to-\infty & 0 & \\
s^0 & 1 & &
\end{array}
$$

用微小正数 ε 代替 s^2 行第一列为零的元素后,所得到的劳斯阵列的第一列元素改变符号两次,故系统不稳定,且特征方程有两个根在 s 平面右半部.

（2）劳斯阵列中某一行元素全部为零.

例 4.5 某系统的特征方程为

$$s^5+s^4+5s^3+5s^2+6s+6=0$$

试判断该系统的稳定性.

解 列系统劳斯阵列:

$$
\begin{array}{c|ccc}
s^5 & 1 & 5 & 6 \\
s^4 & 1 & 5 & 6 \\
s^3 & 0 & 0 & 0
\end{array}
$$

当劳斯阵列计算到 s^3 行时,出现全行为零的情况,由于此时劳斯阵列第一列元素不全为正,故系统不稳定,至少处于稳定边界.

为进一步了解系统特征方程根的分布,采用如下方法继续完成劳斯阵列.先用该全零行的上一行(s^4 行)元素作为系数构成一个辅助方程:

$$s^4+5s^2+6=0$$

再将上述辅助方程对 s 求导一次,得

$$4s^3+10s^1=0$$

然后用求导后方程的系数代替全零行(s^3 行)的元素,继续完成劳斯阵列:

$$
\begin{array}{c|ccc}
s^5 & 1 & 5 & 6 \\
s^4 & 1 & 5 & 6 \\
s^3 & 0\to4 & 0\to10 & 0 \\
s^2 & 5/2 & 6 & \\
s^1 & 2/5 & & \\
s^0 & 6 & &
\end{array}
$$

由上面的劳斯阵列可见,其第一列元素未改变符号,故 s 平面右半部没有系统特征方程的根.

通过求解辅助方程可得系统特征方程的数值相同而符号相反的两对根为
$$s_{1,2}=\pm \mathrm{j}\sqrt{2}, \quad s_{3,4}=\pm \mathrm{j}\sqrt{3}$$
此外,还很容易求得特征方程另外一个根为 $s_5=-1$. 可见该系统有两对特征方程的根在虚轴上,系统处于稳定边界.

上述这种情况的出现,往往是全零行的上面两行的对应列元素相等或成比例. 如果再仔细观察劳斯阵列的构成就会发现,元素全为零的行必定出现在 s 的奇次行中,因为只有 s 的奇次行的上两行,非零元素的个数才可能相等. 因此,辅助方程必定为 s 的偶次幂方程,其根成对出现.

应用劳斯判据还可以确定系统个别参数对系统稳定性的影响,以及判断系统特征方程根位于平行虚轴的直线($s=-a$)的左侧或右侧的数目.

例 4.6 设控制系统具有单位负反馈,其开环传递函数为
$$G(s)=\frac{K}{s(s^2+s+1)(s+2)}$$
试采用劳斯判据确定系统稳定的 K 值范围.

解 系统闭环传递函数为
$$\frac{C(s)}{R(s)}=\frac{G(s)}{1+G(s)}=\frac{K}{s(s^2+s+1)(s+2)+K}$$
可得系统特征方程为
$$s^4+3s^3+3s^2+2s+K=0$$
列劳斯阵列如下:

s^4	1	3	K
s^3	3	2	0
s^2	7/3	K	
s^1	$2-(9/7)K$	0	
s^0	K		

为使系统稳定,必须使劳斯阵列第一列元素为正,即 $K>0$,$2-(9/7)K>0$. 由此得系统稳定的 K 值范围为 $0<K<14/9$.

例 4.7 设系统的特征方程为
$$s^3+7s^2+14s+22=0$$
试判断该系统有几个特征方程根位于与虚轴平行的直线 $s=-1$ 的右侧.

解 令 $s=z-1$,代入特征方程得
$$(z-1)^3+7(z-1)^2+14(z-1)+22=0$$
整理后得以 z 为变量的系统特征方程
$$z^3+4z^2+3z+14=0$$
再对此方程列劳斯阵列

z^3	1	3
z^2	4	14
z^1	$-1/2$	0
z^0	14	

由劳斯阵列第一列元素可见,系统有两个特征方程根在平行于虚轴的直线 $s=-1$ 的右侧.

通过劳斯-赫尔维茨判据可得出低阶系统稳定的充分必要条件如表 4.1 所示,在低阶系统判稳时可以直接采用表中的结论.

表 4.1　低阶系统稳定的条件

系统	特征方程	稳定的充要条件
1 阶	$a_0 s + a_1 = 0$	$a_0 > 0$, $a_1 > 0$
2 阶	$a_0 s^2 + a_1 s + a_2 = 0$	$a_0 > 0$, $a_1 > 0$, $a_2 > 0$
3 阶	$a_0 s^3 + a_1 s^2 + a_2 s + a_3 = 0$	$a_0 > 0$, $a_1 > 0$, $a_2 > 0$, $a_3 > 0$ $a_1 a_2 > a_0 a_3$
4 阶	$a_0 s^4 + a_1 s^3 + a_2 s^2 + a_3 s + a_4 = 0$	$a_0 > 0$, $a_1 > 0$, $a_2 > 0$, $a_3 > 0$, $a_4 > 0$ $a_1 a_2 a_3 > a_0 a_3^2 + a_1^2 a_4$

劳斯-赫尔维茨判据根据系统特征方程的系数用解析方法来判断系统是否满足稳定的充分必要条件. 它适用于判断开环系统、闭环系统以及由系统中部分环节组成的子系统(如系统中的小闭环部分)的稳定性,只要判断时采用各自的特征方程即可.

劳斯-赫尔维茨判据的不足之处在于不能更多地提供关于系统稳定程度的信息,以致不能建立衡量系统稳定程度的定量指标.

劳斯判据除用于判断系统稳定性外,还可以确定系统特征方程右根的数目,这在下面讨论奈奎斯特稳定判据的普遍情况时是很有用的. 另外,它还可以用来确定个别参数对系统稳定性的影响.

4.3　奈奎斯特稳定性判据

奈奎斯特稳定性判据是通过图解方法给出判断系统是否满足稳定的充分必要条件. 具体地说,就是利用系统开环幅相频率特性 $G(j\omega)H(j\omega)$ 来判断闭环系统的稳定性.

4.3.1　系统特征矢量的幅角变化与稳定性的关系

设系统特征方程如式(4.4),其特征方程根为 $p_1, p_2, \cdots, p_n$,系统的特征多项式可写成

$$D(s) = a_0 s^n + a_1 s^{n-1} + a_2 s^{n-2} + \cdots + a_{n-1} s + a_n = a_0 (s - p_1)(s - p_2) \cdots (s - p_n)$$

与频率特性相似,令 $s = j\omega$ 代入上式得

$$D(j\omega) = a_0 (j\omega - p_1)(j\omega - p_2) \cdots (j\omega - p_n) = | D(j\omega) | \angle D(j\omega)$$

式中,$|D(j\omega)|$ 表示特征矢量的幅值;$\angle D(j\omega)$ 表示特征矢量的幅角,且有

$$| D(j\omega) | = a_0 | j\omega - p_1 | | j\omega - p_2 | \cdots | j\omega - p_n | \tag{4.5}$$

$$\angle D(j\omega) = \angle (j\omega - p_1) + \angle (j\omega - p_2) + \cdots + \angle (j\omega - p_n) \tag{4.6}$$

可见特征矢量 $D(j\omega)$ 的幅值和幅角分别为各特征根 p_i 对应的矢量 $(j\omega - p_i)$ 的幅值之积和幅角之和.

图 4.4(a)表示 s 平面上任意一个特征方程根 p_i,该根对应的矢量 $(j\omega_1 - p_i)$ 为 $D(j\omega_1)$ 所提供的幅角 $\angle (j\omega_1 - p_i)$. 若令频率 ω 从 $-\infty$ 变到 $+\infty$,即复变量 s 沿着 s 平面的虚轴自下而上移动,则在 D 平面上得到一条特征矢量 $D(j\omega)$ 的矢端轨迹,即 $D(j\omega)$ 轨迹. 当 $\omega = \omega_1$ 时,矢

量 $D(j\omega_1)$ 所具有的幅角为 $\angle D(j\omega_1)$,如图 4.4(b)所示.该幅角大小由式(4.6)确定.当频率 ω 由 $-\infty \rightarrow +\infty$ 时,轨迹 $D(j\omega)$ 的幅角变化为

$$\Delta\angle_{\omega:-\infty \rightarrow +\infty} D(j\omega) = \sum_{i=1}^{n} \Delta\angle_{\omega:-\infty \rightarrow +\infty}(j\omega - p_i)$$

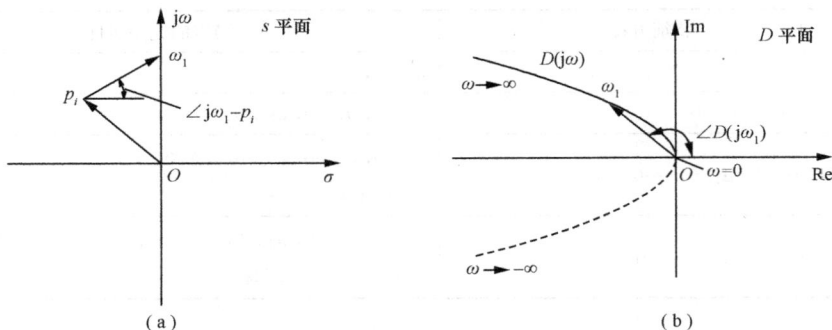

图 4.4　$D(j\omega)$ 轨迹

图 4.5 中 p_i 和 p_k 分别表示开环特征方程的任意左根和右根,图中所示均为复根,但也可以为实根.由图可见,当 ω 由 $-\infty \rightarrow +\infty$ 时,每一个特征方程根所对应的矢量$(j\omega - p_i)$ 和 $(j\omega - p_k)$ 的幅角也随之变化.若矢量逆时针旋转角度为正,顺时针旋转角度为负,则幅角变化为

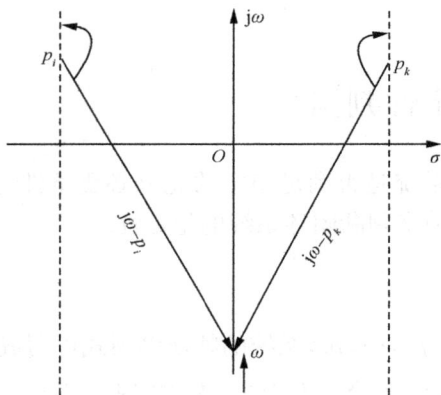

图 4.5　当 ω 由 $-\infty \rightarrow +\infty$ 时
$(j\omega - p_i)$ 和 $(j\omega - p_k)$ 的幅角变化

对每一个左根 p_i:

$$\Delta\angle_{\omega:-\infty \rightarrow +\infty}(j\omega - p_i) = \pi$$

对每一个右根 p_k:

$$\Delta\angle_{\omega:-\infty \rightarrow +\infty}(j\omega - p_k) = -\pi.$$

设 n 阶系统特征方程有 m 个根在 s 平面右半部,则必有$(n-m)$根在 s 平面的左半部.此时,当 ω 由 $-\infty \rightarrow +\infty$ 时,$D(j\omega)$ 轨迹的幅角总变化为

$$\Delta\angle_{\omega:-\infty \rightarrow +\infty} D(j\omega) = (n-m)\pi - m\pi = (n-2m)\pi \tag{4.7}$$

如果系统是稳定的,系统特征方程根应该全部位于 s 平面左半部,而右半部没有根(即 $m = 0$),则 $D(j\omega)$ 的幅角变化为

$$\Delta\angle_{\omega:-\infty \rightarrow +\infty} D(j\omega) = n\pi \tag{4.8}$$

根据式(4.8)可得出采用 $D(j\omega)$ 轨迹的幅角变化来判断系统的稳定性的方法:当频率 ω 由 $-\infty \rightarrow +\infty$ 时,如果 $D(j\omega)$ 轨迹的幅角变化为 $n\pi$,则此系统是稳定的.

由图 4.4(b)可见,ω 由 $-\infty \rightarrow 0$ 的 $D(j\omega)$ 轨迹和当 ω 由 $0 \rightarrow +\infty$ 的 $D(j\omega)$ 轨迹是对称于实轴的,因为 $D(j\omega)$ 的实部是 ω 的偶次函数.所以当频率 ω 由 $-\infty \rightarrow +\infty$ 时,$D(j\omega)$ 轨迹的幅角变化为当频率 ω 由 $0 \rightarrow +\infty$ 的 $D(j\omega)$ 轨迹的幅角变化的两倍.于是式(4.7)可以写成

$$\underset{\omega; 0 \to +\infty}{\Delta \angle} D(\mathrm{j}\omega) = (n - 2m) \frac{\pi}{2} \qquad (4.9)$$

而系统的稳定条件，即式(4.8)改写为

$$\underset{\omega; 0 \to +\infty}{\Delta \angle} D(\mathrm{j}\omega) = n \frac{\pi}{2} \qquad (4.10)$$

根据系统 $D(\mathrm{j}\omega)$ 轨迹幅角变化的稳定判据(米哈依洛夫判据)叙述如下：

当频率 ω 由 $0 \to +\infty$ 时，若系统 $D(\mathrm{j}\omega)$ 轨迹转过的角度为 $\frac{n\pi}{2}$，则系统是稳定的.

上述稳定性判据工程实用意义不大，因为我们不可能为判别系统的稳定性而去绘制 $D(\mathrm{j}\omega)$ 轨迹. 它的意义在于用这个结论可以得出由系统开环 $G(\mathrm{j}\omega)H(\mathrm{j}\omega)$ 轨迹来判别闭环系统稳定性的奈奎斯特判据，而 $G(\mathrm{j}\omega)H(\mathrm{j}\omega)$ 轨迹可以通过解析方法或实验方法求得.

4.3.2 系统闭环特征多项式 $D_b(s)$、开环特征多项式 $D_k(s)$ 和系统开环传递函数 $G(s)H(s)$ 的关系

设闭环控制系统如图 4.6 所示. 系统的开环传递函数为

$$G(s)H(s) = \frac{M_G(s)}{D_G(s)} \times \frac{M_H(s)}{D_H(s)} = \frac{M_k(s)}{D_k(s)}$$

式中，$M_G(s)$、$D_G(s)$ 分别为 $G(s)$ 的分子和分母多项式；$M_H(s)$、$D_H(s)$ 为 $H(s)$ 的分子和分母多项式；$D_k(s)$ 为开环特征多项式；$M_k(s)$ 为开环传递函数的分子多项式.

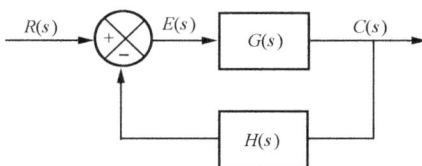

图 4.6　控制系统方块图

闭环系统传递函数为

$$\begin{aligned}
\Phi(s) &= \frac{G(s)}{1 + G(s)H(s)} = \frac{\dfrac{M_G(s)}{D_G(s)}}{1 + \dfrac{M_G(s)}{D_G(s)} \dfrac{M_H(s)}{D_H(s)}} \\
&= \frac{M_G(s)D_H(s)}{D_G(s)D_H(s) + M_G(s)M_H(s)} = \frac{M_b(s)}{D_b(s)}
\end{aligned}$$

式中，$D_b(s)$ 为闭环特征多项式；$M_b(s)$ 为闭环传递函数的分子多项式.

令函数 $F(s) = 1 + G(s)H(s)$，则有

$$\begin{aligned}
F(s) &= 1 + G(s)H(s) = 1 + \frac{M_G(s)}{D_G(s)} \times \frac{M_H(s)}{D_H(s)} \\
&= \frac{D_G(s)D_H(s) + M_G(s)M_H(s)}{D_G(s)D_H(s)} = \frac{D_b(s)}{D_k(s)}
\end{aligned} \qquad (4.11)$$

可见函数 $F(s)$ 的分母是开环特征多项式，而分子是系统闭环特征多项式(两者均为 n 阶). 这样就建立了系统的闭环特征多项式 $D_b(s)$、开环特征多项式 $D_k(s)$ 和开环传递函数 $G(s)H(s)$ 之间的联系，为证明奈奎斯特稳定性判据提供了基础.

4.3.3 GH 轨迹的奈奎斯特稳定性判据

考虑式(4.11)，令 $s = \mathrm{j}\omega$ 则有

$$1 + G(j\omega)H(j\omega) = \frac{D_b(j\omega)}{D_k(j\omega)} \tag{4.12}$$

如前所述,根据闭环 $D_b(j\omega)$ 轨迹的幅角变化可以判别闭环系统稳定性. 对于式(4.12),当频率 ω 由 $0 \to +\infty$ 时,有如下的幅角变化关系

$$\Delta\angle_{\omega:0\to+\infty}(1 + G(j\omega)H(j\omega)) = \Delta\angle_{\omega:0\to+\infty}D_b(j\omega) - \Delta\angle_{\omega:0\to+\infty}D_k(j\omega) \tag{4.13}$$

研究如图 4.6 所示的闭环系统,其稳定的充分必要条件是:当 ω 频率由 $0 \to +\infty$ 时,闭环 $D_b(j\omega)$ 轨迹的幅角变化应该为

$$\Delta\angle_{\omega:0\to+\infty}D_b(j\omega) = n\frac{\pi}{2} \tag{4.14}$$

如果要用 $1 + G(j\omega)H(j\omega)$ 轨迹的幅角变化来判断该闭环系统的稳定性,由式(4.13)可知,尚需知道开环 $D_k(j\omega)$ 的幅角变化. 下面分两种情况来讨论:

1. 开环系统 $G(j\omega)H(j\omega)$ 稳定

开环系统 $G(j\omega)H(j\omega)$ 稳定,即

$$\Delta\angle_{\omega:0\to+\infty}D_k(j\omega) = n\frac{\pi}{2} \tag{4.15}$$

欲使闭环稳定,必须满足式(4.14)条件.

将式(4.14)、式(4.15)代入式(4.13),此时 $1 + G(j\omega)H(j\omega)$ 轨迹的幅角变化应为

$$\Delta\angle_{\omega:0\to+\infty}(1 + G(j\omega)H(j\omega)) = n\frac{\pi}{2} - n\frac{\pi}{2} = 0$$

由此得出**开环稳定条件下的奈奎斯特判据**:系统在开环状态稳定的条件下,闭环系统稳定的充分必要条件是 $1 + G(j\omega)H(j\omega)$ 轨迹不包围 $[1+GH]$ 平面的原点. 根据此判据图 4.7(a)所示的系统是稳定的.

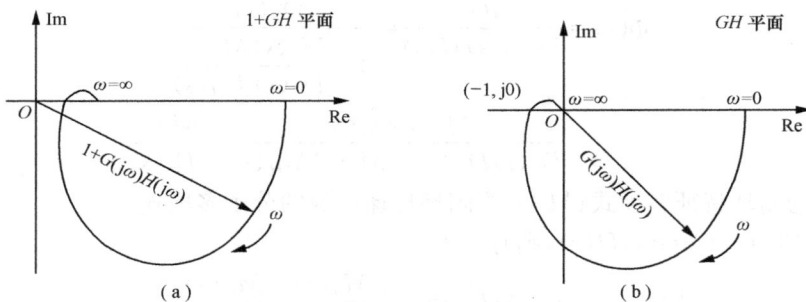

图 4.7 $1 + G(j\omega)H(j\omega)$ 轨迹和 $G(j\omega)H(j\omega)$ 轨迹

为了直接利用开环 $G(j\omega)H(j\omega)$ 轨迹来判别闭环系统的稳定性,我们仅需将 $[1+GH]$ 平面的纵坐标右移一个单位而转换成 GH 平面,如图 4.7(b)所示. 则此时**奈奎斯特判据**叙述为:若系统在开环状态下是稳定的,则系统在闭环状态下稳定的充分必要条件是其开环 $G(j\omega)H(j\omega)$ 轨迹不包围 GH 平面上的 $(-1, j0)$ 点. 根据此判据,图 4.7(b)所示系统是稳定的.

2. 普遍情况

若开环系统 $G(j\omega)H(j\omega)$ 是不稳定的,并设开环特征方程有 m 个右根(如果开环稳定,则 $m=0$).由式(4.9)得

$$\underset{\omega:0\to+\infty}{\Delta\angle}D_k(j\omega) = (n-2m)\frac{\pi}{2} \tag{4.16}$$

欲使闭环稳定,应满足式(4.14)的条件,将式(4.16)、式(4.14)代入式(4.13)则要求 $1+G(j\omega)H(j\omega)$ 轨迹的幅角变化为

$$\underset{\omega:0\to+\infty}{\Delta\angle}(1+G(j\omega)H(j\omega)) = n\frac{\pi}{2} - (n-2m)\frac{\pi}{2} = \frac{m}{2}2\pi$$

所以,**普遍情况下的奈奎斯特稳定判据**为:系统若开环状态不稳定,且开环特征方程有 m 个右根,则闭环系统稳定的充分必要条件是 $1+G(j\omega)H(j\omega)$ 轨迹逆时针方向包围[$1+GH$]平面原点 $m/2$ 次.

同理,将[$1+GH$]平面纵坐标右移一个单位,转换成 GH 平面,则闭环稳定的充分必要条件也改为逆时针包围 GH 平面的 $(-1,j0)$ 点 $m/2$ 次.

综合上述情况,现将奈奎斯特稳定性判据叙述如下:若系统在开环状态下不稳定,且开环特征方程有 m 个根在 s 平面的右半部,则闭环系统稳定的充分必要条件是开环 $G(j\omega)H(j\omega)$ 轨迹逆时针方向包围 $(-1,j0)$ 点 $m/2$ 次.

例 4.8 设反馈控制系统的开环传递函数为

$$G(s)H(s) = \frac{K}{T^2s^2 + 2T\zeta s + 1}$$

试判断系统的稳定性.

解 作出系统开环 $G(j\omega)H(j\omega)$ 轨迹,如图 4.8 所示.

二阶系统中由于 K、T、ζ 为物理参数,均为正值,故开环是稳定的.由图 4.8 知不论这些参数如何变化,$G(j\omega)H(j\omega)$ 轨迹都不会包围 $(-1,j0)$ 点.故闭环系统稳定.

例 4.9 设单位反馈系统的开环传递函数为

$$G(s) = \frac{K}{(T_1s+1)(T_2s+1)(T_3s+1)}$$

式中,$T_1=0.1\text{s}$,$T_2=0.05\text{s}$,$T_3=0.01\text{s}$.试求 K 值为多大时,闭环系统是稳定的.

解 由于时间常数 T_1、T_2、T_3 均为正,故系统开环是稳定的.将 T_1、T_2、T_3 值代入 $G(s)$,作得开环 $G(j\omega)$ 轨迹如图 4.9 所示.

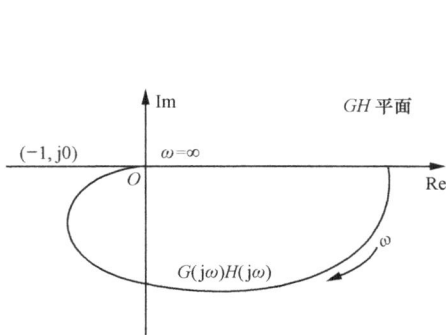

图 4.8 系统 $G(j\omega)H(j\omega)$ 轨迹

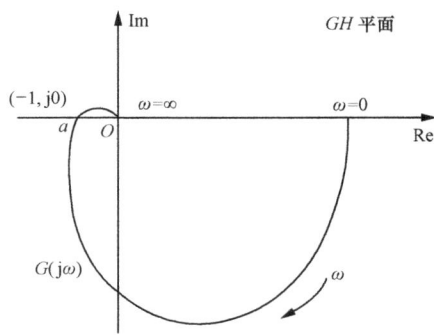

图 4.9 $G(j\omega)$ 轨迹

设 $G(j\omega)$ 轨迹交负实轴于 a 点,为使闭环稳定,a 点的数值必须大于-1. 可令 $V(\omega)=0$,求出 a 点的 ω 值.

$$G(j\omega) = \frac{K}{(T_1 j\omega + 1)(T_2 j\omega + 1)(T_3 j\omega + 1)} = U(\omega) + jV(\omega)$$

式中,$G(j\omega)$ 的实部和虚部分别为

$$U(\omega) = \frac{[1 - (T_1 T_2 + T_2 T_3 + T_3 T_1)\omega^2]K}{[1 - (T_1 T_2 + T_2 T_3 + T_3 T_1)\omega^2]^2 + \omega^2[(T_1 + T_2 + T_3) - T_1 T_2 T_3 \omega^2]^2}$$

$$V(\omega) = \frac{-\omega[(T_1 + T_2 + T_3) - T_1 T_2 T_3 \omega^2]K}{[1 - (T_1 T_2 + T_2 T_3 + T_3 T_1)\omega^2]^2 + \omega^2[(T_1 + T_2 + T_3) - T_1 T_2 T_3 \omega^2]^2}$$

令 $V(\omega)=0$,得

$$\omega_a = \sqrt{\frac{T_1 + T_2 + T_3}{T_1 T_2 T_3}}$$

代入 $U(\omega)$ 得

$$U(\omega_a) = \frac{K}{-\left(2 + \dfrac{T_1}{T_3} + \dfrac{T_1}{T_2} + \dfrac{T_2}{T_3} + \dfrac{T_2}{T_1} + \dfrac{T_3}{T_1} + \dfrac{T_3}{T_2}\right)} > -1$$

所以,使闭环系统稳定的条件是

$$0 < K < 2 + \frac{T_1}{T_2} + \frac{T_1}{T_3} + \frac{T_2}{T_1} + \frac{T_2}{T_3} + \frac{T_3}{T_1} + \frac{T_3}{T_2}$$

将时间常数 T_1、T_2、T_3 的值代入,得闭环系统稳定的 K 值范围 $0 < K < 19.8$.

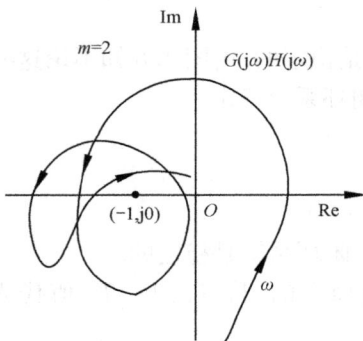

图 4.10 系统 $G(j\omega)H(j\omega)$ 轨迹

例 4.10 设闭环系统的开环 $G(j\omega)H(j\omega)$ 轨迹如图 4.10 所示,且已知开环特征方程的两个根在 s 平面右半部. 试判断系统的稳定性.

解 此系统开环状态是不稳定的($m=2$),但由于 $G(j\omega)H(j\omega)$ 轨迹逆时针方向包围 $(-1, j0)$ 点一次,所以这个系统在闭环状态下是稳定的.

4.3.4 正负"穿越"的概念

当系统的开环 $G(j\omega)H(j\omega)$ 轨迹曲线比较复杂时,确定 $G(j\omega)H(j\omega)$ 轨迹包围 $(-1, j0)$ 点的次数就比较麻烦,如图 4.11 所示的系统. 为此引出"穿越"的概念,利用"穿越"次数来计算 $G(j\omega)H(j\omega)$ 轨迹包围 $(-1, j0)$ 点的次数.

"穿越"是指开环 $G(j\omega)H(j\omega)$ 轨迹穿过 GH 平面 $(-1, j0)$ 以左的负实轴. 若 $G(j\omega)H(j\omega)$ 轨迹自上而下穿过该段负实轴时,称"正穿越"(幅角增大);若 $G(j\omega)H(j\omega)$ 轨迹自下而上穿过该段负实轴时,称"负穿越"(幅角减小)."正穿越"一次计穿越次数为 $+1$,"负穿越"一次计穿越次数为 -1. 如果 $G(j\omega)H(j\omega)$ 轨迹起始或终止于 $(-1, j0)$ 点以左的负实轴,则穿越次数为半次.同样有 $+1/2$ 次穿越和 $-1/2$ 次穿越之分,如图 4.12 所示.

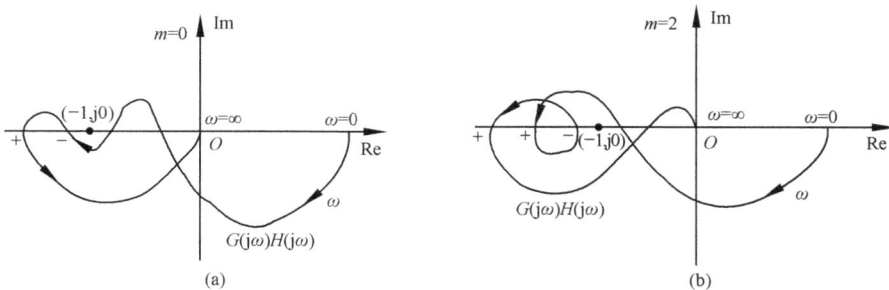

图 4.11 系统 $G(j\omega)H(j\omega)$ 轨迹

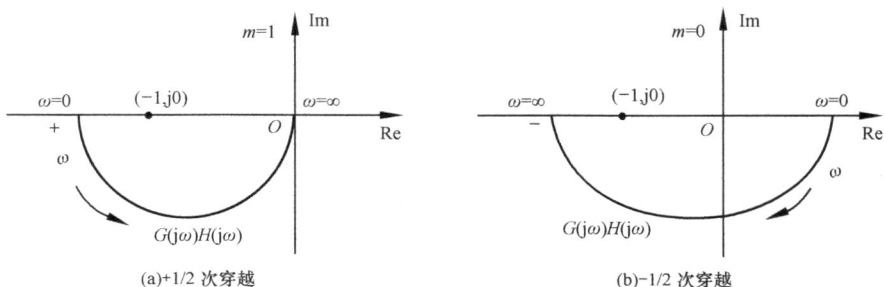

图 4.12 半次正负穿越

根据上述概念,$G(j\omega)H(j\omega)$ 轨迹的一次正穿越相当于逆时针方向包围 $(-1,j0)$ 点一次,而一次负穿越则相当于顺时针方向包围 $(-1,j0)$ 点一次. 这样,$G(j\omega)H(j\omega)$ 轨迹穿越次数的代数和即为它包围 $(-1,j0)$ 点的次数.

故奈奎斯特稳定性判据可叙述为:若系统在开环状态下不稳定,且开环特征方程有 m 个根在 s 平面右半部,则闭环系统稳定的充分必要条件是:开环 $G(j\omega)H(j\omega)$ 轨迹在 $(-1,j0)$ 点以左的负实轴上的正负穿越次数的代数和为 $m/2$.

应用上述判据,可知图 4.11 所示的两个系统其闭环是稳定的. 对于图 4.12 所示系统,其中图 4.12(a) 系统虽然开环不稳定,但闭环是稳定的;而图 4.12(b) 系统,虽然开环是稳定的,但闭环系统却是不稳定的.

若开环不稳定,且开环特征方程有一个根在 s 平面右半部($m=1$),则此时闭环稳定的充分必要条件是 $G(j\omega)H(j\omega)$ 轨迹逆时针方向包围 $(-1,j0)$ 点 $1/2$ 次,如图 4.12(a) 所示.

包围 $(-1,j0)$ 点 $1/2$ 次可以这样来理解:如果将 $G(j\omega)H(j\omega)$ 轨迹补绘完整,即补绘当 ω 由 $-\infty \rightarrow 0$ 时的 $G(j\omega)H(j\omega)$ 轨迹. 这一部分轨迹与原来($\omega: 0 \rightarrow \infty$)的 $G(j\omega)H(j\omega)$ 轨迹对称于实轴,如图 4.13 虚线所示. 这时完整的 $G(j\omega)H(j\omega)$ 轨迹是 s 平面整个虚轴($\omega: -\infty \rightarrow +\infty$)在 GH 平面上的映射. 由图 4.13 可知,当开环不稳定($m=1$)时,闭环稳定的充分必要条件是完整的开环 $G(j\omega)H(j\omega)$ 轨迹逆时针方向包围 $(-1,j0)$ 点一次.

4.3.5 开环传递函数具有积分环节时的奈奎斯特判据

以上所述的奈奎斯特判据只讨论了开环特征方程的根在 s 平面左半部或右半部,而没有涉及开环特征方程具有零根或纯虚根时的情况. 开环特征方程具有零根,即系统存在积分

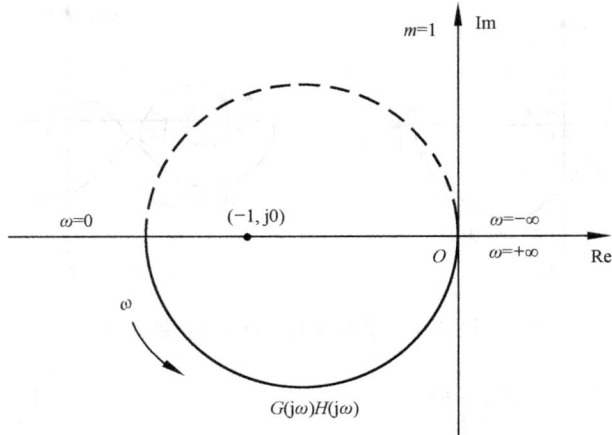

图 4.13 当 ω 由 $-\infty \to +\infty$ 时 $G(j\omega)H(j\omega)$ 轨迹

环节是很普通的. 若要判别这些系统的闭环稳定性,除了上面所述要确定开环零根是作为左根还是作为右根处理外,还有一个问题是 $G(j\omega)H(j\omega)$ 轨迹起始于幅角为 $\nu \times (-90°)$ 的无穷远处,这样往往不容易立即看出它们是否包围 $(-1, j0)$ 点.

设系统开环传递函数为

$$G(s)H(s) = \frac{M_k(s)}{D_k(s)} = \frac{M_k(s)}{s^\nu D_k'(s)} \tag{4.17}$$

式中, ν 为积分环节的个数(即特征方程零根数); $D_k'(s)$ 为 $D(s)$ 中不含零根的部分.

由于开环特征方程有零根,此时 s 的变化路径不能完全沿虚轴($\omega: -\infty \to +\infty$)而应该用半径很小($r \to 0$)的半圆 $re^{j\varphi}$ 绕过原点($s=0$),如图 4.14(a)所示. 显然,这时已将该零根 ($s=0$)作为 s 平面左半部的根. 因为半径很小,故不影响特征方程其他根的分布.

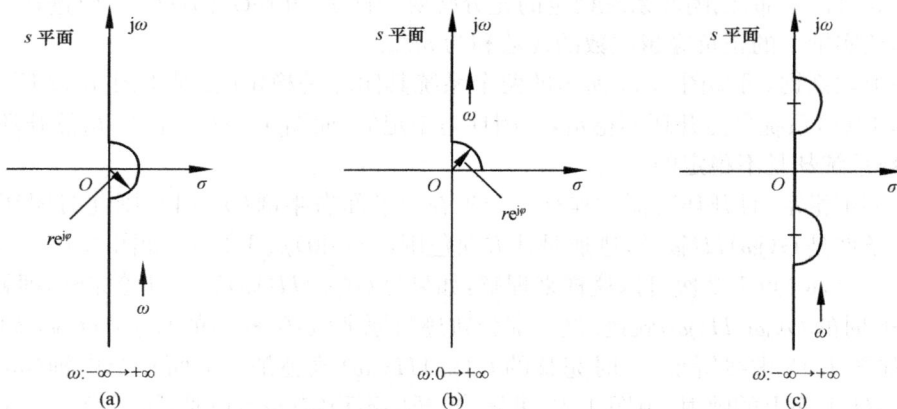

图 4.14 s 的变化路径

根据新的 s 变化路径, $G(j\omega)H(j\omega)$ 轨迹可分为两个部分:一部分为 $\omega>0$ 和 $\omega<0$,按 $s=j\omega$ 代入式(4.17),所得 $G(j\omega)H(j\omega)$ 轨迹如原来形状;另一部分为当 $\omega \to 0$ 时,以 $s=re^{j\varphi}$ 代入式(4.16)得

$$G(s)H(s)\mid_{s\to0}=\frac{M_k(0)}{(re^{j\varphi})^\nu D_k'(0)}=\frac{M_k(0)}{r^\nu D_k'(0)}e^{-j\nu\varphi}=Re^{-j\phi}$$

式中,$R=\dfrac{M_k(0)}{r^\nu D_k'(0)}$;$\phi=\nu\varphi$.

若绘制 ω 由 $0\to\infty$ 时的 $G(j\omega)H(j\omega)$ 轨迹,则 s 变化路径如图 4.14(b)所示. 对应于 $s=0$ 附近这一部分轨迹可由幅值 R 和相位 ϕ 确定. 因 $r\to0$,幅值 $R\to\infty$,而相位 ϕ 与开环特征方程零根个数(积分环节个数)有关. 在图 4.14(b)中,若 ϕ 的变化为 $0\to\pi/2$,对于 I 型系统 $(\nu=1)$,相位 ϕ 由 $0\to-\pi/2$;对于 II 型系统 $(\nu=2)$,相位 ϕ 变化为 $0\to-\pi$. 根据幅值 $R\to\infty$ 和相位 ϕ 的变化可作得该部分轨迹如图 4.15(a)、(b)中虚线所示,而此虚线为辅助线.

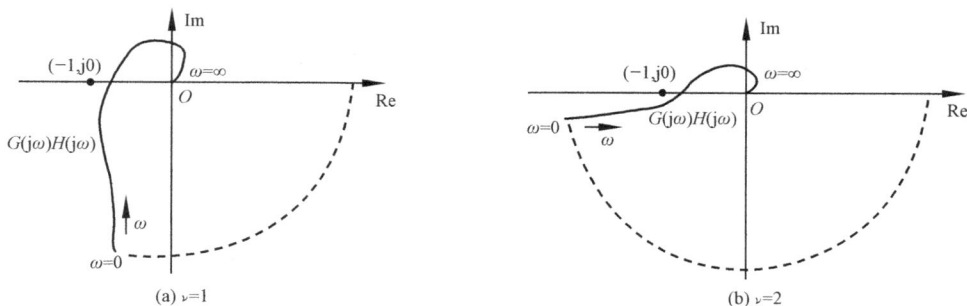

图 4.15　具有零根的开环 $G(j\omega)H(j\omega)$ 轨迹

因此对于开环特征方程具有零根的系统采用奈奎斯特判据时如下处理:

(1) 将开环特征方程的零根看作左根.

(2) 绘出 ω 由 $0^+\to\infty$ 变化时的 Nyquist 曲线;从 $G(j0^+)H(j0^+)$ 开始,以 ∞ 的半径逆时针补画 $\nu\times90°$ 的圆弧(辅助线).

然后再看整个的 $G(j\omega)H(j\omega)$ 轨迹是否包围 $(-1,j0)$ 点来决定闭环系统的稳定性.

如果开环特征方程有纯虚根,其处理方法同上. 这时取复变量 s 的变化路径如图 4.14(c). 即将虚轴上的根看作左根,然后按系统 $G(j\omega)H(j\omega)$ 轨迹判断闭环系统稳定性.

对于最小相位系统辅助线可以简化为:以半径为无穷大的圆弧顺时针方向将正实轴端和轨迹的起始端 $(\omega=0^+)$ 连接起来. 这样很容易看出图 4.15 所示的两个系统的开环 $G(j\omega)H(j\omega)$ 轨迹都不包围 $(-1,j0)$ 点.

例 4.11　已知单位反馈系统的开环传递函数 $G(s)=\dfrac{K}{s(T_1s+1)(T_2s-1)}$,其中 K、T_1、T_2 为正实数,试确定此闭环系统的稳定性.

解　由题意可得开环系统的幅频函数和相频函数为

$$A(\omega)=\frac{K}{\omega\sqrt{(1+\omega^2T_1^2)(1+\omega^2T_2^2)}}$$

$$\varphi(\omega)=-\frac{\pi}{2}-\arctan(T_1\omega)+[-\pi+\arctan(T_2\omega)]$$

$$=-\frac{3}{2}\pi-\arctan(T_1\omega)+\arctan(T_2\omega)=\begin{cases}>-\dfrac{3}{2}\pi,&T_1<T_2\\[2mm]<-\dfrac{3}{2}\pi,&T_1>T_2\end{cases}$$

作系统 $G(j\omega)$ 轨迹于图 4.16,其中从 $\omega=0^+$ 逆时针作 $\frac{\pi}{2}$,正好止于负实轴,与负实轴的交点在负无穷大处.开环传递函数的一个特征根为右根,$m=1$,闭环稳定的充要条件是逆时针绕 $(-1,j0)$ 点 1/2 次,而图 4.16 中顺时针绕 $(-1,j0)$ 点 1/2 次,故闭环系统仍不稳定.

4.3.6 伯德图上的奈奎斯特判据

工程上常用伯德图进行系统的分析与设计.下面将奈奎斯特判据从极坐标图转换到伯德图上,即在伯德图上得出 $G(j\omega)H(j\omega)$ 轨迹是否包围 $(-1,j0)$ 点,以及包围次数.

图 4.17 所示为稳定系统 1 和不稳定系统 2 的奈奎斯特图,图中还画出单位圆.图 4.18 所示为上述两个系统对应的伯德图.比较上述两图可得如下对应关系:

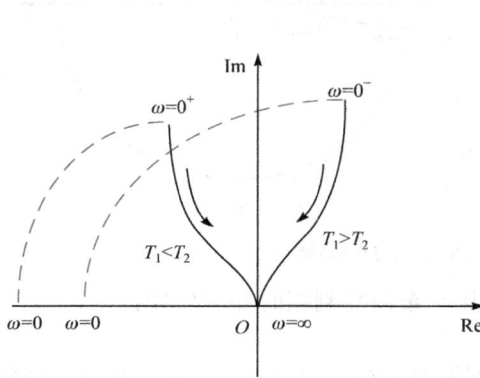

图 4.16 系统的 $G(j\omega)$ 轨迹

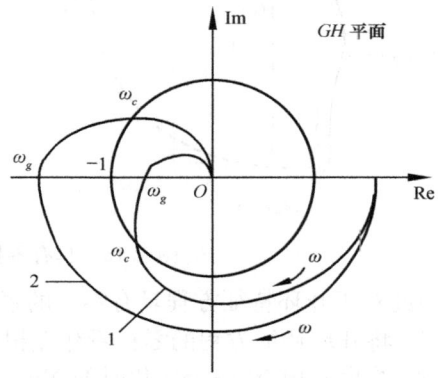

图 4.17 系统的奈奎斯特图

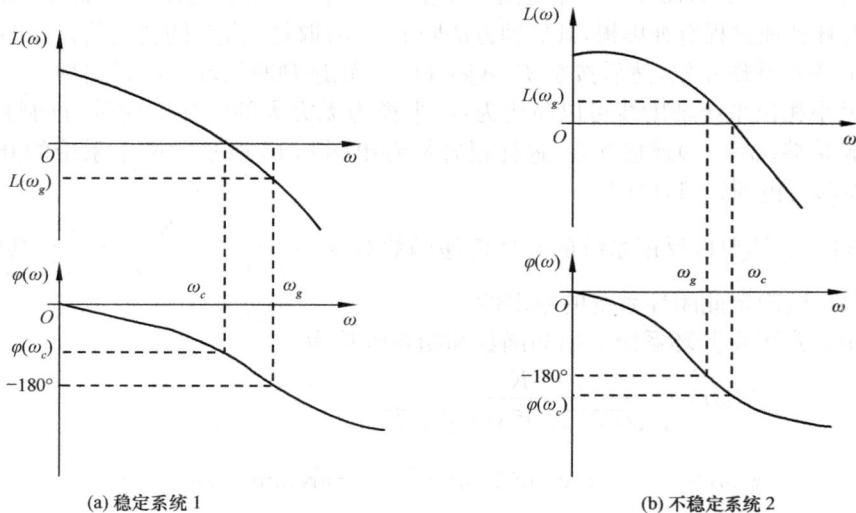

(a) 稳定系统 1

(b) 不稳定系统 2

图 4.18 对应于图 4.17 的系统伯德图

（1）奈奎斯特图上的单位圆对应于伯德图上的对数幅频图上的零分贝线；

（2）单位圆外（$|G(j\omega)H(j\omega)|>1$）区域对应于零分贝线以上（$L(\omega)>0$）区域，单位圆内（$|G(j\omega)H(j\omega)|<1$）区域对应于零分贝线以下（$L(\omega)<0$）区域；

（3）奈奎斯特图上负实轴具有$-180°$相位，它对应于相频图上的$-180°$线（$-\pi$线）.

$G(j\omega)H(j\omega)$轨迹与单位圆交点处频率为ω_c，称为增益交界频率（或剪切频率）；而$G(j\omega)H(j\omega)$轨迹与负实轴（$-\pi$线）交点处频率为ω_g，称为相位交界频率.

由图4.17可见，对于稳定系统1，$G(j\omega)H(j\omega)$轨迹不包围（-1，j0）点，随着频率ω增加，$G(j\omega)H(j\omega)$轨迹先穿过单位圆，然后穿过负实轴，即

$$\omega_c<\omega_g,\qquad \angle G(j\omega_c)H(j\omega_c)>-\pi,\qquad |G(j\omega_g)H(j\omega_g)|<1 \qquad (4.18)$$

对于不稳定系统2，$G(j\omega)H(j\omega)$轨迹包围（-1，j0）点. 随着频率ω增加，$G(j\omega)H(j\omega)$轨迹先穿过负实轴，然后穿过单位圆，即

$$\omega_c>\omega_g,\qquad \angle G(j\omega_c)H(j\omega_c)<-\pi,\qquad |G(j\omega_g)H(j\omega_g)|>1 \qquad (4.19)$$

根据正负穿越概念，在奈奎斯特图上的正负穿越为$G(j\omega)H(j\omega)$穿过负实轴（-1，$-\infty$）段的穿越次数，自上而下为正穿越，自下而上为负穿越. 而在伯德图上对应转换为：在对数幅值$L(\omega)>0$范围内，相频$\varphi(\omega)$曲线穿越$-\pi$线的次数即为穿越次数. 且有自下而上穿越$-\pi$线（$\varphi(\omega)$增加）为正穿越，自上而下（$\varphi(\omega)$减小）为负穿越.

图4.18（a）和（b）所示为图4.17中稳定系统1和不稳定系统2相应的伯德图. 根据伯德图可得出与式（4.18）和式（4.19）相对应的关系. 对于闭环稳定的系统有

$$\omega_c<\omega_g,\qquad \varphi(\omega_c)>-\pi,\qquad L(\omega_g)<0 \qquad (4.20)$$

对于闭环不稳定系统则有

$$\omega_c>\omega_g,\qquad \varphi(\omega_c)<-\pi,\qquad L(\omega_g)>0 \qquad (4.21)$$

通过上面的分析，可得伯德图上的奈奎斯特判据（又称对数判据）具体叙述如下：

（1）在系统开环是稳定的（$m=0$）条件下，闭环系统稳定的充分必要条件是：在对数幅频$L(\omega)>0$的所有频率范围内，相频特性$\varphi(\omega)$在$-\pi$线上正负穿越次数代数和为0.

（2）当系统开环状态下不稳定（普遍情况）且开环特征方程有m个右根时，则闭环系统稳定的充分必要条件是在所有$L(\omega)>0$的频率范围内，相频特性曲线$\varphi(\omega)$在$-\pi$线上的正负穿越次数的代数和为$m/2$.

例如，图4.18（a）所示系统，在$L(\omega)>0$频率范围（$\omega<\omega_c$）$\varphi(\omega)$不穿越$-\pi$线，且系统开环稳定，所以闭环系统是稳定的. 而图4.18（b）所示系统，同样开环是稳定的，在$L(\omega)>0$的频率范围内（$\omega<\omega_c$），$\varphi(\omega)$自上而下穿越$-\pi$线一次，故闭环系统是不稳的.

如图4.19所示系统. 根据开环特征方程右根数，以及所有$L(\omega)>0$的频率范围内的穿越次数，可判断闭环系统稳定性. 对于图4.19（a）所示系统，已知开环特征方程有两个右根（$m=2$），由图可知正负穿越数之和为-1，不等于$m/2$，所以该系统在闭环状态下是不稳定的. 对于图4.19（b）所示系统，开环特征方程没有右根（$m=0$），而正负穿越次数之和为零，所以系统在闭环状态下是稳定的. 对于图4.19（c）所示系统，已知开环特征方程有两个右根（$m=2$），由图可知，正负穿越次数之和为$+1$，等于$m/2$，所以在闭环状态下系统是稳定的.

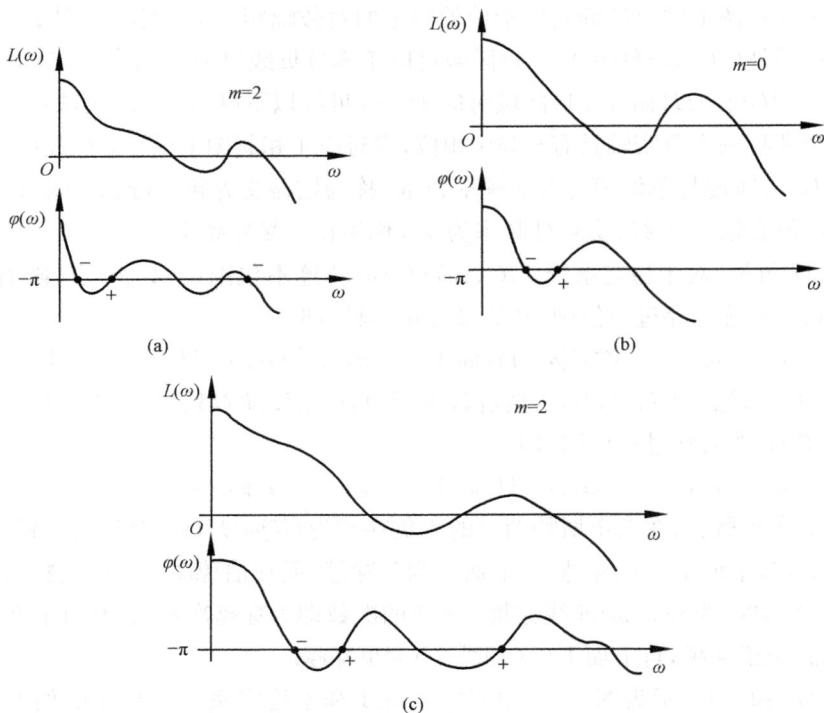

图 4.19　开环系统的几种伯德图

4.4　稳定性裕量

　　根据稳定性判据可以判别一个系统是否稳定. 但是要使一个实际控制系统能够稳定可靠地工作,刚好满足稳定性条件是不够的. 原因是作为稳定性判据的原始依据的数学模型与实际运行的系统之间总有一定误差. 一方面由于在建立数学模型时忽略了一些次要因素、非线性特性的线性化、系统参数值不精确以及用实验方法求取时的仪器仪表误差和读数误差等;另一方面,在系统工作过程中的元件老化和特性漂移等均会使原来稳定的系统变得不稳定. 为此我们在设计系统时,不能使系统处于稳定边界或离开稳定边界很近. 这就是系统相对稳定性问题. 相对稳定性是用稳定性裕量来衡量的.

　　稳定性裕量可以定量地确定一个系统的稳定程度,即系统离开稳定边界的远近. 稳定性裕量包括相位裕量和增益裕量. 它们是评价系统稳定性好坏的性能指标,是进行系统动态设计的重要依据之一.

　　图 4.20 表示三种具有不同开环增益的 $G(j\omega)H(j\omega)$ 轨迹. 若开环稳定,则对于大的

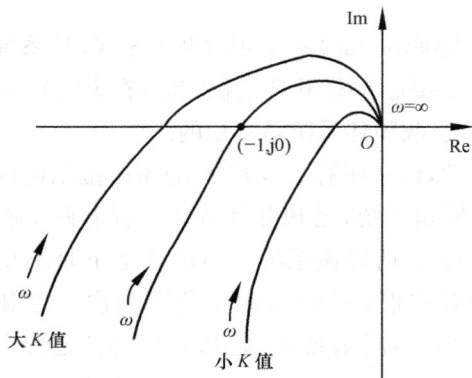

图 4.20　不同开环增益的系统 $G(j\omega)H(j\omega)$ 轨迹

K 值,闭环系统不稳定;对应于小 K 值的闭环系统是稳定的;而当 K 值变化到某一值时,$G(\text{j}\omega)H(\text{j}\omega)$ 轨迹正好通过 $(-1,\text{j}0)$ 点,这时系统处于稳定边界,从理论上讲系统在扰动作用下呈现持续的等幅振荡.

一般来说,$G(\text{j}\omega)H(\text{j}\omega)$ 轨迹越接近 $(-1,\text{j}0)$ 点,则系统相对稳定性越差.因此稳定裕量可以用 $G(\text{j}\omega)H(\text{j}\omega)$ 轨迹靠近 $(-1,\text{j}0)$ 点的程度来衡量.下面介绍相位裕量和增益裕量.

4.4.1 相位裕量

相位裕量 γ 指在增益交界频率 ω_c 上,使系统达到稳定边界所需要的附加相位滞后量,即

$$\gamma = \varphi(\omega_c) - (-180°) = 180° + \varphi(\omega_c) \tag{4.22}$$

式中,$\varphi(\omega_c)$ 为开环频率特性在增益交界频率上的相位.

图 4.21(a)表示了开环稳定条件下,闭环稳定系统和不稳定系统的相位裕量.图上从原点到 $G(\text{j}\omega)H(\text{j}\omega)$ 轨迹与单位圆的交点 $(\omega = \omega_c)$ 作一条直线.负实轴与这条直线的夹角就是相位裕量 γ.对于稳定系统,由式(4.22)可知相位裕量为正($\gamma > 0$);对于不稳定系统,相位裕量为负($\gamma < 0$).

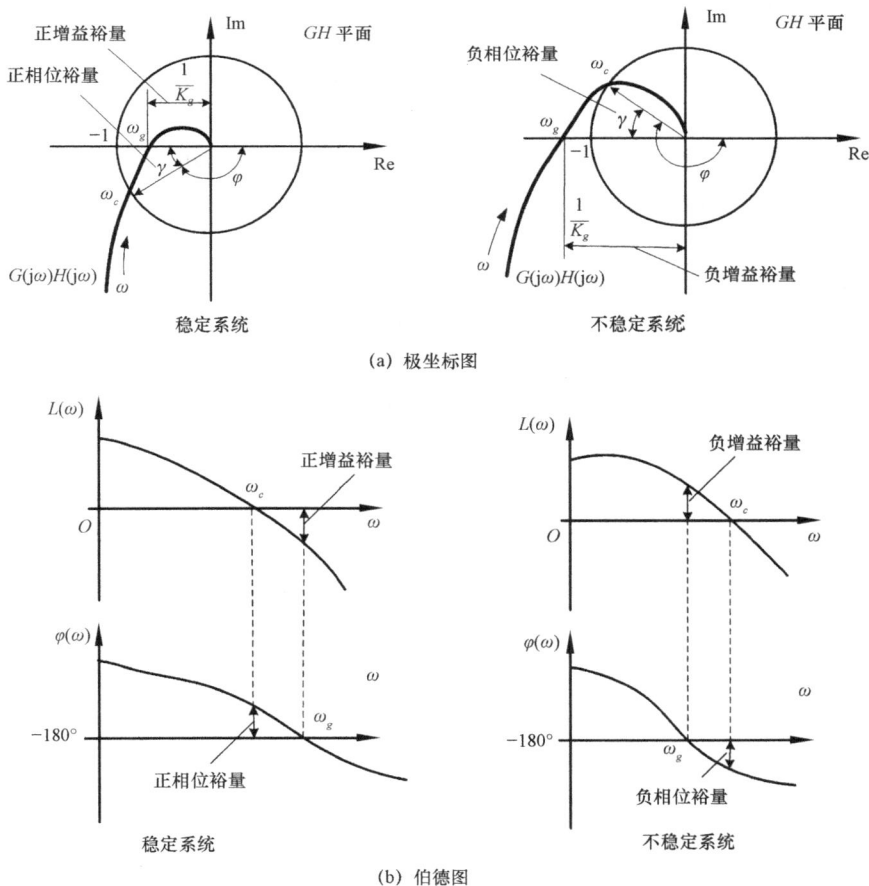

(a) 极坐标图

(b) 伯德图

图 4.21 稳定系统和不稳定系统的相位裕量和增益裕量

4.4.2 增益裕量

增益裕量定义为相位交界频率 ω_g 上,频率特性幅值 $|G(\mathrm{j}\omega)H(\mathrm{j}\omega)|$ 的倒数,即

$$K_g = \frac{1}{|G(\mathrm{j}\omega_g)H(\mathrm{j}\omega_g)|} \tag{4.23}$$

显然,增益裕量就是指在相位交界频率 ω_g 上,使频率特性幅值达到稳定边界所需要的附加增益大小.

增益裕量若用分贝表示,则有

$$K_g(\mathrm{dB}) = 20\lg K_g = -20\lg|G(\mathrm{j}\omega_g)H(\mathrm{j}\omega_g)| \tag{4.24}$$

图 4.21(a)上也表示出稳定系统和不稳定系统的增益裕量. 由图可见,当增益裕量用分贝表示时,对于稳定系统 $|G(\mathrm{j}\omega)H(\mathrm{j}\omega)|<1$,则增益裕量 $K_g>1$,$K_g(\mathrm{dB})$ 为正;反之,对于不稳定系统,$|G(\mathrm{j}\omega)H(\mathrm{j}\omega)|>1$,则增益裕量 $K_g<1$,$K_g(\mathrm{dB})$ 为负.

在伯德图上,对于稳定系统和不稳定系统的相位裕量和增益裕量如图 4.21(b)所示.

4.4.3 稳定性裕量小结

相位裕量和增益裕量用来衡量一个控制系统的相对稳定性,是系统动态设计的重要性能指标.

当系统在开环状态下是稳定的,如果系统具有正相位裕量和正增益裕量,则闭环系统是稳定的;如果系统具有负相位裕量和负增益裕量,则闭环系统是不稳定的.

相位裕量和增益裕量的大小应该适当. 从而使系统既具有足够的相对稳定性,又具有较满意的动态性能. 当两者取值太小,则太接近稳定边界,而取值太大,则使系统响应变慢. 经验表明,选择 $\gamma \approx 30° \sim 60°$ 和 $K_g \geqslant 6\mathrm{dB}$ 是较为合适的.

例 4.12 设单位反馈控制系统的开环传递函数为

$$G(s) = \frac{K}{s(s+1)(s+5)}$$

试分析 $K=10$ 和 $K=100$ 时,系统的相位裕量和增益裕量.

解 由题意知

$$G(\mathrm{j}\omega) = \frac{K}{\mathrm{j}\omega(\mathrm{j}\omega+1)(\mathrm{j}\omega+5)} = \frac{K[-6\omega^2 - \mathrm{j}(5-\omega^2)\omega]}{36\omega^4 + (5-\omega^2)^2\omega^2}$$

其实频函数、虚频函数分别为

$$U(\omega) = \frac{-6K\omega^2}{36\omega^4 + (5-\omega^2)^2\omega^2}$$

$$V(\omega) = \frac{-K(5-\omega^2)\omega}{36\omega^4 + (5-\omega^2)^2\omega^2}$$

其幅频函数和相频函数分别为

$$|G(\mathrm{j}\omega)| = \frac{K}{\omega\sqrt{\omega^2+1}\sqrt{\omega^2+25}}$$

$$\angle G(\mathrm{j}\omega) = -90° - \arctan\omega - \arctan\left(\frac{\omega}{5}\right)$$

（1）$K=10$ 时：

由 $|G(j\omega)|=1$ 得 $\omega_c=1.25\mathrm{rad/s}$，对应有 $\gamma=180°+\angle G(j\omega_c)=25.3°$；

由 $V(\omega)=0$ 得 $\omega_g=\sqrt{5}=2.24\mathrm{rad/s}$，对应有 $K_g=\dfrac{1}{|G(j\omega_g)|}=\dfrac{1}{|U(\omega_g)|}=3$，即 $K_g(\mathrm{dB})=9.54\mathrm{dB}$.

（2）$K=100$ 时：

由 $|G(j\omega)|=1$ 得 $\omega_c=3.93\mathrm{rad/s}$，对应有 $\gamma=180°+\angle G(j\omega_c)=-23.9°$；

由 $V(\omega)=0$ 得 $\omega_g=\sqrt{5}=2.24\mathrm{rad/s}$，对应有 $K_g=\dfrac{1}{|G(j\omega_g)|}=\dfrac{1}{|U(\omega_g)|}=0.3$，即 $K_g(\mathrm{dB})=-10.46\mathrm{dB}$.

根据系统开环传递函数知其开环是稳定的. 但当 $K=10$ 时系统具有正的相位裕量和正增益裕量，系统在闭环状态下是稳定的. 但当 $K=100$ 时系统具有负相位裕量和负增益裕量，系统在闭环状态下是不稳定的.

作 $K=10$ 和 $K=100$ 的系统伯德图如图 4.22 所示. $K=10$ 的 $L(\omega)$ 如图中实线所示，当 K 由 10 增加到 100 时，相频特性 $\varphi(\omega)$ 不变，幅频特性 $L(\omega)$ 向上平移 20dB.

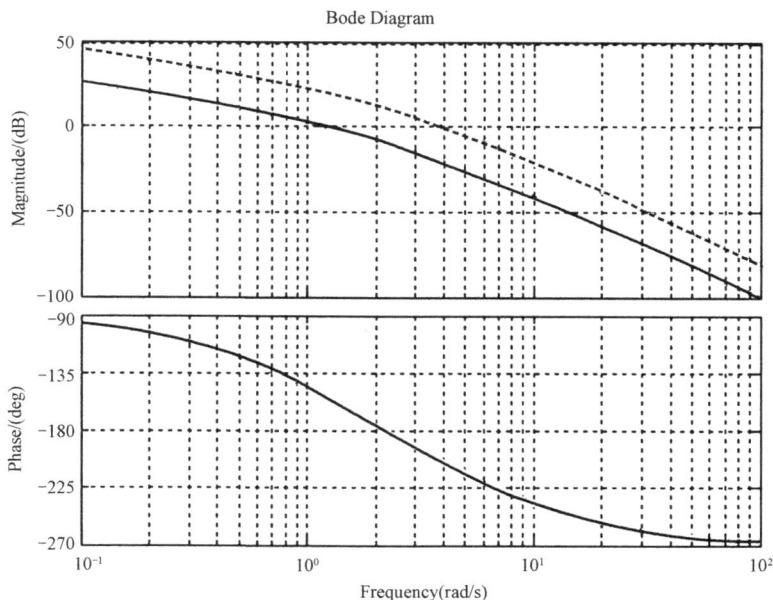

图 4.22　系统伯德图

因此为了使系统稳定并具有所要求的稳定性裕量，方法之一是降低系统开环增益 K，但随着 K 的减小，系统稳态误差增大，这是我们所不希望的. 为此，往往用校正环节来改变开环频率特性曲线形状，这将在后面详细讨论.

例 4.13　设具有单位反馈系统的开环传递函数 $G(s)=\dfrac{as+1}{s^2}$，试确定使相位裕量 $\gamma=45°$ 时的 a 值.

解　已知系统的奈奎斯特图见图 4.23，系统频率特性为

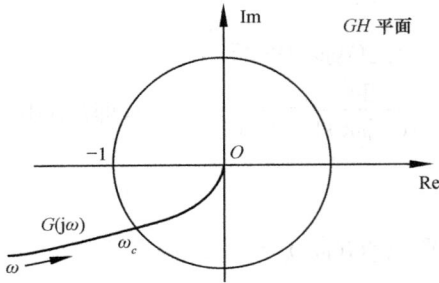

图 4.23 奈奎斯特图

$$G(j\omega) = \frac{j a\omega + 1}{(j\omega)^2} = \frac{j a\omega + 1}{-\omega^2}$$

所以

$$|G(j\omega)| = \frac{\sqrt{a^2\omega^2 + 1}}{\omega^2}$$

$$\angle G(j\omega) = \arctan(a\omega) - 180°$$

由相位裕量定义

$$\gamma = 180° + \angle G(j\omega_c) = \arctan(a\omega_c) = 45°$$

得

$$\omega_c = \frac{1}{a} \tag{4.25}$$

此时,有

$$|G(j\omega_c)| = \frac{\sqrt{a^2\omega_c^2 + 1}}{\omega_c^2} = 1 \tag{4.26}$$

将式(4.25)代入式(4.26)得

$$a = 0.84$$

4.5 Matlab 求取稳定性裕量

Matlab 控制系统工具箱中的用于求取系统稳定性裕量的函数如下.

1. roots()——求取多项式的根

roots(den) —— 计算系统特征多项式(den)的根,然后由系统稳定性的充要条件,即系统特征方程的根全部具有负实部进行系统稳定的判别.

例 4.14 Matlab 法判定例 4.3 系统的稳定性.

解 对应有程序

```
den= [1 6 2 3 2 6];
c= roots(den)
```

Matlab 运行结果为

```
c=
    - 5.7375
    - 0.6922 +  0.7650i
    - 0.6922 -  0.7650i
     0.5609 +  0.8173i
     0.5609 -  0.8173i
```

可见有两个根具有正实部,故系统不稳定,与例 4.3 中采用劳斯判剧的结论相符.

2. margin()——求取闭环系统的幅值和相位裕量

(1) [gm,pm,wcp,wcg]=magin(num,den) ——计算开环传递函数(num,den)对应的闭环系统的稳定性裕量,并将值赋给 gm(幅值裕量)、pm(相位裕量)、wcp(增益交界频率)、wcg(相位交界频率).

[gm,pm,wcp,wcg]＝magin(sys)——计算开环传递函数(sys)对应的闭环系统稳定性裕量.

上述函数没输出项时,将给出图形窗口.

(2) [gm,pm,wcp,wcg]＝magin(mag,phase,w)——计算开环系统(mag,phase)在用户定义频率 w 上的稳定性裕量,其中 mag(dB)为增益矢量;phase(°)为相位矢量.

例 4.15 已知单位反馈系统的开环传递函数为

$$G(s) = \frac{50}{s(s+1)(s+5)}$$

用 Matlab 法求取系统的稳定性.

解 对应有程序

```
num= [50];
den= [1 6 5 0];
margin(num,den)
grid on
```

Matlab 运行结果见图 4.24,可得闭环系统

$$\gamma = -10.5°, \quad K_g = -4.44\text{dB}$$

故闭环系统不稳定.

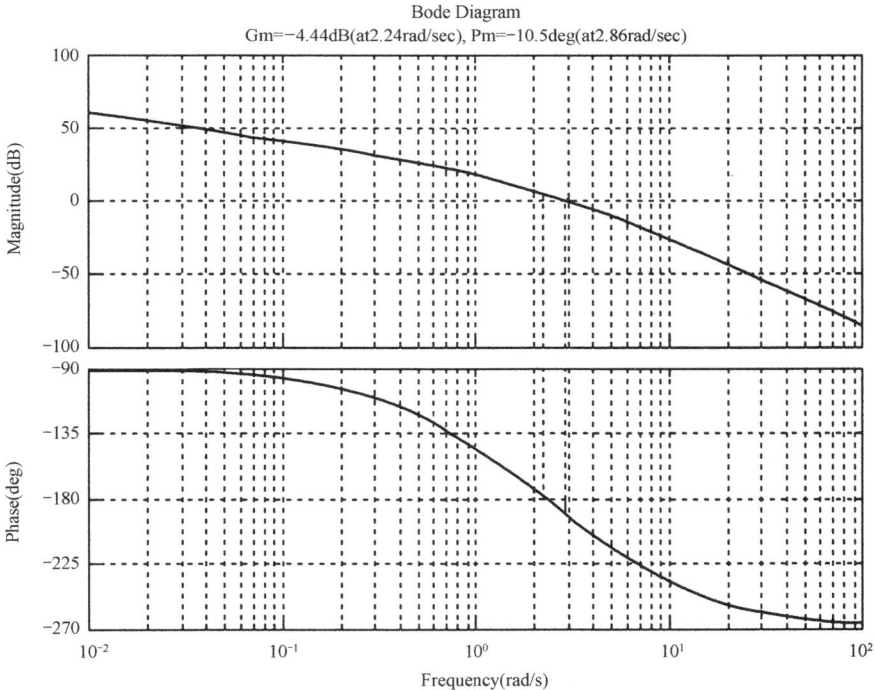

图 4.24　Matlab 运行结果

小　　结

1. 稳定性是控制系统能正常工作的首要条件,是控制系统性能指标之一.

2. 稳定性完全取决于系统本身的结构和参数.讨论稳定性的依据是系统的特征方程.系统稳定的充分必要条件是其特征方程的根(系统极点)全部位于 s 平面左半部.确定系统是否满足稳定的充分必要条件通常采用稳定性判据.劳斯判据和奈奎斯特判据是最常用的稳定性判据.

3. 劳斯判据是根据系统特征方程系数构成的劳斯阵列来判断与此特征方程相对应的开环、闭环系统或局部小闭环系统的稳定性.劳斯判据是一种代数判据,作为时域分析的稳定性判据,该判据使用方便,但不足之处是不能定量地讨论系统相对稳定性.

4. 奈奎斯特判据是频域分析中的稳定性判据,它用系统开环 $G(j\omega)H(j\omega)$ 轨迹包围 $(-1, j0)$ 点情况来判断闭环系统的稳定性.通过奈奎斯特图和伯德图的转换,也可将奈奎斯特判据运用到伯德图上.奈奎斯特判据不仅可判断系统稳定性,还可以定量地讨论系统相对稳定性.

5. 为保证系统可靠地稳定工作,系统不能距离稳定边界太近.稳定裕量就是用于研究系统相对稳定性的.稳定裕量可用相位裕量和增益裕量来表示,是讨论系统稳定性的定量指标.适当选择稳定裕量大小,可使系统具有足够的稳定性,而又不使系统响应太慢.

习　　题

4.1　应用劳斯判据判断下列特征方程所代表的系统的稳定性.如果系统不稳定,求特征方程在 s 平面右半部根的个数.

(1) $s^4 + 2s^3 + 8s^2 + 4s + 3 = 0$

(2) $s^4 + 2s^3 + 2s^2 + 4s + 10 = 0$

(3) $s^5 + s^4 + 3s^3 + 9s^2 + 16s + 10 = 0$

(4) $s^5 + 2s^4 + 12s^3 + 24s^2 + 23s + 46 = 0$

(5) $s^6 + 3s^5 + 5s^4 + 9s^3 + 8s^2 + 6s + 4 = 0$

4.2　控制系统特征方程如下,试求系统稳定时增益 K 的范围.

(1) $s^3 + 3Ks^2 + (K+2)s + 4 = 0$

(2) $s^4 + 4s^3 + 13s^2 + 36s + K = 0$

(3) $s^4 + 20Ks^3 + 5s^2 + 10s + 15 = 0$

4.3　设单位反馈系统如题4.3图所示.其中无阻尼自然频率 $\omega_n = 90 \text{rad/s}$,阻尼比 $\zeta = 0.2$.试分别用下述方法确定速度常数 K 值为多大时,系统是稳定的.

(1) 应用劳斯稳定性判据;

(2) 分别在奈奎斯特图和伯德图上应用奈奎斯特判据.

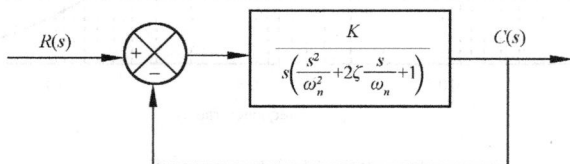

$$R(s) \quad + \bigotimes_{-} \quad \xrightarrow{\quad} \quad \boxed{\dfrac{K}{s\left(\dfrac{s^2}{\omega_n^2} + 2\zeta\dfrac{s}{\omega_n} + 1\right)}} \quad \xrightarrow{\quad} C(s)$$

题4.3图　系统方块图

4.4 如题 4.4 图所示，当 K 取何值时，系统才能稳定.

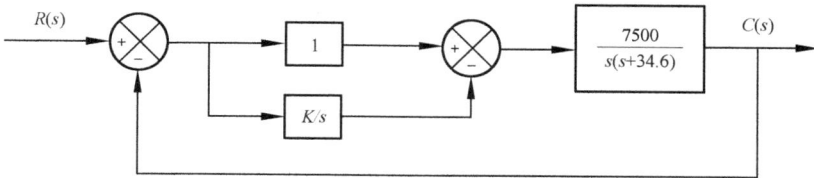

题 4.4 图　系统方块图

4.5 设单位反馈系统的开环传递函数为

$$G(s) = \frac{K}{(s+1)(s+1.5)(s+2)}$$

若希望所有特征方程根都具有小于 -1 的实部，试求满足此条件的 K 的最大值.

4.6 已知反馈系统的开环传递函数为

(1) $G(s)H(s) = \dfrac{13.3}{s\left(\dfrac{s}{4.59}+1\right)\left(\dfrac{s^2}{4.05^2}+0.81\times\dfrac{s}{4/05}+1\right)}$

(2) $G(s)H(s) = \dfrac{305(0.125s+1)}{s(s+1)(1.6\times10^{-5}s^2+8\times10^{-5}s+1)}$

试用奈奎斯特判据分别在奈奎斯特图和伯德图上判断系统是否稳定，并给出稳定裕量.

4.7 反馈系统的开环传递函数为

$$G(s)H(s) = \frac{775(0.1s+1)(0.2s+1)}{s(0.5s+1)(s+1)(6.55\times10^{-5}s^2+6.55\times10^{-3}s+1)}$$

试求相位裕量和增益裕量.

4.8 如题 4.8 图系统，其中 $G_1(s)=\dfrac{K}{s+2}$，$G_2(s)=\dfrac{4}{s(s+4)}$. 试应用 Nyquist 判据给出单位脉冲输入时系统等幅振荡时的 K 值以及对应振荡频率，并绘出 Nyquist 图.

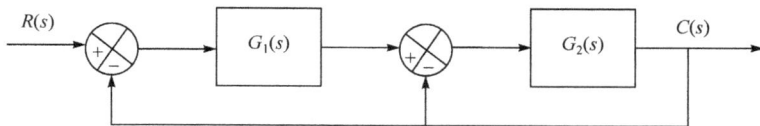

题 4.8 图　控制系统

4.9 设单位反馈系统的开环传递函数为

$$G(s) = \frac{K}{s(s+1)(0.1s+1)}$$

试确定：

(1) 使 $\gamma=60°$ 的 K 值；

(2) 使 $K_g=20\mathrm{dB}$ 的 K 值.

4.10 已知系统的开环传递函数为 $G(s)H(s)=\dfrac{K\left(\dfrac{s}{20}+1\right)}{s\left(\dfrac{s}{2}+1\right)\left[\left(\dfrac{s}{200}\right)^2+\dfrac{s}{400}+1\right]}$，试绘制 $\gamma=45°$ 时的开

环对数幅频渐近线图.

4.11 控制系统方块图如题 4.11 图所示，试确定使 $\gamma=30°$ 的 T 值.

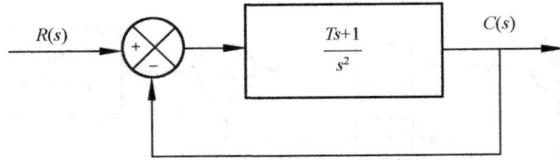

题 4.11 图　系统方块图

4.12　用奈奎斯特判据确定如题 4.12 图所示具有传输滞后的闭环系统稳定时 T 的最大值.

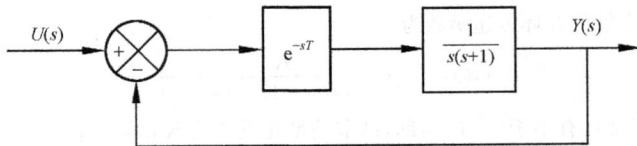

题 4.12 图　系统方块图

4.13　具有开环传递函数为

$$G(s)H(s) = \frac{2e^{-sT}}{s(s+1)(0.5s+1)}$$

的闭环系统,试利用伯德图确定系统稳定时 T 的最大值.

4.14　设最小相位系统开环对数幅频特性如题 4.14 图所示,图中 ω_1 和 ω_2 为转角频率,ω_c 为增益交界频率,v 为积分环节数,试导出用 ω_1 和 ω_2 表示的关于最大相位裕量时的 ω_c 表达式,并确定 $v=1$ 时的最大相位裕量.

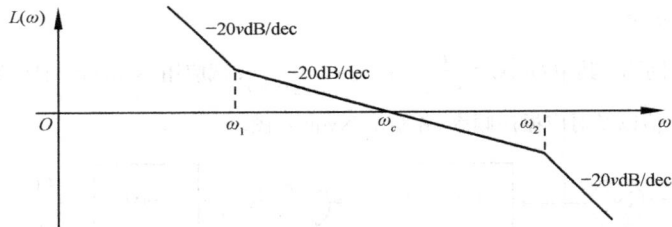

题 4.14 图　系统对数幅频特性

4.15　控制系统方块图如题 4.15 图所示,若系统处于稳定边界,以 $\omega_n = 2\text{rad/s}$ 的频率振荡,试确定振荡时的 K 值和 a 值.

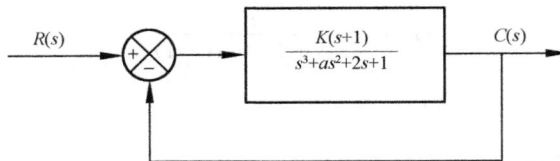

题 4.15 图　系统方块图

第 5 章 控制系统的误差分析

控制精度是控制系统的基本要求之一,反映了系统的稳态性能.控制系统的稳态误差是由很多因素造成的.系统的结构形式、控制信号的类型、扰动和组成系统的元器件性能不佳等均可引起系统的误差.其中元器件性能不佳,如精度不高、摩擦、老化、间隙以及零点漂移等随组成元件而异,这种误差只能通过检测后针对性地改进元件,使之减小.本章研究系统结构、输入信号类型与稳态误差之间的关系,并讨论由扰动引起的系统稳态误差,介绍误差的基本概念、稳态误差的计算方法以及如何减小系统稳态误差等.

5.1 误差的基本概念

一般控制系统如图 5.1 所示.图中 $R(s)$ 为输入信号,不同输入信号引起的系统稳态误差可用来衡量系统的精度. $N(s)$ 为扰动信号,扰动信号也可引起稳态误差,特别对于恒值系统,抑制扰动信号的影响是这一类系统的主要任务.

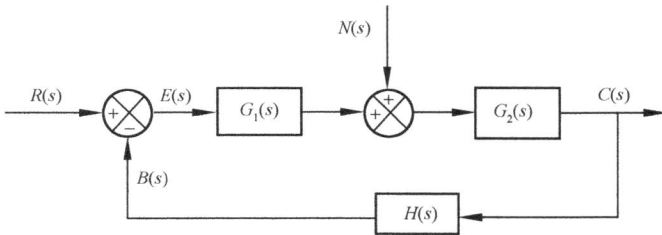

图 5.1 控制系统方块图   图 5.2 系统方块图

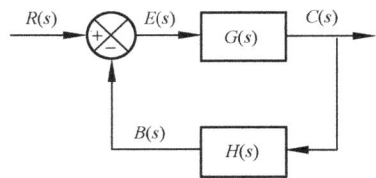

5.1.1 误差与偏差

如图 5.2 所示的控制系统,按照定义,偏差信号 $E(s)$ 是指输入信号 $R(s)$ 与主反馈信号 $B(s)$ 之差,即

$$E(s) = R(s) - B(s) = R(s) - C(s)H(s) \tag{5.1}$$

而误差信号 $E'(s)$ 是指希望输出量 $C_r(s)$ 与实际输出量 $C(s)$ 之差,即

$$E'(s) = C_r(s) - C(s) \tag{5.2}$$

根据反馈控制系统的工作原理可知,当偏差 $E(s)=0$ 时,意味着系统输出量完全复现输入信号,这时被控制的输出量实际值与希望值相等,即 $C(s)=C_r(s)$,于是令式(5.1)的 $E(s)=0$,就得到被控制的输出量希望值 $C_r(s)$ 的表达式为

$$C_r(s) = R(s)/H(s) \tag{5.3}$$

将式(5.3)代入式(5.2)求得误差 $E'(s)$ 为

$$E'(s) = R(s)/H(s) - C(s) \tag{5.4}$$

再将式(5.1)写成如下形式

$$E(s)/H(s) = R(s)/H(s) - C(s) \tag{5.5}$$

比较式(5.4)和式(5.5)可得

$$E'(s) = E(s)/H(s) \tag{5.6}$$

式(5.6)就是系统的误差和偏差之间的关系. 对于单位反馈系统, $H(s)=1$, 误差等于偏差. 通常控制系统的误差分析是分析计算系统的偏差 $E(s)$, 因为偏差易于测量. 本章的误差分析同样也是讨论不同系统类型和不同输入信号下的系统偏差. 在工程实际问题中, 我们感兴趣的往往是系统的误差 $E'(s)$, 它被作为系统的稳态性能要求提出来, 这时可用式(5.6)进行转换.

误差 $e(t)$ 是一个时间函数, 当要求给出性能指标时, 需要基于 $e(t)$ 定义精度指标. 最基本的一个精度指标就是稳态误差, 即

$$e_s = \lim_{t \to \infty} e(t)$$

即时间无穷大后误差的情况.

考虑到 $e(t)$ 是个动态的时间函数, 人们构建了一系列包含动态情况的精度指标, 在时域中定义有

IE 指标 $\qquad J = \int_0^T e(t) \, \mathrm{d}t$

ISE 指标 $\qquad J = \int_0^T e^2(t) \, \mathrm{d}t$

IAE 指标 $\qquad J = \int_0^T |e(t)| \, \mathrm{d}t$

ITAE 指标 $\qquad J = \int_0^T t |e(t)| \, \mathrm{d}t$

ITSE 指标 $\qquad J = \int_0^T te^2(t) \, \mathrm{d}t$

等. 针对这些定义寻找"最优", 可得出一系列标准式. 但是上述指标在实践应用(如系统设计、校正)时应用性较差, 无法给出系统校正方向, 目前尚在应用的是 ITAE 结合极点配置, 表 5.1 是针对不同输入时不同阶次的 ITAE 标准式.

表 5.1　ITAE 标准式

输入信号	标准式
阶跃输入	$s + \omega_0$ $s^2 + 1.4\omega_0 s + \omega_0^2$ $s^3 + 1.75\omega_0 s^2 + 2.15\omega_0^2 s + \omega_0^3$ $s^4 + 2.1\omega_0 s^3 + 3.4\omega_0^2 s^2 + 2.7\omega_0^3 s + \omega_0^4$ $s^5 + 2.8\omega_0 s^4 + 5\omega_0^2 s^3 + 5.5\omega_0^3 s^2 + 3.4\omega_0^4 s + \omega_0^5$
斜坡输入	$s + \omega_0$ $s^2 + 3.2\omega_0 s + \omega_0^2$ $s^3 + 1.75\omega_0 s^2 + 3.25\omega_0^2 s + \omega_0^3$ $s^4 + 2.41\omega_0 s^3 + 4.93\omega_0^2 s^2 + 5.14\omega_0^3 s + \omega_0^4$ $s^5 + 2.19\omega_0 s^4 + 6.5\omega_0^2 s^3 + 6.3\omega_0^3 s^2 + 5.24\omega_0^4 s + \omega_0^5$

5.1.2 稳态误差计算基本公式

一般控制系统如图 5.1 所示,$R(s)$ 为控制输入信号,不同 $R(s)$ 引起的系统稳态误差 e_{ss} 可用来衡量系统的精度.$N(s)$ 为扰动信号,也可引起稳态误差 e_{ss},特别对于恒值系统,抑制扰动信号的影响是系统主要任务.

1. 系统在控制信号作用下的稳态误差

图 5.2 所示系统的误差传递函数(注意,实际为偏差传递函数)为

$$\Phi_e(s) = \frac{E(s)}{R(s)} = \frac{1}{1 + G(s)H(s)}$$

则误差 $E(s)$ 可由下式决定

$$E(s) = \frac{1}{1 + G(s)H(s)} R(s) \tag{5.7}$$

根据终值定理,可得系统的稳态误差为

$$e_{ss} = \lim_{t \to \infty} e(t) = \lim_{s \to 0} sE(s) = \lim_{s \to 0} s \frac{1}{1 + G(s)H(s)} R(s) \tag{5.8}$$

式(5.7)和式(5.8)是计算控制系统在控制信号作用下稳态误差的基本公式.由式(5.7)可以看出,稳态误差与系统结构 $G(s)H(s)$ 和输入信号 $R(s)$ 的形式有关.

例 5.1 设某一单位反馈系统的开环传递函数为

$$G(s)H(s) = \frac{20}{(0.5s + 1)(0.04s + 1)}$$

试求:

(1) 当输入信号为单位阶跃函数 $r(t) = 1[t]$ 和单位斜坡函数 $r(t) = t$ 时,系统的稳态误差 e_{ss};

(2) 若系统的开环传递函数 $G(s)H(s)$ 保证不变,而反馈通路传递函数由 $H(s) = 1$ 改为 $H(s) = 2$,求系统希望输出量与实际输出量之差 e_{ss}'.

解 (1) 根据式(5.8)可得

$$e_{ss} = \lim_{s \to 0} s \frac{1}{1 + G(s)H(s)} R(s) = \lim_{s \to 0} s \frac{(0.5s + 1)(0.04s + 1)}{(0.5s + 1)(0.04s + 1) + 20} R(s)$$

当单位阶跃函数输入时,$R(s) = 1/s$,所以

$$e_{ss} = \lim_{s \to 0} s \frac{(0.5s + 1)(0.04s + 1)}{(0.5s + 1)(0.04s + 1) + 20} \cdot \frac{1}{s} = \frac{1}{21} \approx 0.05$$

当单位斜坡函数输入时,$R(s) = 1/s^2$,则

$$e_{ss} = \lim_{s \to 0} s \frac{(0.5s + 1)(0.04s + 1)}{(0.5s + 1)(0.04s + 1) + 20} \cdot \frac{1}{s^2} = \infty$$

(2) 根据式(5.6)得 $E'(s) = E(s)/H(s) = E(s)/2$,对此式进行拉普拉斯反变换得 $e_{ss}' = e_{ss}/2$.

当单位阶跃输入时,希望输出量与实际输出量之差为 $e_{ss}' = 0.05/2 = 0.025$;

当单位斜坡输入时,希望输出量与实际输出量之差为 $e_{ss}' = \infty/2 = \infty$.

2. 系统在扰动作用下的稳态误差

根据系统中扰动作用点情况,可以将系统绘成如图 5.1 所示的形式.若令控制作用

$R(s)=0$,即可得扰动作用下的系统误差传递函数

$$\frac{E(s)}{N(s)} = \frac{-G_2(s)H(s)}{1+G_1(s)G_2(s)H(s)}$$

所以扰动作用下的系统稳态误差拉普拉斯变换式为

$$E(s) = \frac{-G_2(s)H(s)}{1+G_1(s)G_2(s)H(s)}N(s) \qquad (5.9)$$

根据终值定理,该稳态误差 e_{sn} 为

$$e_{sn} = \lim_{s \to 0}sE(s) = \lim_{s \to 0}s\frac{-G_2(s)H(s)}{1+G_1(s)G_2(s)H(s)}N(s) \qquad (5.10)$$

3. 控制信号和扰动同时作用下的系统稳态误差

根据线性系统的叠加原理,这时系统的稳态误差 e_s 为控制信号引起的稳态误差 e_{ss} 和扰动作用引起的稳态误差 e_{sn} 之和,即

$$e_s = e_{ss} + e_{sn}$$

5.2 稳态误差系数与稳态误差

如前所述,系统在控制信号作用下的稳态误差为

$$e_{ss} = \lim_{t \to \infty}e(t) = \lim_{s \to 0}s\frac{1}{1+G(s)H(s)}R(s)$$

由此公式可求得 $t \to \infty$ 时的稳态误差值.

而工程上常用稳态误差系数来求取控制信号作用下的稳态误差,用动态误差系数来求取系统进入稳态后系统稳态误差随时间变化的大小.

下面讨论不同的控制信号作用和不同的系统结构对系统稳态误差的影响,从而定义稳态误差系数,以求出系统稳态误差.

5.2.1 不同控制信号作用对系统稳态误差的影响

对于单位阶跃输入($R(s)=1/s$),系统的稳态误差

$$e_{ssp} = \lim_{s \to 0}s\frac{1}{1+G(s)H(s)}\frac{1}{s} = \frac{1}{1+G(0)H(0)} = \frac{1}{1+K_p}$$

式中,K_p 为稳态位置误差系数

$$K_p = \lim_{s \to 0}G(s)H(s) = G(0)H(0)$$

对于单位斜坡输入($R(s)=1/s^2$),系统的稳态误差

$$e_{ssv} = \lim_{s \to 0}s\frac{1}{1+G(s)H(s)}\frac{1}{s^2} = \frac{1}{\lim_{s \to 0}sG(s)H(s)} = \frac{1}{K_v}$$

式中,K_v 为稳态速度误差系数

$$K_v = \lim_{s \to 0}sG(s)H(s)$$

对于单位抛物线输入($R(s)=1/s^3$),系统的稳态误差

$$e_{ssa} = \lim_{s \to 0}s\frac{1}{1+G(s)H(s)}\frac{1}{s^3} = \frac{1}{\lim_{s \to 0}s^2G(s)H(s)} = \frac{1}{K_a}$$

式中,K_a 为稳态加速度误差系数

$$K_a = \lim_{s \to 0} s^2 G(s) H(s)$$

可见,稳态误差系数越大,则对应的稳态误差就越小.

5.2.2 不同的系统结构对稳态误差的影响

若将系统开环传递函数写成如下形式

$$G(s)H(s) = \frac{K \prod_{i=1}^{m} (\tau_i s + 1)}{s^{\nu} \prod_{i=1}^{n-\nu} (T_i s + 1)} \tag{5.11}$$

式中,K 为开环增益;n 为系统阶数;ν 为系统所含积分环节的个数.

按系统包含积分环节个数可以将系统分成 0 型、Ⅰ 型、Ⅱ 型等系统类型.

当 $\nu = 0$ 时,称为 0 型系统,有时也称为有差系统.意思是在阶跃信号、斜坡信号和抛物线信号输入时,系统均存在稳态误差.

当 $\nu = 1$ 时,称为 Ⅰ 型系统,有时也称为一阶无差系统.即在阶跃信号作用下系统稳态误差为零,而在斜坡信号和抛物线信号作用下系统存在稳态误差.

当 $\nu = 2$ 时,称为 Ⅱ 型系统,有时也称为二阶无差系统.即在阶跃信号和斜坡信号作用下稳态误差为零,而在抛物线信号作用下系统存在稳态误差.

1.0 型系统的稳态误差

若在式(5.11)中令 $v=0$,可得 0 型系统的稳态位置误差系数 K_p、稳态速度误差系数 K_v 和稳态加速度误差系数 K_a 为

$$K_p = \lim_{s \to 0} G(s)H(s) = \lim_{s \to 0} \frac{K \prod_{i=1}^{m} (\tau_i s + 1)}{\prod_{i=1}^{n} (T_i s + 1)} = K$$

$$K_v = \lim_{s \to 0} s G(s)H(s) = \lim_{s \to 0} s \frac{K \prod_{i=1}^{m} (\tau_i s + 1)}{\prod_{i=1}^{n} (T_i s + 1)} = 0$$

$$K_a = \lim_{s \to 0} s^2 G(s)H(s) = \lim_{s \to 0} s^2 \frac{K \prod_{i=1}^{m} (\tau_i s + 1)}{\prod_{i=1}^{n} (T_i s + 1)} = 0$$

因此 0 型系统在单位阶跃、单位斜坡和单位抛物线输入下,系统的稳态误差分别为

$$e_{sp} = \frac{1}{1 + K_p} = \frac{1}{1 + K}, \qquad e_{ssv} = \frac{1}{K_v} = \infty$$

$$e_{ssa} = \frac{1}{K_a} = \infty$$

可见,0 型系统在单位阶跃信号输入下的稳态误差为常数,且可以通过提高开环增益 K 来减小.这时的稳态误差又称位置误差,如图 5.3 所示.0 型系统在单位斜坡、单位抛物线信

号输入下,稳态误差为无穷大,因此系统不能跟踪速度和加速度信号.

2.Ⅰ型系统的稳态误差

若在式(5.11)中令 $\nu=1$,可得三个稳态误差系数 K_p、K_v、K_a 和Ⅰ型系统在单位阶跃、单位斜坡和单位抛物线信号输入下的稳态误差 e_{ssp}、e_{ssv}、e_{ssa}

$$\begin{cases} K_p=\infty \\ K_v=K \\ K_a=0 \end{cases}, \quad \begin{cases} e_{ssp}=1/(1+k_p)=0 \\ e_{ssv}=1/K_v=1/K \\ e_{ssa}=1/K_a=\infty \end{cases}$$

可见,Ⅰ型系统在单位阶跃信号输入下,没有稳态误差;在单位斜坡信号输入下,稳态误差为常数,它为系统开环增益的倒数,有时称该常数误差为速度误差.但应该特别指出,这里的速度误差并不是速度上的误差,而是由于斜坡输入而造成的位置上的误差,如图5.4所示.Ⅰ型系统在单位抛物线信号输入下的稳态误差为无穷大,因此系统不能跟踪加速度信号.

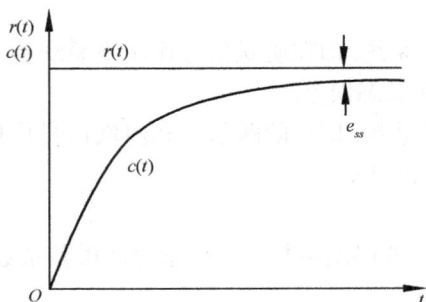

图5.3 0型单位反馈系统的阶跃响应

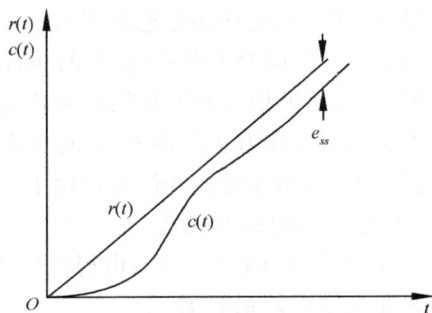

图5.4 Ⅰ型单位反馈系统的斜坡响应

3.Ⅱ型系统的稳态误差

同理,若在式(5.11)中令 $\nu=2$,可得Ⅱ型系统三个稳态误差系数 K_p、K_v、K_a 和Ⅱ型系统在单位阶跃、单位斜坡和单位抛物线输入下的稳态误差,即

$$\begin{cases} K_p=\infty \\ K_v=\infty \\ K_a=K \end{cases}, \quad \begin{cases} e_{ssp}=1/(1+K_p)=0 \\ e_{ssv}=1/K_v=0 \\ e_{ssa}=1/K_a=1/K \end{cases}$$

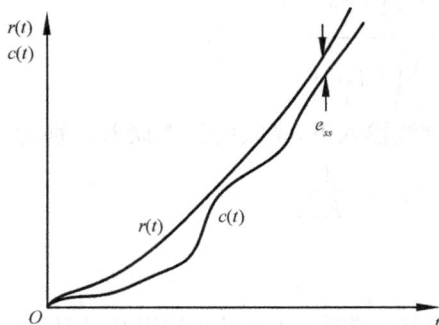

图5.5 Ⅱ型单位反馈系统的抛物线响应

可见Ⅱ型系统在单位阶跃、单位斜坡输入下,稳态误差均为零;在单位抛物线输入下,系统稳态误差为常数,且为系统开环增益的倒数.同样,这个常数有时也称为加速度误差,指的是由于抛物线输入造成的位置上的误差,如图5.5所示.

5.2.3 减小系统稳态误差的方法

表5.2概括了0型、Ⅰ型、Ⅱ型系统的各

个稳态误差系数和各种输入作用下的稳态误差. 由表 5.2 可见,稳态误差系数和稳态误差只有三种值:0、常数、∞. 表中位于对角线上的稳态误差系数和稳态误差为有限常数. 对角线以上的稳态误差系数为 0,对角线以下的稳态误差系数为∞,而稳态误差正好相反. 由表 5.2 还可以看出,有限值的稳态误差系数和稳态误差均可用系统开环增益 K 来表示,并且稳态误差基本上为对应的稳态误差系数的倒数.

表 5.2 稳态误差系数与稳态误差

系统类型	稳态误差系数			稳态误差		
	稳态位置误差系数 K_p	稳态速度误差系数 K_v	稳态加速度误差系数 K_a	单位阶跃输入稳态误差 e_{ssp}	单位斜坡输入稳态误差 e_{ssv}	单位抛物线输入稳态误差 e_{ssa}
0 型系统	K	0	0	$1/(1+K)$	∞	∞
Ⅰ型系统	∞	K	0	0	$1/K$	∞
Ⅱ型系统	∞	∞	K	0	0	$1/K$

由表 5.2 还可以得到系统在控制信号作用下,减小和消除稳态误差的方法如下:

(1) 提高系统的开环增益 K;

(2) 提高系统的类型,即增加系数开环传递函数中积分环节 v 个数. 对于某个具体系统,需要增加几个积分环节,需要提高多少开环增益,只要根据所要求跟踪的输入信号形式,由表 5.2 即可求得. 但应该指出,这样做会对系统的稳定性带来不利影响,应综合考虑.

稳态误差系数和稳态误差都反映了系统的精度,可以作为系统分析和设计时的稳态性能指标. 如前所述,所谓位置误差、速度误差、加速度误差,这些术语的含义均指在输出位置上的误差. 例如,有限值的稳态速度误差意味着在瞬态过程结束后,输入和输出以同样的速度变化,但有个有限值的位置误差.

应该指出,以上结果是根据典型输入信号获得的. 如果系统输入为其他控制信号,这时只要将该信号按泰勒级数展开,取其中前三项即为三种典型输入信号. 应用叠加原理,分别将这三种典型输入信号作用于系统,即可求得系统总的稳态误差.

5.2.4 对数幅频特性上的稳态误差系数

如果采用频率法分析系统,可直接从系统开环伯德图上得到各个稳态误差系数,也就是可得系统在不同输入作用下的稳态误差. 设开环传递函数如式(5.11)所示. 由上面分析可知,具有有限值的位置误差系数 K_p、稳态速度误差系数 K_v 和稳态加速度误差系数 K_a 分别为 0 型系统、Ⅰ型系统和Ⅱ型系统的开环增益. 另外我们还知道系统开环对数幅频特性低频段斜率取决于系统的类型,而低频段高度则取决于系统的开环增益,据此可求各稳态误差系数.

1.0 型系统稳态位置误差系数 K_p

图 5.6 所示为 0 型系统的对数幅频特性. 系统在低频时 $G(j\omega)H(j\omega)$ 的幅值等于 K_p 即

$$\lim_{\omega \to 0} G(j\omega)H(j\omega) = K = K_p$$

这表明其低频渐近线是一条 $20\lg K_p$ dB 的水平线. K_p 可直接由图求解得到.

2.Ⅰ型系统稳态速度误差系数 K_v

图 5.7 所示为Ⅰ型系统的对数幅频特性. 系统起始段(或它的延长线)有

$$G(\mathrm{j}\omega)H(\mathrm{j}\omega) \approx \frac{K}{\mathrm{j}\omega} = \frac{K_v}{\mathrm{j}\omega}$$

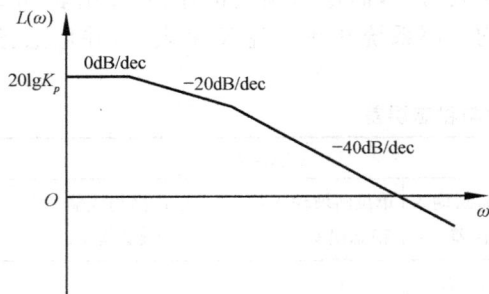

图 5.6　0 型系统的对数幅频特性图

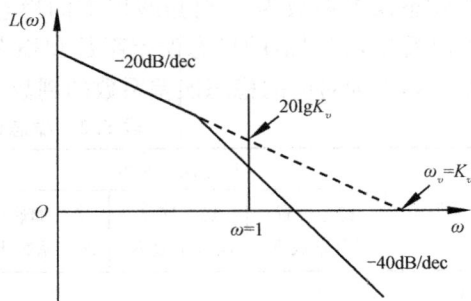

图 5.7　Ⅰ型系统的对数幅频特性

起始段(或它的延长线)在 $\omega=1$ 有

$$20\lg|K_v/\mathrm{j}\omega| = 20\lg K_v$$

故低频段斜率为 $-20\mathrm{dB/dec}$ 的起始段(或它的延长线)与直线 $\omega=1$ 的交点的幅值为 $20\lg K_v$.

设起始段(或它的延长线)在与 0dB 线交点处的频率为 ω_v,此时有

$$20\lg|G(\mathrm{j}\omega_v)H(\mathrm{j}\omega_v)| \approx 20\lg|K_v/\mathrm{j}\omega_v| = 0\mathrm{dB}$$

即

$$\omega_v = K_v$$

3. Ⅱ型系统稳态加速度误差系数 K_a

图 5.8 所示为Ⅱ型系统的对数幅频特性,系统起始段(或它的延长线)有

$$G(\mathrm{j}\omega)H(\mathrm{j}\omega) \approx \frac{K}{(\mathrm{j}\omega)^2} = \frac{K_a}{(\mathrm{j}\omega)^2}$$

起始段(或它的延长线)在 $\omega=1$ 有

$$20\lg|K_a/(\mathrm{j}\omega)^2| = 20\lg K_a$$

图 5.8　Ⅱ型系统的对数幅频特性

故斜率为 $-40\mathrm{dB/dec}$ 的起始段(或它的延长线)与直线 $\omega=1$ 的交点处的幅值为 $20\lg K_a$.

设Ⅱ型系统的起始段(或它的延长线)与 0dB 线交点处的频率为 ω_a,此时有

$$20\lg|G(\mathrm{j}\omega_a)H(\mathrm{j}\omega_a)| \approx 20\lg|K_a/(\mathrm{j}\omega_a)^2| = 0\mathrm{dB}$$

即

$$\omega_a = \sqrt{K_a}$$

例 5.2　对图 5.9 所示的单位反馈系统,输入

$$r(t) = 1 + t + t^2 \quad (t > 0)$$

试求系统的稳态误差 e_{ss}.设 K_1、K_m、T_m、τ 均为正数.

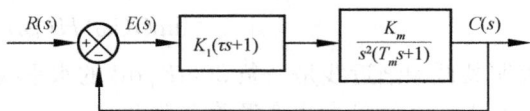

图 5.9　单位反馈系统

解 （1）判别系统的稳定性. 系统的特征方程

$$s^2(T_m s + 1) + K_1 K_m(\tau s + 1) = 0$$

即

$$T_m s^3 + s^2 + K_1 K_m \tau s + K_1 K_m = 0$$

由三阶系统赫尔维茨稳定判据有

$$\begin{cases} T_m > 0, \quad K_1 K_m > 0, \quad K_1 K_m \tau > 0 \\ K_1 K_m \tau - K_1 K_m T_m > 0 \end{cases}$$

可见，除了要求 K_1、K_m、T_m、τ 均为正数外，系统能进行工作还需

$$\tau > T_m$$

（2）求取系统稳态误差.

系统开环放大系数

$$K = K_1 K_m$$

由于是 II 型系统，有

$$K_p = \infty, \qquad K_v = \infty, \qquad K_a = K = K_1 K_m$$

故对于输入 $r(t)$，系统的稳态误差

$$e_{ss} = \frac{1}{1 + K_p} + \frac{1}{K_v} + 2 \cdot \frac{1}{K_a} = \frac{2}{K_1 K_m}$$

例 5.3 如图 5.10 所示位置控制系统. 由设定电位计设定位置，由位置检测电位计检测实际位置. 请给出此系统在给定信号为单位阶跃、单位速度信号下的响应及稳态精度.

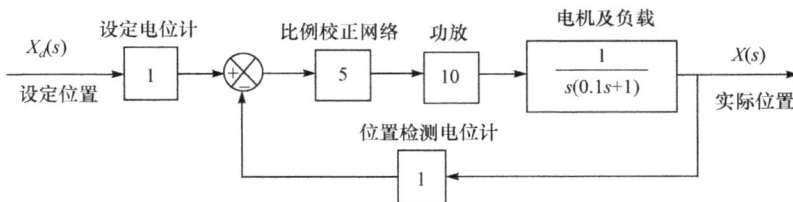

图 5.10 位置控制系统

解 系统闭环传递函数

$$\Phi(s) = \frac{X(s)}{X_d(s)} = \frac{500}{s^2 + 10s + 500}$$

可得

$$\omega_n = \sqrt{500} = 22.36 (\text{rad/s})$$

$$\zeta = \frac{10}{2\omega_n} = 0.224 < 1$$

系统为欠阻尼二阶系统，在单位阶跃、速度信号输入下均收敛并有

$$t_s = \frac{4}{\zeta \omega_n} = 0.8\text{s} \quad (\Delta = 2\%)$$

系统开环传递函数为

$$G(s)H(s) = \frac{50}{s(0.1s + 1)}$$

系统为 I 型系统,单位阶跃信号作用下 $e_{ssp} = 0$,单位速度信号作用下 $e_{ssv} = \dfrac{1}{K_v} = \dfrac{1}{50} = 0.02$.

图 5.11(a)是在 Matlab 中得到的该系统的单位阶跃响应,输出在 0.8s 后与输入重合.图 5.11(b)是该系统的单位速度响应,输出在 0.8s 后完全跟随输入,但始终有差值 0.02.

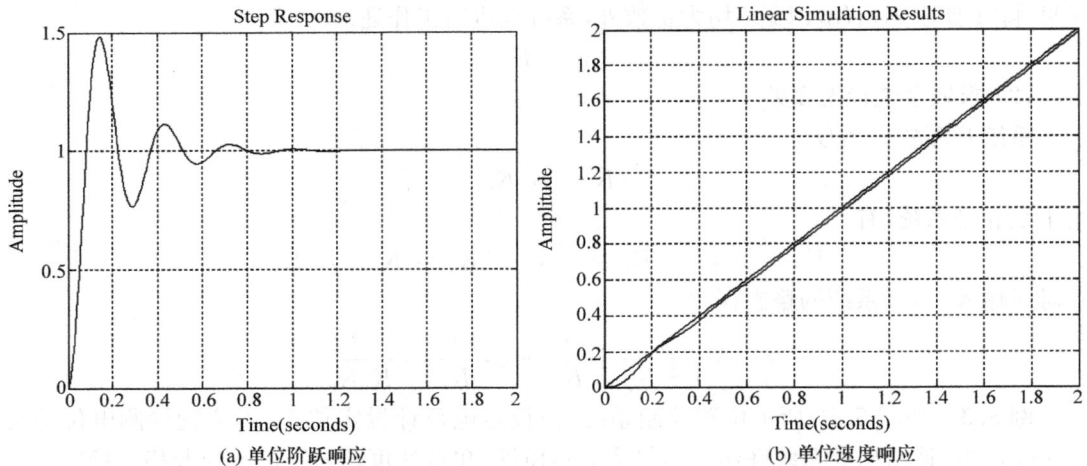

| (a) 单位阶跃响应 | (b) 单位速度响应 |

图 5.11　系统时域响应

例 5.4　某阀控油缸伺服工作台为 I 型系统,要求最大移动速度 $v_{\max} = 10\mathrm{cm/s}$,定位精度 0.05cm. 试求系统开环增益.

解　根据系统最大移动速度下的稳态误差,可得单位速度输入下的稳态误差为

$$e_{ss} = 0.05/10 = 0.005(\mathrm{cm})$$

所以系统的开环增益

$$K = K_v = 1/e_{ss} = 1/0.005 = 200(\mathrm{cm}^{-1})$$

5.3　动态误差系数与稳态误差

利用稳态误差系数求系统稳态误差的一个明显特点是所得的稳态误差只有三种值,即常数、零或无穷大. 之所以出现这种情况是因为所求的稳态误差是 $t \to \infty$ 的值.

但工程上认为从控制信号输入后,经过一段有限时间,系统即进入稳态. 若计算这时的稳态误差,由于时间尚未达到无穷大,故有可能在稳态误差中包含时间的信息. 工程上采用动态误差系数方法来求已进入稳态但时间尚未达到无穷大情况下的系统稳态误差.

设两个不同系统的开环传递函数为

$$G_1(s)H_1(s) = \frac{10}{s(s+1)} \text{ 和 } G_2(s)H_2(s) = \frac{10}{s(5s+1)}$$

两个系统的稳态误差系数相同,即

$$K_{p1} = \infty, \qquad K_{v1} = 10, \qquad K_{a1} = 0$$
$$K_{p2} = \infty, \qquad K_{v2} = 10, \qquad K_{a2} = 0$$

因此对于相同的输入信号,两个系统有相同的稳态误差系数和稳态误差.但如果用动态误差系数来求稳态误差,则两个系统的稳态误差是有差异的.

5.3.1　动态误差系数定义

反馈控制系统在控制信号作用下的误差传递函数为

$$\Phi_e(s) = \frac{E(s)}{R(s)} = \frac{1}{1 + G(s)H(s)}$$

将误差传递函数 $\Phi_e(s)$ 在 $s=0$ 的邻域展开成泰勒级数

$$\Phi_e(s) = \Phi_e(0) + \Phi_e'(0)s + \frac{1}{2!}\Phi_e''(0)s^2 + \cdots \tag{5.12}$$

则误差的拉普拉斯变换式为

$$E(s) = \Phi_e(s)R(s) = \Phi_e(0)R(s) + \Phi_e'(0)sR(s) + \frac{1}{2!}\Phi_e''(0)s^2R(s) + \cdots$$

将上式进行拉普拉斯反变换,由于像函数 $\Phi_e(s)$ 是在 $s=0$ 的邻域展开的,因此对应于时间域内即为 $t\to\infty$ 的邻域,也就是对应于时间域中的稳态.故系统稳态误差为

$$e_{ss} = \lim_{t\to\infty} e(t) = \Phi_e(0)r(t) + \Phi_e'(0)r'(t) + \frac{1}{2!}\Phi_e''(0)r''(t) + \cdots$$

令

$k_0 = 1/\Phi_e(0)$——动态位置误差系数;

$k_1 = 1/\Phi_e'(0)$——动态速度误差系数;

$k_2 = 2!/\Phi_e''(0)$——动态加速度误差系数.

则上式变为

$$e_{ss} = \frac{1}{k_0}r(t) + \frac{1}{k_1}r'(t) + \frac{1}{k_2}r''(t) + \cdots \tag{5.13}$$

于是式(5.12)可写成

$$\Phi_e(s) = \frac{1}{k_0} + \frac{1}{k_1}s + \frac{1}{k_2}s^2 + \cdots \tag{5.14}$$

已知输入,便可根据式(5.13)得到系统的稳态误差.实际上,式(5.13)将系统的稳态误差分解成任意输入信号及其各阶导数所引起的稳态误差分量之和,而各稳态误差分量的大小与相应的动态误差系数大小成反比.

应该指出,按误差传递函数 $\Phi_e(s)$ 展开式,还可定义动态误差系数 $k_3, k_4, \cdots$,但一般系统采用 k_0、k_1、k_2 求解稳态误差已经可以了.

5.3.2　动态误差系数求取方法

动态误差系数可以用下列方法求得:

(1) 根据定义求取,但当 $\Phi_e(s)$ 的阶次较高时,计算往往相当烦琐,因此这种方法不太实用.

（2）用长除法求取. 此法是用误差传递函数中 $\Phi_e(s)$ 的分母多项式除分子多项式，然后将结果与式(5.14)比较系数而得.

（3）将不同类型的系统预先求出其各个动态误差系数的一般表达式，以供查用.

1. 用长除法求动态误差系数

在进行长除法之前应先把误差传递函数 $\Phi_e(s)$ 的分子多项式和分母多项式按 s 的升幂排列. 例如，设单位反馈系统的开环传递函数

$$G(s) = \frac{K}{s(Ts+1)}$$

则系统的误差传递函数

$$\Phi_e(s) = \frac{1}{1+G(s)} = \frac{s(Ts+1)}{s(Ts+1)+K}$$

将 $\Phi_e(s)$ 的分子、分母多项式按升幂排列，即

$$\Phi_e(s) = \frac{s+Ts^2}{K+s+Ts^2}$$

用分母多项式除分子多项式

$$
\begin{array}{r}
0+\dfrac{1}{K}s+\dfrac{TK-1}{K^2}s^2+\dfrac{1-2KT}{K^3}s^3+\cdots \\[2mm]
K+s+Ts^2\enclose{longdiv}{} \\
\end{array}
$$

$$s+Ts^2$$
$$s+\frac{1}{K}s^2+\frac{T}{K}s^3$$

$$\frac{TK-1}{K}s^2-\frac{T}{K}s^3$$
$$\frac{TK-1}{K}s^2+\frac{TK-1}{K^2}s^3+\frac{T(TK-1)}{K^2}s^4$$

$$\frac{1-2TK}{K^2}s^3-\frac{T(TK-1)}{K^2}s^4$$
$$\frac{1-2TK}{K^2}s^3-\frac{1-2KT}{K^3}s^4+\cdots$$

$$\cdots$$

所以

$$\Phi_e(s) = \frac{s+Ts^2}{K+s+Ts^2} = 0+\frac{1}{K}s+\frac{TK-1}{K^2}s^2+\cdots$$

将上式与式(5.14)比较可得各个动态误差系数

$$k_0=\infty, \qquad k_1=K, \qquad k_2=\frac{K^2}{TK-1}$$

2. 动态误差系数计算的一般公式

上述计算动态误差系数的方法由于每次计算均要进行一次长除法，颇为不便. 为此，可根据不同类型的系统开环传递函数求出其误差传递函数，再用长除法求出各个动态误差系数的一般表达式，以供需要时查用.

将系统开环传递函数写成如下一般形式（其中分子、分母的多项式均按升幂排列）

$$G(s)H(s) = \frac{K}{s^\nu} \frac{1+b_1 s+b_2 s^2+\cdots+b_m s^m}{1+a_1 s+a_2 s^2+\cdots+a_{n-\nu}s^{n-\nu}}$$

系统误差传递函数

$$\Phi_e(s) = \frac{1}{1+G(s)H(s)}$$

$$= \frac{s^\nu(1+a_1 s+a_2 s^2+\cdots+a_{n-\nu}s^{n-\nu})}{s^\nu(1+a_1 s+a_2 s^2+\cdots+a_{n-\nu}s^{n-\nu})+K(1+b_1 s+b_2 s^2+\cdots+b_m s^m)}$$

对于不同类型的系统,采用长除法计算,可得动态误差系数.

(1) 0 型系统各个动态误差系数为

$$k_0 = 1+K, \qquad k_1 = \frac{(1+K)^2}{(a_1+b_1)K}$$

$$k_2 = \frac{1}{\dfrac{a_2-b_2}{(1+K)^2}+\dfrac{a_1(b_1-a_1)K}{(1+K)^3}+\dfrac{b_1(b_1-a_1)K^2}{(1+K)^3}}$$

(2) Ⅰ型系统各个动态误差系数为

$$k_0 = \infty, \qquad k_1 = K, \qquad k_2 = \frac{K^2}{(a_1-b_1)K-1}$$

(3) Ⅱ型系统各个动态误差系数为

$$k_0 = \infty, \qquad k_1 = \infty, \qquad k_2 = K$$

例 5.5 本节开始所提出的两个系统,其开环传递函数分别为

$$G_1(s)H_1(s) = \frac{10}{s(s+1)} \text{ 和 } G_2(s)H_2(s) = \frac{10}{s(5s+1)}$$

试求系统的动态误差系数. 若输入信号 $r(t)=5+2t+3t^2$,求此时系统的稳态误差.

解 $r'(t)=2+6t$, $r''(t)=6$.

(1) 系统 1:Ⅰ型系统,$\nu=1$,$K=10$,$a_1=1$,$a_2=b_1=b_2=0$. 动态误差系数为

$$k_0 = \infty, \quad k_1 = 10, \quad k_2 = \frac{K^2}{(a_1-b_1)K-1} = \frac{10^2}{10-1} = 11.1$$

$$e_{ss} = \frac{1}{k_0}r(t)+\frac{1}{k_1}r'(t)+\frac{1}{k_2}r''(t) = (2+6t)/10+6/11.1 = 0.74+0.6t$$

当 $t \to \infty$ 时

$$e_{ss} = \lim_{t\to\infty} e(t) = \lim_{t\to\infty}(0.74+0.6t) \to \infty$$

(2) 系统 2:Ⅰ型系统,$\nu=1$,$K=10$,$a_1=5$,$a_2=b_1=b_2=0$. 动态误差系数为

$$k_0 = \infty, \quad k_1 = 10, \quad k_2 = \frac{K^2}{(a_1-b_1)K-1} = \frac{10^2}{50-1} = 2.04$$

$$e_{ss} = \frac{1}{k_0}r(t)+\frac{1}{k_1}r'(t)+\frac{1}{k_2}r''(t) = (2+6t)/10+6/2.04 = 3.14+0.6t$$

当 $t \to \infty$ 时

$$e_{ss} = \lim_{t\to\infty} e(t) = \lim_{t\to\infty}(3.14+0.6t) \to \infty$$

通过上述计算可见,虽然两个系统的稳态误差系数相等,但动态加速度误差系数 k_2 是不相同的,用动态误差系数表示的稳态误差 e_{ss} 的表达式也不同. 工程上约定在 t 的某一有限

值 $t=t_s$ 时,系统进入稳态. 在 $t>t_s$ 时,系统 2 的稳态误差大于系统 1 的稳态误差. 原因是系统 2 中的惯性环节具有较大的时间常数,因此系统 2 的响应滞后于系统 1 而造成较大的稳态误差.

5.4 扰动作用下的系统稳态误差

实际运行的控制系统不可避免地有各种扰动信号作用,特别是恒值控制系统,主要就是研究如何抑制扰动作用下引起的系统稳态误差,并用这一稳态误差来衡量该系统的优劣. 因此讨论由扰动作用引起的系统稳态误差是很有用的.

5.4.1 扰动作用引起的稳态误差

控制系统中扰动作用点各不相同,但可以表示成如图 5.1 所示形式. 这时由扰动作用引起的系统稳态误差由式(5.10)确定,即

$$e_{sn} = \lim_{s \to 0} sE(s) = \lim_{s \to 0} s \frac{-G_2(s)H(s)}{1 + G_1(s)G_2(s)H(s)} N(s)$$

对于如图 5.1 所示控制系统,其中 $G_1(s)$ 一般为放大变换机构、调节器等,而 $G_2(s)$ 通常是动力机构、调节对象等.

对上式中的积分环节和增益分开列出,可写成

$$G_1(s) = \frac{K_1 G_1'(s)}{s^k} \tag{5.15}$$

$$G_2(s)H(s) = \frac{K_2 G_2'(s)}{s^l} \tag{5.16}$$

式中,$G_1'(s)$ 和 $G_2'(s)$ 均由末项为 1 的典型环节传递函数组成,即有 $\lim_{s \to 0} G_1'(s)=1$ 和 $\lim_{s \to 0} G_2'(s)=1$. k 为 $G_1(s)$ 具有的积分环节数,l 为 $G_2(s)H(s)$ 具有的积分环节数,所以该系统开环传递函数的积分环节总数 $\nu=l+k$.

将式(5.15)和式(5.16)代入式(5.10),且考虑到当 $s \to 0$ 时,$G_1'(s)$、$G_2'(s)$ 均趋近于 1,所以有

$$e_{sn} = \lim_{s \to 0} s \frac{-\dfrac{K_2 G_2'(s)}{s^l}}{1 + \dfrac{K_1 K_2 G_1'(s)G_2'(s)}{s^{k+l}}} N(s) = \lim_{s \to 0} \frac{-K_2 s^k}{s^\nu + K_1 K_2} N(s) \tag{5.17}$$

下面讨论不同类型系统在不同形式扰动作用下的系统稳态误差.

1. 0 型系统

将 $\nu=k=l=0$ 代入式(5.17)可得扰动作用下系统的稳态误差

$$e_{sn} = \lim_{s \to 0} s \frac{-K_2}{1 + K_1 K_2} N(s)$$

(1) 若扰动作用为单位阶跃函数($N(s)=1/s$),则

$$e_{snp} = \lim_{s \to 0} s \frac{-K_2}{1 + K_1 K_2} \cdot \frac{1}{s} = \frac{-K_2}{1 + K_1 K_2}$$

如果系统开环增益 $K_1K_2 \gg 1$,则有 $e_{snp} \approx -1/K_1$.

(2) 扰动作用为单位斜坡和单位抛物线函数($N(s)=1/s^2$ 和 $N(s)=1/s^3$)时,有

$$e_{snv} = e_{sna} = \infty$$

2. Ⅰ型和Ⅱ型系统

在不同形式扰动作用下,根据式(5.17)可得到系统的稳态误差.

(1) 若扰动作用为单位阶跃函数($N(s)=1/s$),则

$$e_{snp} = \lim_{s \to 0} s \frac{-s^k K_2}{s^\nu + K_1 K_2} \cdot \frac{1}{s} = \lim_{s \to 0} \frac{-s^k K_2}{s^\nu + K_1 K_2}$$

由上式可见,当 $k \geqslant 1$,即调节器部分传递函数 $G_1(s)$ 中包含积分环节时,系统没有稳态误差,$e_{snp}=0$;当 $k=0$,即 $G_1(s)$ 中不含积分环节时,$e_{snp}=-1/K_1$,稳态误差为常数.

(2) 若扰动作用为单位斜坡函数($N(s)=1/s^2$),则

$$e_{snv} = \lim_{s \to 0} s \frac{-s^k K_2}{s^\nu + K_1 K_2} \cdot \frac{1}{s^2} = \lim_{s \to 0} \frac{-s^k K_2}{s^\nu + K_1 K_2} \cdot \frac{1}{s}$$

由上式可见,当 $k \geqslant 2$,即 $G_1(s)$ 中有两个或两个以上积分环节时,系统没有稳态误差,$e_{snv}=0$;当 $k=1$ 时,稳态误差为常数,$e_{snv}=-1/K_1$;当 $k=0$ 时,稳态误差 $e_{snv}=\infty$.

(3) 若扰动作用为单位抛物线函数($N(s)=1/s^3$),则

$$e_{sna} = \lim_{s \to 0} s \frac{-s^k K_2}{s^\nu + K_1 K_2} \cdot \frac{1}{s^3} = \lim_{s \to 0} \frac{-s^k K_2}{s^\nu + K_1 K_2} \cdot \frac{1}{s^2}$$

由上式可知,当 $k<2$ 时,稳态误差 $e_{sna}=\infty$;当 $k=2$ 时,稳态误差为常数 $e_{sna}=-1/K_1$.

5.4.2 小结

综上所述,不同的扰动信号作用于不同类型的系统所引起的稳态误差如表 5.3 所示.由表 5.3 可得如下结论:

表 5.3 扰动作用下的稳态误差

系统类型	$G_1(s)$,$G_2(s)H(s)$中的积分环节数 k,l	扰动作用下的稳态误差		
		单位阶跃扰动 e_{snp}	单位斜坡扰动 e_{snv}	单位抛物线扰动 e_{sna}
0 型系统 ($\nu=k+l=0$)	$k=0,l=0$	$\dfrac{-K_2}{1+K_1K_2}$	∞	∞
Ⅰ型系统 ($\nu=k+l=1$)	$k=0,l=1$	$-1/K_1$	∞	∞
	$k=1,l=0$	0	$-1/K_1$	∞
Ⅱ型系统 ($\nu=k+l=2$)	$k=0,l=2$	$-1/K_1$	∞	∞
	$k=1,l=1$	0	$-1/K_1$	∞
	$k=2,l=0$	0	0	$-1/K_1$

(1) 扰动作用引起的稳态误差也只有三种值:0、常数、∞.稳态误差为常数者基本上与 K_1 成反比.

（2）若要完全消除扰动作用引起的稳态误差，只要增加调节部分传递函数$G_1(s)$中积分环节数k即可. 对于不同形式的扰动作用，要求具有不同的k值. 但由于一般系统的类型不高于Ⅱ型（即$l+k=\nu\leqslant 2$），因此积分环节数k是不会很多的.

（3）若要减小扰动作用引起的常数稳态误差，则只要提高调节器部分的增益K_1即可，而与增益K_2无关.

（4）应该指出，在阶跃、斜坡和抛物线函数中，以阶跃函数作为扰动作用信号应用最广. 因为在研究扰动作用引起的系统稳态误差时，很多情况下是采用阶跃函数作为扰动作用.

例 5.6 设控制系统的方块图如图 5.12 所示. 若系统在单位斜坡输入（$r(t)=t$）和单位阶跃扰动（$n(t)=-1[t]$）作用下，试求系统的稳态误差.

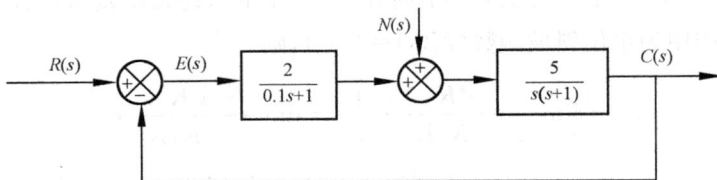

图 5.12　控制系统方块图

解　（1）控制信号作用下引起的稳态误差（令 $N(s)=0$）

$$G(s)=\frac{10}{s(0.1s+1)(s+1)}$$

系统为Ⅰ型系统，$K_v=10$，在单位斜坡输入时 $e_{ssv}=\dfrac{1}{K_v}=\dfrac{1}{10}$.

（2）扰动作用下引起的稳态误差（令 $R(s)=0$）.

与图 5.1 系统相比较，$G_1(s)=\dfrac{2}{0.1s+1}$，$K_1=2$，$k=0$；$G_2(s)H(s)=\dfrac{5}{s(s+1)}$，$K_2=5$，$l=1$. 可得单位阶跃扰动作用下的系统稳态误差为 $e_{snp}=\dfrac{-1}{K_1}=-0.5$，对于 $n(t)=-1[t]$，则有 $e_{snp}=0.5$.

系统总的稳态误差为控制信号作用下的稳态误差和扰动作用下的稳态误差之和，即

$$e_s=e_{ssv}+e_{snp}=0.1+0.5=0.6$$

小　　结

1. 稳态误差是用来衡量控制系统的控制精度的性能指标. 本章讨论了由系统结构类型和输入信号（包括控制作用和扰动作用）形式所引起的原理性稳态误差.

2. 对于非单位反馈系统，误差和偏差是不同的概念，两者之比为主反馈通路传递函数的倒数. 对于单位反馈系统，两者具有相同数值，但量纲可能不同. 通常，系统误差分析实际上是讨论系统的稳态偏差，因为它更容易测量. 真正的稳态误差可由稳态偏差求得.

3. 稳态误差计算的基本方法是通过误差传递函数并运用终值定理求得. 而工程上的实用方法是采用稳态误差系数和动态误差系数. 前者得到稳态误差终值（$t\to\infty$）而后者可求得

系统进入稳态后,稳态误差随时间变化的规律.

4. 稳态误差大小与系统类型(0 型、Ⅰ 型、Ⅱ 型等)和输入信号形式有关.具体如表 5.2 和表 5.3 所示.增加系统开环增益和提高系统类型,可减小直至消除系统的稳态误差.但基于系统的稳定性考虑,开环增益不能任意增大,而系统积分环节数一般不超过两个.

习　题

5.1　单位反馈系统的开环传递函数分别为

(1) $G(s) = \dfrac{100}{(0.5s+1)(2s+1)}$　　　　　　(2) $G(s) = \dfrac{4}{s(0.1s+1)(s+1)}$

(3) $G(s) = \dfrac{40}{s^2(s^2+8s+100)}$　　　　　　(4) $G(s) = \dfrac{10(s+1)(2s+1)}{s^2(s^2+4s+20)}$

试分别求出各系统的稳态位置、速度、加速度误差系数,以及单位阶跃、斜坡、抛物线输入下的系统的稳态误差.

5.2　设单位反馈系统的闭环传递函数为

$$\frac{C(s)}{R(s)} = \frac{a_{n-1}s+a_n}{s^n+a_1s^{n-1}+\cdots+a_{n-1}s+a_n}$$

试证明系统在斜坡输入时,稳态误差为零.

5.3　题 5.3 图为一单位反馈系统,试确定:

(1) 系统在单位阶跃和单位斜坡信号作用下的稳态误差;

(2) 系统的阻尼比 ζ 和无阻尼自然频率 ω_n,并讨论 K、K_h 对 ζ、ω_n 和稳态误差的影响.

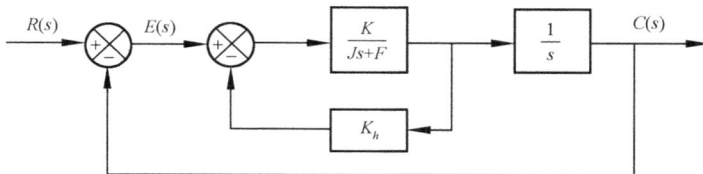

题 5.3 图　系统方块图

5.4　设单位反馈系统的开环传递函数为 $G(s) = \dfrac{100}{s(0.1s+1)}$,试求当输入为 $r(t) = 1+t+at^2$ 时的稳态误差.

5.5　题 5.5 图为一个具有局部反馈的单位反馈系统,试确定:

(1) 在没有微分反馈($a=0$)时,系统在单位斜坡信号作用下引起的稳态误差;

(2) 如何能使带有微分反馈的系统对单位斜坡输入的稳态减小到与(1)部分相同的值,而阻尼比保持在 0.7?

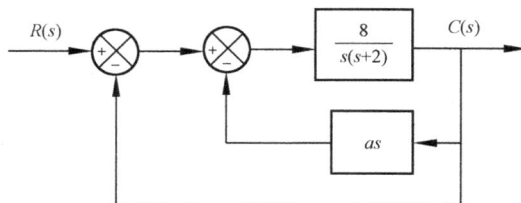

题 5.5 图　系统方块图

5.6 如题 5.6 图所示系统,试求当 $N_1(s)$ 和 $N_2(s)$ 均为单位阶跃时的稳态误差.其中 $G_1(s)=\dfrac{5}{T_1s+1}$, $G_2(s)=\dfrac{10(\tau s+1)}{T_2s+1}$, $G_3(s)=\dfrac{100}{s(T_3s+1)}$,且 $\tau>T_1$ 和 $\tau>T_2$.

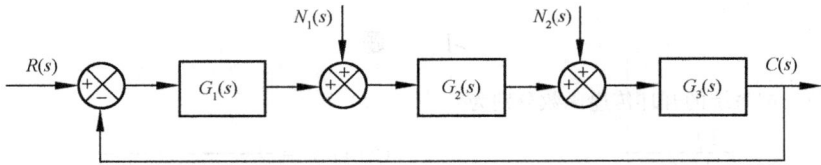

题 5.6 图　系统方块图

5.7 如题 5.7 图所示系统,控制信号 $R(s)$ 和扰动信号 $N(s)$ 均为单位斜坡输入,试求:

(1) 当 $K_d=0$ 时的稳态误差;

(2) 适当选择 K_d 使稳态误差 e_{ss} 为零.

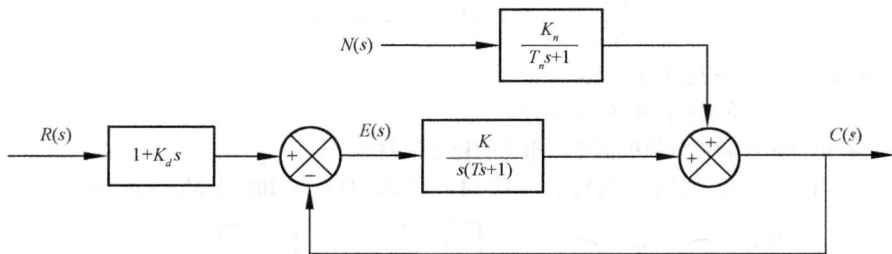

题 5.7 图　系统方块图

5.8 如题 5.8 图所示系统,已知系统阻尼比为 0.5,试求当扰动作用 $N(s)$ 为单位阶跃信号时,要求稳态误差不超过 0.1,求 K_1、K_2 和 K_3 应满足的关系式.

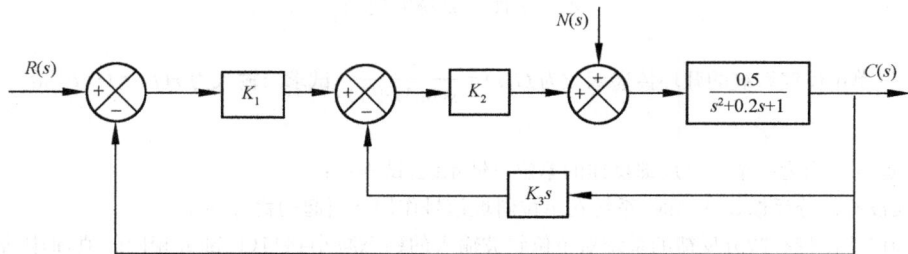

题 5.8 图　系统方块图

5.9 造纸过程中需保证一定的纸浆浓度,才能顺利烘干、成卷.纸浆的控制如题 5.9 图所示,其中控制器的传递函数为 $G_c(s)=\dfrac{K}{8s+1}$,从阀门开度 $U(s)$ 到实际纸浆浓度 $Y(s)$ 的传递函数为 $G(s)=\dfrac{1}{4s+1}$,浓度测量环节的传递函数为 $H(s)=1$.

(1) 给出系统的方块图;

(2) 求取闭环传递函数 $Y(s)/R(s)$;

(3) 当浓度的预期输入为阶跃信号 $R(s)=A/s$ 时,求系统的稳态误差,若要求稳态误差小于 1%,确定 K 的取值.

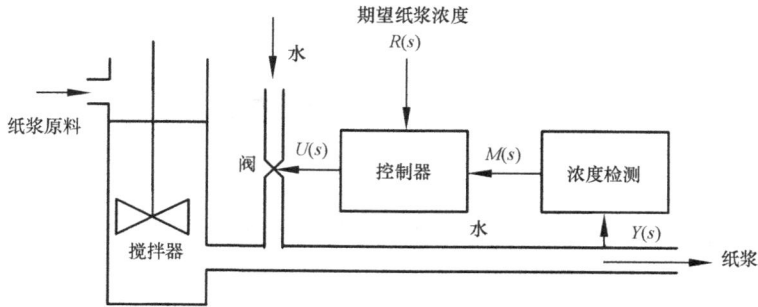

题 5.9 图　纸浆浓度控制系统

5.10　如题 5.10 图系统,已知 $G_1(s)=K_1$, $G_2(s)=\dfrac{K_2}{Ts+1}$,校正环节 $H_c(s)=K_c$ 为改善动态性能而引入,$K_2>1$,$K_c>1$,请问 K_1 该如何调整,校正环节引入前后系统稳态精度不变?

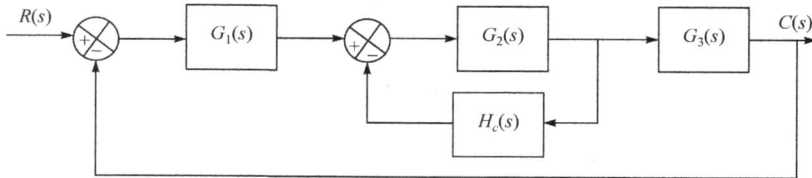

题 5.10 图　控制系统

5.11　题 5.11 图(a)所示为激光加工闭环控制系统,方块图见题 5.11 图(b),若要求在工件上标记抛物线,即激光束运动轨迹为 $r(t)=t^2\mathrm{cm}$,试计算 K 的取值,使系统的稳态误差为 5cm.

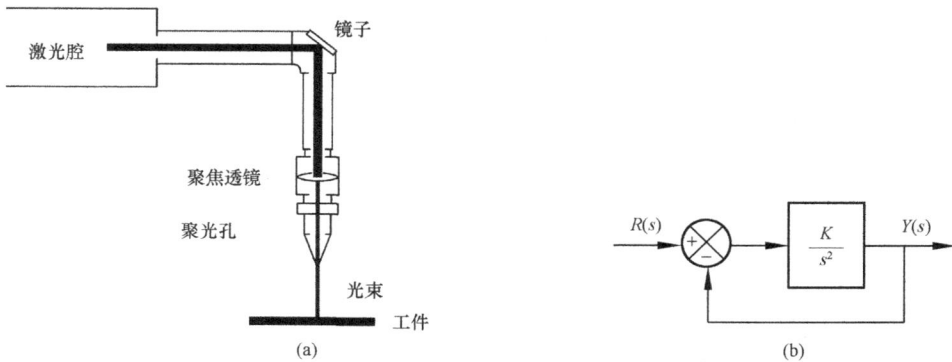

(a)

(b)

题 5.11 图　激光加工闭环控制系统

第6章 控制系统的瞬态响应分析

讨论了稳定性和精度之后,对于完成一定任务的控制系统来说,还必须有动态品质的要求. 例如,在控制信号作用下,希望系统的输出能很快地随控制信号的变化而变化,即响应速度要求. 又如,希望系统动态过程的振荡不要太强烈等. 这些动态过程的性能好坏是用动态性能指标(瞬态响应指标)来衡量的.

根据系统的数学模型分析设计系统时,由于控制系统输入信号具有随机性,往往无法事先知道,所以要设定一些典型输入信号,然后讨论系统对这些输入信号的响应.

经常采用的典型输入信号有阶跃函数、斜坡函数、加速度函数、脉冲函数和正弦函数等. 这些信号既能反映最常见的实际输入信号,又都是简单的时间函数,这样便于对控制系统进行理论分析和试验研究. 如果控制系统的输入量是随时间等速变化的,则采用斜坡函数作为试验信号;若系统的输入随时间等加速变化,则采用抛物线函数;如果系统的输入是突变的,则采用阶跃函数;而当系统受到冲击时,用脉冲函数最为合适;当系统的输入随时间往复变化时,采用正弦函数是合适的.

控制系统的时域响应(输出量随时间变化规律)由瞬态响应和稳态响应两部分组成. 瞬态响应(过渡过程)是指系统在某一输入信号作用下,其输出量从初始状态到进入稳定状态前的响应过程,图 6.1 所示为一般稳定系统的阶跃响应的几种形式. 图中,1 为强烈振荡过程;2 为振荡过程;3 为单调过程;4 为微振荡单调过程.

6.1 一阶系统的瞬态响应

图 6.2 是典型的一阶系统,其闭环传递函数为

$$\frac{C(s)}{R(s)} = \frac{1}{Ts+1} \tag{6.1}$$

式中,T 为一阶系统的时间常数.

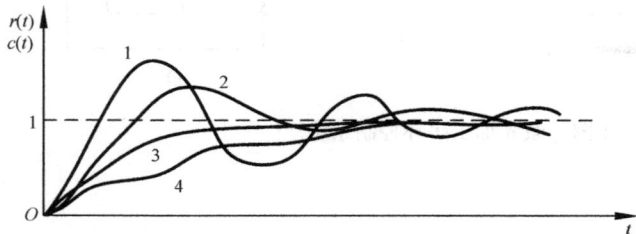

图 6.1 系统阶跃响应的形式　　　　图 6.2 一阶系统方块图

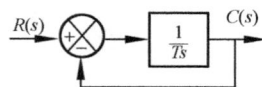

6.1.1 一阶系统的单位阶跃响应

当输入信号为单位阶跃函数($R(s)=1/s$)时,系统的输出根据式(6.1)有

$$C(s) = \frac{1}{Ts+1} \times \frac{1}{s} = \frac{1}{s} - \frac{T}{Ts+1}$$

对 $C(s)$ 进行拉普拉斯反变换,得系统的输出为

$$c(t) = 1 - e^{-\frac{1}{T}t} \qquad (t \geqslant 0) \tag{6.2}$$

由式(6.2)绘出一阶系统的阶跃响应曲线如图 6.3 所示.由图可见:

(1) 一阶系统阶跃响应曲线是由两部分组成的,即稳态分量 1 和瞬态分量 $-e^{-t/T}$,后者随时间增长按指数规律不断衰减,由初值 -1 最后衰减到零.最终 $c(t)$ 复现单位阶跃输入而无稳态误差.

(2) 时间常数 T 是一阶系统唯一的性能参数.它决定了阶跃响应曲线的形状.

瞬态分量的衰减系数为 $1/T$. T 越大,暂态分量衰减得越慢,则瞬态响应时间越长,反之,T 越小则瞬态响应时间(即过渡过程时间)越短.

当 $t=T$ 时,可得 $c(T)=0.632$.这为我们提供了用实验方法求时间常数 T 的途径.只要从实验所得的一阶系统单位阶跃响应曲线上,取输出稳态值的 63.2% 所对应的时间,即为时间常数 T.

当 $t=3T$ 和 $t=4T$ 时,响应曲线分别达到稳态值的 95% 和 98.2%,且响应曲线将保持在稳态值的 5%~2% 的允许误差范围内,那么称 $t_s=(3-4)T$ 为调整时间或过渡过程时间,并以此作为评价响应时间长短的标准.

一阶系统指数响应曲线的初始斜率为 $1/T$,即

$$\frac{\mathrm{d}c(t)}{\mathrm{d}t}\bigg|_{t=0} = \frac{1}{T}e^{-\frac{1}{T}t}\bigg|_{t=0} = \frac{1}{T}$$

(3) 图 6.4 所示为一阶系统极点位置图.一阶系统的闭环极点为 $s=-1/T$.极点距离虚轴越远(即时间常数 T 越小),则系统瞬态响应过程越快.反之,极点距离虚轴越近,则响应越慢.

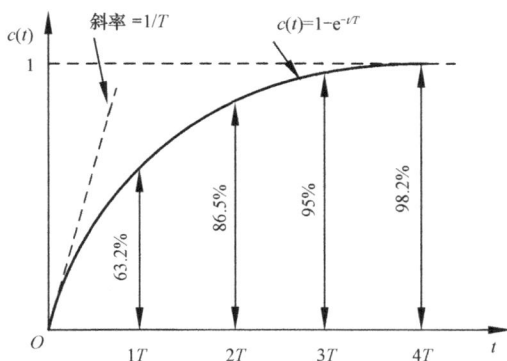

图 6.3 一阶系统单位阶跃响应曲线

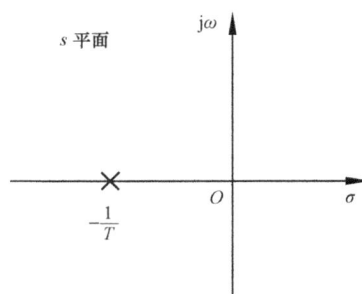

图 6.4 一阶系统极点位置

6.1.2 一阶系统的单位斜坡响应

一阶系统在单位斜坡函数($R(s)=1/s^2$)输入下,系统输出量为

$$C(s) = \frac{1}{Ts+1} \times \frac{1}{s^2} = \frac{1}{s^2} - \frac{T}{s} + \frac{T}{s+\frac{1}{T}}$$

对上式进行拉普拉斯反变换,可得一阶系统斜坡响应为

$$c(t) = t - T + Te^{-\frac{1}{T}t} \qquad (t \geqslant 0) \tag{6.3}$$

由式(6.3)可见,一阶系统的单位斜坡响应也由两部分组成.稳态分量为 $t-T$,也是单位斜坡函数,但有一个时间常数 T 的时间滞后,即稳态误差.瞬态分量为 $Te^{-t/T}$,它按指数规律以衰减系数 $1/T$ 随时间增长最后衰减到零.图 6.5 表示了系统的单位斜坡输入量及其输出响应曲线,由图可见,一阶系统跟踪单位斜坡输入的稳态误差为 T,显然,时间常数 T 越小,则稳态误差也越小.

6.1.3　一阶系统的单位脉冲响应

当输入信号为单位脉冲函数($R(s)=1$)时,一阶系统的输出为

$$C(s) = \frac{1}{Ts+1} \times 1 = \frac{\frac{1}{T}}{s+\frac{1}{T}}$$

将上式进行拉普拉斯反变换,系统的输出时间响应

$$c(t) = \frac{1}{T}e^{-\frac{1}{T}t} \qquad (t \geqslant 0) \tag{6.4}$$

由式(6.4)可知,一阶系统的单位脉冲响应只包含瞬态分量,随着时间增长,响应曲线逐渐衰减到零,单位脉冲响应曲线如图 6.6 所示.

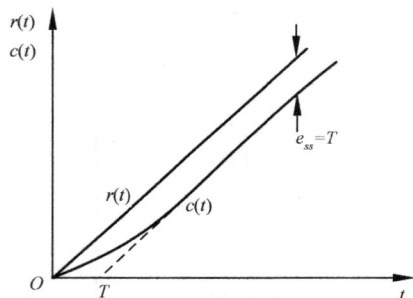

图 6.5　一阶系统的单位斜坡响应　　　图 6.6　一阶系统的单位脉冲响应

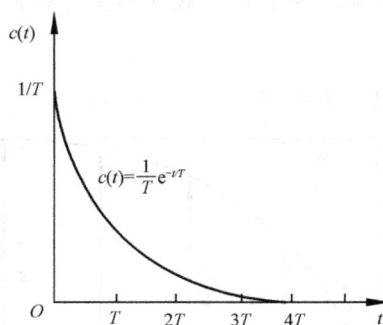

6.1.4　线性定常系统的重要性质

以上讨论了一阶系统的单位阶跃响应、单位斜坡响应和单位脉冲响应.如果比较这些响应的输入函数 $r(t)$ 和输出函数 $c(t)$,对于输入函数 $r(t)$ 有:单位斜坡函数($r(t)=t$)对时间的导数即为单位阶跃函数($r(t)=1[t]$);而单位阶跃函数对时间的导数即为单位脉冲函数($r(t)=\delta(t)$).对于输出函数 $c(t)$,在比较式(6.2)、式(6.3)和式(6.4)后有:单位斜坡响应对时间的导数即为单位阶跃响应,而单位阶跃响应对时间的导数即为单位脉冲响应.因此对于

线性定常系统可得如下重要结论：

系统对于输入信号微分的响应,等于系统对该输入信号响应的微分;而系统对于输入信号积分的响应,等于系统对该输入信号响应的积分,而积分时间常数则由零输出的初始条件确定.

线性定常系统这一重要性质,不仅适用于一阶系统,而且适用于任何阶线性定常系统,但对线性时变系统和非线性系统是不适用的.

例 6.1 某线性定常系统在单位斜坡信号输入时,输出为

$$c_v(t) = \frac{1}{3}t - \frac{T}{9} + \frac{T}{9}e^{-\frac{3}{T}t}$$

试求该系统的传递函数.

解 由于是线性定常系统,故可得系统在单位阶跃输入时的输出

$$c_p(t) = \mathrm{d}[c_v(t)]/\mathrm{d}t = \frac{1}{3} - \frac{1}{3}e^{-\frac{3}{T}t} \quad (t \geqslant 0)$$

而系统在单位脉冲输入时的输出有

$$g(t) = \mathrm{d}[c_p(t)]/\mathrm{d}t = \frac{1}{T}e^{-\frac{3}{T}t} \quad (t \geqslant 0)$$

对它求拉普拉斯变换,即得该系统的传递函数

$$G(s) = L[g(t)] = \frac{1}{3}\frac{1}{\frac{T}{3}s+1}$$

6.2 二阶系统的瞬态响应

一个控制系统能用二阶微分方程来描述,则称它为二阶系统.研究二阶系统的瞬态响应具有特别重要的意义.这是因为二阶系统瞬态响应具有典型性.控制系统的动态性能指标是根据二阶系统的瞬态响应来定义的,而且在工程实践中,在一定条件下,可以把一个高阶系统近似为二阶系统来处理,而不失其动态过程的基本性质.

6.2.1 二阶系统传递函数的标准形式

具有标准形式传递函数的二阶系统方块图如图 6.7 所示,其闭环传递函数标准形式如下

$$\frac{C(s)}{R(s)} = \frac{\omega_n^2}{s^2 + 2\zeta\omega_n s + \omega_n^2} \tag{6.5}$$

ω_n 和 ζ 为二阶系统的两个性能参数,ω_n 称为无阻尼自然频率,ζ 称为阻尼比.系统的特性(包括瞬态响应)均可用这两个参数加以描述.

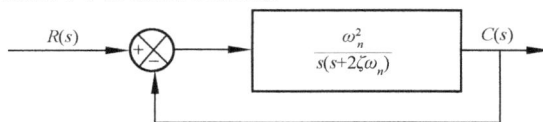

图 6.7 二阶系统方块图

二阶系统的特征方程

$$s^2 + 2\zeta\omega_n s + \omega_n^2 = 0$$

可解得二阶系统的闭环特征方程根(即闭环极点)为

$$p_{1,2} = -\zeta\omega_n \pm \omega_n \sqrt{\zeta^2 - 1}$$

随着阻尼比 ζ 不同,p_1 和 p_2 可能为实根或共轭复根.这将直接影响二阶系统的瞬态响应.通常有下面几种情况:

(1) 欠阻尼情况:$0 < \zeta < 1$,系统特征方程根为一对共轭复根

$$p_{1,2} = -\zeta\omega_n \pm j\omega_n \sqrt{1 - \zeta^2}$$

(2) 临界阻尼情况:$\zeta = 1$,系统特征方程具有二重负实根

$$p_{1,2} = -\omega_n$$

(3) 过阻尼情况:$\zeta > 1$,系统特征方程具有两个不相同的负实根

$$p_{1,2} = -\zeta\omega_n \pm \omega_n \sqrt{\zeta^2 - 1}$$

(4) 无阻尼情况:$\zeta = 0$,系统特征方程具有一对纯虚根

$$p_{1,2} = \pm j\omega_n$$

下面讨论具有不同阻尼的二阶系统在不同输入信号作用下的瞬态响应.

6.2.2 二阶系统的阶跃响应

在单位阶跃函数作用下($R(s) = 1/s$),由式(6.5)得系统的输出为

$$C(s) = \frac{\omega_n^2}{s^2 + 2\zeta\omega_n s + \omega_n^2} \cdot \frac{1}{s} \tag{6.6}$$

1. 欠阻尼($0 < \zeta < 1$)时

令

$$\omega_d = \omega_n \sqrt{1 - \zeta^2}$$

表示阻尼自然频率,则有

$$p_{1,2} = -\zeta\omega_n \pm j\omega_n \sqrt{1 - \zeta^2} = -\zeta\omega_n \pm j\omega_d$$

对 $C(s)$ 进行拉普拉斯反变换,可得欠阻尼二阶系统单位阶跃响应为

$$c(t) = 1 - e^{-\zeta\omega_n t}\left(\cos\omega_d t + \frac{\zeta}{\sqrt{1 - \zeta^2}}\sin\omega_d t\right) \quad (t \geq 0)$$

或

$$c(t) = 1 - \frac{e^{-\zeta\omega_n t}}{\sqrt{1 - \zeta^2}}\sin(\omega_d t + \beta) \quad (t \geq 0) \tag{6.7}$$

式中,$\beta = \arctan\left[\dfrac{\sqrt{1 - \zeta^2}}{\zeta}\right]$.

在 s 平面上 β 角的定义如图6.8所示.由图可见二阶系统闭环极点 p_1、p_2 分布及其与 β 角、无阻尼自然频率 ω_n、阻尼自然频率 ω_d、衰减系数 $\zeta\omega_n$ 和阻尼比 ζ 间的

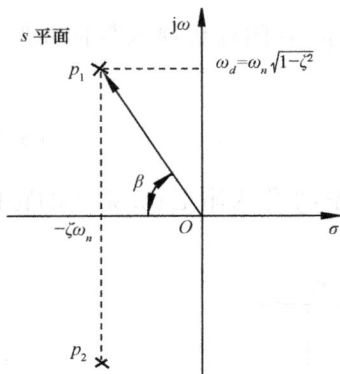

图6.8 β 角的定义

关系.

由式(6.7)可知,欠阻尼二阶系统的单位阶跃响应由稳态分量和瞬态分量组成. 瞬态分量是频率为 ω_d 的阻尼正弦振荡,故称为阻尼自然频率,且按衰减系数为 $\zeta\omega_n$ 的指数规律逐渐衰减. 当 $t\to\infty$ 时,系统不存在稳态误差.

2. 临界阻尼($\zeta=1$)时

将 $\zeta=1$ 代入式(6.6)得

$$C(s)=\frac{\omega_n^2}{s(s+\omega_n)^2}$$

对上式进行拉普拉斯反变换,有

$$c(t)=1-\mathrm{e}^{-\omega_n t}(1+\omega_n t) \qquad (t\geqslant 0) \tag{6.8}$$

由式(6.8)可看出,临界阻尼的二阶系统阶跃响应由稳态分量和瞬态分量两部分组成. 后者随时间增加以衰减系数 $\zeta\omega_n$ 按指数规律逐渐衰减到零,阶跃响应是单调过程.

3. 过阻尼($\zeta>1$)情况

过阻尼二阶系统的极点为

$$p_{1,2}=-\zeta\omega_n\pm\omega_n\sqrt{\zeta^2-1}$$

可求得在单位阶跃输入时系统的输出为

$$c(t)=1-\frac{1}{2\sqrt{\zeta^2-1}(\zeta-\sqrt{\zeta^2-1})}\mathrm{e}^{-(\zeta-\sqrt{\zeta^2-1})\omega_n t}$$

$$+\frac{1}{2\sqrt{\zeta^2-1}(\zeta+\sqrt{\zeta^2-1})}\mathrm{e}^{-(\zeta+\sqrt{\zeta^2-1})\omega_n t} \qquad (t\geqslant 0) \tag{6.9}$$

由式(6.9)可见,过阻尼二阶系统的阶跃响应 $c(t)$ 由三项组成. 第一项为稳态分量. 第二项和第三项为瞬态分量,它们最终均衰减到零. 如果仔细核对第二、三项就会发现,第三项分量可以忽略. 其原因在于第三项分量与第二项分量相比,初始值($t=0$)较小,而衰减系数却大许多. 因为这项瞬态分量数值小而衰减快,故式(6.9)可用下式作近似计算

$$c(t)=1-\mathrm{e}^{-(\zeta-\sqrt{\zeta^2-1})\omega_n t} \qquad (t\geqslant 0) \tag{6.10}$$

式(6.10)除忽略式(6.9)中第三项瞬态分量外,还把剩下的第二项系数改为1,这样做的目的是避免过阻尼系统当 ζ 取值较小时,系数 $\dfrac{1}{2\sqrt{\zeta^2-1}(\zeta-\sqrt{\zeta^2-1})}$ 会略大于1,响应函数 $c(t)$ 在 $t=0$ 时的初始值为负值.

4. 无阻尼($\zeta=0$)情况

如果二阶系统 $\zeta=0$,即无阻尼情况. 系统的闭环极点

$$p_{1,2}=\pm\mathrm{j}\omega_n$$

落在虚轴上. 系统的响应

$$c(t)=1-\cos\omega_n t \qquad (t\geqslant 0) \tag{6.11}$$

为无阻尼的等幅振荡,系统处于稳定边界. 由式(6.11)可以看出,二阶系统在无阻尼情况下,其单位阶跃响应是频率为 ω_n 的不衰减振荡,故称 ω_n 为无阻尼自然频率.

图6.9画出了一簇不同 ζ 下的二阶系统的单位阶跃响应曲线. 由图可见,随着阻尼比 ζ

逐渐减小,系统阶跃响应的振荡程度逐渐增加.

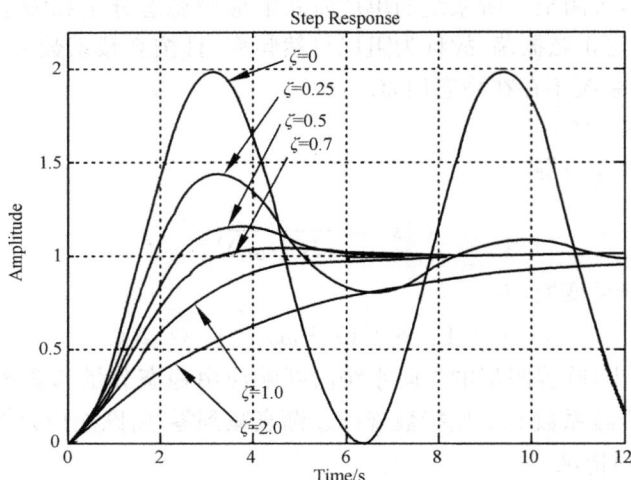

图 6.9　二阶系统单位阶跃响应曲线($\omega_n = 1/s$)

从上面讨论的不同阻尼比的二阶系统阶跃响应,并由图 6.9 可知,在过阻尼系统中以 $\zeta=1$ 时的瞬态响应时间为最短;在欠阻尼系统中,当 $\zeta=0.5\sim0.8$ 时,系统有比较理想的响应曲线,这时瞬态响应时间短,且振荡适度.因此一般希望二阶系统的阻尼比设计在这一范围内.但对于某些情况则需要采用过阻尼系统,如大惯性的温度控制系统等.而对于那些不容许振荡而又要求响应较快的系统,如仪表指示和记录系统,则采用临界阻尼系统.

6.2.3　二阶系统的脉冲响应

当输入信号为单位脉冲函数($R(s)=1$)时,则系统的输出为

$$C(s) = \frac{\omega_n^2}{s^2 + 2\zeta\omega_n s + \omega_n^2} \tag{6.12}$$

对于不同阻尼比情况下的二阶系统脉冲响应讨论如下:

(1) 当欠阻尼($0<\zeta<1$)时,式(6.12)的拉普拉斯反变换即为二阶系统的脉冲响应

$$c(t) = \frac{\omega_n}{\sqrt{1-\zeta^2}} e^{-\zeta\omega_n t} \sin\omega_d t \quad (t \geqslant 0)$$

式中,$\omega_d = \omega_n \sqrt{1-\zeta^2}$.

(2) 当临界阻尼($\zeta=1$)时,系统的脉冲响应

$$c(t) = \omega_n^2 t e^{-\omega_n t} \quad (t \geqslant 0)$$

(3) 当过阻尼($\zeta>1$)时,系统的脉冲响应

$$c(t) = \frac{\omega_n}{2\sqrt{\zeta^2-1}} (e^{-(\zeta-\sqrt{\zeta^2-1})\omega_n t} - e^{-(\zeta+\sqrt{\zeta^2-1})\omega_n t}) \quad (t \geqslant 0)$$

不同的 ζ 对应的二阶系统脉冲响应如图 6.10 所示.除无阻尼($\zeta=0$)二阶系统外,所有响应曲线均收敛于横轴.欠阻尼($0<\zeta<1$)二阶系统脉冲响应的振荡是沿着横轴进行的.

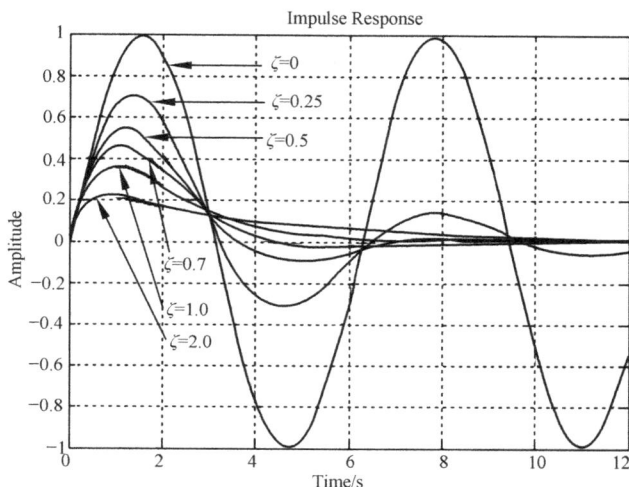

图 6.10　二阶系统单位脉冲响应曲线（$\omega_n = 1/s$）

6.2.4　二阶系统的斜坡响应

当输入信号为单位斜坡函数（$R(s) = 1/s^2$）时，系统的输出为

$$C(s) = \frac{\omega_n^2}{s^2 + 2\zeta\omega_n s + \omega_n^2} \cdot \frac{1}{s^2}$$

根据不同阻尼情况求得单位斜坡响应如下：

（1）欠阻尼（$0 < \zeta < 1$）时

$$c(t) = t - \frac{2\zeta}{\omega_n} + \frac{e^{-\zeta\omega_n t}}{\omega_n \sqrt{1-\zeta^2}} \sin(\omega_d t + 2\beta) \qquad (t \geqslant 0)$$

式中，$\omega_d = \omega_n \sqrt{1-\zeta^2}$；$\beta = \arctan\left(\dfrac{\sqrt{1-\zeta^2}}{\zeta}\right)$.

（2）临界阻尼（$\zeta = 1$）时

$$c(t) = t - \frac{2}{\omega_n} + \frac{2}{\omega_n} e^{-\omega_n t}\left(1 + \frac{\omega_n t}{2}\right) \qquad (t \geqslant 0)$$

（3）过阻尼（$\zeta > 1$）时

$$c(t) = t - \frac{2\zeta}{\omega_n} - \frac{2\zeta^2 - 1 - 2\zeta\sqrt{\zeta^2-1}}{2\omega_n \sqrt{\zeta^2-1}} e^{-(\zeta + \sqrt{\zeta^2-1})\omega_n t}$$
$$+ \frac{2\zeta^2 - 1 + 2\zeta\sqrt{\zeta^2-1}}{2\omega_n \sqrt{\zeta^2-1}} e^{-(\zeta - \sqrt{\zeta^2-1})\omega_n t} \qquad (t \geqslant 0)$$

上述系统的单位斜坡响应，也可以通过单位阶跃响应对时间积分得到，积分时间常数可根据 $t = 0$ 时，输出量 $c(t)$ 的初始条件来确定. 例如，输出量及其各阶导数为零的初始条件.

6.3　具有零点的二阶系统的瞬态响应

具有闭环零点的二阶系统也是一种典型系统. 它的阶跃响应与无零点二阶系统不一样.

具有零点的二阶系统闭环传递函数为

$$\frac{C(s)}{R(s)} = \frac{\omega_n^2(\tau s + 1)}{s^2 + 2\zeta\omega_n s + \omega_n^2} = \frac{\omega_n^2(s+z)}{z(s^2 + 2\zeta\omega_n s + \omega_n^2)}$$

式中，$z = 1/\tau$.

当 $0 < \zeta < 1$ 时系统具有一对共轭复数极点和一个零点. 在单位阶跃输入作用下，系统输出的拉普拉斯变换为

$$C(s) = \frac{\omega_n^2(s+z)}{z(s^2 + 2\zeta\omega_n s + \omega_n^2)} \cdot \frac{1}{s}$$

对上式进行拉普拉斯反变换，可得系统单位阶跃响应为

$$c(t) = 1 - \frac{\sqrt{1 + \alpha(\alpha-2)\zeta^2}}{\alpha\zeta\sqrt{1-\zeta^2}} e^{-\zeta\omega_n t} \sin\left[\omega_n\sqrt{1-\zeta^2}\,t + \arctan\left(\frac{\alpha\zeta\sqrt{1-\zeta^2}}{\alpha\zeta^2-1}\right)\right] \quad (t \geqslant 0)$$

$$(6.13)$$

式中，$\alpha = \dfrac{z}{\zeta\omega_n}$ 为 s 平面上零点和极点到虚轴距离之比，如图 6.11(a) 所示.

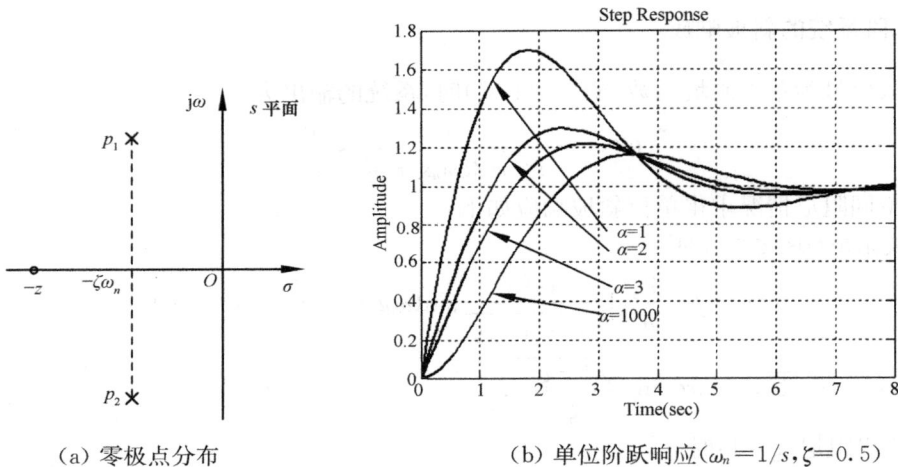

（a）零极点分布　　　　　　　　（b）单位阶跃响应（$\omega_n = 1/s, \zeta = 0.5$）

图 6.11　具有零点的二阶系统

系统的阶跃响应曲线既与阻尼比 ζ 和无阻尼自然频率 ω_n 有关，又与零点或比值 α 有关. 对于一定的 ζ 值，在不同 α 值下的单位阶跃响应曲线如图 6.11(b) 所示. 当 $\alpha = \infty$ 时，即为无零点的二阶系统阶跃响应曲线. 根据图示曲线和式(6.13)可得出如下结论：

(1) 闭环零点只影响过渡过程 $c(t)$ 中的瞬态分量的初始幅值（$t = 0$ 时）和相位，而不影响瞬态分量中衰减系数 $\zeta\omega_n$ 和阻尼振荡频率 ω_n. 因此控制系统响应曲线的类型取决于闭环极点，而响应曲线具体形状由闭环极点和闭环零点共同决定.

(2) 当其他条件不变时，附加一个零点将使二阶系统阶跃响应的超调量增大，上升时间和峰值时间减小.

(3) 在 s 平面上，随着附加的闭环零点从左侧向极点靠近（即 α 减小），附加零点的影响也越来越显著. 当零点距离虚轴很远时，确切地说，当零点和极点至虚轴的距离比很大时，零点的影响可以忽略，这时系统可以用无零点的二阶系统近似代替. 例如，当 $\zeta = 0.5$ 时，若

$\alpha > 4$,则零点可忽略不计.

6.4 高阶系统的瞬态响应

用二阶以上微分方程描述的系统称为高阶系统.高阶系统的瞬态响应往往比较复杂.本节首先讨论在二阶系统基础上,再加一个闭环极点的三阶系统的单位阶跃响应.然后介绍高阶系统瞬态响应的一般情况.

6.4.1 三阶系统的单位阶跃响应

三阶系统可写成如下一般形式

$$\frac{C(s)}{R(s)} = \frac{\omega_n^2}{(Ts+1)(s^2+2\zeta\omega_n s+\omega_n^2)} = \frac{\dfrac{\omega_n^2}{T}}{\left(s+\dfrac{1}{T}\right)(s^2+2\zeta\omega_n s+\omega_n^2)}$$

可见,三阶系统是在二阶系统基础上增加一个惯性环节.如果 $0 < \zeta < 1$,则系统闭环极点

$$p_{1,2} = -\zeta\omega_n \pm \mathrm{j}\omega_n\sqrt{1-\zeta^2}, \qquad p_3 = -\frac{1}{T}$$

在单位阶跃函数作用下,输出量的拉普拉斯变换式为

$$C(s) = \frac{\dfrac{\omega_n^2}{T}}{\left(s+\dfrac{1}{T}\right)(s^2+2\zeta\omega_n s+\omega_n^2)} \cdot \frac{1}{s}$$

进行拉普拉斯反变换,得三阶系统阶跃响应为

$$c(t) = 1 - A_1 \mathrm{e}^{-\zeta\omega_n t}\sin(\omega_d t+\varphi) - A_2 \mathrm{e}^{-\beta\zeta\omega_n t} \qquad (t \geqslant 0) \tag{6.14}$$

式中

$$\beta = \frac{\dfrac{1}{T}}{\zeta\omega_n}, \quad \omega_d = \omega_n\sqrt{1-\zeta^2}, \quad \varphi = \arctan\left[\frac{\zeta(\beta-2)\sqrt{1-\zeta^2}}{\zeta^2(\beta-2)+1}\right]$$

$$A_1 = \frac{\zeta\beta}{\sqrt{(1-\zeta^2)[\zeta^2\beta(\beta-2)+1]}}, \qquad A_2 = \frac{1}{\zeta^2\beta(\beta-2)+1}$$

其中,β 是负实极点 p_3 与共轭复极点的负实部之比,它反映了两种极点在 s 平面上的相对位置,如图 6.12(a)所示,也是系统一阶部分和二阶部分响应曲线衰减系数之比.

由式(6.14)所表示的三阶系统单位阶跃响应曲线如图 6.12(b)所示.可明显看出,系统阶跃响应由三项组成.第一项为稳态分量,对应于单位阶跃输入信号.第二、三项为瞬态分量,其中第二项为由二阶因子所引起的阻尼振荡,振荡频率为 ω_d,衰减系数为 $\zeta\omega_n$.第三项为由一阶因子引起的非周期指数衰减项,衰减系数为 $1/T$,该项系数始终为负,因为 $\beta\zeta^2(\beta-2)+1 = \zeta^2(\beta-1)^2+(1-\zeta^2) > 0$.将式(6.14)和式(6.7)相比较可知,三阶系统的单位阶跃响应比二阶系统的单位阶跃响应多了一项由一阶因子引起的瞬态分量.

由式(6.14)还可看出系统响应和比值 β 有关.图 6.12(b)所示为 ζ 取一定值时,以 β 为参变量按式(6.14)作得的三阶系统的单位阶跃响应曲线.ω_n 和 ζ 对响应曲线的影响与二阶系统相似.

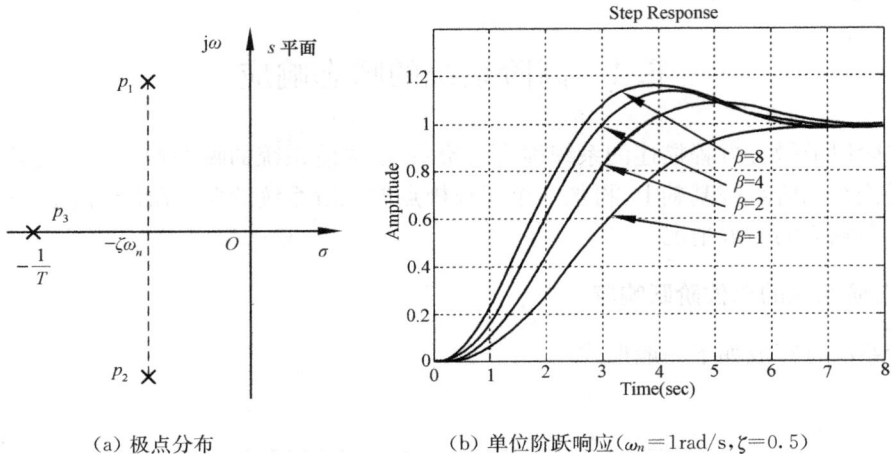

（a）极点分布　　　　（b）单位阶跃响应（$\omega_n=1\mathrm{rad/s},\zeta=0.5$）

图 6.12　三阶系统极点分布和单位阶跃响应曲线

由图 6.12 和式（6.14）可知加入闭环极点对系统响应的影响：

（1）当 $\beta=\infty$ 时，系统即为 $\zeta=0.5$ 时的二阶系统响应曲线.

（2）在二阶系统上附加一个实数极点（$0<\beta<\infty$）将使原来二阶系统的单位阶跃响应的超调量减小，上升时间、峰值时间增加，响应变慢.

（3）当 $\beta>1$，即 $1/T>\zeta\omega_n$ 时，实数极点 p_3 距离虚轴远，而共轭复数极点 p_1、p_2 距离虚轴近，这时系统的特性主要决定于 p_1 和 p_2，呈现二阶系统特性.

（4）当 $\beta<1$，即 $1/T<\zeta\omega_n$ 时，实数极点 p_3 距离虚轴近，这时系统的特性主要决定于 p_3，呈现一阶系统的特性.

6.4.2　一般高阶系统的瞬态响应

上面分析三阶系统瞬态响应的方法，同样也适用于一般高阶系统. 如果系统全部闭环极点和闭环零点互不相同，且极点中含有 q 个实数极点 p_j，r 对共轭复数极点 $\sigma_k\pm\mathrm{j}\omega_k$，则系统传递函数为

$$G(s)=\frac{C(s)}{R(s)}=\frac{b_0 s^m+b_1 s^{m-1}+\cdots+b_{m-1}s+b_m}{a_0 s^n+a_1 s^{m-1}+\cdots+a_{n-1}s+a_n}$$

$$=\frac{K\displaystyle\prod_{i=1}^{m}(s+z_i)}{\displaystyle\prod_{j=1}^{q}(s+p_j)\prod_{k=1}^{r}(s^2+2\zeta_k\omega_k s+\omega_k^2)}$$

则当单位阶跃输入（$R(s)=1/s$）时，系统输出为

$$C(s)=\frac{K\displaystyle\prod_{i=1}^{m}(s+z_i)}{\displaystyle\prod_{j=1}^{q}(s+p_j)\prod_{k=1}^{r}(s^2+2\zeta_k\omega_k s+\omega_k^2)}\cdot\frac{1}{s}$$

对上式进行拉普拉斯反变换，求得系统单位阶跃响应

$$c(t)=a_0+\sum_{j=1}^{q}a_j\mathrm{e}^{-p_j t}+\sum_{k=1}^{r}b_k\mathrm{e}^{-\zeta_k\omega_k t}\sin(\omega_k\sqrt{1-\zeta_k^2}\,t+\varphi_k)\quad(t\geqslant 0)\qquad(6.15)$$

式中, a_j、b_k 为对应极点上的留数.

由式(6.15)所表达的高阶系统的阶跃响应一般表达式可见:

(1) 单位阶跃响应的第一项为稳态分量,第二、三项为瞬态分量,分别由一阶系统和二阶系统的瞬态分量组成.第二项中每一个实数极点对应一个非周期分量.第三项中每一对共轭复数极点对应一个阻尼振荡分量.由此可见,极点的性质确定了相应瞬态分量的类型.

(2) 如果式(6.15)中所有闭环极点均位于 s 平面左半部,则随时间 $t \to \infty$,第二、三项均趋近于零.而各瞬态分量衰减的速度决定于衰减系数 p_j 和 $\zeta_k \omega_k$,即系统闭环极点的实部.也就是说,闭环极点离虚轴越远,则相应分量衰减越快.反之,闭环极点离虚轴越近,则相应分量衰减越慢,影响也越大.

(3) 高阶系统瞬态响应中,各瞬态分量不仅与闭环极点在 s 平面上的位置有关,而且与闭环零点的位置有关.因为零点会影响各个极点上的留数大小,而留数大小确定了各瞬态分量衰减的初始幅值大小,即各分量的相对重要性.如果在式(6.15)中的一个闭环零点靠近某一个闭环极点,则这个极点上的留数比较小,因而对应于这个极点的暂态分量影响也比较小,所以一对靠得很近的极点和零点可相互抵消;如果某极点的位置离虚轴很远,那么这个极点上的留数也将会很小,因而远极点所对应的瞬态分量很小,且持续时间短;如果某极点附近没有闭环零点,且与虚轴距离很近,则对应的瞬态分量不仅幅值大,而且衰减慢,对系统瞬态响应影响最大.图 6.13 所示为高阶系统阶跃响应的一些例子.这些响应曲线是由一些小振荡曲线、大振荡曲线和指数曲线叠加而成的.快速衰减的分量只在瞬态响应初始阶段有影响.如果在式(6.15)中,忽略某些留数很小或离虚轴很远的极点所对应的瞬态分量,则一个高阶系统就可以用一个低阶系统来近似.

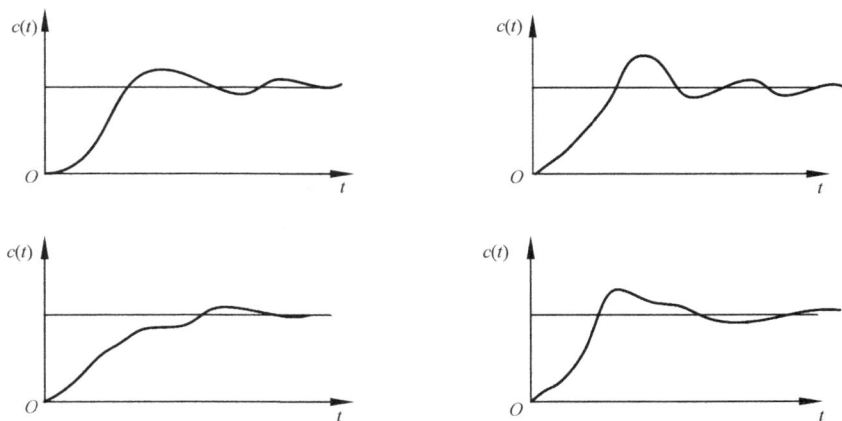

图 6.13 高阶系统的阶跃响应

通过以上分析得出,瞬态响应曲线类型取决于闭环极点,而瞬态响应曲线的具体形状还取决于闭环零点.

6.4.3 闭环主导极点

根据对式(6.15)所表示的高阶系统阶跃响应的分析可知,各瞬态响应分量衰减快慢取决于对应的闭环极点距 s 平面虚轴的远近,其中最靠近虚轴的闭环极点所对应的瞬态分量衰减得最慢,在所有分量中起主要作用.

经验证明,如果高阶系统中,所有其他极点的实部比距离虚轴最近的闭环极点的实部大 5 倍以上,并且在该极点附近不存在闭环零点,则这种离虚轴最近的闭环极点将对系统的瞬态响应起主导作用,并称其为闭环主导极点.

主导极点的实部比其他极点的实部小 5 倍以上的约定,其物理意义是:主导极点对应的瞬态分量衰减到进入稳态(即 $\Delta = \pm 2\%$ 或 $\Delta = \pm 5\%$)所需的调整时间比非主导极点所对应的瞬态分量衰减到进入稳态所需的调整时间长 5 倍以上.

如果主导极点以共轭复数极点形式出现.那么该高阶系统可用由这对主导极点组成的二阶系统来近似,并用此二阶系统的瞬态响应指标来估计系统的动态性能.相应地,当主导极点以实极点形式出现时,该高阶系统可用由这个主导极点对应的一阶系统来近似,并用此一阶系统的瞬态响应指标来估计系统的动态性能.

例 6.2 已知三阶系统,其闭环传递函数

$$\frac{C(s)}{R(s)} = \frac{312000}{(s+60)(s^2+20s+5200)}$$

求其精确的单位阶跃响应及高阶降阶后的单位阶跃响应.

解 由式(6.14)知该系统的单位阶跃响应的精确解为

$$c(t) = 1 - 0.96 e^{-10t} \sin(71.7t + 26.93°) - 0.686 e^{-60t} \qquad (t \geqslant 0)$$

系统闭环极点 $p_{1,2} = -10 \pm j71.7$, $p_3 = -60$. 共轭复极点 p_1、p_2 的实部和实极点 p_3 的实部之比为

$$\frac{\mathrm{Re}[p_1]}{\mathrm{Re}[p_3]} = \frac{-10}{-60} = \frac{1}{6} < \frac{1}{5}$$

所以 p_1、p_2 为一对共轭复数主导极点,可以忽略闭环极点 p_3 所对应的瞬态分量,即精确解中第三项,则得该系统单位阶跃响应的近似解

$$c(t) = 1 - 0.96 e^{-10t} \sin(71.7t + 26.93°) \qquad (t \geqslant 0)$$

这样就可以将三阶系统简化为以一对共轭复极点为极点的二阶系统,即可用分析二阶系统的方法来近似分析原来的三阶系统.

图 6.14 是上述两解的时域波形,图中带星号曲线的为近似解,其与精确解间在 0.1s 前便已重合.

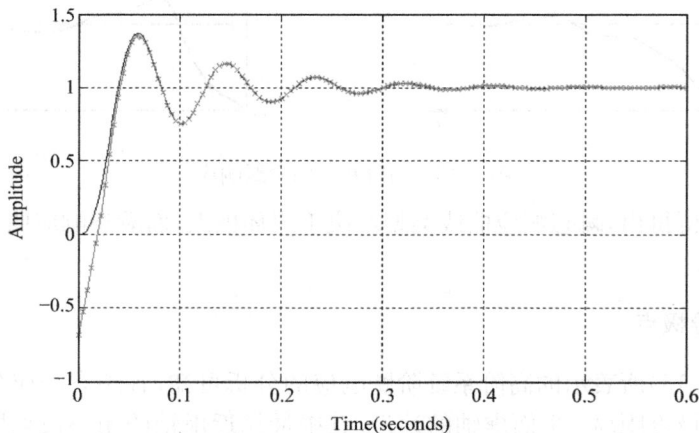

图 6.14 时域波形

6.5 瞬态响应指标及其与系统参数的关系

控制系统动态性能的好坏,可用时间域的瞬态响应的几个特征量来评价,即系统的瞬态响应指标(又称动态品质指标).控制系统的实际阶跃响应往往具有衰减振荡的性质,这时响应曲线形状与欠阻尼的二阶系统的阶跃响应曲线相比拟.因此我们采用如图 6.15 所示的二阶欠阻尼系统单位阶跃响应曲线来定义瞬态响应指标.这些指标主要有:上升时间 t_r、峰值时间 t_p、最大超调量 M_p 和调整时间 t_s 等.对于二阶系统,上述性能指标可以用计算的方法加以确定.

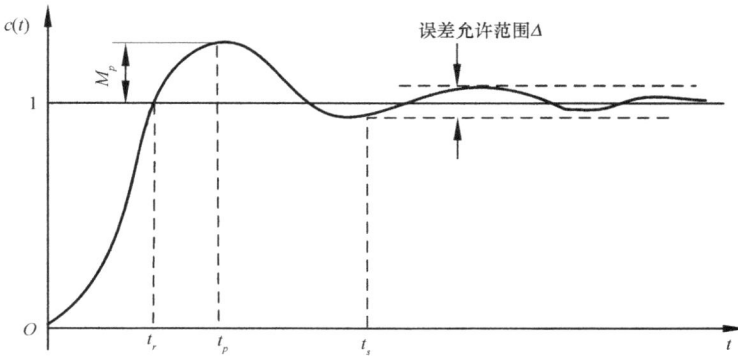

图 6.15　表示性能指标的单位阶跃响应曲线

6.5.1 瞬态响应指标定义

上升时间 t_r:对于超调系统,指响应曲线从 0 上升到稳态值的 100% 所需的时间.对于不超调系统,则是响应曲线从稳态值的 10% 上升到 90% 所需的时间.

峰值时间 t_p:响应曲线达到第一个峰值所需要的时间.

最大超调量 M_p(或 σ_p):响应曲线的最大值与稳态值之差,即

$$M_p = c(t_p) - c(\infty)$$

式中,$c(\infty)$ 为稳态输出量.

最大超调量常用百分比表示,此时

$$M_p = \frac{c(t_p) - c(\infty)}{c(\infty)} \times 100\%$$

调整时间 t_s:在响应曲线的稳态值线上,用稳态值的某一百分数 Δ(通常取$\Delta = \pm 5\%$或 $\Delta = \pm 2\%$)作一个允许误差带,响应曲线达到并一直保持在这一允许范围内所需要的时间.

振荡次数 N:在调整时间($0 < t < t_s$)内,响应曲线 $c(t)$ 穿越稳态值 $c(\infty)$ 次数的一半.

例 6.3 设带零点欠阻尼二阶系统的传递函数为 $\dfrac{C(s)}{R(s)} = \dfrac{s+z}{z}\dfrac{\omega_n^2}{s^2 + 2\zeta\omega_n s + \omega_n^2}$,求其阶跃响应时瞬态响应指标与系统参数之间的关系.

解 单位阶跃

$$R(s) = \frac{1}{s}$$

输入后系统输出

$$C(s) = \frac{\omega_n^2}{s(s^2 + s\zeta\omega_n s + \omega_n^2)} + \frac{1}{z} \frac{s\omega_n^2}{(s^2 + 2\zeta\omega_n s + \omega_n^2)}$$

由欠阻尼 $\zeta < 1$,对应有

$$c(t) = 1 + Ae^{-\zeta\omega_n t}\sin(\omega_d t + \varphi) \quad (t \geqslant 0)$$

式中

$$\omega_d = \omega_n \sqrt{1 - \zeta^2}$$

$$A = \frac{\sqrt{z^2 - 2\zeta\omega_n z + \omega_n^2}}{z \sqrt{1 - \zeta^2}}$$

$$\varphi = -\pi + \arctan\left(\frac{\omega_d}{z - \zeta\omega_n}\right) + \arctan\left(\frac{\sqrt{1 - \zeta^2}}{\zeta}\right)$$

对 $c(t)$ 求导数得峰值时间

$$t_p = \frac{\pi - \arctan\left(\frac{\omega_d}{z - \zeta\omega_n}\right)}{\omega_d}$$

代入 $c(t)$ 式,可得

$$\sigma = c(t_p) - 1 = A \sqrt{1 - \zeta^2} e^{-\zeta\omega_n t_p} \times 100\%$$

当允许误差范围 $\Delta = 0.05$ 时,有

$$t_s = \frac{3 + \ln A}{\zeta\omega_n}$$

当允许误差范围 $\Delta = 0.02$ 时,有

$$t_s = \frac{4 + \ln A}{\zeta\omega_n}$$

6.5.2 二阶系统欠阻尼瞬态响应指标与系统参数之间的关系

对于二阶欠阻尼系统,上述瞬态响应指标可用两个性能参数 ζ、ω_n 来表示.

1. 上升时间 t_r

根据定义及式(6.7)有

$$c(t_r) = 1 - \frac{e^{-\zeta\omega_n t}}{\sqrt{1 - \zeta^2}}\sin(\omega_d t_r + \beta) = 1$$

由于 $\dfrac{e^{-\zeta\omega_n t}}{\sqrt{1 - \zeta^2}} \neq 0$,所以有

$$\omega_d t_r + \beta = \pi, 2\pi, 3\pi, \cdots$$

由于 t_r 指第一次到达的时间,因此

$$t_r = \frac{\pi - \beta}{\omega_d} \tag{6.16}$$

2. 峰值时间 t_p

根据式(6.7)对时间 t 的微分,并令其等于零,即

$$\frac{\mathrm{d}c(t)}{\mathrm{d}t}\Big|_{t=t_p}=0$$

得

$$\frac{\omega_n \mathrm{e}^{-\zeta\omega_n t_p}}{\sqrt{1-\zeta^2}}\sin(\omega_d t_p+\beta-\beta)=0$$

所以

$$\sin\omega_d t_p=0$$

即

$$\omega_d t_p=0,\pi,2\pi,\cdots$$

因为峰值时间是对应第一次峰值的时间,故有

$$t_p=\frac{\pi}{\omega_d} \tag{6.17}$$

由式(6.17)可见,峰值时间 t_p 等于频率为 ω_d 的衰减振荡周期的一半.因这时衰减振荡周期为 $T_d=2\pi/\omega_d$.

3. 最大超调量 M_p

最大超调量 M_p 发生在峰值时间 $t=t_p$ 时,故取 $t=t_p=\pi/\omega_d$,$c(\infty)=1$ 得

$$M_p=\mathrm{e}^{-\frac{\zeta\pi}{\sqrt{1-\zeta^2}}} \quad 或 \quad M_p=\mathrm{e}^{-\frac{\zeta\pi}{\sqrt{1-\zeta^2}}}\times100\% \tag{6.18}$$

4. 调整时间 t_s

对于欠阻尼二阶系统,单位阶跃响应如式(6.7),即

$$c(t)=1-\frac{\mathrm{e}^{-\zeta\omega_n t}}{\sqrt{1-\zeta^2}}\sin(\omega_d t+\beta)$$

由上式可见,曲线 $1\pm\dfrac{\mathrm{e}^{-\zeta\omega_n t}}{\sqrt{1-\zeta^2}}$ 是单位阶跃响应曲线 $c(t)$ 的包络曲线.响应曲线 $c(t)$ 始终包含在这对包络曲线之内,如图 6.16 所示.包络曲线的衰减系数为 $\zeta\omega_n$,衰减时间常数为 $1/(\zeta\omega_n)$.

调整时间 t_s 是指响应曲线进入并保持在 $(1\pm5\%)$ $c(\infty)$ 或 $(1\pm2\%)c(\infty)$ 范围内所需的时间.这可近似地认为包络曲线进入并保持在这一范围内所需的时间,有

$$1\pm\frac{\mathrm{e}^{-\zeta\omega_n t_s}}{\sqrt{1-\zeta^2}}=1\pm\Delta$$

解得

$$t_s=\frac{-\ln\Delta-\ln\sqrt{1-\zeta^2}}{\zeta\omega_n}$$

若取误差在 $\Delta=\pm5\%$ 的允许范围,则有

$$t_s=\frac{-\ln0.05-\ln\sqrt{1-\zeta^2}}{\zeta\omega_n}$$

系统为欠阻尼($0<\zeta<1$),故 $\ln\sqrt{1-\zeta^2}$ 小而可忽略,

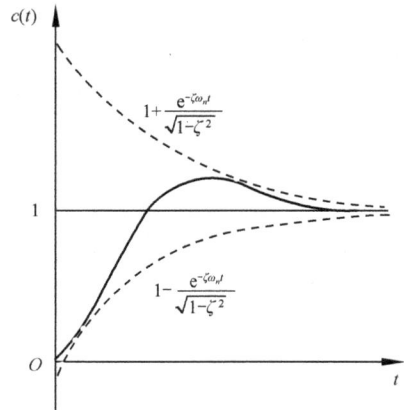

图 6.16 二阶系统的单位阶跃响应

所以

$$t_s = \frac{-\ln 0.05}{\zeta \omega_n} = \frac{3}{\zeta \omega_n} \qquad (\Delta = \pm 5\%) \qquad (6.19)$$

同理若取误差在 $\Delta = \pm 2\%$ 的允许范围,则有

$$t_s = \frac{4}{\zeta \omega_n} \qquad (\Delta = \pm 2\%) \qquad (6.20)$$

5. 振荡次数 N

设系统阻尼振荡周期为 $T_d = \dfrac{2\pi}{\omega_d} = \dfrac{2\pi}{\omega_n \sqrt{1-\zeta^2}}$. 根据定义有 $N = \dfrac{t_s}{T_d}$.

当 $\Delta = \pm 2\%$ 时, $t_s = \dfrac{4}{\zeta \omega_n}$, 这时 $N = \dfrac{2\sqrt{1-\zeta^2}}{\zeta \pi}$.

当 $\Delta = \pm 5\%$ 时, $t_s = \dfrac{3}{\zeta \omega_n}$, 这时 $N = \dfrac{1.5\sqrt{1-\zeta^2}}{\zeta \pi}$.

考虑到 $M_p = e^{-\frac{\zeta \pi}{\sqrt{1-\zeta^2}}}$, 所以有

$$N \approx \begin{cases} \dfrac{-1.5}{\ln M_p}, & \Delta = 0.05 \\[3mm] \dfrac{-2}{\ln M_p}, & \Delta = 0.02 \end{cases} \qquad (6.21)$$

可见振荡次数 N 只与阻尼比 ζ 有关, ζ 增大则 N 减小, 故 N 直接反映系统的阻尼特性.

根据上述瞬态响应的性能指标计算公式,可分析二阶系统瞬态响应指标与系统参数 ζ 和 ω_n 的关系如下:

最大超调量 M_p 只与阻尼比 ζ 有关,它直接反映系统阻尼情况.振荡次数 N 也只与 ζ 有关.上升时间 t_r、峰值时间 t_p 和调整时间 t_s 均与阻尼比 ζ 和无阻尼自然频率 ω_n 有关.这几个时间指标反映了系统快速性.因为阻尼比 ζ 通常是根据允许的最大超调量 M_p 确定的,变化范围较小,所以调整时间等指标主要取决于无阻尼自然频率 ω_n. 也就是说,在不改变最大超调量的情况下(即不改变 ζ 值),通过提高无阻尼自然频率 ω_n 以缩短瞬态响应时间.

从上面的分析可以看出, ω_n 越大,系统响应越快.为了限制超调量 M_p,减小调整时间,阻尼比 ζ 不应该太小.如果 $\zeta = 0.4 \sim 0.8$,最大超调量为 $2.5\% \sim 25\%$.

例 6.4 由两个惯性环节构成的二阶系统如图 6.17 所示,分别求 $K=5$ 及 $K=25$ 时的系统无阻尼频率 ω_n 和阻尼比 ζ.

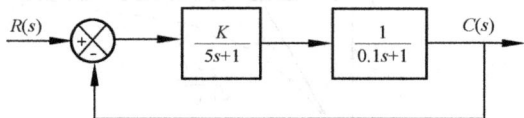

图 6.17 系统方块图

解 系统的闭环传递函数为

$$\frac{C(s)}{R(s)} = \frac{K}{0.5s^2 + 5.1s + K + 1}$$

化成标准二阶系统传递函数的形式为

$$\frac{C(s)}{R(s)} = \frac{2K}{2(K+1)} \cdot \frac{2(K+1)}{s^2 + 10.2s + 2(K+1)}$$

当 $K=5$ 时,

$$\omega_n = \sqrt{2(K+1)} = \sqrt{2 \times (5+1)} = 3.46 \ (\text{rad/s})$$

$$\zeta = \frac{10.2}{2\omega_n} = 1.47$$

当 $K=25$ 时,

$$\omega_n = \sqrt{2(K+1)} = \sqrt{2 \times (25+1)} = 7.21 \ (\text{rad/s})$$

$$\zeta = \frac{10.2}{2\omega_n} = 0.707$$

例 6.5　设一个带速度反馈的伺服系统,其方块图如图 6.18 所示. 若使系统的最大超调量等于 0.2,峰值时间等于 1s,试确定增益 K 和 K_h 的数值,以及在该 K 和 K_h 数值下的系统上升时间 t_r 和调整时间 t_s.

解　根据最大超调量

$$M_p = \mathrm{e}^{-\frac{\zeta\pi}{\sqrt{1-\zeta^2}}} = 0.2$$

得

$$\zeta = 0.456$$

又已知峰值时间 $t_p = \dfrac{\pi}{\omega_d} = 1\mathrm{s}$,可得

$$\omega_d = 3.14\mathrm{rad/s}$$

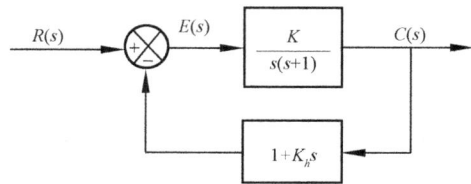

图 6.18　控制系统方块图

所以

$$\omega_n = \frac{\omega_d}{\sqrt{1-\zeta^2}} = 3.53\mathrm{rad/s}$$

因为系统传递函数

$$\frac{C(s)}{R(s)} = \frac{K}{s^2 + (1+KK_h)s + K}$$

与二阶系统标准形式(6.5)比较有

$$\omega_n^2 = K, \qquad 2\zeta\omega_n = 1 + KK_h$$

由此求得

$$K = 3.53^2 = 12.5$$

$$K_h = \frac{(2\zeta\omega_n - 1)}{K} = 0.178$$

$$\beta = \arctan\left(\frac{\sqrt{1-\zeta^2}}{\zeta}\right) = \arctan 1.95 = 1.1(\text{rad})$$

$$t_r = \frac{\pi - \beta}{\omega_d} = \frac{3.14 - 1.1}{3.14} = 0.65(\text{s})$$

$$t_s = \frac{4}{\zeta\omega_n} = 2.48\mathrm{s} \quad (\Delta = \pm 2\%)$$

$$t_s = \frac{3}{\zeta\omega_n} = 1.68\mathrm{s} \quad (\Delta = \pm 5\%)$$

例 6.6 图 6.19(a)是一个机械振动系统,当有 300N 的力(阶跃输入)作用于系统时,质量 M 做如图 6.19(b)所示的运动.试根据这个响应曲线,确定质量 M、阻尼系数 B 和弹簧刚度 K 的数值.

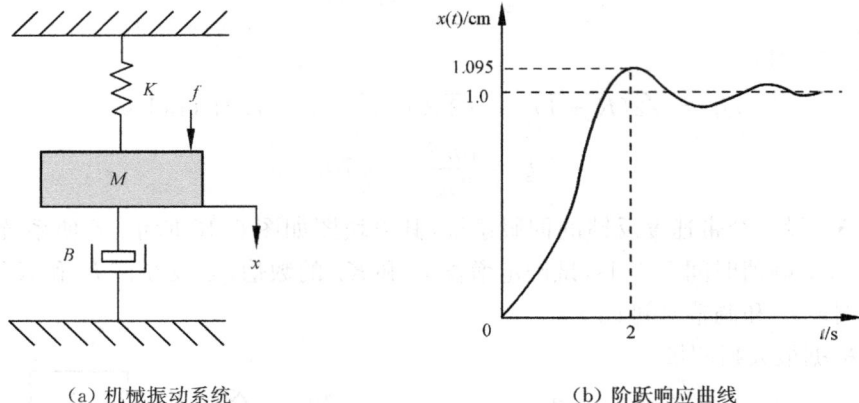

(a) 机械振动系统　　　　　　　　(b) 阶跃响应曲线

图 6.19　机械振动系统

解　以静平衡位置为原点,系统力平衡方程为

$$M \frac{\mathrm{d}x^2}{\mathrm{d}t^2} = f - Kx - B \frac{\mathrm{d}x}{\mathrm{d}t}$$

由上式得系统传递函数

$$\frac{X(s)}{F(s)} = \frac{1}{Ms^2 + Bs + K}$$

在阶跃力 $F(s)=300/s$ 作用下,输出量

$$X(s) = \frac{1}{Ms^2 + Bs + K} \cdot \frac{300}{s}$$

输出量 $x(t)$ 的稳态值为 $x(\infty)=1\text{cm}$,故有

$$x(\infty) = \lim_{s \to 0} sX(s) = \frac{300}{K} = 1\text{cm}$$

可得

$$K = 300\text{N/cm}$$

由图 6.19(b)的响应曲线知 $M_p=9.5\%$,求得 $\zeta=0.6$.而由峰值时间

$$t_p = \frac{\pi}{\omega_d} = \frac{\pi}{\omega_n \sqrt{1-\zeta^2}} = \frac{\pi}{0.8\omega_n} = 2\text{s}$$

求得

$$\omega_n = 1.96\text{rad/s}$$

又 $\omega_n^2 = \dfrac{K}{M} = \dfrac{300}{M}$,故得

$$M = \frac{300}{\omega_n^2} = \frac{300}{1.96^2} = 78.09(\text{kg})$$

因 $2\zeta\omega_n = \dfrac{B}{M}$,即

$$B = 2\zeta\omega_n M = 2 \times 0.6 \times 1.96 \times 78.09 = 183.7(\text{N} \cdot \text{s/cm})$$

6.6 Matlab 分析系统的动态特性

Matlab 控制系统工具箱中的用于分析系统动态特性的函数如下.

1. impulse( )——给出系统的单位脉冲响应

(1) impulse(num,den,t)/ impulse(sys,t)　——计算并绘制系统(num,den)/(sys)的单位脉冲响应曲线,时间变量为选项,不使用时由系统自动给出,使用时由人工给出.

(2) $[y,t]$=impulse(num,den,t)/impulse(sys,t)——仅计算不绘制系统(num,den)/(sys)的单位脉冲响应,时间变量为选项.

(3) impulse(sys1,sys2,$\cdots$,sysn,t)——绘制多个系统(sys1,sys2,$\cdots$,sysn)的单位脉冲响应曲线,时间变量为选项.

例 6.7　已知二阶系统

$$G(s) = \frac{1}{s^2 + 2\zeta s + 1}$$

求 Matlab 法绘制 ζ 分别取值 0.1、0.25、0.5、1.0 时系统的单位脉冲响应.

解　对应有程序

```
t= [0:0.1:10];
num= 1;
zeta1= 0.1;den1= [1 2 * zeta1 1]; sys1= tf(num,den1);
zeta2= 0.25;den2= [1 2 * zeta2 1]; sys2= tf(num,den2);
zeta3= 0.5;den3= [1 2 * zeta3 1]; sys3= tf(num,den3);
zeta4= 1.0;den4= [1 2 * zeta4 1]; sys4= tf(num,den4);
impulse(sys1,sys2,sys3,sys4,t);
grid on;
```

Matlab 运行结果见图 6.20.

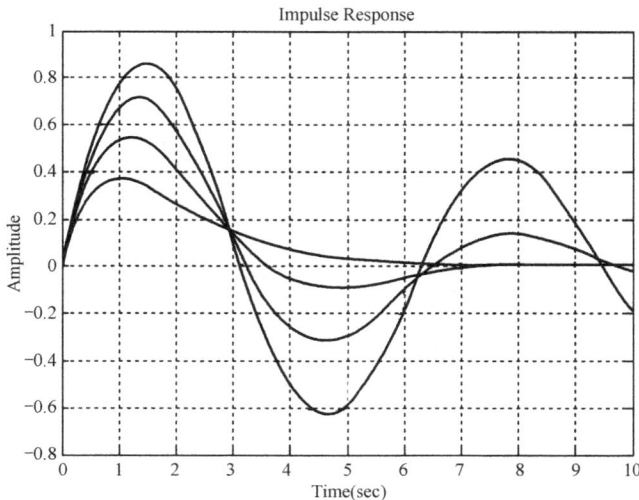

图 6.20　Matlab 运行结果(一)

2. step()——给出系统的单位阶跃响应

（1）step(num,den,t)/ step(sys,t)——计算并绘制系统(num,den)/(sys)的单位阶跃响应曲线,时间变量为选项,不使用时由系统自动给出,使用时由人工给出.

（2）[y,t]= step(num,den,t) / step(sys,t)——仅计算不绘制系统(num,den)/(sys)的单位阶跃响应,时间变量为选项.

（3）step(sys1,sys2,…,sysn,t) ——绘制多个系统(sys1,sys2,…,sysn)的单位阶跃响应曲线,时间变量为选项.

例 6.8 已知二阶系统

$$G(s) = \frac{1}{s^2 + 2\zeta s + 1}$$

求 Matlab 法绘制 ζ 分别取值 0.1、0.2、0.4、0.7、1.0、2.0 时系统的单位阶跃响应.

解 对应有程序

```
t=[0:0.1:12]; num=[1];
zeta1=0.1;den1=[1 2*zeta1 1]; sys1=tf(num,den1);
zeta2=0.2;den2=[1 2*zeta2 1]; sys2=tf(num,den2);
zeta3=0.4;den3=[1 2*zeta3 1]; sys3=tf(num,den3);
zeta4=0.7;den4=[1 2*zeta4 1]; sys4=tf(num,den4);
zeta5=1.0;den5=[1 2*zeta5 1]; sys5=tf(num,den5);
zeta6=2.0;den6=[1 2*zeta6 1]; sys6=tf(num,den6);
step(sys1,sys2,sys3,sys4,sys5,sys6,t);
title('\zeta= 0.1    0.2    0.4    0.7    1.0    2.0');
grid on;
```

Matlab 运行结果见图 6.21. 其中超调峰点的标记,是在自动产生的阶跃响应曲线窗口的鼠标右键菜单中选择了[Characteristics-Peak Response]性能指标. 从中可见两个系统在临界阻尼及过阻尼时,阶跃响应将不出现超调现象.

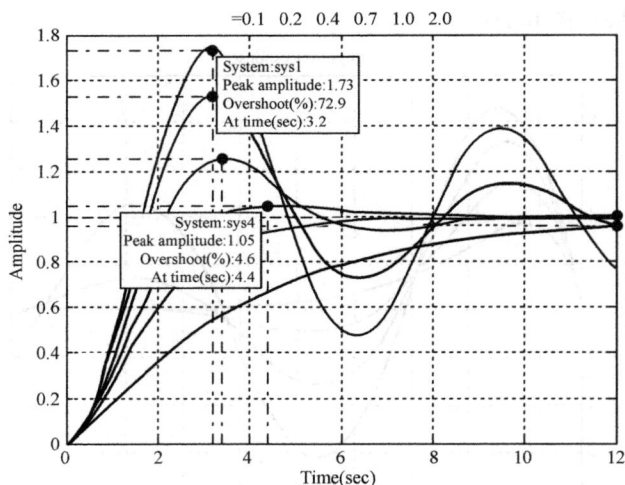

图 6.21 Matlab 运行结果(二)

3. lsim()——给出系统在任意输入下的响应

（1）lsim(num,den,u,t)/ lsim(sys,u,t)　——计算并绘制系统(num,den)/(sys)在信号 u 输入下的响应曲线,时间变量为选项,不使用时由系统自动给出,使用时由人工给出.

（2）$[y,t]=$ lsim(num,den,u,t)/ lsim(sys,u,t)——仅计算不绘制系统(num,den)/(sys)在信号 u 输入下的响应,时间变量为选项.

（3）lsim(sys1,sys2,…,sysn,u,t)——绘制多个系统(sys1,sys2,…,sysn)在信号 u 输入下的响应曲线,时间变量为选项.

例 6.9　已知二阶系统

$$G(s) = \frac{K}{s^2 + 0.2s + 1}$$

求 Matlab 法绘制 K 分别取值 1、3 在单位幅值正弦信号输入下的响应.

解　对应有程序

```
t= [0:0.01:5];
num1= 1;
num2= 3;
den= [1 0.2 1];
sys1= tf(num1,den);
sys2= tf(num2,den);
u= sin(t);
lsim(sys1,sys2,u,t);
grid on;
```

Matlab 运行结果见图 6.22.

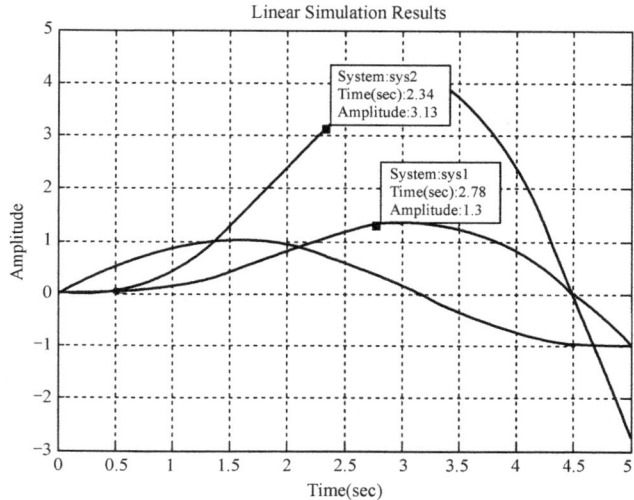

图 6.22　Matlab 运行结果(三)

4. damp()——给出线性定常系统的无阻尼振荡频率、阻尼比、极点

（1）$[wn,z]=$ damp(sys)——求取线性定常系统(sys)的无阻尼振荡频率 wn、阻尼比 z.

（2）$[wn,z]=$ damp(den)——给定线性定常系统的特性多项式(den),求取无阻尼振荡频率 wn、阻尼比 z.

（3）$[wn,z,p]=$ damp(sys)——求取线性定常系统(sys)的无阻尼振荡频率 wn、阻尼比 z、极点 p.

（4）$[wn,z,p]=$ damp(den)——给定定常系统的特性多项式(den),求取无阻尼振荡频率 wn、阻尼比 z、极点 p.

例 6.10　已知二阶系统

$$G(s) = \frac{0.1}{s^2 + 0.24s + 0.1}$$

求取系统的无阻尼振荡频率、阻尼比、极点.

解　对应有程序

```
num= [0.1];
```

```
den= [1  0.24  0.1];
sys= tf(num,den);
[wn,z,p]= damp(sys)
```

Matlab 运行结果为

```
wn=
    0.3162
    0.3162
z=
    0.3795
    0.3795
p=
  - 0.1200+ 0.2926i
  - 0.1200- 0.292i
```

即系统 $G(s) = \dfrac{0.1}{s^2 + 0.24s + 0.1}$ 的无阻尼振荡频率 $\omega_n = 0.3162$、阻尼比 $\zeta = 0.3795$、极点为 $-0.12 \pm 0.2926i$.

Matlab 控制系统工具箱中还提供了线性时不变系统仿真的图形工具LTIView,可以方便地获取系统在各种输入下的动态响应.调用 LTIView 后,在下拉菜单 File→Import System 中选择 Workspace 内的系统或 Mat-file 表示的系统加入图形窗口中,最多可同时分析 6 个系统.在图形窗口中鼠标右键将弹出图形功能菜单.如:Plot Types(图形方式)—Step (单位阶跃响应)、Impulse(单位脉冲响应)、Bode(伯德图)、Nyquist(奈奎斯特图)等.也可通过 Edit→Plot Configurations 在图形窗口中给出多个图形方式.图 6.23 是对两个系统给出单位阶跃响应和单位脉冲响应曲线的结果.

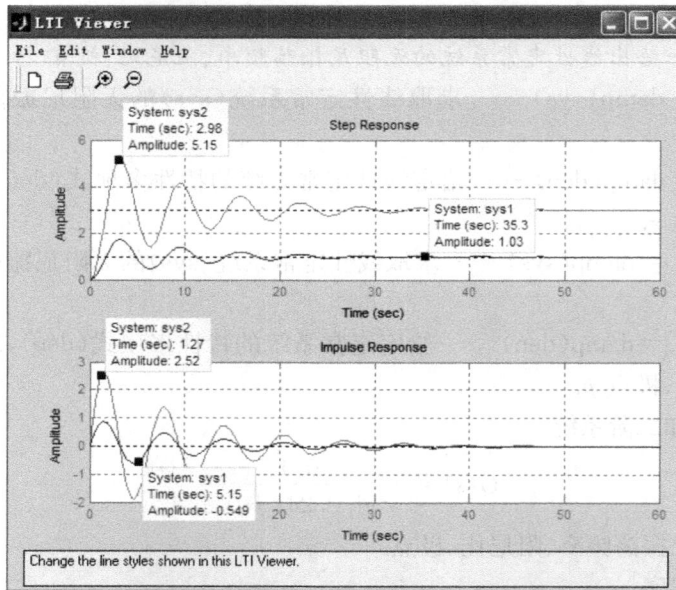

图 6.23 双图形多系统的 LTIView 运行结果

小　　结

1. 对于控制系统有精度、稳定性和动态品质(快速性)的要求.其中精度为静态性能指标,而稳定性和动态品质则属于动态性能要求.系统的动态品质既希望系统有快速响应,又希望运动时振荡不致过于剧烈.

2. 瞬态响应是研究系统在各种典型信号输入下,其输出随时间变化的规律.而其中以二阶系统,特别是欠阻尼情况的阶跃响应为研究重点,理由是二阶系统的响应曲线形状具有典型性,且控制系统的动态品质指标(瞬态响应指标)是根据欠阻尼二阶系统的阶跃响应曲线定义的.

3. 控制系统的阶跃响应曲线由稳态分量和暂态分量两部分组成.一阶系统阶跃响应为指数曲线,其形状与时间常数 T 有关.二阶系统的阶跃响应曲线类型取决于阻尼比,当 $0 < \zeta < 1$ 时为欠阻尼系统,其响应曲线为阻尼振荡型;当 $\zeta = 1$ 时为临界阻尼,$\zeta > 1$ 为过阻尼,这时响应曲线均为指数型;当 $\zeta = 0$ 时为无阻尼系统,其响应曲线呈等幅振荡.

4. 对于不稳定的控制系统,无瞬态响应指标可言.而对于稳定的控制系统,按二阶欠阻尼系统阶跃响应定义的瞬态响应指标,既反映了系统的快速性(如调整时间 t_s 等)也反映了系统的相对稳定性或阻尼程度(如最大超调量 M_p 等).时间域瞬态响应指标如上升时间 t_r、最大超调量 M_p、峰值时间 t_p、调整时间 t_s 和振荡次数 N 等是时间域分析设计系统的依据.如果采用频率域方法分析设计系统,则也有一组相应的频率响应指标:相位裕量 γ、穿越频率 ω_c、谐振振幅 M_r、谐振频率 ω_r 和截止频率 ω_b 等.总之,反映系统阻尼程度的指标有 M_p、N、γ、M_r 等,其大小仅与参数 ζ 有关;而指标 t_r、t_p、t_s、ω_c、ω_r、ω_b 等主要反映了系统的快速性.对于二阶系统,时域指标和频域指标有确定的数学关系,均为参数 ζ 和 ω_n 的函数.因此两种指标可通过 ζ 和 ω_n 相互转换,使要求指标与所采用的分析系统的时域方法或频域方法相一致.

5. 高阶系统的阶跃响应由稳态分量和一阶、二阶响应分量组成,各暂态分量在响应中的重要程度取决于相应的一阶、二阶极点距离虚轴的远近.

习　　题

6.1　设系统的闭环传递函数为

$$\frac{C(s)}{R(s)} = \frac{\omega_n^2}{s^2 + 2\zeta\omega_n s + \omega_n^2}$$

为使系统单位阶跃响应有 $M_p = 5\%$ 和 $t_s = 2\text{s}$,试求系统的阻尼比 ζ 和无阻尼自然频率 ω_n.

6.2　题 6.2 图为一仿形车床的伺服系统方块图,试确定系统的:

(1) 闭环传递函数、阻尼比和无阻尼自然频率;

(2) 超调量、峰值时间和调整时间.

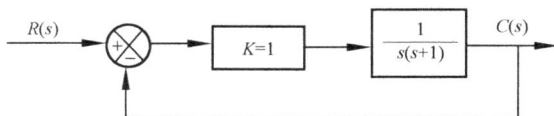

题 6.2 图　系统方块图

6.3 设带速度反馈的伺服系统如题 6.3 图所示. 试确定使系统的最大超调量为 0.2, 峰值时间为 0.8s 的增益 K_v 和 K_h 值, 并确定在此情况下系统的上升时间和调整时间.

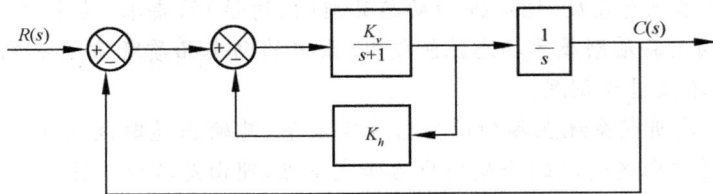

题 6.3 图　系统方块图

6.4 设控制系统如题 6.4 图(a)所示. 为了改善相对稳定性, 采用了测速发电机反馈, 如题 6.4 图(b), 试求:

(1) 使系统的阻尼比为 0.5 的 K_h 值;

(2) 原系统和测速反馈系统在单位阶跃信号作用下的响应, 根据特征值大致绘出响应曲线并进行比较.

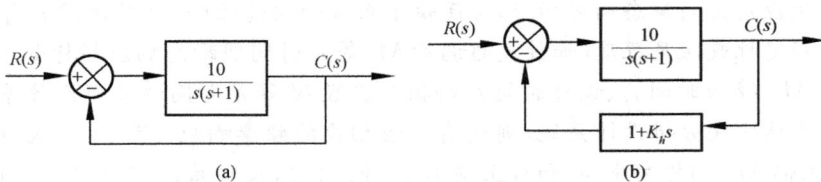

题 6.4 图　系统方块图

6.5 某位置伺服系统如题 6.5 图所示. 为了保证定位精度, 开环放大系数不能小于 $50s^{-1}$, 而在单位阶跃信号作用下, 要求超调量 $M_p \leqslant 5\%$.

(1) 校核题 6.5 图(a)中的参数是否满足要求;

(2) 为了满足要求, 在系统中加入微分负反馈, 如题 6.5 图(b)所示. 试求微分反馈的时间常数 τ.

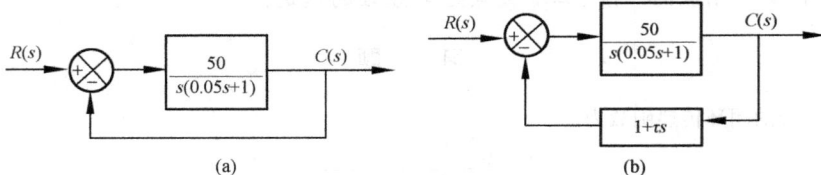

题 6.5 图　系统方块图

6.6 已知系统的单位脉冲响应为

(1) $g(t) = 100e^{-0.3t} \sin 0.4t$

(2) $g(t) = 5e^{-2t} + 10e^{-5t}$

(3) $g(t) = K \left[\dfrac{T_2}{T_1} \delta(t) - \dfrac{T_2 - T_1}{T_1^2} e^{-t/T_1} \right]$

试求上述各系统的传递函数.

6.7 设单位反馈系统的开环传递函数为

$$G(s) = \frac{\omega_n^2}{s(s + 2\zeta\omega_n)}$$

在单位阶跃信号作用下,其误差函数为

$$e(t) = \frac{4}{3}e^{-0.5t} - \frac{1}{3}e^{-2t}$$

试求:

(1) 系统的阻尼比和无阻尼自然频率;

(2) 系统开环传递函数和闭环传递函数;

(3) 系统的稳态误差.

6.8 伺服系统方块图如题 6.8 图(a)所示.在单位阶跃信号作用下,系统响应曲线如题 6.8 图(b).试确定系统参数 K_1、K_2 和 a 的数值.

6.9 设单位反馈系统的开环传递函数为 $G(s) = \dfrac{0.4s+1}{s(s+0.6)}$.试求:

(1) 系统对单位阶跃输入信号的响应;

(2) 该系统的性能指标:上升时间、峰值时间和最大超调量.

题 6.8 图　伺服系统及系统方块图

6.10 把温度计放入恒温箱内,一分钟后,它指示稳态温度值的 98%.假设此温度计为一阶系统,求其时间常数;如果将此温度计放在容器的液体内,液体的温度以每分钟 10℃ 的速度线性变化,求温度计的误差.

6.11 某车轮控制系统的简要框图如题 6.11 图所示.试求当预期速度为常数时系统的闭环响应,并在输入改为 $R(s) = A/s$ 后,编制计算机程序求取系统的闭环响应.

6.12 赛车速度控制系统的模型如题 6.12 图所示,当速度信号为阶跃信号时:

(1) 计算车速的稳态误差;

(2) 计算车速的超调量.

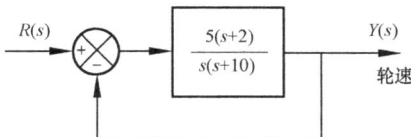

题 6.11 图　车轮控制系统

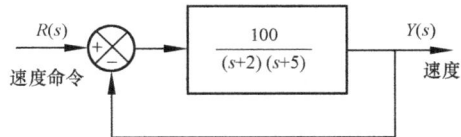

题 6.12 图　赛车速度控制系统

6.13 微型潜水艇的下潜深度控制系统如题 6.13 图所示.

(1) 确定系统的闭环传递函数 $Y(s)/R(s)$;

(2) 当输入为阶跃信号 $R(s) = 1/s$,而系统参数的取值为 $K = K_2 = 1, 1 \leqslant K_1 \leqslant 10$ 时,计算系统的响应 $y(t)$,并确定响应速度最快时 K_1 的取值.

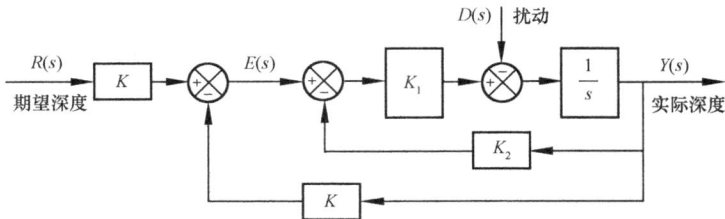

题 6.13 图　微型潜水艇的下潜深度控制系统

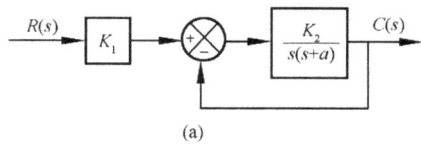

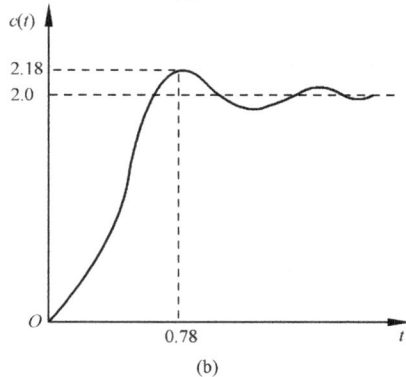

6.14 二阶系统在单位阶跃信号作用下的响应曲线如题 6.14 图所示. 如果 $t_2-t_1=1.8\text{s}$, 请确定系统各参数, 并给出系统进入 $\pm 2\%$ 误差范围内所需的时间.

6.15 质量-阻尼-弹簧系统 $m\ddot{y}+b\dot{y}+ky=f(t)$, 当输入信号 $f(t)$ 为单位阶跃信号时, 系统输出有 10% 的超调量, 2% 误差调整时间为 4s, 静态增益为 2. 求:

(1) 系统参数 m,b,k;

(2) 在 s 平面标记如何将现有调整时间减少为先前的 1/3, 且超调量不变.

6.16 如题 6.16 图, 从高度 h 处放出钢球, 跌落到质量块上, 并在钢球第一次反弹时将它抓住. 设 M-B-K 系统最初静止, $t=0$ 时球撞击到质量块上, 冲击是完全弹性的. 图中 y 以球未撞击时的平衡位置度量, $y(0^-)=0, \dot{y}(0^-)=0.$ $M=1\text{kg}, m=0.015\text{kg}, B=2\text{N}\cdot\text{s/m}, K=50\text{N/m}, h=1.5\text{m}.$ 求 $y(t), t>0.$

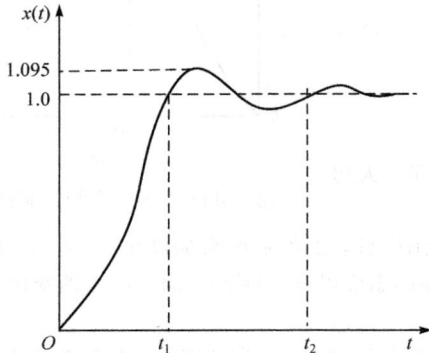

题 6.14 图 系统的阶跃响应

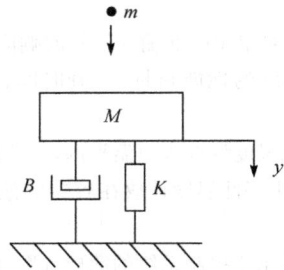

题 6.16 图 机械系统

6.17 题 6.17 图中四条曲线分别是四个系统的单位阶跃响应, 请从下列六个传递函数中选择对应的四个, 并说明理由.

$$G_1(s)=\frac{6(s+1)}{s^2+5s+6} \qquad G_2(s)=\frac{3(s+4)}{2(s^2+5s+6)} \qquad G_3(s)=\frac{s+4}{s^2+5s+6}$$

$$G_4(s)=\frac{25(s+1)}{s^2+4s+25} \qquad G_5(s)=\frac{(s+1)(s+2)}{s^2+4s+25} \qquad G_6(s)=\frac{25(s+3)}{3(s^2+4s+25)}$$

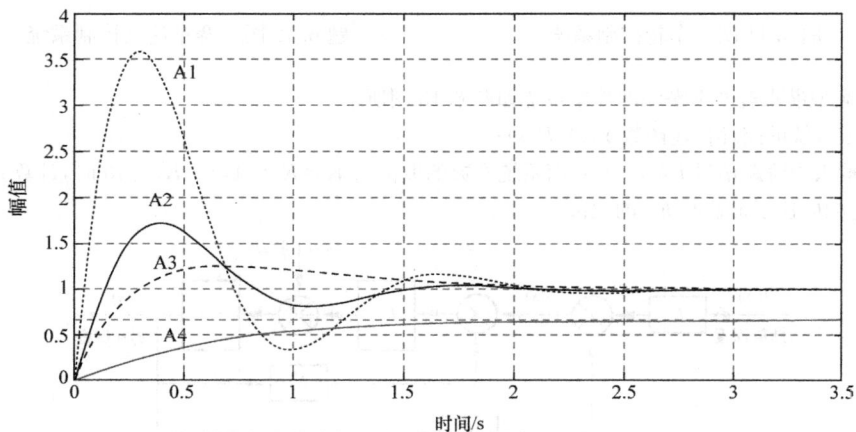

题 6.17 图 单位阶跃响应

第7章 控制系统的综合和校正

前面讨论了控制系统的分析,即在已知系统结构和参数的条件下,利用前面所介绍的时域法、频域法等方法可分析系统的稳态性能和动态性能.本章要讨论系统分析的逆问题,即控制系统的设计.在给定控制系统特性要求的条件下,设计系统的结构和参数,称为控制系统的综合与校正.

7.1 系统设计概述

通常把控制系统分为两部分:一是在系统动静态计算过程中实际上不可能变化的那部分,如执行机构、功率放大器和检测装置等,称为不可变部分或系统的固有部分.另一部分如放大器、校正装置,即在动静态计算过程中较容易改变的部分,称为可变部分.通常,系统不可变部分的选择不仅受性能指标,而且受到本身尺寸大小、重量、能源、成本等因素的限制.因此,所选择的不可变部分一般并不能完全满足性能指标的要求.在这种情况下,通常引入某种起校正作用的子系统来迫使包含不可变部分在内的整个系统满足给定的性能指标,这些子系统即通常所说的校正装置,其任务是补偿不可变部分在性能指标方面的不足.

因此控制系统的设计任务就变成:根据被控对象及其控制要求,选择适当的控制器及控制规律设计一个满足给定性能指标的控制系统.而校正(或补偿)则是指通过改变系统结构,或在系统中增加附加装置或元件对已有的系统(固有部分)进行再设计使之满足性能要求.

7.1.1 控制系统的性能指标及指标转换

在设计控制系统时,根据工作条件和使用要求,首先确定控制系统的性能指标.不同的控制系统有不同的要求,因而可提出相应的不同性能指标.在诸多性能指标中,常用的设计指标有:

(1) 瞬态响应指标:超调量 M_p、调整时间 t_s 和上升时间 t_r 等;

(2) 频率响应指标:开环频率响应指标的相位裕量 γ、增益裕量 K_g 和增益交界频率 ω_c,以及闭环频率响应指标的谐振峰值 M_r、谐振频率 ω_r 和截止频率 ω_b 等.其中 M_p、γ、M_r 等反映系统的阻尼情况,直接关系到系统的稳定性;而 t_s、ω_c、ω_r 和 ω_b 主要反映系统的快速性.

如上所述,为了评价控制系统的动态性能,时间域方法采用直接的时域响应指标,频率域方法采用间接的频率响应指标.当我们在研究实际问题时,给定的性能指标可能与采用的研究方法(时域或频域)不符,这时需进行指标转换.对于二阶系统,系统的性能指标均是参数 ω_n 和 ζ 的函数,可以通过 ω_n 和 ζ 把时域的瞬态响应指标和频域的频率响应指标相互联系起来.

1. 超调量 M_p、相位裕量 γ 和谐振峰值 M_r 之间的关系

已知二阶欠阻尼系统

$$M_p = e^{-\left(\frac{\zeta}{\sqrt{1-\zeta^2}}\right)\pi}$$

$$\gamma = \arctan\left(\frac{2\zeta}{\sqrt{\sqrt{1+4\zeta^4}-2\zeta^2}}\right)$$

$$M_r = \frac{1}{2\zeta\sqrt{1-\zeta^2}}$$

这三个性能指标仅与阻尼比 ζ 有关,反映了系统的阻尼程度.因此只要知道其中一个,即可求得其余两个指标.

2. 调整时间 t_s、增益交界频率 ω_c、谐振频率 ω_r 和截止频率 ω_b 之间的关系

已知二阶欠阻尼系统

$$t_s = \frac{3}{\zeta\omega_n} \quad (\Delta = \pm 5\%)$$

$$\omega_c = \omega_n\sqrt{\sqrt{1+4\zeta^4}-2\zeta^2}$$

$$\omega_r = \omega_n\sqrt{1-2\zeta^2} \qquad \left(0<\zeta<\frac{\sqrt{2}}{2}\right)$$

$$\omega_b = \omega_n\sqrt{\sqrt{2-4\zeta^2+4\zeta^4}+(1-2\zeta^2)}$$

并略加整理可得

$$\omega_c t_s = \frac{3\sqrt{\sqrt{1+4\zeta^4}-2\zeta^2}}{\zeta}$$

$$\omega_r t_s = \frac{3\sqrt{1-2\zeta^2}}{\zeta}$$

$$\omega_b t_s = \frac{3\sqrt{\sqrt{2-4\zeta^2+4\zeta^4}+(1-2\zeta^2)}}{\zeta}$$

根据上面这些关系,便可由阻尼比 ζ 值求得这些响应指标之间的关系.

高阶系统的瞬态响应和频率响应之间的关系是很复杂的.但如果高阶闭环系统中存在一对共轭复数主导极点,那么就可以将上述二阶系统的瞬态响应指标和频率响应指标之间的关系运用到高阶系统中,使得高阶系统的分析和研究大为简化.

下面推荐一组适用于高阶系统的经验公式

$$M_p = 0.16 + 0.4(M_r - 1) \quad (1 \leqslant M_r \leqslant 1.8)$$

$$M_r \approx \frac{1}{\sin\gamma} \quad (34° \leqslant \gamma \leqslant 90°)$$

$$t_s = \frac{\pi}{\omega_c}[2 + 1.5(M_r - 1) + 2.5(M_r - 1)^2]$$

这些公式建立了频域响应指标 M_r、ω_c 和时域响应指标 M_p、t_s 的联系,在研究高阶系统,特别是用频率法分析与设计控制系统时,是很有用的.

需要指出的是,由于性能指标在一定程度上决定了系统实现的难易程度、工艺要求、可靠性和成本,因此性能指标的提出要有一定依据,不能脱离实际的可能性.

7.1.2 校正方式

在进行系统设计时,仅通过改变被控对象的元件基本参数来同时满足系统的稳定性和稳态精度要求往往是困难和不切合实际的.在这种情况下,可从系统的结构入手,在系统中

加入一些附加的校正装置,通过一定的控制规律,能使系统全面满足给定的指标要求.这些附加装置称为校正装置,其传递函数常用 $G_c(s)$ 表示.

根据校正装置在系统中的位置不同,有多种校正方式,如图 7.1 所示.若校正装置串联在控制系统的前向通路中,则称为串联校正,如图 7.1(a)所示.若校正装置设在局部反馈回路中,则称为并联校正(又称反馈控制),如图 7.1(b)所示.图 7.1(c)所示的校正方式称为前馈校正.上面三种校正方式属于最基本的校正方式,有时为提高系统性能,可采用这些基本校正方式的组合结构.

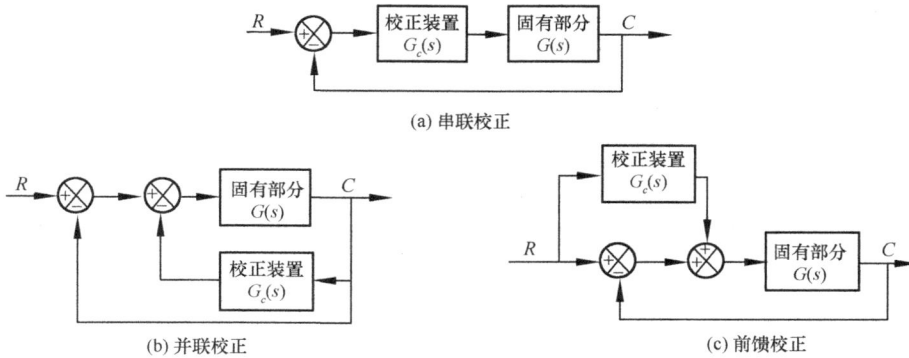

图 7.1　几种校正方式

对控制系统进行校正时,究竟选择串联校正还是反馈校正,主要取决于具体的控制系统,如系统中的信号性质、系统中各点功率的大小、可供采用的元件以及对系统的性能要求、设计者的经验、经济条件等.

一般来说,串联校正比反馈校正简单.用计算机控制的系统,通过软件编程很容易实现串联校正.但用模拟电路实现的串联校正常常需要附加放大器以增大系统的增益和进行隔离.为了避免功率损耗,串联校正装置通常安排在前向通路中能量较低的位置上.

反馈校正需要相应的传感器来检测相关信号,但信号一般是从功率较高的点引向较低的点,因而不一定需要放大器.此外,反馈校正一个很大的特点就是系统对被反馈校正回路包围的各元件特性参数的变化很不敏感,对这部分元件的要求可以低一些,但对反馈元件本身要求较高.

校正装置的形式是多样的.就其校正的特性来说有滞后校正、超前校正、滞后超前校正;从其物理结构的特点来说有电气的、机械的、液压的、气动的,或者是它们的混合使用.究竟用哪种形式,在某种程度上取决于具体系统的结构和被控对象的性质.

由于校正装置往往在系统 $G(s)$ 前引入,故常常采用电气校正网络实现.电气校正网络中如网络由一些阻容元件组成,称为无源校正网络.如校正网络由阻容电路和线性集成运算放大器的组合来实现则称为有源校正装置.无源校正网络的优点是校正元件特性稳定,但由于本身没有放大增益,只有衰减,且输入阻抗较低,输出阻抗较高,实际应用时,常常还得配放大器或隔离放大器.无源校正网络多用于简单的控制系统中.根据无源校正网络特性,可分为相位超前、相位滞后、相位超前滞后校正网络.如果要求校正环节的放大增益参数可以调节,则一般采用有源校正装置.有源校正装置中运算放大器的增益很高且输入阻抗很大,只要在它的输入、输出端接上不同的输入阻抗和输出阻抗就很容易得到不同性能的校正装置(又称调节器).

当一种校正方式难以满足时,也可同时采用串联校正与反馈校正. 此时,通常先选取一串联校正装置,使系统原始特性得到一定改善. 然后,再按反馈校正装置综合的步骤进行运算. 当然,也可采用几个不同的反馈校正来达到同一目的.

应该说,能够满足系统性能指标的校正方案有多种. 但最终校正方案的确定往往是综合考虑技术、工艺、成本等因素得出的.

7.1.3 校正方法

图 7.2 给出在根据系统性能指标的要求,调整系统参数,引入校正装置,改变系统结构时的两种方法. 如图 7.2(a)所示为综合法,又名期望特性法,指根据性能指标要求确定系统期望的特性,与原有特性进行比较,从而确定校正方式、校正装置的形式及参数. 由于是完全的"减法",故所得到的校正装置有时实现性较差. 如图 7.2(b)所示为分析法,又名试探法,即根据系统已有的特性,判断并选取可实现的校正装置,然后将校正后的系统特性与要求的系统特性进行比较,如不满足,则重新选取校正装置,直到特性满足.

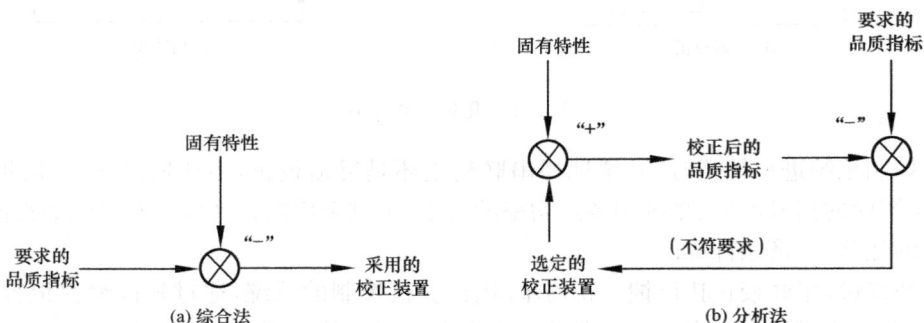

图 7.2 系统校正方法

分析法或者综合法都可应用根轨迹法和频率响应法实现. 基于频率响应的系统综合与校正通常通过伯德图进行,处理起来十分简单. 如采用串联校正时,校正后系统的开环伯德图即为原有系统开环伯德图和校正装置的伯德图直接相加. 对于某些数学模型推导起来比较困难的元件,如液压和气动元件,通常可以通过频率响应实验来获得其伯德图. 用分析法进行校正装置选定时,频率特性图可以清楚地表明系统改变性能指标的方向. 而在涉及高频噪声时,频域法设计比其他方法更为方便.

7.2 希望频率特性曲线和控制系统综合法校正

用频率法进行控制系统的设计和校正时,通常均在开环伯德图上进行.

对于二阶系统,因为二阶系统的瞬态响应和其频率特性之间有确定的关系,当系统品质指标确定后,就可得到其对应的闭环频率特性的形状或相应的特征指标.

对于高阶系统,时域指标与开环、闭环频率特性之间不存在二阶系统那样简单的定量关系.因而就不容易找出对应的希望开环频率特性.为此,高阶系统往往考虑采用工程实践中通过大量系统实验研究而归纳出的经验公式.如果高阶系统的动态特性主要由一对闭环共轭复数极点主导,则可将其近似作为二阶系统处理,可应用上面取得的关系式,但为了使系统具有适度的阻尼,一般要求取 $M_r=1.2\sim1.5$.

由于对系统品质指标的要求最终可归结为对系统开环频率特性的要求,因而系统设计的实质从某种角度说就是利用校正装置对系统开环伯德图进行整形.

7.2.1 希望对数幅频特性曲线

根据设计指标而确定的满足系统品质要求的开环对数幅频特性曲线称为希望对数幅频特性曲线,用 $L_{ds}(\omega)$ 表示.绘制 $L_{ds}(\omega)$ 曲线一般采用低频、中频、高频三个频段的分段方法.低频段指第一个转折频率之前的频段,如图 7.3 中 ω_1 之前的频段.此时只有开环增益 K 和积分环节起作用,直接反映系统的稳态性能.中频段指增益交界频率 ω_c 附近的频段,反映系统的稳定性和快速性,在图 7.3 中指 $\omega_1\sim10\omega_c$ 频段.高频段反映系统的抗干扰特性,在图 7.3 中指 $10\omega_c$ 以后的频段.

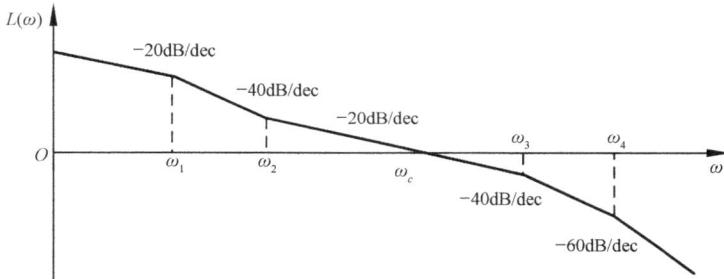

图 7.3 系统开环频率特性

通常的要求是低频段提供尽可能高的增益和较大的斜率,用最小的误差来跟踪输入;开环幅频特性曲线的中频段应当限制在 $-20\mathrm{dB/dec}$ 左右,并保证足够的带宽,以保证系统的稳定性;开环幅频特性曲线的高频段应尽可能快地衰减,以减小高频噪声对系统的干扰.

1. 低频段的绘制

低频段通常取决于对系统稳态精度的要求.若系统的希望开环传递函数为

$$G_{ds}(s)=\frac{K}{s^\nu}G_0(s)$$

式中,$G_0(s)$ 不含开环增益和积分环节.

其对数频率特性当 $\omega\to0$ 时,低频渐近线为

$$L_{ds}(\omega)=20\lg K-20\nu\lg\omega$$

且 $\omega=1$ 时,有 $L_{ds}(\omega)\big|_{\omega=1}=20\lg K.$

因此,幅频特性的低频段曲线可用其低频渐近线来近似表示.即根据给定的稳态误差或稳态误差系数,确定出系统的开环增益 K.过 $\omega=1\mathrm{rad/s}$,高度为 $L(\omega)=20\lg K$ 这一点作斜率为 $-20\nu\mathrm{dB/dec}$ 的直线,一直延长至第一转向频率 ω_1,即求得低频段.

对于输入信号为周期函数或复现的信号并非光滑的等速、等加速规律的系统,无法用误

差或误差系数给出指标. 可采用精度点的方法决定低频渐近线.

(1) 若给出的系统正弦跟踪时的频率为 ω_i 和振幅 θ_m,以及允许的最大误差为 e_m 时,

$$L_i = 20\lg\frac{\theta_m}{e_m}$$

(2) 若系统给出的指标是最大速度 Ω_m、最大加速度 ξ_m 和最大误差为 e_m 时,则可用等效正弦法求出等效跟踪时的角频率 ω_i 和等效振幅 θ_m

$$\omega_i = \frac{\xi_m}{\Omega_m}, \qquad \theta_m = \frac{\Omega_m^2}{\xi_m}$$

求得精度点的纵坐标为

$$L_i = 20\lg\frac{\theta_m}{e_m} = 20\lg\frac{\Omega_m^2}{e_m\xi_m}$$

当精度点 $A(\omega_i, L_i)$ 确定后,希望幅频特性 $L_{ds}(\omega)$ 的低频渐近线应通过 A 点或在 A 点之上,才能保证满足系统要求的精度指标.

2. 中频段的绘制

确定中频段有两个基本要素:交界频率 ω_c 和中频渐近线长度 h. 根据给定的时域或频域的性能指标,利用 7.1 节介绍的近似关系或经验公式,可求得 ω_c. 选取 ω_c 后,在横坐标过 ω_c 点作 $-20\mathrm{dB/dec}$ 的直线即为中频渐近线. 中频渐近线长度 h 指中频段渐近线在横轴方向上的长度,即

$$h = \frac{\omega_3}{\omega_2}$$

式中,ω_2、ω_3 分别为 ω_c 前后的转折频率.

对 I 和 II 型系统,其相对谐振峰值 M_r 与中频段长度之间有如下近似关系:

$$M_r = \frac{h+1}{h-1} \quad \text{或} \quad h = \frac{M_r+1}{M_r-1}$$

两转折频率分别为

$$\omega_2 = \frac{M_r-1}{M_r}\omega_c \quad \text{和} \quad \omega_3 = \frac{M_r+1}{M_r}\omega_c$$

且

$$M_r \approx \frac{1}{\sin\gamma} \quad \text{或} \quad \gamma \approx \arcsin\frac{1}{M_r}$$

对于一般的系统,可采用经验公式的方法,见图 7.4. 取 ω_2 使得 $L(\omega_2) = 9 \sim 12\mathrm{dB}$,取 ω_3 使得 $L(\omega_3) = -7 \sim -8\mathrm{dB}$,同时又有 $\lg\frac{\omega_3}{\omega_2} > 0.76$.

通常对希望特性曲线的相角裕量要进行检查,如果相角裕量 γ 不满足要求,可在上面估算确定的基础上再适当延长中频段的长度,直到满足要求.

3. 高频段的绘制

由于高频段对系统性能的影响不大,一般如没有特殊要求,只要使高频段随着频率 ω 的增加而衰减,不出现振荡就可以了. 通常为了使校正装置容易实现,就以系统固有特性 $L_s(\omega)$ 的高频部分作为希望特性 $L_{ds}(\omega)$ 的高频渐近线. 如果做不到这一点,$L_{ds}(\omega)$ 和 $L_s(\omega)$ 的高频渐近线至少应该具有相同的斜率.

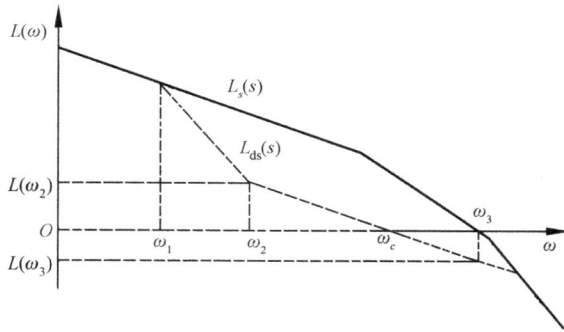

图 7.4　经验法确定中频段长度

4. 低、中频段的连接和中、高频段的连接

以 ω_2、ω_3 为起点,分别将低、中频部分和中、高频部分连接起来.为使 $L_{ds}(\omega)$ 满足给定的品质指标和便于实现校正,应尽量使 $L_{ds}(\omega)$ 的连接线斜率与系统固有对数幅频特性 $L_s(\omega)$ 的斜率相接近,同时希望特性 $L_{ds}(\omega)$ 各相连接的渐近线的斜率彼此相差不要太大.

例 7.1　已知系统开环传递函数为

$$G_s(s) = \frac{200}{s(0.05s+1)(0.01s+1)}$$

要求系统满足下列指标:系统稳态速度误差系数 $K_v = 200\text{s}^{-1}$,超调量 $M_p \leqslant 30\%$,调整时间 $t_s \leqslant 0.5\text{s}$.根据上述要求,绘制系统的希望对数幅频特性 $L_{ds}(\omega)$.

解　根据 $G_s(s)$ 绘制出固有特性 $L_s(\omega)$,如图 7.5 所示.

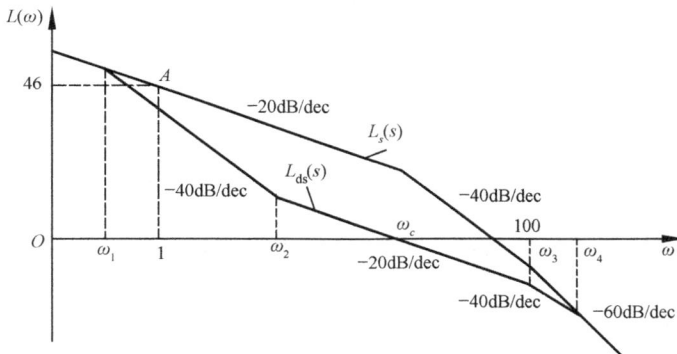

图 7.5　希望对数幅频特性 $L_{ds}(\omega)$ 的绘制

1) 低频段的绘制

已知系统为 Ⅰ 型系统,即 $\nu = 1$,$K = K_v = 200\text{s}^{-1}$,故低频段是一条斜率为 -20dB/dec,且过 $\omega = 1\text{rad/s}$,高度为 $20\lg K = 20\lg 200 = 46\text{dB}$ 的点 A 的直线,即为低频渐近线,如图 7.5 所示.

2) 中频段的绘制

由经验公式 $\sigma = 0.16 + 0.4(M_r - 1) = 0.3$,解出 $M_r = 1.35$.

由近似公式求得相位裕量 $\gamma \approx \arcsin \dfrac{1}{M_r} = 47.8°$,为留适当余地,选取 $\gamma = 50°$.

由 $h\geqslant\dfrac{1+\sin\gamma}{1-\sin\gamma}=\dfrac{1+\sin50°}{1-\sin50°}=7.6$，计算出中频段的宽度 $h\geqslant7.6$.

由经验公式 $t_s=\dfrac{\pi}{\omega_c}[2+1.5(M_r-1)+2.5(M_r-1)^2]=0.5$，求出希望系统的增益交界频率 $\omega_c=17.8\mathrm{rad/s}$.

过 $\omega=\omega_c=17.8\mathrm{rad/s}$，作斜率为 $-20\mathrm{dB/dec}$ 的直线，这就是希望特性的中频段. 其上、下转角频率的取值范围由 $\omega_2\leqslant\omega_c\dfrac{M_r-1}{M_r}$ 和 $\omega_3\geqslant\omega_c\dfrac{M_r+1}{M_r}$ 确定，分别求得 $\omega_2<4.6\mathrm{rad/s}$、$\omega_3>31\mathrm{rad/s}$. 初步选取 $\omega_2=4.2\mathrm{rad/s}$，为了使校正装置尽量简单，取希望特性中频段 ω_3 等于固有特性转向频率 $\omega=100\mathrm{rad/s}$. 中频段实际宽度 $h=\dfrac{\omega_3}{\omega_2}=\dfrac{100}{4.2}=23.8$，满足 $h\geqslant7.6$ 的要求，即根据上面初选的 ω_2、ω_3，可保证 $\gamma=50°$ 的要求.

3）高频段的绘制

由于系统固有特性 $L_s(\omega)$ 的高频段斜率为 $-60\mathrm{dB/dec}$，表明未校正系统具有良好的抑制高频干扰的能力，故取 $L_s(\omega)$ 的高频部分作为希望特性 $L_{ds}(\omega)$ 的高频段.

4）低、中频段的连接

找出中频段与过 $\omega_2=4.2\mathrm{rad/s}$ 垂线的交点，并通过该交点作斜率等于 $-40\mathrm{dB/dec}$ 的直线，将中低频连接起来. 该直线与低频渐近线交点的频率为 $\omega_1=0.4\mathrm{rad/s}$.

5）中、高频段的连接

连接方法与中、低频段相同. 过 ω_3 作斜率为 $-40\mathrm{dB/dec}$ 的直线，与高频段相交，求得交点对应的频率 $\omega_4=174\mathrm{rad/s}$，此后，$L_s(\omega)$ 与 $L_{ds}(\omega)$ 高频段完全重合. 这样，就得到了系统的希望对数幅频特性曲线 $L_{ds}(\omega)$，如图 7.5 所示.

6）验算性能特性指标

根据初步绘制的希望特性 $L_{ds}(\omega)$，求得对应的系统开环传递函数

$$G_{ds}(s)=\dfrac{200\left(\dfrac{s}{\omega_2}+1\right)}{s\left(\dfrac{s}{\omega_1}+1\right)\left(\dfrac{s}{\omega_3}+1\right)\left(\dfrac{s}{\omega_4}+1\right)}=\dfrac{200(0.24s+1)}{s(2.5s+1)(0.01s+1)(0.00574s+1)}$$

计算 $L_{ds}(\omega)$ 在 $\omega_c=17.8\mathrm{rad/s}$ 处的相位裕量、中频段宽度分别为

$$\gamma=180+\varphi(\omega_c)=53°,\quad h=23.8$$

满足给定特性指标的要求. 故该特性即为所求的正式的希望特性，而不必再加以修正.

7.2.2　串联校正装置的综合确定法

串联校正装置除了用分析法设计，有时也采用综合法. 系统中具有串联校正装置的方块图如图 7.6 所示. 其中 $G_s(s)$ 是系统固有部分的传递函数，$G_c(s)$ 是要确定的串联校正装置的传递函数.

系统希望开环传递函数为

$$G_{ds}(s)=G_s(s)G_c(s)$$

以对数频率特性表示，则有

$$L_{ds}(\omega)=L_s(\omega)+L_c(\omega)$$

由上式可知，当已知系统固有特性 $L_s(\omega)$，并根据给定的品质指标绘出了系统的希望对

数频率特性 $L_{ds}(\omega)$ 以后,则很容易求得串联校正的特性曲线 $L_c(\omega)$,即

$$L_c(\omega) = L_{ds}(\omega) - L_s(\omega) \qquad (7.1)$$

因此,串联校正装置综合确定法的步骤可归纳如下:

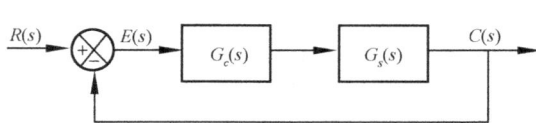

图 7.6　具有串联校正装置的系统方块图

(1) 绘制系统固有对数幅频特性 $L_s(\omega)$;

(2) 按预定的品质指标,绘制希望对数幅频特性 $L_{ds}(\omega)$;

(3) 按式(7.1)求得所要设计的串联校正装置的对数幅频特性 $L_c(\omega)$;

(4) 按求出的 $L_c(\omega)$ 写出相应的串联校正装置的传递函数 $G_c(s)$;

(5) 按 $G_c(s)$ 选择校正装置的具体线路及其元件参数;

(6) 校验检查所选择的校正装置能否使系统满足预定的品质指标的要求. 这一步一般可直接通过系统的调试来进行检查. 有时在调试中尚需要调整校正装置的参数,使系统满足给定的品质指标.

例 7.2　系统固有部分的开环传递函数和品质指标要求与例 7.1 相同,求串联校正装置 $G_c(s)$.

解　绘制系统固有频率特性 $L_s(\omega)$,并求系统希望对数幅频特性 $L_{ds}(\omega)$,过程见例 7.1. 根据式(7.1),由曲线 $L_{ds}(\omega)$ 减去 $L_s(\omega)$ 求得串联校正装置的对数幅频特性曲线 $L_c(\omega)$,见图 7.7. 由图 7.7 中的 $L_c(\omega)$ 知串联校正装置

$$\tau_1 = \frac{1}{4.2}, \quad \tau_2 = \frac{1}{20}, \quad T_1 = \frac{1}{0.46}, \quad T_2 = \frac{1}{174}$$

则有

$$G_c(s) = \frac{(\tau_1 s+1)(\tau_2 s+1)}{(T_1 s+1)(T_2 s+1)} = \frac{(0.24s+1)(0.05s+1)}{(2.17s+1)(0.00574s+1)}$$

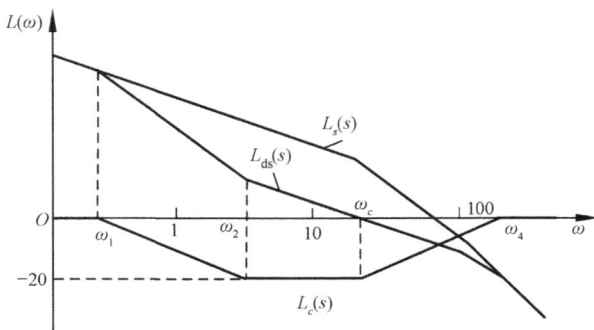

图 7.7　串联校正装置的综合

根据 $L_c(\omega)$ 特性曲线,可在附录Ⅱ校正装置回路表中找出形状与 $L_c(\omega)$ 形状相同的无源校正网络作为校正装置,如图 7.8(a)所示. 并选取校正装置中相应的各元件参数.

图 7.8 中校正网络的传递函数

$$G(s) = \frac{(T_1 s+1)(T_2 s+1)}{T_1 T_2 s^2 + [T_2(1+R_1/R_2)+T_1]s+1}$$

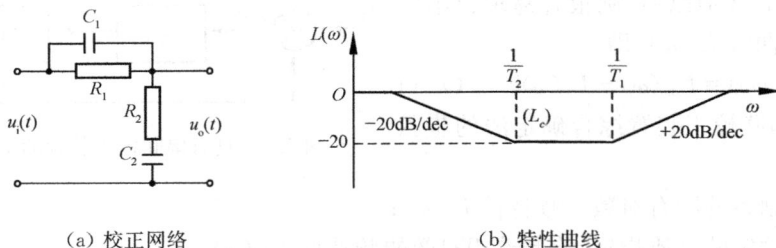

（a）校正网络	（b）特性曲线

图 7.8　校正网络及其特性曲线

且有 $T_1 = R_1C_1$，$T_2 = R_2C_2$，$L_c = 20\lg \dfrac{T_1+T_2}{T_2(1+R_1/R_2)+T_1}$．

其中，$T_1 = 0.05s$，$T_2 = 0.24s$，$L_c = -20dB$ 均为已知，而 R_1、R_2、C_1、C_2 为未知数．先任选其中的一个，如取 $C_2 = 10\mu F$，则有 $R_1 = 263k\Omega$，$R_2 = 24k\Omega$，$C_1 = 10\mu F$．

7.2.3　反馈校正装置的综合确定法

反馈校正装置的设计也有分析法和综合法两种．最简单的系统方块图如图7.9所示的具有单位反馈的闭环系统．图中，$H_c(s)$ 是要设计的反馈校正装置，$G_2(s)$ 是被反馈环节包围的部分，$G_1(s)$、$G_3(s)$ 是未被包围的部分．

由图7.9可得系统的希望开环传递函数为

$$G_{ds}(s) = \frac{G_1(s)G_2(s)G_3(s)}{1+G_2(s)H_c(s)} = \frac{G_s(s)}{1+G_2(s)H_c(s)}$$

式中，$G_s(s) = G_1(s)G_2(s)G_3(s)$．

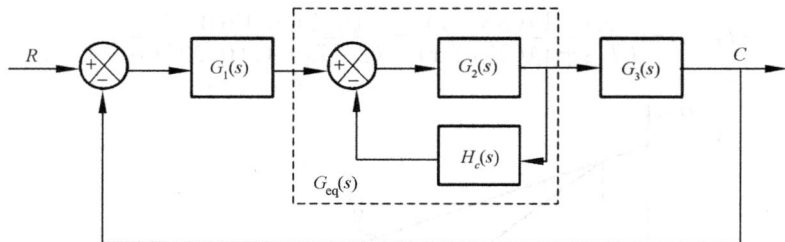

图 7.9　具有反馈校正装置的系统方块图

以对数幅频特性表示，则

$$L_{ds}(\omega) = L_s(\omega) - 20\lg|1+G_2(j\omega)H_c(j\omega)|$$

即

$$20\lg|1+G_2(j\omega)H_c(j\omega)| = L_s(\omega) - L_{ds}(\omega) \tag{7.2}$$

式中，$L_s(\omega) = 20\lg|G_s(j\omega)|$——系统固有特性；

$L_{ds}(\omega) = 20\lg|G_{ds}(j\omega)|$——系统希望特性．

如果 $G_2(j\omega)H_c(j\omega) \gg 1$，则近似有

$$20\lg|1+G_2(j\omega)H_c(j\omega)| \approx 20\lg|G_2(j\omega)H_c(j\omega)| \tag{7.3}$$

则式（7.2）可写成

$$L_2(\omega) + 20\lg|H_c(j\omega)| = L_s(\omega) - L_{ds}(\omega) \tag{7.4}$$

式中, $L_2(\omega) = 20\lg|G_2(j\omega)|$.

于是有

$$20\lg|H_c(j\omega)| = L_s(\omega) - L_{ds}(\omega) - L_2(\omega) \tag{7.5}$$

由系统固有特性可得到 $L_s(\omega)$ 和 $L_2(\omega)$ 特性曲线, 当根据系统品质指标绘出希望特性以后, 利用式 (7.5) 就可很方便地求出反馈校正装置的对数幅频特性.

反馈校正的综合步骤归纳如下:

(1) 绘制系统固有对数幅频特性 $L_s(\omega)$;

(2) 按给定的品质指标, 绘制希望对数幅频特性 $L_{ds}(\omega)$;

(3) 求出 $20\lg|1 + G_2(j\omega)H_c(j\omega)| = L_s(\omega) - L_{ds}(\omega)$;

(4) 根据式 (7.3), 近似处理 $20\lg|1 + G_2(j\omega)H_c(j\omega)|$, 求得 $20\lg|G_2(j\omega)H_c(j\omega)|$, 并有 $20\lg|G_2(j\omega)H_c(j\omega)| = L_2(\omega) + 20\lg|H_c(j\omega)|$. 根据 $L_2(\omega) + 20\lg|H_c(j\omega)|$ 的特性检查被包围的小闭环的稳定性;

(5) 根据式 (7.5) 求得所要设计的反馈校正装置的对数幅频特性 $20\lg|H_c(j\omega)|$;

(6) 按求出的 $20\lg|H_c(j\omega)|$ 写出相应的反馈校正装置的传递函数 $H_c(j\omega)$;

(7) 按求得的 $H_c(s)$ 选择校正装置的具体线路及其参数;

(8) 检查所选择的校正装置能否使系统满足给定的品质指标的要求 (这一步也可结合系统的调试进行检查).

例 7.3 某高炮电气-液压跟踪系统为一个二阶无差系统, 其原理方块图如图 7.10 所示. 试设计一个反馈校正装置, 并使系统满足下列品质指标:

(1) 系统在最大跟踪速度 $18°/s$ 及最大跟踪加速度 $3°/s^2$ 时, 系统的最大误差 $e_m < 0.42°$;

(2) 在单位阶跃信号作用下, 系统的瞬态响应时间 $t_s \leqslant 1.2s$, 超调量 $\sigma \leqslant 30\%$.

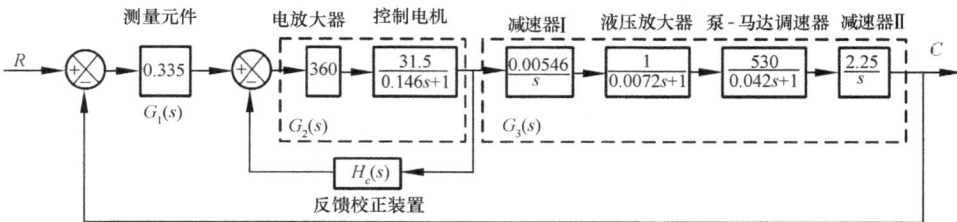

图 7.10 火炮跟踪系统方块图

解 该系统为一个 II 型系统, 属于结构不稳定的系统, 为此必须加以校正.

1) 绘制系统固有对数频率特性 $L_s(\omega)$

系统未校正前的开环传递函数

$$G_s(s) = G_1(s)G_2(s)G_3(s) = \frac{25100}{s^2(1+0.146s)(1+0.0072s)(1+0.042s)}$$

$\omega = 1\mathrm{rad/s}$ 时, $L_s(1) = 20\lg 25100 = 88\mathrm{dB}$.

转角频率为 $\omega_1 = \dfrac{1}{0.146} = 6.85(\mathrm{rad/s})$、$\omega_2 = \dfrac{1}{0.042} = 23.8(\mathrm{rad/s})$、$\omega_3 = \dfrac{1}{0.0072} = 139(\mathrm{rad/s})$. 绘制系统固有对数频率特性曲线 $L_s(\omega)$ 示于图 7.11.

2）根据给定的品质指标绘制希望特性 $L_{ds}(\omega)$

（1）绘制中频段，确定增益交界频率 ω_c 和中频段长度.

由经验公式 $\sigma=0.16+0.4(M_r-1)=0.3$，解出 $M_r=1.35$. 从而 $\gamma\approx\arcsin\dfrac{1}{M_r}=47.8°$.

中频段长度 $h\geqslant\dfrac{1+\sin\gamma}{1-\sin\gamma}=\dfrac{1+\sin47.8°}{1-\sin47.8°}=6.8$.

由经验公式 $t_s=\dfrac{\pi}{\omega_c}[2+1.5(M_r-1)+2.5(M_r-1)^2]=1.2$ 求得增益交界频率 $\omega_c=7.4\text{rad/s}$. 考虑到一定裕量，取 $\omega_c=7.8\text{rad/s}$.

过 $\omega=\omega_c=7.8\text{rad/s}$ 作 -20dB/dec 直线为希望特性的中频段. 根据 $\omega_2=\dfrac{M_r-1}{M_r}\omega_c$，$\omega_3=\dfrac{M_r+1}{M_r}\omega_c$ 以及 ω_c 的值，选 $\omega_2=2.4\text{rad/s}$，$\omega_3=23.8\text{rad/s}$. 其中 ω_3 是 $L_s(\omega)$ 的一个转角频率，可简化校正装置，且保证了中频段实际宽度 $h=\dfrac{\omega_3}{\omega_2}=\dfrac{23.8}{2.4}=9.9$，满足 $h\geqslant6.8$ 的要求.

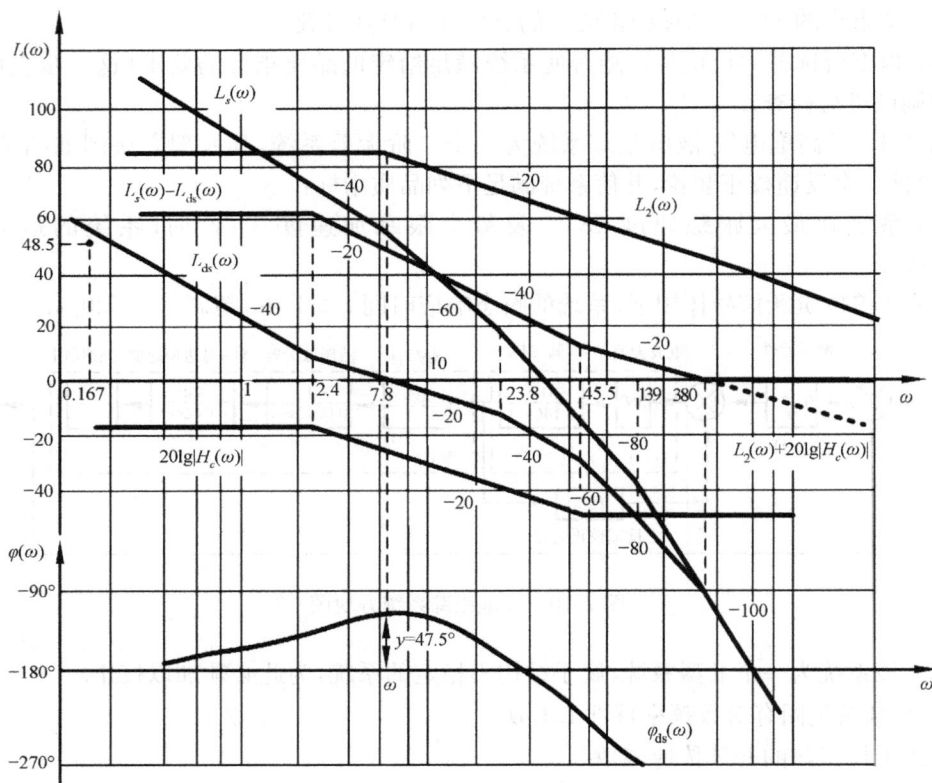

图 7.11　反馈校正装置的综合

（2）绘制低频段.

精度点的坐标

$$\omega_i=\frac{\varepsilon_m}{\Omega_m}=\frac{3}{18}=0.167（\text{rad/s}）$$

$$L(\omega_i) = 20 \lg \frac{\Omega_m^2}{\varepsilon_m e_m} = 20 \lg \frac{18^2}{3 \times 0.42} = 48.5 (\text{dB})$$

只要希望特性的低频段 $L_{ds}(\omega_i) \geqslant L(\omega_i)$，就可满足给定的精度要求. 过 $\omega_2 = 2.4 \text{rad/s}$ 的垂线与中频段的交点，作 -40dB/dec 与中频段连接. 由于 $L_{ds}(0.167) = 52.5 > 48.5$，故希望特性的低频段可满足系统要求.

（3）绘制高频段.

在 $\omega_3 = 23.8 \text{rad/s}$ 处，向后画 -40dB/dec 线. 用一折线，前后段斜率分别为 -60dB/dec 和 -80dB/dec. 折线折点保持在 $\omega = 139 \text{rad/s}$ 上下移动（使得原系统的 ω_3 得以保留），折线前段和后段分别与 -40dB/dec 线和 $L_s(\omega)$ 相交，得两个转折频率 $\omega = 45.5 \text{rad/s}$ 和 $\omega = 380 \text{rad/s}$. 如图 7.11 所示，$L_{ds}(\omega)$ 在 $\omega_3 = 23.8 \text{rad/s}$ 处，以 -40dB/dec 线画至 $\omega = 45.5 \text{rad/s}$ 处，再以 -60dB/dec 线画至 $\omega = 139 \text{rad/s}$ 处，然后以 -80dB/dec 线与 $L_s(\omega)$ 相交于 $\omega = 380 \text{rad/s}$，$L_{ds}(\omega)$ 以后就与 $L_s(\omega)$ 重合了.

经验算，希望特性 $L_{ds}(\omega)$ 在 $\omega_c = 7.8 \text{rad/s}$ 处的相位裕量 $\gamma = 47.5°$，满足给定要求.

3）求 $20 \lg |1 + G_2(j\omega) H_c(j\omega)|$

由式(7.2)求得

$$20 \lg |1 + G_2(j\omega) H_c(j\omega)| = L_s(\omega) - L_{ds}(\omega)$$

4）对 $20 \lg |1 + G_2(j\omega) H_c(j\omega)|$ 进行简化

在中、低频段，由于 $20 \lg |1 + G_2(j\omega) H_c(j\omega)| \gg 1$，故

$$L_s(\omega) - L_{ds}(\omega) = 20 \lg |1 + G_2(j\omega) H_c(j\omega)|$$
$$\approx 20 \lg |G_2(j\omega) H_c(j\omega)| = L_2(\omega) + 20 \lg |H_c(j\omega)|$$

在高频 $\omega = 380 \text{rad/s}$ 处，特性曲线 $20 \lg |1 + G_2(j\omega) H_c(j\omega)|$ 由 -20dB/dec 转折至横轴，因而高频段可认为

$$20 \lg |1 + G_2(j\omega) H_c(j\omega)| = 20 \lg \left| \frac{1 + j\frac{\omega}{380}}{j\frac{\omega}{380}} \right| = 20 \lg \left| 1 + \frac{1}{j\frac{\omega}{380}} \right|$$

故有 $20 \lg |G_2(j\omega) H_c(j\omega)| = 20 \lg \left| \dfrac{1}{j\frac{\omega}{380}} \right|$，则 $L_2(\omega) + 20 \lg |H_c(j\omega)|$ 相当于一个积分环节. 此时只要将图中的斜率为 -20dB/dec 的线段在转角频率 $\omega = 380$ 处不转折，而向高频处延长即可，如图 7.11 中的虚线.

$L_2(\omega) + 20 \lg |H_c(j\omega)|$ 曲线见图 7.11，其交界频率 $\omega = 380 \text{rad/s}$，可求得该处的小闭环的相位裕量 $\gamma = 81°$.

5）求 $20 \lg |H_c(j\omega)|$

由 $L_2(\omega) + 20 \lg |H_c(j\omega)|$ 特性曲线减去 $L_2(\omega)$ 曲线，即为反馈校正装置特性曲线 $20 \lg |H_c(j\omega)|$. 根据该特性曲线，可得反馈校正装置的传递函数

$$H_c(s) = \frac{K(1 + T_2 s)}{1 + T_1 s}$$

式中，$T_1 = \dfrac{1}{2.4} = 0.416$；$T_2 = \dfrac{1}{45.5} = 0.022$. 低频时 $20 \lg K = -19$，故 $K = 10^{-\frac{19}{20}} = 0.111$. 故有

$$H_c(s)=\frac{0.111(1+0.022s)}{1+0.416s}$$

6) 确定校正装置线路及参数

根据求得的校正装置特性曲线及其传递函数,查得相应的无源校正网络,考虑到原始线路的具体结构,选择校正装置如图 7.12 所示,其输入是控制电机转速,输出是经过 RC 网络的直流电压信号.

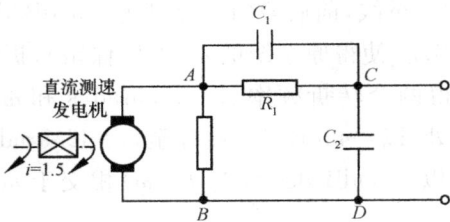

图 7.12　校正装置

已知控制电机进 $i=1.5$ 的速比带动测速机转动,即 $K_a=\dfrac{1}{i}=\dfrac{1}{1.5}$. 测速机常数 $K_b=0.19\mathrm{V}/(\mathrm{rad/s})$. RC 网络传递函数

$$G(s)=\frac{U_{CD}}{U_{AB}}=\frac{1+R_1C_1s}{1+R_1(C_1+C_2)s}=\frac{1+T_2s}{1+T_1s}$$

式中,$T_1=(C_1+C_2)R_1$；$T_2=R_1C_1$.

选取 $R_1=22\mathrm{k}\Omega,C_1=1\mu\mathrm{F},C_2=18\mu\mathrm{F}$,则 RC 网络传递函数为

$$G(s)=\frac{1+0.022s}{1+0.416s}$$

放大器的折算系数(直流信号折合成等效交流信号)$K_c=0.88$.

故得反馈校正装置的传递函数

$$H(s)=K_aK_bK_cG(s)=\frac{0.111(1+0.022s)}{1+0.416s}$$

7.3　控制系统分析法串联校正

串联校正是将校正装置串联在控制系统的前向通路中,常采用分析法. 在频域中可通过相位超前校正网络、相位滞后校正网络、相位滞后-超前校正网络等频域修形校正网络修正控制系统的对数幅频特性.

一个不满足品质要求指标、有待进行校正的系统,它的开环对数幅频特性是不满足预期要求的. 因此,对系统的校正通常要求对其开环对数幅频特性进行校正. 要进行校正的开环对数幅频特性可分为以下几类:

(1) 系统稳定并有满意的瞬态响应和频带宽度,但稳态精度超差. 必须提高低频增益以减小稳态误差,同时维持曲线的高频部分. 如图 7.13(a)中的虚线所示.

(2) 系统不稳定,或者稳定并具有满意的稳态误差但瞬态响应不满意. 必须改变响应虚线的高频部分以提高增益交界频率. 如图 7.13(b)中虚线所示.

(3) 系统稳定,但无论稳态误差还是瞬态响应都不满意. 必须通过增大低频增益和提高增益交界频率来改进. 图 7.13(c)说明了这种校正.

7.3.1　频域修形校正网络

1. 超前校正网络

如图 7.14(a)所示无源相位超前网络

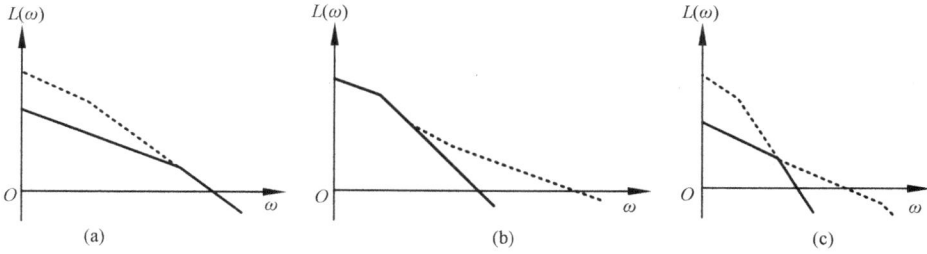

图 7.13　系统校正的几种情况

$$G_c(s) = \frac{U_o(s)}{U_i(s)} = \frac{1}{\alpha} \frac{Ts+1}{\frac{T}{\alpha}s+1} \qquad (7.6a)$$

式中,$T = R_1 C_1$;$\alpha = \dfrac{R_1 + R_2}{R_2} > 1$.

图 7.14(b)是图 7.14(a)的机械相似系统,同样有

$$G_c(s) = \frac{X_o(s)}{X_i(s)} = \frac{1}{\alpha} \frac{Ts+1}{\frac{T}{\alpha}s+1} \qquad (7.6b)$$

式中,$T = \dfrac{B_1}{K_1}$;$\alpha = \dfrac{K_1 + K_2}{K_2} > 1$.

"超前"是指在稳定的正弦信号作用下,可以使其输出的正弦信号相位超前的意思. 相位超前的角度与校正网络的参数、输入信号的频率等因素有关. 图 7.15 为超前校正网络的伯德图,其转角频率分别为 $1/T$ 和 α/T.

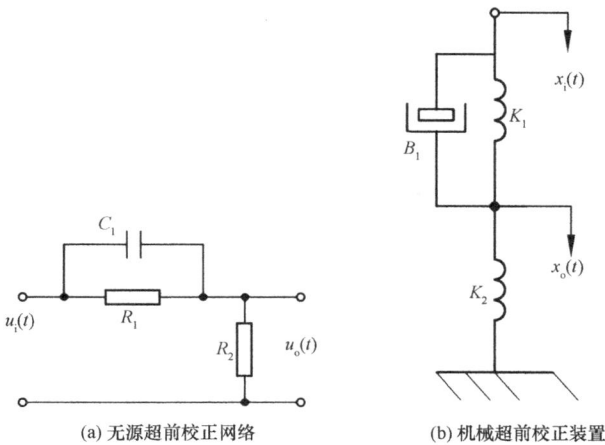

(a) 无源超前校正网络　　(b)机械超前校正装置

图 7.14　相位超前网络

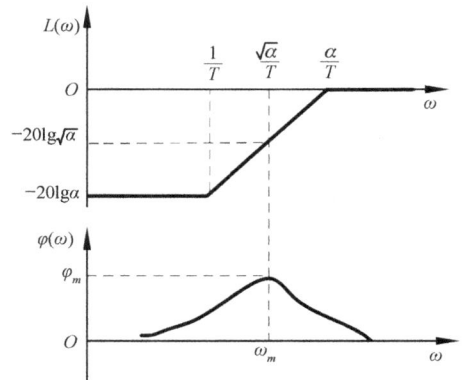

图 7.15　超前校正网络的伯德图

相位超前网络提供的超前相角

$$\varphi = \arctan T\omega - \arctan \frac{T}{\alpha}\omega = \arctan \frac{T\omega\left(1-\dfrac{1}{\alpha}\right)}{1+\dfrac{(T\omega)^2}{\alpha}} \tag{7.7}$$

由 $\dfrac{\mathrm{d}\varphi}{\mathrm{d}\omega}=0$，可求出产生最大相位角 φ_m 处的频率 ω_m，即

$$\omega_m = \frac{\sqrt{\alpha}}{T} \tag{7.8}$$

ω_m 位于两转角频率 $1/T$、α/T 的几何中点，如图 7.15 所示. 将式(7.8)代入式(7.7)，得

$$\varphi_m = \arctan \frac{\alpha-1}{2\sqrt{\alpha}}$$

根据三角关系，可将上式改写成

$$\varphi_m = \arcsin \frac{\alpha-1}{\alpha+1} \tag{7.9}$$

当给定 φ_m 时，可求得

$$\alpha = \frac{1+\sin\varphi_m}{1-\sin\varphi_m} \tag{7.10}$$

式(7.9)和式(7.10)表明，φ_m 仅与 α 有关，α 越大，相位超前角 φ_m 也越大；反之，如果根据设计确定了需要提供的 φ_m，便可求出 α 值.

超前校正网络在对数幅频特性曲线上产生的幅值变化为

$$\Delta L = 20\lg \frac{1}{\alpha} = -20\lg\alpha$$

在最大相位角 φ_m 处(对应频率为 ω_m)，幅频特性曲线的幅值变化为

$$\Delta L_m = 20\lg \frac{1}{\sqrt{\alpha}} = -10\lg\alpha \tag{7.11}$$

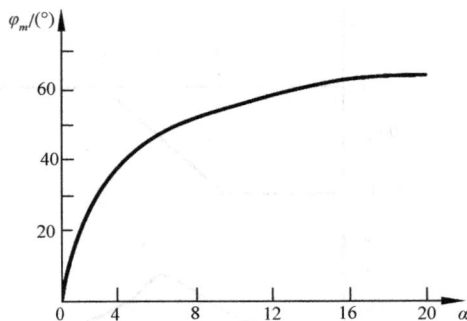

图 7.16　超前网络 $\alpha\text{-}\varphi_m$ 曲线

超前校正网络可为系统提供一个相位超前角度，使系统带宽加宽，改善动态性能. 超前校正在一定程度上可近似看作比例微分环节，它是一个高通滤波器，在使用时要考虑到它对抑制噪声干扰可能不利的一方面，因而 α 值一般不能取得太大.

由图 7.16 的 $\alpha\text{-}\varphi_m$ 曲线可看出：α 取得过小，超前校正效果不显著；α 取得过大，超前校正的相位超前效果变得趋缓. 通常取 $5\leqslant\alpha\leqslant 15$ 为宜. 另外，由于式(7.6)中的系数 $1/\alpha$ 是一衰减量，α 越大衰减量越严重. 因此，在回路中需要提高相应的增益或附加放大环节作为补偿，以避免因低频增益降低而影响系统精度.

2. 滞后校正网络

用无源阻容元件组成的滞后校正网络如图 7.17(a)所示.它的传递函数为

$$G_c(s) = \frac{Ts+1}{\alpha Ts+1} \tag{7.12}$$

式中,$\alpha = \dfrac{R_1+R_2}{R_2} > 1$;$T = R_2 C_2$.

图 7.17(b)是图 7.17(a)的机械相似系统,有同样的传递函数,其中 $\alpha = \dfrac{B_1+B_2}{B_2} > 1$, $T = \dfrac{B_2}{K_2}$.

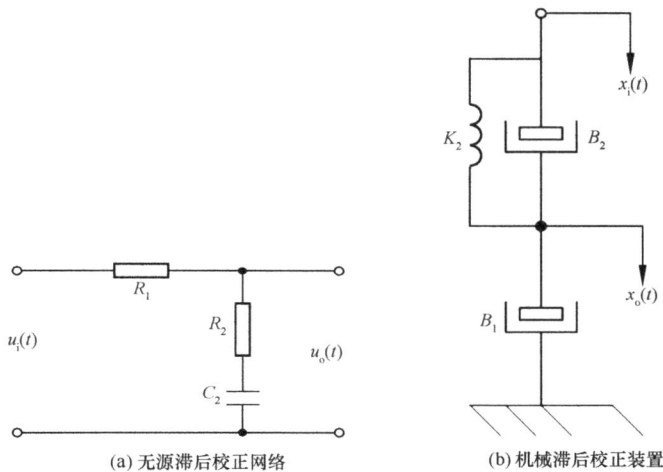

(a) 无源滞后校正网络　　　　　　(b)机械滞后校正装置

图 7.17　相位滞后网络

滞后校正网络的伯德图如图 7.18 所示,其转角频率分别为 $1/T$ 和 $1/(\alpha T)$.采用类似超前网络的分析方法,可求出产生最大相位滞后角 φ_m 处的频率 ω_m,即

$$\omega_m = \frac{1}{\sqrt{\alpha} T} \tag{7.13}$$

相应的最大相位滞后角为

$$\varphi_m = -\arcsin\frac{\alpha-1}{\alpha+1} \tag{7.14}$$

从图 7.18 可看出,滞后校正网络实际上是一个低通滤波器.高频对数幅频特性比低频幅频特性衰减 $20\lg\alpha$ dB.利用这一特性,可以对开环系统对数频率特性的中高频部分加以衰减,使增益交界频率 ω_c 减小,以提高系统的稳定裕度.或者通过加大系统增益,抬高开环对数频率特性曲线的低频部分,以提高系统的稳态精度.

由图 7.19 α-φ_m 曲线可看出:α 越大,相位滞后越严重,所以应尽量使产生最大滞后相角的频率 ω_m 远离校正后系统的幅值穿越频率 ω_c,否则会对系统的动态性能产生不利影响.常取

$$\omega_2 = \frac{1}{T} \in \left[\frac{\omega_c}{2}, \frac{\omega_c}{10}\right]$$

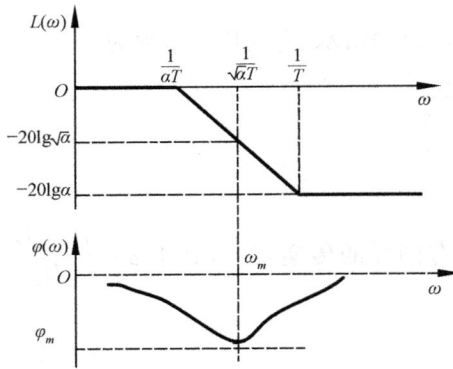

图 7.18　滞后校正网络的伯德图

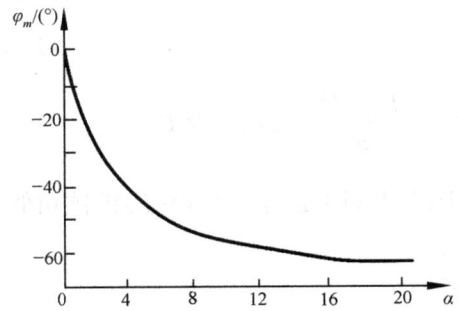

图 7.19　滞后网络 α-φ_m 曲线

3. 滞后-超前校正网络

图 7.20(a)是近似的滞后-超前网络的无源阻容实现,它的传递函数为

$$G_c(s)=\frac{(T_1s+1)(T_2s+1)}{T_1T_2s^2+(T_1+\alpha T_2)s+1} \tag{7.15}$$

式中, $T_1=R_1C_1$; $T_2=R_2C_2$; $\alpha=\dfrac{R_1+R_2}{R_2}>1$.

图 7.20(b)是图 7.20(a)的机械相似系统,有同样的传递函数,其中 $T_1=\dfrac{B_1}{K_1}$, $T_2=\dfrac{B_2}{K_2}$,

$\alpha=\dfrac{K_1+K_2}{K_2}>1$.

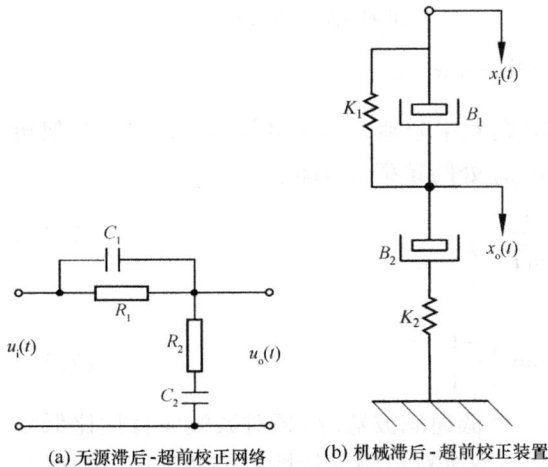

(a) 无源滞后-超前校正网络　　(b) 机械滞后-超前校正装置

图 7.20　相位滞后-超前网络

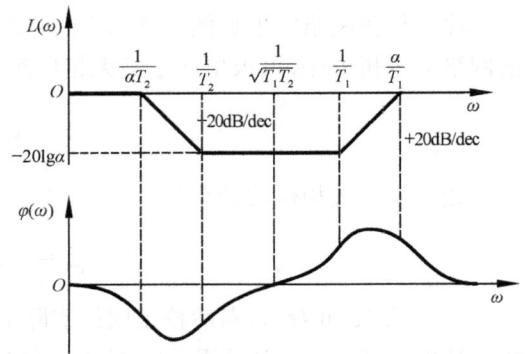

图 7.21　滞后-超前网络的伯德图

当近似有 $T_1+\alpha T_2\approx\dfrac{T_1}{\alpha}+\alpha T_2$ 时,式(7.15)的传递函数可近似写成

$$G_c(s)\approx\frac{T_1s+1}{\dfrac{T_1}{\alpha}s+1}\frac{T_2s+1}{\alpha T_2s+1} \tag{7.16}$$

式(7.16)表明,滞后-超前校正网络实际是把滞后校正网络和超前校正网络的特性结合起来,其伯德图参见图 7.21.前半段是相位滞后部分,由于具有使增益衰减的作用,所以允许在低频段提高增益,以改善系统的稳态性能.后半段是相位超前部分,可以提高系统的相位裕量,加大幅值穿越频率,改善系统动态性能.由图 7.21 可见,随着频率 ω 的增加,相位由滞后角变为超前角.当频率

$$\omega = \frac{1}{\sqrt{T_1 T_2}}$$

时,相位角为零.

7.3.2 超前校正

从系统开环频率特性的角度看,超前校正装置的主要作用是展宽幅频特性曲线的增益交界频率,同时使相频曲线产生一定的超前角,以达到提高系统带宽、增加稳定裕度的目的.

图 7.22 是超前校正工作原理,超前校正网络在 $\left[\frac{1}{T}, \frac{\alpha}{T}\right]$ 引起相位超前而增加稳定裕度,降低了中频段的斜率并增大了增益交界频率,提高了系统带宽,系统动态性能得以提升.因为 α 值过大对抑制高频噪声不利,故通常取 $\alpha \leqslant 10$,即一次超前 $\varphi_m \leqslant 55°$.

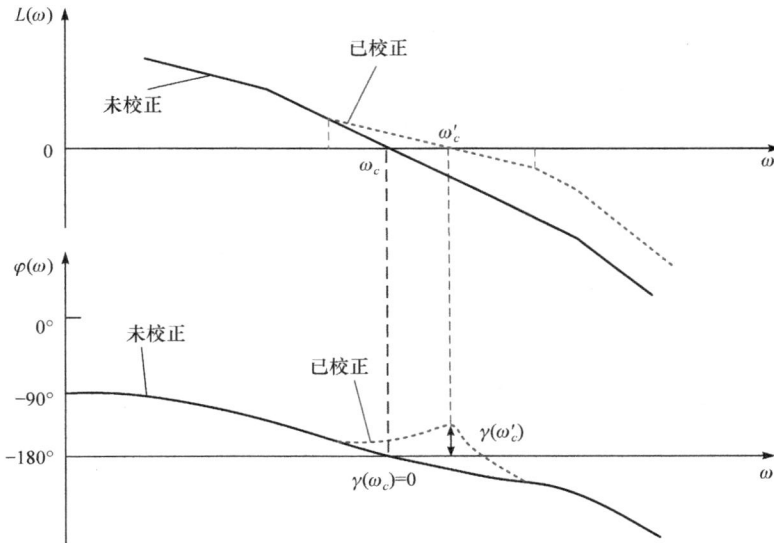

图 7.22　超前校正工作原理

以下通过具体的例子说明此校正原理.

例 7.4　设一单位反馈控制系统,其开环传递函数为

$$G_s(s) = \frac{4K}{s(s+2)}$$

若要使系统的静态速度误差系数 K_v 等于 $20\mathrm{s}^{-1}$,相位裕度 γ 不小于 $50°$,试设计系统校正装置.

解 (1) 在设计时,首先应调整增益 K,使系统满足给定的稳态性能指标,如静态速度误差系数.

由已给定条件,有

$$K_v = \lim_{s\to 0} s G_s(s) = \lim_{s\to 0} \frac{s \cdot 4K}{s(s+2)} = 2K = 20$$

即 $K=10$ 时,可满足系统的稳态要求.

(2) 根据求出的 K 值,画出

$$G_s(\mathrm{j}\omega) = \frac{4K}{\mathrm{j}\omega(\mathrm{j}\omega+2)} = \frac{20}{\mathrm{j}\omega(0.5\mathrm{j}\omega+1)}$$

的伯德图,如图 7.23 所示.由图可求出系统的相位和增益裕量分别为 $17°$ 和 $+\infty\mathrm{dB}$. 可见,此时系统满足稳态性能指标,相位裕量较小,可能产生振荡,瞬态响应变坏.

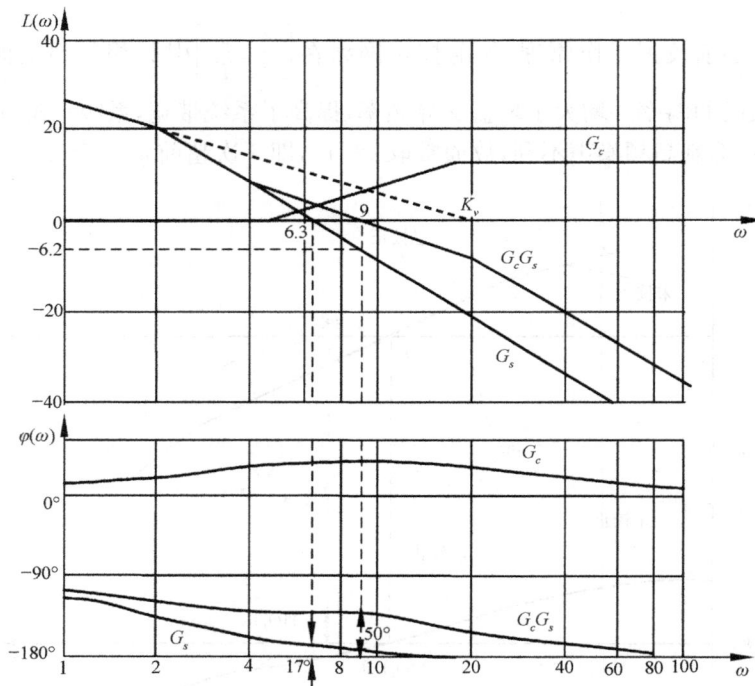

图 7.23 校正前后的系统伯德图

(3) 为了满足系统的稳定性要求,即要使系统的相位裕量 γ 不低于 $50°$,需要增加的相位超前量为 $\varphi = 50° - 17° = 33°$. 为了在不减小 K 值的情况下获得 $50°$ 的相位裕量,且题中无高频抗噪要求,可以在系统中加入适当的超前校正装置.

应当指出:加入相位超前校正装置会改变伯德图中的幅频特性,从而使增益交界频率向右移动.这时我们必须补偿由于增益交界频率的增加而造成的 $G_s(\mathrm{j}\omega)$ 的相位滞后增量.为此,可再增加 $5°$ 相位超前量.这样,通过相位超前校正装置需增加的相位超前量总共为 $38°$.

(4) 根据需要提供的最大相位超前角 φ_m 确定系数

$$\alpha = \frac{1 + \sin\varphi_m}{1 - \sin\varphi_m} = \frac{1 + \sin 38°}{1 - \sin 38°} = 4.2$$

从而可算出超前网络最大相位角 φ_m(频率为 ω_m)处的幅值变化量为

$$\Delta L_m = -10\lg\alpha = -10\lg 4.2 = -6.2\text{dB}$$

从图 7.23 可知,对应 $G_s(j\omega) = -6.2\text{dB}$ 处的频率为 9rad/s,即在此频率下可提供最大相位超前角 φ_m,故应该选择这一频率作为校正后的新增益交界频率,即 $\omega_c = \omega_m = \frac{\sqrt{\alpha}}{T} = 9\text{rad/s}$.

(5)确定超前网络的转角频率

$$\frac{1}{T} = \frac{\omega_c}{\sqrt{\alpha}} = \frac{9}{\sqrt{4.2}} = 4.41(\text{rad/s})$$

$$\frac{\alpha}{T} = 4.2 \times 4.41 = 18.4(\text{rad/s})$$

因此,相位超前校正网络可确定为 $\dfrac{1}{4.2}\left[\dfrac{\dfrac{s}{4.41} + 1}{\dfrac{s}{18.4} + 1}\right]$.

(6)为了补偿因超前校正网络而造成的衰减,可将放大器的增益提高 4.2 倍. 如果不提高放大器的增益,提出的稳态指标将不能实现. 由放大器和超前校正网络组成的校正装置传递函数为

$$G_c(s) = \frac{0.227s + 1}{0.054s + 1}$$

$G_c(j\omega)$ 的幅频特性曲线和相频特性曲线如图 7.23 所示. 校正后的系统开环传递函数为

$$G(s) = G_s(s)G_c(s) = \frac{20}{s(0.5s + 1)} \cdot \frac{0.227s + 1}{0.054s + 1}$$

从图 7.23 中的已校正系统的幅频特性和相频特性可以看出,超前校正装置使系统增益交界频率从 6.3rad/s 增加到 9rad/s,这意味系统带宽增加,系统响应速度增大. 校正后的系统相位裕量和增益裕量分别为 50° 和 $+\infty$dB. 进一步计算还可知,校正后系统的闭环谐振频率 ω_r 从 6rad/s 增大到 7rad/s,谐振峰值 M_r 从 3 减小到 1.29.

7.3.3 滞后校正

系统设计时碰到系统动态品质满意但稳态精度达不到要求的情形,一般会选择增大系统开环增益. 但仅增大系统开环增益会引起增益交界频率变化,可能影响动态特性. 此时可采用图 7.24(a)的滞后校正,校正环节的转折频率远离增益交界频率,利用滞后校正网络的低通特性提升幅频特性低频段以提高稳态精度,同时又维持较高临界频率范围内的增益从而防止对系统的动态品质的影响及出现不稳定现象.

图 7.24(b)则是滞后校正的另一个工作原理,即利用滞后校正网络的高频段衰减特性使增益交界频率移向低频,这时系统带宽降低,系统响应变慢. 但如果原系统在新的增益交界频率处有足够的相位富裕,则可以因此获得足够的裕量. 特别是当碰到系统稳定性差且稳态精度也达不到要求的情形,就意味着开环增益应有明显的增加,又需要在高频段进行衰减

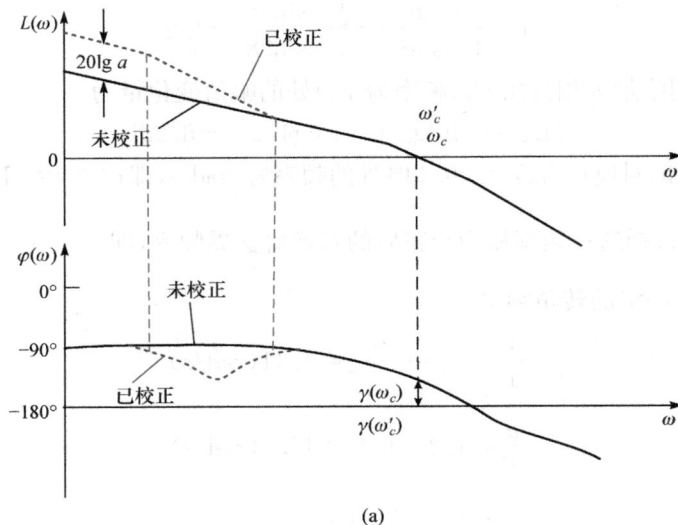

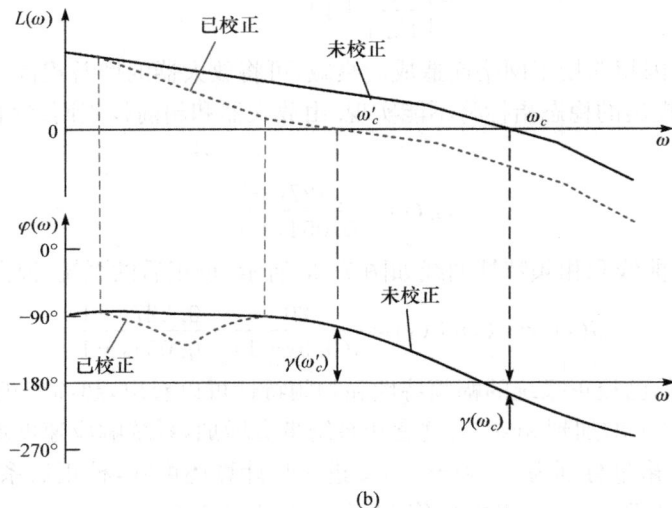

图 7.24 滞后校正工作原理

以得到充分的相位裕量. 如果系统对 ω_c 没有严格要求,那么引入串联的滞后校正装置,就有可能达到校正目的.

以下通过具体的例子说明图 7.24(b) 的校正原理.

例 7.5 设一单位反馈系统的开环传递函数为

$$G_s(s) = \frac{K}{s(s+1)(0.5s+1)}$$

要求对系统进行校正,校正后系统的速度误差系数 $K_v = 5\mathrm{s}^{-1}$,相位裕量不小于 $40°$. 试设计适当的串联校正装置.

解 (1) 调整系统增益 K,使其满足误差条件. 由已知要求,可得

$$K_v = \lim_{s \to 0} sG_s(s) = \lim_{s \to 0} \frac{sK}{s(s+1)(0.5s+1)} = K = 5$$

即系统开环增益 $K=5$ 时,能满足稳态性能要求.

（2）根据求出的 K 值,画出传递函数

$$G_s(s) = \frac{5}{s(s+1)(0.5s+1)}$$

的伯德图曲线,如图 7.25 所示.由图知 $\gamma = -20°$,系统不稳定,不满足稳定性要求.

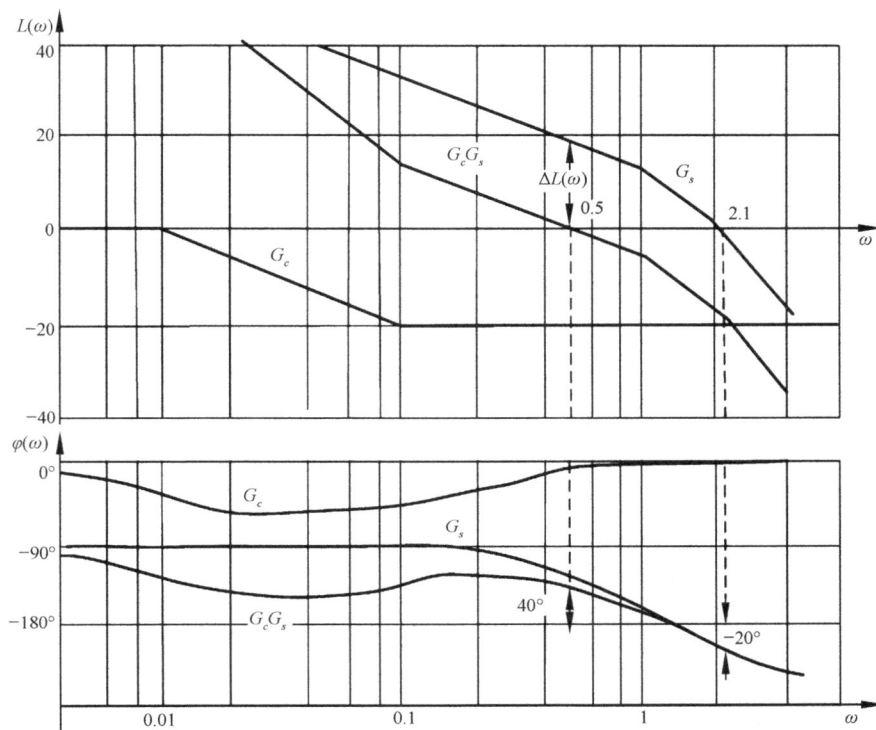

图 7.25　系统伯德图

（3）由于在增益交界频率附近 $G_s(j\omega)$ 的相频减小得很快,采用超前校正不怎么有效.考虑到题中无带宽要求,这时可以采用滞后校正装置.滞后校正装置的引进,将引起相位曲线发生变化.因此,在题意要求的相位裕量 $\gamma = 40°$ 基础上再加上 $5° \sim 12°$,以补偿滞后装置引起的相位变化.因为与 $40°$ 相位裕量相对应的频率是 0.7rad/s,所以新的增益交界频率应选择在这一数值附近.为了防止滞后网络的时间常数过大,可将转角频率 $\omega = 1/T$ 选择在 0.1rad/s 上.由于这一转角频率位于新的增益交界频率不太远的地方,所以滞后网络引起的相位滞后量可能比较大,故在给定的相位裕量上增加 $12°$.因此需要的原始系统具有的相位裕量就变成了 $52°$.由未校正的开环传递函数可知,在 $\omega = 0.5\text{rad/s}$ 附近的相位角等于 $-128°$（即相位裕量为 $52°$）.故选择新的增益交界频率 $\omega_c = 0.5\text{rad/s}$.

（4）为了在这一新的增益交界频率上使幅频曲线 G_s 下降到零分贝,滞后网络必须产生必要的衰减量.由特性曲线查得 $\Delta L(\omega_c) = -20\text{dB}$.因此 $-20\lg a = -20$,从而得 $a = 10$.另一

个转角频率 $\dfrac{1}{\alpha T}=\dfrac{1}{10\times 10}=0.01(\text{rad/s})$.

(5) 已得到的滞后校正装置的传递函数

$$G_c(s)=\dfrac{10s+1}{100s+1}$$

校正后系统的开环传递函数为

$$G(s)=G_s(s)\cdot G_c(s)=\dfrac{5(10s+1)}{s(100s+1)(s+1)(0.5s+1)}$$

已校正系统 $G(s)$ 的伯德图表示在图 7.25 上. 在高频段上,校正装置引起的相角滞后的影响可以忽略. 校正后系统的相位裕量约等于 40°,速度误差系数等于 5rad/s. 因此,经校正后的系统既能满足稳态准确度的要求,又能满足稳定性要求.

应当指出:本题将一个不稳定系统(如题中 $\gamma=-20°$)校正到具有一定相位裕量的稳定系统(如题中 $\gamma=40°$),增益交界频率从 2.1rad/s 降低到 0.5rad/s,系统的带宽变窄了,瞬态响应速度将低于原系统. 但是,如果未校正系统具有满意的相位裕量 γ 和交界频率 ω_c,则只要选择滞后网络的转角频率远离交界频率 ω_c,就会既提高低频增益而又不致影响其动态品质.

滞后校正网络实质上是一种低通滤波器. 因此,滞后校正可使低频信号具有较高的增益,从而减小稳态误差,同时又降低较高临界频率范围内的增益,这样就防止了对系统的动态品质的影响及出现不稳定现象. 必须注意:在滞后校正中,利用的是滞后校正网络在高频段的衰减特性,而不是网络的相位滞后特性.

滞后网络的衰减作用,使增益交界频率移向了低频点,使得该点的相位裕量满足要求. 因此,滞后校正将使系统带宽降低,从而使系统响应变慢.

因为滞后校正装置对输入信号有近似的积分效应,因此滞后校正系统有降低系统稳定性的趋向. 为了防止这种不利的影响,校正网络的时间参数 T 应取得比系统最大时间常数还要大.

7.3.4 滞后超前校正

超前校正和滞后校正各有特点. 超前校正使系统频带增宽,动态品质得到了改善,但对稳态性能的改善却很小. 滞后校正使稳态特性获得了很大改善,但会引起系统带宽降低,响应速度减慢. 如果设计的系统在稳态精度和动态品质上都满足不了要求,也就是说需要同时改善系统的稳态特性和瞬态响应,即需要大幅度提高系统的增益和带宽,通常就采用滞后超前校正. 滞后超前校正网络的超前部分,增加了相位超前角,在增益交界频率点上增大了相位裕度. 滞后超前校正网络的滞后部分,由于在增益交界频率附近将产生衰减,因此它容许在低频段上增加增益,以改善系统的稳态特性.

滞后超前校正装置的设计,实际上是前面讲过的超前校正和滞后校正设计方法的综合. 下面就通过具体例子说明滞后超前校正装置的设计步骤.

例 7.6 有一单位负反馈电液伺服系统,其开环传递函数

$$G_s(s)=\dfrac{K}{s(T^2s^2+2\zeta Ts+1)}=\dfrac{K}{s\left(\dfrac{s^2}{37^2}+\dfrac{2\times 0.57}{37}s+1\right)}$$

试设计校正装置,使其满足:系统的速度误差系数 $K_v \geqslant 375\mathrm{s}^{-1}$,相位裕量 $\gamma = 48°$,增益交界频率 $\omega_c = 25\mathrm{rad/s}$.

解 (1) 根据系统对速度误差系数的要求,有

$$K_v = \lim_{s \to 0} s G_s(s) = \lim_{s \to 0} \frac{sK}{s\left(\dfrac{s^2}{37^2} + \dfrac{2 \times 0.57}{37}s + 1\right)} = 375$$

得 $K = 375$. 由此写出系统传递函数为

$$G_s(s) = \frac{375}{s\left(\dfrac{s^2}{37^2} + \dfrac{2 \times 0.57}{37}s + 1\right)}$$

画出系统的伯德图 G_s,如图 7.26 所示.

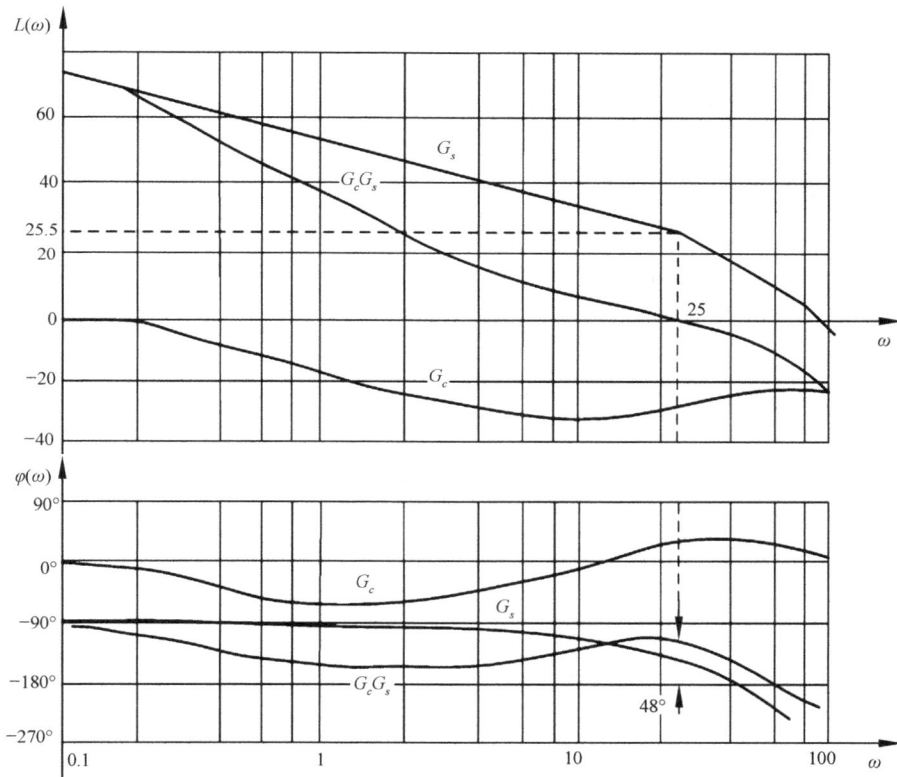

图 7.26 系统伯德图

(2) 对应要求的 $\omega_c = 25\mathrm{rad/s}$ 处的相位裕量 $\gamma = 35°$,需超前 13° 才能达到预定的裕量 48°. 考虑到以后所加滞后校正装置对 ω_c 处相位的影响,再加 5°～12° 的超前角. 由于选择的校正装置的 $1/T$ 距 ω_c 可能比较近,故取 12°,因此需在 ω_c 处提供的最大相位超前角 $\varphi_m = 25°$,$\omega_m = \omega_c$.

(3) 为了补偿高频特性,确保 ω_c 处有 $\varphi_m = 25°$ 的超前补偿,故采用串联超前校正环节

$$G_{c2}(s) = \frac{1}{\alpha_2} \frac{T_2 s + 1}{\dfrac{T_2}{\alpha_2}s + 1}$$

式中
$$\alpha_2 = \frac{1+\sin\varphi_m}{1-\sin\varphi_m} = \frac{1+\sin25°}{1-\sin25°} = 2.5$$

超前校正环节的时间常数
$$T_2 = \frac{\sqrt{\alpha_2}}{\omega_m} = \frac{\sqrt{2.5}}{25} = 0.063$$

$$\frac{T_2}{\alpha_2} = 0.025$$

故滞后超前校正装置超前部分的传递函数为
$$G_{c2}(s) = \frac{1}{2.5} \frac{0.063s+1}{0.025s+1}$$

(4) 为了确保低频仍能保持原来的要求,需要补上超前校正装置引起的增益跌落,为此需附加放大倍数为 $K = \alpha_2 = 2.5$ 的放大器.

(5) 由于串联了超前校正装置,在 ω_c 处幅值变化为
$$-20\lg\sqrt{\alpha_2} = -3.98\text{dB}$$
由图 7.26 可知,G_s 在 ω_c 处的幅值 $L_s(\omega_c) = 25.5\text{dB}$,则
$$\Delta L_s(\omega_c) = L_s(\omega_c) - 20\lg\sqrt{\alpha_2} = 21.5\text{dB}$$

(6) 为了确保 ω_c 处幅频特性正好过零,必须再串联滞后校正环节,它除了要在高频处衰减刚才提升的 $20\lg K_2 = 20\lg2.5 = 7.96(\text{dB})$,还要向下拉 $\Delta L_s(\omega_c) = 21.5\text{dB}$(注意:如果 $\Delta L_s(\omega_c) < 0$,则向上提).

设滞后校正装置传递函数为
$$G_{c1}(s) = \frac{T_1 s+1}{\alpha_1 T_1 s+1}$$

则 α_1 应满足
$$20\lg\alpha_1 = \Delta L_s(\omega_c) + 20\lg\alpha_2 = 21.5+7.96 = 29.46(\text{dB})$$
所以
$$\alpha_1 = 29.7$$

(7) 为了使滞后校正所引起的相位滞后在 ω_c 处足够小,现取时间常数 T_1,使其满足
$$\frac{1}{T_1} < 0.2\omega_c$$
则
$$T_1 = \frac{5}{25} = 0.2$$
$$\alpha_1 T_1 = 5.94$$

故得滞后超前校正装置滞后部分的传递函数为
$$G_{c1}(s) = \frac{0.2s+1}{5.94s+1}$$

(8) 将上述滞后部分和超前部分的传递函数组合,可得到滞后超前校正装置的传递函数为

$$G_c(s)=2.5\times\frac{1}{2.5}\cdot\frac{0.063s+1}{0.025s+1}\cdot\frac{0.2s+1}{5.94s+1}$$

已校正系统的开环传递函数

$$G(s)=G_s(s)G_c(s)=\frac{375}{s\left(\dfrac{s^2}{37^2}+\dfrac{2\times0.57}{37}s+1\right)}\cdot\frac{0.063s+1}{0.025s+1}\cdot\frac{0.2s+1}{5.94s+1}$$

由图 7.26 中的已校正系统的开环幅频特性和相频特性可知:已校正系统的交界频率 $\omega_c=25\mathrm{rad/s}$,相位裕量 $\gamma=48°$,速度误差系统 $K_v=375\mathrm{s}^{-1}$.

7.3.5 超前、滞后和滞后超前校正的比较

上面通过具体的例题介绍了设计超前、滞后和滞后超前校正的详细步骤. 对于给定的系统,为了设计出满意的校正装置,需要灵活应用这些基本设计原则. 下面是它们的特点比较.

(1)超前校正通过相位超前效应获得所需结果;而滞后校正则通过高频衰减特性获得所需结果.

(2)超前校正增大相位裕量和带宽. 带宽增大意味着瞬态响应时间缩短. 因此,如果需要系统具有大的带宽或具有快速的响应特性,则应当采用超前校正. 当然,如果存在噪声信号,则不应要求过大的带宽,因为随着带宽增大,高频增益增加,系统对噪声更加敏感. 在这种情况下,应当采用滞后校正.

(3)滞后校正可以改善稳态精度,但减小系统带宽. 如果带宽过分减小,则校正后系统将呈现出缓和的响应特性. 如果既需要快速响应特性,又需要良好的稳态精度,则必须采用滞后超前校正.

(4)超前校正需要有一个附加的增益增量,以补偿超前网络本身的衰减. 这说明超前校正比滞后校正需要更大的增益.

7.4 PID 控制

PID 控制采用串联校正方式. 如图 7.27 所示给定信号 $R(s)$ 与反馈信号经过比较,得到误差信号 $E(s)$,控制器 $G_c(s)$ 对误差信号 $E(s)$ 进行处理后输出 $U(s)$ 到后继前向环节. 图中给出了基本 PID 控制律即比例(P)、微分(D)和积分(I)控制,这些基本控制律及其组合可构成各种 PID 控制律.

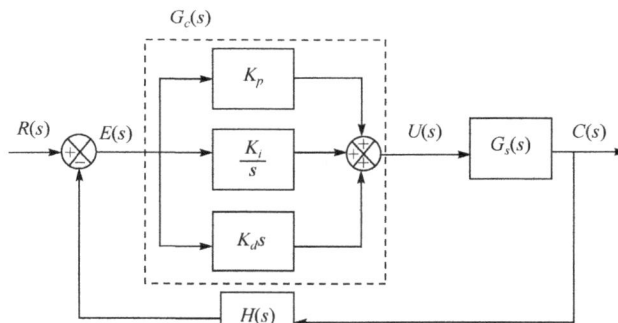

图 7.27 PID 校正

由图 7.27 知

$$G_c(s) = \frac{U(s)}{E(s)} = K_p + \frac{K_i}{s} + K_d s = K_p\left(1 + \frac{1}{T_i s} + T_d s\right)$$

其时域表达为

$$u(t) = K_p e(t) + K_i \int_0^t e(\tau)\mathrm{d}\tau + K_d \frac{\mathrm{d}e(t)}{\mathrm{d}t} = K_p\left[e(t) + \frac{1}{T_i}\int_0^t e(\tau)\mathrm{d}\tau + T_d \frac{\mathrm{d}e(t)}{\mathrm{d}t}\right]$$

式中，K_p 为比例系数，K_i 为积分系数，K_d 为微分系数；T_i 为积分时间常数，T_d 微分时间常数.

PID 控制律常常表示成在前向通道中加入多项式控制器，如图 7.28(a)所示.图 7.28(a)中微分项在前向通道中.由于微分项对突变信号的响应非常强烈，因此有时微分项会放在如图 7.28(b)所示的反馈回路中，可以是控制器的一部分，也可以是"速度"传感器，如位置控制中电机转轴上的测速器.微分项放置在反馈通道后，控制输入不参与微分过程，当控制输入发生突变时，可得到平稳的控制器输出.两种结构中由控制输入到输出的传递函数的零点不同.

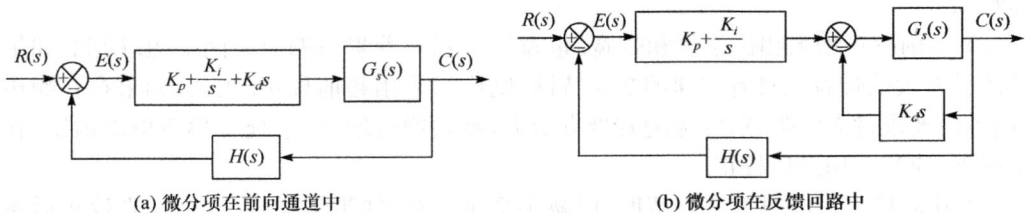

(a) 微分项在前向通道中   (b) 微分项在反馈回路中

图 7.28　PID 控制系统

7.4.1　PID 控制律

1. 比例控制（P 控制）

只具有比例规律的控制称为比例控制（P 控制），其传递函数为

$$G_c(s) = \frac{U(s)}{E(s)} = K_p$$

这时校正环节 $G_c(s)$ 实际是一个具有可调放大系数的比例放大器.如图 7.29 所示，控制系统中采用比例控制，若增大比例系数 K_p，系统开环增益加大从而减小稳态误差，增益穿越频率增大从而提高系统快速性，但常常使系统的稳定性变差.所以比例控制常常与微分控制、积分控制结合使用，仅在原系统稳定裕量充分大时，才采用比例控制.

2. 比例微分控制（PD 控制）

纯微分控制的输出只有在动态过程中才不等于零，在稳态过程时其输出为零，而此时即使它串联在控制系统中，也将对被控系统失去控制作用.因此纯微分控制一般极少采用，总是与比例控制等组合在一起使用.

具有比例微分规律的控制称为比例微分控制（PD 控制），其传递函数为

$$G_c(s) = \frac{U(s)}{E(s)} = K_p + K_d s = K_p(1 + T_d s)$$

控制器的输出信号 $u(t)$ 不仅与输入信号 $e(t)$ 成比例，而且与输入信号的导数 $\dot{e}(t)$ 成比例，反映了误差信号随时间的变化率，因而比例微分控制一定程度上是一种带有"预测预防"作用的控制，对于抑制阶跃响应的超调、缩短调节时间等均有效果.

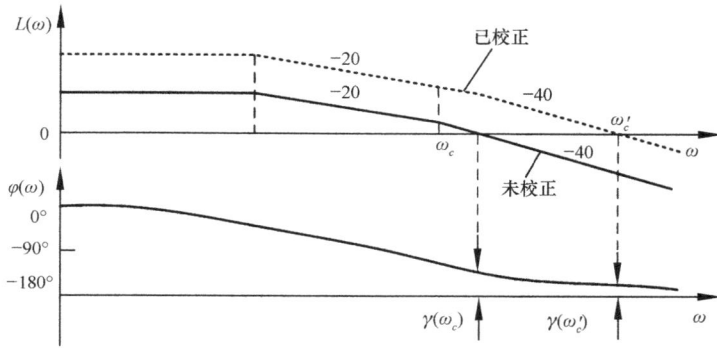

图 7.29 比例控制($K_p > 1$)

比例微分控制器伯德图如图 7.30(a)所示,转折频率 $\omega_1 = 1/T_d$. 比例微分控制中的比例系数 K_p 将影响系统稳态误差性能,当 $K_p = 1$ 时不改变系统稳态性能. 从图 7.30(b)可看

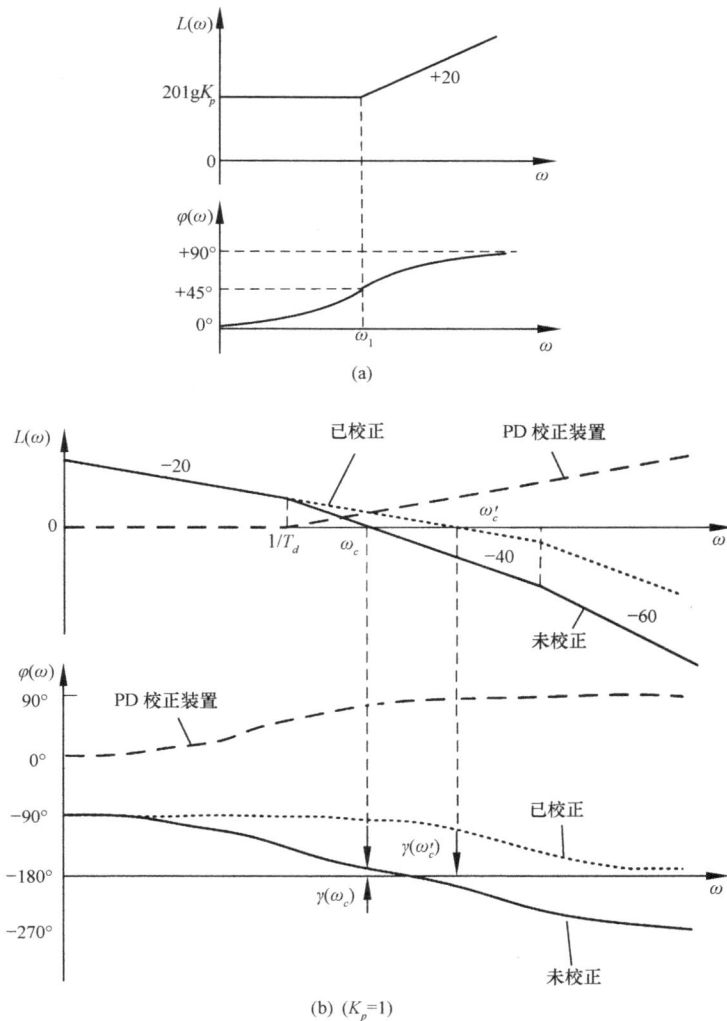

(a)

(b) ($K_p = 1$)

图 7.30 比例微分控制

出，微分作用改善了系统的动态性能. 随着频率的增大，比例微分控制器的输出幅值增大，系统增益交界频率增大，快速性改善. 微分引起的相位超前，使系统相位裕量增加，稳定性提高. 但高频段幅值提升可能导致执行元件输出饱和，降低了系统抗干扰能力.

3. 比例积分控制（PI 控制）

具有比例积分规律的控制称为比例积分控制（PI 控制），其传递函数为

$$G_c(s) = \frac{U(s)}{E(s)} = K_p + \frac{K_i}{s} = K_p \left(1 + \frac{1}{T_i s}\right) = \frac{K_p(T_i s + 1)}{T_i s}$$

比例积分控制引进了一个积分环节和一个开环零点. 积分环节的引入可从根本上使系统的稳态精度得到提高. 例如，Ⅰ型系统在斜坡信号作用下的系统稳态误差为常数，当采用 PI 控制后系统由Ⅰ型转变为Ⅱ型，在斜坡信号作用下的系统稳态误差为零. 积分环节的存在，引入了相位滞后，使得系统的稳定性变差，但由于同时又引入一个负实数的开环零点，因而在一定程度上弥补了积分环节对系统稳定性的不利影响.

比例积分控制器的伯德图如图 7.31(a)所示. 图中，转折频率 $\omega_1 = 1/T_i$. 从图 7.31(b)知当 $\dfrac{K_p}{T_i} < 1$ 时，由于高频段 PI 带来的低幅值，系统增益交界频率变小，快速性变差，但由于系统增益交界频率前移，低频段系统本身的大相位使得校正后有可能系统从不稳定变为稳定.

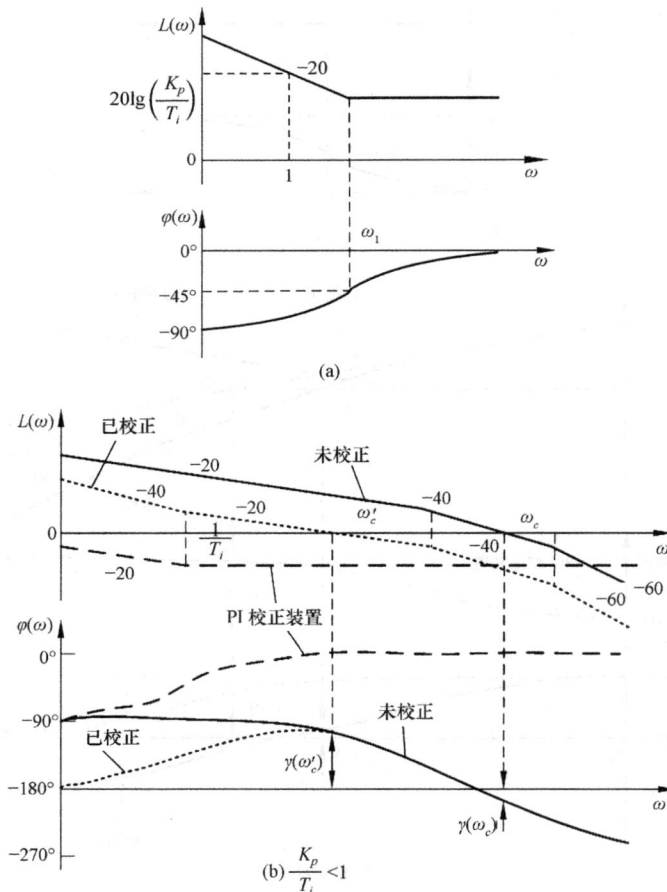

(a)

(b) $\dfrac{K_p}{T_i} < 1$

图 7.31　比例积分控制

4. 比例积分微分控制（PID 控制）

PID 控制指由比例、积分、微分基本控制规律组合起来的一种控制规律. 其传递函数为

$$G_c(s) = \frac{U(s)}{E(s)} = K_p + \frac{K_i}{s} + K_d s = \frac{K_d s^2 + K_p s + K_i}{s} = \frac{K(as+1)(bs+1)}{s}$$

由上式可知, 比例积分微分控制提供了一个零的极点和两个负实数的零点. 零的极点使系统提高一个型次, 稳态精度得以提高; 而通过适当调节两个零点, 又能改善系统的动态性能.

7.4.2 PID 控制的应用

PID 控制的作用可用其对"过去、现在、将来"不同阶段的作用来总结, 误差积分项代表过去, 比例项代表当前, 误差的微分项代表未来.

比例项由误差的瞬时值决定, 对误差即时起作用, K_p 增大会加速系统的瞬间响应, 同时减小稳态误差, 比例项将影响系统的瞬态指标和稳态指标.

积分部分由零到 t 时刻为止的误差积分决定. 积分项引入后能减小阶跃响应中的稳态误差, 但会降低闭环系统的稳定性, 常利用其稳态累积效应调整稳态特性.

微分项为误差随时间的增长或衰减提供了一个估计值. 微分项引入后为闭环系统提供了阻尼, 在阶跃响应中降低超调量和振荡, 减缓瞬态响应. 常利用其差分效应调整瞬态特性.

1. 0 型系统阶跃输入的 PID 控制

对于图 7.32 中的 0 型系统, 当采用 P 控制 $G_c(s) = K_p$ 时, 系统存在阶跃输入稳态误差, 单位阶跃输入时

$$e_{ss} = \frac{1}{K_p + 1}$$

可知当 K_p 增大时, e_{ss} 会减小, 但不会减小为零.

当采用 I 控制 $G_c(s) = \dfrac{K_i}{s}$ 时, 系统类型由 0 型系统变为 I 型系统, 则对于单位阶跃输入, 系统稳态误差

$$e_{ss} = 0$$

即积分控制消除了原系统阶跃响应中的稳态误差.

2. I 型系统阶跃扰动输入的 PID 控制

如图 7.33 所示是一个有扰动输入的 I 型系统. 控制转矩 T_u 和扰动转矩 T_d 共同作用于转动惯量为 J、转动阻尼为 B 的转轴上.

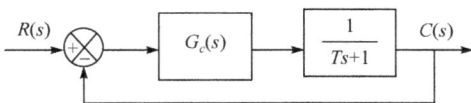

图 7.32　0 型控制系统

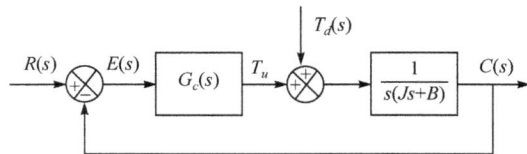

图 7.33　I 型控制系统

当仅考虑扰动作用时, 可视 $R(s) = 0$.

当采用 P 控制 $G_c(s) = K_p$ 时有

$$\frac{E(s)}{T_d(s)} = \frac{-1}{Js^2 + Bs + K_p}$$

对应于单位阶跃扰动输入 $T_d(s) = \frac{1}{s}$ 的稳态误差为

$$e_{ssp} = \lim_{s \to 0} sE(s) = \lim_{s \to 0} s \frac{-1}{Js^2 + Bs + K_p} \frac{1}{s} = -\frac{1}{K_p}$$

因 $C(s) = -E(s)$,即

$$C_{ssp} = \frac{1}{K_p}$$

由上式可知由阶跃扰动引起的稳态误差可以通过增大 K_p 减小,但却无法根除.

当采用 I 控制 $G_c(s) = \frac{K_i}{s}$ 时有

$$\frac{E(s)}{T_d(s)} = \frac{-s}{Js^3 + Bs^2 + K_i}$$

因特征多项式缺项,系统不稳定,无法正常工作.

结合 P 控制和 I 控制,采用 PI 控制 $G_c(s) = K_p + \frac{K_i}{s}$ 时有

$$\frac{E(s)}{T_d(s)} = \frac{-s}{Js^3 + Bs^2 + K_p s + K_i}$$

对应于单位阶跃扰动输入 $T_d(s) = \frac{1}{s}$ 的稳态误差为

$$e_{ssp} = \lim_{s \to 0} sE(s) = \lim_{s \to 0} s \frac{-s}{Js^3 + Bs^2 + K_p s + K_i} \frac{1}{s} = 0$$

由上式可知由阶跃扰动引起的稳态误差已根除.

需注意的是,采用 PI 控制后系统由二阶变为三阶,当 K_p 增大时有可能产生正实部根,使系统变得不稳定,无法工作.

3. Ⅱ型系统阶跃输入的 PID 控制

图 7.34 所示为一个纯惯量的闭环系统. 当采用 P 控制 $G_c(s) = K_p$ 时系统传递函数为

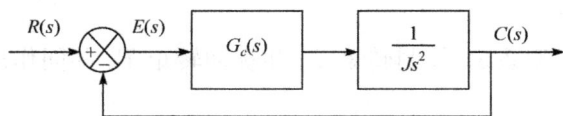

图 7.34 系统的串联校正

$$\frac{C(s)}{R(s)} = \frac{K_p}{Js^2 + K_p}$$

其特征根为一对共轭虚根. 当输入 $R(s)$ 为阶跃信号时,系统将振荡,无法正常工作.

当采用 PD 控制 $G_c(s) = K_p + K_d s$ 时有

$$\frac{C(s)}{R(s)} = \frac{K_d s + K_p}{Js^2 + K_d s + K_p}$$

可知 PD 控制中的微分控制引入了阻尼效应,系统有两个负实部的特征根,系统能正常工作.

PID 控制在工程中应用较广泛,在应用中应注意:

(1) P 控制简单、调整方便,但可能会产生余差,余差的大小随开环增益的增加而减小,

多用于就地控制以及允许有余差存在的场合,如大多数液位控制系统.大时间常数的低阶系统的稳定裕量相对高,又往往允许有很大的开环增益,也可采用 P 控制.具有积分环节的对象使用 P 控制不会产生余差,而采用 PI 控制器则会使系统稳定性严重恶化,因此具有积分环节的对象也适用 P 控制.

(2) 很多反馈控制系统采用 PI 控制.PI 控制中积分可用于消除余差,因此当 P 控制余差超限时可改用 PI 控制.P 控制中控制量随误差产生会瞬时变化,而积分作用有滞后效应,并削弱比例作用,有利于减少高频噪声的影响.

(3) 快速系统往往带有噪声,可进行 PI 控制,并采用大比例系数、小积分时间.只需要实现平均值的系统,只需采用比例控制.

(4) 在温度控制和成分控制等慢速和多容控制过程常采用 PID 控制.PI 控制消除了余差但降低了响应速度.有些系统本身反应缓慢,仅 PI 控制变得更缓慢.加入微分作用可补偿对象滞后,改善稳定性,从而允许使用高增益以提高响应速度.具有高频噪声的场合不宜使用微分,必须使用时可先进行噪声滤波.

7.4.3　PID 控制器设计

1. PID 控制器的极点配置法设计

PID 控制器加入控制系统后,将影响系统的零极点,进而影响系统性能.系统性能主要由系统的特征极点决定,可以通过系统极点的配置要求得到 PID 控制器参数.

如图 7.35 所示 I 型系统,当采用 PD 控制即 $G_c(s)=K_p+K_d s$ 时系统的传递函数为

$$\frac{C(s)}{R(s)}=\frac{K_d s+K_p}{Js^2+(K_d+B)s+K_p}$$

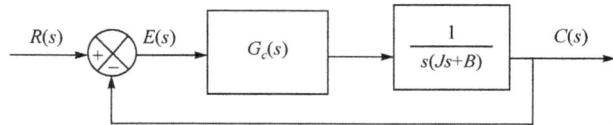

图 7.35　系统的串联校正

则对于单位斜坡输入,系统稳态误差为

$$e_{ssv}=\frac{1}{K_p}$$

系统阻尼为

$$\zeta=\frac{B+K_d}{2\sqrt{K_p/J}}$$

即可以通过 K_p 和 K_d 参数得到满意的 e_{ssv} 和 ζ 从而改善系统稳态特性和动态特性.

图 7.36 是例 2.8 中图 2.6 中直流电动机在电机出轴上施加了外部负载转矩 τ_L,则式(2.25)变化为

$$J\ddot{\theta}_m+B\dot{\theta}_m=\tau-\tau_L$$

电机转速 ω_m(即 $\dot{\theta}_m$)是电枢电压 e_a 和外部负载转矩 τ_L 共同作用的结果

$$[L_a Js^2+(L_a B+R_a J)s+R_a B+K_T K_e]\Omega_m(s)=K_T E_a(s)-(L_a s+R_a)T_L(s) \quad (7.17)$$

在图 7.37 所示的直流电机转速 PID 控制系统中

$$E_a(s)=\left(K_p+\frac{K_i}{s}+K_d s\right)[\Omega_0(s)-\Omega_m(s)] \quad (7.18)$$

式中,Ω_0 为转速输入值(即设定值).

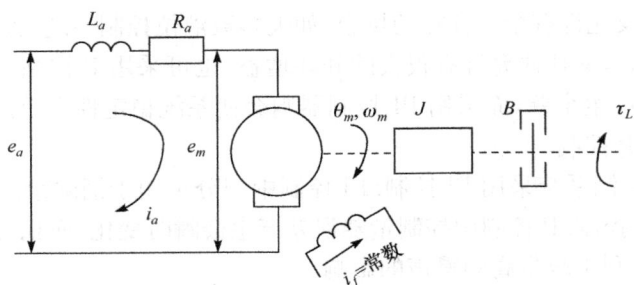

图 7.36 直流电机

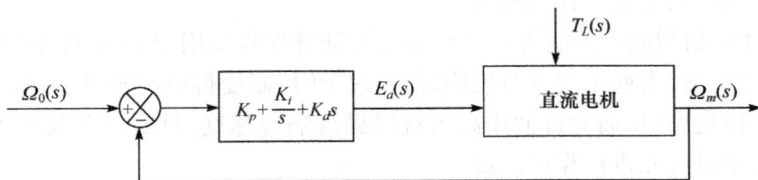

图 7.37 直流电机转速控制系统

将式(7.17)各次项系数简化为

$$(a_0 s^2 + a_1 s + a_2)\Omega_m(s) = K_T E_a(s) - (L_a s + R_a)T_L(s)$$

并将式(7.18)代入得

$$\left[a_0 s^2 + a_1 s + a_2 + K_T\left(K_p + \frac{K_i}{s} + K_d s\right)\right]\Omega_m(s) = K_T\left(K_p + \frac{K_i}{s} + K_d s\right)\Omega_0(s) - (L_a s + R_a)T_L(s)$$

系统的特征方程为

$$a_0 s^3 + (a_1 + K_T K_d)s^2 + (a_2 + K_T K_p)s + K_T K_i = 0$$

三阶方程可以通过 K_p、K_i 和 K_d 三个参数确定系数,从而唯一确定系统的特征根.

图 7.38 是具体直流电机转速 PID 控制系统在外部转矩阶跃输入和指令转速阶跃输入时的时域响应. 其中电机及其驱动电路参数如下:

$$J = 0.0113 \text{N} \cdot \text{m} \cdot \text{s}^2/\text{rad} \qquad B = 0.028 \text{N} \cdot \text{m} \cdot \text{s}/\text{rad}$$
$$L_a = 0.1 \text{H} \qquad R_a = 0.45 \Omega$$
$$K_T = 0.067 \text{N} \cdot \text{m}/\text{A} \qquad K_e = 0.067 \text{V} \cdot \text{s}/\text{rad}$$

采用的 PID 控制参数分别为 $K_p = 3, K_i = 15/\text{s}, K_d = 0.3\text{s}$.

图 7.38(a)是阶跃扰动信号($T_L(t) = 1 \text{N} \cdot \text{m}, t \geq 0$)输入时,分别采用 P、PI 和 PID 控制的系统响应

$$\Omega_m(s) = \frac{-(L_a s^2 + R_a s)}{a_0 s^3 + (a_1 + K_T K_d)s^2 + (a_2 + K_T K_p)s + K_T K_i}T_L(s)$$

由图可知加入积分环节后系统振荡加剧,但消除了稳态误差;再加入微分环节后减小了系统振荡,同时保持系统稳态误差为零.

图 7.38(b)是阶跃控制信号($\omega_0(t) = 1 \text{rad/s}, t \geq 0$)输入时,分别采用 P、PI 和 PID 控制的系统响应

$$\Omega_m(s) = \frac{K_T K_d s^2 + K_T K_p s + K_T K_i}{a_0 s^3 + (a_1 + K_T K_d)s^2 + (a_2 + K_T K_p)s + K_T K_i}\Omega_0(s)$$

其结果与扰动输入的情况相似.

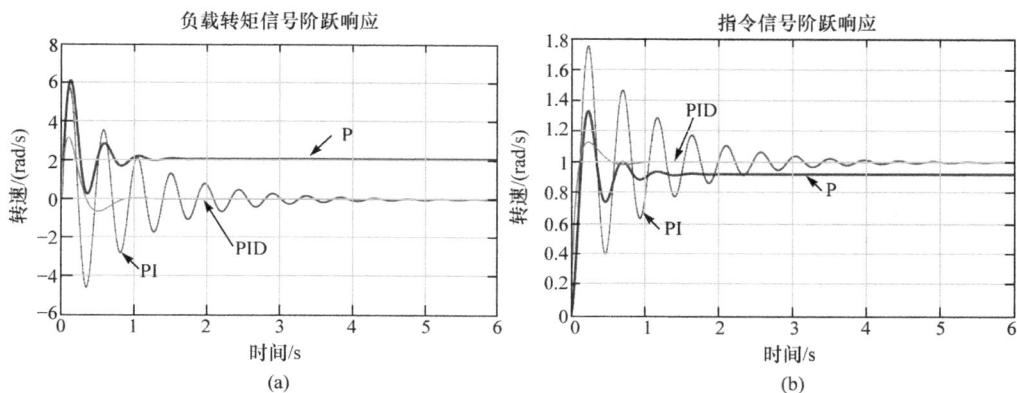

图 7.38 直流电机转速 PID 控制系统的阶跃响应

2. PID 控制器的频域法设计

PID 控制器可以表达成零极点形式,即

$$G_c(s) = K_p + \frac{K_i}{s} + K_d s = \frac{K(as+1)(bs+1)}{s}$$

理论上说指定的系统特性可存在无数个满足要求的系统,PID 控制器的频域法设计则采用逐步选定 K、a、b 的值以得到一个满足要求的系统. 由于在整个过程中通过试取值,由参数改动后的频率特性判定参数的合用性,故需采用软件手段得到伯德图来辅助设计.

例 7.7 对于如图 7.39 所示的控制系统,在频域设计 PID 控制器,使得 $K_v = 4\text{s}^{-1}$,$\gamma \geqslant 50°$.

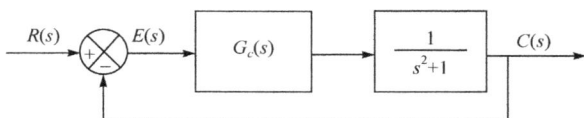

图 7.39 控制系统

解 采用 PID 控制器后,可以得到

$$K_v = \lim_{s \to 0} s G_c(s) G_s(s) = \lim_{s \to 0} \frac{K(as+1)(bs+1)}{s} \frac{1}{s^2+1} = K$$

结合题意的 $K_v = 4\text{s}^{-1}$,可得 $K = 4$.

取 $G_{c1}(s) = \frac{K}{s} = \frac{4}{s}$,并绘制 $G_1(s) = G_{c1}(s)G_s(s) = \frac{4}{s(s^2+1)}$ 的伯德图. 由图 7.40 中的 $G_1(s)$ 可知,增益 $\omega_c = 1.8\text{rad/s}$.

设 $G_{c2}(s) = \frac{K(as+1)}{s} = \frac{4(as+1)}{s}$,则校正后 $G_2(s) = G_{c2}(s)G_s(s) = \frac{4(as+1)}{s(s^2+1)}$. 设校正后的系统的 ω_c 在 $(1,10)\text{rad/s}$ 内,通过软件取得不同 a 的 $G_2(s)$ 的伯德图,对比后选定 $a = 5$. 由图 7.40 中的 $G_2(s) = \frac{4(5s+1)}{s(s^2+1)}$ 的伯德图知 $(as+1)$ 在高频产生了近似于 $90°$ 的相位超前.

此时 $G_{c3}(s) = \frac{K(as+1)(bs+1)}{s} = \frac{4(5s+1)(bs+1)}{s}$,校正后 $G_3(s) = G_{c3}(s)G_s(s) = $

$\dfrac{4(5s+1)(bs+1)}{s(s^2+1)}$. 通过软件取得不同 b 的 $G_3(s)$ 的伯德图, 对比后选定 $b=0.25$. 由图 7.40 中的 $G_3(s)=\dfrac{4(5s+1)(0.25s+1)}{s(s^2+1)}$ 的伯德图知, 已满足 $\gamma \geqslant 50°$.

由上述过程得到 PID 控制器 $G_c(s)=G_{c3}(s)=\dfrac{4(5s+1)(0.25s+1)}{s}$, 校正后开环频率特性即图 7.40 中的 $G_3(s)$.

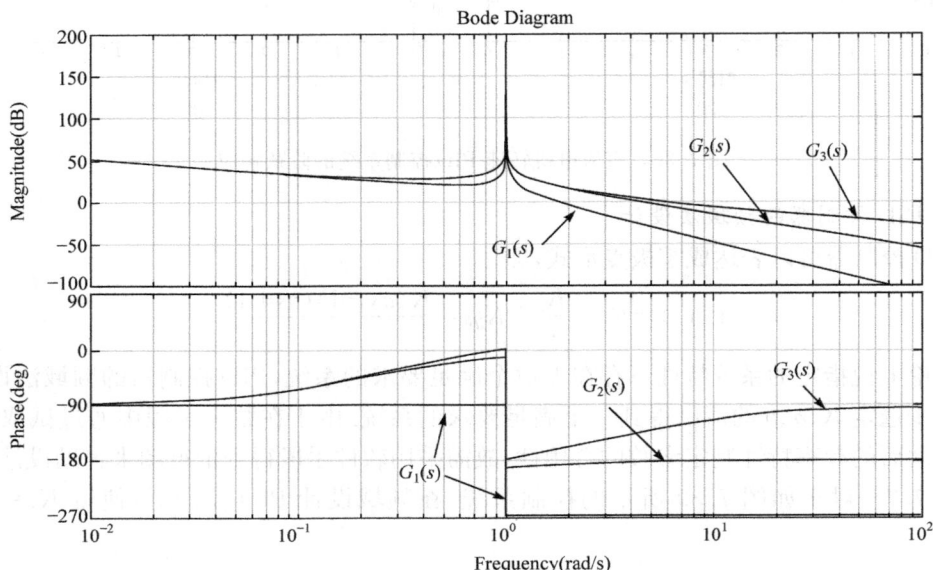

图 7.40 控制系统的开环伯德图

3. PID 控制器的遍历法设计

相对于 7.4.2 节在伯德图上试探性地逐步选定确定 PID 控制器的各个参数, 遍历法则是遍历满足系统性能要求的控制器参数组合, 从中取得性能最佳对应的一组参数.

例 7.8 一单位反馈系统, 已知 $G_s(s)=\dfrac{1.2}{0.36s^3+1.86s^2+2.5s+1}$, 拟采用 PID 控制律 $G_c(s)=K\dfrac{(s+a)^2}{s}$, 使闭环系统在单位阶跃响应中的最大超调量小于 10%.

解 满足题意要求的 K、a 组合是一个可行域, 超调量越大则系统响应越快. 采用 Matlab 编程遍历求取满足题意要求的最大超调量对应的参数组合. 经初步分析在遍历程序中设定 K 的搜索范围为 $2.0 \leqslant K \leqslant 3.0$, 步长为 0.2, 设定 a 的搜索范围为 $0.5 \leqslant a \leqslant 1.5$, 步长为 0.2.

Matlab 程序为

```
K=2.0:0.2:3.0;
a=0.5:0.2:1.5;
t=0:0.01:5;
g=tf([1.2],[0.36,1.86,2.5,1]);
k=0;
```

```
for i=1:6;
    for j=1:6;
                gc=tf(K(i)* [1,2*a(j),a(j)^2],[1,0]);
                G=gc*g/(1+gc*g);
                y=step(G,t);
                m=max(y);
                if(m<1.10)
                        k=k+1;
                        solution(k,:)=[K(i) ,a(j), m];
                end
    end
end
sortsolution=sortrows(solution,3);
KK=sortsolution(k,1)
aa=sortsolution(k,2)
```

运行得 KK=2.4000,aa=0.9000,即 PID 控制器为 $G_c(s)=2.4\dfrac{(s+0.9)^2}{s}$.

4. PID 参数的非解析法整定

由于 PID 与系统本身的参数敏感性,PID 参数的现场调节、自动调节、智能调节成为 PID 控制能否正常工作或推广的关键.

PID 控制对大多数控制系统具有广泛适用性,特别是对控制对象的数学模型不了解或无法应用解析设计方法的场合. 对于图 7.27,如果能推导出控制对象的数学模型,则可以采用各种解析方法确定控制器的参数以满足性能指标. 但如果控制对象很复杂,不能应用解析方法,则可借助实验方法进行 PID 参数整定.

工程上有多种实验方法进行 PID 参数整定,其中齐格勒-尼科尔斯(Ziegler-Nichols)提出了两个方法,即在实验阶跃响应的基础上,或仅采用比例控制作用的条件下,由系统的临界稳定得到参数值的合理估值,以此作为进行精细调节的起点.

(1)基于控制对象阶跃响应的齐格勒-尼科尔斯法(1st 齐格勒-尼科尔斯法)针对单位阶跃响应呈 S 曲线的控制对象. 如果控制对象不含积分、主导共轭复数极点,则它的单位阶跃响应曲线将像一条 S 曲线,该曲线可以通过实验获取或由控制对象的动态仿真得到. S 曲线可以用延迟时间常数 L 和时间常数 T 表达,如图 7.41 所示,对 S 形曲线的拐点

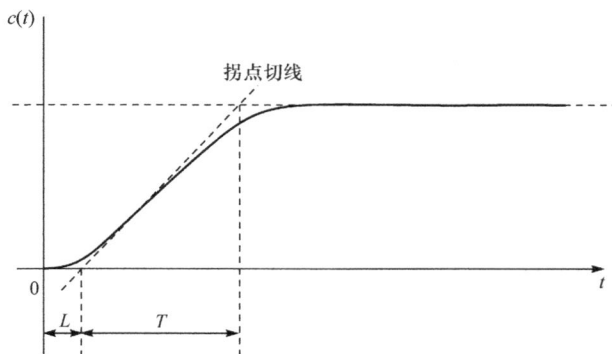

图 7.41 S 形响应曲线

作切线，由切线与时间轴和稳态值的交点得到 L 和 T，然后按表 7.1 确定取得对应的 PID 参数.

（2）基于临界参数的齐格勒-尼科尔斯法（2nd 齐格勒-尼科尔斯法）. 对系统先只采用比例控制，从零开始增大 K_p，直到输出首次呈现持续振荡，取临界值 K_{cr} 为此时的 K_p 值，取临界周期 P_{cr} 为此时的振荡周期，由这些临界参数参照表 7.2 取得对应的 PID 参数. 表中的临界参数可以通过实验得到，对于已知数学模型的系统则可以通过数学计算求取.

表 7.1　基于控制对象阶跃响应的齐格勒-尼科尔斯法

控制器类型	K_p	T_i	T_d
P	$\dfrac{T}{L}$		
PI	$0.9\dfrac{T}{L}$	$\dfrac{L}{0.3}$	
PID	$1.2\dfrac{T}{L}$	$2L$	$0.5L$

表 7.2　基于临界参数的齐格勒-尼科尔斯法

控制器类型	K_p	T_i	T_d
P	$0.5K_{cr}$		
PI	$0.45K_{cr}$	$\dfrac{P_{cr}}{1.2}$	
PID	$0.6K_{cr}$	$\dfrac{P_{cr}}{2}$	$\dfrac{P_{cr}}{8}$

例 7.9　对图 7.42 所示系统求取 PID 控制器参数.

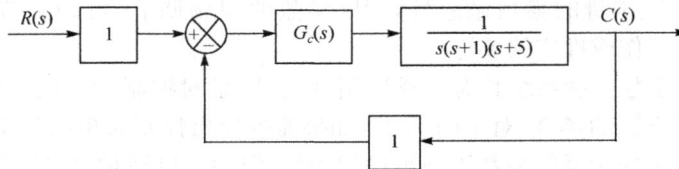

图 7.42　串联校正系统

解　先取 $G_c(s)=K_p$，则系统的闭环传递函数为

$$\Phi(s)=\frac{C(s)}{R(s)}=\frac{K_p}{s(s+1)(s+5)+K_p}$$

特征方程为

$$D(s)=s^3+6s^2+5s+K_p$$

由稳定性可得临界增益为

$$K_{cr}=30$$

临界时系统持续振荡，此时

$$D(s)\big|_{s=j\omega_r,K_p=K_{cr}}=0$$

可得振荡频率

$$\omega_{cr}=\sqrt{5}$$

对应有临界周期

$$P_{cr}=\frac{2\pi}{\omega_{cr}}=2.81$$

查表得

$$K_p = 0.6K_{cr} = 18, \quad T_i = \frac{P_{cr}}{2} = 1.405, \quad T_d = \frac{P_{cr}}{8} = 0.0351$$

7.4.4 PID 控制的实施

由于 PID 校正装置在系统原 $G_s(s)$ 前串入,故可采用控制器数字实现或电气校正网络实现.

1. PID 电气校正网络

一些无源 PID 校正网络和有源 PID 校正网络见附录Ⅱ. 由于 PID 的放大增益需调节,一般采用有源校正装置. 图 7.43 是有源网络实现的 PID 校正网络的例子.

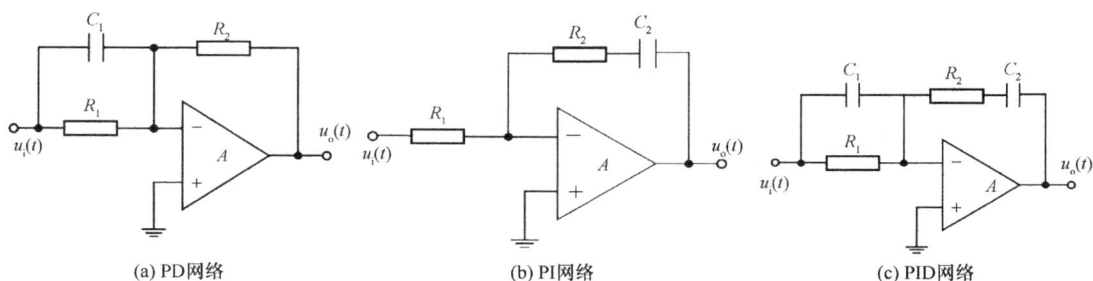

图 7.43 有源校正网络

图 7.43(a)所示为有源网络实现的 PD 控制校正网络,有

$$G_c(s) = \frac{U_o(s)}{U_i(s)} = K_p(1 + T_d s)$$

式中,$K_p = -\dfrac{R_2}{R_1}$,$T_d = R_1 C_1$.

PD 控制网络具有相位超前的功能. 对应地,当 $|\alpha| \gg 1$ 时,相位超前网络,有

$$G_c(s) = \frac{1}{\alpha} \frac{Ts+1}{\dfrac{T}{a}+1} \approx \frac{1}{a}(Ts+1)$$

近似实现了 PD 控制规律.

图 7.43(b)所示为有源网络实现的 PI 控制校正网络,有

$$G_c(s) = \frac{U_o(s)}{U_i(s)} = K_p\left(1 + \frac{1}{T_i s}\right)$$

式中,$K_p = -\dfrac{R_2}{R_1}$,$T_i = R_2 C_2$.

PI 控制网络中相位存在滞后. 对应地,当 $|\alpha| \gg 1$ 时,相位滞后校正网络,有

$$G_c(s) = \frac{Ts+1}{aTs+1} \approx \frac{1}{a}\left(1 + \frac{1}{Ts}\right) = K_p\left(1 + \frac{1}{Ts}\right)$$

近似地实现了 PI 控制规律.

如图 7.43(c)是有源网络实现的 PID 控制校正网络,有

$$G_c = \frac{U_o(s)}{U_i(s)} = \frac{T_1 + T_2}{\tau}\left[1 + \frac{1}{(T_1 + T_2)s} + \frac{T_1 T_2}{T_1 + T_2}s\right]$$

式中,$T_1 = R_1 C_1$,$T_2 = R_2 C_2$,$\tau = R_1 C_2$.

2. PID 的数字实现

随着计算机技术的日益发展,计算机性能不断提高,价格不断降低,反馈控制中的控制器越来越多地采用数字软件方式.与采用硬件实现控制律相比,在硬件设计确定后,软件实现可以使设计者在修改控制器控制律时有更大的灵活性.

数字控制器与模拟控制器的不同之处在于,数字控制器的信号必须经过采样和量化,形成在时间域和幅值域均离散的数字信号.选择采样周期的一个比较合理的规则是在系统阶跃响应的上升时间内,应对离散控制器的输入信号采样 6 次以上,要求采样频率远高于系统闭环带宽.控制器的幅值量化过程也将引入额外噪声,为保证噪声干扰在可接受范围内,A/D 转换器量化精度不少于 10~12 位.

经典的常规数字离散控制需要用 Z 变换进行.但随着计算机技术的发展,数字采样越来越快,幅值分辨率越来越高,数字控制器的动态性比被控对象快得多.因此当采样速率是被控对象闭环带宽的 30 倍以上时,在控制器设计时按连续控制器实现的方式进行,验证后再转化成离散设计.如果连续传递函数较简单,则采样频率是最终频率的 5~10 倍,也可以采用连续方法设计再离散实现的模式.表 7.3 是 PID 控制器采样周期 t_s 的经验选取.

表 7.3　控制器采样周期 t_s

选取方法	推荐值	说明	推荐人
按开环系统特征	$t_s < 0.1 T_{max}$	T_{max} 为主导极点时间常数	Kalman
	$0.2 < \frac{t_s}{\tau} < 1.0$　　$0.01 < \frac{t_s}{T} < 0.05$	τ 为过程纯滞后时间; T 为过程时间常数	Astrom
	$\frac{T}{15} < t_s < \frac{T}{6}$	T 为过程回复时间	Isermann
	$0.25 < \frac{t_s}{t_r} < 0.5$	t_r 为开环系统上升时间	Astrom
	$0.15 < t_s \omega_c < 0.5$	ω_c 为连续系统临界稳定振荡频率	Astrom
	$0.05 < t_s \omega_c < 0.107$	ω_c 为连续系统临界稳定振荡频率	Shinskey
按 PID 参数	$t_s > \frac{T_i}{100}$	T_i 为控制器积分时间	Fertik
	$0.1 < \frac{t_s}{T_d} < 0.5$	T_d 为控制器微分时间	Astrom
	$0.05 < \frac{t_s}{T_d} < 0.1$	T_d 为控制器微分时间	Shinley

7.5 控制系统反馈校正

7.5.1 反馈校正的特点

1. 反馈校正可以消除系统中所不希望有的特性

对于图 7.9 所示反馈系统,其不变部分 $G_2(s)$ 被传递函数为 $H_c(s)$ 的负反馈通路包围. 包围后,反馈回路的等效传递函数为 $G_{eq}(s)$,其频率特性

$$G_{eq}(j\omega) = \frac{G_2(j\omega)}{1+G_2(j\omega)H_c(j\omega)} \tag{7.19}$$

在所研究的频段里,如能满足

$$|G_2(j\omega)H_c(j\omega)| \gg 1$$

的条件,则式(7.19)可近似写成

$$G_{eq}(j\omega) \approx \frac{1}{H_c(j\omega)}$$

因此,系统的闭环传递函数可用

$$\frac{C(s)}{R(s)} = \frac{G_1(s)G_3(s)}{G_1(s)G_3(s)+H_c(s)}$$

来描述. 它表明了系统将不受被包围环节 $G_2(s)$ 参数变化的影响,而只与反馈通道的传递函数有关. 这是反馈校正的一个十分重要的优点. 一般来说,系统不可变部分一旦选定是很难再改变的. 如果其中 $G_2(s)$ 特性是我们所不希望的,那么通过适当地选择 $H_c(s)$ 就可以消除由于它的特性以及不稳定等因素造成的对系统性能的影响. 而反馈通道的传递函数 $H_c(s)$ 是由设计者确定的,它的特性是容易得到保证的.

2. 负反馈可以减弱参数变化对系统性能的影响

在控制系统中,为了减弱系统对某些参数变化的敏感程度,或者说为了提高系统对一些参数变化等类型干扰的抑制能力,通常最有效的措施之一就是采用负反馈校正.

为了说明这一点,分别考虑如图 7.44 所示的两个系统. 图 7.44(a)为没加入反馈校正的系统. 其传递函数

$$G(s) = \frac{X_c(s)}{X_r(s)}$$

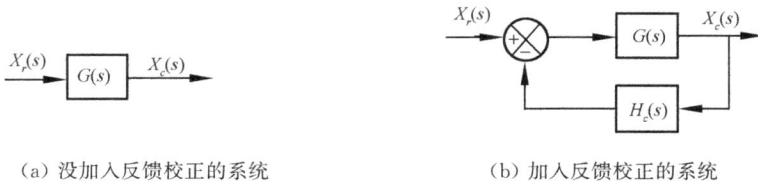

（a）没加入反馈校正的系统　　　　（b）加入反馈校正的系统

图 7.44　系统方块图(一)

假定 $X_r(s)$ 不变,由于系统 $G(s)$ 参数变化,引起输出 $X_c(s)$ 也变化,即

$$dX_c(s) = X_r(s) \cdot dG(s)$$

或

$$dX_c = \frac{X_c(s)}{G(s)} dG(s) \tag{7.20}$$

可以看出:输出量 $X_c(s)$ 的变化与系统 $G(s)$ 环节参数的变化成比例.

图 7.44(b)为加入反馈校正的系统. 这时系统输出为

$$X_c(s) = \frac{G(s)}{1+G(s)H_c(s)} X_r(s) \tag{7.21}$$

假设 $X_r(s)$、$H_c(s)$ 不变,对上式微分,有

$$\mathrm{d}X_c(s) = \frac{\mathrm{d}G(s)}{[1+G(s)H_c(s)]^2} X_r(s) \tag{7.22}$$

合并式(7.21)和式(7.22),并消去 $X_r(s)$,则得

$$\mathrm{d}X_c(s) = \frac{1}{1+G(s)H_c(s)} \cdot \frac{X_c(s)}{G(s)} \mathrm{d}G(s) \tag{7.23}$$

比较式(7.20)和式(7.23),引入反馈校正装置后,由 $G(s)$ 中参数的变化而引起的输出变化 $\mathrm{d}X_c(s)$ 减为原来的 $\dfrac{1}{1+G(s)H_c(s)}$.

同样可证明,当系统受到常见的低频外干扰(如力或力矩作用)时,加入反馈校正后,可使外干扰引起的输出变化减小为原来的 $\dfrac{1}{1+G(s)H_c(s)}$,即干扰的影响可以得到抑制.

7.5.2 典型反馈校正的分析

1. 比例反馈包围惯性环节

参照图 7.44(b),此时 $G(s) = \dfrac{K}{Ts+1}$,$H_c(s) = a$,则闭环传递函数为

$$\frac{X_c(s)}{X_r(s)} = \frac{K}{1+Ka} \cdot \frac{1}{\frac{T}{1+Ka}s+1} = \frac{1}{1+Ka} \cdot \frac{Ts+1}{\frac{T}{1+Ka}s+1} \cdot \frac{K}{Ts+1} = \frac{1}{a'} \frac{Ts+1}{\frac{T}{a'}s+1} G(s)$$

式中,$a' = 1+Ka$.

上式表明,比例反馈包围惯性环节使被包围的惯性环节时间常数得以减小,同时也降低了系统的开环增益,但增益可通过提高未被反馈包围环节的增益来补偿.

对于本系统来说,比例反馈包围惯性环节等效于起到了串联超前校正作用,即等效于前向串联了

$$G_c(s) = \frac{1}{a'} \frac{Ts+1}{\frac{T}{a'}s+1}$$

2. 比例微分反馈包围积分环节和惯性环节串联组成的元件

参照图 7.44(b),此时 $G(s) = \dfrac{K}{s(Ts+1)}$,$H_c(s) = as$,则闭环传递函数为

$$\frac{X_c(s)}{X_r(s)} = \frac{K}{1+Ka} \cdot \frac{1}{s\left(\frac{T}{1+Ka}s+1\right)} = \frac{1}{1+Ka} \cdot \frac{Ts+1}{\frac{T}{Ka+1}s+1} \cdot \frac{K}{s(Ts+1)} = \frac{1}{a'} \frac{Ts+1}{\frac{T}{a'}s+1} G(s)$$

式中,$a' = 1+Ka$.

上式表明,比例微分反馈包围积分环节和惯性环节串联组成的元件使被包围的惯性环节时间常数得以减小,同时也降低了系统的开环增益,但增益可通过提高未被反馈包围环节的增益来补偿.

对于本系统来说,比例微分反馈包围积分环节和惯性环节等效于起到了串联超前校正作用,即等效于前向串联了

$$G_c(s) = \frac{1}{a} \cdot \frac{Ts+1}{\frac{T}{a}s+1}$$

3. 一阶微分和二阶微分反馈包围由积分环节和振荡环节相串联组成的元件

参照图 7.44(b),此时 $G(s) = \dfrac{K}{s\left(\dfrac{s^2}{\omega^2} + \dfrac{2\zeta}{\omega}s + 1\right)}$,$H_c(s) = bs + cs^2$,则闭环传递函数为

$$\frac{X_c(s)}{X_r(s)} = \frac{K}{1+Kb} \cdot \frac{1}{s\left(\dfrac{s^2}{\omega_1^2} + \dfrac{2\zeta_1}{\omega_1}s + 1\right)}$$

式中,阻尼比 $\zeta_1 = \dfrac{\zeta}{\sqrt{1+Kb}} + \dfrac{Kc\omega}{2\sqrt{1+Kb}}$;固有频率 $\omega_1 = \omega\sqrt{1+Kb}$.

上式表明,其中的一阶微分反馈提高了振荡环节的固有频率,但降低了阻尼比;二阶微分反馈增加了阻尼比.这种组合的反馈校正在工程中也得到了实际的应用.

例 7.10 分析图 7.45(a)中系统能否正常工作,若要求 $z = 0.707$,系统应如何改进?

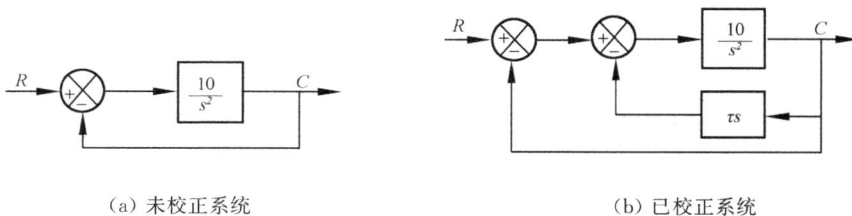

(a) 未校正系统   (b) 已校正系统

图 7.45 系统方块图(二)

解 (1) $\dfrac{C(s)}{R(s)} = \dfrac{10}{s^2+10}$,系统 $\zeta = 0$,为二阶无阻尼系统,不能正常工作. 如 $R(s) = \dfrac{1}{s}$,则对应有 $c(t) = 1 - \cos\sqrt{10}t$,为等幅不衰减振荡.

(2) 如图 7.45(b)加入一反馈校正环节,$H_c(s) = \tau s$,则校正后的系统传递函数为

$$\frac{C(s)}{R(s)} = \frac{10}{s^2 + 10\tau s + 10}$$

由 $\omega_n^2 = 10$ 得

$$\omega_n = \sqrt{10}$$

由 $2\zeta\omega_n = 10\tau$ 得

$$\tau = \frac{2\zeta\omega_n}{10} = \frac{2 \times 0.707 \times \sqrt{10}}{10} = 0.444 \text{(s)}$$

7.6 复合控制系统

从前面的章节知,如果对稳态精度要求很高,就需要提高系统的开环放大倍数或提高系统的型别. 但是,这样做往往会导致系统稳定性变差,甚至使系统不稳定. 为了解决上述精度

与稳定性之间的矛盾,在适当情况下可考虑采用复合控制.

7.6.1 反馈与控制输入前馈的复合控制

闭环控制是按偏差进行控制的.闭环控制能抑制各种干扰,但控制精度还不够高,还存在原理性偏差.相对闭环控制,开环控制只是根据输入信号进行控制,而对控制结果可能的偏差没有进行修正的能力,抑制干扰能力差.

如果把开环控制和闭环控制结合起来,就构成了复合控制系统,如图 7.46 所示.图中 $G_c(s)$ 为前馈通路的传递函数,$G_1(s)$ 和 $G_2(s)$ 为偏差控制系统的开环传递函数.这样复合控制系统就包含两个通道:一是由前馈传递函数 $G_c(s)$ 与 $G_2(s)$ 组成的补偿通道,它是按开环控制的;二是由 $G_1(s)$ 和 $G_2(s)$ 组成的主通道,它是按闭环控制的.

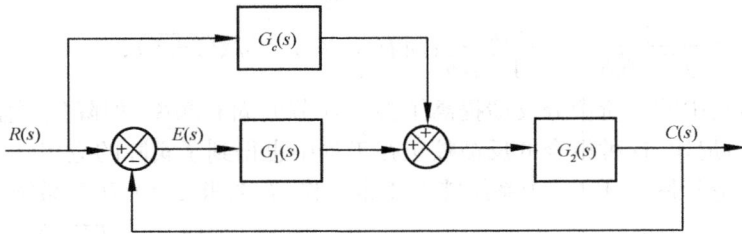

图 7.46 复合控制系统方块图

系统按偏差控制时的闭环传递函数为

$$\Phi(s)=\frac{C(s)}{R(s)}=\frac{G_1(s)G_2(s)}{1+G_1(s)G_2(s)} \tag{7.24}$$

在加入补偿通道传递函数 $G_c(s)$ 后,复合控制系统的传递函数为

$$\Phi_c(s)=\frac{C(s)}{R(s)}=\frac{[G_1(s)+G_c(s)]G_2(s)}{1+G_1(s)G_2(s)} \tag{7.25}$$

加入补偿通道后,系统的误差传递函数

$$\Phi_{ce}(s)=1-\Phi_c(s)=\frac{1-G_c(s)G_2(s)}{1+G_1(s)G_2(s)}$$

如取 $G_c(s)=\dfrac{1}{G_2(s)}$,则 $\Phi_{ce}=0$,系统误差 $E(s)=\Phi_{ce}(s)R(s)=0$,系统没有稳态误差了.将 $G_c(s)=\dfrac{1}{G_2(s)}$ 代入式(7.25),可得到

$$\Phi_c(s)=\frac{\left[G_1(s)+\dfrac{1}{G_2(s)}\right]G_2(s)}{1+G_1(s)G_2(s)}=1$$

即系统的输出 $C(s)$ 完全复现输入作用 $R(s)$,使得系统既没有动态误差,也没有稳态误差,并可把系统看成一个无惯性系统.

$G_c(s)=\dfrac{1}{G_2(s)}$ 这一使误差等于零的条件,称为绝对不变性条件.

对于系统稳定性来说,式(7.24)和式(7.25)表明复合控制系统的特征方程和原来按偏差控制的闭环系统的特征方程完全一样.可见,并不因为在系统中增加了补偿通道而使系统的稳定性受到影响.从这里可以看出,复合控制系统解决了偏差控制系统中所遇到的矛盾,即提高系统精度和保证稳定性之间的矛盾.

7.6.2　反馈与干扰前馈的复合控制

反馈与干扰前馈的复合控制系统方块图如图 7.47 所示.图中 $N(s)$ 为可测量的外干扰.设 $R(s)=0$,则有

$$C(s)=\frac{G_2(s)\left[1+G_1(s)G_c(s)\right]}{1+G_1(s)G_2(s)}N(s)$$

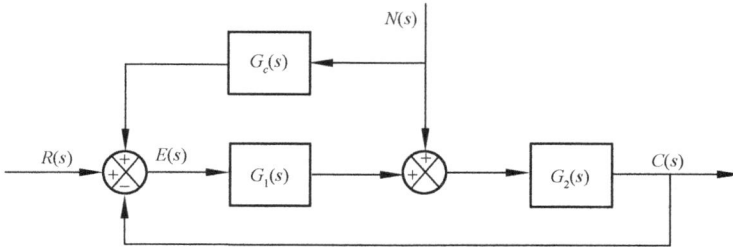

图 7.47　针对扰动的前置补偿复合控制

如选择前馈通道的传递函数为

$$G_c(s)=\frac{-1}{G_1(s)}$$

则输出响应 $C(s)=0$,表明其完全不受干扰 $N(s)$ 的影响.故上式是干扰 $N(s)$ 得到完全补偿的条件.在实际应用中,也常利用一些简单的 $G_c(s)$ 来达到近似补偿,以提高稳态精度.

小　　结

1. 由于二阶系统或高阶系统的瞬态响应和频率特性指标最终可近似归结为系统开环频率特性的要求,因而控制系统的设计或校正实质就是对开环伯德图进行整形.大体要求是:在低频区尽可能有高的增益,使误差减小;在中频区特性曲线的斜率应限制在 $-20\mathrm{dB/dec}$,以保证系统的稳定性;在高频区特性曲线应尽可能快地衰减,以减小高频噪声对系统的干扰.

2. 从校正装置在系统中的位置角度来看,有串联校正和并联校正之分.串联校正实现简便、成本较低、应用广泛.并联校正通常需增加信号检测元件,成本和系统结构复杂性方面有一定程度的提高,但它可对系统未校正部分的某一特性参数进行改造.

3. 控制系统的基本控制规律有比例控制、微分控制和积分控制.超前校正和滞后校正可分别近似看作比例微分控制和比例积分控制.

4. 超前校正可提供相位超前角,适当增大交界频率,改善系统的动态性能.滞后校正则具有相位滞后特性,可用于提高系统稳态精度;在牺牲带宽的条件下,也可用滞后校正改善系统的稳定性.上述校正还可以组合在一起,构成滞后超前网络.

5. 为使系统不仅有较小的稳态误差而且有良好的动态性能,采用前馈加反馈的复合控制是一种很有效的方法.

6. PID 控制对大多数控制系统具有广泛适用性,特别是对控制对象的数学模型不了解或无法应用解析设计方法的场合.

习　题

7.1　利用同步发送器-变压器控制的位置伺服系统的方块图如题7.1图所示.

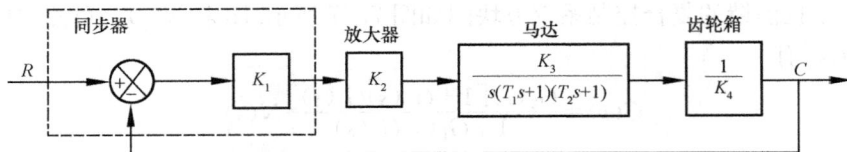

题7.1图　系统方块图(一)

其中各参数定义如下：

同步器常数 $K_1 = 5.73\text{V/rad}$；　　　　　　　　放大器增益变量 K_2；

马达速度增益常数 $K_3 = 0.5\text{rad/s}$；　　　　　　齿轮比 $K_4 = 10$；

马达和负载机械时间常数 $T_1 = 0.05\text{s}$；　　　　　马达电气时间常数 $T_2 = 0.02\text{s}$.

(1) 为了使 $M_r = 3\text{dB}$，试确定系统放大器增益 K_2；

(2) 当伺服机构跟踪一个斜坡输入10rad/s时，设 $K_2 = 61.9$，试确定输出的稳态误差；

(3) 当伺服机构跟踪一斜坡输入10rad/s，并有最大稳态误差 $e = 5°$时，试确定需要满足此误差条件的放大器增益. 又假设现有(1)的伺服机构瞬态响应是满意的，试设计适当的串联校正装置.

7.2　题7.1图欲将伺服机构的带宽加宽，使其 $M_r = 3\text{dB}$出现在(或略高于)30rad/s的频率处. 试提供串联校正网络来满足这项技术要求.

7.3　如题7.1图所示位置伺服系统，试设计一滞后超前校正网络，使该系统能同时满足：

(1) 斜坡输入为10rad/s，最大稳态误差不大于5°；

(2) 谐振峰值 $M_r = 3\text{dB}$，$\omega_r = 30\text{rad/s}$.

7.4　某一具有单位反馈的伺服机构，其开环传递函数为

$$G(s)H(s) = \frac{0.8}{s(1+0.5s)(1+0.33s)}$$

假设系统瞬态响应是满足的，要求减小它的稳态误差，使其 $K_v = 4$，试设计一校正装置.

7.5　具有单位反馈的伺服系统，其开环传递函数为

$$G(s)H(s) = \frac{0.7}{s(1+0.5s)(1+0.15s)}$$

(1) 画出伯德图，并确定该系统的增益裕量和相位裕量以及速度误差系数；

(2) 确定闭环频率响应的谐振峰值 M_r 和谐振频率 ω_r；

(3) 设计滞后校正装置，使其增益裕量为15dB，相位裕量为45°.

7.6　为改善题7.4中系统的瞬态响应，在系统中串入一传递函数为 $G_c(s) = \dfrac{0.1(0.5s+1)}{0.05s+1}$ 的超前校正装置. 要求调节系统的增益，使相位裕量与未校正前的系统相位裕量保持相同. 试设计并比较校正前、后系统的增益交界频率和速度误差系数.

7.7　设单位反馈系统的开环传递函数为 $G(s) = \dfrac{100}{s^2}$，试设计一校正装置，要求系统满足下列性能指标：超调量 $\sigma \leqslant 20\%$；调整时间 $t_s \leqslant 4\text{s}(2\%允许误差)$.

7.8　控制系统的开环传递函数为

$$G(s)H(s) = \frac{0.25}{s^2(1+0.25s)}$$

试串入超前补偿网络，使其在频率 $\omega = 1\text{rad/s}$ 时，近似提供45°相位裕量.

7.9 未校正系统的开环传递函数为

$$G(s)H(s) = \frac{K}{s(1+0.1s)(1+0.02s)(1+0.01s)(1+0.005s)}$$

试绘制希望对数频率特性,并选择串联校正装置,使其满足下列指标:速度误差系数 $K_v = 200\text{s}^{-1}$;单位阶跃函数作用下,超调量不超过 30%;系统的调整时间 $t_s \leqslant 0.8\text{s}$.

7.10 已求得未校正系统的传递函数为

$$G(s)H(s) = \frac{600}{s(0.26s+1)(0.0032s+1)}$$

试用综合法设计串联校正装置,使系统性能满足 $\sigma \leqslant 30\%$,$t_s \leqslant 0.25\text{s}$,振荡次数 $N = 1.5$ 次.

7.11 在粗糙路面上颠簸行驶的车辆会受到许多干扰的影响,采用了能感知前方路况的传感器之后,主动式悬挂减振系统就可以减轻干扰的影响.简单悬挂减振系统的例子如题 7.11 图所示.试选取增益 K_1、K_2 的恰当取值,使得当预期偏移为 $R(s) = 0$,且 $D(s) = 1/s$ 时,车辆不会跳动.

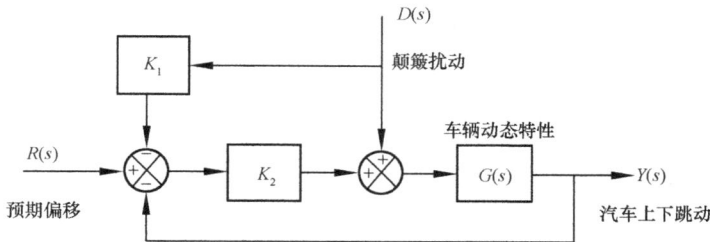

题 7.11 图 系统方块图(二)

7.12 最小相位系统固有部分的开环对数幅频特性见题 7.12 图中的实线,采用串联校正后的开环对数幅频特性见题 7.12 图中虚线.求所加入的串联校正装置的传递函数.

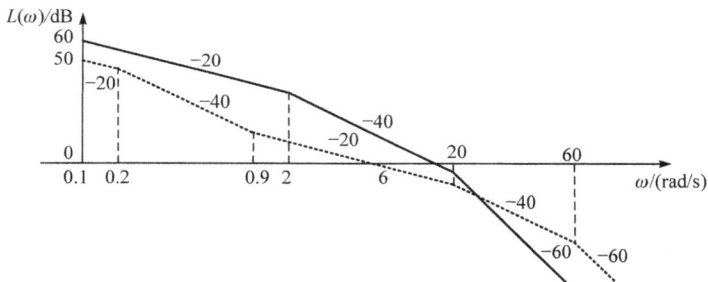

题 7.12 图 控制系统开环对数幅频特性(一)

7.13 已知单位负反馈系统的对象传递函数为 $G_p(s) = \dfrac{2000}{s(s+2)(s+20)}$,其串联校正后的开环对数幅频特性渐近线图形如题 7.13 图所示.

(1) 写出串联校正装置的传递函数,并指出是哪一类校正;

(2) 画出校正装置的开环对数幅频特性渐近线.标明转角频率、渐近线斜率及高频段渐近线纵坐标的分贝值;

(3) 计算校正后系统的相位裕量.

7.14 某一单位反馈控制系统其开环传递函数为 $G_s(s) = \dfrac{K}{s(0.1s+1)(0.2s+1)}$.要求对系统进行串联校正以满足速度误差系数 $K_v = 100\text{s}^{-1}$,$\gamma \geqslant 40°$.

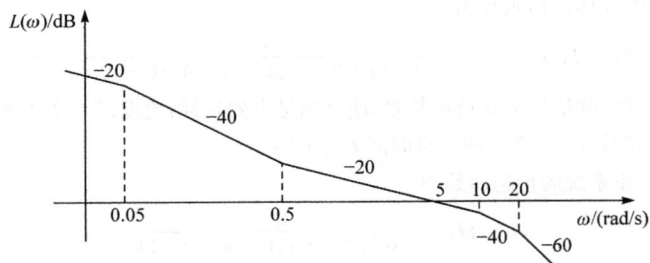

题 7.13 图　控制系统开环对数幅频特性(二)

7.15　已知某单位反馈系统的开环传递函数 $G(s) = \dfrac{10}{s(s+4)}$. 试:

(1) 设计串联校正装置 $G_c(s) = K_c \dfrac{Ts+1}{\alpha Ts+1}$, 使得新 $\omega_c = 15 \mathrm{rad/s}$, $\gamma \geqslant 50°$, 斜波信号 $r(t) = 5t$ 输入下稳态误差小于 0.2;

(2) 试分析如果使用 PD 校正器, 得到的效果(稳定性、快速性、精度、噪声等)的不同.

7.16　已知系统的开环传递函数 $G_s(s) = \dfrac{K}{s^2(s+4)}$, 试进行串联校正(校正环节为 $\dfrac{Ts+1}{\alpha Ts+1}$ 形式), 使得其在 $\omega = 0.5 \mathrm{rad/s}$ 时 $\gamma = 40°$.

第8章　根轨迹法

根轨迹法和频率法一样,是分析研究控制系统的一种常用工程方法.虽然,我们常常习惯于用频率法研究系统.但在某些场合,根轨迹法具有更简明、直观的特点.本章介绍根轨迹的基本概念、控制系统的根轨迹绘制方法以及用根轨迹方法来分析、设计校正系统.

8.1　根轨迹法基本概念

8.1.1　根轨迹的概念

闭环控制系统的稳定性和瞬态响应的基本特性是由闭环极点(即闭环特征方程根)所决定的.因此在分析系统时,需要确定闭环极点在 s 平面上的分布.而在设计系统时,则希望按性能要求将系统闭环极点置于合适的位置上.欲求闭环极点,需要解闭环特征方程,这对于三阶以上的系统,通常是较为困难的.尤其当系统的某些参数(如开环增益)变化时,需要反复求解,很不方便.

伊文思(W. R. Evans)研究发现了一种系统特征根的图解方法.这种方法是根据反馈控制系统的开、闭环传递函数之间的关系,根据相应的一些准则,直接由开环传递函数零、极点来求出闭环极点.当系统某一参数在规定范围内变化时,相应的系统闭环特征方程根在 s 平面上的位置也随之变化移动,一个根形成一条轨迹,即根轨迹.用根轨迹来研究控制系统的方法就称为根轨迹法.

形成根轨迹的系统某一变化参数,广义地说,可以是任意的,这样作得的根轨迹有时称为广义根轨迹.但通常情况下,变化参数为开环增益 K,且其变化取值范围为 $0 \sim \infty$.

下面举一个用解析方法来作根轨迹的例子.单位反馈系统,其开环传递函数为

$$G(s) = \frac{K}{s(s+1)}$$

系统闭环传递函数为

$$\Phi(s) = \frac{C(s)}{R(s)} = \frac{K}{s^2+s+K}$$

闭环特性方程 $D(s) = s^2 + s + K = 0$,系统闭环特征方程根(闭环极点)为

$$s_{1,2} = -\frac{1}{2} \pm \frac{1}{2}\sqrt{1-4K}$$

当增益 K 从 0 变为 ∞ 时,系统特征方程根的变化轨迹,即根轨迹.

(1) 当 $K=0$ 时,$s_1=0$ 和 $s_2=-1$,即为两个开环极点位置;

(2) 当 $0<K<1/4$ 时,s_1 和 s_2 为两个负实根,随着 K 值增加,s_1 和 s_2 相对靠近移动;

(3) 当 $K=1/4$ 时,$s_1=s_2=-1/2$;$1/4<K<\infty$ 时,s_1 和 s_2 离开负实轴,分别沿 $s=-1/2$ 直线向上和向下移动,这时闭环系统具有一对共轭复根.

由此作得根轨迹如图 8.1 所示.箭头表示参变量 K 值从 0 变化到 ∞ 时的闭环极点变化趋势,极点 s_1 沿 $(0,j0)$—b—M 变化,如图中粗线所示.极点 s_2 沿 $(-1,j0)$—b—N 变化,如

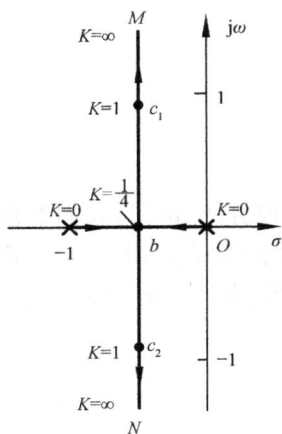

图 8.1 控制系统根轨迹

图中粗线所示.

系统开环增益 K 一旦确定,则系统闭环极点在 s 平面上的位置也随之确定. 例如,当 $K=1$ 时,s_1 和 s_2 的位置为 c_1 和 c_2. 在根轨迹上标出了参变量 K 值大小.

根据图 8.1 所示的根轨迹图,可得到系统的相关动静态性能信息. 根轨迹上标注的 K 值即为系统稳态速度误差系数. 当 $0 < K < 1/4$ 时,系统为过阻尼,阶跃响应为非周期过程. 当 $K=1/4$ 时,系统为临界阻尼,阶跃响应也为非周期过程. 当 $K > 1/4$ 时,系统为欠阻尼,其阶跃响应为阻尼振荡过程. 而且当 K 值确定之后,根据闭环极点的位置,该系统的阶跃响应指标便可求出. 由根轨迹还可知:系统始终是稳定的,因为不论 K 值如何变化,闭环极点不可能出现在 s 平面右半部. 上述分析表明,根轨迹与系统性能之间有着直接联系.

8.1.2 闭环零、极点与开环零、极点之间的关系

控制系统如图 8.2 所示,其闭环传递函数

$$\Phi(s) = \frac{G(s)}{1 + G(s)H(s)}$$

$G(s)$ 和 $H(s)$ 分别是前向通道传递函数和反馈通道传递函数,它们可表示为

$$G(s) = K'_G \frac{\prod\limits_{i=1}^{f}(s - z_i)}{\prod\limits_{i=1}^{q}(s - p_i)}$$

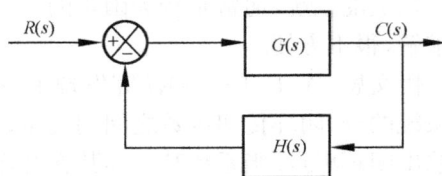

图 8.2 闭环控制系统

和

$$H(s) = K'_H \frac{\prod\limits_{j=1}^{l}(s - z_j)}{\prod\limits_{j=1}^{h}(s - p_j)}$$

式中,K'_G 为前向通道根轨迹增益;K'_H 为反馈通道根轨迹增益;z_i、z_j 分别为前向通道和反馈通道传递函数的零点;p_i、p_j 分别为前向通道和反馈通道传递函数的极点.

对于 m 个零点和 n 个极点的系统,有 $f+l=m$ 和 $q+h=n$.

由此,系统开环传递函数可表示为

$$G(s)H(s) = K' \frac{\prod\limits_{i=1}^{f}(s - z_i)\prod\limits_{j=1}^{l}(s - z_j)}{\prod\limits_{i=1}^{q}(s - p_i)\prod\limits_{j=1}^{h}(s - p_j)} \tag{8.1}$$

式中,$K'=K'_G K'_H$ 为系统开环根轨迹增益.

而系统闭环传递函数变为

$$\Phi(s) = \frac{K'_G \prod\limits_{i=1}^{f}(s - z_i)\prod\limits_{j=1}^{h}(s - p_j)}{\prod\limits_{i=1}^{q}(s - p_i)\prod\limits_{j=1}^{h}(s - p_j) + K'\prod\limits_{i=1}^{f}(s - z_i)\prod\limits_{j=1}^{l}(s - z_j)} \tag{8.2}$$

比较式(8.1)和式(8.2),可以看出:

(1) 闭环系统根轨迹增益等于开环系统前向通道的根轨迹增益.对于单位反馈系统,闭环系统的根轨迹增益就等于开环系统的根轨迹增益.

(2) 闭环系统的零点由前向通道的零点和反馈通道的极点组成.对于单位反馈系统,闭环系统的零点就是开环系统的零点.

(3) 闭环系统的极点与开环系统的极点、零点以及根轨迹增益有关.

不用求解闭环特征方程,而通过开环系统的零点和极点来找出闭环极点,这恰是根轨迹法的任务.

8.1.3 幅角条件和幅值条件

由图8.2所示系统闭环特征方程 $1+G(s)H(s)=0$ 有

$$G(s)H(s)=-1 \tag{8.3}$$

显然,满足上面方程式的 s,必为根轨迹上的点,故式(8.3)称为根轨迹方程.设开环传递函数有 m 个零点和 n 个极点$(n \geqslant m)$,式(8.3)可改写为

$$G(s)H(s)=K'\frac{\prod\limits_{i=1}^{m}(s-z_i)}{\prod\limits_{i=1}^{n}(s-p_i)}=-1 \tag{8.4}$$

式中,K'为开环根轨迹增益;z_i、p_i分别为开环零点和极点.

式(8.4)是关于 s 的复数方程,可将其分解为幅值条件和幅角条件.幅值条件为

$$K'\frac{\prod\limits_{i=1}^{m}|s-z_i|}{\prod\limits_{i=1}^{n}|s-p_i|}=1 \tag{8.5}$$

幅角条件为

$$\sum_{i=1}^{m}\angle(s-z_i)-\sum_{i=1}^{n}\angle(s-p_i)=\pm(2k+1)\pi \tag{8.6}$$

比较上面两个条件所表示的方程可看出,幅值条件不但与开环零点、极点有关,还与开环根轨迹增益有关;而幅角条件只与开环零点、极点有关.对于幅角条件,若 s 平面上的某一点 s 是根轨迹上的点,则式(8.6)就成立.反之,若找到一点 s 使式(8.6)成立,则该点必为根轨迹上的点.但是,对幅值条件则不然.若 s 平面上的某点 s 是根轨迹上的点,则式(8.5)成立,并能求得对应的值 K'.反之,s 平面上的任一点 s 满足幅值条件,该点却不一定是根轨迹上的点.这可以通过实例来说明.例如,对于图8.1系统,其幅值条件为

$$\frac{K}{|s| \cdot |s+1|}=1$$

设在 s 平面上取一点 $s=-2$,此时取 $K=2$,则式(8.5)成立,但 $s=-2$ 并不是根轨迹上的一点.由前面分析可知,当 $K=2$ 时,$s_{1,2}=-\dfrac{1}{2}\pm \mathrm{j}\dfrac{\sqrt{7}}{2}$ 才是根轨迹上的点.因此,幅角条件是决定系统闭环根轨迹的充要条件.在实际应用中,通常用幅角条件来绘制根轨迹,用幅值条件来确定已知根轨迹上某一点的 K' 值.

例 8.1 已知闭环系统的开环传递函数为

$$G(s)H(s) = \frac{K(\tau s+1)}{s(T_1 s+1)(T_2^2 s^2+2\zeta T_2 s+1)} = \frac{K'(s+1/\tau)}{s(s+1/T_1)(s+\zeta\omega_n+\mathrm{j}\omega_d)(s+\zeta\omega_n-\mathrm{j}\omega_d)}$$

式中，$K' = K\tau/T_1 T_2^2$；$\omega_n = 1/T_2$；$\omega_d = \sqrt{1-\zeta^2}/T_2$.

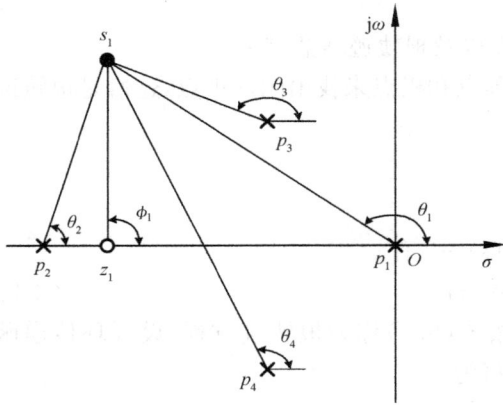

图 8.3 系统零极点分布

系统开环极点 $p_1 = 0$，$p_2 = -1/T_1$，$p_{3,4} = -\zeta\omega_n \pm \mathrm{j}\omega_d$，开环零点 $z_1 = -1/\tau$. 它们在 s 平面上的分布如图 8.3 所示，图中"×""○"分别表示开环极点和零点. 取 s_1 为试验点，画出由零点和极点至 s_1 点的矢量，其幅角均以反时针方向进行计算，此时如果下式成立，则 s_1 即为根轨迹上的一点.

$$\angle G(s_1)H(s_1) = \sum_{i=1}^{1} \angle(s-z_i) - \sum_{i=1}^{4} \angle(s-p_i)$$
$$= \phi_1 - (\theta_1 + \theta_2 + \theta_3 + \theta_4)$$
$$= \pm(2k+1)\pi$$

式中，ϕ_1、θ_1、θ_2、θ_3、θ_4 分别为开环零点、极点至 s_1 的幅角.

若根据幅角条件检验试验点 s_1 为根轨迹上的点，则 s_1 点也应满足幅值条件. 按幅值条件式(8.5)得

$$K' = \frac{|s_1 - p_1| \cdot |s_1 - p_2| \cdot |s_1 - p_3| \cdot |s_1 - p_4|}{|s_1 - z_1|}$$

例 8.1 中，根据系统传递函数零极点来绘制 $K = 0 \to \infty$ 根轨迹曲线的方法，其实是很复杂的. 在实际应用中，根据绘制根轨迹的一些基本规则，可以较便捷地求出 $K = 0 \to \infty$ 时闭环特征方程所有根在 s 平面的分布(即根轨迹).

8.2 绘制根轨迹图的基本规则

本节介绍系统开环增益变化时绘制闭环根轨迹的基本法则，这些基本法则的依据是式(8.5)的幅值条件和式(8.6)的幅角条件.

8.2.1 根轨迹的起点和终点

由幅值条件可得

$$K' = \frac{\prod\limits_{i=1}^{n} |s - p_i|}{\prod\limits_{i=1}^{m} |s - z_i|} \tag{8.7}$$

由式(8.7)知，欲使 $K' = 0$，则 s 值必须趋近于某个开环极点 $s = p_i$，即根轨迹起始于开环极点. 欲使 $K' = \infty$，则 s 值必须趋近于某个开环零点 $s = z_i$，即根轨迹终止于开环零点.

因而有：根轨迹起始于开环极点，终止于开环零点.

8.2.2　根轨迹分支数

对于 n 阶系统,根轨迹有 n 个起始点,因此系统根轨迹有 n 个分支.

对于实际物理系统,开环极点一般多于开环零点,即 $n>m$,这时,根轨迹分支有 m 条终止于开环零点(有限值零点),另有 $(n-m)$ 条根轨迹分支终止于 $(n-m)$ 个无限远零点.

8.2.3　根轨迹的连续性和对称性

根轨迹是连续曲线,且对称于实轴.这是由于闭环特征方程的根在开环零、极点已定的情况下,各根分别是 K 的连续函数;又由于特征方程的根为实根或共轭复数根,所以根轨迹一定对称于实轴.

8.2.4　实轴上的根轨迹

如果实轴上某一区段的右边的实数开环零点、极点个数之和为奇数,则该区段实轴必是根轨迹.

可以通过例子来加以证实.设一闭环系统的开环零极点分布如图 8.4 所示,开环零点为 z_1,开环极点为 p_1、p_2、p_3、p_4 和 p_5.在实轴区段 $[p_2, p_3]$ 上取试验点 s_1,此时

$$\angle(G(s_1)H(s_1)) = \sum_{i=1}^{1} \angle(s-z_i) - \sum_{i=1}^{5} \angle(s-p_i)$$

即幅角 $\angle G(s_1)H(s_1)$ 分别为各零、极点所对应矢量所提供幅角的代数和.由图 8.4 可见,每对共轭复数极点所提供的幅角之和为 $360°$;s_1 左边所有位于实轴上的极点或零点所提供的幅角均为 $0°$;s_1 右边所有位于实轴上的极点或零点所提供的幅角均为 $180°$.因此,只有当试验点 s_1 右边位于实轴上的零极点总数为奇数时,才可能满足幅角条件.

根据上述规则,图 8.4 所示系统在实轴上的区段 $[p_1, z_1]$ 和 $[p_2, p_3]$ 为系统的根轨迹.

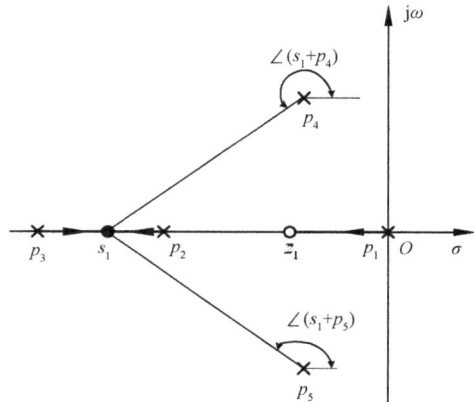

图 8.4　实轴上的根轨迹

8.2.5　根轨迹的渐近线

当系统 $n>m$ 时,有 $(n-m)$ 条根轨迹分支终止于无限零点.这些根轨迹沿着渐近线趋于无限远处.由于根轨迹的对称性,这些渐近线也对称于实轴(包括与实轴重合).确定根轨迹的渐近线就是要定出渐近线与实轴的倾角 ϕ_a 和渐近线在实轴上的交点 σ_a.

渐近线与实轴的倾角为

$$\phi_a = \frac{\pm(2k+1)180°}{n-m} \quad (k=0,1,2,\cdots) \tag{8.8}$$

渐近线与实轴交点的坐标值为

$$\sigma_a = \frac{\sum_{i=1}^{n} p_i - \sum_{i=1}^{m} z_i}{n-m} \tag{8.9}$$

证明 由方程系数与根的关系知

$$G(s)H(s) = K' \frac{\prod\limits_{i=1}^{m}(s-z_i)}{\prod\limits_{i=1}^{n}(s-p_i)} = K' \frac{s^m + (-\sum\limits_{i=1}^{m}z_i)s^{m-1} + \cdots + (-1)^m \prod\limits_{i=1}^{m}z_i}{s^n + (-\sum\limits_{i=1}^{n}p_i)s^{n-1} + \cdots + (-1)^n \prod\limits_{i=1}^{n}p_i} = -1$$

则

$$\frac{s^n + (-\sum\limits_{i=1}^{n}p_i)s^{n-1} + \cdots + (-1)^n \prod\limits_{i=1}^{n}p_i}{s^m + (-\sum\limits_{i=1}^{m}z_i)s^{m-1} + \cdots + (-1)^m \prod\limits_{i=1}^{m}z_i} = -K'$$

利用长除法可得

$$s^{n-m} + (-\sum\limits_{i=1}^{n}p_i + \sum\limits_{i=1}^{m}z_i)s^{n-m-1} + \cdots = -K'$$

当 K' 趋于 ∞ 时，s 也趋于 ∞. 此时只考虑前两项已足够精确，故由上式可进一步写成模和相角的形式

$$s^{n-m} + (-\sum\limits_{i=1}^{n}p_i + \sum\limits_{i=1}^{m}z_i)s^{n-m-1} = -K'e^{j(2k+1)\pi}$$

上式两边开 $(n-m)$ 次方，有

$$s\left(1 + \frac{-\sum\limits_{i=1}^{n}p_i + \sum\limits_{i=1}^{m}z_i}{s}\right)^{\frac{1}{n-m}} = K'^{\frac{1}{n-m}} \cdot e^{\frac{j(2k+1)\pi}{n-m}}$$

将上式用牛顿二项式定理展开，由于 s 也趋于 ∞，分母为 s 的二次幂和二次幂以上各项均可忽略，故左边只取两项得

$$s\left(1 + \frac{1}{n-m}\frac{-\sum\limits_{i=1}^{n}p_i + \sum\limits_{i=1}^{m}z_i}{s}\right) = K'^{\frac{1}{n-m}} \cdot e^{\frac{j(2k+1)\pi}{n-m}}$$

或

$$s = \frac{\sum\limits_{i=1}^{n}p_i - \sum\limits_{i=1}^{n}z_i}{n-m} + K'^{\frac{1}{n-m}} \cdot e^{\frac{j(2k+1)\pi}{n-m}} = \sigma_a + K'^{\frac{1}{n-m}} \cdot e^{\phi_a} \tag{8.10}$$

式中，ϕ_a、σ_a 分别由式(8.8)和式(8.9)表示.

式(8.10)在 s 平面上是一直线方程，它与实轴相交于 σ_a，其倾角为 ϕ_a. 当 k 取不同值时，ϕ_a 有 $(n-m)$ 个值，而 σ_a 不变. 因此，根轨迹在 s 趋于 ∞ 时的渐近线为一组 $(n-m)$ 条与实轴交点为 σ_a、倾角为 ϕ_a 的射线.

分析可知，当 $n-m=1$ 时，根轨迹有一条渐近线. 令 $k=0$，则 $\phi_a = \pm180°$，即渐近线与负实轴重合. 当 $n-m=4$ 时，根轨迹有四条渐近线. 令 $k=0,1$，得 $\phi_a = \pm45°$ 和 $\pm135°$. 图 8.5 所示为几种常见根轨迹的渐近线.

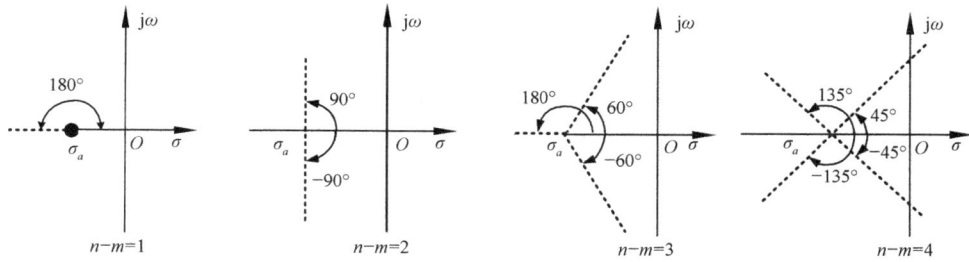

图 8.5　几种常见根轨迹的渐近线

8.2.6　根轨迹的分离点

根轨迹在 s 平面某一点相遇后又立即分开,这一点称为分离点(或会合点). 常见的分离点出现在实轴上,但有时也产生于共轭复数对中线上. 分离点必然是 K' 为某一数值时的重根点. 例如,图 8.1 所示的二阶系统根轨迹,当 $K' = K = 1/4$ 时,系统出现重根,$s_1 = s_2 = -1/2$. b 点即为根轨迹分离点.

分离点坐标位置的求解有两种方法.

1. 坐标值 σ_b 由分式方程解出

分离点的坐标值 σ_b 由下面的分式方程确定:

$$\sum_{i=1}^{m} \frac{1}{\sigma_b - z_i} = \sum_{i=1}^{n} \frac{1}{\sigma_b - p_i} \tag{8.11}$$

证明　对图 8.2 系统,由式(8.4)可得其开环传递函数的简化式为

$$G(s)H(s) = K' \frac{\displaystyle\prod_{i=1}^{m}(s - z_i)}{\displaystyle\prod_{i=1}^{n}(s - p_i)}$$

系统闭环特征方程为

$$D(s) = \prod_{i=1}^{n}(s - p_i) + K' \prod_{i=1}^{m}(s - z_i) = 0$$

根轨迹在 s 平面上相遇并有重根,设重根为 s_1. 根据代数中的重根条件,有

$$D(s_1) = \prod_{i=1}^{n}(s_1 - p_i) + K' \prod_{i=1}^{m}(s_1 - z_i) = 0$$

$$\frac{\mathrm{d}}{\mathrm{d}s_1} D(s_1) = \frac{\mathrm{d}}{\mathrm{d}s_1}\Big[\prod_{i=1}^{n}(s_1 - p_i) + K' \prod_{i=1}^{m}(s_1 - z_i)\Big] = 0$$

上两式可写成

$$\prod_{i=1}^{n}(s_1 - p_i) = -K' \prod_{i=1}^{m}(s_1 - z_i) \tag{8.12}$$

$$\frac{\mathrm{d}}{\mathrm{d}s_1}\Big[\prod_{i=1}^{n}(s_1 - p_i)\Big] = -K' \frac{\mathrm{d}}{\mathrm{d}s_1}\Big[\prod_{i=1}^{m}(s_1 - z_i)\Big] \tag{8.13}$$

用式(8.12)除式(8.13),得

$$\frac{\dfrac{\mathrm{d}}{\mathrm{d}s_1}\Big[\prod\limits_{i=1}^{n}(s_1-p_i)\Big]}{\prod\limits_{i=1}^{n}(s_1-p_i)}=\frac{\dfrac{\mathrm{d}}{\mathrm{d}s_1}\Big[\prod\limits_{i=1}^{m}(s_1-z_i)\Big]}{\prod\limits_{i=1}^{m}(s_1-z_i)}$$

则有

$$\frac{\mathrm{d}}{\mathrm{d}s_1}\ln\Big[\prod_{i=1}^{n}(s_1-p_i)\Big]=\frac{\mathrm{d}}{\mathrm{d}s_1}\ln\Big[\prod_{i=1}^{m}(s_1-z_i)\Big]$$

或

$$\sum_{i=1}^{n}\frac{\mathrm{d}}{\mathrm{d}s_1}\ln(s_1-p_i)=\sum_{i=1}^{m}\frac{\mathrm{d}}{\mathrm{d}s_1}\ln(s_1-z_i)$$

即得

$$\sum_{i=1}^{m}\frac{1}{s_1-z_i}=\sum_{i=1}^{n}\frac{1}{s_1-p_i}$$

由上式解出 s_1，即分离点 σ_b.

例 8.2 已知某一系统的开环零极点分布如图 8.6 所示. 试概略画出其根轨迹.

解 根轨迹有三条分支,分别起始于开环极点 $0, -2, -3$,终止于一个开环有限零点 -1 和两个无限零点. 根轨迹对称于实轴.

实轴上 0 到 -1 和 -2 到 -3 两个区域段为根轨迹.

根轨迹有两条渐近线 $(n-m=2)$,它们与实轴的倾角由式 (8.8) 确定,令 $k=0$,

$$\phi_a=\frac{\pm(2k+1)180°}{n-m}=\frac{\pm180°}{2}=\pm90°$$

它们与实轴的交点坐标由式 (8.9) 确定

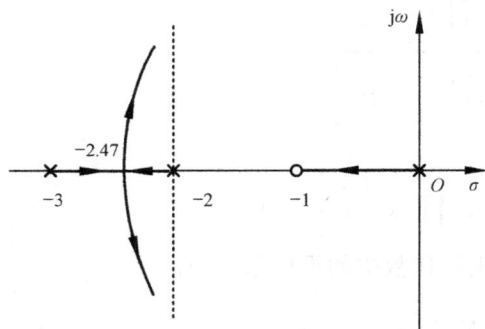

图 8.6 系统根轨迹图

$$\sigma_a=\frac{\sum\limits_{i=1}^{n}p_i-\sum\limits_{i=1}^{m}z_i}{n-m}$$

$$=\frac{0+(-2)+(-3)-(-1)}{2}=-2$$

作出渐近线如图 8.6 中虚线所示.

在实轴上有根轨迹分离点,且在区段 -2 到 -3 之间,分离点坐标由式 (8.10)

$$\frac{1}{\sigma_b+1}=\frac{1}{\sigma_b-0}+\frac{1}{\sigma_b+2}+\frac{1}{\sigma_b+3}$$

确定. 求解上式中的 σ_b,对于阶数不高的系统可用解析法求得,求得的结果值在根轨迹上的即为 σ_b 值,不在根轨迹上的应舍去. 而对于阶数较高的系统,可采用试凑法. 本题的分离点求得为 $\sigma_b=-2.47$. 绘出的系统根轨迹如图 8.6 中的粗实线所示.

2. 坐标值 σ_b 由 $\dfrac{\mathrm{d}K'}{\mathrm{d}s}=0$ 解出

图 8.7 为实轴上根轨迹的分离点示意图. 分析可知,在 σ_b 点处闭环特征方程有重根. 假定 s 点沿实轴自 p_2 点移向 p_1 点. 显然,增益 K' 从零开始逐渐增大,到达 σ_b 点时为最大,然

后 K' 值逐渐减小, 到 p_1 点时 K' 为零. 这表明, 根轨迹分离点处所对应的增益 K' 具有极值. 由式 (8.4) 可推得

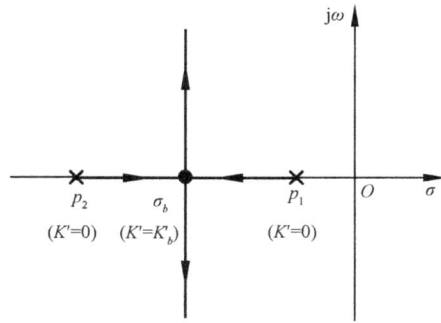

图 8.7　实轴上根轨迹分离点示意图

$$\frac{\mathrm{d}K'}{\mathrm{d}s} = \frac{\mathrm{d}}{\mathrm{d}s}\left(-\frac{\prod\limits_{i=1}^{n}(s-p_i)}{\prod\limits_{i=1}^{m}(s-z_i)}\right) = 0$$

满足上式 s 值的解即为分离点的坐标. 应该注意, 当解得多个 s 值时, 其中使式 (8.4) K' 值为正实数的才有效.

例 8.3　一控制系统的开环传递函数为

$$G(s)H(s) = \frac{K'}{s(s+4)(s^2+4s+20)}$$

试概略绘制根轨迹.

解　系统开环极点为 $p_1=0, p_2=-4, p_{3,4}=-2\pm\mathrm{j}4$. 如图 8.8 所示.

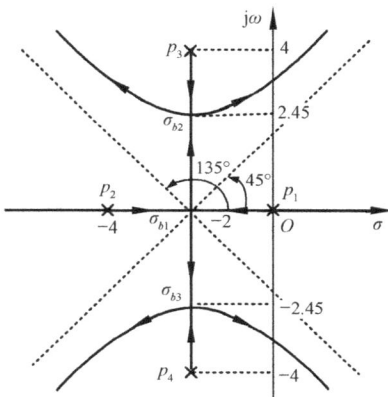

图 8.8　控制系统根轨迹

根轨迹对称于实轴, 有四条根轨迹分支, 分别起始于极点 0、-4 和 $-2\pm\mathrm{j}4$, 终止于无限远零点. 实轴上 0 到 -4 区段为根轨迹.

根轨迹有四条渐近线, 它们与实轴的倾角为

$$\phi_a = \frac{\pm(2k+1)180°}{n-m} = \pm45°, \pm135°$$
$$(k=0,1)$$

渐近线与实轴交点的坐标为

$$\sigma_a = \frac{\sum\limits_{i=1}^{n}p_i - \sum\limits_{i=1}^{m}z_i}{n-m} = \frac{0+(-4)+(-2)+(-2)}{4} = -2$$

作出的渐近线如图 8.8 中虚线所示.

求根轨迹的分离点. 系统的特征方程为

$$1+G(s)H(s) = 1+\frac{K'}{s(s+4)(s^2+4s+20)} = 0$$

所以

$$K' = -s(s+4)(s^2+4s+20) = -(s^4+8s^3+36s^2+80s)$$

则

$$\frac{\mathrm{d}K'}{\mathrm{d}s} = -(4s^3+24s^2+72s+80) = 0$$

此代数方程的解为 $s=-2,s=-2\pm\mathrm{j}2.45.$ 此三点均满足幅角条件,是根轨迹上的点.

因此实轴上的根轨迹分离点为 $\sigma_{b1}=-2$,复平面上两个共轭分离点为 $\sigma_{b2,3}=-2\pm\mathrm{j}2.45.$ 作根轨迹如图 8.8 所示.

3. 重根法求解分离点坐标值 σ_b

设系统根轨迹的分离点 σ_b,则有

$$D(s)=(s-\sigma_b)^r D_1(s) \quad (r>1)$$

上式求导可得

$$\frac{\mathrm{d}D(s)}{\mathrm{d}s}=(s-\sigma_b)^{r-1}\left[rD_1(s)+(s-\sigma_b)\frac{\mathrm{d}D_1(s)}{\mathrm{d}s}\right]$$

因 $r>1$,将 $s=\sigma_b$ 代入上式有

$$\frac{\mathrm{d}D(s)}{\mathrm{d}s}\Big|_{s=\sigma_b}=0$$

设可将系统闭环特征多项式写成

$$D(s)=A(s)+K'B(s)=0$$

对其求导,并将 $s=\sigma_b$ 代入有

$$\frac{\mathrm{d}D(s)}{\mathrm{d}s}\Big|_{s=\sigma_b}=\left[\frac{\mathrm{d}A(s)}{\mathrm{d}s}+K'\frac{B(s)}{\mathrm{d}s}\right]\Big|_{s=\sigma_b}=0$$

因为 $K'=-\dfrac{A(s)}{B(s)}$,故上式成为

$$\left[B(s)\frac{\mathrm{d}A(s)}{\mathrm{d}s}-A(s)\frac{B(s)}{\mathrm{d}s}\right]\Big|_{s=\sigma_b}=0$$

因此当 K' 可以写成多项式分式时,可以对 $B(s)\dfrac{\mathrm{d}A(s)}{\mathrm{d}s}-A(s)\dfrac{B(s)}{\mathrm{d}s}=0$ 求根,其中使得 K' 为正实数的根即为分离点 σ_b.

表 8.1 中三个系统采用重根法求取分离点,其中第一个系统所取得的根中有两个无法使 K' 为正实数故舍去. 第二个系统中得到一个二重根的 σ_b,表明此 σ_b 处 $r=3$,三条根轨迹重合. 三个系统不同的只是一个开环极点由 -4 变化成为 -9 和 -12,但根轨迹形状相差很大.

8.2.7 根轨迹的起始角和终止角

从开环复数极点出发的一支根轨迹,在该极点处根轨迹的切线与实轴之间的夹角称为起始角 ϕ_p;而进入开环复数零点处根轨迹的切线与实轴之间的夹角称为终止角 ϕ_z. 根轨迹的起始角和终止角如图 8.9 所示.

表 8.1 开环极点变化引起根轨迹形状的变化

序号	$G(s)H(s)$	$K'=-\dfrac{A(s)}{B(s)}$	$B(s)\dfrac{\mathrm{d}A(s)}{\mathrm{d}s}-A(s)\dfrac{\mathrm{d}B(s)}{\mathrm{d}s}$	分离点 σ_b	根轨迹图
1	$\dfrac{K(s+1)}{s^2(s+4)}$	$K'=-\dfrac{s^3+4s^2}{s+1}$	$2s^3+7s^2+8s=0$	$\sigma_{b1}=0$ $s_{2,3}=-1.75\pm0.968\mathrm{j}$ (舍去)	
2	$\dfrac{K(s+1)}{s^2(s+9)}$	$K'=-\dfrac{s^3+9s^2}{s+1}$	$2s^3+12s^2+18s=0$	$\sigma_{b1}=0$ $\sigma_{b2,3}=-3$	
3	$\dfrac{K(s+1)}{s^2(s+12)}$	$K'=-\dfrac{s^3+12s^2}{s+1}$	$2s^3+15s^2+24s=0$	$\sigma_{b1}=0$ $\sigma_{b2}=-2.3$ $\sigma_{b3}=-5.2$	

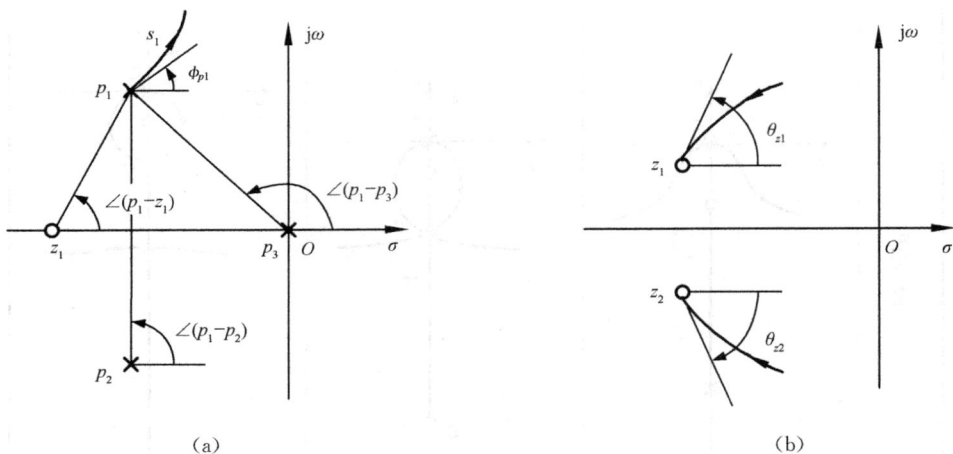

图 8.9 根轨迹的起始角和终止角

我们以图 8.9(a) 所示开环零、极点分布为例,说明起始角的求法. 在该图所示的根轨迹上,靠近起点 p_1 处取一点 s_1,根据幅角方程,有

$$\angle(s_1-z_1)-\angle(s_1-p_1)-\angle(s_1-p_2)-\angle(s_1-p_3)=\pm(2k+1)\pi$$

当 s_1 无限靠近 p_1 时,各开环零、极点至 s_1 的矢量就变成至 p_1 的矢量,而此时 $\angle(s_1-p_1)$ 为起始角 ϕ_{p1}. 故

$$\angle\phi_{p1}=\pm(2k+1)\pi+\angle(p_1-z_1)-\angle(p_1-p_2)-\angle(p_1-p_3)$$

对上式加以推广,可得根轨迹起始角的一般计算式为

$$\angle\phi_{pj}=\pm(2k+1)\pi+\sum_{i=1}^{m}\angle(p_j-z_i)-\sum_{\substack{i=1\\i\neq j}}^{n}\angle(p_j-p_i) \tag{8.14}$$

式中,$k=0,1,\cdots$. 注意应使计算得到的起始角在 $0°\sim360°$.

同理,根轨迹终止角一般计算式可推得为

$$\angle\phi_{zj}=\pm(2k+1)\pi+\sum_{i=1}^{n}\angle(z_j-p_i)-\sum_{\substack{i=1\\i\neq j}}^{m}\angle(z_j-z_i) \tag{8.15}$$

例 8.4 某一系统的开环传递函数为

$$G(s)H(s)=\frac{K'(s+1.5)(s+2+j)(s+2-j)}{s(s+2.5)(s+0.5+j1.5)(s+0.5-j1.5)}$$

试绘制系统根轨迹.

解 系统根轨迹有四条分支,分别起始于开环 $p_1=0$,$p_2=-2.5$ 和 $p_{3,4}=-0.5\pm j1.5$,对应的终止点分别为零点 $z_1=-1.5$,$z_{2,3}=-2\pm j$ 和无穷远点 $-\infty$. 实轴上 0 到 -1.5 和 -2.5 到 $-\infty$ 两区段是根轨迹.

p_3 的起始角

$$\angle\phi_{p3}=\pm(2k+1)\pi+\angle(p_3-z_1)+\angle(p_3-z_2)+\angle(p_3-z_3)$$
$$-\angle(p_3-p_1)-\angle(p_3-p_2)-\angle(p_3-p_4)$$
$$=\pm(2k+1)\pi+56.3°+18.4°+59°-108.4°-36.9°-90°$$

取 $k=0$,得 $\angle\phi_{p3}=78.4°$.

由于 p_3 和 p_4 为共轭复数,这两个根轨迹起始角对称,故 p_4 的起始角为 $\angle\phi_{p4}=-78.4°$ 或

$\angle\phi_{p4}=360°-78.4°=281.6°.$

同样,z_2 的终止角

$$\begin{aligned}
\angle\phi_{z2}&=\pm(2k+1)\pi+\angle(z_2-p_1)\\
&\quad+\angle(z_2-p_2)+\angle(z_2-p_3)\\
&\quad+\angle(z_2-p_4)-\angle(z_2-z_1)\\
&\quad-\angle(z_2-z_3)\\
&=\pm(2k+1)\pi+153°+199°+121°\\
&\quad+63.5°-117°-90°
\end{aligned}$$

取 $k=1$,得 $\angle\phi_{z2}=149.6°$,则 $\angle\phi_{z3}=-149.6°$.

系统根轨迹如图 8.10 所示.

8.2.8 根轨迹与虚轴的交点

根轨迹中对系统动态特性有较大影响的
是靠近虚轴和原点的那部分根轨迹. 确定根轨迹与虚轴交点的方法有两种.

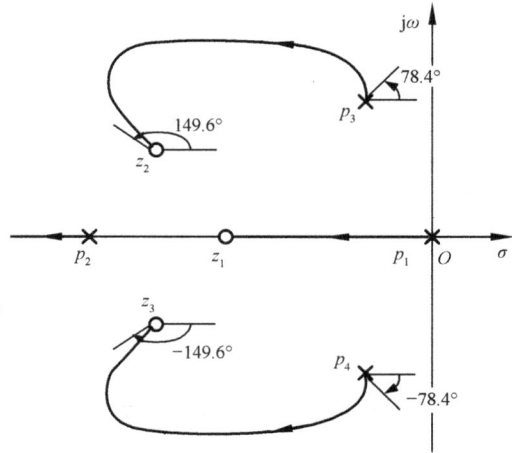

图 8.10 系统根轨迹

第一种方法:根轨迹与虚轴相交,表明闭环特征方程有纯虚根,系统处于稳定边界. 此时,应用劳斯判据,先求出系统处于稳定边界的临界 K' 值,再由 K' 值求出相应的 ω 值,即为根轨迹与虚轴的交点 $j\omega$.

第二种方法:令 $s=j\omega$,代入特征方程中,得

$$1+G(j\omega)H(j\omega)=0$$

由此可得

$$\begin{cases}\mathrm{Re}[1+G(j\omega)H(j\omega)]=0\\\mathrm{Im}[1+G(j\omega)H(j\omega)]=0\end{cases} \tag{8.16}$$

联立求解上式,即可得根轨迹与虚轴的交点 ω 值和相应的临界 K' 值.

例 8.5 一系统的开环传递函数为

$$G(s)H(s)=\frac{K'}{s(s+1)(s+2)}$$

求根轨迹与虚轴的交点.

解 (1) 方法一:

该系统的闭环特征方程为

$$s(s+1)(s+2)+K'=s^3+3s^2+2s+K'=0$$

其劳斯阵列为

$$\begin{array}{c|cc}
s^3 & 1 & 2\\
s^2 & 3 & K'\\
s^1 & (6-K')/3 & \\
s^0 & K' &
\end{array}$$

令 $(6-K')/3=0$,可得系统稳定的临界 $K'=6$. 由阵列中 s^2 行元素构成辅助方程

$$3s^2+6=0$$

解得 $s=\pm\mathrm{j}\sqrt{2}$,即为根轨迹与虚轴的交点.

（2）方法二：

将 $s=\mathrm{j}\omega$ 代入系统闭环特征方程,有

$$(\mathrm{j}\omega)^3+3(\mathrm{j}\omega)^2+2(\mathrm{j}\omega)+K'=(K'-3\omega^2)+\mathrm{j}(2\omega-\omega^3)=0$$

由式(8.16)得

$$K'-3\omega^2=0, \qquad 2\omega-\omega^3=0$$

解方程得

$$\omega=\pm\sqrt{2}, \qquad K'=6$$

8.2.9 闭环特征方程根之和与根之积

由式(8.1)知,系统闭环特征方程可以表示成以下形式

$$\prod_{i=1}^{n}(s-p_i)+K'\prod_{i=1}^{m}(s-z_i)=\prod_{i=1}^{n}(s-s_i)$$
$$=s^n+a_1s^{n-1}+a_2s^{n-2}+\cdots+a_{n-1}s+a_n$$

式中, z_i、p_i 分别为开环零、极点; s_i 为闭环极点. 则闭环特征方程的根（即闭环极点）与特征方程的系数有如下关系：

$$\sum_{i=1}^{n}s_i=-a_1 \tag{8.17}$$

$$\prod_{i=1}^{n}s_i=(-1)^na_n \tag{8.18}$$

利用规则 9 可求解一两个未知闭环极点. 同时由式(8.17)可见,随着 K' 增大,一些根轨迹分支向左移动,则一定会相应有另外一些根轨迹分支向右移动,以维持之和不变.

例 8.6 有一个控制系统的开环传递函数为

$$G(s)H(s)=\frac{3K(s+2)}{s(s+3)(s^2+2s+2)}$$

试绘制系统根轨迹.

解 令根轨迹增益 $K'=3K$.

（1）根轨迹对称于实轴,有四条根轨迹分支,分别起始于开环极点 $0,-3,-1\pm\mathrm{j}$,终止于零点 -2 和另外三个无限远零点.

（2）实轴上区段 0 到 -2 和 -3 到 $-\infty$ 为根轨迹.

（3）根轨迹有三条轨迹渐近线 $(n-m=3)$,与实轴的倾角为

$$\phi_a=\frac{\pm(2k+1)180°}{3}$$

取 $k=0,1$,则得渐近线与实轴倾角为 $+60°,-60°,+180°$.

渐近线与实轴交点坐标为

$$\sigma_a = \frac{(0-3-1+\mathrm{j}-1-\mathrm{j})-(-2)}{4-1} = -1$$

（4）系统特征方程

$$s^4 + 5s^3 + 8s^2 + (6+K')s + 2K' = 0$$

劳斯阵列如下：

$$
\begin{array}{c|ccc}
s^4 & 1 & 8 & 2K' \\
s^3 & 5 & 6+K' & \\
s^2 & 8-\dfrac{6+K'}{5} & 2K' & \\
s^1 & 6+K'-\dfrac{50K'}{34-K'} & & \\
s^0 & 2K' & &
\end{array}
$$

令劳斯阵列中 s^1 行第一列元素为零，即 $6+K'-\dfrac{50K'}{34-K'}=0$，解得 $K'=3K=7.02$，$K=2.34$. 再由 s^2 项系统构成辅助方程

$$\left[8-\frac{1}{5}(6+K')\right]s^2 + 2K' = 0$$

将 K' 值代入上式，解得 $s=\pm\mathrm{j}1.614$，即为根轨迹与虚轴的交点.

（5）其中有两条根轨迹分支起始于共轭复数极点 $-1\pm\mathrm{j}$，其起始角为

$$\phi_p = \pm(2k+1)180° + 45° - (135°+90°+26.6°) = \mp 26.6°$$

（6）从闭环特征方程可知，各闭环极点之和为 -5. 故当实轴上根轨迹分支向左趋向于无限零点时，两个从复数极点出发的根轨迹分支趋向于右边无限零点.

当 $K=2.34$ 时，已求出根轨迹与虚轴两个交点 $s=\pm\mathrm{j}1.614$. 另外，在实轴上两支根轨迹上相应点 s_1 和 s_2 也可求得.

由式(8.17)和式(8.18)得

$$\begin{cases} s_1 + s_2 + \mathrm{j}1.614 - \mathrm{j}1.614 = -5 \\ (+\mathrm{j}1.614)(-\mathrm{j}1.614)\cdot s_1 \cdot s_2 = -14.04 \end{cases}$$

可解得 $s_1=-1.58$ 和 $s_2=-3.42$，如图 8.11 中黑点所示.

根据上面的讨论，可绘出系统根轨迹如图 8.11 所示.

在图 8.12 中，画出了一些控制系统的开环零、极点分布及其根轨迹的形状. 应注意到，即使有相同零、极点个数的系统，如果零、极点分布位置不同（有时即使是很小的差异），也会使根轨迹形状有很大的不同，如图 8.12 中第二行所示的几个四阶系统根轨迹图.

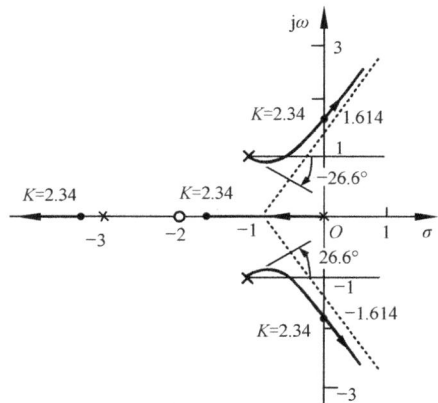

图 8.11　系统根轨迹

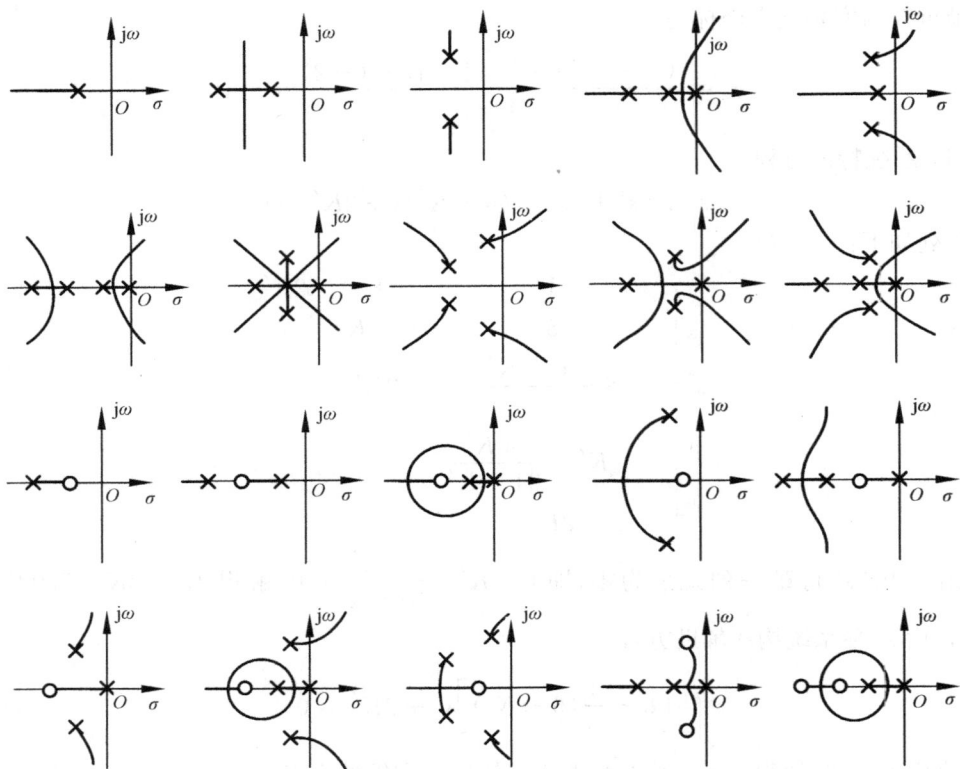

图 8.12　控制系统根轨迹示例

8.3　控制系统的根轨迹分析

8.3.1　根轨迹图上希望闭环极点的位置

用根轨迹法分析控制系统时,性能指标是用希望闭环极点(或希望闭环主导极点)来表示的.控制系统的时域性能指标常用超调量 M_p、调整时间 t_s 和稳态误差(或稳态误差系数)给出.对于二阶系统可直接转换成阻尼比 ζ 和无阻尼自然频率 ω_n.对于高阶系统,则用主导极点近似方法,同样可将性能指标转换成 ζ 和 ω_n.

图 8.13(a)和(b)分别作出了二阶系统的等 M_p 线(即等 ζ 线)和等 t_s 线. ζ 与 M_p 线的关系可由计算或查曲线得到,等 ζ 线与负实轴夹角为 $\arccos\zeta$. 等 t_s 线按 $t_s=4/\zeta\omega_n(\Delta=\pm2\%)$ 计算.图 8.13(c)为 $M_p=16\%(\zeta=0.5)$ 且 $t_s=2\text{s}$ 时的极点位置情况.图中等 M_p 线和等 t_s 线左边阴影线区域内的闭环极点都能满足 M_p 和 t_s 两项规定的指标,即 $M_p\leqslant16\%,t_s\leqslant2\text{s}$. 对于稳态误差的指标,可用开环增益的稳态误差系数来求取.由本章前面的分析可得系统开环增益为

$$K = K' \frac{\prod\limits_{i=1}^{m} |z_i|}{\prod\limits_{i=1}^{n} |p_i|}$$

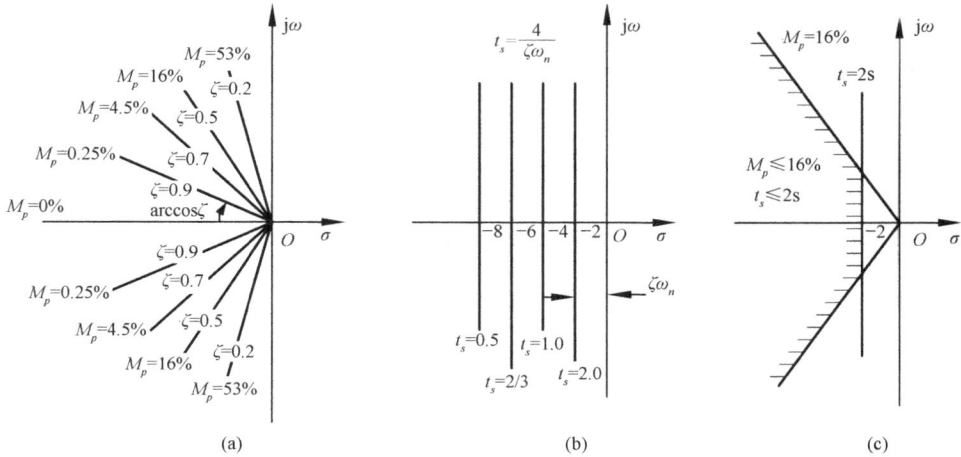

图 8.13　等 M_p 线、等 t_s 线和希望极点区

因此,闭环主导极点位于图 8.13(c)中希望区域内,且满足上式条件的系统就符合动静态指标的要求.

8.3.2　开环零点和极点对根轨迹的影响

在系统开环传递函数 $G(s)H(s)$ 中,增加零点 z_c,相当于加入一阶微分环节 $(s-z_c)$;增加极点 p_c,相当于增加一个惯性环节 $1/(s-p_c)$,而增加一个零点和一个极点,相当于加入环节 $(s-z_c)/(s-p_c)$,显然,由于这些零极点的加入,根轨迹绘图规则中的 n、m、$\sum z_i$ 和 $\sum p_i$ 等均发生变化.

1. 增加开环极点的影响

在开环传递函数上增加极点,可以使根轨迹向右方弯曲,因而降低了系统的相对稳定性.而且这种向右弯曲的趋势随着所增加的极点移近原点而加剧. 这可从下面两方面来分析:

(1) 由式 $\phi_a = \pm(2k+1)180^\circ/(n-m)$ 可见,渐近线与实轴的倾角随着 n 增大而减小;

(2) 由式 $\sigma_a = (\sum p_i - \sum z_i)/(n-m)$ 可知,渐近线与实轴交点随着 p_c 增大(p_c 点在实轴上向右移)而右移,故更靠近原点.

图 8.14 表示了增加开环极点对根轨迹影响的情况,其中图 8.14(a)为未加开环极点的

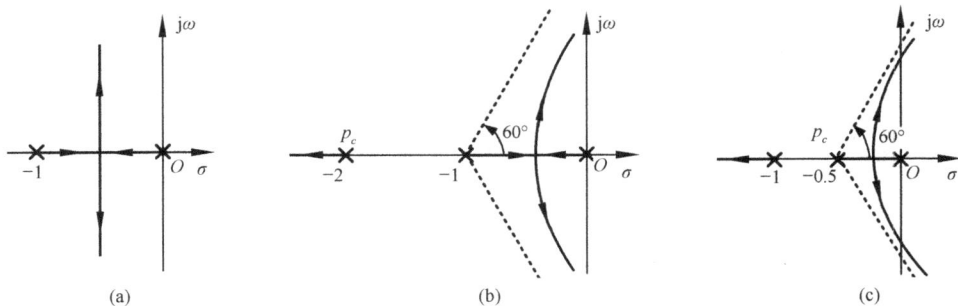

图 8.14　开环极点对根轨迹的影响

系统 $G(s)H(s)=\dfrac{K'}{s(s+1)}$ 的根轨迹;图 8.14(b)为增加一个极点 $p_c=-2$ 的情况;图 8.14(c)为右移极点使 $p_c=-0.5$ 时的根轨迹情形.

2. 增加开环零点的影响

在开环传递函数上增加零点 z_c,可以使根轨迹向左方弯曲,因而提高了系统的相对稳定性.而且这种向左弯曲的趋势随着零点右移而加剧.这是因为零点数 m 增大,渐近线与实轴倾角增大.同时,随着 z_c 增大,渐近线与实轴交点左移,图 8.15 表示了开环传递函数为 $G(s)H(s)=\dfrac{K'}{s(s^2+2s+2)}$ 的系统增加零点和移动零点的情况.

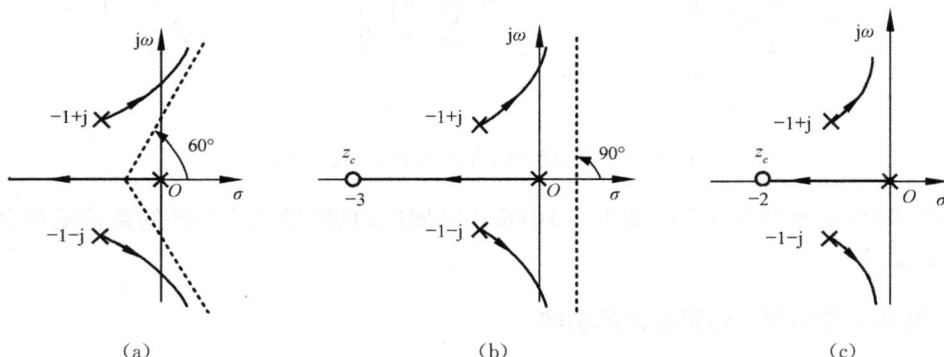

图 8.15　开环零点对根轨迹的影响

3. 增加一对开环零极点的影响

在开环传递函数上增加一个零点 z_c 和一个极点 p_c,也就是加入环节 $G_c(s)=(s-z_c)/(s-p_c)$,这是一个常用的校正装置.随着 z_c/p_c 的比值不同,该环节能起到附加开环零点或开环极点的作用,用作滞后校正或超前校正.

(1) $|z_c|<|p_c|$,增加的零点相对靠近虚轴而起主导作用,如图 8.16(a)所示.这时零极点对应的矢量幅角 $\angle(s-z_c)>\angle(s-p_c)$(即 $\phi_c>\theta_c$),结果这一对零极点对 $\angle G(s)H(s)$ 附加提供一个超前角 $+(\phi_c-\theta_c)$,相当于附加零点的作用,使根轨迹向左弯曲,改善了系统动态性能,这就是超前校正的原理思想.

(2) $|z_c|>|p_c|$,增加的极点相对靠近虚轴而起主导作用,如图 8.16(b)所示.这时 $\angle(s-z_c)<\angle(s-p_c)$(即 $\phi_c<\theta_c$),结果这一对零极点对 $\angle G(s)H(s)$ 附加提供一个滞后角 $-(\phi_c-\theta_c)$,相当于附加极点的作用,使根轨迹向右弯曲.

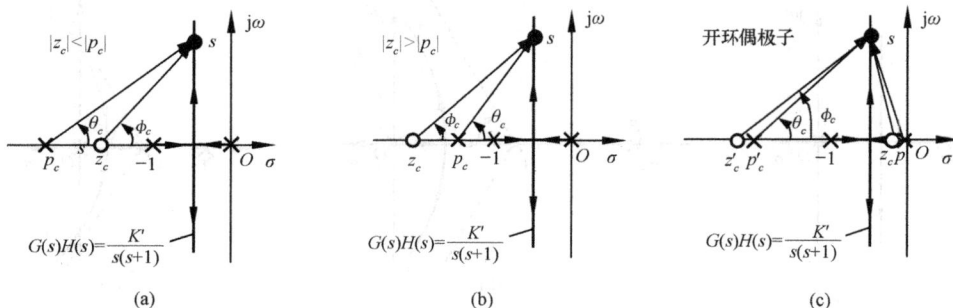

图 8.16　增加一对开环零极点对根轨迹的影响

（3）开环偶极子的影响. 开环偶极子是指实轴上相距很近的一对开环零极点. 附加偶极子的作用有下列两种情况.

第一种是开环偶极子距离原点较远, 如图 8.16（c）中的 z_c' 和 p_c'. 这时偶极子对离其较远的近虚轴区域的根轨迹形状和开环增益几乎没有影响, 所以基本上不影响系统动静态性能. 原因是极点 p_c' 和零点 z_c' 到较远的 s 点的矢量基本相等, 它们在幅值条件和幅角条件中的作用相互抵消.

第二种是开环偶极子位于原点附近, 如图 8.16（c）中的 z_c 和 p_c. 此时其中的零点 z_c 和极点 p_c 到主导极点的矢量也基本相等, 在幅角条件和幅值条件中的作用也基本抵消, 因而不影响主导极点附近的根轨迹及根轨迹增益 K'. 但零极点自身比值 z_c/p_c 可以较大, 这就影响了系统的开环增益, 从而改变了稳态误差, 即

$$K = K' \frac{\prod_{i=1}^{m} |z_i|}{\prod_{i=1}^{n} |p_i|} \cdot \frac{|z_c|}{|p_c|}$$

例如, 当 $p_c = -0.01$、$z_c = -0.1$ 时, $z_c/p_c = 10$, 则可提高系统开环增益 10 倍. 这种位于原点附近且极点更靠近原点的偶极子常用来滞后校正.

8.3.3 参数变化对闭环极点的影响

以根轨迹增益 K' 为参变量的根轨迹可方便地研究开环增益对系统性能的影响. 但有时需要研究系统中其他参数变化对系统性能的影响, 这时, 同样可用根轨迹法进行研究. 方法是用所需要研究的参数作为根轨迹参变量取代式（8.1）中增益 K' 的位置. 作图规则可参照前面介绍的方法. 这种根轨迹也叫广义根轨迹. 如果系统中有两个变化量, 那么只要逐一固定其中一个变化参数, 按另一个变化参数作根轨迹, 就可得到根轨迹簇. 下面通过例子加以说明.

例 8.7 设一控制系统开环传递函数为

$$G(s)H(s) = \frac{K}{s(s+\alpha)}$$

试绘制以 α 为参变量的根轨迹以及同时变化 K 时的根轨迹.

解 系统特征方程为

$$1 + G(s)H(s) = 1 + \frac{K}{s(s+\alpha)} = 0$$

则有

$$s^2 + \alpha s + K = 0 \tag{8.19}$$

将上式写成以 α 为参变量的根轨迹方程

$$\frac{\alpha s}{s^2 + K} = -1$$

若对 K 设置不同值, 可得到系统不同的根轨迹图, 即根轨迹簇.

在式（8.19）中令 $K = 4$, 于是

$$\frac{\alpha s}{s^2 + 4} = -1$$

具有一对共轭虚根的极点,根据上式作出以增益 a 为参变量的根轨迹,如图 8.17(a)所示.

然后,逐一设定 K 值(如 $K=K_1, K=K_2, \cdots$).按照根轨迹作图基本规则作出以 a 为参变量的根轨迹,可得到系统根轨迹如图 8.17(b)所示.

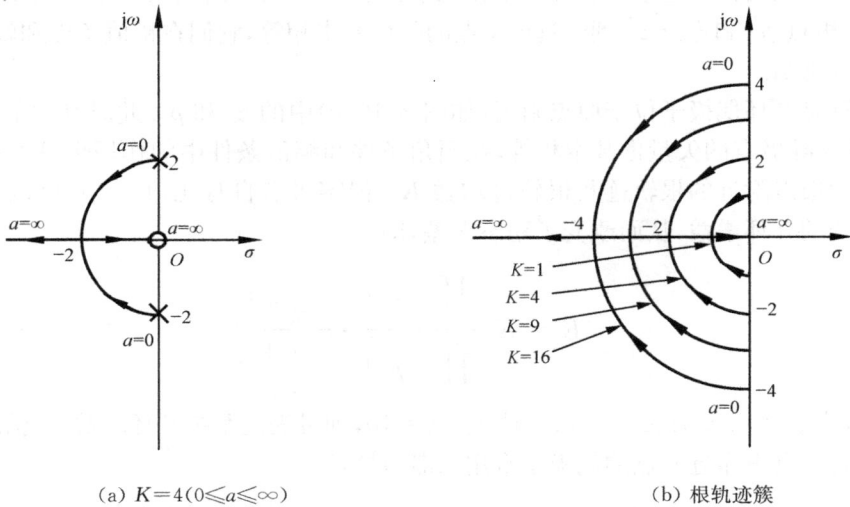

(a) $K=4(0 \leqslant a \leqslant \infty)$ (b) 根轨迹簇

图 8.17 例 8.7 系统的根轨迹簇

8.3.4 比例微分控制作用与微分反馈对系统性能的影响

利用根轨迹法可以分析比较不同控制作用对系统性能的影响.

例 8.8 有控制系统如图 8.18 所示,其中图 8.18(a)为无校正的位置伺服系统,图 8.18(b)为加入速度内反馈校正后的系统,图 8.18(c)为加入微分(PD)校正后的系统.试用根轨迹法对三种系统进行分析比较.

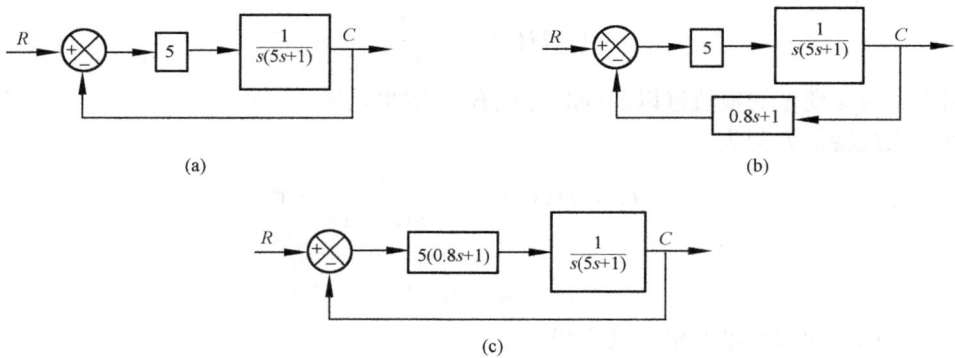

图 8.18 控制系统方块图

解 图 8.18(a)、图 8.18(b)和图 8.18(c)系统的开环传递函数分别为

$$G_a(s)H_a(s) = \frac{5}{s(5s+1)} = \frac{1}{s(s+0.2)}$$

$$G_b(s)H_b(s) = G_c(s)H_c(s) = \frac{5(0.8s+1)}{s(5s+1)}$$

图 8.18(b)和图 8.18(c)具有相同的开环传递函数,即具有相同的零、极点分布,因此两者的根轨迹形状相同. 可以证明,这两个系统的实轴以外的根轨迹为圆,如图 8.19 所示. 它们的闭环传递函数为

$$\Phi_b(s) = \frac{1}{(s+0.5+j0.866)(s+0.5-j0.866)}$$

$$\Phi_c(s) = \frac{0.8s+1}{(s+0.5+j0.866)(s+0.5-j0.866)}$$

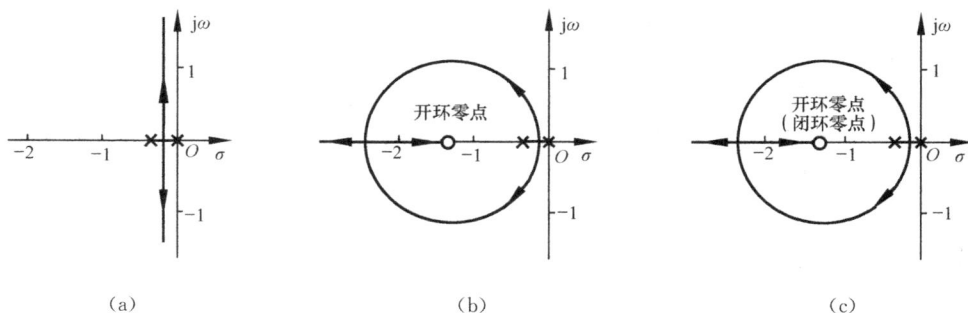

图 8.19　系统的根轨迹

可见,系统(c)比系统(b)多一个零点. 两者的瞬态响应具有相同的类型,但具体曲线形状不同,因为闭环零点使极点上的留数不同.

比较均无零点的图 8.19(a)和图 8.19(b)系统,后者加入速度内反馈,使根轨迹向左弯曲,阻尼比增大,改善了系统的稳定性,减小了调整时间,同时降低了阻尼振荡频率.

由式(8.2)可方便地确定闭环系统 $\Phi(s)$ 的零点,它等于开环前向通道 $G(s)$ 的零点加上反馈通道 $H(s)$ 的极点. 系统(c)是单位反馈系统,闭环零点即开环零点.

8.4　用根轨迹法设计与校正控制系统

根轨迹的校正,常常采用串联校正的形式. 在确定校正方式前,必须先完成:

(1) 根据性能指标,确定闭环主导极点 s_d.

(2) 绘制未校正系统根轨迹图,并确定仅调整增益,能否使根轨迹通过希望主导极点 s_d. 如果不能,则应该采用何种校正装置.

8.4.1　超前校正

基于根轨迹的校正是一种试探方法. 当未校正系统的主导共轭极点离虚轴很近时,系统的阻尼比较小,稳定程度差. 如加入由一对零点相对靠近虚轴的零极点对组成的超前校正装置,将使系统根轨迹向左移动.

设计超前校正装置的一般步骤如下:

（1）为使校正后系统根轨迹通过希望主导极点，根据幅角条件计算超前校正装置应提供的超前角 $\phi=\angle(s_d-z_c)-\angle(s_d-p_c)$.

（2）根据希望主导极点 s_d 和超前角 ϕ，用图解法或图解计算方法求出超前校正装置的零点 z_c 和极点 p_c 的位置. 由此可得超前校正装置传递函数 $G_c(s)=(s-z_c)/(s-p_c)$. 求 z_c 和 p_c 均采用试探法，但具体方法有多种，本章将介绍一种图解法.

（3）求出已校正系统的开环传递函数 $G(s)G_c(s)=G(s)K_c\dfrac{(s-z_c)}{(s-p_c)}$，其中附加增益 K_c 用来补偿因接入超前校正装置而引起的开环增益下降，并使希望主导极点 s_d 满足幅值条件.

（4）校验. 已校正系统的校验包括两个方面，一是校验希望主导极点 s_d 处的增益是否满足稳态精度指标；二是图中希望主导极点是否符合系统闭环主导极点条件. 如果已校正系统不能满足性能指标，则应调整校正装置的零极点位置，重复上述步骤，直到满足指标.

根据上面的叙述可知，基于根轨迹法的超前校正是利用超前校正装置提供的相位超前角 ϕ，使得校正后系统根轨迹通过希望闭环主导极点. 回顾频率法的超前校正，其主要出发点是利用超前校正装置的超前角 ϕ_m 来补偿相位裕量的不足. 可见，虽然两者的具体方法不同，实质是一样的.

例 8.9 设单位反馈系统的开环传递函数为

$$G(s)=\frac{4}{s(s+2)}$$

试设计串联校正装置，满足下列性能指标：最大超调量 $M_p=16\%$，调整时间 $t_s=2\mathrm{s}$.

解 （1）求希望主导极点. 由此 $M_p=16\%$ 可得阻尼比 $\zeta=0.5$. 若以 $\Delta=\pm2\%$ 计，$t_s=4/(\zeta\omega_n)$，解得 $\omega_n=4\mathrm{rad/s}$，所以希望主导极点为

$$s_d=-\zeta\omega_n\pm\mathrm{j}\omega_n\sqrt{1-\zeta^2}=-2\pm\mathrm{j}2\sqrt{3}$$

（2）作未校正系统的根轨迹，如图 8.20(a) 所示. 根据希望主导极点 s_d 的位置，依靠调整增益不能使根轨迹通过 s_d，拟采用超前校正装置.

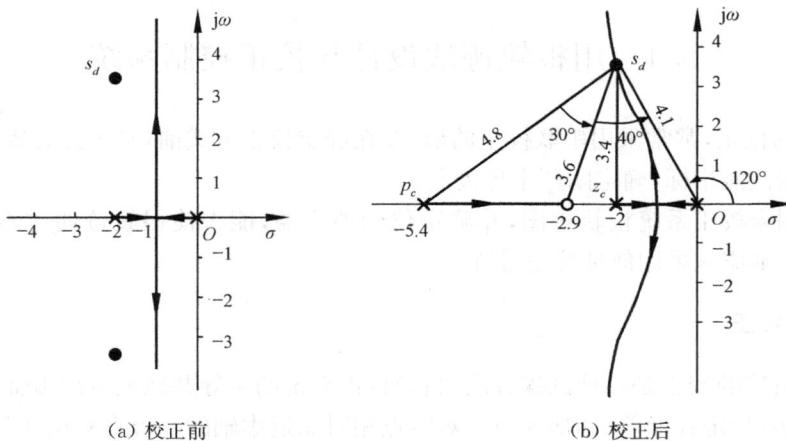

(a) 校正前　　　　　　　　(b) 校正后

图 8.20　例 8.9 控制系统根轨迹

（3）为使 s_d 位于根轨迹上,即满足幅角条件,应增加的幅角量为

$$\phi = \pm(2k+1)180° - \angle\left(\frac{4}{s(s+2)}\right)\Big|_{s=s_d} = -180° - (-120° - 90°) = 30°$$

ϕ 角即为超前校正装置应提供的超前角.

（4）求超前校正装置 $G_c(s) = (s-z_c)/(s-p_c)$ 零点和极点. 这里介绍一种较常用的图解法,用这种方法得到的超前校正装置对系统开环增益的衰减较小.

图解法步骤如图 8.21(a)所示:过已知的希望极点 s_d 作水平线 $s_d A$;作 $\angle Os_d A$ 的角平分线 $s_d B$;在直线 $s_d B$ 两侧各作夹角为 $\phi/2$ 的两条直线,分别交负实轴于 z_c 和 p_c,即分别为校正装置的零点和极点. 根据上述作图中的几何关系,可得简化作图步骤如图 8.21(b)所示:过希望极点作直线 $s_d z_c$,使 $\angle Os_d z_c = \gamma = (\theta - \phi)/2$,与负实轴的交点 z_c 为校正装置的零点. 再过一点作直线 $s_d p_c$,使 $\angle z_c s_d p_c = \phi$,则与负实轴的交点 p_c 为校正装置的极点.

根据上述图解方法,可得 $z_c = -2.9$, $p_c = -5.4$. 如图 8.20(b)所示. 超前校正装置的传递函数为

$$G_c'(s) = \frac{s+2.9}{s+5.4} = 0.537 \cdot \frac{0.345s+1}{0.185s+1}$$

由于 $G_c'(s)$ 接入系统,使系统开环增益降低 0.537 倍,需用附加增益补偿.

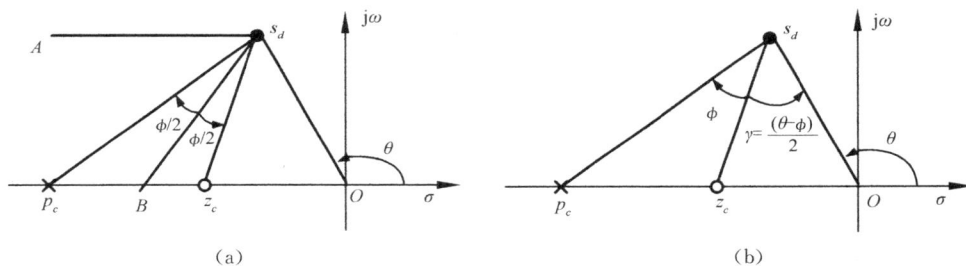

图 8.21　图解法确定超前校正装置的零、极点

（5）已校正系统的开环传递函数

$$G(s)G_c(s) = \frac{4}{s(s+2)} \cdot K_c \frac{s+2.9}{s+5.4} = \frac{K'(s+2.9)}{s(s+2)(s+5.4)}$$

式中,$K' = 4K_c$ 为已校正系统的根轨迹增益;K_c 为附加增益. 作已校正系统的根轨迹如图 8.20(b)所示.

按希望主导极点 s_d 的幅值条件求附加增益 K_c,故有

$$\frac{K'|s_d+2.9|}{|s_d| \cdot |s_d+2| \cdot |s_d+5.4|} = 1$$

从根轨迹图上量得各矢量幅值,得

$$K' = \frac{4.1 \times 3.4 \times 4.8}{3.6} = 18.6$$

附加增益 K_c 为

$$K_c = K'/4 = 18.6/4 = 4.65$$

（6）校验. 系统稳态速度误差系数 K_v 为

$$K_v = \lim_{s \to 0} sG(s)G_c(s) = \lim_{s \to 0} \frac{s \times 18.6(s+2.9)}{s(s+2)(s+5.4)} = 5(\text{s}^{-1})$$

本例中未对稳态性能提出要求. 如果有指标 K_v 的要求,且不满足,若两者相差小,可调整 p_c 和 z_c 的位置,重新试算;若相差较大,则要加滞后校正.

已校正的系统的两个闭环极点为 $s_d = -2 \pm \mathrm{j}2\sqrt{3}$,第三个闭环极点 p_3 可根据轨迹作图规则 9 求得. 已校正系统的闭环特征式

$$1 + G(s)H(s) = 1 + \frac{18.6(s+2.9)}{s(s+2)(s+5.4)} = \frac{s^3 + 7.4s^2 + 10.8s + 18.6(s+2.9)}{s(s+2)(s+5.4)}$$

由式(8.17)得

$$\sum p_i = (-2 + \mathrm{j}2\sqrt{3}) + (-2 - \mathrm{j}2\sqrt{3}) + p_3 = -7.4$$

故有 $p_3 = -3.4$. 可见第三个闭环极点与增加的开环零点 $z_c = -2.9$ 很接近. 对于单位反馈系统,由式(8.2)知开环前向通道的零点就是闭环零点,故极点 p_3 对系统瞬态响应影响相当小. 因此,闭环极点 p_3 并不影响主导极点 s_d 的地位.

8.4.2 滞后校正

由前面的章节已知,当系统的动态性能满足要求,而稳态性能达不到预定指标时,通常可采用滞后校正. 这时的校正作用基本上是提高开环增益,而不使动态性能有明显的变化. 故要求对闭环主导极点附近的根轨迹不产生明显影响,但开环增益要有明显增加. 滞后校正装置的零极点是一对靠近原点的开环偶极子,且极点相对离原点更近. 滞后校正装置的传递函数为

$$G_c(s) = \frac{Ts+1}{\alpha Ts + 1} = \frac{1}{\alpha} \frac{s + \dfrac{1}{T}}{s + \dfrac{1}{\alpha T}} \qquad \left(\alpha = \frac{z_c}{p_c} > 1\right)$$

滞后校正装置对 $G(s)H(s)$ 的幅角影响很小,但能提高开环增益 α 倍,而基本上不影响系统动态性能.

用根轨迹法设计滞后校正装置的一般步骤如下:

(1) 绘制未校正系统的根轨迹;

(2) 根据瞬态响应指标,找出根轨迹上的希望闭环主导极点 s_d;

(3) 按照幅值条件,确定希望闭环主导极点所对应的开环增益或稳态误差系数,决定采用校正装置的形式;

(4) 根据给定的稳态性能指标,求出所需要增加的误差系数,即需要增加的开环增益 α,此 α 值就是滞后校正装置的 α 参数;

(5) 确定滞后校正装置的零点和极点,要既能提高开环增益 α 倍,又不使原来的根轨迹发生明显的变化. 具体作图方法如图 8.22(c)所示. 连接希望主导极点 s_d 和原点 O,直线 Os_d 为 ζ 线. 以 s_d 为顶点,在 ζ 线左侧小角度 $\beta(\beta \leqslant 10°)$,与实轴的交点 z_c 就是滞后校正装置的零点. 再根据 α 值在 z_c 右侧找到一点 p_c,使 $|z_c| / |p_c| = \alpha$,则 p_c 为滞后校正装置的极点. 应注意,图中夹角 λ 为滞后校正装置的一对零极点对 s_d 点所产生的附加滞后角,要求 $\lambda \leqslant 5°$,否则该夹角将对希望主导极点附近的根轨迹带来相当程度的变化,而不能做到基本上不改变未校正系统的动态性能;

(6) 校验系统动静态指标,绘制已校正系统的根轨迹. 确定根轨迹上新的主导极点 s_d',

根据 s_d' 计算动静态性能指标,看是否满足要求. 如果尚不太满意,则对零极点稍加调整,重复上述步骤,直到满意;

(7) 根据已校正系统的主导极点位置,按幅值条件调整附加增益.

由上可见,基于根轨迹的滞后校正是利用靠近原点的一对开环偶极子来提高系统的开环增益的,而基本上不影响主导极点及其附近根轨迹.基于频率法的滞后校正装置的零极点选在低于系统增益交界频率较远处,因而基本上不影响增益交界频率附近的频率特性形状,却能提高开环增益.因此两种校正方法的实质是一样的.

例 8.10 已知一控制系统如图 8.22(a)所示,该系统动态性能满足要求,现在需要将稳态速度误差系数 K_v 增大至 $5\mathrm{s}^{-1}$,试设计滞后校正装置.

解 作未校正系统的根轨迹如图 8.22(b)所示,当 $K'=1.06$ 时,可求得未校正系统主导极点 $s_d=-0.33\pm\mathrm{j}0.58$. 由此得系统 $\zeta=0.5,\omega_n=0.67\mathrm{rad/s}$.

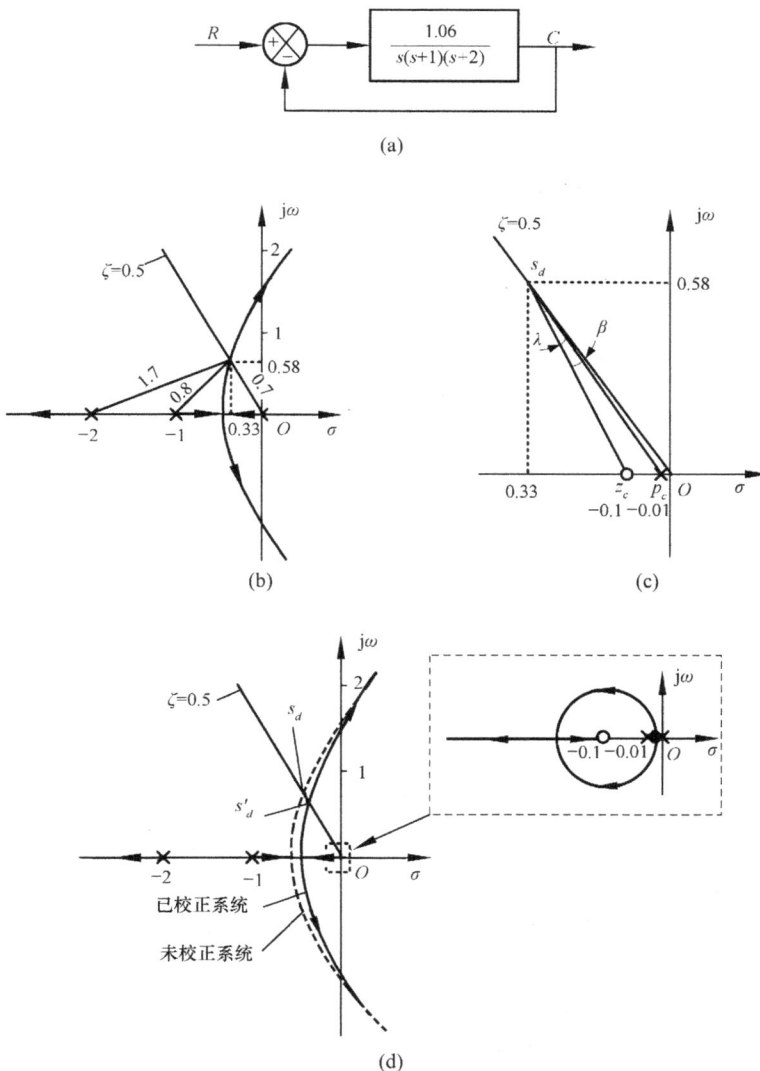

(a)

(b)

(c)

(d)

图 8.22 控制系统及其根轨迹

未校正系统稳态误差系数

$$K_v = \lim_{s \to 0} \frac{1.06}{s(s+1)(s+2)} = 0.53(\text{s}^{-1})$$

根据给定的稳态误差系数 $K_v' \geqslant 5\text{s}^{-1}$，可取滞后校正装置的参数 $\alpha = K_v'/K_v = 10$.

如图 8.22(c)所示，过 s_d 作 $\angle Os_d \approx 8°$，直线 $s_d z_c$ 交负轴于 $z_c = -0.1$，即为滞后校正装置的零点. 在 z_c 点右侧取校正装置极点 $p_c = -0.01$，使 $|z_c|/|p_c| = \alpha = 10$. 因此得滞后校正装置的传递函数

$$G_c'(s) = \frac{1}{10} \cdot \frac{s+0.1}{s+0.01}$$

考虑到因滞后校正装置造成的衰减，应该增加附加增益 K_c，并将它并入滞后装置中，故有

$$G_c(s) = \frac{1}{10} \cdot \frac{s+0.1}{s+0.01} K_c$$

绘制已校正系统的根轨迹，其开环传递函数

$$G(s)G_c(s) = \frac{K_c}{10} \cdot \frac{s+0.1}{s+0.01} \cdot \frac{1.06}{s(s+1)(s+2)} = \frac{K'(s+0.1)}{s(s+0.01)(s+1)(s+2)}$$

式中，$K' = 1.06K_c/10$.

由已校正系统开环传递函数 $G(s)G_c(s)$ 绘得系统根轨迹，如图 8.22(d)所示. 作直线 $\zeta = 0.5$，它与根轨迹的交点为闭环主导极点 s_d'，由图知

$$s_d' = -0.28 \pm \text{j}0.51$$

即此时 $\omega_n = 0.28/\zeta = 0.6\text{rad/s}$.

对于主导极点 s_d'，由幅值条件

$$K' = \frac{|s_d'| \cdot |s_d' + 0.01| \cdot |s_d' + 1| \cdot |s_d' + 2|}{|s_d' + 0.1|} = 0.98$$

得到附加增益 K_c

$$K_c = \frac{10}{1.06} K' = \frac{10}{1.06} 0.98 = 9.25$$

最后确定已校正系统的开环传递函数

$$G(s)G_c(s) = \frac{0.98(s+0.1)}{s(s+0.01)(s+1)(s+2)} = \frac{4.9(10s+1)}{s(100s+1)(s+1)(0.5s+1)}$$

已校正系统的稳态速度误差系数 K_v' 为

$$K_v' = \lim_{s \to 0} sG(s)G_c(s) = 4.9\text{s}^{-1}$$

经过上述滞后校正，使系统稳态速度误差系数基本达到 5s^{-1} 的设计要求. 校正后系统的动态性能比校正前略低，无阻尼自然频率 ω_n 由 0.67s^{-1} 变为 0.56s^{-1}. 这是由于 z_c 和 p_c 对 s_d 点所提供的滞后角 $\lambda = \angle z_c s_d p_c \approx 7°$ 偏大而产生的影响. 如果上述结果是合适的，则校正工作结束. 反之，认为结果不理想，那么只要减小 β 角，将所取零点 z_c 的位置向右移动（例如，取 $z_c = -0.05$ 或 -0.02 等），再进行计算即可.

已校正系统的另外两个闭环极点解得 $p_3 = -2.31$ 和 $p_4 = -0.137$. 其中 p_4 靠近闭环零点 $z = -0.1$. 所以这个极点对瞬态响应影响较小. 而极点 p_3 较主导极点 s_d' 离虚轴远得多，因此，p_3 和 p_4 不影响 s_d' 的主导地位，故可用 s_d' 表示系统的性能.

8.4.3 滞后超前校正

若控制系统的稳态性能和动态性能都达不到指标要求,通常采用滞后超前校正装置

$$G_c(s) = \frac{s + \dfrac{1}{T_1}}{s + \dfrac{\alpha}{T_1}} \cdot \frac{s + \dfrac{1}{T_2}}{s + \dfrac{1}{\alpha T_2}} \cdot K_c$$

式中,K_c 为系统应提高的附加增益,$\alpha > 1$.

滞后超前校正装置设计步骤如下:

(1) 根据性能指标,确定希望闭环主导极点 s_d 的位置;

(2) 为了使闭环主导极点位于希望的位置上,计算出相位超前部分所对应的超前角 ϕ;

(3) 根据给定的误差系数要求,计算附加增益 K_c;

(4) 确定校正装置超前部分参数 T_1 和 α. 这时设滞后部分的一对零极点靠近原点. 对希望主导极点 s_d 有 $|s_d + \dfrac{1}{T_2}| / |s_d + \dfrac{1}{\alpha T_2}| = 1$,再根据条件

$$\frac{|s_d + \dfrac{1}{T_1}|}{|s_d + \dfrac{\alpha}{T_1}|} \cdot |K_c G(s_d)| = 1, \qquad \angle \frac{\left(s_d + \dfrac{1}{T_1}\right)}{\left(s_d + \dfrac{\alpha}{T_1}\right)} = \phi \tag{8.20}$$

用图解法确定超前部分的零点 $z_{c1} = -1/T_1$ 和极点 $p_{c1} = -\alpha/T_1$,并求得 α 和 T_1 值.

(5) 利用上面确定的 α 值,并考虑滞后部分零点为一对近原点的偶极子,选择 T_2 使

$$\frac{|s_d + \dfrac{1}{T_2}|}{|s_d + \dfrac{1}{\alpha T_2}|} \approx 1, \qquad 0 < \angle \frac{\left(s_d + \dfrac{1}{T_2}\right)}{\left(s_d + \dfrac{1}{\alpha T_2}\right)} < 3° \tag{8.21}$$

为了便于在实际工程中实现,滞后超前网络最大时间常数 αT_2 不能太大.

例 8.11 设单位反馈系统的开环传递函数

$$G(s) = \frac{4}{s(s + 0.5)}$$

要求闭环主导极点的阻尼比 $\zeta = 0.5$,无阻尼自然频率 $\omega_n = 5\text{rad/s}$,稳态速度误差系数 $K_v = 50\text{s}^{-1}$,试设计适当的校正装置,使系统满足上述全部性能指标.

解 对于未校正系统求得闭环极点 $s_{1,2} = -0.25 \pm \text{j}1.98$,相应的 $\zeta = 0.125$,$\omega_n = 2\text{rad/s}$,$K_v = 8\text{s}^{-1}$. 可见未校正系统的动静态性能指标都不满足要求,且相差较大. 选用滞后超前校正装置.

根据给定的性能指标,求得希望闭环主导极点为 $s_d = -2.5 \pm \text{j}4.33$. 为使校正后系统的根轨迹通过 s_d 点,滞后超前网络的相位超前部分应产生的相位超前角 ϕ 为

$$\phi = (2k + 1)180° - \angle\left(\frac{4}{s_d(s_d + 0.5)}\right) = -180° - (-235°) = 55°$$

滞后超前校正装置的传递函数为

$$G_c(s) = \frac{s + 1/T_1}{s + \alpha/T_1} \cdot \frac{s + 1/T_2}{s + 1/\alpha T_2} \cdot K_c$$

因此,已校正系统的传递函数为

$$G(s)G_c(s) = \frac{s+1/T_1}{s+\alpha/T_1} \cdot \frac{s+1/T_2}{s+1/\alpha T_2} \cdot K_c \cdot \frac{4}{s(s+0.5)}$$

已知要求校正后系统的稳态速度误差系数 $K_v = 50\text{s}^{-1}$,故有

$$K_v = \lim_{s \to 0} sG(s)G_c(s) = 8K_c = 50$$

由此求得附加增益 $K_c = 6.25$,故校正后的系统开环传递函数为

$$G(s)G_c(s) = \frac{s+1/T_1}{s+\alpha/T_1} \cdot \frac{s+1/T_2}{s+1/\alpha T_2} \cdot \frac{25}{s(s+0.5)}$$

考虑到校正装置滞后部分是靠近原点的一对偶极子,因而有 $\dfrac{\left| s_d + \dfrac{1}{T_2} \right|}{\left| s_d + \dfrac{1}{\alpha T_2} \right|} \approx 1$. 这样,希望主导

极点 s_d 处的幅值条件为

$$| G(s_d)G_c(s_d) | = \left| \frac{s_d+1/T_1}{s_d+\alpha/T_1} \right| \cdot \left| \frac{25}{s_d(s_d+0.5)} \right| = \left| \frac{s_d+1/T_1}{s_d+\alpha/T_1} \right| \cdot \frac{5}{4.77} = 1$$

即

$$\left| \frac{s_d+1/T_1}{s_d+\alpha/T_1} \right| = \frac{4.77}{5}$$

而由幅角条件得

$$\angle \left[\left(s + \frac{1}{T_1} \right) / \left(s + \frac{\alpha}{T_1} \right) \right] = 55°$$

通过上述幅值条件和幅角条件,很容易用图解法确定校正装置超前部分的参数 T_1 和 α. 一种作图方法如图 8.23(a)所示. 以 s_d 为顶点任意作顶角 $\phi = 55°$,并取该角两边 s_dA' 和 s_dB',使之满足比例 $s_dA'/s_dB' = 4.77/5$,连接 $A'B'$. 然后,以 s_d 为顶点旋转 $\triangle s_dA'B'$,直至 $A'B'$ 平行于实轴(如图 8.23 所示). 再延长 s_dA' 和 s_dB' 分别交负轴于 A 和 B 两点,即为所求超前部分的零点 $-1/T_1$ 和极点 $-\alpha/T_1$. 由图 8.23 可得 $\overline{AO} = 0.5$,$\overline{BO} = 5$,所以

$$\frac{-1}{T_1} = -0.5, \qquad \frac{-\alpha}{T_1} = -5$$

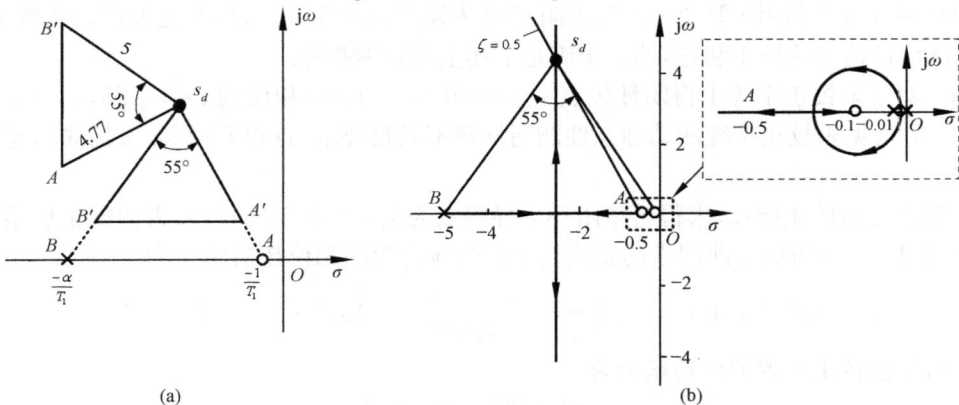

(a)   (b)

图 8.23 已校正系统根轨迹的确定

从而可得

$$T_1 = 2, \qquad \alpha = 10$$

相位超前部分的传递函数为 $\dfrac{s+0.5}{s+5}$.

确定校正装置滞后部分的零、极点时,应满足式(8.21).同时,还应保证滞后超前校正网络的最大时间常数($10T_2$)不能太大,以便于工程实现.因此,我们选择 $T_2 = 10$,则滞后部分零点为 $1/T_2 = 0.1$,极点为 $1/\alpha T_2 = 0.01$. 滞后超前校正装置的传递函数便可确定为

$$G_c(s) = \frac{s+0.5}{s+5} \cdot \frac{s+0.1}{s+0.01} \cdot 6.25$$

校正后系统的开环传递函数

$$G(s)G_c(s) = \frac{25(s+0.1)}{s(s+5)(s+0.01)}$$

校正后系统的根轨迹如图 8.23(b)所示.由于 $G(s)G_c(s)$ 中,零点 -0.1 和极点 -0.01 构成偶极子,且近原点,它们基本上不影响根轨迹形状,对于希望闭环主导极点 s_d,它们所提供的滞后角近似为 $1°$,而幅值比近似为 1. 故所得根轨迹与二阶根轨迹基本相同.由于滞后超前校正装置对希望极点 $s_d = -2.5 \pm j4.33$ 的位置影响很小,因此校正后系统能够满足全部性能指标要求.校正后系统的第三极点 $s_3 = -0.102$ 与闭环零点 $s = -0.1$ 很接近,所以该极点对系统瞬态影响也相当小.

8.5 Matlab 绘制系统的根轨迹

Matlab 控制系统工具箱中的用于分析系统闭环极点(即根)的函数如下.

1. pzmap()——给出系统的闭环零极点图

(1) pzmap(num,den)/ pzmap(sys) ——在 s 平面绘制系统(num,den)/(sys)的零、极点位置,极点用"×"表示,零点用"○"表示.

(2) $[p,z]$=pzmap(num,den)/ pzmap(sys) ——计算系统(num,den)/(sys)的零、极点,极点赋给矢量 p,零点赋给予矢量 z.

例 8.12 试绘制系统

$$G(s) = \frac{s+2}{s^4 + 5s^3 + 8s^2 + 6s}$$

的零极点图.

解 对应有程序

```
num= [1 2];
den= [1 5 8 6 0];
pzmap(num,den);
```

Matlab 运行结果如图 8.24 所示.

2. rlocus()——绘制系统的根轨迹

(1) rlocus(num,den)/ rlocus(sys)

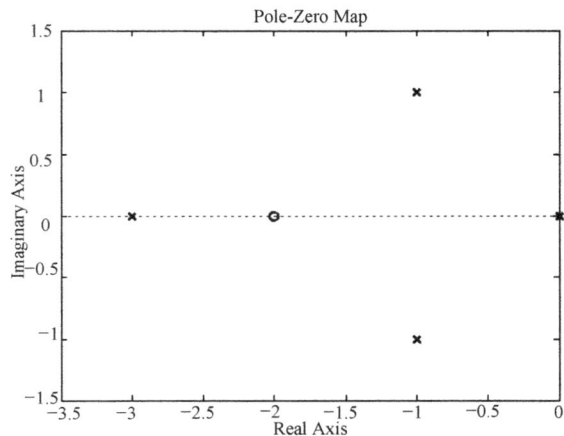

图 8.24 Matlab 运行结果

——在 s 平面绘制开环系统(num,den)/(sys)对应的闭环系统的根轨迹.

（2）rlocus(sys1,sys2,…,sysn,t)——在 s 平面绘制多个开环系统(sys1,sys2,…,sysn)对应的闭环系统的根轨迹.

3. sgrid()——绘制等 ζ 线和等 ω_n 圆

sgrid(z,w)——在 s 平面绘制等 ζ 线(z 如是矢量,则表示一组线)和等 ω_n 圆(w 如是矢量,表示一组圆).

4. rlocfind()——求取根轨迹开环增益及闭环极点

（1）rlocfind(num,den)/rlocfind(sys)——在已绘制的根轨迹图上产生一个光标以便人机交互选择闭环极点.

（2）[k,p]=rlocfind(num,den)/rlocfind(sys)——在已绘制的根轨迹图上产生一个光标以便人机交互选择闭环极点,并将此时的开环增益赋给 k,闭环极点赋给 p.

例 8.13 系统开环传递函数

$$G(s)H(s) = \frac{K}{s[(s+4)^2 + 16]}$$

试绘制系统根轨迹图并寻找 $\zeta = 0.5$ 时的开环增益和 ω_n.

解 对应有程序

```
num= [1];
den= [1 8 32 0];
rlocus(num,den);
sgrid(0.5,[]);
[k,p]= rlocfind(num,den)
```

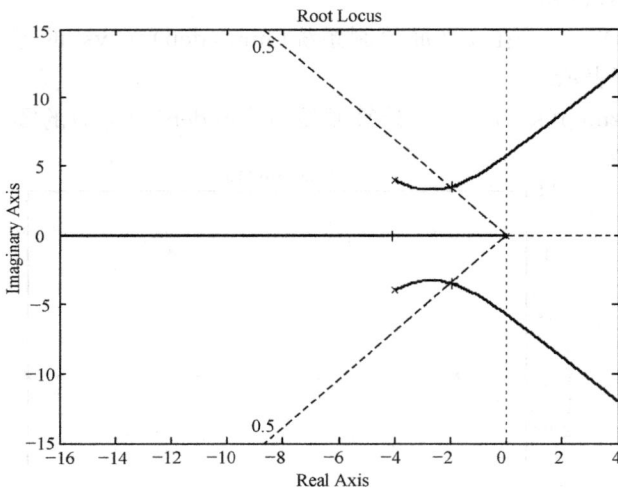

图 8.25 Matlab 运行结果

Matlab 运行上述程序,见图 8.25 并选取根轨迹与等 ζ 线的交点,得到对应的开环增益和 ω_n. 并有如下的运行结果:

```
selected_point =
            - 1.9479 +  3.4938i
    k =
      65.6910
    p =
      - 4.1030
      - 1.9485 +  3.4948i
      - 1.9485 -  3.4948i
```

可以应用上述根轨迹 Matlab 函数进行控制系统的校正.

例 8.14 设系统的开环传递函数为 $G(s)H(s) = \dfrac{1}{s(s+1)}$,试设计串联校正装置,满足

$\zeta \geqslant 0.5, \omega_n \geqslant 7\text{rad/s}.$

解 Matlab 编程作原系统的根轨迹并同时显现等 $\zeta=0.5$ 线和等 $\omega_n=7$ 线.

```
num1=[1];
den1=[1 1 0];
sys1=tf(num1,den1);
rlocus(sys1);
sgrid(0.5,7);
```

运行结果见图 8.26(a),由图知校正前无法满足题意要求.

尝试加入一对零极点 $G_c(s)=\dfrac{K(s+2)}{(s+13)}$ 作超前校正,程序如下:

```
num1=[1];
den1=[1 1 0];
sys1=tf(num1,den1);
numc=[1 2];
denc=[1 13];
sysc=tf(numc,denc);
sys2=sysc*sys1;
rlocus(sys2);
sgrid(0.5,7);
```

运行结果见图 8.26(b),由图知存在满足题意指标的闭环根,此时可选用较小的开环增益,以保证静态性能.

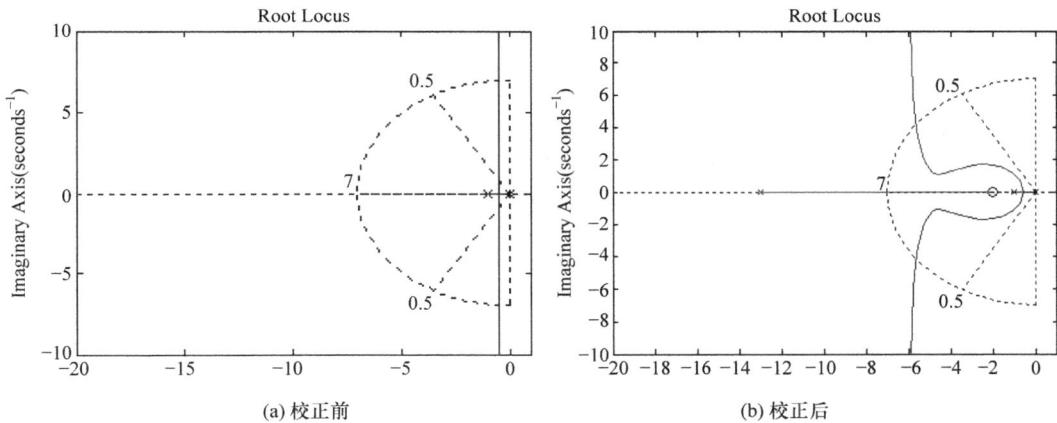

图 8.26 超前校正前后的根轨迹

另一个功能强大的 Matlab 工具是 RLTOOL. RLTOOL 是 Matlab 中一个交互式的设计工具,提供图形化的用户界面用于进行根轨迹的分析和设计.

例 8.15 系统开环传递函数 $G(s) = \dfrac{K(s+1)}{s^2}$,试绘制系统根轨迹图,并给出增加一个开环极点 $p = -2$,分析当新增开环极点趋向 $p = -20$ 过程中根轨迹的变化.

解 Matlab 中建立 $G(s) = \dfrac{K(s+1)}{s^2}$ 根轨迹,运行如下程序:

```
num=[1 1];
den=[1 0 0];
sys=tf(num,den);
rltool(sys)
```

得到图 8.27(a). 在界面中选择添加极点"×",并在 $p = -2$ 单击,得到图 8.27(b),然后拖动此新极点,由图 8.27(b)~(f)可发现新增开环极点由 $p = -2$ 向 $p = -20$ 发展过程中根轨迹形状发生变化.

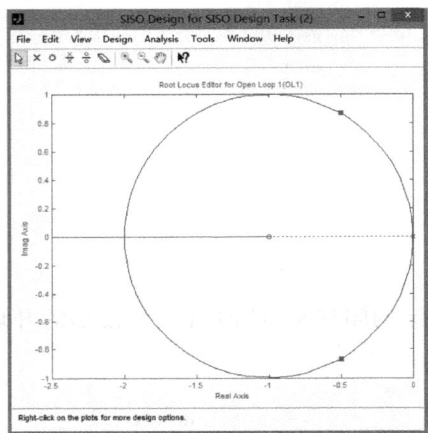

(a) $G(s) = \dfrac{K(s+1)}{s^2}$

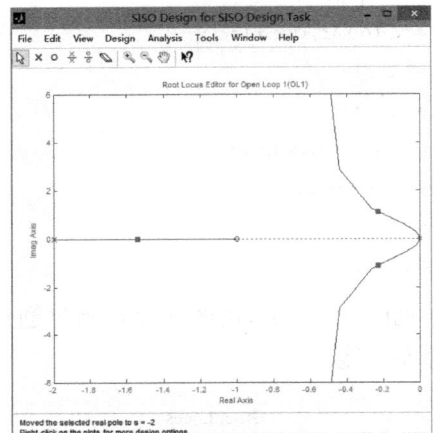

(b) $G(s) = \dfrac{K(s+1)}{s^2(s+2)}$

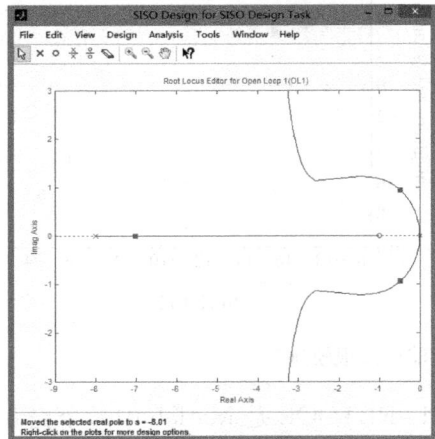

(c) $G(s) = \dfrac{K(s+1)}{s^2(s+8)}$

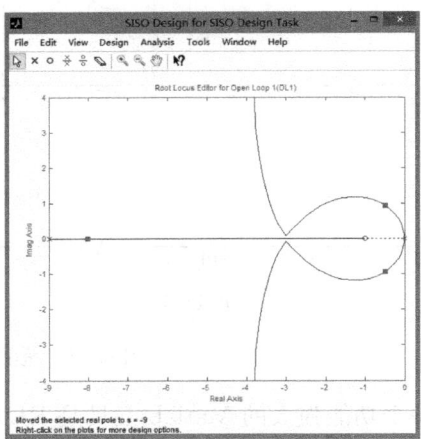

(d) $G(s) = \dfrac{K(s+1)}{s^2(s+9)}$

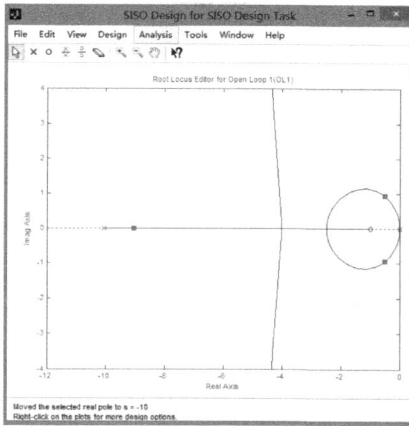

$$(e)\ G(s) = \frac{K(s+1)}{s^2(s+10)}$$

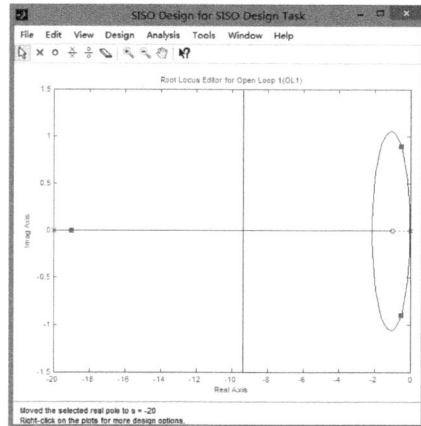

$$(f)\ G(s) = \frac{K(s+1)}{s^2(s+20)}$$

图 8.27   例 8.15 系统根轨迹

小　结

1. 闭环极点在 s 平面的分布很大程度上决定控制系统的动态性能. 根轨迹就是研究当系统某一参数(主要是开环增益)在规定范围内变化时,闭环极点在 s 平面上随之变化的轨迹.

2. 若已知系统开环传递函数的极点和零点,由闭环特征方程可得到幅角条件和幅值条件. 通常,可用幅角条件来检验或寻找根轨迹上的点,用幅值条件来确定根轨迹上某一点的开环增益值. 由幅角条件和幅值条件可推出绘制根轨迹的一系列基本规则,利用这些基本规则能较简便地绘制出根轨迹的大致形状.

3. 用根轨迹法的校正实际上是一种试探方法. 通过重新配置零、极点,使闭环系统根轨迹满足性能指标的要求.

习　题

8.1   设开环系统零、极点分布如题 8.1 图所示. 试画出相应的根轨迹图.

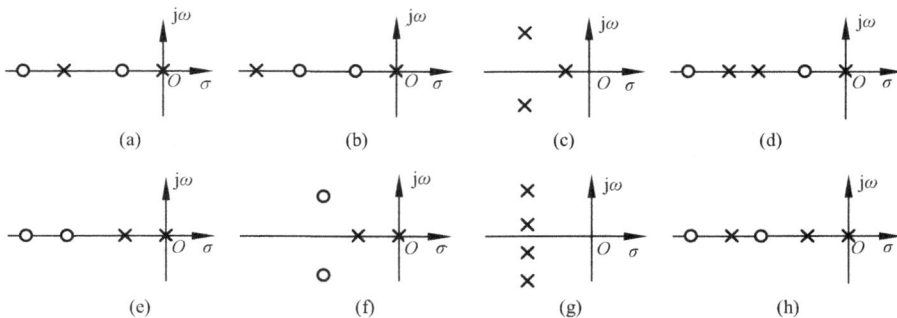

题 8.1图   系统零、极点分布

8.2   设系统的开环传递函数为

$$(1)\ G(s)H(s) = \frac{K}{(s^2+2s+2)(s^2+2s+5)}$$

$$(2)\ G(s)H(s) = \frac{K}{s(s+4)(s^2+4s+20)}$$

(3) $G(s)H(s)=\dfrac{K}{s(s+3)(s^2+2s+2)}$

试画出其根轨迹图,并确定根轨迹与 $j\omega$ 轴的交点.

8.3 绘出如题 8.3 图所示零初始系统的根轨迹.

8.4 设有一个单位反馈系统,已知其前向通道传递函数为

(1) $G(s)=\dfrac{K}{s(s+1)(s+2)(s+3)}$

(2) $G(s)=\dfrac{K}{s(s+3)(s^2+2s+2)}$

为使系统闭环主导极点具有阻尼比 0.5,试确定 K 值.

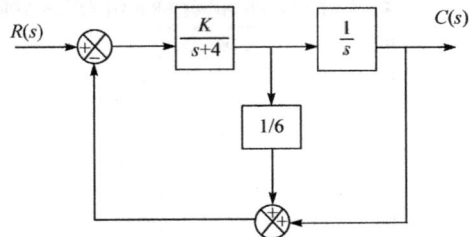

题 8.3 图　控制系统

8.5 题 8.5 图是一个位置-速度控制系统的方块图.试设计一校正装置,以使系统的共轭复数主导极点为 $s=-2\pm j2$.

8.6 设单位反馈系统的前向通道传递函数为

$$G(s)=\dfrac{10}{s(s+2)(s+8)}$$

试设计一校正装置,使静态速度误差系数 $K_v=$ $80\mathrm{s}^{-1}$,并使主导极点位于 $s=-2\pm j\sqrt{3}$.

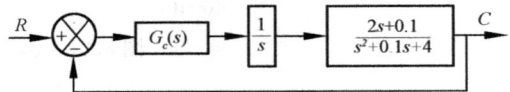

题 8.5 图　系统方块图

8.7 已知系统的开环传递函数

$$G(s)H(s)=\dfrac{K}{s(s+1)(s+2)}$$

试根据系统的根轨迹,分析系统的稳定性以及闭环主导极点具有阻尼为 0.5 时的性能指标.

8.8 具有单位反馈的 II 系统的开环传递函数为

$$G(s)=\dfrac{K}{s^2}$$

试设计一校正网络,使系统性能满足下列指标:$\sigma\leqslant20\%$,$t_s\leqslant4\mathrm{s}(2\%$ 允许误差$)$.

8.9 未校正系统的开环传递函数为

$$G(s)H(s)=\dfrac{8\times10^7}{s(s+10)(s+50)(s+100)(s+200)}$$

试设计一校正装置,使系统满足:$\sigma\leqslant20\%$,$t_s\leqslant0.4\mathrm{s}(2\%$ 允许误差$)$,$K_v=250\mathrm{s}^{-1}$.

8.10 一具有单位反馈的 I 型系统的开环传递为

$$G(s)=\dfrac{K}{s(s+1)(s+4)}$$

(1) 要求校正后系统具有下列性能指标:$\zeta=0.5$,$\omega_n=2\mathrm{rad/s}$,$K_v=1.5\mathrm{s}^{-1}$;

(2) 设计一滞后校正网络,要求满足:$\zeta=0.5$,$t_s=10\mathrm{s}(2\%$ 允许误差$)$,$K_v=5\mathrm{s}^{-1}$;

(3) 设计一滞后超前校正网络,要求满足:$\zeta=0.5$,$\omega_n=0.2\mathrm{rad/s}$,$K_v\geqslant5\mathrm{s}^{-1}$.

8.11 单位反馈系统的开环传递函数为 $G(s)=\dfrac{K}{(s+2)^3}$,画出其根轨迹,并求:

(1) 系统的持续振荡频率;

(2) 对应阻尼比为 0.5 时的位置误差系数,以及仅考虑主导极点的影响时的峰值超调量、峰值时间和调整时间.

8.12 设单位负反馈系统的开环传递函数为 $G(s)=\dfrac{K}{s(s+3)(s+7)}$,试绘制系统的根轨迹并确定使系统阶跃响应具有欠阻尼特性 K 的取值范围.

第9章　状态空间分析法

前面讨论了分析与设计反馈系统的频率法和根轨迹法. 这些经典控制理论方法都是以传递函数的形式来描述系统对象的. 虽然传递函数这种数学模型能为我们提供简便而强有力的分析与设计方法, 但它也具有某些不足的地方. 例如, 传递函数的模型一般只适用于线性定常系统, 基本上只限于单输入单输出线性系统, 且忽略了初始条件的影响. 传递函数研究的是输入与输出之间的关系, 对系统内部的信息缺少丰富的揭示. 而基于状态空间的分析方法是通过研究输入对系统状态的作用、系统状态对输出的影响来研究整个系统的特性, 在输入与输出之间引申出了反映系统内部状况的状态这一重要研究对象, 这为我们研究充分展示系统内部状况的系统特性提供了颇为有用的工具和手段.

本章讨论的重点是基于状态空间描述的系统分析和设计方法. 从理论上说, 状态空间法对于线性和非线性、定常和时变、单输入单输出和多输入多输出等系统的分析与设计均是一种有效的方法.

9.1　系统的状态空间描述

确定系统对象的状态空间描述, 即建立状态空间下的数学模型, 是状态空间法的前提和基础. 与微分方程、传递函数、系统方块图等一样, 状态空间描述也是控制系统模型的重要数学工具之一.

9.1.1　状态描述的基本概念

1. 状态
状态指系统过去、现在、将来的状况.
2. 状态变量
状态变量是指足以完全表征系统运动的最小个数的一组变量或者说完整确定地描述系统时域行为的最小个数的一组变量.

可以这样理解: 若给定 $t=t_0$ 这组状态变量初值, 以及 $t \geqslant t_0$ 时系统输入的时间函数, 则系统在 $t \geqslant t_0$ 的任何瞬时系统行为就完全确定. 即系统的运动状态完整地、确定地被揭示.

对同一系统, 其状态变量的选择并不是唯一的. 例如, 对图 9.1 所示的 RCL 电路状态变量可以有下面的选择.

由该电路的基本方程

$$\begin{cases} C\dfrac{\mathrm{d}u_C}{\mathrm{d}t}=i \\[2mm] L\dfrac{\mathrm{d}i}{\mathrm{d}t}+Ri+u_C=u \end{cases}$$

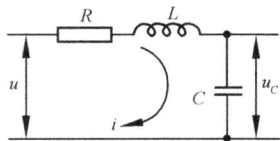

图 9.1　RCL 电路

如果选择 i、u_C 为状态变量, 写成矩阵向量方程有

$$\begin{bmatrix} \dot{u}_C \\ \dot{i} \end{bmatrix} = \begin{bmatrix} 0 & \dfrac{1}{C} \\ -\dfrac{1}{L} & -\dfrac{R}{L} \end{bmatrix} \begin{bmatrix} u_C \\ i \end{bmatrix} + \begin{bmatrix} 0 \\ \dfrac{1}{L} \end{bmatrix} u$$

如果选择 $q(t) = \int i \, dt$, $i(t)$ 作为状态变量则有

$$\begin{cases} \dot{q} = i \\ \dfrac{q}{C} + L\dot{i} + Ri = u \end{cases}$$

$$\begin{bmatrix} \dot{q} \\ \dot{i} \end{bmatrix} = \begin{bmatrix} 0 & 1 \\ -\dfrac{1}{LC} & -\dfrac{R}{L} \end{bmatrix} \begin{bmatrix} q \\ i \end{bmatrix} + \begin{bmatrix} 0 \\ \dfrac{1}{L} \end{bmatrix} u$$

上述表明:同一系统的一组状态变量可以有不同的选择,建立的相应数学模型也不尽相同,但它们都是对同一系统从不同的角度进行的动态描述.因此,对同一系统而言,状态变量的选择不是唯一的,但状态变量选择的个数是相等的.

状态变量未必是物理上可测量的或可观察的量,这种选择状态变量的自由性是状态空间法的一个优点,但就实用而言,对于机电系统,通常如有可能尽量选择系统中各点的流量、压力、位移、速度、电流、电压等这些容易测量的量以及它们的导数作为状态变量.这样在系统设计时会带来许多方便.

3. 状态向量

以状态变量为分量组成的向量,称为状态向量.

如 $x_1(t)$, $x_2(t)$, $\cdots$, $x_n(t)$ 是系统的一组状态变量,则状态向量为

$$\boldsymbol{x}(t) = \begin{bmatrix} x_1(t) \\ x_2(t) \\ \vdots \\ x_n(t) \end{bmatrix} \qquad 或 \qquad \boldsymbol{x} = \begin{bmatrix} x_1 \\ x_2 \\ \vdots \\ x_n \end{bmatrix}$$

4. 状态空间

以状态变量 $x_1, x_2, \cdots, x_n$ 为坐标轴组成的 n 维(正交)空间,称为状态空间.任意状态可用状态空间的一个点来表示,状态空间中的每一点代表状态变量唯一的、特定的一组值.它把向量的代数结构与几何概念联系起来.

5. 状态空间表达式

状态空间表达式(又称动态方程)包括状态方程和输出方程两部分,构成对系统动态的完整描述.对于线性定常系统,状态空间表达式的一般形式为

$$\dot{\boldsymbol{x}}(t) = \boldsymbol{A}\boldsymbol{x}(t) + \boldsymbol{B}\boldsymbol{u}(t) \tag{9.1}$$

$$\boldsymbol{y}(t) = \boldsymbol{C}\boldsymbol{x}(t) + \boldsymbol{D}\boldsymbol{u}(t) \tag{9.2}$$

式(9.1)和式(9.2)分别对应状态方程和输出方程.状态方程是描述系统的状态变量 $\boldsymbol{x}$ 与系统输入 $\boldsymbol{u}$ 之间的一阶微分方程组,即输入引起状态运动的变化.输出方程是在指定系统输出 $\boldsymbol{y}$ 的情况下,该输出与状态变量 $\boldsymbol{x}$ 间的变换关系式.

6. 系统方块图

根据式(9.1)和式(9.2)的状态空间表达式,可画出系统方块图如图9.2所示.

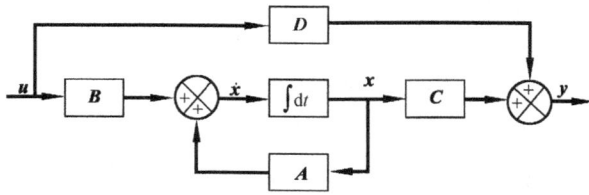

图 9.2　系统方块图

图 9.2 中，x 为 $n×1$ 列向量（表示 n 个状态变量）；u 为 $r×1$ 列向量（表示 r 个输入量）；y 为 $m×1$ 列向量（表示 m 个输出量）；A 为系统矩阵（$n×n$ 矩阵）；B 为输入系数矩阵（$n×r$ 矩阵）；C 为输出系数矩阵（$m×n$ 矩阵）；D 为直接转移矩阵（$m×r$ 矩阵，通常 $D=0$）.

下面举一个机械系统的例子来说明状态空间描述的初步应用.

例 9.1　绘制图 9.3 所示机械系统的状态空间描述和其状态图，其中输入作用力为 u.

解　由牛顿定理，对于质量块 M 有力学方程为

$$M\frac{\mathrm{d}^2 x}{\mathrm{d}t^2}+b\frac{\mathrm{d}x}{\mathrm{d}t}+kx=u(t)$$

这是一个二阶系统，选择状态变量

$$x_1(t)=x(t),\quad x_2(t)=\dot{x}(t)$$

运动方程变为

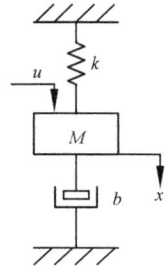

图 9.3　机械系统

$$\begin{cases}\dot{x}_1=x_2\\\dot{x}_2=-\dfrac{k}{M}x_1-\dfrac{b}{M}x_2+\dfrac{1}{M}u\end{cases}$$

$$y=x_1$$

写成向量矩阵形式有

$$\begin{bmatrix}\dot{x}_1\\\dot{x}_2\end{bmatrix}=\begin{bmatrix}0 & 1\\-\dfrac{k}{M} & -\dfrac{b}{M}\end{bmatrix}\begin{bmatrix}x_1\\x_2\end{bmatrix}+\begin{bmatrix}0\\\dfrac{1}{M}\end{bmatrix}u$$

$$y=\begin{bmatrix}1 & 0\end{bmatrix}\begin{bmatrix}x_1\\x_2\end{bmatrix}$$

由状态方程和输出方程绘制的方块图如图 9.4 所示. 状态图有两个积分器，积分器的输出即为状态变量.

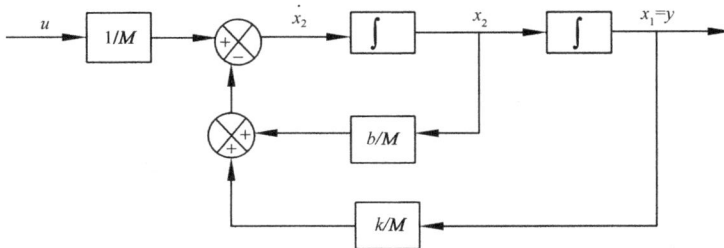

图 9.4　图 9.3 所示机械系统的状态方块图

通过上面的初步讨论,我们可进一步明确下面几点认识:

(1)状态空间描述揭示了"输入—状态—输出"这一过程.与传递函数的输入—输出描述不同,状态空间描述反映的是"输入引起状态变化,状态变化决定输出"这一思想.

(2)输入引起的状态变化是一个运动过程,数学上表现为向量微分方程,即状态方程;状态决定输出是一个变换过程,数学上表现为代数变换方程,即输出方程.

(3)状态变量是足以表征系统运动状态的最小个数的一组变量.系统状态变量的个数等于系统包含的独立储能元件的个数.一个 n 阶系统选择 n 个独立的状态变量,其系统的运动状态就可完全揭示.若一组状态变量在 $t=t_0$ 时刻的值已知,则在输入作用下,$t \geqslant t_0$ 任意时刻的系统行为均完全确定.

(4)对一个系统而言,状态变量的选择不唯一,但状态变量的个数是唯一的.

9.1.2 系统状态空间表达式的建立及线性变换

状态空间法分析系统时,首先要建立系统的状态空间表达式.状态空间表达式一般可从微分方程、传递函数和系统方块图等推得.当然也可逆向推解.下面分几方面逐步加以讨论.

1. 从机理出发建立状态空间表达式

对于结构和参数已知的系统,建立状态空间表达式的一般步骤是:

(1)确定输入量和输出量;

(2)列写系统各动态环节的物理方程和相应的微分方程;

(3)根据各环节微分方程的阶次,选择独立的状态变量,用一阶微分方程组取代所有的微分方程;

(4)写成向量矩阵的形式,即得系统的状态方程 $\dot{\boldsymbol{x}} = \boldsymbol{Ax} + \boldsymbol{Bu}$;

(5)按照输出量是状态变量的线性组合,写成向量代数方程的形式,即得输出方程.

根据具体情况,(2)与(3)次序可以颠倒.

例 9.2 双弹簧-质量-阻尼机械系统如图 9.5(a)所示,作用力 $f(t)$ 为输入,y_1、y_2 为输出,建立系统的状态空间表达式.

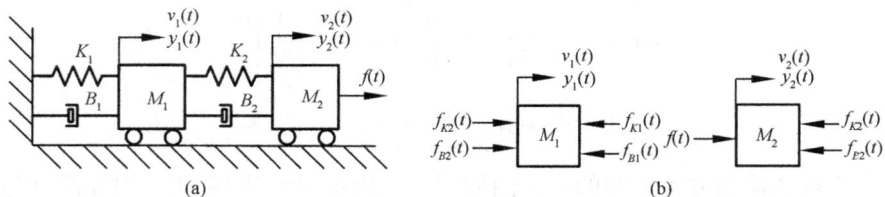

图 9.5 例 9.2 机械系统

解 (1)选择状态变量.

弹簧 K_1、K_2,质量 M_1、M_2 是储能元件,故系统为四阶系统,可有四个状态变量.选择质量块 M_1、M_2 的位移 y_1、y_2,速度 v_1、v_2 作为状态变量.即

$$x_1 = y_1, \quad x_2 = y_2, \quad x_3 = v_1 = \frac{dy_1}{dt}, \quad x_4 = v_2 = \frac{dy_2}{dt}$$

(2)受力分析,列出力平衡方程.

根据图 9.5(b)分离体受力分析,对 M_1 和 M_2 分别有

$$M_1 \frac{\mathrm{d}v_1}{\mathrm{d}t} = K_2(y_2 - y_1) + B_2\left(\frac{\mathrm{d}y_2}{\mathrm{d}t} - \frac{\mathrm{d}y_1}{\mathrm{d}t}\right) - K_1 y_1 - B \frac{\mathrm{d}y_1}{\mathrm{d}t}$$

$$M_2 \frac{\mathrm{d}v_2}{\mathrm{d}t} = f - K_2(y_2 - y_1) - B_2\left(\frac{\mathrm{d}y_2}{\mathrm{d}t} - \frac{\mathrm{d}y_1}{\mathrm{d}t}\right)$$

(3) 代入上述状态变量,化为一阶微分方程组.

$$\begin{cases} \dot{x}_1 = x_3 \\ \dot{x}_2 = x_4 \\ \dot{x}_3 = -\frac{1}{M_1}(K_1 + K_2)x_1 + \frac{K_2}{M_1}x_2 - \frac{1}{M_1}(B_1 + B_2)x_3 + \frac{B_2}{M_1}x_4 \\ \dot{x}_4 = \frac{K_2}{M_2}x_1 - \frac{K_2}{M_2}x_2 + \frac{B_2}{M_2}x_3 - \frac{B_2}{M_2}x_4 + \frac{1}{M_2}f \end{cases}$$

(4) 写成动态方程,得状态方程和输出方程.

$$\begin{bmatrix} \dot{x}_1 \\ \dot{x}_2 \\ \dot{x}_3 \\ \dot{x}_4 \end{bmatrix} = \begin{bmatrix} 0 & 0 & 1 & 0 \\ 0 & 0 & 0 & 1 \\ -\frac{1}{M}(K_1 + K_2) & \frac{K_2}{M_1} & -\frac{1}{M_1}(B_1 + B_2) & \frac{B_2}{M_1} \\ \frac{K_2}{M_2} & -\frac{K_2}{M_2} & \frac{B_2}{M_2} & -\frac{B_2}{M_2} \end{bmatrix} \begin{bmatrix} x_1 \\ x_2 \\ x_3 \\ x_4 \end{bmatrix} + \begin{bmatrix} 0 \\ 0 \\ 0 \\ \frac{1}{M_2} \end{bmatrix} f$$

$$\begin{bmatrix} y_1 \\ y_2 \end{bmatrix} = \begin{bmatrix} 1 & 0 & 0 & 0 \\ 0 & 1 & 0 & 0 \end{bmatrix} \begin{bmatrix} x_1 \\ x_2 \\ x_3 \\ x_4 \end{bmatrix}$$

2. 化高阶微分方程为状态空间状态表达式

同一系统的两种不同模式(输入输出模式和状态变量模式)的数学模型之间存在着内在的联系,并且可以相互转换. 在经典控制理论中,通常把控制系统的时域模型表征为输出和输入间的一个单变量高阶微分方程,它具有如下一般形式:

$$y^{(n)} + a_1 y^{(n-1)} + \cdots + a_{n-1}\dot{y} + a_n y = b_0 u^{(n)} + b_1 u^{(n-1)} + \cdots + b_{n-1}\dot{u} + b_n u$$

对应的状态空间表达式为

$$\begin{cases} \dot{x} = Ax + Bu \\ y = Cx + Du \end{cases}$$

所以,将一般时域描述化为状态空间表达式的关键问题是适当选择系统的状态变量,并由 $a_i(i=1,2,\cdots,n)$、$b_j(j=0,1,\cdots,n)$ 定出相应的系数矩阵 A、B、C、D. 下面分两种情况进行讨论.

1) 输入函数不包含导数项的情况

不包含输入函数导数项的微分方程形式

$$y^{(n)} + a_1 y^{(n-1)} + \cdots + a_{n-1}\dot{y} + a_n y = b_n u \tag{9.3}$$

n 阶系统具有 n 个状态变量,因为当给定 $y(0), \dot{y}(0), \cdots, y^{(n-1)}(0)$ 和 $t \geqslant 0$ 的输入 $u(t)$ 时,

系统在 $t \geqslant 0$ 时的运动状态就完全确定了,所以可以取 $y, \dot{y}, \ddot{y}, \cdots, y^{(n-1)}$ 为系统的一组状态变量

$$\begin{cases} x_1 = y \\ x_2 = \dot{y} \\ \vdots \\ x_n = y^{(n-1)} \end{cases}$$

将高阶微分方程化为状态变量 $x_1, x_2, \cdots, x_n$ 的一阶微分方程组

$$\begin{cases} \dot{x}_1 = \dot{y} = x_2 \\ \dot{x}_2 = \ddot{y} = x_3 \\ \vdots \\ \dot{x}_{n-1} = y^{(n-1)} = x_n \\ \dot{x}_n = y^{(n)} = -a_n x_1 - a_{n-1} x_2 - \cdots - a_1 x_n + b_n u \end{cases}$$

系统输出关系式为

$$y = x_1$$

将上述一阶微分方程组化为向量矩阵形式,状态方程为

$$\begin{bmatrix} \dot{x}_1 \\ \dot{x}_2 \\ \vdots \\ \dot{x}_n \end{bmatrix} = \begin{bmatrix} 0 & 1 & 0 & \cdots & 0 \\ 0 & 0 & 1 & \cdots & 0 \\ \vdots & \vdots & \vdots & & \vdots \\ -a_n & -a_{n-1} & -a_{n-2} & \cdots & -a_1 \end{bmatrix} \begin{bmatrix} x_1 \\ x_2 \\ \vdots \\ x_n \end{bmatrix} + \begin{bmatrix} 0 \\ 0 \\ \vdots \\ b_n \end{bmatrix} u \tag{9.4}$$

输出方程为

$$y = \begin{bmatrix} 1 & 0 & \cdots & 0 \end{bmatrix} \begin{bmatrix} x_1 \\ x_2 \\ \vdots \\ x_n \end{bmatrix} \tag{9.5}$$

其状态方块图如图 9.6 所示.

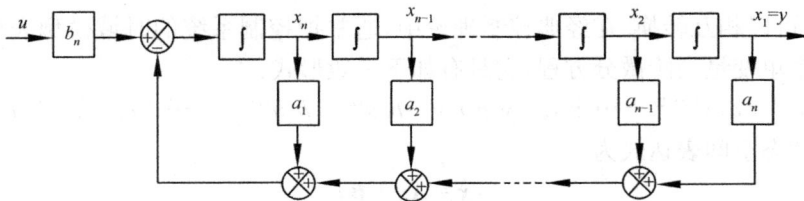

图 9.6 式(9.4)、式(9.5)状态方块图

当初始条件为零时,对式(9.3)所示系统的传递函数为

$$\frac{Y(s)}{U(s)} = \frac{b_n}{s^n + a_1 s^{n-1} + \cdots + a_{n-1} s + a_n}$$

因此,状态空间表达式也可由式(9.4)和式(9.5)来确定. 这种形式的动态方程称为能控标准型.

例 9.3 已知阀控油缸简化后系统输入输出方程为

$$\frac{V_t M}{4\beta_e A^2} \overset{\cdots}{y} + \frac{K_c M}{A^2} \ddot{y} + \dot{y} = \frac{K_q}{A} x_v$$

其输入为阀芯位移 x_v，输出为油缸活塞位移 y，试建立系统状态空间表达式.

解 取状态变量 $x_1 = y, x_2 = \dot{y}, x_3 = \ddot{y}$，由式(9.4)、式(9.5)可写出状态方程和输出方程为

$$\begin{bmatrix} \dot{x}_1 \\ \dot{x}_2 \\ \dot{x}_3 \end{bmatrix} = \begin{bmatrix} 0 & 1 & 0 \\ 0 & 0 & 1 \\ 0 & -\dfrac{4\beta_e A^2}{V_t M} & -\dfrac{4\beta_e K_c}{V_t} \end{bmatrix} \begin{bmatrix} x_1 \\ x_2 \\ x_3 \end{bmatrix} + \begin{bmatrix} 0 \\ 0 \\ \dfrac{4\beta_e K_q A}{V_t M} \end{bmatrix} x_v$$

$$y = \begin{bmatrix} 1 & 0 & 0 \end{bmatrix} \begin{bmatrix} x_1 \\ x_2 \\ x_3 \end{bmatrix}$$

2) 输入函数包含导数项的情况

在系统的微分方程中包含输入函数的导数项时，n 阶常系数线性系统方程为

$$y^{(n)} + a_1 y^{(n-1)} + \cdots + a_{n-1} \dot{y} + a_n y = b_0 u^{(n)} + b_1 u^{(n-1)} + \cdots + b_{n-1} \dot{u} + b_n u \tag{9.6}$$

定义下列 n 个变量作为系统的状态变量：

$$\begin{aligned} x_1 &= y - \beta_0 u \\ x_2 &= \dot{y} - \beta_0 \dot{u} - \beta_1 u = \dot{x}_1 - \beta_1 u \\ x_3 &= \ddot{y} - \beta_0 \ddot{u} - \beta_1 \dot{u} - \beta_2 u = \dot{x}_2 - \beta_2 u \\ &\quad\vdots \\ x_n &= y^{(n-1)} - \beta_0 u^{(n-1)} - \beta_1 u^{(n-2)} - \cdots - \beta_{n-2} \dot{u} - \beta_{n-1} u = \dot{x}_{n-1} - \beta_{n-1} u \end{aligned} \tag{9.7}$$

式中

$$\begin{aligned} \beta_0 &= b_0 \\ \beta_1 &= b_1 - a_1 \beta_0 \\ \beta_2 &= b_2 - a_1 \beta_1 - a_2 \beta_0 \\ \beta_3 &= b_3 - a_1 \beta_2 - a_2 \beta_1 - a_3 \beta_0 \\ &\quad\vdots \\ \beta_n &= b_n - a_1 \beta_{n-1} - \cdots - a_{n-1} \beta_1 - a_n \beta_0 \end{aligned} \tag{9.8}$$

上述参数间有如下关系：

$$\begin{bmatrix} 1 & & & & \\ a_1 & 1 & & 0 & \\ & a_1 & 1 & & \\ \vdots & \vdots & \vdots & \ddots & \\ a_n & a_{n-1} & a_{n-2} & \cdots & 1 \end{bmatrix} \begin{bmatrix} \beta_0 \\ \beta_1 \\ \beta_2 \\ \vdots \\ \beta_n \end{bmatrix} = \begin{bmatrix} b_0 \\ b_1 \\ b_2 \\ \vdots \\ b_n \end{bmatrix}$$

采用这种状态变量的选择，可得到如下一阶微分方程组

$$\dot{x}_1 = x_2 + \beta_1 u$$
$$\dot{x}_2 = x_3 + \beta_2 u$$
$$\vdots \tag{9.9}$$
$$\dot{x}_{n-1} = x_n + \beta_{n-1} u$$
$$\dot{x}_n = -a_n x_1 - a_{n-1} x_2 - \cdots - a_1 x_n + \beta_n u$$

表示成向量-矩阵方程,则状态方程和输出方程可以写为

$$
\begin{bmatrix} \dot{x}_1 \\ \dot{x}_2 \\ \vdots \\ \dot{x}_{n-1} \\ \dot{x}_n \end{bmatrix} = \begin{bmatrix} 0 & 1 & 0 & \cdots & 0 \\ 0 & 0 & 1 & \cdots & 0 \\ \vdots & \vdots & \vdots & & \vdots \\ 0 & 0 & 0 & \cdots & 1 \\ -a_n & -a_{n-1} & -a_{n-2} & \cdots & -a_1 \end{bmatrix} \begin{bmatrix} x_1 \\ x_2 \\ \vdots \\ x_{n-1} \\ x_n \end{bmatrix} + \begin{bmatrix} \beta_1 \\ \beta_2 \\ \vdots \\ \beta_{n-1} \\ \beta_n \end{bmatrix} u \tag{9.10}
$$

$$
y = \begin{bmatrix} 1 & 0 & \cdots & 0 \end{bmatrix} \begin{bmatrix} x_1 \\ x_2 \\ \vdots \\ x_n \end{bmatrix} + \beta_0 u \tag{9.11}
$$

其状态方块图见图 9.7.

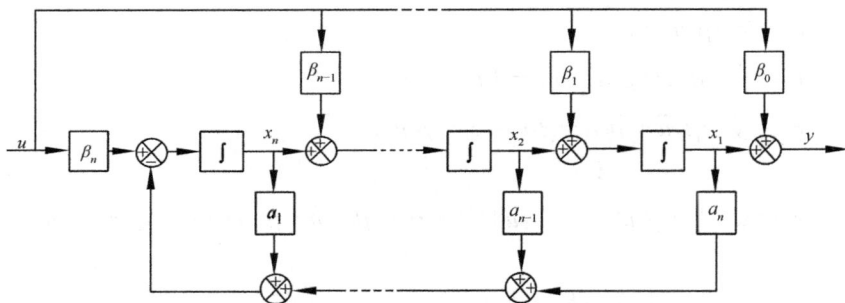

图 9.7 式(9.10)和式(9.11)表示的状态方块图

在这种状态空间表达式中,矩阵 A 和 C 与式(9.4)、式(9.5)代表的系统的相应矩阵完全相同. 式(9.6)右端的导数项只影响 B 矩阵的元素.

当初始条件为零时,传递函数

$$\frac{Y(s)}{U(s)} = \frac{b_0 s^n + b_1 s^{n-1} + \cdots + b_{n-1} s + b_n}{s^n + a_1 s^{n-1} + \cdots + a_{n-1} s + a_n} \tag{9.12}$$

的状态空间表达式可用式(9.10)和式(9.11)表示.

例 9.4 将下述机械系统的输出-输入微分方程变换为状态空间表达式

$$\dddot{y} + 18\ddot{y} + 192\dot{y} + 640y = 160\dot{u} + 640u$$

解 已知 $a_1 = 18, a_2 = 192, a_3 = 640, b_0 = b_1 = 0, b_2 = 160, b_3 = 640.$ 由式(9.8)得

$$\beta_0 = b_0 = 0$$
$$\beta_1 = b_1 - a_1 \beta_0 = 0$$
$$\beta_2 = b_2 - a_1 \beta_1 - a_2 \beta_0 = 160$$
$$\beta_3 = b_3 - a_1 \beta_2 - a_2 \beta_1 - a_3 \beta_0 = 640 - 18 \times 160 = -2240$$

所以状态变量为

$$x_1 = y - \beta_0 u = y$$
$$x_2 = \dot{y} - \beta_0 \dot{u} - \beta_1 u = \dot{y}$$
$$x_3 = \ddot{y} - \beta_0 \ddot{u} - \beta_1 \dot{u} - \beta_2 u = \ddot{y} - 160 u$$

故状态方程和输出方程为

$$\begin{bmatrix} \dot{x}_1 \\ \dot{x}_2 \\ \dot{x}_3 \end{bmatrix} = \begin{bmatrix} 0 & 1 & 0 \\ 0 & 0 & 1 \\ -640 & -192 & -18 \end{bmatrix} \begin{bmatrix} x_1 \\ x_2 \\ x_3 \end{bmatrix} + \begin{bmatrix} 0 \\ 160 \\ -2240 \end{bmatrix} u$$

$$y = \begin{bmatrix} 1 & 0 & 0 \end{bmatrix} \begin{bmatrix} x_1 \\ x_2 \\ x_3 \end{bmatrix}$$

9.1.3 化传递函数为状态空间表达式

在现代控制理论中,给定一个系统的传递函数,若存在一个线性定常系数的动态方程,使之具有原来的传递函数,则称此传递函数是可实现的;或者说,该动态方程是此传递函数的一个实现,传递函数可以实现的充分必要条件是,它必须是一个严格的真有理函数. 在上面讨论由微分方程变换状态空间表达式时,谈及适用于传递函数的变换,但就同一个传递函数的实现并不是唯一的,也就是说,一个可以实现的传递函数能得到无限多个动态方程,如能控标准型、能观标准型、对角线标准型等. 下面我们进一步举例说明.

设系统的传递函数为

$$G(s) = \frac{Y(s)}{U(s)} = \frac{s^2 + 8s + 15}{s^3 + 7s^2 + 14s + 8}$$

求它的不同实现形式.

1. 能控标准型

引入一个中间变量 $Z(s)$,使

$$G(s) = \frac{Y(s)}{Z(s)} \frac{Z(s)}{U(s)} = \frac{s^2 + 8s + 15}{s^3 + 7s^2 + 14s + 8}$$

令
$$\begin{cases} \dfrac{Z(s)}{U(s)} = \dfrac{1}{s^3 + 7s^2 + 14s + 8} \\ \dfrac{Y(s)}{Z(s)} = s^2 + 8s + 15 \end{cases}$$

则可以得到两个微分方程

$$\dddot{z} + 7\ddot{z} + 14\dot{z} + 8z = u$$
$$y = \ddot{z} + 8\dot{z} + 15z$$

由前一个微分方程,如选择

$$x_1 = z, \quad x_2 = \dot{z}, \quad x_3 = \ddot{z}$$

为状态变量,则有状态方程

$$\dot{x}_1 = x_2$$
$$\dot{x}_2 = x_3$$
$$\dot{x}_3 = -8x_1 - 14x_2 - 7x_3 + u$$

写成向量形式

$$\dot{\boldsymbol{x}} = \begin{bmatrix} 0 & 1 & 0 \\ 0 & 0 & 1 \\ -8 & -14 & -7 \end{bmatrix} \boldsymbol{x} + \begin{bmatrix} 0 \\ 0 \\ 1 \end{bmatrix} u$$

输出方程为

$$y = 15x_1 + 8x_2 + x_3 = \begin{bmatrix} 15 & 8 & 1 \end{bmatrix} \boldsymbol{x}$$

从上面这个例子,注意到动态方程中各矩阵元素与传递函数分母及分子各项系数之间的关系,可以把这种实现形式扩展到一般形式.

设 n 阶线性系统的传递函数为

$$\frac{Y(s)}{U(s)} = \frac{b_1 s^{n-1} + \cdots + b_{n-1} s + b_n}{s^n + a_1 s^{n-1} + \cdots + a_{n-1} s + a_n} \tag{9.13}$$

根据上面的步骤,则可得到如下的动态方程

$$\dot{\boldsymbol{x}} = \begin{bmatrix} 0 & 1 & 0 & \cdots & 0 \\ 0 & 0 & 1 & \cdots & 0 \\ \vdots & \vdots & \vdots & & \vdots \\ 0 & 0 & 0 & \cdots & 1 \\ -a_n & -a_{n-1} & -a_{n-2} & \cdots & -a_1 \end{bmatrix} \boldsymbol{x} + \begin{bmatrix} 0 \\ 0 \\ \vdots \\ 0 \\ 1 \end{bmatrix} u \tag{9.14}$$

$$y = \begin{bmatrix} b_n & b_{n-1} & \cdots & b_2 & b_1 \end{bmatrix} \boldsymbol{x} \tag{9.15}$$

当状态方程中 $\boldsymbol{A}$ 与 $\boldsymbol{B}$ 具有式(9.14)的形式时,把这种实现称为能控标准型实现. 请注意上述能控标准形实现中,$\boldsymbol{A}$、$\boldsymbol{C}$ 中的一些元素与传递函数分母与分子中的各项系数之间的关系.式(9.14)、式(9.15)能控标准型状态方块图如图9.8所示.

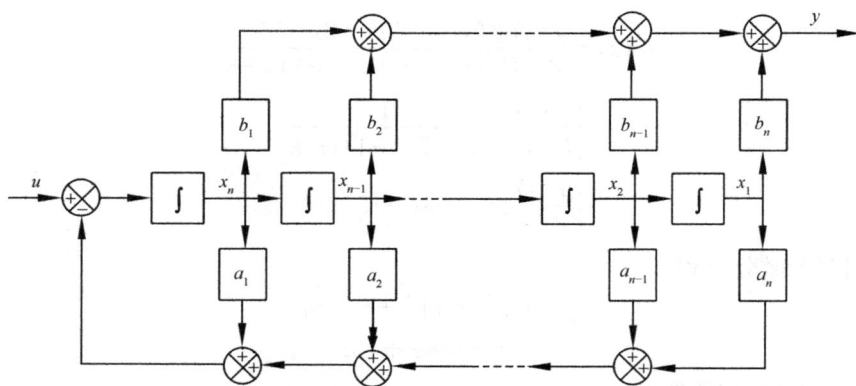

图 9.8 式(9.14)、式(9.15)能控标准型状态方块图

2. 能观标准形

先讨论系统传递函数 $G(s) = \dfrac{Y(s)}{U(s)} = \dfrac{s^2 + 8s + 15}{s^3 + 7s^2 + 14s + 8}$，其微分方程为

$$\dddot{y} + 7\ddot{y} + 14\dot{y} + 8y = \ddot{u} + 8\dot{u} + 15$$

拉普拉斯变换后则可得

$$\left[s^3 Y(s) - s^2 y(0) - s\dot{y}(0) - \ddot{y}(0) \right] + 7\left[s^2 Y(s) - sy(0) - \dot{y}(0) \right] + 14\left[sY(s) - y(0) \right]$$
$$+ 8Y(s) = \left[s^2 U(s) - su(0) - \dot{u}(0) \right] + 8\left[sU(s) - u(0) \right] + 15U(s)$$

合并同类项并整理得

$$(s^3 + 7s^2 + 14s + 8)Y(s) = (s^2 + 8s + 15)U(s) + y(0)s^2$$
$$+ \left[\dot{y}(0) + 7y(0) - u(0) \right]s + \left[\ddot{y}(0) + 7\dot{y}(0) + 14y(0) - \dot{u}(0) - 8u(0) \right]$$

若初始条件已知，即上式中 s^2、s 和 s^0 项的系数已知，则可由给定的 $u(t)$ 唯一地确定 $y(t)$. 所以根据已知初始条件的启发，我们选择如下三个状态变量

$$x_1 = \ddot{y} + 7\dot{y} + 14y - \dot{u} - 8u$$
$$x_2 = \dot{y} + 7y - u$$
$$x_3 = y$$

则可列出系统的状态方程

$$\begin{cases} \dot{x}_1 = \dddot{y} + 7\ddot{y} + 14\dot{y} - \ddot{u} - 8\dot{u} = -8y + 15u = -8x_3 + 15u \\ \dot{x}_2 = \ddot{y} + 7\dot{y} - \dot{u} = x_1 - 14y + 8u = x_1 - 14x_3 + 8u \\ \dot{x}_3 = \dot{y} = x_2 - 7y + u = x_2 - 7x_3 + u \end{cases}$$

写成向量形式有

$$\dot{\boldsymbol{x}} = \begin{bmatrix} 0 & 0 & -8 \\ 1 & 0 & -14 \\ 0 & 1 & -7 \end{bmatrix} \boldsymbol{x} + \begin{bmatrix} 15 \\ 8 \\ 1 \end{bmatrix} u$$

因为 $y = x_3$，所以输出方程为

$$y = \begin{bmatrix} 0 & 0 & 1 \end{bmatrix} \boldsymbol{x}$$

这里所得到的动态方程是已知传递函数式 $G(s) = \dfrac{Y(s)}{U(s)} = \dfrac{s^2 + 8s + 15}{s^3 + 7s^2 + 14s + 8}$ 的又一种实现. 这种实现同样也可以扩展到一般情形，即对于如式(9.13)的传递函数，可以有如下的动态方程：

$$\dot{\boldsymbol{x}} = \begin{bmatrix} 0 & 0 & \cdots & 0 & -a_n \\ 1 & 0 & \cdots & 0 & -a_{n-1} \\ \vdots & \vdots & & \vdots & \vdots \\ 0 & 0 & \cdots & 0 & -a_2 \\ 0 & 0 & \cdots & 1 & -a_1 \end{bmatrix} \boldsymbol{x} + \begin{bmatrix} b_n \\ b_{n-1} \\ \vdots \\ b_2 \\ b_1 \end{bmatrix} u \qquad (9.16)$$

$$y = \begin{bmatrix} 0 & 0 & \cdots & 0 & 1 \end{bmatrix} \boldsymbol{x} \qquad (9.17)$$

当动态方程中 $\boldsymbol{A}$ 和 $\boldsymbol{C}$ 有如式(9.16)和式(9.17)的形式时，我们称这种实现为能观标准型实现. 其能观标准型状态方块图如图 9.9 所示，请注意 $\boldsymbol{A}$、$\boldsymbol{B}$ 中一些元素与传递函数分母及分子中的各项系数之间的关系.

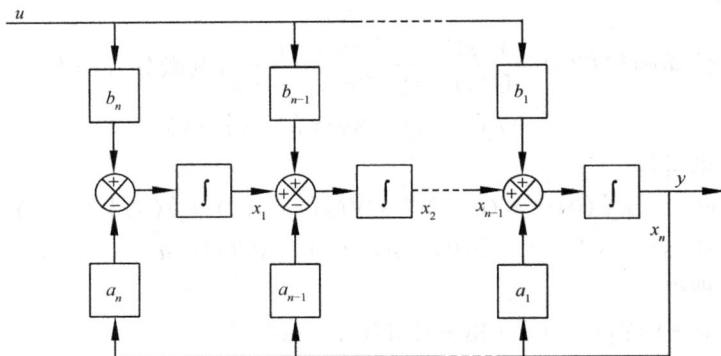

图 9.9　式(9.16)和式(9.17)能观标准型状态方块图

可见,在能控标准型和能观标准型实现中,系数矩阵之间有如下关系:它们的系数矩阵 $\boldsymbol{A}$ 互为转置;能控标准型的 $\boldsymbol{B}$ 是能观标准型的 $\boldsymbol{C}$;能观标准型的 $\boldsymbol{B}$ 又是能控标准型的 $\boldsymbol{C}$. 即 $\boldsymbol{A}_{能控}=\boldsymbol{A}_{能观}^{\mathrm{T}}$,$\boldsymbol{B}_{能控}=\boldsymbol{C}_{能观}^{\mathrm{T}}$,$\boldsymbol{C}_{能控}=\boldsymbol{B}_{能观}^{\mathrm{T}}$.

3. 对角线标准型

如果给定的传递函数的分母多项式可以分解因式,则可将传递函数展开成部分分式展开式,用下述方法得到系统的动态方程.

依然讨论前面的同一个例子,可推得

$$G(s)=\frac{Y(s)}{U(s)}=\frac{s^2+8s+15}{s^3+7s^2+14s+8}=\frac{s^2+8s+15}{(s+1)(s+2)(s+4)}=\frac{8/3}{s+1}-\frac{3/2}{s+2}-\frac{1/6}{s+4}$$

于是有

$$Y(s)=\left(\frac{8/3}{s+1}-\frac{3/2}{s+2}-\frac{1/6}{s+4}\right)U(s)$$

设

$$\begin{cases} X_1(s)=\dfrac{1}{s+1}U(s) \\[2mm] X_2(s)=\dfrac{1}{s+2}U(s) \\[2mm] X_3(s)=\dfrac{1}{s+4}U(s) \end{cases}$$

可以得到系统的状态方程和输出方程

$$\begin{cases} \dot{x}_1=-x_1+u \\ \dot{x}_2=-2x_2+u \\ \dot{x}_3=-4x_3+u \end{cases}$$

$$y=\frac{8}{3}x_1-\frac{3}{2}x_2-\frac{1}{6}x_3$$

写成矩阵形式为

$$\dot{\boldsymbol{x}}=\begin{bmatrix} -1 & 0 & 0 \\ 0 & -2 & 0 \\ 0 & 0 & -4 \end{bmatrix}\boldsymbol{x}+\begin{bmatrix} 1 \\ 1 \\ 1 \end{bmatrix}u$$

$$y = \begin{bmatrix} \dfrac{8}{3} & -\dfrac{3}{2} & -\dfrac{1}{6} \end{bmatrix} x$$

所得到的动态方程是对角线标准型的形式.

考虑一般性,如果传递函数的分母多项式(即传递函数的特征多项式)具有互不相同的极点,则传递函数 $G(s)$ 的一般形式可以写成

$$G(s) = \frac{Y(s)}{U(s)} = \frac{b_0 s^n + b_1 s^{n-1} + \cdots + b_{n-1} s + b_n}{s^n + a_1 s^{n-1} + \cdots + a_{n-1} s + a_n} = \sum_{i=1}^{n} \frac{c_i}{s + \lambda_i} \tag{9.18}$$

式中,λ_i 为特征方程的根;C_i 为 $-\lambda_i$ 相应的留数.

于是,系统的动态方程就有如下的形式

$$\dot{x} = \begin{bmatrix} -\lambda_1 & & & \\ & -\lambda_2 & & \\ & & \ddots & \\ & & & -\lambda_n \end{bmatrix} x + \begin{bmatrix} 1 \\ 1 \\ \vdots \\ 1 \end{bmatrix} u \tag{9.19}$$

$$y = \begin{bmatrix} c_1 & c_2 & \cdots & c_n \end{bmatrix} x \tag{9.20}$$

在这种实现中,状态方程的系数矩阵 A 为对角线矩阵(简称对角阵),其对角线上的元素为传递函数特征方程的根,所以称这种实现为对角线标准型实现.其方块图如图 9.10 所示.

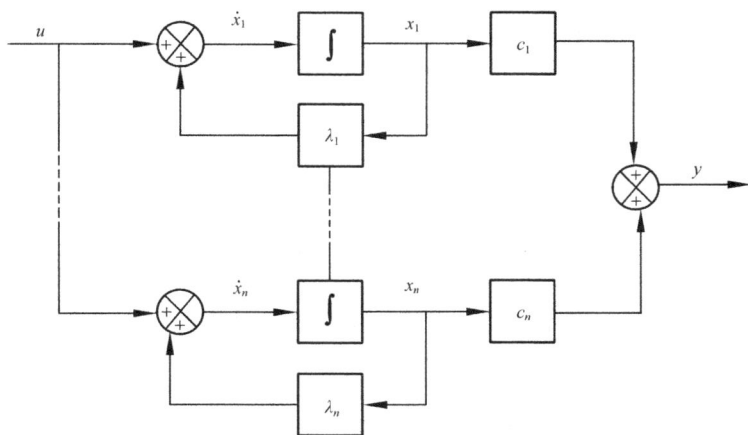

图 9.10 对角线标准型的系统状态方块图

当传递函数特征方程有重根时,A 阵可化为约当(Jordan)矩阵.例如,一个严格真有理函数 $G(s)$,它的特征方程含有一个三重根 $-\lambda_1$ 和两个互异根 $-\lambda_2$、$-\lambda_3$,经因式分解后得到

$$G(s) = \frac{c_{11}}{(s + \lambda_1)^3} + \frac{c_{12}}{(s + \lambda_1)^2} + \frac{c_{13}}{s + \lambda_1} + \frac{c_2}{s + \lambda_2} + \frac{c_3}{s + \lambda_3}$$

如果选取 x_{11}、x_{12}、x_{13}、x_2 和 x_3 作为状态变量,则有

$$\dot{x}_{11} = -\lambda_1 x_{11} + x_{12}$$
$$\dot{x}_{12} = -\lambda_1 x_{12} + x_{13}$$
$$\dot{x}_{13} = -\lambda_1 x_{13} + u$$
$$\dot{x}_2 = -\lambda_2 x_2 + u$$

$$\dot{x}_3 = -\lambda_3 x_3 + u$$

因此 $G(s)$ 的动态方程为

$$\begin{bmatrix} \dot{x}_{11} \\ \dot{x}_{12} \\ \dot{x}_{13} \\ \dot{x}_2 \\ \dot{x}_3 \end{bmatrix} = \begin{bmatrix} -\lambda_1 & 1 & 0 & 0 & 0 \\ & -\lambda_1 & 1 & 0 & 0 \\ & & -\lambda_1 & 0 & 0 \\ 0 & & -\lambda_2 & 0 \\ & & & & -\lambda_3 \end{bmatrix} \begin{bmatrix} x_{11} \\ x_{12} \\ x_{13} \\ x_2 \\ x_3 \end{bmatrix} + \begin{bmatrix} 0 \\ 0 \\ 1 \\ 1 \\ 1 \end{bmatrix} u$$

$$y = \begin{bmatrix} c_{11} & c_{12} & c_{13} & c_2 & c_3 \end{bmatrix} \boldsymbol{x}$$

由上式画出的状态方块图如图 9.11 所示.

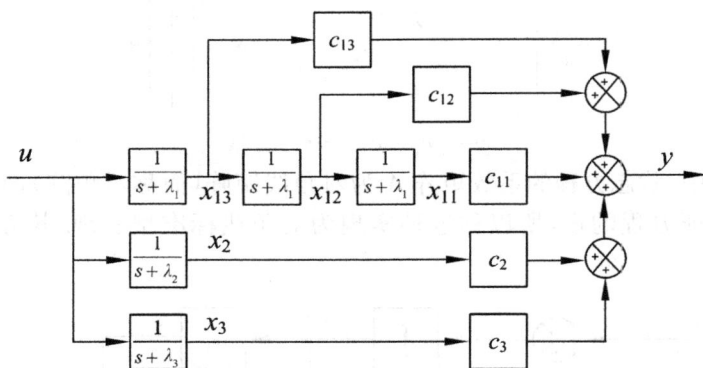

图 9.11 系统状态方块图

在这种实现中,系数矩阵 $\boldsymbol{A}$ 是约当型矩阵,所以称为约当标准型实现. 对角线标准型实现和约当标准型实现又称为特征值标准型实现.

从以上分析可见:系统的实现不是唯一的. 当传递函数为真有理函数,即传递函数分子多项式的次数小于(或等于)分母多项式的次数并无公因子时,实现中所得状态方程维数是最小的. 它等于传递函数阶次,则称这种实现为最小实现. 最小实现反映了系统的结构最简单. 如果从动态方程求传递函数,若所得的传递函数阶次小于状态方程的维数,则说明传递函数分子、分母有零、极点相抵消,此时称动态方程为非最小实现.

9.1.4 化状态方程为传递函数

下面讨论如何从状态空间表达式导出单输入单输出系统的传递函数.

设系统传递函数为

$$\frac{Y(s)}{U(s)} = G(s)$$

其状态空间表达式如下:

$$\dot{\boldsymbol{x}} = \boldsymbol{A}\boldsymbol{x} + \boldsymbol{B}u \tag{9.21}$$

$$y = \boldsymbol{C}\boldsymbol{x} + \boldsymbol{D}u \tag{9.22}$$

式中,$\boldsymbol{x}$ 为 n 维状态向量,u 为输入量,y 为输出量. 方程(9.21)和(9.22)的拉普拉斯变换为

$$s\boldsymbol{X}(s) - \boldsymbol{x}(0) = \boldsymbol{A}\boldsymbol{X}(s) + \boldsymbol{B}U(s)$$

$$Y(s) = CX(s) + DU(s) \tag{9.23}$$

由于传递函数定义为在零初始条件下输出量的拉普拉斯变换与输入量的拉普拉斯变换之比,故令 $x(0)=0$. 于是得到

$$sX(s) - AX(s) = BU(s)$$

即

$$(sI - A)X(s) = BU(s)$$

$$X(s) = (sI - A)^{-1}BU(s) \tag{9.24}$$

把方程(9.24)代入方程(9.23),可得

$$Y(s) = [C(sI - A)^{-1}B + D]U(s)$$

于是

$$G(s) = \frac{Y(s)}{U(s)} = C(sI - A)^{-1}B + D$$

如 $D = 0$,则

$$G(s) = \frac{Y(s)}{U(s)} = C \frac{\mathrm{adj}(sI - A)}{|sI - A|}B \tag{9.25}$$

式中,$\mathrm{adj}(sI - A)$ 表示特征矩阵 $(sI - A)$ 的伴随矩阵. $|sI - A|$ 为系数矩阵 A 的特征多项式,$|sI - A| = 0$ 即为系统的特征方程. 式(9.25)等同于经典控制理论中

$$G(s) = \frac{Y(s)}{U(s)} = \frac{b_0 s^n + b_1 s^{n-1} + \cdots + b_{n-1} s + b_n}{s^n + a_1 s^{n-1} + \cdots + a_{n-1} s + a_n}$$

可见:①传递函数分母多项式等同于系统矩阵 A 的特征多项式;②传递函数的极点就是系统(系数矩阵 A)的特征值.

例 9.5 再次考虑图 9.3 所示的机械系统,根据该系统的状态空间表达式,求系统的传递函数.

解 将例 9.1 求得的 A、B、C 代入方程(9.25),得到

$G(s) = C(sI - A)^{-1}B$

$$= \begin{bmatrix} 1 & 0 \end{bmatrix} \left\{ \begin{bmatrix} s & 0 \\ 0 & s \end{bmatrix} - \begin{bmatrix} 0 & 1 \\ -\dfrac{k}{M} & -\dfrac{b}{M} \end{bmatrix} \right\}^{-1} \begin{bmatrix} 0 \\ \dfrac{1}{M} \end{bmatrix} = \begin{bmatrix} 1 & 0 \end{bmatrix} \begin{bmatrix} s & -1 \\ \dfrac{k}{M} & s + \dfrac{b}{M} \end{bmatrix}^{-1} \begin{bmatrix} 0 \\ \dfrac{1}{M} \end{bmatrix}$$

$$= \begin{bmatrix} 1 & 0 \end{bmatrix} \frac{1}{s^2 + \dfrac{b}{M}s + \dfrac{k}{M}} \begin{bmatrix} s + \dfrac{b}{M} & 1 \\ -\dfrac{k}{M} & s \end{bmatrix} \begin{bmatrix} 0 \\ \dfrac{1}{M} \end{bmatrix} = \frac{1}{Ms^2 + bs + k}$$

这就是系统的传递函数,该传递函数也可由例 9.1 中的力学方程推得. 可见传递函数为二阶,与相应状态方程的维数(2 维)相等,所以例 9.1 所得到的动态方程为系统的最小实现.

9.1.5 状态向量的线性变换与对角化

同一个系统可以有无限个状态向量,即状态向量不是唯一的,对应的状态空间表达式也不是唯一的. 同一系统的不同状态向量之间,实际上是一种状态向量的线性变换.

1. 状态向量的线性变换

假设系统的状态方程为

$$\dot{x} = Ax + Bu \tag{9.26a}$$

$$y = Cx + Du \tag{9.26b}$$

令状态向量作如下线性变换：

$$x = Pz \tag{9.27}$$

式中，P 为非奇异线性变换阵.

将上式代入式(9.26)，得

$$\dot{z} = \tilde{A}z + \tilde{B}u \tag{9.28a}$$

$$y = \tilde{C}z + Du \tag{9.28b}$$

式中，$\tilde{A} = P^{-1}AP, \tilde{B} = P^{-1}B, \tilde{C} = CP.$

因 P 是非奇异的，乘积的行列式等于行列式的乘积，有

$$|\lambda I - P^{-1}AP| = |\lambda P^{-1}P - P^{-1}AP| = |P^{-1}(\lambda I - A)P|$$
$$= |P^{-1}| \, |(\lambda I - A)| \, |P| = |P^{-1}| \, |P| \, |(\lambda I - A)|$$
$$= |P^{-1}P| \, |(\lambda I - A)| = |(\lambda I - A)|$$

式(9.28)为式(9.26)经过状态变换后的系统动态方程. $|\lambda I - A|$ 和 $|\lambda I - P^{-1}AP|$ 相等证明了式(9.28)和式(9.26)的特征值相同，即系统经过线性变换后其特征值不变.

2. 能控标准型化为对角线标准型

对角线标准型是一种常用的状态空间表达形式. 对角线化就是将状态空间表达式的一般型转换为对角线标准型. 我们在这里仅讨论由能控标准型转化为对角线标准型的方法.

一个 n 阶系统，设状态方程中系统矩阵 A 是能控标准型，且它具有两两相异的特征值 $\lambda_1, \lambda_2, \cdots, \lambda_n$. 取线性变换阵 P 为

$$P = \begin{bmatrix} 1 & 1 & \cdots & 1 \\ \lambda_1 & \lambda_2 & \cdots & \lambda_n \\ \lambda_1^2 & \lambda_2^2 & \cdots & \lambda_n^2 \\ \vdots & \vdots & & \vdots \\ \lambda_1^{n-1} & \lambda_2^{n-1} & \cdots & \lambda_n^{n-1} \end{bmatrix} \tag{9.29}$$

则变换后的矩阵 $\tilde{A}$、$\tilde{B}$、$\tilde{C}$ 分别为

$$\tilde{A} = P^{-1}AP = \begin{bmatrix} \lambda_1 & 0 & \cdots & 0 \\ 0 & \lambda_2 & \cdots & 0 \\ \vdots & \vdots & & \vdots \\ 0 & 0 & \cdots & \lambda_n \end{bmatrix}$$

$$\tilde{B} = P^{-1}B$$

$$\tilde{C} = CP$$

例 9.6 设系统的状态空间表达式为

$$\dot{x} = \begin{bmatrix} 0 & 1 & 0 \\ 0 & 0 & 1 \\ -6 & -11 & -6 \end{bmatrix} x + \begin{bmatrix} 0 \\ 0 \\ 6 \end{bmatrix} u$$

$$y = \begin{bmatrix} 1 & 0 & 0 \end{bmatrix} x$$

试将此系统对角线化.

解 特征方程 $|\lambda I - A| = 0$,求出特征值为 $\lambda_1 = -1$、$\lambda_2 = -2$、$\lambda_3 = -3$,则线性变换阵为

$$P = \begin{bmatrix} 1 & 1 & 1 \\ -1 & -2 & -3 \\ 1 & 4 & 9 \end{bmatrix}$$

$$P^{-1} = \begin{bmatrix} 3 & 2.5 & 0.5 \\ -3 & -4 & -1 \\ 1 & 1.5 & 0.5 \end{bmatrix}$$

因此有

$$\dot{z} = \begin{bmatrix} 3 & 2.5 & 0.5 \\ -3 & -4 & -1 \\ 1 & 1.5 & 0.5 \end{bmatrix} \begin{bmatrix} 0 & 1 & 0 \\ 0 & 0 & 1 \\ 6 & -11 & -6 \end{bmatrix} \begin{bmatrix} 1 & 1 & 1 \\ -1 & -2 & -3 \\ 1 & 4 & 9 \end{bmatrix} z + \begin{bmatrix} 3 & 2.5 & 0.5 \\ -3 & -4 & -1 \\ 1 & 1.5 & 0.5 \end{bmatrix} \begin{bmatrix} 0 \\ 0 \\ 6 \end{bmatrix} u$$

简化后得到对角线标准型的动态方程

$$\dot{z} = \begin{bmatrix} -1 & 0 & 0 \\ 0 & -2 & 0 \\ 0 & 0 & -3 \end{bmatrix} z + \begin{bmatrix} 3 \\ -6 \\ 3 \end{bmatrix} u$$

$$y = \begin{bmatrix} 1 & 0 & 0 \end{bmatrix} \begin{bmatrix} 1 & 1 & 1 \\ -1 & -2 & -3 \\ 1 & 4 & 9 \end{bmatrix} z = \begin{bmatrix} 1 & 1 & 1 \end{bmatrix} z$$

对于普通型的状态空间表达式,如何通过线性变换得到对角线标准型,可参阅其他相关文献.

9.2 状态方程的求解

我们知道,状态方程是一个一阶微分方程组,一阶微分方程组显然有其相应的时域解,这就是状态方程的求解.通过状态方程的求解可获取系统的时域动态响应.状态方程的求解可以分为输入作用 $u = 0$ 和 $u \neq 0$ 时的两种情况,即分别对应为齐次状态方程的求解和非齐次状态方程的求解.

9.2.1 齐次状态方程的求解

输入为零时,则 $\dot{x} = Ax$,称为齐次方程.齐次方程的解反映的是初始状态(即 $x(0) = x_0$)作用下引起的系统的自由运动.

首先看一下纯量齐次微分方程

$$\dot{x}(t) = ax(t), \quad x(0) = x_0$$

其解为

$$x(t) = e^{at} x_0$$

式中

$$e^{at} = 1 + at + \frac{1}{2!}a^2t^2 + \cdots + \frac{1}{k!}a^kt^k + \cdots = \sum_{k=0}^{\infty} \frac{1}{k!}a^kt^k$$

类似地，考虑线性定常系统的齐次状态方程

$$\dot{\boldsymbol{x}}(t) = \boldsymbol{A}\boldsymbol{x}(t) \tag{9.30}$$

$$\boldsymbol{x}(0) = \boldsymbol{x}_0$$

设其解为

$$\boldsymbol{x}(t) = \boldsymbol{a}_0 + \boldsymbol{a}_1 t + \boldsymbol{a}_2 t^2 + \cdots + \boldsymbol{a}_k t^k + \cdots \tag{9.31}$$

式中，$\boldsymbol{a}_i$ 是向量系数.

将式(9.31)代入式(9.30)，得到

$$\boldsymbol{a}_1 + 2\boldsymbol{a}_2 t + 3\boldsymbol{a}_3 t^2 + \cdots = \boldsymbol{A}(\boldsymbol{a}_0 + \boldsymbol{a}_1 t + \boldsymbol{a}_2 t^2 + \cdots)$$

比较等式两边 t 同次幂的向量系数，得到

$$\boldsymbol{a}_1 = \boldsymbol{A}\boldsymbol{a}_0$$

$$\boldsymbol{a}_2 = \frac{1}{2}\boldsymbol{A}\boldsymbol{a}_1 = \frac{1}{2!}\boldsymbol{A}^2\boldsymbol{a}_0$$

$$\vdots$$

$$\boldsymbol{a}_k = \frac{1}{k!}\boldsymbol{A}^k\boldsymbol{a}_0$$

根据初始条件，由式(9.31)得

$$\boldsymbol{a}_0 = \boldsymbol{x}_0$$

因此求得解 $\boldsymbol{x}(t)$ 为

$$\boldsymbol{x}(t) = \left(\boldsymbol{I} + \boldsymbol{A}t + \frac{1}{2!}\boldsymbol{A}^2t^2 + \cdots + \frac{1}{k!}\boldsymbol{A}^kt^k + \cdots \right)\boldsymbol{x}_0$$

设矩阵指数 $e^{\boldsymbol{A}t}$ 为

$$e^{\boldsymbol{A}t} = \boldsymbol{I} + \boldsymbol{A}t + \frac{1}{2!}\boldsymbol{A}^2t^2 + \cdots + \frac{1}{k!}\boldsymbol{A}^kt^k + \cdots = \sum_{k!}^{\infty} \frac{1}{k!}\boldsymbol{A}^kt^k \tag{9.32}$$

于是解 $\boldsymbol{x}(t)$ 可写成

$$\boldsymbol{x}(t) = e^{\boldsymbol{A}t}\boldsymbol{x}_0 \tag{9.33}$$

式(9.33)表示了系统从初始状态 $\boldsymbol{x}_0$ 到任意状态 $\boldsymbol{x}(t)$ 的转移特征，反映了系统的自由响应的过程特征.

若初始时刻 $t_0 \neq 0$，则

$$\boldsymbol{x}(t) = e^{\boldsymbol{A}(t-t_0)}\boldsymbol{x}(t_0) \tag{9.34}$$

从上面的分析看，求状态方程的解 $\boldsymbol{x}(t)$，关键是求矩阵指数 $e^{\boldsymbol{A}t}$.

9.2.2 矩阵指数的基本性质

在介绍求矩阵指数 $e^{\boldsymbol{A}t}$ 的方法之前，先讨论 $e^{\boldsymbol{A}t}$ 的一些主要性质和几个特殊指数函数：

(1) $e^{\boldsymbol{A}t} = \sum_{k=0}^{\infty} \frac{\boldsymbol{A}^kt^k}{k!}$，该无穷级数在有限时间是绝对收敛的；

(2) $\frac{\mathrm{d}}{\mathrm{d}t}e^{\boldsymbol{A}t} = \boldsymbol{A}e^{\boldsymbol{A}t}$；

(3) $e^{\boldsymbol{A}(t_1+t_2)} = e^{\boldsymbol{A}t_1} \cdot e^{\boldsymbol{A}t_2}$；

(4) $\left[\mathrm{e}^{At}\right]^{-1}=\mathrm{e}^{-At}$;

(5) 若 $\boldsymbol{AB}=\boldsymbol{BA}$,则 $\mathrm{e}^{At}\cdot\mathrm{e}^{Bt}=\mathrm{e}^{(A+B)t}$;若 $\boldsymbol{AB}\neq\boldsymbol{BA}$,则 $\mathrm{e}^{At}\cdot\mathrm{e}^{Bt}\neq\mathrm{e}^{(A+B)t}$;

(6) 若 $\boldsymbol{P}$ 为非奇异阵, $\boldsymbol{A}$ 通过非奇异变换成对角阵,即 $\hat{\boldsymbol{A}}=\boldsymbol{P}^{-1}\boldsymbol{AP}$,则有

$$\mathrm{e}^{\hat{A}}=\mathrm{e}^{P^{-1}AP}=\boldsymbol{P}^{-1}\mathrm{e}^{A}\boldsymbol{P} \tag{9.35}$$

或

$$\mathrm{e}^{At}=\boldsymbol{P}\mathrm{e}^{P^{-1}AP}\boldsymbol{P}^{-1} \tag{9.36}$$

(7) 若 $\boldsymbol{A}$ 为对角阵

$$\boldsymbol{A}=\begin{bmatrix}\lambda_1 & & & 0 \\ & \lambda_2 & & \\ & & \ddots & \\ 0 & & & \lambda_n\end{bmatrix}$$

则

$$\mathrm{e}^{At}=\begin{bmatrix}\mathrm{e}^{\lambda_1 t} & & & 0 \\ & \mathrm{e}^{\lambda_2 t} & & \\ & & \ddots & \\ 0 & & & \mathrm{e}^{\lambda_n t}\end{bmatrix} \tag{9.37}$$

9.2.3　矩阵指数 e^{At} 的几种求法

下面介绍矩阵指数 e^{At} 常用的几种计算方法

1. 根据 e^{At} 的定义直接计算

$$\mathrm{e}^{At}=\boldsymbol{I}+\boldsymbol{A}t+\frac{1}{2!}\boldsymbol{A}^2 t^2+\cdots+\frac{1}{n!}\boldsymbol{A}^n t^n+\cdots \tag{9.38}$$

2. 通过非奇异变换,把矩阵 $\boldsymbol{A}$ 变换为对角线标准型后求 e^{At}

若 $\boldsymbol{A}$ 的特征值两两相异

$$\mathrm{e}^{At}=\boldsymbol{p}\mathrm{e}^{p^{-1}Apt}\boldsymbol{p}^{-1}=\boldsymbol{p}\mathrm{e}^{\hat{A}t}\boldsymbol{p}^{-1} \tag{9.39}$$

式中, $\hat{\boldsymbol{A}}=\boldsymbol{p}^{-1}\boldsymbol{Ap}$ 为对角线阵.

3. 拉普拉斯变换法求 e^{At}

设

$$\dot{\boldsymbol{x}}(t)=\boldsymbol{Ax}(t)$$

对上式进行拉普拉斯变换,则有

$$s\boldsymbol{X}(s)-\boldsymbol{x}(0)=\boldsymbol{AX}(s)$$

$$\boldsymbol{X}(s)=(s\boldsymbol{I}-\boldsymbol{A})^{-1}\boldsymbol{x}(0) \tag{9.40}$$

对上式求拉普拉斯反变换即得齐次方程解

$$\boldsymbol{x}(t)=L^{-1}[\boldsymbol{X}(s)]=L^{-1}[(s\boldsymbol{I}-\boldsymbol{A})^{-1}\boldsymbol{x}(0)]=L^{-1}[(s\boldsymbol{I}-\boldsymbol{A})^{-1}]\boldsymbol{x}(0)=\mathrm{e}^{At}\boldsymbol{x}(0) \tag{9.41}$$

由此推得

$$\mathrm{e}^{At}=L^{-1}[(s\boldsymbol{I}-\boldsymbol{A})^{-1}] \tag{9.42}$$

4. 应用凯莱-哈密顿定理求 e^{At}

由前面的讨论知,计算 e^{At} 可归结为计算一个无穷项的矩阵和.根据凯莱-哈密顿定理可以将这一无穷级数化为 $\boldsymbol{A}$ 的有限项表达式

$$e^{At} = a_0(t)I + a_1(t)A + \cdots + a_{n-1}(t)A^{n-1} \qquad (9.43)$$

当 A 的特征值为两两相异时,上式的系数为

$$\begin{bmatrix} a_0(t) \\ a_1(t) \\ \vdots \\ a_{n-1}(t) \end{bmatrix} = \begin{bmatrix} 1 & \lambda_1 & \lambda_1^2 & \cdots & \lambda_1^{n-1} \\ 1 & \lambda_2 & \lambda_2^2 & \cdots & \lambda_2^{n-1} \\ \vdots & \vdots & \vdots & & \vdots \\ 1 & \lambda_n & \lambda_n^2 & \cdots & \lambda_n^{n-1} \end{bmatrix}^{-1} \begin{bmatrix} e^{\lambda_1 t} \\ e^{\lambda_2 t} \\ \vdots \\ e^{\lambda_n t} \end{bmatrix} \qquad (9.44)$$

例 9.7 设系统的状态方程为

$$\begin{bmatrix} \dot{x}_1 \\ \dot{x}_2 \end{bmatrix} = \begin{bmatrix} 0 & 1 \\ 0 & 0 \end{bmatrix} \begin{bmatrix} x_1 \\ x_2 \end{bmatrix}$$

试求矩阵指数及状态方程的解.

解 由于是线性定常系统,故矩阵指数可写作

$$e^{At} = 1 + At + \frac{1}{2!}A^2 t^2 + \cdots + \frac{1}{k!}A^k t^k + \cdots$$

式中,$A = \begin{bmatrix} 0 & 1 \\ 0 & 0 \end{bmatrix}$,$A^2 = A^3 = \cdots = A^n = \begin{bmatrix} 0 & 0 \\ 0 & 0 \end{bmatrix}$. 则

$$e^{At} = \begin{bmatrix} 1 & 0 \\ 0 & 1 \end{bmatrix} + \begin{bmatrix} 0 & t \\ 0 & 0 \end{bmatrix} = \begin{bmatrix} 1 & t \\ 0 & 1 \end{bmatrix}$$

所以状态方程的解为

$$\begin{bmatrix} x_1(t) \\ x_2(t) \end{bmatrix} = \begin{bmatrix} 1 & t \\ 0 & 1 \end{bmatrix} \begin{bmatrix} x_1(0) \\ x_2(0) \end{bmatrix}$$

例 9.8 已知 $A = \begin{bmatrix} 0 & 1 \\ -2 & -3 \end{bmatrix}$,分别用前述四种方法求 e^{At}.

解 (1)根据定义计算.

$$e^{At} = I + At + \frac{1}{2!}A^2 t^2 + \cdots + \frac{1}{k!}A^k t^k + \cdots$$

$$= \begin{bmatrix} 1 & 0 \\ 0 & 1 \end{bmatrix} + \begin{bmatrix} 0 & 1 \\ -2 & -3 \end{bmatrix} t + \frac{1}{2!} \begin{bmatrix} 0 & 1 \\ -2 & -3 \end{bmatrix}^2 t^2 + \cdots$$

$$= \begin{bmatrix} 1 - t^2 + t^3 - \cdots & t - \dfrac{3}{2}t^2 + \dfrac{7}{6}t^3 - \cdots \\ -2t + 3t^2 - \dfrac{7}{3}t^3 + \cdots & 1 - 3t + \dfrac{7}{2}t^2 - \dfrac{5}{2}t^3 + \cdots \end{bmatrix}$$

$$= \begin{bmatrix} 2(1 - t + \dfrac{t^2}{2!} - \cdots) - (1 - 2t + 4\dfrac{t^2}{2!} - \cdots) & (1 - t + \dfrac{t^2}{2!} - \cdots) - (1 - 2t + 4\dfrac{t^2}{2!} - \cdots) \\ -2(1 - t + \dfrac{t^2}{2!} - \cdots) + 2(1 - 2t + 4\dfrac{t^2}{2!} - \cdots) & \cdots - (1 - t + \dfrac{t^2}{2} - \cdots) - 2(1 - 2t + 4\dfrac{t^2}{2!} - \cdots) \end{bmatrix}$$

$$= \begin{bmatrix} 2e^{-t} - e^{-2t} & e^{-t} - e^{-2t} \\ -2e^{-t} + 2e^{-2t} & -e^{-t} + 2e^{-2t} \end{bmatrix}$$

(2)化矩阵为对角线标准型.

由 $|\lambda I - A| = (\lambda + 1)(\lambda + 2) = 0$,得特征根 $\lambda_1 = -1$,$\lambda_2 = -2$.

因 $\boldsymbol{A}$ 为能控型阵，取

$$\boldsymbol{p} = \begin{bmatrix} 1 & 1 \\ \lambda_1 & \lambda_2 \end{bmatrix} = \begin{bmatrix} 1 & 1 \\ -1 & -2 \end{bmatrix}, \quad \boldsymbol{p}^{-1} = \frac{\mathrm{adj}\,\boldsymbol{p}}{|\boldsymbol{p}|} = \begin{bmatrix} 2 & 1 \\ -1 & -1 \end{bmatrix}, \quad \boldsymbol{p}^{-1}\boldsymbol{A}\boldsymbol{p} = \begin{bmatrix} -1 & 0 \\ 0 & -2 \end{bmatrix}$$

故

$$\mathrm{e}^{\boldsymbol{A}t} = \boldsymbol{p}\,\mathrm{e}^{\begin{bmatrix} -1 & 0 \\ 0 & -2 \end{bmatrix}t}\boldsymbol{p}^{-1} = \begin{bmatrix} 1 & 1 \\ -1 & -2 \end{bmatrix}\begin{bmatrix} \mathrm{e}^{-t} & 0 \\ 0 & \mathrm{e}^{-2t} \end{bmatrix}\begin{bmatrix} 2 & 1 \\ -1 & -1 \end{bmatrix}$$

$$= \begin{bmatrix} 2\mathrm{e}^{-t} - \mathrm{e}^{-2t} & \mathrm{e}^{-t} - \mathrm{e}^{-2t} \\ -2\mathrm{e}^{-t} + 2\mathrm{e}^{-2t} & -\mathrm{e}^{-t} + 2\mathrm{e}^{-2t} \end{bmatrix}$$

（3）拉普拉斯变换法.

$$[s\boldsymbol{I} - \boldsymbol{A}]^{-1} = \begin{bmatrix} s & -1 \\ 2 & s+3 \end{bmatrix}^{-1} = \frac{\begin{bmatrix} s+3 & 1 \\ -2 & s \end{bmatrix}}{(s+1)(s+2)} = \begin{bmatrix} \dfrac{2}{(s+1)} - \dfrac{1}{s+2} & \dfrac{1}{s+1} - \dfrac{1}{s+2} \\ \dfrac{-2}{s+1} + \dfrac{2}{s+2} & \dfrac{-1}{s+1} + \dfrac{2}{s+2} \end{bmatrix}$$

则

$$\mathrm{e}^{\boldsymbol{A}t} = L^{-1}[(s\boldsymbol{I} - \boldsymbol{A})^{-1}] = \begin{bmatrix} 2\mathrm{e}^{-t} - \mathrm{e}^{-2t} & \mathrm{e}^{-t} - \mathrm{e}^{-2t} \\ -2\mathrm{e}^{-t} + 2\mathrm{e}^{-2t} & -\mathrm{e}^{-t} + 2\mathrm{e}^{-2t} \end{bmatrix}$$

（4）应用凯莱-哈密顿定理.

已知特征根 $\lambda_1 = -1, \lambda_2 = -2$，两两相异. 按式（9.44）有

$$\begin{bmatrix} a_0(t) \\ a_1(t) \end{bmatrix} = \begin{bmatrix} 1 & \lambda_1 \\ 1 & \lambda_2 \end{bmatrix}^{-1}\begin{bmatrix} \mathrm{e}^{\lambda_1 t} \\ \mathrm{e}^{\lambda_2 t} \end{bmatrix} = \begin{bmatrix} 1 & -1 \\ 1 & -2 \end{bmatrix}^{-1}\begin{bmatrix} \mathrm{e}^{-t} \\ \mathrm{e}^{-2t} \end{bmatrix} = \begin{bmatrix} 2 & -1 \\ 1 & -1 \end{bmatrix}\begin{bmatrix} \mathrm{e}^{-t} \\ \mathrm{e}^{-2t} \end{bmatrix} = \begin{bmatrix} 2\mathrm{e}^{-t} - \mathrm{e}^{-2t} \\ \mathrm{e}^{-t} - \mathrm{e}^{-2t} \end{bmatrix}$$

$$\mathrm{e}^{\boldsymbol{A}t} = a_0(t)\boldsymbol{I} + a_1(t)\boldsymbol{A}$$

$$= (2\mathrm{e}^{-t} - \mathrm{e}^{-2t})\begin{bmatrix} 1 & 0 \\ 0 & 1 \end{bmatrix} + (\mathrm{e}^{-t} - \mathrm{e}^{-2t})\begin{bmatrix} 0 & 1 \\ -2 & -3 \end{bmatrix}$$

$$= \begin{bmatrix} 2\mathrm{e}^{-t} - \mathrm{e}^{-2t} & \mathrm{e}^{-t} - \mathrm{e}^{-2t} \\ -2\mathrm{e}^{-t} + 2\mathrm{e}^{-2t} & -\mathrm{e}^{-t} + 2\mathrm{e}^{-2t} \end{bmatrix}$$

可见，几种计算法结果是一样的.

9.2.4 非齐次状态方程的解

1. 一般解法

已知 $\boldsymbol{x}(0) = \boldsymbol{x}_0$，有系统状态方程

$$\dot{\boldsymbol{x}}(t) = \boldsymbol{A}\boldsymbol{x}(t) + \boldsymbol{B}u(t) \tag{9.45}$$

可改写为

$$\dot{\boldsymbol{x}}(t) - \boldsymbol{A}\boldsymbol{x}(t) = \boldsymbol{B}u(t)$$

方程两边左乘 $\mathrm{e}^{-\boldsymbol{A}t}$，则有

$$\mathrm{e}^{-\boldsymbol{A}t}[\dot{\boldsymbol{x}}(t) - \boldsymbol{A}\boldsymbol{x}(t)] = \frac{\mathrm{d}}{\mathrm{d}t}[\mathrm{e}^{-\boldsymbol{A}t}\boldsymbol{x}(t)] = \mathrm{e}^{-\boldsymbol{A}t}\boldsymbol{B}u(t)$$

对上面等式两边取 0 到 t 的积分

$$\mathrm{e}^{-\boldsymbol{A}t}\boldsymbol{x}(t)\Big|_0^t = \int_0^t \mathrm{e}^{-\boldsymbol{A}\tau}\boldsymbol{B}u(\tau)\mathrm{d}\tau$$

$$\mathrm{e}^{-At}\boldsymbol{x}(t)-\boldsymbol{x}(0)=\int_0^t \mathrm{e}^{-A\tau}\boldsymbol{B}u(\tau)\mathrm{d}\tau$$

用 e^{At} 左乘方程两边,于是

$$\boldsymbol{x}(t)=\mathrm{e}^{At}\boldsymbol{x}(0)+\int_0^t \mathrm{e}^{A(t-\tau)}\boldsymbol{B}u(\tau)\mathrm{d}\tau \tag{9.46}$$

如果已知在 $t=t_0$(而不是 $t=0$)初始状态,则方程(9.46)变为

$$\boldsymbol{x}(t)=\mathrm{e}^{A(t-t_0)}\boldsymbol{x}(t_0)+\int_{t_0}^t \mathrm{e}^{A(t-\tau)}\boldsymbol{B}u(\tau)\mathrm{d}\tau \tag{9.47}$$

式(9.47)表明,状态方程的解(即系统的状态响应)包括两部分:零输入下初始状态引起的自由运动和控制 $u(t)$ 作用下系统产生的强迫运动.

2. 拉普拉斯变换法

对式(9.45)非齐次状态方程进行拉普拉斯变换,则有

$$s\boldsymbol{X}(s)-\boldsymbol{x}(0)=\boldsymbol{A}\boldsymbol{X}(s)+\boldsymbol{B}U(s)$$
$$(s\boldsymbol{I}-\boldsymbol{A})\boldsymbol{X}(s)=\boldsymbol{x}(0)+\boldsymbol{B}U(s)$$

上式左乘 $(s\boldsymbol{I}-\boldsymbol{A})^{-1}$,则得

$$\boldsymbol{X}(s)=(s\boldsymbol{I}-\boldsymbol{A})^{-1}\boldsymbol{x}(0)+(s\boldsymbol{I}-\boldsymbol{A})^{-1}\boldsymbol{B}U(s) \tag{9.48}$$

拉普拉斯反变换后求得

$$\boldsymbol{x}(t)=L^{-1}\big[(s\boldsymbol{I}-\boldsymbol{A})^{-1}\big]\boldsymbol{x}(0)+L^{-1}\big[(s\boldsymbol{I}-\boldsymbol{A})^{-1}\boldsymbol{B}U(s)\big] \tag{9.49}$$

例 9.9 已知线性定常系统的状态方程

$$\dot{\boldsymbol{x}}(t)=\begin{bmatrix}0 & 1\\ -2 & -3\end{bmatrix}\boldsymbol{x}(t)+\begin{bmatrix}0\\ 1\end{bmatrix}u(t)$$

初始条件为

$$\boldsymbol{x}(0)=\begin{bmatrix}x_1(0)\\ x_2(0)\end{bmatrix}$$

试求在单位阶跃 $u(t)=1(t)$ 时,系统的状态响应 $\boldsymbol{x}(t)$.

解 (1) 一般法.

由例 9.8 已求得

$$\mathrm{e}^{At}=\begin{bmatrix}2\mathrm{e}^{-t}-\mathrm{e}^{-2t} & \mathrm{e}^{-t}-\mathrm{e}^{-2t}\\ -2\mathrm{e}^{-t}+2\mathrm{e}^{-2t} & -\mathrm{e}^{-t}+2\mathrm{e}^{-2t}\end{bmatrix}$$

并且有

$$\int_0^t \mathrm{e}^{A(t-\tau)}\boldsymbol{B}u(\tau)\mathrm{d}\tau=\int_0^t\begin{bmatrix}2\mathrm{e}^{-(t-\tau)}-\mathrm{e}^{-2(t-\tau)} & \mathrm{e}^{-(t-\tau)}-\mathrm{e}^{-2(t-\tau)}\\ -2\mathrm{e}^{-(t-\tau)}+2\mathrm{e}^{-2(t-\tau)} & -\mathrm{e}^{-(t-\tau)}+2\mathrm{e}^{-2(t-\tau)}\end{bmatrix}\cdot\begin{bmatrix}0\\ 1\end{bmatrix}\cdot1\mathrm{d}\tau$$

$$=\int_0^t\begin{bmatrix}\mathrm{e}^{-(t-\tau)}-\mathrm{e}^{-2(t-\tau)}\\ -\mathrm{e}^{-(t-\tau)}+2\mathrm{e}^{-2(t-\tau)}\end{bmatrix}\mathrm{d}\tau=\begin{bmatrix}\dfrac{1}{2}-\mathrm{e}^{-t}+\dfrac{1}{2}\mathrm{e}^{-2t}\\ \mathrm{e}^{-t}-\mathrm{e}^{-2t}\end{bmatrix}$$

根据式(9.47)求得状态响应

$$\begin{bmatrix}x_1(t)\\ x_2(t)\end{bmatrix}=\begin{bmatrix}2\mathrm{e}^{-t}-\mathrm{e}^{-2t} & \mathrm{e}^{-t}-\mathrm{e}^{-2t}\\ -2\mathrm{e}^{-t}+2\mathrm{e}^{-2t} & -\mathrm{e}^{-t}+2\mathrm{e}^{-2t}\end{bmatrix}\begin{bmatrix}x_1(0)\\ x_2(0)\end{bmatrix}+\begin{bmatrix}\dfrac{1}{2}-\mathrm{e}^{-t}+\dfrac{1}{2}\mathrm{e}^{-2t}\\ \mathrm{e}^{-t}-\mathrm{e}^{-2t}\end{bmatrix}$$

若初始条件 $\boldsymbol{x}(0)=0$,则系统的响应取决于输入作用 u,结果为

$$\begin{bmatrix} x_1(t) \\ x_2(t) \end{bmatrix} = \begin{bmatrix} \dfrac{1}{2} - \mathrm{e}^{-t} + \dfrac{1}{2}\mathrm{e}^{-2t} \\ \mathrm{e}^{-t} - \mathrm{e}^{-2t} \end{bmatrix}$$

（2）拉普拉斯变换法.

由例 9.8 已求得

$$(s\boldsymbol{I} - \boldsymbol{A})^{-1} = \begin{bmatrix} s & -1 \\ 2 & s+3 \end{bmatrix}^{-1} = \frac{1}{(s+1)(s+2)} \begin{bmatrix} s+3 & 1 \\ -2 & s \end{bmatrix} = \begin{bmatrix} \dfrac{2}{s+1} - \dfrac{1}{s+2} & \dfrac{1}{s+1} - \dfrac{1}{s+2} \\ \dfrac{2}{s+2} - \dfrac{2}{s+1} & \dfrac{2}{s+2} - \dfrac{1}{s+1} \end{bmatrix}$$

矩阵指数为

$$\mathrm{e}^{\boldsymbol{A}t} = L^{-1}\big[(s\boldsymbol{I} - \boldsymbol{A})^{-1}\big] = \begin{bmatrix} 2\mathrm{e}^{-t} - \mathrm{e}^{-2t} & \mathrm{e}^{-t} - \mathrm{e}^{-2t} \\ -2\mathrm{e}^{-t} + 2\mathrm{e}^{-2t} & -\mathrm{e}^{-t} + 2\mathrm{e}^{-2t} \end{bmatrix}$$

故状态变量的拉普拉斯变换为

$$\boldsymbol{X}(s) = \begin{bmatrix} \dfrac{2}{s+1} - \dfrac{1}{s+2} & \dfrac{1}{s+1} - \dfrac{1}{s+2} \\ \dfrac{2}{s+2} - \dfrac{2}{s+1} & \dfrac{2}{s+2} - \dfrac{1}{s+1} \end{bmatrix} \begin{bmatrix} x_1(0) \\ x_2(0) \end{bmatrix} + \begin{bmatrix} \dfrac{2}{s+1} - \dfrac{1}{s+2} & \dfrac{1}{s+1} - \dfrac{1}{s+2} \\ \dfrac{2}{s+2} - \dfrac{2}{s+1} & \dfrac{2}{s+2} - \dfrac{1}{s+1} \end{bmatrix} \begin{bmatrix} 0 \\ 1 \end{bmatrix} \frac{1}{s}$$

$$= \begin{bmatrix} \dfrac{2}{s+1} - \dfrac{1}{s+2} & \dfrac{1}{s+1} - \dfrac{1}{s+2} \\ \dfrac{2}{s+2} - \dfrac{2}{s+1} & \dfrac{2}{s+2} - \dfrac{1}{s+1} \end{bmatrix} \begin{bmatrix} x_1(0) \\ x_2(0) \end{bmatrix} + \begin{bmatrix} \dfrac{1}{s(s+1)(s+2)} \\ \dfrac{1}{(s+1)(s+2)} \end{bmatrix}$$

$$= \begin{bmatrix} \dfrac{2}{s+1} - \dfrac{1}{s+2} & \dfrac{1}{s+1} - \dfrac{1}{s+2} \\ \dfrac{2}{s+2} - \dfrac{2}{s+1} & \dfrac{2}{s+2} - \dfrac{1}{s+1} \end{bmatrix} \begin{bmatrix} x_1(0) \\ x_2(0) \end{bmatrix} + \begin{bmatrix} \dfrac{\frac{1}{2}}{s} - \dfrac{1}{s+1} + \dfrac{\frac{1}{2}}{s+2} \\ \dfrac{1}{s+1} - \dfrac{1}{s+2} \end{bmatrix}$$

取拉普拉斯反变换，便得到状态响应

$$\boldsymbol{x}(t) = \begin{bmatrix} 2\mathrm{e}^{-t} - \mathrm{e}^{-2t} & \mathrm{e}^{-t} - \mathrm{e}^{-2t} \\ -2\mathrm{e}^{-t} + 2\mathrm{e}^{-2t} & -\mathrm{e}^{-t} + 2\mathrm{e}^{-2t} \end{bmatrix} \begin{bmatrix} x_1(0) \\ x_2(0) \end{bmatrix} + \begin{bmatrix} \dfrac{1}{2} - \mathrm{e}^{-t} + \dfrac{1}{2}\mathrm{e}^{-2t} \\ \mathrm{e}^{-t} - \mathrm{e}^{-2t} \end{bmatrix}$$

9.3　线性系统的能控性和能观性

一个线性系统，从认识系统和控制系统的角度考虑有两个问题需要解决：第一，控制信号 $\boldsymbol{u}$ 是否可对系统所有状态变量 $(x_1, x_2, \cdots, x_n)$ 产生影响，从而对系统状态完全实现控制，使之任意地由一个状态控制到另一个状态；第二，是否能做到在有限的时间内，通过观测输出量 $\boldsymbol{y}$ 来识别出系统的所有状态，从而为状态反馈的实现提供可能的条件.

在经典控制理论中，讨论的是输入作用对输出的控制，所描述的受控过程是

$$y^{(n)}+a_1 y^{(n-1)}+\cdots+a_{n-1}\dot{y}+a_n y=b_0 u^{(n)}+b_1 u^{(n-1)}+\cdots+b_{n-1}\dot{u}+b_n u$$

式中，y 既是被控量又是观测量，而被控量 y 与控制量 u 之间存在着明显的依赖关系. 所以理论上、实践中都不存在能否控制与能否观测的问题.

在现代控制理论中，着眼于对状态的控制，所描述的受控过程是

$$\dot{x}=Ax+Bu$$
$$y=Cx+Du$$

那么状态变量 x 的每个分量是否必然可被 u 实现控制呢？状态变量 x 的每个分量是否必然可通过测量 y 来获得呢？ 为了解决这个问题，提出了能控性和能观性的概念. 能控性和能观性是现代控制理论中两个重要的基本概念.

9.3.1 能控性和能观性的定义

1. 能控性的定义

针对线性定常系统 $\dot{x}=Ax+Bu$，如果在规定的有限时间 (t_0, t_f) 内，通过输入控制量 $u(t)$ 能将系统状态从任意初始状态 $x(t_0)$ 转移到任意期望状态 $x(t_f)$ 上，则称系统的此状态是能控的. 如果系统的所有状态都是能控的，则称此系统是状态完全能控的，或简称系统是能控的.

2. 能观性的定义

针对线性定常系统的动态方程 $\dot{x}=Ax+Bu$ 和 $y=Cx+Du$，如果在规定的有限时间 (t_0, t_f) 内，通过输出 $y(t)$ 值便能唯一确定在 t_0 时刻的任意初始状态 $x(t_0)$，则称系统的此状态是能观的. 如果系统的所有状态都是能观的，则称此系统是状态完全能观的，或简称系统是能观的.

在定义中把能观性规定为对初始状态的确定，这是因为一旦初始状态得到确定，则根据状态方程的时域解

$$x(t)=\mathrm{e}^{A(t-t_0)}x(t_0)+\int_{t_0}^{t}\mathrm{e}^{A(t-\tau)}Bu(\tau)\mathrm{d}\tau$$

可求出任意时刻的状态. 也就是说，如果通过输出 $y(t)$ 值能唯一确定在 t_0 时刻的任意初始状态 $x(t_0)$，也就确定了任意时刻的状态 $x(t)$.

下面从系统方块图来直观地理解系统的能控性和能观性.

对图 9.12 所示的方块图，x_1、x_3 受系统输入 u 的控制，系统输出 y 受 x_1、x_4 的影响，x_2 是个孤岛，既不受 u 的作用，也不对 y 施加影响. 故状态变量 x_1 既能控又能观，x_2 不能控不能观，x_3 能控不能观，x_4 能观不能控.

一些简单的系统可以从框图直接判别系统的能控性与能观性. 如果系统结构复杂，就只能借助于数学方法进行分析与研究，才能得到正确的结论.

9.3.2 能控性的判别

1. 基于能控判别阵的能控性判别

一个 n 阶线性定常系统的状态方程为

$$\dot{x}=Ax+Bu$$

其完全能控的充分必要条件是能控判别阵

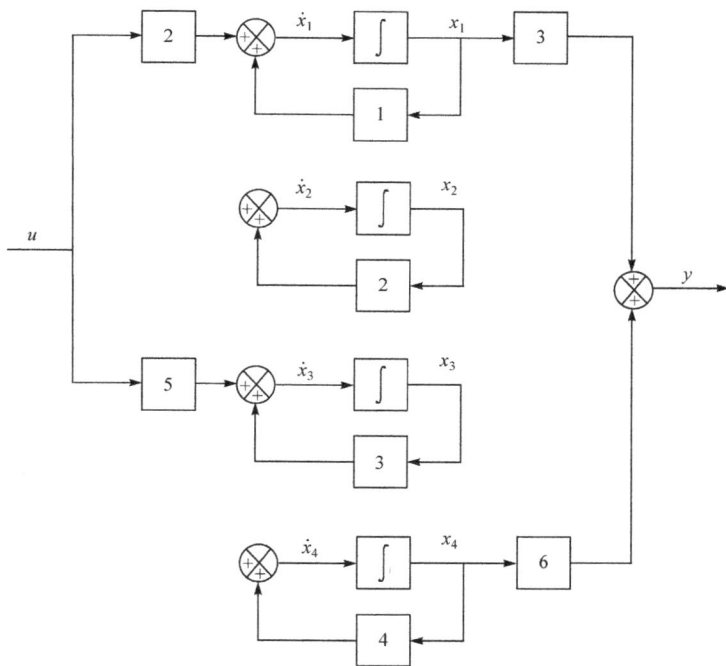

图 9.12 系统方块图的能控和能观性判别

$$M=\begin{bmatrix} B & AB & A^2B & \cdots & A^{n-1}B \end{bmatrix} \tag{9.50}$$

为满秩,即

$$\text{rank } M=\text{rank}\begin{bmatrix} B & AB & A^2B & \cdots & A^{n-1}B \end{bmatrix}=n \tag{9.51}$$

例 9.10 设系统具有下列状态方程

$$\begin{bmatrix} \dot{x}_1 \\ \dot{x}_2 \\ \dot{x}_3 \end{bmatrix}=\begin{bmatrix} 0 & 1 & 0 \\ 0 & 0 & 1 \\ -6 & -11 & -6 \end{bmatrix}\begin{bmatrix} x_1 \\ x_2 \\ x_3 \end{bmatrix}+\begin{bmatrix} 0 \\ 0 \\ 1 \end{bmatrix}u$$

试判别系统的能控性.

解

$$AB=\begin{bmatrix} 0 & 1 & 0 \\ 0 & 0 & 1 \\ -6 & -11 & -6 \end{bmatrix}\begin{bmatrix} 0 \\ 0 \\ 1 \end{bmatrix}=\begin{bmatrix} 0 \\ 1 \\ -6 \end{bmatrix}$$

$$A^2B=\begin{bmatrix} 0 & 1 & 0 \\ 0 & 0 & 1 \\ -6 & -11 & -6 \end{bmatrix}\begin{bmatrix} 0 \\ 1 \\ -6 \end{bmatrix}=\begin{bmatrix} 1 \\ -6 \\ 25 \end{bmatrix}$$

于是有

$$M=\begin{bmatrix} B & AB & A^2B \end{bmatrix}=\begin{bmatrix} 0 & 0 & 1 \\ 0 & 1 & -6 \\ 1 & -6 & 25 \end{bmatrix}$$

由于 $\det M\neq0$,也就是 rank $M=n=3$,因此,系统是完全能控的.

例 9.11 试用能控性判据判断图 9.13 所示桥式电路的能控性.

解 选取状态变量 $x_1 = i_L, x_2 = u_c$，可得电路的状态方程为

$$\dot{x}_1 = -\frac{1}{L}\left(\frac{R_1 R_1}{R_1 + R_2} + \frac{R_3 R_4}{R_3 + R_4}\right)x_1 + \frac{1}{L}\left(\frac{R_1}{R_1 + R_2} - \frac{R_3}{R_3 + R_4}\right)x_2 + \frac{1}{L}u$$

$$\dot{x}_2 = \frac{1}{C}\left(\frac{R_2}{R_1 + R_2} - \frac{R_4}{R_3 + R_4}\right)x_1 - \frac{1}{C}\left(\frac{1}{R_1 + R_2} - \frac{1}{R_3 + R_4}\right)x_2$$

能控性矩阵为

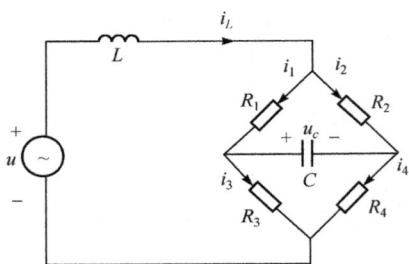

图 9.13 电桥电路

$$M = \begin{bmatrix} B & AB \end{bmatrix} = \begin{bmatrix} \dfrac{1}{L} & -\dfrac{1}{L^2}\left(\dfrac{R_1 R_1}{R_1 + R_2} + \dfrac{R_3 R_4}{R_3 + R_4}\right) \\ 0 & \dfrac{1}{LC}\left(\dfrac{R_2}{R_1 + R_2} - \dfrac{R_4}{R_3 + R_4}\right) \end{bmatrix}$$

当 $R_1 R_4 \neq R_2 R_3$ 时，$\text{rank}\,M = 2 = n$，系统能控；反之当 $R_1 R_4 = R_2 R_3$，即电桥处于平衡状态时，$M =$

$$\begin{bmatrix} B & AB \end{bmatrix} = \begin{bmatrix} \dfrac{1}{L} & -\dfrac{1}{L^2}\left(\dfrac{R_1 R_1}{R_1 + R_2} + \dfrac{R_3 R_4}{R_3 + R_4}\right) \\ 0 & 0 \end{bmatrix},$$

$\text{rank}\,M = 1$，系统不能控，显然，此时输入 u 不能控制 x_2.

2. 基于对角线标准型的能控性判别

假设系统矩阵 A 的特征值两两相异，通过线性变换将其转化为对角线标准型

$$\dot{z} = \widetilde{A}z + \widetilde{B}u$$

对于特征值两两相异的对角线标准型，系统完全能控的充要条件是：输入系数矩阵向量 $\widetilde{B}$ 不存在元素全为零的行. 若存在元素全为零的行，则它所对应特征值下的状态变量不能控.

例 9.12 一个能控标准型的系统状态方程为

$$\begin{bmatrix} \dot{x}_1 \\ \dot{x}_2 \\ \dot{x}_3 \end{bmatrix} = \begin{bmatrix} 0 & 1 & 0 \\ 0 & 0 & 1 \\ -a_2 & -a_1 & -a_0 \end{bmatrix}\begin{bmatrix} x_1 \\ x_2 \\ x_3 \end{bmatrix} + \begin{bmatrix} 0 \\ 0 \\ 1 \end{bmatrix}u$$

试证明该系统一定能控.

证明 设系统的特征值两两相异，则线性变换阵为

$$P = \begin{bmatrix} 1 & 1 & 1 \\ \lambda_1 & \lambda_2 & \lambda_3 \\ \lambda_1^2 & \lambda_2^2 & \lambda_3^2 \end{bmatrix}$$

则对角线标准型下的系统矩阵和输入系数矩阵分别为

$$\widetilde{A} = P^{-1}AP = \begin{bmatrix} \lambda_1 & 0 & 0 \\ 0 & \lambda_2 & 0 \\ 0 & 0 & \lambda_3 \end{bmatrix}$$

$$\widetilde{B} = P^{-1}B = \frac{1}{|P|}\begin{bmatrix} \lambda_3 - \lambda_2 \\ \lambda_1 - \lambda_3 \\ \lambda_2 - \lambda_1 \end{bmatrix}$$

由于 $\widetilde{B}$ 的各元素不存在为零的行，故系统是能控的.

由例 9.12,可推出更具一般性的结论:如果系统的状态方程是能控标准型,则系统一定完全能控.

9.3.3 能观性的判别

1. 基于能观判别阵的能观性判别

一个 n 阶线性定常系统的状态方程和输出方程分别为

$$\dot{x} = Ax + Bu$$
$$y = Cx$$

其完全能观的充分必要条件是能控判别阵

$$N = \begin{bmatrix} C \\ CA \\ CA^2 \\ \vdots \\ CA^{n-1} \end{bmatrix} \tag{9.52}$$

为满秩,即

$$\text{rank } N = \text{rank} \begin{bmatrix} C \\ CA \\ CA^2 \\ \vdots \\ CA^{n-1} \end{bmatrix} = n \tag{9.53}$$

2. 基于对角线标准型的能观性判别

仍然设系统矩阵 A 的特征值两两相异,通过线性变换将其转化为对角线标准型

$$\dot{z} = \tilde{A}z + \tilde{B}u$$
$$y = \tilde{C}z$$

对于特征值两两相异的对角线标准型,其系统完全能观的充要条件是:输出系数矩阵向量 $\tilde{C}$ 不存在元素全为零的列.反之若存在元素全为零的列,则它所对应特征值下的状态变量不能观.

例 9.13 分析下述系统的能观性

$$\begin{bmatrix} \dot{x}_1 \\ \dot{x}_2 \\ \dot{x}_3 \end{bmatrix} = \begin{bmatrix} 0 & 1 & 0 \\ 0 & 0 & 1 \\ 0 & -2 & -3 \end{bmatrix} \begin{bmatrix} x_1 \\ x_2 \\ x_3 \end{bmatrix} + \begin{bmatrix} 0 \\ 0 \\ 1 \end{bmatrix} u$$

$$y = \begin{bmatrix} 3 & 4 & 1 \end{bmatrix} \begin{bmatrix} x_1 \\ x_2 \\ x_3 \end{bmatrix}$$

解 (1) 用能观判别阵判别.

$$CA = \begin{bmatrix} 3 & 4 & 1 \end{bmatrix} \begin{bmatrix} 0 & 1 & 0 \\ 0 & 0 & 1 \\ 0 & -2 & -3 \end{bmatrix} = \begin{bmatrix} 0 & 1 & 1 \end{bmatrix}$$

$$CA^2 = \begin{bmatrix} 3 & 4 & 1 \end{bmatrix} \begin{bmatrix} 0 & 1 & 0 \\ 0 & 0 & 1 \\ 0 & -2 & -3 \end{bmatrix}^2 = \begin{bmatrix} 0 & -2 & -2 \end{bmatrix}$$

$$N = \begin{bmatrix} C \\ CA \\ CA^2 \end{bmatrix} = \begin{bmatrix} 3 & 4 & 1 \\ 0 & 1 & 1 \\ 0 & -2 & -2 \end{bmatrix}$$

因为

$$\begin{vmatrix} 3 & 4 & 1 \\ 0 & 1 & 1 \\ 0 & -2 & -2 \end{vmatrix} = 0, \quad \begin{vmatrix} 3 & 4 \\ 0 & 1 \end{vmatrix} \neq 0$$

所以矩阵 N 的秩 rank $N=2$,不满秩(<3),故有一个状态变量是不能观测的,即系统不能观.

（2）化为对角线标准型加以判别.

由特征方程 $|\lambda I - A| = 0$ 求得特征值 $\lambda_1 = 0, \lambda_1 = -1, \lambda_1 = -2$. 根据式(9.29),取线性变换阵

$$P = \begin{bmatrix} 1 & 1 & 1 \\ 0 & -1 & -2 \\ 0 & 1 & 4 \end{bmatrix}$$

则线性变换后的系统输出方程为

$$y = CPz = \begin{bmatrix} 3 & 0 & -1 \end{bmatrix} \begin{bmatrix} z_1 \\ z_2 \\ z_3 \end{bmatrix}$$

输出系数矩阵中存在全为零的列（第二列）,因而该系统是不完全能观的. 具体来说,对应于特征值为 -1 的状态变量 z_2 不能观.

可以证明:如果系统的状态方程是能观标准型,则系统一定完全能观.

实际上,所有实际的物理系统都是能控和能观的,但由这些系统所提取的数学模型未必都是这样. 例如,在线性化时,数学模型可能失去了某些性质. 如果线性定常系统的传递函数存在零、极点相抵消情况,则系统状态将变得不能控或不能观.

9.4　控制系统的状态空间综合法

系统的极点分布与动态性能有密切联系. 为了保证系统具有希望的特性,可按一定的极点要求对系统实行校正. 传统的校正装置往往由比例、微分、积分等环节组成. 但 PID 校正等手段一般不能实现系统极点的任意配置.

在状态空间法中,在一定条件下也可以根据极点分布要求,应用简单的状态比例反馈进行系统综合. 当系统的状态变量不能全部测得时,可采用状态观测器估测状态值并构成状态反馈. 理论上,状态反馈可以实现系统极点的任意配置.

9.4.1 线性控制系统的结构及其特性

反馈是控制系统的重要构成特点. 在经典控制理论中, 输出反馈构成了最典型的控制系统结构. 在以状态空间表达式为数学工具的现代控制理论中, 由于用系统内部的状态变量来描述系统的动态行为, 因此状态反馈能提供更丰富、更全面的状态信息, 理论上系统也应能获得更好的性能.

1. 状态反馈

设有 n 阶单输入单输出系统的状态空间描述为

$$\dot{x} = Ax + Bu \tag{9.54}$$

$$y = Cx \tag{9.55}$$

具有状态反馈的系统方块图如图 9.14 所示.

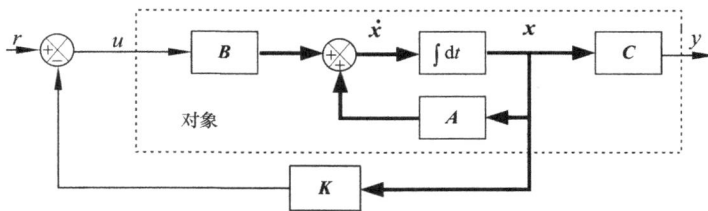

图 9.14 状态反馈的系统方块图

可得反馈系统的状态方程为

$$\dot{x} = (A - BK)x + Br \tag{9.56}$$

其闭环系统的传递函数阵为

$$\frac{Y(s)}{R(s)} = C(sI - A + BK)^{-1}B \tag{9.57}$$

2. 输出反馈

针对式(9.54)和式(9.55)的系统, 输出反馈的系统方块图如图 9.15 所示. 图中

$$u = r - Hy \tag{9.58}$$

可推得输出反馈构成的闭环系统的状态方程为

$$\dot{x} = (A - BHC)x + Br \tag{9.59}$$

其传递函数为

$$\frac{Y(s)}{R(s)} = C(sI - A + BHC)^{-1}B \tag{9.60}$$

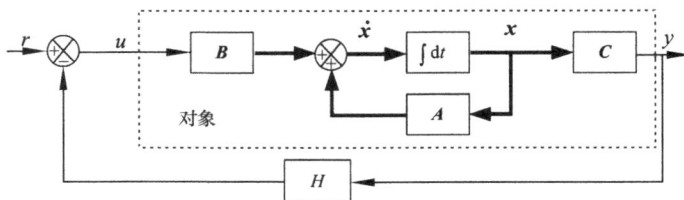

图 9.15 输出反馈的系统方块图

3. 状态反馈和输出反馈的特性分析

（1）无论状态反馈还是输出反馈，反馈的引入并不增加新的状态变量，即闭环系统和开环系统具有相同的阶数.

（2）通过适当调节状态反馈系数 K 或输出反馈系数 H，可以改变闭环系统的特征值，从而使系统获得较好的性能. 由于输出的维数通常小于状态的维数，因而状态反馈比输出反馈一般具有更多的反馈通道. 理论上状态反馈可以实现极点的任意配置，而输出反馈只能做到极点配置的相对改善. 但实际工程中，输出反馈实现起来较为方便.

（3）输出反馈不改变原系统的能控性和能观性；状态反馈不改变原系统的能控性，但可能改变能观性.

9.4.2 状态反馈下的极点配置

极点配置问题首先要解决的是能否通过状态反馈来实现给定的极点配置，即在什么条件下才有可能进行极点的任意配置. 这里给出下面的定理：

针对式(9.54)、式(9.55)的系统，采用状态反馈来实现任意配置闭环系统极点的充要条件是：系统完全能控.

事实上，只要原被控系统能控，其特征值是否具有负实部就显得无关紧要，总可以通过状态反馈使闭环系统不但能实现稳定，而且使系统极点配置在理想的位置上.

极点配置的方法从两方面来加以介绍.

1. 能控标准型下的状态反馈极点配置

若原系统的状态方程如式(9.4)所示，并设 $b_n=1$，其状态反馈来实现极点配置的步骤如下：

（1）求闭环系统下的系统矩阵.

$$\boldsymbol{A}-\boldsymbol{B}\boldsymbol{K}=\begin{bmatrix} 0 & 1 & \cdots & 0 \\ \vdots & \vdots & \cdots & \vdots \\ 0 & 0 & & 1 \\ -a_n-k_1 & -a_{n-1}-k_2 & \cdots & -a_1-k_n \end{bmatrix}$$

（2）求闭环系统的特征方程.

$$|\lambda\boldsymbol{I}-\boldsymbol{A}+\boldsymbol{B}\boldsymbol{K}|=\lambda^n+(a_1+k_n)\lambda^{n-1}+\cdots+(a_{n-1}+k_2)\lambda+a_n+k_1=0$$

（3）求理想极点的特征方程.

设欲配置的理想极点为 $\lambda_1,\lambda_2,\cdots,\lambda_n$，则理想极点下的特征方程为

$$(\lambda-\lambda_1)(\lambda-\lambda_2)\cdots(\lambda-\lambda_n)=\lambda^n+\alpha_1\lambda^{n-1}+\cdots+\alpha_{n-1}\lambda+\alpha_n=0$$

（4）比较上面同一系统的两个特征方程，显然，特征方程各阶次的系数应该分别相等，即

$$\begin{cases} a_1+k_n=\alpha_1 \\ a_2+k_{n-1}=\alpha_2 \\ \quad\vdots \\ a_n+k_1=\alpha_n \end{cases}$$

通过求一元一次方程组，可方便地求得 k_i.

例 9.14 一系统的状态方程为

$$\begin{bmatrix} \dot{x}_1 \\ \dot{x}_2 \\ \dot{x}_3 \end{bmatrix} = \begin{bmatrix} 0 & 1 & 0 \\ 0 & 0 & 1 \\ -1 & -5 & -6 \end{bmatrix} \begin{bmatrix} x_1 \\ x_2 \\ x_3 \end{bmatrix} + \begin{bmatrix} 0 \\ 0 \\ 1 \end{bmatrix} u$$

欲通过状态反馈使系统的闭环极点为 $s_{1,2}=-2\pm \mathrm{j}4$ 和 $s_3=-10$,求状态反馈增益矩阵 $\boldsymbol{K}$.

解 由于

$$\boldsymbol{M}=\begin{bmatrix} \boldsymbol{B} & \boldsymbol{AB} & \boldsymbol{A}^2\boldsymbol{B} \end{bmatrix}=\begin{bmatrix} 0 & 0 & 1 \\ 0 & 1 & -6 \\ 1 & -6 & 31 \end{bmatrix}$$

rank $\boldsymbol{M}=3$,故系统能控.事实上由于状态方程为能控标准型,也可直接得到能控这一结论. 故可进行状态反馈的任意极点配置.

状态反馈后系统的特征方程为

$$|s\boldsymbol{I}-\boldsymbol{A}+\boldsymbol{BK}|=\left| \begin{bmatrix} s & 0 & 0 \\ 0 & s & 0 \\ 0 & 0 & s \end{bmatrix} - \begin{bmatrix} 0 & 1 & 0 \\ 0 & 0 & 1 \\ -1 & -5 & -6 \end{bmatrix} + \begin{bmatrix} 0 \\ 0 \\ 1 \end{bmatrix} \begin{bmatrix} k_1 & k_2 & k_3 \end{bmatrix} \right|$$

$$=s^3+(6+k_3)s^2+(5+k_2)s+1+k_1=0$$

而状态反馈后要求的系统特征方程为

$$(s+2+4\mathrm{j})(s+2-4\mathrm{j})(s+10)=s^3+14s^2+60s+200=0$$

比较上面两式,得相应的一元一次方程组,进而求得 $k_3=8$, $k_2=55$, $k_1=199$,即 $\boldsymbol{K}=$ $\begin{bmatrix} 199 & 55 & 8 \end{bmatrix}$.

状态反馈的系统方块图如图 9.16 所示.

2. 普通型状态方程下的状态反馈极点配置

原系统以普通型的状态方程描述,其状态反馈来实现极点配置的思路与上面介绍的方法类似,进行下面两个特征方程的同次幂系数比较.

$$\begin{cases} \lambda \boldsymbol{I}-(\boldsymbol{A}-\boldsymbol{BK})=0 \\ (\lambda-\lambda_1)(\lambda-\lambda_2)\cdots(\lambda-\lambda_n)=0 \end{cases}$$

与上面的一元一次方程组不同,这里将得到的是 n 元一次方程组,以此求得 k_i.

9.4.3 状态观测器的设计

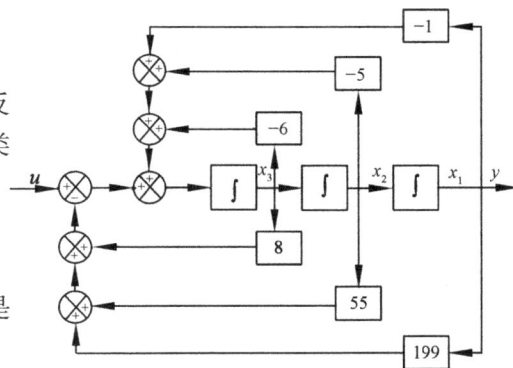

图 9.16 系统方块图

1. 状态观测器的基本思想

用状态反馈进行极点配置,需要反馈所有的状态变量.但在许多实际情况中,不是所有状态变量都能通过物理传感器检测得到,往往只有输入和输出是可直接检测的.准确地估测出系统各状态的值对状态反馈的实现以及系统的分析有着重要的意义.

对于式(9.54)和式(9.55)所描述的系统,要想获知系统的状态值,一个直观的思路就是人为地构造一个动态系统,并且以原系统的输入和输出作为它的输入,而它的状态就作为原系统状态的重构状态 $\tilde{\boldsymbol{x}}$,且 $\tilde{\boldsymbol{x}}$ 渐近于 $\boldsymbol{x}$,即 $\lim\limits_{t\to\infty}[\boldsymbol{x}(t)-\tilde{\boldsymbol{x}}(t)]=0$,则称该重构系统为原系统的一个状态观测器.

可以证明:若线性定常系统完全能观,则状态变量 $\boldsymbol{x}$ 可由输出 y 和输入 u 进行重构.

设重构的动态系统与原系统的结构和参数均相同,即

$$\dot{\tilde{x}} = A\tilde{x} + Bu \tag{9.61}$$

$$y = C\tilde{x} \tag{9.62}$$

为使 $\tilde{x}$ 和 x 等价,显然应 $\lim\limits_{t \to \infty}[x(t) - \tilde{x}(t)] = 0$. 但由于状态不能直接测量,不容易判断 $\tilde{x}$ 是否逼近 x. 为此,利用输出量之间的差值

$$y - \tilde{y} = Cx - C\tilde{x} = C(x - \tilde{x})$$

的测量来代替 $x - \tilde{x}$ 的测量. 当 $\lim\limits_{t \to \infty}[x(t) - \tilde{x}(t)] = 0$ 时,有

$$\lim\limits_{t \to \infty}[y - \tilde{y}] = 0$$

利用能检测到的 $y - \tilde{y}$,通过输出误差反馈阵 G 形成校正通道,将其反馈到重构系统中,用以调整观测状态 $\tilde{x}$,其原理框图如图 9.17 所示.

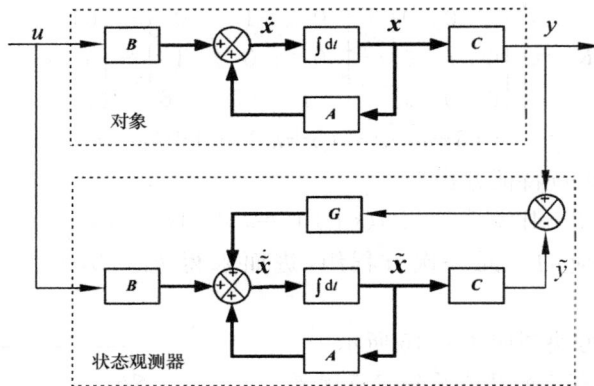

图 9.17　观测器方块图

由图 9.17 知重构的状态方程为

$$\dot{\tilde{x}} = A\tilde{x} + Bu + G(y - \tilde{y}) = A\tilde{x} + Bu + GC(x - \tilde{x})$$

经整理后的观测器方程为

$$\dot{\tilde{x}} = (A - GC)\tilde{x} + Bu + Gy \tag{9.63}$$

明显看出,观测器是以原系统的输入和输出作为其输入的.

由式(9.54)减去式(9.63)可得

$$\dot{x} - \dot{\tilde{x}} = Ax + Bu - [(A - GC)\tilde{x} + Bu + Gy] = (A - GC)(x - \tilde{x})$$

这是一个表征自由运动的一阶齐次矢量微分方程,其解为

$$x - \tilde{x} = e^{(A - GC)t}(x_0 - \tilde{x}_0) \qquad (t \geqslant 0) \tag{9.64}$$

显然,要使 $\lim\limits_{t \to \infty}[x(t) - \tilde{x}(t)] = 0$ 成立,则必须 $(A - GC)$ 的特征值(或观测器极点)全部为负实部,这也就是确保观测器稳定、使其具有实用意义的条件.

观测器的快速性和抗干扰性均取决于 $(A - GC)$. 因快速性和抗干扰性在一定程度上互为矛盾,故应当恰当选择观测器的极点(即 $A - GC$ 的特征根),一般可取其为系统固有频率的五倍左右.

2. 状态观测器的设计步骤

观测器的设计步骤大致如下：

（1）判定系统能观性；

（2）设 $G=\begin{bmatrix} g_1 \\ g_2 \\ \vdots \\ g_n \end{bmatrix}$，求 $[A-GC]$；

（3）求观测器特征方程 $|\lambda I-(A-GC)|=0$；

（4）选定观测器的极点 $\lambda_1,\lambda_2,\cdots,\lambda_n$，则其特征方程为 $(\lambda-\lambda_1)(\lambda-\lambda_2)\cdots(\lambda-\lambda_n)=0$；

（5）比较上面两观测器特征方程的同次幂系数，求出 $G=\begin{bmatrix} g_1 \\ g_2 \\ \vdots \\ g_n \end{bmatrix}$.

例 9.15 有一个线性定常系统

$$\dot{x}=\begin{bmatrix} 0 & 20.6 \\ 1 & 0 \end{bmatrix}x+\begin{bmatrix} 0 \\ 1 \end{bmatrix}u$$

$$y=\begin{bmatrix} 0 & 1 \end{bmatrix}x$$

试设计一个全维状态观测器，取观测器的极点为 $\lambda_1=-1.8+j2.4$ 和 $\lambda_2=-1.8-j2.4$.

解 先检验系统是否能观. 检查能观判别阵

$$N=\begin{bmatrix} C \\ CA \end{bmatrix}=\begin{bmatrix} 0 & 1 \\ 1 & 0 \end{bmatrix}$$

的秩为 2，故系统能观.

观测器的特征方程为

$$|sI-A+GC|=0$$

则此时特征方程为

$$|sI-A+GC|=\left|\begin{bmatrix} s & 0 \\ 0 & s \end{bmatrix}-\begin{bmatrix} 0 & 20.6 \\ 1 & 0 \end{bmatrix}+\begin{bmatrix} g_1 \\ g_2 \end{bmatrix}\begin{bmatrix} 0 & 1 \end{bmatrix}\right|$$

$$=\begin{vmatrix} s & -20.6+g_1 \\ -1 & s+g_2 \end{vmatrix}=s^2+g_2 s-20.6+g_1=0$$

而期望极点的特征方程为

$$(\lambda+1.8-2.4j)(\lambda+1.8+2.4j)=\lambda^2+3.6\lambda+9=0$$

比较上面两个特征方程，其同次幂的系数相等，则有 $g_1=29.6$，$g_2=3.6$.

状态观测器为

$$\dot{\tilde{x}}=(A-GC)\tilde{x}+Bu+Gy=\begin{bmatrix} 0 & -9 \\ 1 & -3.6 \end{bmatrix}\begin{bmatrix} \tilde{x}_1 \\ \tilde{x}_2 \end{bmatrix}+\begin{bmatrix} 0 \\ 1 \end{bmatrix}u+\begin{bmatrix} 29.6 \\ 3.6 \end{bmatrix}y$$

9.4.4 基于观测器的状态反馈

设原系统的状态方程、输出方程、状态观测器方程、基于观测器状态的反馈控制方程分别如下：

$$\dot{x}=Ax+Bu$$

$$y=Cx$$

$$\dot{\tilde{x}}=(A-GC)\tilde{x}+Bu+Gy$$

$$u=r-K\tilde{x}$$

其原理框图如图 9.18 所示.

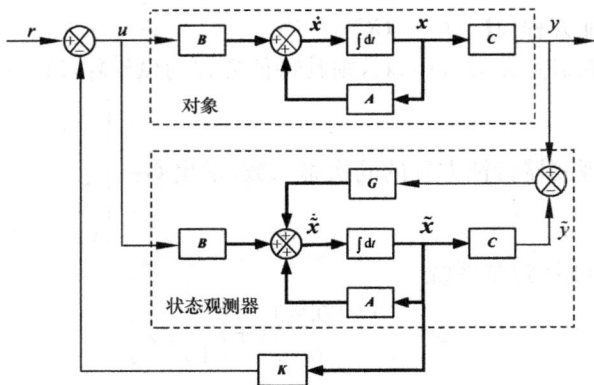

图 9.18　基于观测器的状态反馈方块图

四个方程所表述的是一个基于观测器的状态反馈来实现的系统,这个系统的阶数为 $2n$（即原系统的 n 阶与观测器的 n 阶之和）,该系统的状态空间描述经迭代求解可写成

$$\begin{bmatrix} \dot{x} \\ \dot{\tilde{x}} \end{bmatrix}=\begin{bmatrix} A & -BK \\ GC & A-GC-BK \end{bmatrix}\begin{bmatrix} x \\ \tilde{x} \end{bmatrix}+\begin{bmatrix} B \\ B \end{bmatrix}r \tag{9.65}$$

$$y=\begin{bmatrix} C & 0 \end{bmatrix}\begin{bmatrix} x \\ \tilde{x} \end{bmatrix} \tag{9.66}$$

式(9.65)的系统矩阵 $\begin{bmatrix} A & -BK \\ GC & A-GC-BK \end{bmatrix}$ 经过下面的线性变换后,变为

$$\begin{bmatrix} I & 0 \\ I & -I \end{bmatrix}^{-1}\begin{bmatrix} A & -BK \\ GC & A-GC-BK \end{bmatrix}\begin{bmatrix} I & 0 \\ I & -I \end{bmatrix}=\begin{bmatrix} A-BK & -BK \\ 0 & A-GC \end{bmatrix}$$

显然,从线性变换后的系统矩阵看,系统的特征值分别由反馈系统 $[A-BK]$ 的特征值和观测器系统 $[A-GC]$ 的特征值组成,换句话说,基于观测器的状态反馈系统的特征值由 $[A-BK]$ 和 $[A-GC]$ 两部分组成,而这两部分的特征值(或者说极点)可单独配置,在设计时彼此不影响. 这就是基于观测器的状态反馈设计的分离特性.

可以证明,采用观测器状态反馈的系统和直接状态反馈的系统,两者的闭环传递函数阵相同.这表明基于观测器输出状态信号来实现状态反馈与直接状态反馈的等效性.

例 9.16　设系统

$$\dot{x}=\begin{bmatrix} 0 & 1 \\ 0 & -5 \end{bmatrix}x+\begin{bmatrix} 0 \\ 100 \end{bmatrix}u$$

$$y=\begin{bmatrix} 1 & 0 \end{bmatrix}x$$

试设计一基于观测器的状态反馈系统,使闭环系统的极点为 $s_{k1,2}=-7.07\pm j7.07$,状态观测器的极点为 $s_{g1,2}=-50$.

解　由于状态不能测得,所以状态反馈需要通过观测器重构状态来实现.

$$\text{rank}[\boldsymbol{B}\quad\boldsymbol{AB}]=\text{rank}\begin{bmatrix}0 & 100 \\ 100 & -500\end{bmatrix}=2$$

$$\text{rank}\begin{bmatrix}\boldsymbol{C} \\ \boldsymbol{CA}\end{bmatrix}=\text{rank}\begin{bmatrix}1 & 0 \\ 0 & 1\end{bmatrix}=2$$

可见,系统既具有能控性又具有能观性.

状态反馈系统的特征方程为

$$|s\boldsymbol{I}-(\boldsymbol{A}-\boldsymbol{BK})|=\begin{vmatrix}s & -1 \\ 100k_1 & s+5+100k_2\end{vmatrix}=s^2+(5+100k_2)s+100k_1=0$$

根据对系统性能的要求,理想极点下的特征方程为

$$(s+7.07-j7.07)(s+7.07+j7.07)=s^2+2\times7.07s+2\times(7.07)^2=0$$

比较这两个方程,有 $k_1=1,k_2=0.0914$,即 $\boldsymbol{K}=[1\quad 0.0914]$.

状态观测器的特征方程为

$$|s\boldsymbol{I}-(\boldsymbol{A}-\boldsymbol{GC})|=\begin{vmatrix}s+g_1 & -1 \\ g_2 & s+5\end{vmatrix}=s^2+(5+g_1)s+(5g_1+g_2)=0$$

按要求,理想极点下的观测器特征方程为

$$(s+50)^2=s^2+100s+2500=0$$

比较上述方程,求得 $g_1=95,g_2=2025$,即 $\boldsymbol{G}=\begin{bmatrix}95 \\ 2025\end{bmatrix}$.

观测器方程为

$$\dot{\tilde{\boldsymbol{x}}}=(\boldsymbol{A}-\boldsymbol{GC})\tilde{\boldsymbol{x}}+\boldsymbol{B}u+\boldsymbol{G}y=\begin{bmatrix}-95 & 1 \\ -2025 & -5\end{bmatrix}\begin{bmatrix}\tilde{x}_1 \\ \tilde{x}_2\end{bmatrix}+\begin{bmatrix}0 \\ 100\end{bmatrix}u+\begin{bmatrix}95 \\ 2025\end{bmatrix}y$$

基于观测器的状态反馈系统方块图如图 9.19 所示.

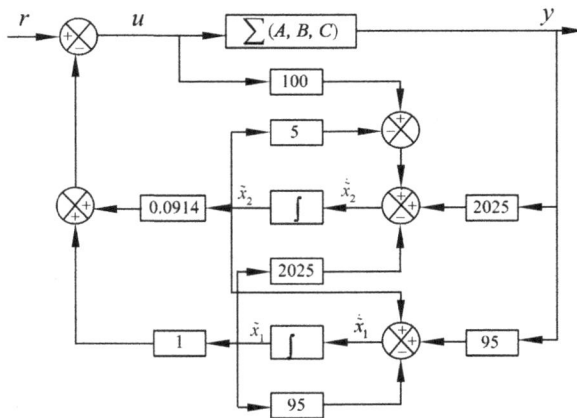

图 9.19　基于观测器的状态反馈系统方块图

9.5 Matlab中进行状态空间法分析

9.5.1 Matlab中的状态空间模型表达

ss( )——建立状态空间模型

sys=ss(A,B,C,D)——按

$$\dot{x}=Ax+Bu$$
$$y=Cx+Du$$

给出系统(sys)的状态空间模型,例如,sys=ss([0 1;−5 −2],[0;3],[0;1],0).

9.5.2 Matlab中的模型转换

在本书中涉及控制系统的三种模型:传递函数模型、零极点模型和状态空间模型. Matlab中提供了这些模型间转换的函数:

(1) $[z,p,k]$=tf2zp(num,den) ——传递函数模型转换为零极点增益模型. 即获取传递函数模型(num,den)对应的零点(z)、极点(p)和增益(k);

(2) $[num,den]$=zp2tf(z,p,k) ——零极点增益模型转换为传递函数模型. 由零极点模型零点(z)、极点(p)和增益(k)获取对应的传递函数模型(num,den);

(3) $[num,den]$=ss2tf(A,B,C,D,iu) ——状态空间模型转换为传递函数模型. 即对系统状态空间模型(A,B,C,D),给出在输入(iu)时的传递函数

$$\frac{num(s)}{den(s)}=C(sI-A)^{-1}B+D$$

(4) $[z,p,k]$=ss2zp(A,B,C,D,iu) ——状态空间模型转换为零极点增益模型ss2zp. 即对系统状态空间模型(A,B,C,D)给出在输入(iu)时的零极点模型零点(z)、极点(p)和增益(k):

$$k\frac{(s-z(1))(s-z(2))\cdots(s-z(n))}{(s-p(1))(s-p(2))\cdots(s-p(n))}=C(sI-A)^{-1}B+D$$

(5) $[A,B,C,D]$=tf2ss(num,den) ——传递函数模型转换为状态空间模型. 对于系统传递函数模型(num,den)给出对应的系统状态空间模型(A,B,C,D);

(6) $[A,B,C,D]$=zp2ss(z,p,k) ——零极点增益模型转换为状态空间模型. 对于系统零极点模型零点(z)、极点(p)和增益(k)给出对应的系统状态空间模型(A,B,C,D).

例9.17 求系统 $G(s)=\dfrac{s^2-0.5s+2}{s^2+0.4s+1}$ 对应的零极点模型和状态空间模型.

解 对应有程序

```
num= [1-0.5 2];
den= [1 0.4 1];
[z,p,k]= tf2zp(num,den)
[A,B,C,D]= tf2ss(num,den)
```

Matlab中运行结果为

```
z =
    0.2500 + 1.3919i
    0.2500 - 1.3919i
p =
   - 0.2000 + 0.9798i
   - 0.2000 - 0.9798i
k =
    1
A =
   - 0.4000   - 1.0000
     1.0000         0
B =
     1
     0
C =
   - 0.9000     1.0000
D =
     1
```

即对应的零极点模型为

$$G(s)=\frac{s^2-0.5s+2}{s^2+0.4s+1}=\frac{(s-0.25-1.3919i)(s-0.25+1.3919i)}{(s+2-0.9798i)(s+2+0.9798i)}$$

对应的状态空间模型则是

$$\dot{\boldsymbol{x}}=\begin{bmatrix}-0.4 & -1 \\ 1 & 0\end{bmatrix}\boldsymbol{x}+\begin{bmatrix}1 \\ 0\end{bmatrix}u$$
$$y=\begin{bmatrix}-0.9 & 1\end{bmatrix}\boldsymbol{x}+u$$

例 9.18 求状态空间模型

$$\begin{bmatrix}\dot{x}_1 \\ \dot{x}_2\end{bmatrix}=\begin{bmatrix}0 & 1 \\ -25 & -4\end{bmatrix}\begin{bmatrix}x_1 \\ x_2\end{bmatrix}+\begin{bmatrix}1 & 1 \\ 0 & 1\end{bmatrix}\begin{bmatrix}u_1 \\ u_2\end{bmatrix}$$

$$\begin{bmatrix}y_1 \\ y_2\end{bmatrix}=\begin{bmatrix}1 & 0 \\ 0 & 1\end{bmatrix}\begin{bmatrix}x_1 \\ x_2\end{bmatrix}+\begin{bmatrix}0 & 0 \\ 0 & 0\end{bmatrix}\begin{bmatrix}u_1 \\ u_2\end{bmatrix}$$

的传递函数 $\dfrac{Y_1(s)}{U_1(s)}$、$\dfrac{Y_2(s)}{U_1(s)}$、$\dfrac{Y_1(s)}{U_2(s)}$、$\dfrac{Y_2(s)}{U_2(s)}$.

解 对应有程序

```
A= [0 1;-25 - 4];
B= [1 1;0 1];
C= [1 0;0 1];
D= [0 0;0 0];
[num1,den1]= ss2tf(A,B,C,D,1)
[num2,den2]= ss2tf(A,B,C,D,2)
```

Matlab 中运行结果为

```
num1 =
         0      1.0000         4.0000
         0           0       - 25.0000
den1 =
    1.0000      4.0000        25.0000
num2 =
         0      1.0000         5.0000
         0      1.0000       - 25.0000
den2 =
    1.0000      4.0000        25.0000
```

即可获得

$$\frac{Y_1(s)}{U_1(s)} = \frac{s+4}{s^2+4s+25}, \quad \frac{Y_2(s)}{U_1(s)} = \frac{-25}{s^2+4s+25}$$

$$\frac{Y_1(s)}{U_2(s)} = \frac{s+5}{s^2+4s+25}, \quad \frac{Y_2(s)}{U_2(s)} = \frac{s-25}{s^2+4s+25}$$

9.5.3 公式矩阵运算法

上述各节中的有关状态空间运算公式采用基本矩阵数学运算函数进行.

例 9.19 对例 9.14 的系统和状态反馈控制的要求,采用基本矩阵数学运算函数编制 Matlab 程序,求解状态反馈增益矩阵 **K**.

解 对应有程序

```
A= [0 1 0;0 0 1;-1 -5 -6];
B= [0;0;1];
QC= [B A*B A^2*B];
n= rank(QC)

SA= poly(A);
a1= SA(2);a2= SA(3);a3= SA(4);
P1= [a2 a1 1;a1 1 0;1 0 0];
P= QC*P1;
J= [-2+j*4 0 0; 0 -2-j*4 0; 0 0 -10];
SJ= poly(J);
aa1= SJ(2); aa2= SJ(3);aa3= SJ(4);
K= [aa3-a3  aa2-a2 aa1-a1]*(inv(P))
```

Matlab 运行结果为

```
n =
     3
K =
     199      55      8
```

Matlab 运行结果表明 rank $\boldsymbol{Q}_c = 3$,系统能控,并求得状态反馈增益矩阵 $\boldsymbol{K} = [199 \quad 55 \quad 8]$.

9.5.4 专用函数法

专用函数法是指采用 Matlab 控制系统工具箱中的状态空间函数.

1. 系统特性或响应的状态空间法函数

所涉函数为对系统特性如瞬态特性、频率特性等在采用状态空间法建模后的求取,用法与采用传递函数建模相似,主要函数有

(1) impulse(A,B,C,D) ——计算并绘制系统(A,B,C,D)的单位脉冲响应;

(2) step(A,B,C,D) ——计算并绘制系统(A,B,C,D)的单位阶跃响应;

(3) lsim(A,B,C,D,u,t) ——计算并绘制系统(A,B,C,D)在信号 u 输入下的响应;

(4) bode(A,B,C,D) ——计算并绘制系统(A,B,C,D)的对数频率特性,即伯德图;

(5) nyquist(A,B,C,D) ——计算系统(A,B,C,D)的频率特性并绘制系统极坐标图,即奈奎斯特图;

(6) rlocus(A,B,C,D) ——在 s 平面绘制系统(A,B,C,D)的根轨迹;

(7) pzmap(A,B,C,D) ——在复平面绘出系统(A,B,C,D)的零极点. 对单输入单输出系统,可绘制从输入到输出的传递零点. 对多输入多输出系统,计算并绘系统的特征矢量和传递零点.

2. 状态空间综合法函数

(1) $K=$places(A,B,P) ——对状态系统(A,B)计算按极点(P)配置时所需的状态反馈增益矩阵 $\boldsymbol{K}$;

(2) $K=$acker(A,B,P) ——对状态系统(A,B)计算按极点(P)配置时所需的状态反馈增益矩阵 $\boldsymbol{K}$.

这两个函数功能是相同的. 状态观测器反馈增益矩阵 $\boldsymbol{G}$ 常利用对偶原理,调用上述函数进行.

例9.20 对图 9.20 的车载倒立摆,已知摆杆长度 $l=0.5\mathrm{m}$,摆杆质量忽略不计,小球质量 $m=0.1\mathrm{kg}$,小车质量 $M=2\mathrm{kg}$. 试设计一个控制系统使得倒立摆保持倒立状态.

解 当 θ 较小时,可得线性化模型

$$Ml\ddot{\theta}=(M+m)g\theta-u$$
$$M\ddot{x}=u-mg\theta$$

定义状态变量

$$x_1=\theta$$
$$x_2=\dot{\theta}$$
$$x_3=x$$
$$x_4=\dot{x}$$

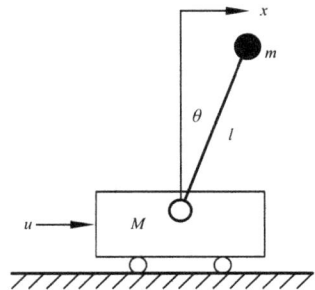

图 9.20 车载倒立摆系统

则定义有状态方程

$$
\begin{bmatrix} \dot{x}_1 \\ \dot{x}_2 \\ \dot{x}_3 \\ \dot{x}_4 \end{bmatrix}=
\begin{bmatrix} 0 & 1 & 0 & 0 \\ \dfrac{M+m}{Ml}g & 0 & 0 & 0 \\ 0 & 0 & 0 & 1 \\ -\dfrac{m}{M}g & 0 & 0 & 0 \end{bmatrix}
\begin{bmatrix} x_1 \\ x_2 \\ x_3 \\ x_4 \end{bmatrix}+
\begin{bmatrix} 0 \\ -\dfrac{1}{Ml} \\ 0 \\ \dfrac{1}{M} \end{bmatrix}u
$$

代入数值后有

$$\begin{bmatrix} \dot{x}_1 \\ \dot{x}_2 \\ \dot{x}_3 \\ \dot{x}_4 \end{bmatrix} = \begin{bmatrix} 0 & 1 & 0 & 0 \\ 20.60 & 0 & 0 & 0 \\ 0 & 0 & 0 & 1 \\ -0.49 & 0 & 0 & 0 \end{bmatrix} \begin{bmatrix} x_1 \\ x_2 \\ x_3 \\ x_4 \end{bmatrix} + \begin{bmatrix} 0 \\ -1 \\ 0 \\ 0.5 \end{bmatrix} u$$

为了得到一个能有效工作的系统,设系统主导极点的调整时间为 2s,阻尼大约为 0.5,取闭环系统的主导极点为 $p_{1,2}=-2\pm j2\sqrt{3}$,另两个非主导极点为 $p_3=p_4=-10$.

为求得状态反馈增益矩阵,对应有程序

```
A= [0 1 0 0;20.60 0 0 0;0 0 0 1;-0.49 0 0 0];
B= [0;-1;0;0.5];
P= [(-2+2*sqrt(3)*i) (-2-2*sqrt(3)*i) -10 -10];
K= acker(A,B,P)
```

Matlab 运行结果为

```
K =
-298.1494  -60.6972 -163.0989  -73.394
```

例 9.21 已知一系统

$$\dot{x} = \begin{bmatrix} 0 & 1 \\ 20.6 & 0 \end{bmatrix} x + \begin{bmatrix} 0 \\ 1 \end{bmatrix} u$$
$$y = \begin{bmatrix} 1 & 0 \end{bmatrix} x$$

试配置闭环极点为 $p_{k1}=-1.8+j2.4$,$p_{k2}=-1.8-j2.4$,并建立极点为 $p_{g1}=p_{g2}=-8$ 的状态观测器.

解 为求得状态反馈增益矩阵 **K** 和状态观测器反馈增益矩阵 **G**,对应有程序

```
A= [0 1; 20.6 0];
B= [0;1];
C= [1,0];
QC= [B A*B];
nc= rank(QC)
QO= [C' A'*C'];
no= rank(QO)

PK= [-1.8+2.4*i -1.8-2.4*i];
K= acker(A,B,PK)

AA= A';
BB= C';
PG= [-8 -8];
GG= acker(AA,BB,PG);
G= GG'
```

Matlab 运行结果为

```
nc =

    2

no=

    2

K =
    29.6000    3.6000
G =
    16.0000
    84.6000
```

由 Matlab 运行结果知系统能控能观,并获得对应的增益矩阵.

小 结

1. 状态空间法是一种时域的系统分析和设计方法.它揭示了输入作用于状态、状态决定了输出这样一个动态过程,突出了输入与输出之间的状态这一概念.从微分方程、传递函数、方块图等均可推导出系统的状态空间表达式.这种表达式由于状态变量选择的不同而有相应的不同,其中较为典型的状态空间表达式形式为能控标准型、能观标准型、对角线标准型等.同一系统不同状态空间表达式的转化(如由能控标准型转化为对角线标准型)可以通过状态变量的线性变换来实现.由状态空间表达式可以求得系统的传递函数,且传递函数是唯一的.

2. 状态方程是一阶微分方程组或一阶微分矢量方程.状态方程的解实际上是状态变量的时域表达式,是系统动态分析的基础.状态方程求解的关键点之一是矩阵指数的求解.矩阵指数的计算有定义计算法、非奇异变换对角线化法、拉普拉斯变换法、凯莱-哈密顿定理法等四种方法.非齐次状态方程的求解方法有一般法、拉普拉斯变换法两种.

3. 能控和能观是状态空间设计法中的两个重要概念.系统是否能控能观的判别可分别采用两种方法:一是用能控或能观的判别阵是否满秩来确定;二是把状态空间表达式转化为对角线标准型,在特征值两两相异的条件下,看输入系数矩阵是否存在全为零的行或输出系数矩阵是否存在全为零的列.

4. 作为控制系统设计的重要方法,状态反馈可以实现控制系统极点的任意配置.在状态信息无法用物理传感器实际测取的情况下,状态观测器给状态信号的估测提供了理论的方法.状态反馈阵 K 和观测器输出误差反馈阵 G 都可以通过相应的特征方程系数比较来计算得到.基于观测器的状态反馈把观测器系统和状态反馈系统复合在一起,而观测器极点的设置和闭环系统极点的设置可以互相独立进行.

习 题

9.1 设系统微分方程为

$$\dddot{y}+7\ddot{y}+14\dot{y}+8y=\ddot{u}+8\dot{u}+15u$$

系统初始条件为零,试求:

(1) 能控标准型的状态空间表达式,并画出方块图;

(2) 对角线标准型的状态空间表达式,并画出方块图.

9.2 求题 9.2 图所示系统的状态空间表达式,其中 $u_{1,2}$ 为输入,$y_{1,2}$ 为输出.

9.3 在题9.3图所示系统中,若选取 x_1、x_2、x_3 为状态变量,试写出状态空间表达式,并写成矩阵形式.

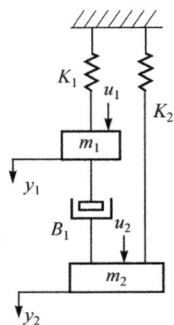

题9.2图 机械系统

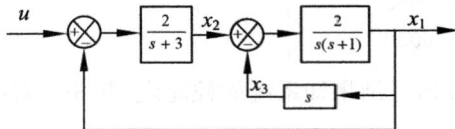

题9.3图 系统方块图

9.4 设系统的传递函数为

$$G(s)=\frac{s^2+4s+5}{s^3+6s^2+11s+6}$$

试写出它的对角线标准型状态空间表达式.

9.5 对状态矩阵

$$\boldsymbol{A}=\begin{bmatrix} 0 & 1 & 0 \\ 0 & 0 & 1 \\ -6 & -11 & -6 \end{bmatrix}$$

进行对角线化线性变换,并给出所用的转换矩阵 $\boldsymbol{P}$.

9.6 求解下列各式的状态方程及转移矩阵.

(1) $\ddot{y}+20\dot{y}+y=0$

(2) $\dfrac{Y(s)}{U(s)}=\dfrac{20}{s^2+4s+20}$

9.7 已知矩阵 $\boldsymbol{A}=\begin{bmatrix} 0 & 1 & 0 \\ 0 & 0 & 1 \\ 0 & 1 & 0 \end{bmatrix}$,求矩阵指数 $\mathrm{e}^{\boldsymbol{A}t}$.

9.8 如题9.8图所示电气系统,试:

(1) 建立以电流源 $i(t)$ 为输入量,电压 $v(t)$ 为输出量,电容压降 $v_c(t)$,电感电流 $i_L(t)$ 为状态变量的状态空间模型;

(2) 给出 $C=0.5\mathrm{F}$,$L=0.5\mathrm{H}$,$R_1=1\Omega$,$R_2=1.5\Omega$ 时状态转移矩阵 $\mathrm{e}^{\boldsymbol{A}t}$.

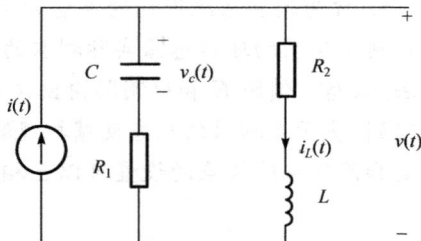

题9.8图 电气系统

9.9 求系统 $\begin{bmatrix} \dot{x}_1 \\ \dot{x}_2 \end{bmatrix}=\begin{bmatrix} 0 & 1 \\ -3 & -2 \end{bmatrix}\begin{bmatrix} x_1 \\ x_2 \end{bmatrix}$ 的 $x_1(t)$ 和 $x_2(t)$,初始条件为 $\begin{bmatrix} x_1(0) \\ x_2(0) \end{bmatrix}=\begin{bmatrix} 1 \\ -1 \end{bmatrix}$.

9.10 求解

$$\begin{bmatrix} \dot{x}_1 \\ \dot{x}_2 \end{bmatrix}=\begin{bmatrix} 0 & 1 \\ -2 & -3 \end{bmatrix}\begin{bmatrix} x_1 \\ x_2 \end{bmatrix}+\begin{bmatrix} 0 \\ 1 \end{bmatrix}u$$

在零初始条件下,输入单位阶跃信号的时间响应.

9.11 系统状态方程为 $\begin{bmatrix} \dot{x}_1 \\ \dot{x}_2 \end{bmatrix} = \begin{bmatrix} 0 & 0 \\ -3 & -4 \end{bmatrix} \begin{bmatrix} x_1 \\ x_2 \end{bmatrix} + \begin{bmatrix} 1 \\ 0 \end{bmatrix} \delta(t)$，$\begin{bmatrix} x_1(0) \\ x_2(0) \end{bmatrix} = \begin{bmatrix} 0 \\ 0 \end{bmatrix}$，其中 $\delta(t)$ 为脉冲传递函数. 求 $\begin{bmatrix} x_1 \\ x_2 \end{bmatrix}$.

9.12 已知系统的状态方程为

$$\dot{x} = \begin{bmatrix} 0 & 1 & 0 & 0 \\ 3\omega^2 & 0 & 0 & 2\omega \\ 0 & 0 & 0 & 1 \\ 0 & -2\omega & 0 & 0 \end{bmatrix} x + \begin{bmatrix} 0 & 0 \\ 1 & 0 \\ 0 & 0 \\ 0 & 1 \end{bmatrix} u$$

试判别该系统的能控性.

9.13 某系统

$$\begin{bmatrix} \dot{x}_1 \\ \dot{x}_2 \end{bmatrix} = \begin{bmatrix} 0 & 1 \\ 3 & 0 \end{bmatrix} \begin{bmatrix} x_1 \\ x_2 \end{bmatrix} + \begin{bmatrix} 0 \\ 1 \end{bmatrix} u, \quad y = 2x_2$$

试确定该系统的能控性和能观性.

9.14 设有一个单输入单输出系统

$$\begin{bmatrix} \dot{x}_1 \\ \dot{x}_2 \end{bmatrix} = \begin{bmatrix} -1 & 0 \\ 0 & -2 \end{bmatrix} \begin{bmatrix} x_1 \\ x_2 \end{bmatrix} + \begin{bmatrix} b_1 \\ 1 \end{bmatrix} u$$

$$y = \begin{bmatrix} 1 & c_2 \end{bmatrix} \begin{bmatrix} x_1 \\ x_2 \end{bmatrix}$$

讨论系统实现能控和能观的条件.

9.15 已知二阶系统 $\dot{x} = \begin{bmatrix} a & 1 \\ -1 & 0 \end{bmatrix} x + \begin{bmatrix} b \\ -1 \end{bmatrix} u$，为使系统具有能控性，试确定常数 a 和 b 应满足的关系.

9.16 设一个位置伺服系统，其开环传递函数为

$$G(s) = \frac{K}{s(s+2)(s+4)}$$

求用状态变量反馈构成一个新的闭环系统，并满足 $M_p \leqslant 16.3\%$，$t_r \leqslant 0.4\mathrm{s}$，$t_s < 0.8\mathrm{s}$，单位阶跃信号作用下 $e_{ss} = 0$.

9.17 设系统状态方程为

$$\dot{x} = \begin{bmatrix} 0 & 1 & 0 & 0 \\ 0 & 0 & -1 & 0 \\ 0 & 0 & 0 & 1 \\ 0 & 0 & 11 & 0 \end{bmatrix} x + \begin{bmatrix} 0 \\ 1 \\ 0 \\ -1 \end{bmatrix} u$$

加一个状态反馈，使 $u = v - Kx$，希望闭环极点分布为 -1、-2、$-1 \pm \mathrm{j}$，试求状态反馈阵 K.

9.18 已知受控系统的状态方程为

$$\begin{bmatrix} \dot{x}_1 \\ \dot{x}_2 \end{bmatrix} = \begin{bmatrix} -2 & -3 \\ 4 & -9 \end{bmatrix} \begin{bmatrix} x_1 \\ x_2 \end{bmatrix} + \begin{bmatrix} 3 \\ 1 \end{bmatrix} u$$

求状态反馈阵 K 使闭环极点 $s_{1,2} = -1 \pm \mathrm{j}2$.

9.19 设有系统

$$\frac{Y(s)}{U(s)} = \frac{10}{(s+1)(s+2)(s+3)}$$

定义状态变量 $x_1 = y$，$x_2 = \dot{x}_1$，$x_3 = \dot{x}_2$. 试编写 Matlab 程序求取状态反馈增益矩阵 K，使得闭环系统的极点为 $s_{1,2} = -2 \pm \mathrm{j}2\sqrt{3}$，$s_3 = -10$.

9.20 设有系统

$$\begin{bmatrix} \dot{x}_1 \\ \dot{x}_2 \end{bmatrix} = \begin{bmatrix} -1 & 1 \\ 1 & -2 \end{bmatrix} \begin{bmatrix} x_1 \\ x_2 \end{bmatrix}$$

$$y = \begin{bmatrix} 1 & 0 \end{bmatrix} \begin{bmatrix} x_1 \\ x_2 \end{bmatrix}$$

编写 Matlab 程序求取状态观测器反馈增益矩阵 $\boldsymbol{G}$,使得状态观测器的极点为 $s_1 = s_2 = -5$.

9.21 已知系统 $\dot{\boldsymbol{x}} = \begin{bmatrix} 1 & 2 & 0 \\ 3 & -1 & 1 \\ 0 & 2 & 0 \end{bmatrix} + \begin{bmatrix} 0 \\ 0 \\ 1 \end{bmatrix} u, y = \begin{bmatrix} -1 & 1 & 1 \end{bmatrix} \boldsymbol{x}$,问:

(1) 系统是否稳定?

(2) 怎样通过状态反馈使系统的极点为 $s_{1,2} = -1 \pm j\sqrt{3}$、$s_3 = 10$?

9.22 控制系统如题 9.22 图所示,采用状态反馈,请确定反馈矩阵 $\boldsymbol{K}$,使系统对阶跃输入的跟踪误差为零,超调量小于 3%.

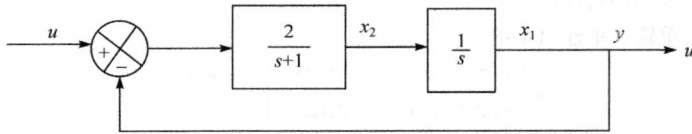

题 9.22 图 控制系统

9.23 设系统传递函数为 $G(s) = \dfrac{100}{s(s+5)}$,试:

(1) 求系统能观标准型的状态空间表达式;

(2) 试用状态反馈对系统进行极点配置,使闭环极点位于 $-5 \pm j10$ 处;

(3) 试求采用上述状态反馈后的系统的谐振峰值 M_r.

9.24 已知原系统的传递函数 $G(s) = \dfrac{1}{s(s+6)(s+12)}$,试通过状态反馈,使得系统满足 $M_p \leqslant 10\%$、$t_s \leqslant 0.6s(\Delta = 2\%)$.

第10章　非线性控制系统

前面各章研究了线性控制系统的分析和设计.然而,任何一个实际物理系统都不同程度地存在非线性环节,这种环节的输入和输出特性具有非线性函数关系.对于一些不很严重的非线性,往往用线性化方法加以处理,然后采用线性系统理论进行研究,可得出符合工程实际的结果.但对于那些不能忽视的严重非线性,就不能采用线性化方法,称这种非线性为本质非线性,而相应的非线性系统也是本质非线性系统,这种系统需采用非线性理论来研究.

10.1　概　　述

10.1.1　非线性系统特点

非线性系统由于存在本质非线性环节,因此要比线性系统复杂得多.这类系统的静态放大倍数是变化的,且一般是输入信号幅值的函数,这就使非线性系统不能适用叠加原理.系统的稳定性和响应曲线与输入信号幅值和初始条件有关.此外还有一些线性系统中见不到的特殊现象,简述如下.

1. 输入信号幅值对非线性系统性能的影响

非线性系统的瞬态响应和稳定性不仅取决于系统的结构参数,而且与输入信号的幅值和初始条件有关,但线性系统则仅取决于系统的结构参数.

例如,一个线性系统对于不同幅值的阶跃信号输入,具有相同形状的输出响应曲线;而对于非线性系统,不同幅值的阶跃信号输入可能具有完全不同形状的响应曲线.

又如,线性系统的稳定性与输入信号大小和初始条件无关,但非线性系统可能在小信号输入时系统是稳定的,而输入信号超过一定范围时系统变为不稳定.也可能反之,在大信号时系统是稳定的,而在小信号时系统是不稳定的.

2. 极限环振荡

在输入作用不是周期函数的情况下,系统输出可能会以固定的振幅和频率做持续振荡.这种现象称为自持振荡或极限环振荡.

例如,由下列方程所表示的非线性机电系统

$$m\ddot{x} - f(1-x^2)\dot{x} + kx = 0$$

此即 van del Pol 方程.式中,m、f、k 是正值.方程中的阻尼系数 $f(1-x^2)$ 是非线性的.当 x 值小于 1 时,系统阻尼是负的,这时将能量输入系统;而当 x 值大于 1 时,系统阻尼是正的,这时从系统输出能量.因此,系统不断进行能量交换,以某一固定的振幅和频率持续振荡.

3. 跳跃谐振

跳跃谐振也是非线性系统的特殊现象之一.系统在正弦信号作用下,若保持输入幅值不变,而频率连续不断变化,则输出幅值不断变化,且可能会出现输出幅值不连续的跳跃变化.这种现象称为跳跃谐振,如图 10.1 所示.设输入信号幅值不变,调节频率 ω 从 A 点开始增

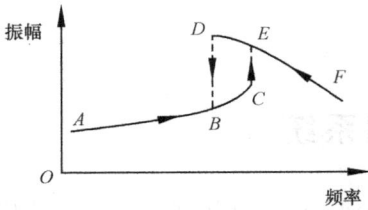

图 10.1　跳跃谐振

加,这时输出振幅随之增加,直到 C 点.若频率继续增加,则输出振幅突然变化,由 C 点跳跃到 E 点.若频率 ω 再进一步增加,振幅由 E 变化至 F 点.随后将频率逐渐减小,则输出振幅沿曲线回到 D 点.若频率进一步减小,振幅突然由 D 点跃变到 B 点,然后继续到达 A 点.这种现象往往是由系统中某些多值非线性特性等原因所引起的.如果输入幅值改变,重复上述步骤,可得到不同的跳跃谐振曲线.

除了上述这些特殊现象,还有分频振荡、频率捕捉和异步抑制等现象,可见,非线性系统要比线性系统复杂得多,必须用非线性系统理论来解析和研究.

10.1.2　典型非线性特性

图 10.2 中列举了一些典型非线性环节的静特性,它们均属于本质非线性.这些非线性具有常见的奇对称性.从输入输出关系上看,可分为单值的和非单值的,非单值的如图 10.2(f)、(g)、(h)、(i)、(j)所示.此外,非线性特性尚可分为固有非线性特性和人为非线性特性,前者是系统中不可避免地存在着的,而后者则是为了改善系统的性能而人为引进的,如继电器特性等.

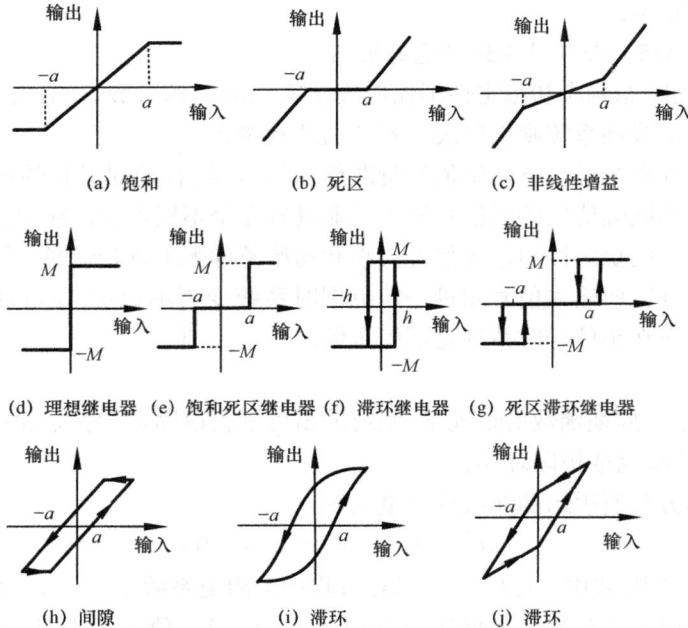

(a) 饱和　　　(b) 死区　　　(c) 非线性增益

(d) 理想继电器　(e) 饱和死区继电器　(f) 滞环继电器　(g) 死区滞环继电器

(h) 间隙　　　(i) 滞环　　　(j) 滞环

图 10.2　典型非线性特性

1. 饱和特性

非线性饱和特性如图 10.2(a)所示.由图可见,当输入信号超出其线性范围后,输出信号不再随输入信号变化而保持恒定.具有饱和特性的元件如放大器的饱和输出特性、磁饱和、元件的行程限制和功率限制等.

2. 死区特性

死区特性又称不灵敏区特性,如图 10.2(b)所示. 由图可见,当输入信号在零位附近变化时,系统没有输出. 只有当输入信号大于某一数值(死区或不灵敏区)时才有输出,且与输入呈线性关系. 具有死区特性的有各类液压阀的正重叠量、系统的库仑摩擦、测量变送装置的不灵敏区、调节器和执行机构的死区,以及弹簧预紧力等. 当死区很小时,可将它作为线性特性处理,当死区较大时,将使系统静态误差增加,有时还造成系统低速不平滑性.

3. 非线性增益

非线性增益特性如图 10.2(c)所示. 在不同输入幅值下,元件或环节具有不同的增益,典型的有液压控制阀中的圆形窗口、阶梯形窗口、分段斜面等. 如图所示特性可使系统在大偏差信号时,具有较大增益,从而加快系统响应;在小偏差时,具有较小增益,从而提高零位附近的系统稳定性.

4. 继电器特性

继电器特性有几种不同情况:如图 10.2(d)为理想继电器特性,这时继电器吸合电压和释放电压均为零的零值切换;图 10.2(e)为具有饱和死区的单值继电器特性,其吸合电压和释放电压相等;图 10.2(f)为具有滞环的继电器特性,这时继电器正向释放电压等于反向吸合电压;图 10.2(g)为具有死区和滞环的继电器特性,继电器的吸合电压和释放电压不同,在输入输出特性上不仅包含死区特性和饱和特性,而且出现了滞环特性,为继电器特性中最复杂的一种.

5. 间隙特性

如图 10.2(h)所示为间隙特性,这类特性表示在元件开始运动,输入信号小于单边间隙 a 时,元件无输出信号,只有当输入信号大于 a 以后,元件的输出信号才随着信号线性变化. 当元件反向运动时,元件的输出则保持在运动方向发生变化瞬间的输出值上,直到输入信号反向变化达 a 的两倍以后,输出信号才又随输入信号而线性变化. 常见的间隙如齿轮传动中的间隙、液压传动中的油隙等. 间隙特性使环节的输入输出之间具有多值关系. 系统中由于间隙特性存在,系统输出信号在相位上产生滞后,减小了系统稳定性裕量,动态特性变坏,且常常是系统产生自持振荡的主要原因之一. 因此,一般应尽量减小和避免间隙,如齿轮传动中采用无间隙齿轮传动等.

6. 滞环特性

滞环特性如图 10.2(i)所示. 它也是非单值非线性. 具有铁磁部件的元件往往有这种特性,如电液伺服阀中的力矩马达等. 为了简化分析,常将滞环特性简化成如图 10.2(h)、(j)的形式. 滞环特性对系统的影响与间隙特性相似.

10.1.3 非线性系统的研究方法

在工程上,一般对非本质非线性采用小偏差线性化方法,而对本质非线性则常采用分段线性化或下面一些非线性系统的研究方法.

1. 数值解法

利用数字计算机来求解非线性微分方程的方法. 理论上说,该方法能解任何非线性系统,且精度能达到预期的要求. 但它注重于系统的特定解,而缺乏反映有关系统全部解的性质.

2. 描述函数法

这种方法实际上是一种谐波线性化方法. 它可以看作频率法在非线性系统中的推广应用. 这种方法比较简单有效, 且适用于高阶系统.

3. 相平面法

此法是一种求解非线性微分方程的图解法. 它不仅能提供系统的稳定性信息, 而且能提供系统的动态特性信息. 由于绘制高阶系统相轨迹的困难, 一般只适用于二阶系统.

4. 李雅普诺夫直接法

这种方法原则上可适用于任何复杂非线性系统, 可不求解系统运动方程来直接判断系统稳定性. 该方法是从能量观点研究系统的稳定性. 对于一个能量守恒系统, 系统处于稳定的平衡状态时, 它所具有的能量总为最小. 因此, 该方法需要构造一个称为李雅普诺夫函数的能量函数 $V(x,t)$, 然后根据 $dV(x,t)/dt$ 是否为负值, 即系统的能量是否衰减来判断系统稳定性. 但是, 对于非线性系统而言, 目前尚无一个普遍适用的直接构成李雅普诺夫函数(正实的标量函数 $V(x,t)$)的方法. 而已有的方法大多只适用于某一类非线性系统.

5. 波波夫法

波波夫法可在频率域内分析非线性系统的稳定性. 如果非线性系统中非线性特性过原点且分布于第一、三象限, 并可与线性部分分离, 则可根据线性部分的频率特性直接分析系统的稳定性.

本章限于篇幅, 主要介绍用描述函数法分析非线性系统.

10.2 描述函数法

频率法是研究线性控制系统的有力工具. 在非线性系统中, 由于非线性环节不能用频率特性表示, 因此频率法不能直接用来研究非线性系统. 描述函数法就是用非线性环节的描述函数代替非线性环节的频率特性而置于系统中. 经这一近似处理后, 就可以将频率法推广, 用于研究非线性系统了.

10.2.1 描述函数基本概念

设非线性系统如图 10.3(a)所示. 其中非线性环节是可分离的. 开环传递函数的线性部分为 $G(s)$ 并且假定:

(1) 非线性环节特性是静态非线性, 即不是时间的函数;

(2) 非线性环节特性是斜对称的;

(3) 系统的线性部分具有较好的低通滤波性能.

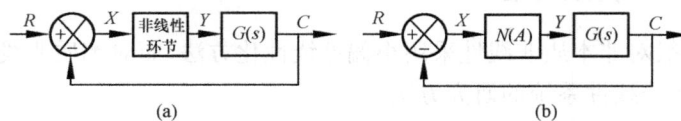

图 10.3 非线性系统

上述假定对一般系统均是满足的. 图 10.2 所示的典型非线性特性都不是时间函数且为

斜对称,这就使非线性环节在正弦信号输入下,输出信号不含直流分量. 而系统线性部分阶数越高,低通滤波性能就越好.

描述函数法的基本思想是在上述假定条件下,非线性环节用正弦函数作为输入信号,近似地取输出的一次谐波作为非线性环节的输出,而忽略所有高于一次的谐波分量.再类似传递函数的概念,把非线性环节输出的一次谐波分量与输入的正弦函数之比定义为该非线性环节的描述函数.

对于如图 10.3 所示的非线性系统. 当非线性环节的输入信号为

$$x(t) = A\sin\omega t$$

则非线性环节的稳态输出可以展开成下列傅里叶级数

$$y(t) = A_0 + \sum_{n=1}^{\infty}(A_n\cos n\omega t + B_n\sin n\omega t) = A_0 + \sum_{n=1}^{\infty}Y_n\sin(n\omega t + \phi_n)$$

根据非线性特性是斜对称的假定,有 $A_0 = 0$,且式中

$$A_n = \frac{1}{\pi}\int_0^{2\pi}y(t)\cos n\omega t\,\mathrm{d}(\omega t), \qquad B_n = \frac{1}{\pi}\int_0^{2\pi}y(t)\sin n\omega t\,\mathrm{d}(\omega t)$$

$$Y_n = \sqrt{A_n^2 + B_n^2}, \qquad\qquad \phi_n = \arctan\left(\frac{A_n}{B_n}\right)$$

输出的一次谐波分量

$$y(t) \approx y_1(t) = A_1\cos\omega t + B_1\sin\omega t = Y_1\sin(\omega t + \phi_1)$$

式中,Y_1 为一次谐波的幅值,$Y_1 = \sqrt{A_1^2 + B_1^2}$;$\phi_1$ 为一次谐波的相位,$\phi_1 = \arctan\left(\frac{A_1}{B_1}\right)$.

参照线性系统中频率特性的概念,将输出信号的一次谐波分量与输入信号的复数比定义为非线性环节的描述函数,即

$$N(A) = \frac{Y_1}{A}\angle\phi_1 = \frac{\sqrt{A_1^2 + B_1^2}}{A}\angle\arctan\left(\frac{A_1}{B_1}\right)$$

一般来说,描述函数是输入信号频率和幅值的函数. 但是大多数实际非线性元件为不包含储能元件的静态非线性,它们的输出与输入信号的频率无关,所以描述函数只是输入信号幅值 A 的函数,写成 $N(A)$.

用描述函数代替非线性特性后,图 10.3(a)所示系统成为图 10.3(b)所示的系统. 该系统的闭环传递函数为

$$\frac{C(s)}{R(s)} = \frac{G(s)N(A)}{1 + G(s)N(A)}$$

10.2.2　典型非线性特性的描述函数

1. 理想继电器特性

理想继电器特性其输入输出波形如图 10.4 所示. 输入信号 $x(t) = A\sin\omega t$,输出信号

$$y(t) = \begin{cases} +M, & 0 < \omega t < \pi \\ -M, & \pi \leqslant \omega t < 2\pi \end{cases}$$

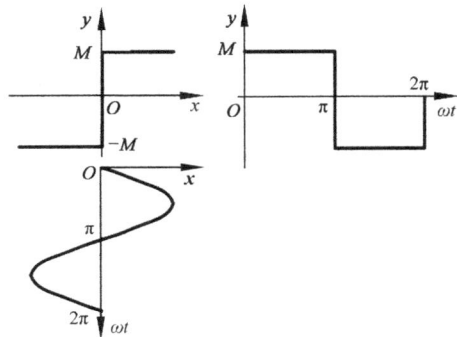

图 10.4　理想继电器非线性的输入输出波形

对 $y(t)$ 进行傅里叶展开

$$y(t) = A_0 + \sum_{n=1}^{\infty}(A_n\cos n\omega t + B_n\sin n\omega t).$$

由于理想继电器特性为斜对称，$y(t)$ 为奇函数，所以有 $A_0 = A_1 = 0$. $y(t)$ 的一次谐波分量

$$y_1(t) = B_1\sin\omega t$$

式中

$$B_1 = \frac{1}{\pi}\int_0^{2\pi}y(t)\sin\omega t\,\mathrm{d}(\omega t) = \frac{2}{\pi}\int_0^{\pi}y(t)\sin\omega t\,\mathrm{d}(\omega t) = \frac{2}{\pi}\int_0^{\pi}M\sin\omega t\,\mathrm{d}(\omega t) = \frac{4M}{\pi}$$

因而有

$$y_1(t) = \frac{4M}{\pi}\sin\omega t$$

根据描述函数定义，得理想继电器特性的描述函数为

$$N(A) = \frac{Y_1}{A}\angle 0° = \frac{4M}{\pi A} \tag{10.1}$$

可见，理想继电器特性的描述函数是一个实数，它仅随输入幅值 A 而变化，和输入频率无关. 比值 M/A 与描述函数 N 呈线性关系.

2. 非线性增益特性

非线性增益特性及其输入波形如图 10.5 所示. 非线性特性是单值斜对称的，各段斜率为 k_1、k_2、k_3，各段的交点横坐标为 a 和 s. 输入信号 $x(t) = A\sin\omega t$，输出信号第一半波的数学表达式为

$$y(t) = \begin{cases} k_1 A\sin\omega t, & 0 \leqslant \omega t < a_1, (\pi - a_1) \leqslant \omega t < \pi \\ k_2 A\sin\omega t + (k_1 - k_2)a, & a_1 \leqslant \omega t < a_2, (\pi - a_2) \leqslant \omega t < (\pi - a_1) \\ k_3 A\sin\omega t + (k_1 - k_2)a + (k_2 - k_3)(a + s), & a_2 \leqslant \omega t < (\pi - a_2) \end{cases}$$

式中

$$a_1 = \arcsin\left(\frac{a}{A}\right), \quad a_2 = \arcsin\left(\frac{s}{A}\right)$$

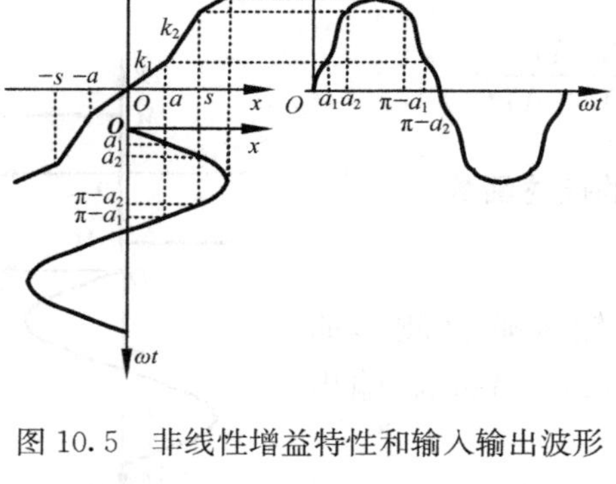

图 10.5 非线性增益特性和输入输出波形

同样，由于非线性特性为斜对称，输出为奇函数，故有 $A_0 = A_1 = 0$，$Y_1 = B_1$，$\phi_1 = 0°$. 而

$$B_1 = \frac{2}{\pi} \int_0^\pi y(t) \sin\omega t \, \mathrm{d}(\omega t)$$

$$= \frac{2}{\pi} \Bigg[\int_0^{a_1} k_1 A \sin^2\omega t \, \mathrm{d}(\omega t) + \int_0^{a_2} \big[k_2 A \sin\omega t + (k_1 - k_2)a \big] \sin\omega t \, \mathrm{d}(\omega t)$$

$$+ \int_{a_2}^{\pi - a_2} \big[k_3 A \sin\omega t + (k_1 - k_2)a + (k_2 - k_3)(a + s) \big] \sin\omega t \, \mathrm{d}(\omega t)$$

$$+ \int_{\pi - a_2}^{\pi - a_1} \big[k_2 A \sin\omega t + (k_1 - k_2)a \big] \sin\omega t \, \mathrm{d}(\omega t) + \int_{\pi - a_1}^{\pi} k_1 A \sin^2\omega t \, \mathrm{d}(\omega t) \Bigg]$$

将上式积分、简化并代入 $a_1 = \arcsin(a/A)$, $a_2 = \arcsin(s/A)$, 可得非线性增益特性的描述函数

$$N(A) = k_3 + \frac{2}{\pi}(k_1 - k_2) \left[\arcsin\left(\frac{a}{A}\right) + \frac{a}{A}\sqrt{1 - \left(\frac{a}{A}\right)^2} \right]$$

$$+ \frac{2}{\pi}(k_2 - k_3) \left[\arcsin\left(\frac{s}{A}\right) + \frac{s}{A}\sqrt{1 - \left(\frac{s}{A}\right)^2} \right] \qquad (A \geqslant s) \qquad (10.2)$$

分段非线性增益特性描述函数, 如果各段斜率 k_1, k_2, k_3 取不同值, 可得多种典型单值非线性特性的描述函数. 例如, 饱和特性, 死区特性, 死区、饱和特性等.

(1) 饱和特性. 若令式(10.2)中 $k_1 = k$, $k_2 = k_3 = 0$, 可得饱和特性的描述函数

$$N(A) = \frac{2k}{\pi} \left[\arcsin\left(\frac{a}{A}\right) + \frac{a}{A}\sqrt{1 - \left(\frac{a}{A}\right)^2} \right] \qquad (A \geqslant a) \qquad (10.3)$$

(2) 死区特性. 若令式(10.2)中 $k_1 = 0$, $k_2 = k_3 = k$, 可得死区特性的描述函数

$$N(A) = \frac{2k}{\pi} \left[\frac{\pi}{2} - \arcsin\left(\frac{a}{A}\right) - \frac{a}{A}\sqrt{1 - \left(\frac{a}{A}\right)^2} \right] \qquad (A \geqslant a) \qquad (10.4)$$

(3) 死区、饱和特性. 若令式(10.2)中 $k_1 = k_3 = 0$, $k_2 = k$, 可得死区、饱和特性的描述函数

$$N(A) = \frac{2k}{\pi} \left[\arcsin\left(\frac{s}{A}\right) - \arcsin\left(\frac{a}{A}\right) + \frac{s}{A}\sqrt{1 - \left(\frac{s}{A}\right)^2} - \frac{a}{A}\sqrt{1 - \left(\frac{a}{A}\right)^2} \right] \qquad (A \geqslant a)$$

$$(10.5)$$

3. 间隙特性

间隙特性及其输入输出波形如图 10.6 所示. 它为非单值非线性, 其中 k 为线性段斜率, $2a$ 为间隙宽度. 设输入信号 $x(t) = A\sin\omega t$, 输出信号的第一半波的数学表达式为

$$y(t) = \begin{cases} k(A\sin\omega t - a), & 0 \leqslant \omega t < \pi/2 \\ k(A - a), & \pi/2 \leqslant \omega t < \pi - a_1 \\ k(A\sin\omega t + a), & \pi - a_1 \leqslant \omega t < \pi \end{cases}$$

式中

$$a_1 = \arcsin\left(\frac{A - 2a}{A}\right)$$

由图 10.6 的输出波形可见, 它既非奇函数, 也非偶函数, 傅里叶系数 A_1 和 B_1 均不为零.

$$A_1 = \frac{2}{\pi} \int_0^\pi y(t) \cos\omega t \, \mathrm{d}(\omega t)$$

$$= \frac{2}{\pi}\left[\int_0^{\frac{\pi}{2}} k(A\sin\omega t - a)\cos\omega t\,\mathrm{d}(\omega t) + \int_{\frac{\pi}{2}}^{\pi-a_1} k(A-a)\cos\omega t\,\mathrm{d}(\omega t) \right.$$

$$\left. + \int_{\pi-a_1}^{\pi} k(A\sin\omega t + a)\cos\omega t\,\mathrm{d}(\omega t) \right]$$

$$= \frac{4kA}{\pi}\left[\left(\frac{a}{A}\right)^2 - \frac{a}{A} \right]$$

$$B_1 = \frac{2}{\pi}\int_0^{\pi} y(t)\sin\omega t\,\mathrm{d}(\omega t)$$

$$= \frac{2}{\pi}\left[\int_0^{\frac{\pi}{2}} k(A\sin\omega t - a)\sin\omega t\,\mathrm{d}(\omega t) + \int_{\frac{\pi}{2}}^{\pi-a_1} k(A-a)\sin\omega t\,\mathrm{d}(\omega t) \right.$$

$$\left. + \int_{\pi-a_1}^{\pi} k(A\sin\omega t + a)\sin\omega t\,\mathrm{d}(\omega t) \right]$$

$$= \frac{kA}{\pi}\left[\frac{\pi}{2} + \arcsin\left(1 - \frac{2a}{A}\right) + 2\left(1 - \frac{2a}{A}\right)\sqrt{\frac{a}{A} - \left(\frac{a}{A}\right)^2} \right]$$

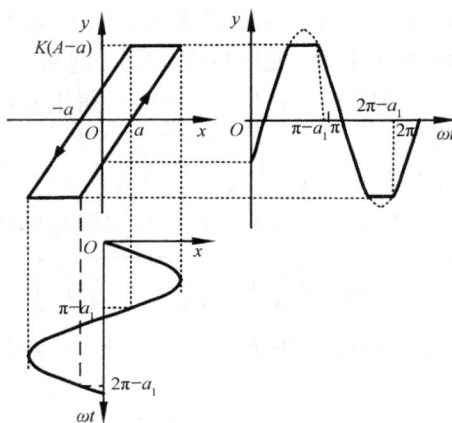

图 10.6　间隙特性及其输入输出波形

所以具有间隙非线性的描述函数为

$$N(A) = \frac{\sqrt{A_1^2 + B_1^2}}{A} \angle \arctan\left(\frac{A_1}{B_1}\right) \qquad (A \geqslant a) \tag{10.6}$$

由式(10.6)可见,该描述函数仍与频率无关,而是一个随输入幅值变化的复数,其幅值和相位随输入正弦信号幅值而变化.

4. 死区和滞环继电器特性

图 10.7 表示具有死区和滞环的继电器特性及其输入输出波形. 根据输入信号大小不同,可有三种不同输出:$+M,0,-M$. 该非线性特性为非单值非线性. 输出基波分量滞后输入一个角度,故这种继电器特性的描述函数带有相位角.

设输入信号 $x(t) = A\sin\omega t$,继电器的滞环宽度为 $2h$,滞环中心位置为 a,则当输入幅值 $A > a+h$ 时,有方波输出,其输出信号第一半波的数学表达式为

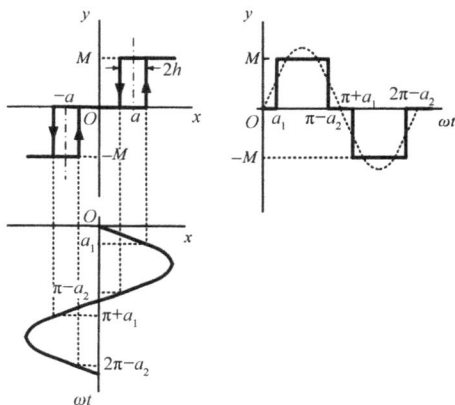

图 10.7　具有死区和滞环的继电器特性及其输入输出波形

$$y(t) = \begin{cases} 0, & 0 \leqslant \omega t \leqslant a_1 \\ M, & a_1 \leqslant \omega t \leqslant \pi - a_2 \\ 0, & \pi - a_2 \leqslant \omega t \leqslant \pi \end{cases}$$

式中

$$a_1 = \arcsin\left(\frac{a+h}{A}\right), \quad a_2 = \arcsin\left(\frac{a-h}{A}\right)$$

由于输出波形非奇函数,也非偶函数,因此傅里叶系数 A_1 和 B_1 均不为零:

$$A_1 = \frac{2}{\pi} \int_0^\pi y(t)\cos\omega t \, \mathrm{d}(\omega t) = \frac{2}{\pi} \int_{a_1}^{\pi - a_2} M\cos\omega t \, \mathrm{d}(\omega t) = -\frac{4hM}{\pi A}$$

$$B_1 = \frac{2}{\pi} \int_0^\pi y(t)\sin\omega t \, \mathrm{d}(\omega t) = \frac{2}{\pi} \int_{a_1}^{\pi - a_2} M\sin\omega t \, \mathrm{d}(\omega t)$$

$$= \frac{2M}{\pi}\left[\sqrt{1-\left(\frac{a-h}{A}\right)^2} + \sqrt{1-\left(\frac{a+h}{A}\right)^2}\right]$$

具有死区和饱和继电器特性的描述函数为一复数

$$N(A) = \frac{\sqrt{A_1^2 + B_1^2}}{A} \angle \arctan\left(\frac{A_1}{B_1}\right) \qquad (A \geqslant a+h) \qquad (10.7)$$

由式(10.7)可见,该描述函数与频率无关,其幅值和相位随输入信号的幅值变化而变化.

根据式(10.7),可以导出其他几种较为简单的继电器特性的描述函数.

(1) 理想继电器特性. 令 $a=0, h=0$ 可得理想继电器特性的描述函数

$$N(A) = \frac{4M}{\pi A}$$

与按定义求得的结果相一致.

(2) 死区继电器特性. 令 $h=0$,则 $A_1 = 0$,$B_1 = \frac{4M}{\pi}\sqrt{1-\left(\frac{a}{A}\right)^2}$,得死区继电器特性的描述函数为

$$N(A) = \frac{4M}{\pi A} \sqrt{1 - \left(\frac{a}{A}\right)^2} \qquad (A \geqslant a) \qquad (10.8)$$

（3）滞环继电器特性. 令 $a=0$，则有

$$A_1 = -\frac{4hM}{\pi A}, \quad B_1 = \frac{4M}{\pi} \sqrt{1 - \left(\frac{h}{A}\right)^2}$$

$$\varphi_1 = \arctan\left(\frac{A_1}{B_1}\right) = \arctan\left[\frac{h/A}{\sqrt{1 - \left(\frac{h}{A}\right)^2}}\right] = \arcsin\left(\frac{h}{A}\right)$$

所以描述函数为

$$N(A) = \frac{\sqrt{A_1^2 + B_1^2}}{A} \angle \varphi_1 = \frac{4M}{\pi A} \angle \arcsin\left(\frac{h}{A}\right) \qquad (A \geqslant h) \qquad (10.9)$$

以上推导了几种典型非线性特性的描述函数. 利用同样的方法可以求其他形式或更复杂的非线性特性的描述函数.

从以上典型非线性特性的描述函数还可得出：单值非线性的描述函数是实数,非单值非线性的描述函数是复数.

10.3 非线性系统的描述函数法分析

非线性系统稳定性是人们最关心的问题. 本节将采用描述函数法判断非线性系统的稳定性、非线性自持振荡的稳定性以及自持振荡的振幅和频率的确定,并在此基础上进行非线性系统的校正.

10.3.1 非线性系统的稳定性

研究如图 10.8 所示的非线性控制系统. $G(s)$ 为系统线性部分的传递函数. $N(A)$ 为非线性环节的描述函数. 设 $N(A)$ 仅为输入信号幅值的函数. 于是系统的闭环传递函数为

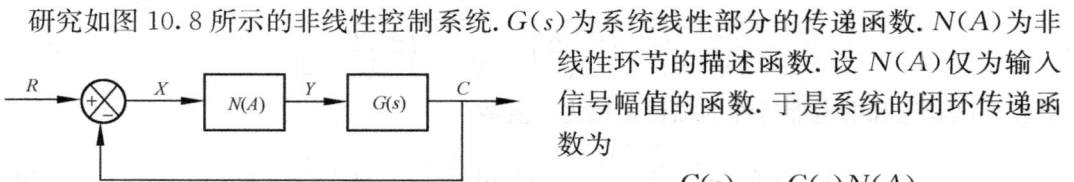

图 10.8 非线性控制系统

$$\frac{C(s)}{R(s)} = \frac{G(s)N(A)}{1 + G(s)N(A)}$$

系统闭环特征方程为

$$D(s) = 1 + N(A)G(s) = 0$$

如先考虑不存在非线性环节的情况,即 $N(A)=1$,系统成为线性的,这时闭环特征方程为

$$1 + G(s) = 0, \quad G(s) = -1 \qquad (10.10)$$

根据线性系统理论知道,若系统开环稳定,则其闭环稳定的充要条件是当频率 ω 由 $0 \rightarrow \infty$ 时,$1 + G(j\omega)$ 轨迹不包围 $[1+G]$ 平面的原点,或坐标向右平移一个单位后,叙述为 $G(j\omega)$ 轨迹不包围 G 平面的 $(-1, j0)$ 点. 这就是奈奎斯特判据的一种简单情况. 而 G 平面上的 $(-1, j0)$ 点即为判别系统稳定性的临界点,这个临界点也可看作按式 (10.10) 由坐标移动而得,对

应于式(10.10)右边的"−1".

再在系统中加入非线性环节 $N(A)$,那么闭环特征方程为 $1+G(s)N(A)=0$,将其写成

$$\frac{1}{N(A)}+G(s)=0, \quad G(s)=-\frac{1}{N(A)} \tag{10.11}$$

$-1/N(A)$ 称为负倒描述函数(或描述函数负倒特性),是非线性特性描述函数的一种应用形式. 由于 $N(A)$ 设定为输入幅值为 A 的函数,故可在 G 平面上作出当 A 由 $0 \rightarrow \infty$ 时,$-1/N(A)$ 的轨迹. 对于单值非线性,因 $\angle N(A)=0°$,所以 $-1/N(A)$ 轨迹位于 G 平面负实轴上. 对于非单值非线性,因 $\angle N(A) \neq 0°$,所以 $-1/N(A)$ 轨迹为 G 平面上的一条曲线.

闭环特征方程式(10.11)是判别如图 10.8 所示的非线性系统的基本依据. 若仍用线性部分 $G(j\omega)$ 轨迹来判别非线性系统的稳定性,类似于线性系统,只要把闭环特征矢量轨迹所在的 $[1+G(s)N(A)]$ 平面经坐标的位移和旋转变换成 G 平面,即可得出同样的结论. 所不同的是描述函数 $N(A)$ 是随着输入幅值而变的,故得到的稳定性判据的临界条件不是一个点,而是一条临界曲线 $-1/N(A)$. 但是当输入幅值 A 确定后,$-1/N(A)$ 则是一个确定的点(值). 这一点就相当于原来的临界点 $(-1,j0)$. 这时可与线性系统一样应用奈奎斯特判据.

线性部分 $G(j\omega)$ 的轨迹与非线性环节负倒描述函数 $-1/N(A)$ 的轨迹可能有三种相对位置,如图 10.9 所示. 因此可将奈奎斯特稳定性判据推广应用到非线系统中. 稳定性判据具体内容如下:

设系统开环的线性部分是稳定的,则

(1) 当系统开环的线性部分 $G(j\omega)$ 的轨迹不包围非线性环节的负倒描述函数 $-1/N(A)$ 的轨迹时,此非线性闭环系统是稳定的. 如图 10.9(a)所示.

(2) 当系统开环的线性部分 $G(j\omega)$ 轨迹包围 $-1/N(A)$ 轨迹时,则此非线性系统不稳定,如图 10.9(b)所示.

(3) 当系统开环的线性部分 $G(j\omega)$ 轨迹与 $-1/N(A)$ 轨迹相交(且交点可不止一个)时,如图 10.9(c)所示,闭环非线性系统出现自持振荡(极限环振荡). 这种自持振荡可能是稳定的,也可能是不稳定的. 下面作进一步讨论.

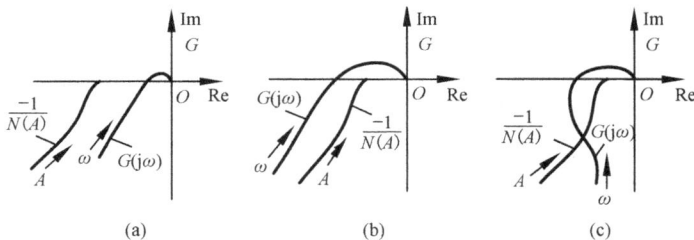

图 10.9　系统稳定性分析

10.3.2　非线性自持振荡的稳定性

当系统 $G(j\omega)$ 轨迹和 $-1/N(A)$ 轨迹相交时,系统出现自持振荡. 这里要解决两个问题:一是交点出现时的自持振荡是否稳定,即交点是稳定自振交点,还是不稳定自振交点. 二是如果交点是稳定自振交点,则要确定该点的自振频率和自振振幅.

如图 10.10 所示的非线性系统 $G(j\omega)$ 轨迹和 $-1/N(A)$ 轨迹有两个交点 a 和 b. 图中箭头表示频率 ω 和振幅 A 的增加方向. 自持振荡稳定性分析方法是: 对于工作点 a 或 b 给予一个微小扰动(振幅 A 增加或减小), 观察其是否能回到原来的工作点 a 或 b.

1) 自振交点 a 的分析

设在 a 点附近, 输入振幅 A 增加方向上取一点 c, 在振幅减小方向上取一点 d. 当微小扰动使振幅 A 增大到 c 点时, 根据奈奎斯特判据, $-1/N(A)$ 轨迹上的 c 点(即临界点, 可视作线性系统中的 $(-1,j0)$ 点)被 $G(j\omega)$ 轨迹所包围, 系统是不稳定的, 因此振幅 A 将继续增大, 而不能返回原工作点 a; 反之, 当微小扰动使振幅 A 减小时, 工作点 a 移到 d 点, $-1/N(A)$ 轨迹上的 d 点(可视作 $(-1,j0)$ 点)未被 $G(j\omega)$ 轨迹所包围, 进入系统稳定区域, 而使振幅 A 进一步减小, 同样不能再恢复到原工作点 a.

所以 a 点为不稳定自振交点, 由交点 a 决定的自持振荡是不稳定的.

2) 自振交点 b 的分析

在工作点 b 附近振幅 A 增加方向上取一点 e, 振幅 A 减小方向上取一点 f. 当微小扰动使振幅 A 增大时, 工作点移至 e 点, 根据奈奎斯特判据, $-1/N(A)$ 轨迹上的 e 点(视为 $(-1, j0)$ 点)不被 $G(j\omega)$ 轨迹所包围, 系统工作在稳定区内, 使振幅 A 减小, 从而使工作点由 e 点返回到原工作点 b; 反之, 当微小扰动使振幅 A 减小时, 工作点 b 移至 f 点, $-1/N(A)$ 轨迹上点 f (视为 $(-1, j0)$ 点)被 $G(j\omega)$ 轨迹所包围, 系统工作在不稳定区内, 致使振幅 A 增大, 工作点由 f 点返回到原工作点 b, 综合上面分析可知, 由工作点 b 所决定的自持振荡是稳定的, 所以 b 点是稳定的自持振荡交点.

由上面的分析可知, 要确定 $G(j\omega)$ 轨迹和 $-1/N(A)$ 轨迹交点的自振稳定性, 可逐点按上述方法判定. 但实际上, 有只要在交点附近沿振幅增加方向上取一点进行分析的简明判别方法: 在 $-1/N(A)$ 轨迹上, 邻近自振交点且沿振幅 A 增大方向一侧取一点, 将该点视作临界稳定点, 并标以 $(-1, j0)$ 或 "-1", 若将该 $(-1, j0)$ 点与坐标原点连一直线, 则可将该直线视作 "负实轴". 这样, 就可以直接应用线性系统中的奈奎斯特判据来判别自振稳定性. 若 $G(j\omega)$ 轨迹包围 "-1" 点, 则此自振交点产生不稳定的自持振荡. 若 $G(j\omega)$ 轨迹不包围 "-1" 点, 则此交点为稳定自振交点, 系统将产生稳定的自持振荡.

例如, 图 10.10 所示的非线性系统, 其开环 $G(j\omega)$ 是稳定的. 若要判别自振交点 a 的自振稳定性, 只要在 $-1/N(A)$ 轨迹的幅值 A 增大方向一侧取一点 c, 并标以 "-1", 则此 c 点即为临界点. 由图可知, $G(j\omega)$ 包围 "-1" 点, 按奈奎斯特判据可知 a 点是不稳定的自振交点. 对于 b 点, 同样在 $-1/N(A)$ 轨迹的振幅增大方向一侧取一点 e, 并标以 "-1". 根据奈奎斯特判据, $G(j\omega)$ 不包围 "-1" 点, 故 b 点为稳定的自振交点.

又如, 图 10.11 所示的非线性系统. 其中图 10.11(a) 为单值非线性的死区特性, 负倒描述函数 $-1/N(A)$ 轨迹与 $G(j\omega)$ 轨迹交于 a、b、c 三点. 对这三点在 $-1/N(A)$ 轨迹振幅增大方向上各取一个 "-1" 点, 则根据奈奎斯特判据, 可确定 a、c 两点是不稳定自振交点, 而 b 点是稳定的自振交点. 而图 10.11(b) 所示的非线性特性为非单值非线性, 根据奈奎斯特判据

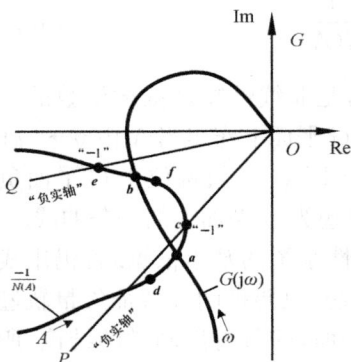

图 10.10　自持振荡的稳定性分析

可确定 a 点是不稳定自振交点，b 点是稳定自振交点．

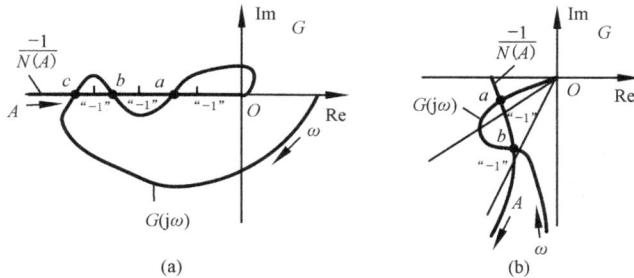

图 10.11　非线性系统的 $G(j\omega)$ 和 $-1/N(A)$ 轨迹

关于稳定自振交点处产生的自持振荡，其频率和振幅很容易确定，只要在图上读出交点在 $G(j\omega)$ 轨迹上的频率 ω 即为自振频率，而读出交点在 $-1/N(A)$ 轨迹上的振幅 A，即为自振振幅．一般来说，频率高而振幅小的自持振荡对系统无害甚至有益，但频率低而振幅又大的自持振荡对系统是不允许的，必须设法消除．

10.3.3　具有典型非线性特性的系统的稳定性分析

1. 具有饱和特性的非线性系统

由式(10.3)知饱和特性的负倒描述函数为

$$\frac{-1}{N(A)} = \frac{-\pi}{2k\left[\arcsin\left(\dfrac{a}{A}\right) + \dfrac{a}{A}\sqrt{1-\left(\dfrac{a}{A}\right)^2}\right]} \qquad (A \geqslant a) \qquad (10.12)$$

由上式可知，当 $A=a$ 时，$-1/N(A) = -1/k$；当 $A \to \infty$ 时，$-1/N(A) \to -\infty$，故饱和特性的 $-1/N(A)$ 轨迹为负实轴上 $(-\infty, -1/k)$ 一段．如图 10.12 所示．图中还绘出两条 $G(j\omega)$ 轨迹．$G_1(j\omega)$ 轨迹不与 $-1/N(A)$ 轨迹相交，系统不存在自持振荡．而 $G_2(j\omega)$ 轨迹与 $-1/N(A)$ 轨迹有一个交点 b，且为稳定自振交点，系统产生频率为 ω_b，振幅为 A_b 的自持振荡．所以饱和非线性系统可能产生自持振荡，但改变 $G(j\omega)$ 轨迹形状可避免这种振荡．

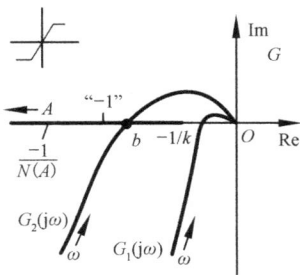

图 10.12　饱和非线性系统的稳定性分析图　图 10.13　死区非线性系统的稳定性分析

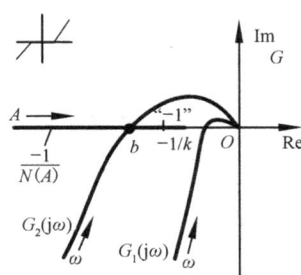

2. 具有死区特性的非线性系统

由式(10.4)知死区特性的负倒描述函数为

$$\frac{-1}{N(A)} = \frac{-\pi}{2k\left[\dfrac{\pi}{2} - \arcsin\left(\dfrac{a}{A}\right) - \dfrac{a}{A}\sqrt{1-\left(\dfrac{a}{A}\right)^2}\right]} \qquad (A \geqslant -a) \qquad (10.13)$$

由上式可知,当 $A=a$ 时, $-1/N(A)\rightarrow-\infty$;当 $A\rightarrow\infty$ 时, $-1/N(A)=-1/k$.因此,死区特性的 $-1/N(A)$ 轨迹为实轴上 $(-\infty,-1/k)$ 一段.随着 A 增加, $-1/N(A)$ 轨迹的走向正好与饱和特性的 $-1/N(A)$ 轨迹相反.如图 10.13 所示.图中还绘出两条 $G(j\omega)$ 轨迹. $G_1(j\omega)$ 轨迹不与 $-1/N(A)$ 轨迹相交,系统不产生自持振荡. $G_2(j\omega)$ 轨迹与 $-1/N(A)$ 轨迹交于 b 点,但 b 点为不稳定自振交点.当 $G(j\omega)$ 轨迹与 $-1/N(A)$ 轨迹只有一个交点时,不论交于何处,死区特性不会影响系统稳定性.

3. 具有间隙特性的非线性系统

间隙特性为非单值非线性.由式(10.6)可得间隙特性的负倒描述函数为

$$\frac{-1}{N(A)}=\frac{A}{\sqrt{A_1^2+B_1^2}}\angle\left(-180°-\arctan\frac{A_1}{B_1}\right) \tag{10.14}$$

根据式(10.14)可得 $-1/N(A)$ 轨迹为 G 平面上一条曲线.当 $A\rightarrow\infty$ 时, $-1/N(A)=-1/k$,即交负轴于 $(-1/k,j0)$ 点,如图 10.14 所示.图中还绘有两条 $G(j\omega)$ 轨迹.在 G 平面上, $G(j\omega)$ 轨迹与 $-1/N(A)$ 轨迹可能有三种相交情况,如图 10.14 所示,它们分别表示系统稳定、不稳定和有自振交点.自振交点可以是稳定的,也可以是不稳定的,如前面所分析,不再赘述.

4. 具有理想继电器特性的非线性系统

由式(10.1)知理想继电器特性的负倒描述函数为

$$\frac{-1}{N(A)}=\frac{-\pi A}{4M} \tag{10.15}$$

由上式可知,理想继电器特性的 $-1/N(A)$ 轨迹为整个负实轴,如图 10.15 所示.图中绘出了一条 $G(j\omega)$ 轨迹.由图可见,如果 $G(j\omega)$ 轨迹与 $-1/N(A)$ 轨迹只有一个交点,则该交点必为稳定的自振交点,而使系统产生自持振荡.如果 $G(j\omega)$ 轨迹与 $-1/N(A)$ 轨迹有数个交点,则其中必有稳定的自振交点.这就是妨碍简单、快捷且价廉的继电器系统广泛应用的主要原因.

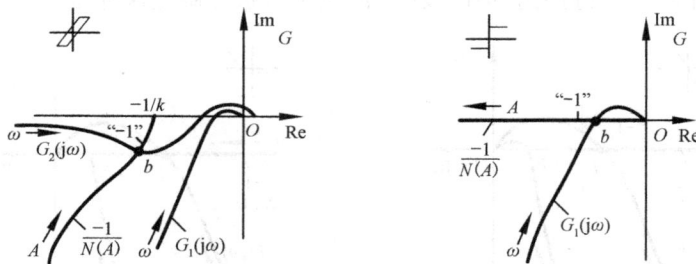

图 10.14　间隙非线性系统的稳定性分析图　图 10.15　理想继电器系统的稳定性分析

5. 具有滞环继电器特性的非线性系统

由式(10.9)知滞环继电器特性的负倒描述函数为

$$\frac{-1}{N(A)}=\frac{\pi A}{4M}\angle\left(-180°-\arcsin\left(\frac{h}{A}\right)\right)\quad(A\geqslant h) \tag{10.16}$$

由上式作得负倒描述函数为第三象限内平行于横轴的一组直线. 图 10.16 作出其中两条 $-1/N_1(A)$ 和 $-1/N_2(A)$ 轨迹,分别对应的滞环单边宽度为 h_1 和 $h_2(h_2>h_1)$. 当 $A=h$ 时, $-1/N(A)$ 轨迹与负虚轴相交. 图中还作有 $G(\mathrm{j}\omega)$ 轨迹.

由图 10.16 可见,当 $G(\mathrm{j}\omega)$ 轨迹与某一磁环(h 值一定)的 $-1/N(A)$ 轨迹只有一个交点时,该交点为稳定自振交点;如果两者不止一个交点,其中至少有一个为稳定自振交点,使系统产生稳定的自持振荡. 如果滞环继电器特性的单边滞环宽度 h 增加, $-1/N(A)$ 轨迹向下移动,当 h_1 增加至 h_2 时,稳定自振交点由 b 点

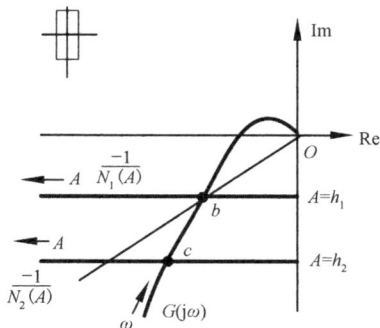

图 10.16　滞环继电器系统的稳定性分析

移至 c 点. 由图可见,随着滞环宽度增加,系统自持振荡的频率将降低,振幅将增大.

例 10.1　设控制系统方块图如图 10.17 所示. 系统中非线性饱和特性参数为 $a=1$,斜率 $k=2$. 试求:(1)当 $K=10$ 时,该系统是否存在自持振荡,如果存在则求出自持振荡的振幅和频率;(2)当 K 为何值时,系统处于稳定边界状态.

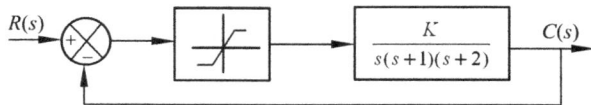

图 10.17　控制系统方块图

解　(1) 将 $a=1$, $k=2$ 代入式(10.12),得该饱和特性的负倒描述函数为

$$\frac{-1}{N(A)}=\frac{-\pi}{4\left[\arcsin\left(\dfrac{1}{A}\right)+\dfrac{1}{A}\sqrt{1-\left(\dfrac{1}{A}\right)^2}\right]}\qquad(A\geqslant 1)$$

式中,当 $A=1$ 时, $-1/N(A)=-0.5$;当 $A\to\infty$ 时, $-1/N(A)\to-\infty$. 因此 $-1/N(A)$ 轨迹是负实轴上 $(-0.5,-\infty)$ 一段,如图 10.18 所示.

系统线性部分的频率特性为

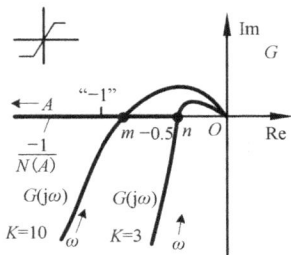

图 10.18　$G(\mathrm{j}\omega)$ 和 $-1/N(A)$ 轨迹

$$G(\mathrm{j}\omega)=\frac{K}{\mathrm{j}\omega(\mathrm{j}\omega+1)(\mathrm{j}\omega+2)}$$

$$=\frac{K}{-3\omega^2+\mathrm{j}\omega(2-\omega^2)}$$

$$=\frac{-3K}{\omega^4+5\omega^2+4}-\mathrm{j}\frac{K(2-\omega^2)}{\omega(\omega^4+5\omega^2+4)}$$

当 $K=10$ 时,有

$$G(\mathrm{j}\omega)=\frac{-30}{\omega^4+5\omega^2+4}-\mathrm{j}\frac{10(2-\omega^2)}{\omega(\omega^4+5\omega^2+4)}$$

作 $G(\mathrm{j}\omega)$ 轨迹如图 10.18 所示. 由图可见, $G(\mathrm{j}\omega)$ 轨迹与 $-1/N(A)$ 轨迹交于 m 点,且可判别自振交点 m 为稳定自振交点,系统出现稳定的自持振荡.

在 m 点有 $\mathrm{Im}[G(\mathrm{j}\omega)]=0$,得

$$2-\omega^2=0, \qquad \omega=\sqrt{2}$$

即 $G(j\omega)$ 与负实轴的交点处频率为 $\omega=\sqrt{2}\text{rad/s}$.

将 $\omega=\sqrt{2}$ 代入 $G(j\omega)$ 的实部,有

$$\mathrm{Re}[G(j\omega)]\Big|_{\omega=\sqrt{2}}=\frac{-30}{\omega^4+5\omega^2+4}\Big|_{\omega=\sqrt{2}}=-1.66$$

因此,$G(j\omega)$ 轨迹与 $-1/N(A)$ 轨迹交点 m 的坐标为 $(-1.66,j0)$,即 $-1/N(A)=-1.66$,$N(A)=0.6$. 由 $N(A)$ 求得振幅 $A=4.38$.

(2) 系统产生自持振荡的临界 K 值. 确定临界状态下,$G(j\omega)$ 轨迹在负实轴上的交点 n. 令

$$\mathrm{Im}[G(j\omega)]=\frac{K(2-\omega^2)}{\omega(\omega^4+5\omega^2+4)}=0$$

解得 $G(j\omega)$ 轨迹与负轴交点 n 处的频率 $\omega=\sqrt{2}\text{rad/s}$. 将此频率值代入 $G(j\omega)$ 的实部,有

$$\mathrm{Re}[G(j\omega)]\Big|_{\omega=\sqrt{2}}=\frac{-3K}{\omega^4+5\omega^2+4}\Big|_{\omega=\sqrt{2}}=-\frac{K}{6}$$

当系统处于自持振荡边界时,$-1/N(A)=-1/2$,也就是 $G(j\omega)$ 轨迹应该交负实轴于 $(-1/2,j0)$ 处,因此 $-K/6=-1/2$,得自持振荡的临界 K 值为 $K=3$. 即欲使系统不产生自持振荡,则应该使系统线性部分 $G(j\omega)$ 中的 K 值为 $K<3$.

10.3.4 非线性系统的校正

在非线性系统中,除了为改善性能而人为引入的非线性特性,一般会对系统带来不利影响,特别是系统低频自持振荡危害更大. 若要减小或消除非线性特性的影响,就需要对系统进行校正. 进行校正的主要目的就是利用校正装置来补偿非线性特性对系统的不利影响,消除系统不允许的自持振荡,并有一定裕量. 如果不能完全消除,则至少应将自持振荡的频率和振幅限制在某一允许范围内,使其不对系统工作有大的妨害.

描述函数法是研究线性系统的频率法在非线性系统中的推广. 因此也可以用频率法对系统进行校正. 线性系统校正是采用校正装置来改变未校正系统 $G(j\omega)$ 轨迹的形状,使之符合设计所要求的动静态指标. 对于非线性系统的校正,则可从两方面着手:一是改变系统线性部分 $G(j\omega)$ 轨迹的形状,例如,可以采用改变增益、串联校正以及微分反馈校正等方法. 二是改变非线性特性的描述函数 $N(A)$,即改变非线性特性的参数或引入新的非线性环节,例如,在系统中人为加入非线性元件(可串联也可并联接入系统)以改善非线性系统的性能或抵消非线性元件的影响. 还应该指出,这种方法也可用于线性系统中,以解决高增益和高动态指标的矛盾等.

例 10.2 设非线性系统如图 10.19 所示. 若增益 $K=20$,死区继电器特性中 $M=3$,$a=1$.

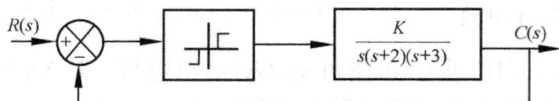

图 10.19 非线性系统

(1)试分析系统稳定性;(2)如果系统出现自持振荡,如何消除?

解 (1)由式(10.8)知具有死区的继电器特性的负倒描述函数为

$$-\frac{1}{N(A)}=\frac{-\pi A}{4M\sqrt{1-\left(\dfrac{a}{A}\right)^2}}=\frac{-\pi A}{12\sqrt{1-\left(\dfrac{1}{A}\right)^2}} \qquad (A>a)$$

根据上式作得$-1/N(A)$轨迹如图 10.20(a)所示. 当 $A=a=1$ 时,$-1/N(A)\rightarrow-\infty$;$A\rightarrow\infty$ 时,$-1/N(A)\rightarrow-\infty$;而当 $A=\sqrt{2}a=\sqrt{2}$时,$-1/N(A)$轨迹有极值,即

$$-1/N(A)\Big|_{\max}=\frac{-\pi a}{2M}=-\frac{\pi}{6}=-0.524$$

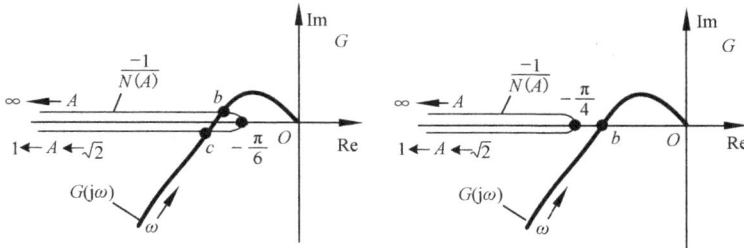

图 10.20 系统 $G(j\omega)$ 和 $-1/N(A)$ 轨迹

线性部分频率特性

$$G(j\omega)=\frac{K}{j\omega(j\omega+2)(j\omega+3)}=\frac{K[-5\omega-j(6-\omega^2)]}{\omega(\omega^4+13\omega^2+36)}$$

令 $G(j\omega)$ 虚部为零,即

$$\mathrm{Im}[G(j\omega)]=\frac{-K(6-\omega^2)}{\omega(\omega^4+13\omega^2+36)}=0$$

当 $K=20$ 时,求得 $G(j\omega)$ 轨迹与负实轴交点处的频率值 $\omega=\sqrt{6}$,代入 $G(j\omega)$ 实部,得

$$\mathrm{Re}[G(j\omega)]\Big|_{\omega=\sqrt{6}}=\frac{K(-5\omega)}{\omega(\omega^4+13\omega^2+36)}\Big|_{\omega=\sqrt{6}}=-\frac{2}{3}=-0.667<-0.524$$

即 $G(j\omega)$ 轨迹与负实轴交点处的坐标为 $(-0.667,j0)$. 因此,$G(j\omega)$ 轨迹与 $-1/N(A)$ 轨迹有两个交点 c 和 b,由稳定性判据可知 c 为不稳定自振交点而 b 为稳定自振交点. 这时自持振荡的频率为 $\omega=\sqrt{6}$,而振幅可由

$$-\frac{1}{N(A)}=\frac{-\pi A}{12\sqrt{1-\left(\dfrac{1}{A}\right)^2}}=-\frac{2}{3}$$

求得. 由上式解得 $A_1=1.11,A_2=2.3$ 分别对应于自振交点 c 和 b. 因此稳定自振交点 b 的振幅 $A_b=2.3$. 即系统出现频率为 $\omega=\sqrt{6}$,振幅为 2.3 的自持振荡.

(2)为消除系统的稳定自持振荡,可以在线性部分适当降低增益 K 和加入校正装置,也可以在非线性部分通过调整死区继电器特性参数来使系统 $G(j\omega)$ 轨迹和 $-1/N(A)$ 不相交实现.

调整增益 K 最为简单，只要将 $\text{Re}\left[G(\text{j}\omega)\right]\Big|_{\omega=\sqrt{6}}>\left.\dfrac{-1}{N(A)}\right|_{\max}$ 代入得 $-K/30>-\pi/6$，即 $K<15.72$，使得 $G(\text{j}\omega)$ 轨迹与 $-1/N(A)$ 不相交，就可避免稳定的自持振荡.

若调整死区继电器特性的死区或输出信号幅值 M，同样也能消除稳定的自持振荡. 根据死区继电器特性的负倒描述函数，当 $A=\sqrt{2}a$ 时，有极值 $-\dfrac{\pi a}{2M}$.

为了不使 $G(\text{j}\omega)$ 轨迹与 $-1/N(A)$ 轨迹相交，只要

$$\text{Re}\left[G(\text{j}\omega)\right]\Big|_{\omega=\sqrt{6}}=\frac{-2}{3}>\frac{-\pi a}{2M}$$

故应满足条件

$$\frac{M}{a}<2.36$$

若取 $a=1,M=2$，则 $M/a=2$，可求得 $-1/N(A)=-\pi/4=-0.785$. 这时 $-1/N(A)$ 轨迹和 $G(\text{j}\omega)$ 轨迹不相交，而不会产生自持振荡，其 $-1/N(A)$ 轨迹和 $G(\text{j}\omega)$ 轨迹如图 10.20(b) 所示.

小　结

1. 一个实际控制系统，严格地说均不同程度地存在非线性. 如果非线性可用线性化处理则为非本质非线性；如果非线性不能线性化处理则称为本质非线性，这时需要用非线性系统理论进行研究.

2. 非线性系统与线性系统有着本质区别，系统的稳定性与响应曲线不仅与系统结构参数有关，而且会出现自持（极限环振荡）等一些特殊现象.

3. 描述函数法是研究线性系统频率法在非线性系统中的推广. 如果系统的线性部分具有较好的低通滤波性能，且线性特性为斜对称，这时，非线性环节输出用其一次谐波近似代替，再类似于频率特性可定义出非线性环节的描述函数 $N(A)$. 根据系统线性部分 $G(\text{j}\omega)$ 轨迹和负倒描述函数 $-1/N(A)$ 轨迹的相对位置，可用奈奎斯特稳定性判据判别非线性系统是稳定的、不稳定的或存在自持振荡，且可确定自持振荡的频率和振幅. 若要消除系统的自持振荡，可用线性校正装置或改变非线性特性和参数，从而改变 $G(\text{j}\omega)$ 轨迹和 $-1/N(A)$ 轨迹的形状来实现.

习　题

10.1　试求题 10.1 图所示各非线性特性的描述函数.

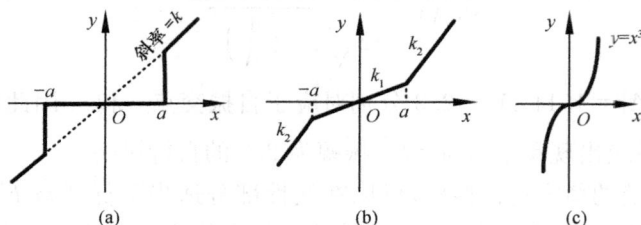

题 10.1 图　非线性特性

10.2 试求题10.2图所示各系统的稳定性.

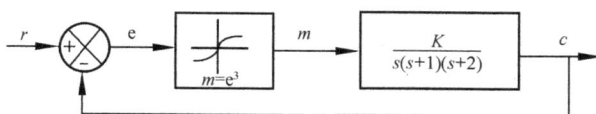

题 10.2 图 非线性系统

10.3 具有饱和特性的控制系统如题10.3图所示.已知其中的饱和特性的 $a=1,M=1$. 试确定系统在稳定状态下的最大增益 K 值.若增益 $K=3$,系统如存在自持振荡,试求出其频率和振幅.

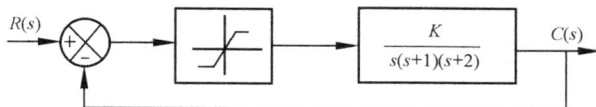

题 10.3 图 非线性系统

10.4 如题10.4图所示系统,其中继电器特性的 $M=1$. 试确定系统自持振荡频率和振幅.

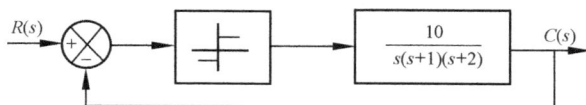

题 10.4 图 非线性系统

参考文献

陈丽兰,2006.自动控制原理教程.北京:电子工业出版社.

王显正,陈正航,1989.控制理论基础(修订版).北京:国防工业出版社.

王显正,陈正航,王旭永,2000.控制理论基础.北京:科学出版社.

王显正,范崇托,1980.控制理论基础.北京:国防工业出版社.

张志涌,2003.精通 Matlab.北京:北京航空航天大学出版社.

Dorf R C,Bishop R H,2002.现代控制系统(影印版).9 版.北京:科学出版社.

Franklin G F,Powell J D,Abbas E N,2010. Feedback Control of Dynamic Systems. 6th ed. Prentice Hall.

Ogata K,1997. Modern Control Engineering. 3rd ed. London:Prentice Hall International.

附录I 拉普拉斯变换表

序号	像函数 $F(s)$	原函数 $f(t)$
1	1	单位脉冲 $\delta(t)$ 在 $t=0$ 时
2	$\dfrac{1}{s}$	单位阶跃 $1(t)$ 在 $t=0$ 时
3	$\dfrac{K}{s}$	$K \cdot 1(t)$
4	$\dfrac{1}{s^{r+1}}$	$\dfrac{1}{r!}t^r$
5	$\dfrac{1}{s}\mathrm{e}^{-as}$	$1(t-a)$，在 $t=a$ 开始的单位阶跃
6	$\dfrac{1}{s-a}$	e^{at}
7	$\dfrac{1}{s+a}$	e^{-at}
8	$\dfrac{1}{(s+a)^n}$	$\dfrac{1}{(n-1)!}t^{n-1}\mathrm{e}^{-at}$
9	$\dfrac{\omega}{s^2+\omega^2}$	$\sin\omega t$
10	$\dfrac{s}{s^2+\omega^2}$	$\cos\omega t$
11	$\dfrac{1}{s(s+a)}$	$\dfrac{1}{a}(1-\mathrm{e}^{-at})$
12	$\dfrac{s+a_0}{s(s+a)}$	$\dfrac{1}{a}[a_0-(a_0-a)\mathrm{e}^{-at}]$
13	$\dfrac{1}{s^2(s+a)}$	$\dfrac{1}{a^2}(at-1+\mathrm{e}^{-at})$
14	$\dfrac{s+a_0}{s^2(s+a)}$	$\dfrac{a_0 t}{a}+\left(\dfrac{a_0}{a^2}-t\right)(\mathrm{e}^{-at}-1)$
15	$\dfrac{s^2+a_1 s+a_0}{s^2(s+a)}$	$\dfrac{1}{a^2}[a_0 at+a_1 a-a_0+(a_0-a_1 a+a^2)]\mathrm{e}^{-at}$
16	$\dfrac{\omega}{(s+a)^2+\omega^2}$	$\mathrm{e}^{-at}\sin\omega t$
17	$\dfrac{s+a}{(s+a)^2+\omega^2}$	$\mathrm{e}^{-at}\cos\omega t$
18	$\dfrac{1}{(s+a)^2+\omega^2}$	$\dfrac{1}{\omega}\mathrm{e}^{-at}\sin\omega t$
19	$\dfrac{s+b}{(s+a)^2+\omega^2}$	$\dfrac{\sqrt{(b-a)^2+\omega^2}}{\omega}\mathrm{e}^{-at}\sin(\omega t+\phi)$，　$\phi=\arctan\dfrac{\omega}{b-a}$

序号	像函数 $F(s)$	原函数 $f(t)$
20	$\dfrac{s+a}{s^2+\omega^2}$	$\dfrac{\sqrt{a^2+\omega^2}}{\omega}\sin(\omega t+\phi)$，$\quad \phi=\arctan\left(\dfrac{\omega}{a}\right)$
21	$\dfrac{s\sin\theta+\omega\cos\theta}{s^2+\omega^2}$	$\sin(\omega t+\theta)$
22	$\dfrac{1}{s(s^2+\omega^2)}$	$\dfrac{(1-\cos\omega t)}{\omega^2}$
23	$\dfrac{s+a}{s(s^2+\omega^2)}$	$\dfrac{a}{\omega^2}-\dfrac{\sqrt{a^2+\omega^2}}{\omega^2}\cos(\omega t+\phi)$，$\quad \phi=\arctan\left(\dfrac{\omega}{a}\right)$
24	$\dfrac{1}{(s+a)(s+b)}$	$\dfrac{1}{b-a}(\mathrm{e}^{-at}-\mathrm{e}^{-bt})$
25	$\dfrac{s}{(s+a)(s+b)}$	$\dfrac{1}{b-a}(b\mathrm{e}^{-at}-a\mathrm{e}^{-bt})$
26	$\dfrac{1}{s(s+a)(s+b)}$	$\dfrac{1}{ab}\left[1+\dfrac{1}{a-b}(b\mathrm{e}^{-at}-a\mathrm{e}^{-bt})\right]$
27	$\dfrac{s+a_0}{s(s+a)(s+b)}$	$\dfrac{1}{ab}\left[a_0-\dfrac{b(a_0-a)}{b-a}\mathrm{e}^{-at}+\dfrac{a(a_0-b)}{b-a}\mathrm{e}^{-bt}\right]$
28	$\dfrac{s+a_0}{(s+a)(s+b)}$	$\dfrac{1}{b-a}\left[(a_0-a)\mathrm{e}^{-at}-(a_0-b)\mathrm{e}^{-bt}\right]$
29	$\dfrac{s^2+a_1s+a_0}{s(s+a)(s+b)}$	$\dfrac{a_0}{ab}+\dfrac{a^2-aa_1+a_0}{a(a-b)}\mathrm{e}^{-at}-\dfrac{b^2-a_1b+a_0}{b(a-b)}\mathrm{e}^{-bt}$
30	$\dfrac{1}{s^2(s+a)(s+b)}$	$\dfrac{1}{a^2b^2}\left[abt-a-b+\dfrac{1}{a-b}(a^2\mathrm{e}^{-bt}-b^2\mathrm{e}^{-at})\right]$
31	$\dfrac{s+a_0}{s^2(s+a)(s+b)}$	$\dfrac{1}{ab}(1+a_0t)-\dfrac{a_0(a+b)}{a^2b^2}-\dfrac{1}{a-b}\left[\left(\dfrac{a_0-a}{a^2}\right)\mathrm{e}^{-at}-\left(\dfrac{a_0-b}{b^2}\right)\mathrm{e}^{-bt}\right]$
32	$\dfrac{s^2+a_1s+a_0}{s^2(s+a)(s+b)}$	$\dfrac{1}{ab}(a_1+a_0t)-\dfrac{a_0(a+b)}{a^2b^2}-\dfrac{1}{a-b}\left[\left(1-\dfrac{a_1}{a}+\dfrac{a_0}{a^2}\right)\mathrm{e}^{-at}-\left(1-\dfrac{a_1}{b}+\dfrac{a_0}{b^2}\right)\mathrm{e}^{-bt}\right]$
33	$\dfrac{1}{(s+a)(s+b)(s+c)}$	$\dfrac{\mathrm{e}^{-at}}{(b-a)(c-a)}+\dfrac{\mathrm{e}^{-bt}}{(a-b)(c-b)}+\dfrac{\mathrm{e}^{-ct}}{(a-c)(b-c)}$
34	$\dfrac{s+a_0}{(s+a)(s+b)(s+c)}$	$\dfrac{(a_0-a)\mathrm{e}^{-at}}{(b-a)(c-a)}+\dfrac{(a_0-b)\mathrm{e}^{-bt}}{(a-b)(c-b)}+\dfrac{(a_0-c)\mathrm{e}^{-ct}}{(a-c)(b-c)}$
35	$\dfrac{1}{s(s+a)(s+b)(s+c)}$	$\dfrac{1}{abc}-\dfrac{\mathrm{e}^{-at}}{a(b-a)(c-a)}-\dfrac{\mathrm{e}^{-bt}}{b(a-b)(c-b)}-\dfrac{\mathrm{e}^{-ct}}{c(a-c)(b-c)}$
36	$\dfrac{s+a_0}{s(s+a)(s+b)(s+c)}$	$\dfrac{a_0}{abc}-\dfrac{(a_0-a)\mathrm{e}^{-at}}{a(b-a)(c-a)}-\dfrac{(a_0-b)\mathrm{e}^{-bt}}{b(a-b)(c-b)}-\dfrac{(a_0-c)\mathrm{e}^{-ct}}{c(a-c)(b-c)}$
37	$\dfrac{1}{(s+a)(s^2+\omega^2)}$	$\dfrac{\mathrm{e}^{-at}}{a^2+\omega^2}+\dfrac{1}{\omega\sqrt{a^2+\omega^2}}\sin(\omega t-\phi)$，$\quad \phi=\arctan\left(\dfrac{\omega}{a}\right)$
38	$\dfrac{1}{s[(s+a)^2+b^2]}$	$\dfrac{1}{a^2+b^2}+\dfrac{\mathrm{e}^{-at}}{b\sqrt{a^2+b^2}}\sin(bt-\phi)$，$\quad \phi=\arctan\left(\dfrac{b}{-a}\right)$
39	$\dfrac{s+a_0}{s[(s+a)^2+b^2]}$	$\dfrac{a_0}{a^2+b^2}+\dfrac{1}{b}\sqrt{\dfrac{(a_0-a)^2+b^2}{a^2+b^2}}\mathrm{e}^{-at}\sin(bt+\phi)$，$\quad \phi=\arctan\left(\dfrac{b}{a_0-a}\right)-\arctan\left(\dfrac{b}{-a}\right)$

序号	像函数 $F(s)$	原函数 $f(t)$
40	$\dfrac{1}{(s+c)[(s+a)^2+b^2]}$	$\dfrac{\mathrm{e}^{-ct}}{(c-a)^2+b^2}+\dfrac{1}{b\sqrt{(c-a)^2+b^2}}\mathrm{e}^{-at}\sin(bt-\phi),\quad \phi=\arctan\left(\dfrac{b}{c-a}\right)$
41	$\dfrac{1}{s^2+2\zeta\omega_n s+\omega_n^2}$	$\dfrac{1}{\omega_n\sqrt{1-\zeta^2}}\mathrm{e}^{-\zeta\omega_n t}\sin(\omega_n\sqrt{1-\zeta^2}\,t)$
42	$\dfrac{s}{s^2+2\zeta\omega_n s+\omega_n^2}$	$\dfrac{-1}{\sqrt{1-\zeta^2}}\mathrm{e}^{-\zeta\omega_n t}\sin(\omega_n\sqrt{1-\zeta^2}\,t-\phi),\quad \phi=\arctan\left(\dfrac{\sqrt{1-\zeta^2}}{\zeta}\right)$
43	$\dfrac{\omega_n^2}{s^2+2\zeta\omega_n s+\omega_n^2}$	$\dfrac{\omega_n}{\sqrt{1-\zeta^2}}\mathrm{e}^{-\zeta\omega_n t}\sin(\omega_n\sqrt{1-\zeta^2}\,t)$
44	$\dfrac{\omega_n^2}{s(s^2+2\zeta\omega_n s+\omega_n^2)}$	$1-\dfrac{1}{\sqrt{1-\zeta^2}}\mathrm{e}^{-\zeta\omega_n t}\sin(\omega_n\sqrt{1-\zeta^2}\,t+\phi),\quad \phi=\arctan\left(\dfrac{\sqrt{1-\zeta^2}}{\zeta}\right)$
45	$\dfrac{1}{s(s+c)[(s+a)^2+b^2]}$	$\dfrac{1}{c(a^2+b^2)}-\dfrac{\mathrm{e}^{-ct}}{c[(c-a)^2+b^2]}+\dfrac{\mathrm{e}^{-at}}{b\sqrt{a^2+b^2}\sqrt{(c-a)^2+b^2}}\sin(bt-\phi),$ $\phi=\arctan\left(\dfrac{b}{-a}\right)+\arctan\left(\dfrac{b}{c-a}\right)$

附录Ⅱ 校正网络

1. 无源校正网络

		线路图	传递函数	频率特性
1	微分		$G(s)=\dfrac{U_c}{U_r}=\dfrac{Ts}{Ts+1}$, $T=RC$	
2	微分		$G(s)=\dfrac{U_c}{U_r}=\dfrac{T_1 s}{T_2 s+1}$, $T_1=R_2 C_1,\ T_2=(R_1+R_2)C_1$	
3	微分		$G(s)=\dfrac{U_c}{U_r}=\dfrac{K(T_1 s+1)}{T_2 s+1}$, $K=\dfrac{R_2}{R_1+R_2},\ T_1=R_1 C_1,\ T_2=\dfrac{R_1 R_2 C_1}{R_1+R_2}$	

	线路图	传递函数	频率特性
4 微分		$G(s)=\dfrac{U_c}{U_r}=\dfrac{K(T_1 s+1)}{T_2 s+1}$, $K=\dfrac{R_3}{R_1+R_2+R_3}$, $T_1=R_1C_1$, $T_2=\dfrac{R_2+R_3}{R_1+R_2+R_3}T_1$	$20\lg K$；$+20$；$20\lg\dfrac{R_3}{R_2+R_3}$；转折频率 $\dfrac{1}{T_1}$, $\dfrac{1}{T_2}$
5 微分		$G(s)=\dfrac{U_c}{U_r}=\dfrac{K(T_1 s+1)}{T_2 s+1}$, $K=\dfrac{R_3}{R_1+R_3}$, $T_1=(R_1+R_2)C_1$, $T_2=\dfrac{R_1R_2+R_1R_3+R_2R_3}{R_1+R_3}C_1$	$20\lg K$；$+20$；$20\lg\dfrac{R_3}{R_3+R_1/\!/R_2}$；转折频率 $\dfrac{1}{T_1}$, $\dfrac{1}{T_2}$
6 微分		$G(s)=\dfrac{U_c}{U_r}=\dfrac{K(T_1 s+1)}{T_2 s+1}$, $K=\dfrac{R_3}{R_1+R_3+R_4}$, $T_1=(R_1+R_2)C_1$, $T_2=\dfrac{R_3+R_4+R_1/\!/R_2}{R_1+R_3+R_4}T_1$	$20\lg K$；$+20$；$20\lg\dfrac{R_3}{R_3+R_4+R_1/\!/R_2}$；转折频率 $\dfrac{1}{T_1}$, $\dfrac{1}{T_2}$
7 微分		$G(s)=\dfrac{U_c}{U_r}=\dfrac{T_1 T_2 s^2}{T_1 T_2 s^2+\left[T_1\left(1+\dfrac{C_2}{C_1}\right)+T_2\right]s+1}$, $T_1=R_1C_1$, $T_2=R_2C_2$	$+20$；$+40$

	线路图	传递函数	频率特性
8 微分		$G(s)=\dfrac{U_c}{U_r}=$ $\dfrac{T_1T_2s^2}{T_1T_2\left(1+\dfrac{R_3}{R_1//R_2}\right)s^2+\left[T_1\left(1+\dfrac{R_3}{R_1}\right)+T_2\left(1+\dfrac{R_1}{R_2}\right)\right]s+1}$, $T_1=R_1C_1, T_2=R_2C_2$	
9 积分		$G(s)=\dfrac{U_c}{U_r}=\dfrac{1}{T_1T_2s^2+\left[T_1\left(1+\dfrac{C_2}{C_1}\right)+T_2\right]s+1}$, $T_1=R_1C_1, T_2=R_2C_2$	
10 积分		$G(s)=\dfrac{U_c}{U_r}=\dfrac{K}{T_1s+1}$, $K=\dfrac{C_1}{C_1+C_2}, T_1=R_1\dfrac{C_1C_2}{C_1+C_2}$	
11 积分		$G(s)=\dfrac{U_c}{U_r}=\dfrac{T_1s+1}{T_2s+1}$, $T_1=R_1C_1, T_2=R_1(C_1+C_2)$	

序号		线路图	传递函数	频率特性
12	微分-积分	(C_1, R_1, R_3, R_2, C_2, R_4; 输入 u_r, 输出 u_c)	$G(s)=\dfrac{U_c}{U_r}=\dfrac{(T_1 s+1)(T_2 s+1)}{K_0 T_1 T_2 s^2+(K_1 T_1+K_2 T_2)s+K_\infty}\cdot$ $K_0=\dfrac{R_3+R_2//R_4}{R_2//R_4},\quad K_1=1+\dfrac{R_3}{R_4},$ $K_2=1+\dfrac{(R_1+R_3)(R_2+R_4)}{R_2 R_4},\ K_\infty=\dfrac{R_4}{R_1+R_3+R_4}\cdot$ $T_1=R_1 C_1,\ T_2=R_2 C_2,\ T_1<T_2$	$L(\omega)$ 曲线，转折频率 $\dfrac{1}{T_2}$、$\dfrac{1}{T_1}$，斜率 $+20$、-20；$20\lg\dfrac{1}{K_\infty}$，$20\lg\dfrac{1}{K_0}$
13	积分	(R_2, R_1, C_1; 输入 u_r, 输出 u_c)	$G(s)=\dfrac{U_c}{U_r}=\dfrac{T_1 s+1}{T_2 s+1}\cdot$ $T_1=R_1 C_1,\ T_2=(R_1+R_2)C_1$	$L(\omega)$ 曲线，转折频率 $\dfrac{1}{T_2}$、$\dfrac{1}{T_1}$，斜率 -20；$20\lg\dfrac{R_1}{R_1+R_2}$
14	积分	(R_2, R_1, C_1, R_3; 输入 u_r, 输出 u_c)	$G(s)=\dfrac{U_c}{U_r}=\dfrac{K(T_1 s+1)}{T_2 s+1}\cdot$ $K=\dfrac{R_3}{R_2+R_3},\ T_1=R_1 C_1,\ T_2=R_1 C_1+\dfrac{R_2 R_3 C_1}{R_2+R_3}$	$L(\omega)$ 曲线，转折频率 $\dfrac{1}{T_2}$、$\dfrac{1}{T_1}$，斜率 -20；$20\lg K$，$20\lg\dfrac{R_2+R_1//R_3}{R_3}$，$20\lg\dfrac{R_1//R_3}{R_3}$
15	微分-积分	(C_1, R_1, R_2, C_2; 输入 u_r, 输出 u_c)	$G(s)=\dfrac{U_c}{U_r}=\dfrac{(T_1 s+1)(T_2 s+1)}{T_1 T_2 s^2+\left[\left(1+\dfrac{R_1}{R_2}\right)T_2+T_1\right]s+1}\cdot$ $T_1=R_1 C_1,\ T_2=R_2 C_2,\ T_1<T_2$	$L(\omega)$ 曲线，转折频率 $\dfrac{1}{T_2}$、$\dfrac{1}{T_1}$，斜率 -20、$+20$；$20\lg\dfrac{T_1+T_2}{T_2\left(1+\dfrac{R_1}{R_2}\right)+T_1}$

线路图	传递函数	频率特性
16 微分－积分	$G(s)=\dfrac{U_c}{U_r}=\dfrac{T_1T_2s^2+T_2s+1}{T_1T_2s^2+\left[\left(1+\dfrac{R_1}{R_2}\right)T_1+T_2\right]s+1}$, $\;T_1=\dfrac{R_1R_2}{R_1+R_2}C_2,\;T_2=(R_1+R_2)C,\;T_1<T_2$	

2. 有源校正网络

线路图	传递函数	频率特性
1 积分	$G(s)=\dfrac{U_c}{U_r}=\dfrac{K_c(T_2s+1)}{T_1s+1}$, $\;K_c=\dfrac{R_1+R_2}{R_1},\;T_1=R_2C,\;T_2=(R_1/\!/R_2)C,$ $\;R_2\to\infty$ 时，$G(s)\approx\dfrac{U_c}{U_r}\approx\dfrac{R_1Cs+1}{R_1Cs}$ $\left(R_1\ll R_r,\,R_3\ll R,\,K\dfrac{R_1}{R_1+R_2}\gg1\right)$	
2 微分	$G(s)=\dfrac{U_c}{U_r}=\dfrac{K_c(T_1s+1)}{T_2s+1}$, $\;K_c=\dfrac{R_1+R_2+R_3}{R_1},\;T_1=(R_3+R_4)C,\;T_2=R_4C$ $\left.\begin{array}{l}R_1\ll R_r,\,R_5\ll R,\,K\dfrac{R_1}{R_1+R_2+R_3+R_4}\gg1,\\ R_2\gg R_3>R_4\end{array}\right)$	

	线路图	传递函数	频率特性
3 微分		$G(s)=\dfrac{U_c}{U_r}=\dfrac{K_c(T_1s+1)}{T_2s+1},$ $K_c=\dfrac{R_2+R_3}{R_1},T_1=(R_2//R_3+R_4)C,T_2=R_4C$ $\left(K\dfrac{R_1R_4}{R_2R_3+R_2R_4+R_3R_4}\gg1\right)$	$L(\omega)$, $20\lg K_c\cdot\dfrac{R_2R_3+R_2R_4+R_3R_4}{R_4R_4}$, $20\lg\dfrac{R_2+R_3}{R_1}$, $+20$, $\dfrac{1}{T_1}$, $\dfrac{1}{T_2}$, ω
4 积分		$G(s)=\dfrac{U_c}{U_r}=\dfrac{K_c(T_2s+1)}{T_1s+1},$ $K_c=\dfrac{R_2+R_3}{R_1},T_1=R_3C,T_2=(R_2//R_3)C$ $\left(K\dfrac{R_1}{R_2+R_3}\gg1\right)$	$L(\omega)$, $20\lg\dfrac{R_2}{R_1}$, $20\lg\dfrac{R_2+R_3}{R_1}$, -20, $\dfrac{1}{T_1}$, $\dfrac{1}{T_2}$, ω
5 微分-积分		$G(s)=\dfrac{U_c}{U_r}=\dfrac{K_c(T_2s+1)(T_3s+1)}{(T_1s+1)(T_4s+1)},$ $K_c=\dfrac{R_1+R_2+R_3}{R_1},$ $T_1=R_2C_2,T_2=[(R_1+R_3)//R_2]C_2,$ $T_3=(R_3+R_4)C_1,T_4=R_4C_1,$ $\left(R_1\ll R_4,R_5\ll R,K\ll R,K\dfrac{R_1}{R_1+R_3}\dfrac{R_4}{R_3+R_4}\gg1,R_2\gg R_3>R_4\right)$	$L(\omega)$, $20\lg\dfrac{(R_1+R_2)(R_3+R_4)}{R_1+R_4}$, $20\lg K_c$, $+20$, -20, $\dfrac{1}{T_1}$, $\dfrac{1}{T_2}$, $\dfrac{1}{T_3}$, $\dfrac{1}{T_4}$, ω

附录Ⅲ　Matlab 基础

　　Matlab 是一套用于科学和工程计算的交互式软件系统. 这套软件包括基本程序和各种类型的软件工具箱. 工具箱中集成了用于扩展基本程序功能的 M 文件. 基本程序加上控制系统工具箱使我们能够方便地进行控制系统设计和分析. 本书提到的 Matlab 都是指基本程序加控制系统工具箱.

　　Matlab 用四种典型的方式与用户进行交流:语句和变量、矩阵、图形、文本. Matlab 对以上一种或多种形式的输入内容进行解释后予以执行. 为最终使读者能够运用 Matlab 进行控制系统的分析和设计. 在继续讲述之前,请打开一个 Matlab 工作窗口并且能够退出. 可以双击 Matlab 程序图标来启动一个 Matlab 命令窗口,并出现命令提示符">> ".

　　1. 语句和变量

　　Matlab 中语句的形式为

```
>> variable= expression
```

其中符号"＝"将表达式的值赋给变量. 如输入一个 2×2 的矩阵并将其赋值给变量 A 的表达式为

```
>> A= [1 2;4 6]   < ret>
```

当输入回车键<ret>时,该语句执行,对于输入回车键,在本附录余下部分的例子中以及有关 Matlab 的其他章节中将不再明确提示. 在回车键被按下后变量 A 被赋值,窗口自动显示出矩阵 A 的内容

```
A=
1  2
4  6
```

如果该语句后面加了一个分号";",那么语句执行后变量 A 依然被赋值并分配了内存,但不显示任何内容,仅提示用户输入其他命令. 因此在进行一项计算任务时,我们常常对中间结果并不感兴趣,此时即可用分号减少输出.

　　Matlab 中变量名以字母开头,后面可以跟任意多个字母或数字(含下划线). 变量名的长度为 19 个字符以内. Matlab 对大小写敏感,所以变量 M 和 m 为不同的变量.

　　Matlab 有几个预定义变量,包括 pi、Inf、NaN、i 和 j 等. 其中 pi 表示 π;变量 i＝j＝$\sqrt{-1}$;Inf 表示＋∞;NaN 表示非数值项,常用于非法操作,如除零后溢出.

　　Matlab 中提供了大量的内建函数,用户指南给出了完整的函数列表. 也可在命令窗口用求助命令 help 获取相关使用帮助,如

```
>> help plot
```

此处介绍几个常用的有关变量的函数.

　　(1) who——给出工作空间中的变量列表;

（2）whos——列出工作空间中所有变量并给出有关变量维数、类型和内存分配等方面的信息.

（3）clear variables——清除工作空间中的所有变量和函数；

clear var1 ——清除工作空间中的变量 var1.

通常的数学运算符,如加（＋）、减（－）、乘（＊）、除（/）和乘幂（∧）等都可以用在表达式中,运算的顺序可以用圆括号来改变.

Matlab 有普通计算器所具有的大多数三角函数和基本数学函数. 在 Matlab 用户指南中有这些三角函数和基本数学函数的完整列表. 其中最常用的有：

$\sin(x)$	——正弦函数	$\mathrm{asin}(x)$	——反正弦函数
$\cos(x)$	——余弦函数	$\mathrm{acos}(x)$	——反余弦函数
$\tan(x)$	——正切函数	$\mathrm{atan}(x)$	——反正切函数
		$\mathrm{atan2}(x)$	——四象限反正切函数
$\mathrm{real}(x)$	——复数实部函数	$\mathrm{imag}(x)$	——复数虚部函数
$\mathrm{conj}(x)$	——共轭复数函数		
$\log(x)$	——自然对数函数	$\log10(x)$	——常用对数函数
$\exp(x)$	——指数函数		
$\mathrm{abs}(x)$	——绝对值函数	$\mathrm{sqrt}(x)$	——平方根函数

Matlab 中所有的计算都是双精度的,然而屏幕上输出显示格式却有好几种. 如对非整型数,缺省的输出方式为显示到小数点后 4 位. 输出格式可用 format 函数控制,当一种输出格式确定以后,它将一直保持作用,直到确定新的格式.

2. 矩阵

矩阵是基本的计算单元,向量和标量可以看成矩阵的特例. 典型的矩阵表示是由方括号包围一些数据,即"[·]". 行中各元素之间由空格或逗号分开,各行之间用分号或回车符分开. 矩阵可以通过多行输入,只需在每行结尾接分号和回车符,或只接回车符,这种方式特别适用于大矩阵的输入. 若要输入矩阵

$$\boldsymbol{A}=\begin{bmatrix} 1 & -4\mathrm{j} & \sqrt{2} \\ \log(-1) & \sin(\pi/2) & \cos(\pi/3) \\ \arcsin(0.5) & \arccos(0.8) & \exp(0.8) \end{bmatrix}$$

可采用如下输入方式.

```
>> A=[1,-4*j,sqrt(2);
log(- 1),sin(pi/2),cos(pi/3);
asin(0.5),acos(0.8),exp(0.8)]
```

在运用矩阵时不必声明矩阵的维数或类型,内存的分配会自动进行.

基本矩阵操作是矩阵加（＋）、减（－）、乘（＊）、转置（′）、乘幂（∧）以及元素对元素的数组运算. 矩阵运算要求各矩阵之间维数必须是匹配的,如矩阵的加减运算要求矩阵有相同的维数.

在运算符前加句点,可以将基本的矩阵运算改变为矩阵中对应元素的运算. 修改后的矩阵运算称为数组运算. 其中矩阵加法和减法已经是元素间运算,所以不需在运算符前加句

点. 而乘法(. ＊)、除法(. /)和乘幂(. ∧)运算则需加句点.

在 Matlab 中常常使用冒号产生一个行向量, 其方式为

$$行向量＝[初值:增量值:终值]$$

即其值从给定的初值到终值, 步长为增量值. 冒号产生向量的方式对绘图非常有用. 如要得到一个 $y＝x\sin(x)$ 的平面图, 而 $x=0,0.1,\cdots,1.0$. 可用冒号生成 x 向量

```
>> x=[0:0.1:1]';
```

而 y 向量则可以通过数组乘法运算得到

```
>> y= x.* sin(x);
```

从而获取 x-y 数据表.

```
>> [x,y]
ans=
      0         0
 0.1000    0.0100
 0.2000    0.0397
 0.3000    0.0887
 0.4000    0.1558
 0.5000    0.2397
 0.6000    0.3388
 0.7000    0.4510
 0.8000    0.5739
 0.9000    0.7050
 1.0000    0.8415
```

在控制系统分析中常用的矩阵函数有 eig( )——求取矩阵特征值和特征向量.

(1) $[v]＝$ eig(A)——求取矩阵 A 的特征值 v, 满足 $Ax＝vx$.

(2) $[x,d]＝$ eig(A)——求取矩阵 A 的特征向量 x, 以及满足 $Ax＝xd$ 的对角线矩阵 d.

(3) $[v]＝$ eig(A,B)——求取矩阵的特征值 v, 满足 $Ax＝vBx$.

(4) $[x,d]＝$ eig(A,B)——求取矩阵的特征向量 x, 以及满足 $Ax＝Bxd$ 的对角线矩阵.

```
>> a=[0 1 0;0 0 1;-6 -11 -6]
a =
     0      1      0
     0      0      1
    -6    -11     -6
>> [x,d]= eig(a)
x =
  - 0.5774     0.2182   - 0.1048
    0.5774   - 0.4364     0.3145
  - 0.5774     0.8729   - 0.9435
d =
  - 1.0000          0          0
```

```
         0   - 2.0000              0
         0              0    - 3.0000
>>  v= eig(a)
v =
    - 1.0000
    - 2.0000
    - 3.0000
```

3. 图形

控制系统的设计和分析过程中,问题的最终解决往往需要对大量不同格式的原始数据用图解法进行细致的分析.

Matlab 软件用图形窗口来显示所绘图形,在图形窗口被激活时,命令窗口将消失.当我们运行绘图命令(如 plot 命令)时,就会自动创建一个图形窗口.另外,只需击打键盘任意键,就可实现从图形窗口到命令窗口的切换.键入 clg 命令可以清除图形窗口中的所有内容,而 shg 命令则用于实现命令窗口到图形窗口的切换.

图形命令分为两大类:

1）坐标系类型绘图命令

（1）plot($x,y,$ 'f')——以格式 f 绘 x-y 曲线,x 轴、y 轴均采用线性坐标.

（2）plot($x_1,y_1,$ 'f_1',$x_1,y_2,$ 'f_2',$\cdots,x_n,y_n,$ 'f_n')——分别采用各自的格式绘 x_1-y_1,x_2-y_2,$\cdots,x_n$-y_n 曲线,x 轴、y 轴均采用线性坐标;

（3）semilogx($x,y,$ 'f')——以格式 f 绘 x-y 曲线,x 轴采用常用对数坐标,y 轴采用线性坐标;

（4）semilogy($x,y,$ 'f')——以格式 f 绘 x-y 曲线,x 轴采用线性坐标,y 轴采用常用对数坐标;

（5）loglog($x,y,$ 'f')——以格式 f 绘 x-y 曲线,x 轴、y 轴均采用常用对数坐标;

其中的格式'f'由线型格式和颜色格式组成.

线型格式如:　　'—'或缺省——实线,　　　　'--'——虚线,

　　　　　　　':'——点线,　　　　　　　'-.'——点画线,

　　　　　　　'+'——标记+,　　　　　　'*'——标记*,

　　　　　　　'○'——标记○,　　　　　　'×'——标记×.

颜色格式如:　　'y'——黄色,　　　　　　'm'——洋红色,

　　　　　　　'k'——黑色,　　　　　　　'r'——红色,

　　　　　　　'g'——绿色,　　　　　　　'b'——蓝色.

故 plot($x,y,$ '+g') 表示绿'+'标记绘制曲线,如附图 1.

2）标记型绘图命令

（1）tiltle('text')——在图形上主方加标题'text';

（2）xlabel('text')——用'text'标注 x 轴;

（3）ylabel('text')——用'text'标注 y 轴;

（4）text(p1,p2,'text')——在图形窗口内(p1,p2)处标记'text';

（5）subplot( )——分割图形;

(6) grid on——在图形中加网格线;

(7) grid off——在图形中关闭网格线.

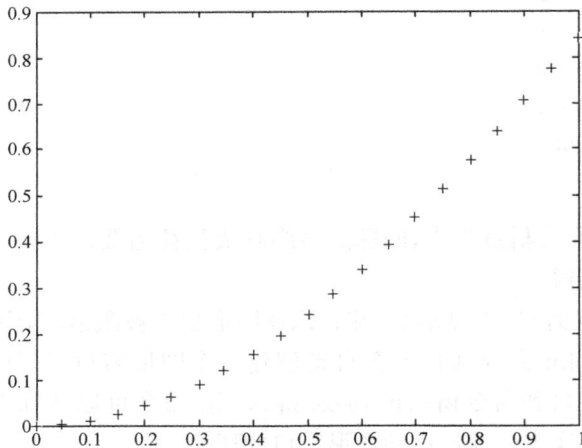

附图1　plot( )绘曲线函数效果

4. 文本

以上都是以指令的方式与 Matlab 进行交互,即在指令提示符后输入语句和函数,Matlab 对输入立即进行解释并作出响应. 除了指令方式,Matlab 能处理以文件存放的一长串有序指令,这些文件都带有扩展名 .m,被称为 M 文件. 控制系统工具箱中汇集了专为控制系统应用而设计的各种 M 文件. 除了 Matlab 及其工具箱中提供的 M 文件,用户也可以根据应用需要自定义专用的 M 文件.

Matlab 文本文件是 M 文件的一种,是普通的 ASCII 码文件,可以用文本编辑器创建. 文本文件就是将一组直接指令交互方式下所使用的语句和函数编辑在同一个文件中,运行时只需在命令指示符后输入文件名. 一个程序也可以调用另一个程序. 当程序被调用时,Matlab 自动按顺序执行文件中的命令,可以访问 Matlab 工作空间中的所有变量.

假设要绘制函数 $y(t) = \sin\alpha t$ 的曲线,其中 α 可以取不同的值. 编辑一个程序,并命名为 plotdata. m.

```
%  plot y=sin(alpha * t)
t=[0:0.01:1];
y=sin(alpha * t);
plot(t,y)
xlabel('Time[sec]')
ylabel('y(t)= sin(alpha * t)')
grid on
```

在指令窗口输入 α 值,即将 α 放入 Matlab 工作空间. 然后在命令提示符后输入 plotdata,程序将使用工作空间中最新的 α 值予以执行.

```
>> alpha=10;plotdata
```

附图2是执行 plotdata . m 后给出的图形窗口.

Matlab 以"％"开头的行即为注释行. 用 help 指令能够显示程序的这些注释,如

>> help plotdata

出现在命令窗口出现注释文字：

plot y= sin(alpha * t).

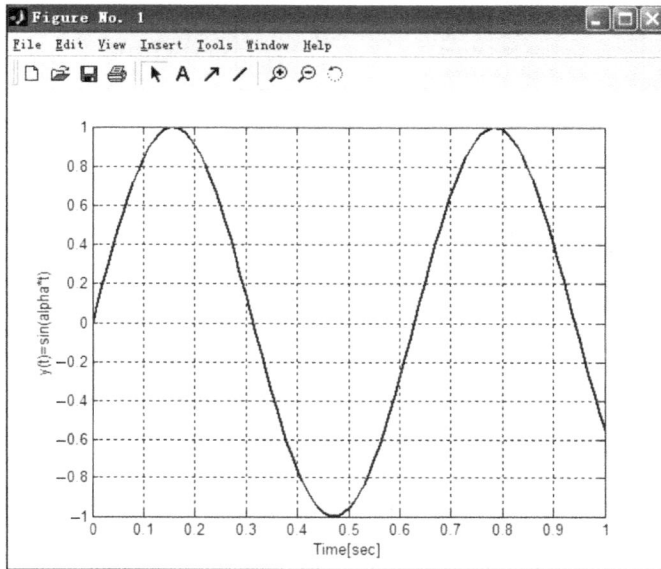

附图 2　Matlab 运行结果

5. Simulink 基础

Simulink 为 Matlab 用户提供了用于控制系统建模、仿真和分析的更有效的图形交互方式.

有两种方式可以打开 Simulink 界面：

(1) 单击 Matlab 界面中工具条上的 Simulink 图标；

(2) 在命令窗口输入命令

>> simulink

首先出现的是如附图 3 所示的 Simulink 的库浏览器窗口,其左栏是树状结构显示已安装的 Simulink 库,单击选择其中的库,对应的库内的模块就以图形的形式显示在窗口右栏.

在 Simulink 的库浏览器中可以新建或打开一个控制系统模型(.mdl 文件),出现模型编辑窗口. 建立系统模型的过程就是从库浏览器中选择模块并拖放到模型编辑窗口中,然后将模块用引线连接. 如附图 4 分别从 Sources 库中选择 Sine Wave 模块,从 Sinks 库中选择 Scope 模块拖放到新建的模型编辑窗口 untiltled. 然后用引线连接两模块. 引线连接的方式是"十"字光标移到 Sine Wave 模块的输出点(右侧＞),按下鼠标左键并拖动到 Scope1 模块的输入点(左侧＞),然后释放鼠标左键.

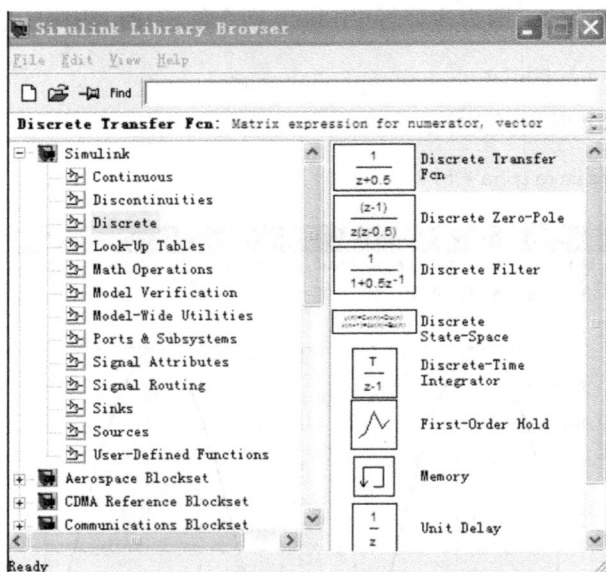

附图 3 Simulink 库浏览器界面

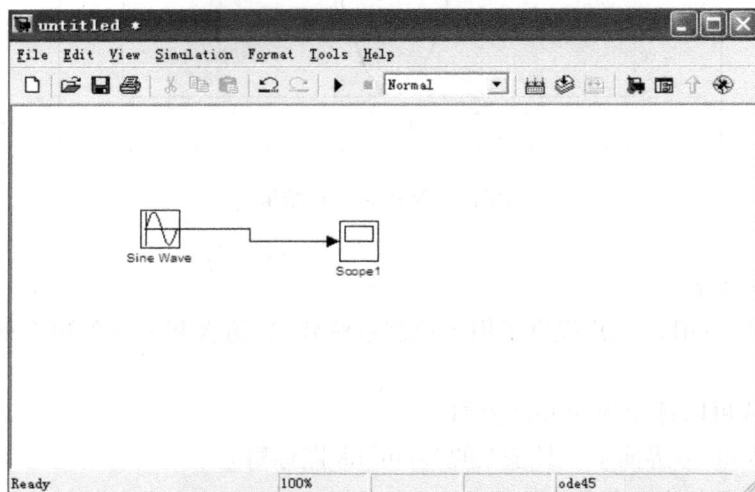

附图 4 Simulink 模型编辑窗口

在模型编辑窗口中可以对各个模块进行参数设置. 单击附图 4 中的 Sine Wave 模块, 将出现附图 5 的参数设置窗口.

参数设置后, 运行菜单 Simulation 中的 Start 命令, 或单击工具栏中的 ▶ 按钮, 则进行系统运行仿真. 单击 Scope 1 模块, 则将弹出 Scope 1 模块窗口, 如附图 6, 显示在当前参数设置下的波形结果.

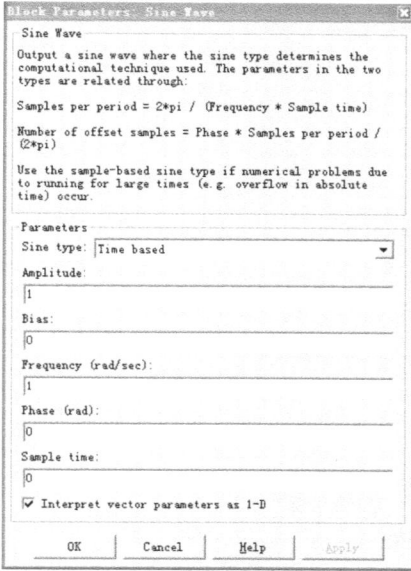

附图 5　Sine Wave 参数设置窗口

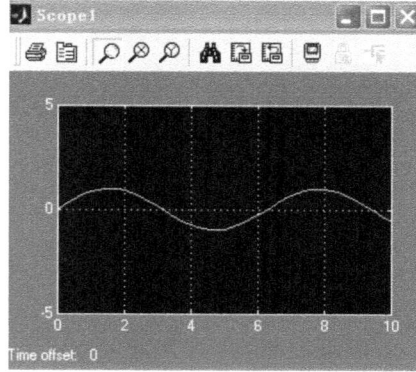

附图 6　Scope 1 模块显示结果波形